Bodenkunde.

Von

Dr. E. Ramann,

o. ö. Professor a. d. Universität München.

Zweite Auflage.

Mit in den Text gedruckten Abbildungen.

Springer-Verlag Berlin Heidelberg GmbH

1905.

Softcover reprint of the hardcover 2nd edition 1905

ISBN 978-3-662-35850-4 ISBN 978-3-662-36680-6 (eBook)
DOI 10.1007/978-3-662-36680-6

Vorrede.

Die „Bodenkunde“ ist aus der 1895 erschienenen „Forstlichen Bodenkunde und Standortslehre“ hervorgegangen. Die fortschreitende Entwicklung der Wissenschaft machte es erwünscht, die Lehre von der Entstehung, den Eigenschaften nnd den Umbildungen des Bodens selbständig zu behandeln und hierdurch einem größeren Kreise zugänglich zu machen.

Das Buch wendet sich nicht nur an Land- und Forstwirte und Agrikulturchemiker, sondern auch an alle, welche mit dem Boden zu tun haben, zumal an Geologen, Geographen, Botaniker. Die Vorgänge der Verwitterung werden erst voll verständlich, wenn man die oberste Erdschicht, den Boden, berücksichtigt; die Verteilung der Pflanzenwelt erst, wenn man ihre Einwirkung auf den Boden berücksichtigt.

Der Gedanke, welcher dem Verfasser bei Behandlung des Gegenstandes vorschwebte, war, das bisher bekannte Wissen vom Boden unter leitenden Gesichtspunkten zu sammeln. Noch wichtiger erschien es, zu zeigen, daß man die Erde als einen großen Organismus betrachten kann; die Umbildungen ihrer obersten anorganischen Schichten sind ebenso durch das herrschende Klima bedingt, wie das organische Leben. Einer einheitlichen Auffassung kommt man aber erst näher, wenn man beide zueinander in Beziehung bringt. Stehen wir auch erst ganz im Anfange der Erkenntnis, so treten doch schon große Züge hervor und lassen ahnen, welchen Charakter dereinst die „Biologie der Erdoberfläche“ tragen wird.

Bodenkunde ist bisher fast stets als ein Teil der Agrikulturchemie behandelt worden, obgleich zwischen der Ernährungslehre der Nutzpflanzen und der Geologie der obersten Erdschicht doch nur ein loser Zusammenhang besteht. Diese Verhältnisse brachten es mit sich, daß die Bodenkunde zumeist nur zur Lösung bestimmter Fragen herangezogen wurde und als selbständige Wissenschaft kaum Beachtung fand. Nur hieraus ist es zu erklären, daß seit Fallou, dem eigentlichen Begründer der Wissenschaft des Bodens, bis zu den letzten Jahren überhaupt keine selbständige wissenschaftliche Bodenkunde erschienen ist.

Große Schwierigkeiten bot die Sichtung der Literatur. Das meiste Material ist Arbeiten anderer Disziplinen zu entnehmen; oft findet es sich nebenher bei Untersuchungen ganz abweichender Fragen. Innerhalb des gegebenen Raumes war die Zusammenstellung der gesamten Literatur ausgeschlossen; nur für wichtige oder wenig bekannte Tatsachen sind ausführliche Zitate gegeben.

Von den einzelnen Abschnitten sind die Verwitterungslehre sowie Bildung und Eigenschaften der humosen Ablagerungen am eingehendsten behandelt.

Wie bereits in der „Forstlichen Bodenkunde", wurden den Betrachtungen der Verwitterung die Lehren der physikalischen Chemie zugrunde gelegt; sie haben entsprechend den Fortschritten der Wissenschaft erweiterte Anwendung gefunden. Nur durch diese Grundlage wird die Bedeutung des Klimas und die beherrschende Wirkung des Wassers verständlich. Die Verbreitung klimatischer Bodenzonen erscheint nicht mehr als etwas Fremdartiges, sondern als naturgemäße Folge der wirkenden Ursachen.

Tunlichst kurz sind die Bodenarten behandelt, welche aus der Verwitterung anstehender Gesteine gebildet werden; ihr Verhalten läßt sich unschwer aus Zusammensetzung, Struktur und Lagerung der Gesteine ableiten und hat zumeist nur für kleinere Gebiete Bedeutung.

Die festländischen „organogenen" Ablagerungen, also Bildungen, welche ihren Charakter durch Einwirkung des Tier- und Pflanzenlebens erhalten, wurden zu gliedern versucht. Leider erschien das große Werk von Früh und Schröder über die Schweizer Moore erst nach Drucklegung, und wenn mir auch die Freundlichkeit Prof. Früh's bereits die Korrekturbogen des Abschnittes über die Schlammablagerungen zugänglich machte, waren doch nur in einzelnen Fällen kleine Änderungen möglich.

Erhebliche Schwierigkeiten bot die Nomenklatur. Es ist wohl unzweifelhaft, daß man aus dem Stande der Nomenklatur einen Rückschluß auf den Stand einer Wissenschaft machen kann; aber ebenso unzweifelhaft scheint es zu sein, daß eine stark ausgeprägte Nomenklatur, so sehr sie dem Fachmann die Behandlung eines Gegenstandes erleichtert, dem Nichtspezialisten das Eindringen erschwert. Für Wissenschaften, welche sich an weitere Kreise wenden, scheint es mir deshalb richtiger, lieber ein paar Worte mehr zu gebrauchen, als zahlreiche Fachausdrücke neu zu schaffen. Ich habe mich daher tunlichst beschränkt und nur schärfer getrennt, was mir unbedingt notwendig zu sein schien.

Bei der Korrektur stand mir Herr Dr. Goßner, Assistent am bodenkundlichen Laboratorium, zur Seite und sage ich ihm für seine sorgsame Unterstützung auch hier meinen Dank.

München, Januar 1905.

E. Ramann.

Inhaltsverzeichnis.

Seite

Boden. Bodenkunde 1

I. Hauptbestandteile des Bodens 2

II. Verwitterung 3

1. Zerfall der Gesteine (physikalische Verwitterung) 5
a) Einwirkung der Temperatur 5. — Spaltenfrost 8. — c) Druckwirkungen 9.

2. Lösende Wirkung des Wassers 10

3. Zersetzung der Gesteine (chemische Verwitterung) 12
a) Einfluß der Temperatur 12. — b) Chemische Massenwirkung 13.

4. Verwitterung durch Wasser und säurehaltige Wasser 14

5. Verwitterung durch Humussäuren und organische Stoffe 18

6. Verwitterung durch Organismen 19

7. Komplizierte Verwitterung und Bodenabsorption 21

8. Auswaschung der Böden 29
Verlauf der Auswaschung 31. — Grund- und Quellwasser 34. — Sickerwasser 35. — Quellwasser 35. — Moorwasser 36. — Flußwasser 37. — Meerwasser 38. — Durchschlämmung von Ton 39.

9. Zeitdauer der Verwitterungsvorgänge 39

10. Absätze aus verwitternden Gesteinen 41
Karbonate 42. — Kieselsäure und Silikate 45. — Sulfate und Sulfide 45. — Oxyde und Oxydhydrate 46.

11. Transport der Verwitterungsprodukte 47

1) Der trockne Abtrag 48

2) Abtrag durch Wasser 51
a) Massentransport 52. — b) Abspülung 54. — c) Einzeltransport 55. — Wasserabfuhr und Hochwasser 57. — Menge der Geschiebe 60. — Tätigkeit des Meeres 61.

3) Abtrag durch Eis 61
Gletscher 62.

4) Abtrag durch Wind 64
Meeresdünen 66. — Wanderdünen 67. — Bindung und Aufforstung der Dünen 68.

Seite

III. Die wichtigsten Mineralien und Gesteine und ihre Verwitterung 69

I. Mineralarten 69

1. Kieselsäure und Silikate 72. — Quarz 72. — Feldspate 74. — Glimmer 77. — Hornblende und Augit 78. — Chlorit 79. — Zeolithe 80. — Tongruppe 81. — 2. Karbonate 84. — 3. Sulfate 85. — Phosphate 86. — 5. Halogensalze 86. — 6. Oxyde und Oxydhydrate 87. — 7. Schwefelmetalle 88. — Mineralien als Quellen der Pflanzennährstoffe 89.

II. Bodenbildende Gesteine und ihre Verwitterung 89

1. Eruptivgesteine 90
a) Saure Gesteine 91. — b) Gesteine mit mittlerem Kieselsäuregehalt 93. — c) Basische Gesteine 94.
2. Urschiefer und metamorphische Gesteine 96
3. Tonschiefer und Tone 99
4. Kalk- und Dolomitgesteine 100
5. Konglomerate, Sandsteine und Sande 104
6. Diluvium und Alluvium 109
a) Das nordische Diluvium 110. — b) Glazialbildungen der Gebirge 114. — c) Ablagerungen der Flüsse 114. — d) Alluvium 115.

IV. Organismen des Bodens 116

1. **Pflanzen** 116
Bakterien 116. — Fadenpilze 119. — Zahl der niederen pflanzlichen Organismen 120.
2. **Tiere** 121
Regenwürmer 122. — Insekten 125. — Höhere Tiere 125.

V. Organische Reste im Boden 127

1. **Verwesung** 129
a) Temperatur 129. — b) Feuchtigkeit 130. — c) Nährsalze 131. — d) Sauerstoff 132. — e) Schädliche Stoffe 132. f) Chemische Wirkungen 133.
2. **Fäulnis** 134
a) Teilnahme von Organismen 134. — b) Ohne Organismen 135.
3. **Verlauf der Humusbildung in der Natur** 136
Bindung und Entbindung von Stickstoff 139.
4. **Beteiligung des Tierlebens an der Humusbildung** 140
5. **Chemie der Humusstoffe** 142
6. **Bedeutung der Humusstoffe für die Böden** 152
7. **Humusablagerungen** 155
Mull 155. — Schlamm 155. — Torf 156. — Übersicht der europäischen Humusbildungen 156. — Umbildungen der Torfablagerungen 157.
8. **Auf dem Trocknen gebildete Humusformen** 158
9. **Veränderung des Bodens unter Rohhumus.** Ortsteinbildung . 162
10. **Der Ortstein** 165
11. **Physikalische Änderungen bei Rohhumusbedeckung** 168
12. **Unter Wasser gebildete humose Ablagerungen** 169
Wachstum der Wasserpflanzen 170.

Seite

13. Schlamm 173
a) Teichschlamm (Gyttje) 173. — b) Seekreide 173. — c) Humose Niederschläge 174. — d) Diatomeenerde 174. — e) Lebertorf 175. — f) Flußschlamm 175. — g) Seeschlamm (Schlick) 176. — h) Schlamm der Salzseen 176.

14. Moorerden 176
Moorerden der Wiesen 177. — Moormergel 177. — Boden der Erlenbrüche 177. — Waldmoorboden 177. — Alpenhumus 177.

15. Torf 178

16. Bildung und Bau der Moore 182
Flachmoore 182. — Bruchboden 183. — Mullwehen 184. — Gehängemoore 184.

17. Formation des nährstoffarmen Wassers und Bodens 185

18. Bildung von Hochmoor auf humosen Böden 187

19. Bau der Hochmoore 189

20. Höhenwachstum und seitliches Wachstum der Hochmoore . . 191

21. Geographische Verbreitung der Moore 193

VI. Chemie des Bodens 194

1. Mineralogische Analyse 194

2. Chemische Analyse des Bodens 196
Entnahme der Bodenproben 197. — Feinerde 198. — Darstellung der Analysenresultate 201.

3. Bedeutung der Bodenanalyse 203

4. Einzelne Bestandteile des Bodens 206
Phosphorsäure 206. — Kalium 208. — Kalk und Magnesia 208. — Stickstoff 209. — Chlor 210.

5. Bodentätigkeit 211

6. Bodenkraft. Fruchtbarkeit. Ertragsvermögen 212

7. Mineralische Kraft der Böden 214

VII. Physik des Bodens 216

1. Schlämmanalyse 216
Methoden der Schlämmanalyse 218.

2. Bau (Struktur) **des Bodens** 221
a. Einzelkornstruktur 221
b. Krümelstruktur 223
c. Ursachen der Krümelbildung 224
Lösliche Salze 224. — Einwirkung der Tierwelt 227. — Einwirkung der Pflanzenwurzeln 227. — Physikalische Wirkungen und Bodenbearbeitung 228.
d. Lagerung „gewachsener“ Böden 230

3. Bodenprofil 231

4. Volumgewicht (spez. Gew.) der Bodenbestandteile u. Bodenarten 235

5. Verhalten des Bodens zum Wasser 237
Eigenschaften des Wassers 237.
a. Wasserkapazität 240
b. Größte und kleinste Wasserkapazität 244
c. Volumänderungen der Böden 248
d. Kapillarer Aufstieg des Wassers 251
e. Eindringen des Wassers. Durchlässigkeit 254
f. Wasserverdunstung des Bodens 259

Seite

g. Bodenwasser und Grundwasser 265
h. Menge des Bodenwassers. Winterfeuchtigkeit . . . 266
i. Sickerwassermengen 269
k. Schwankungen des Grundwassers 273
l. Verunreinigung von Gewässern 277
m. Wasserführung der Flüsse 278
n. Einfluß des Wassers auf die Umgebung 279

6. Farbe des Bodens 281

7. Beziehungen des Bodens zur atmosphärischen Luft 283
a. Freier Stickstoff. Sauerstoff. Kohlensäure . . 285
b. Stickstoffverbindungen der Atmosphäre 286
c. Ozon und Wasserstoffsuperoxyd 287
d. Andere Gase der Atmosphäre 287
e. Staubteile in der Atmosphäre 288
f. Waldluft 289
g. Höhenrauch 291
h. Wasserdampf in der Atmosphäre 292
i. Adsorption von Gasen durch den Boden 293
Wasserdampf 293. — Kohlensäure 294. — Ammon 295. — Stickstoff 295. — Atmosphärische Luft 295. — Tauniederschläge 296.
k. Durchlüftung des Bodens 297
l. Durchlässigkeit des Bodens für Luft 298
m. Zusammensetzung der Bodenluft 300

8. Verhalten des Bodens zur Wärme 301
Quellen der Wärme 301.
a. Wärmeverhältnisse der Böden 303
1. Wärmekapazität 303. — 2. Wärmeleitung des Bodens 304. — Einfluß des Wassers 305. — 3. Bodentemperaturen 307. — Tägliche Schwankungen 308. — Jährliche Schwankungen 309. — Verhalten der Moorböden 311.
b. Wärmeaustausch des Bodens 313

9. Kohäreszens der Bodenteile 314

10. Steine im Boden 318

VIII. Bodendecke 319
Bodenbedeckung und Beschattung 319.

I. Anorganische Bodendecken 320
1. Schnee 320. — 2. Steine 323. — 3. Sand 323. — 4. Physikalisch abweichende Bodenschichten 324.

II. Wirkung einer Pflanzendecke 325
1. Temperatur 325. — 2. Auf Struktur des Bodens 326. — 3. Lebende Bodendecken auf Wasserzufuhr 327. — 4. auf Wassergehalt 328.
Einfluß des Waldes 328
Einfluß des Bestandes 329. — a) Auf Luftbewegung 329. — b) Auf Lufttemperatur und Feuchtigkeit 329. — Wald und Niederschläge 331. — Fernwirkung des Waldes 332.

III. Der Waldboden 333
Temperatur der Waldböden 333
Wasserführung des Waldbodens 336. — Oberste Boden-

Seite

schicht 337. — Tiefere Schichten 337. — Sickerwasser und Grundwasser 338. — Durchlüftung 340.

Waldlichtungen 341

IV. **Bodendecke im Walde (Waldstreu)** 344

1. Laub- und Nadelstreu 344
2. Streu mit unterlagerndem Rohhumus 347
3. Bodendecke von lebenden Pflanzen 348
   a) Moosdecken 348. — Flechten 349. — b) Gräser 350. — Angergräser 350. — c) Farnkräuter 351. — d) Beerkräuter 351.
4. Wassergehalt streubedeckter Böden 353
   Bodenverdichtung 355.
5. Chemische Zusammensetzung der Waldstreu . . 356
   a) Mineralstoffe der Streu 356. — b) Zeitdauer der Zersetzung 357. — c) Verhalten der Mineralstoffe bei der Verwesung 358. — d) Streu als Quelle des Humus 360.
6. Zusammensetzung streuberechter Flächen . . . 360
   Sandboden 360. — Reichere Bodenarten 362. — Verhalten des Stickstoffes 363. — Wirkung der Streuentnahme 365.

IX. **Lage des Bodens** 366

1. Exposition und Inklination 367
   Bestrahlung 368. — Wassergehalt der Böden 369. — Temperatur 369.
2. Einfluß des Windes 370
   Einfluß des Windes auf den Boden 372. — Auf Abspülungen an Talgehängen 373.
3. Einfluß der Lage auf die Pflanzenwelt 374
4. Ortslagen 375

X. **Kartierung** 377

XI. **Hauptbodenarten** 379

1. Steinböden 380
   a) Großsteinige Waldböden 380. — b) Gruß- und Grandböden 380.
2. Sandboden 381
3. Lehmboden 384
4. Tonboden 387
5. Kalkboden 389
6. Humusboden 391

XII. **Klimatische Bodenzonen** 391

Übersicht der europäischen Bodenzonen 392. — Reliktenböden 393.

I. **Böden des Gesteinszerfalles** 395

1. Im trocknen Gebiet 395
2. Im feuchten Gebiet 395
   Tundra 396. — Hochgebirge 396.
3. Durch Gletscher gebildete Böden 396

II. **Böden aus chemischer Zersetzung der Gesteine gebildet** . . . 398

1. Im trocknen Gebiet 398
   A. Salzböden 399

Seite

B. Böden der Gebiete mit kaltem Winter 399
Löß 400. — Schwarzerden 400. — Steppenboden 401.
C. Böden der Gebiete mit warmem Winter. Roterden . 403
2. Böden der humiden Gebiete 403
A. Vorherrschen der Verwitterung durch Kohlensäure. Braunerden 404
B. Vorherrschen der Verwitterung durch Humussäure. Grauerden 405

XIII. Böden und Vegetationsformen 407
Leitende Sätze für dies Verhalten 409. — Einwirkung zwischen Boden und Pflanzenwelt 411.

I. Nährstoffreiche Böden 412
1. Salzböden 412
2. Steppenböden 412
3. Sommergrüne Laubwälder 416
4. Wintergrüne Laubhölzer 417
5. Grasfluren 417

II. Nährstoffarme Böden 418
6. Nordische Nadelwälder 419
7. Heiden 419
8. Hochmoore 420

III. Fortbildung der Formationen 420

IV. Kulturböden 423

Boden, Bodenkunde.

§ 1. **Boden.** Der Erdboden ist die oberste Verwitterungsschicht der festen Erdrinde.

Diese Definition des Bodens ist abgeleitet aus Berendts Ausführungen: *) „Die Bodenkunde ist nichts anderes, als die Lehre von dem Entstehen, dem gesamten Bestande und der Fortbildung einer Verwitterungsrinde an der mit der Luft in Berührung stehenden gegenwärtigen Erdoberfläche."**)

Der Erdboden entsteht aus der Verwitterung der obersten Erdrinde; dem Gesteine mischen sich vielfach abgestorbene Reste von Pflanzen und Tieren bei und werden hierdurch Teile der Erdmasse. In weitaus den meisten Fällen wird der Boden aus zerfallenen Gesteinen gebildet und ist ein lockeres, erdiges Gemenge. Auf Felsen vermögen aber auch Pflanzen (Flechten, Moose) zu wachsen, für welche das feste Gestein den „Boden" bildet.

Die **Bodenkunde,** Pedologie, ist die Lehre von der Entstehung, den Eigenschaften und den Umbildungen des Bodens.

Hiermit ist ausgesprochen, daß die Bodenkunde einen Zweig der Geologie bildet und mit gleichem Rechte als die „Geologie der obersten Erdschicht" bezeichnet werden könnte.

Der Boden unterliegt fortgesetzt chemischen, physikalischen und biologischen Einwirkungen, die Änderungen in der Zusammensetzung wie im Gefüge herbeiführen und den Boden zu dem beweglichsten Teile der Erdfeste machen.

*) Die Umgegend von Berlin. Abh. der preuss. geol. Landesanstalt 3.

**) Vielfach Anwendung findet die von Wahnschaffe (Anleit. z. wissenschaftl. Bodenuntersuchungen Berlin, S. 3) angenommene, bereits sehr früh von Kraut (Handwörterbuch d. Chemie, II. Bd., „Boden", 1853) gegebene Definition des Bodens als „die oberste zum Pflanzentragen geeignete Erdschicht". Ausser den logischen Bedenken, die jeder auf eine Zweckbestimmung hinauslaufenden Definition entgegen gehalten werden können, bringt sie nur eine einzige Eigenschaft des Bodens zum Ausdruck.

I. Hauptbestandteile des Bodens.

§ 2. Der Boden ist nie ganz einheitlich zusammengesetzt. Durch einfache Hilfsmittel läßt sich wohl jeder Boden in drei Gruppen von Bestandteilen, die allerdings in sehr wechselnder Menge vorhanden sein können, zerlegen; in

a) Sand,
b) abschlämmbare Teile,
c) humose Stoffe.

Durch Erhitzen bei Luftzutritt verbrennen die humosen Bestandteile. In Wasser verteilt, setzt sich der Sand rasch ab, während die abschlämmbaren Teile im Wasser längere Zeit schweben bleiben.

Jede dieser drei Gruppen umfaßt dabei nicht einheitlich zusammengesetzte Bestandteile, sondern kann aus den chemisch verschiedensten Körpern aufgebaut sein. Die Bezeichnungen sind Sammelnamen und beziehen sich überwiegend auf physikalische Eigenschaften der Bodenteile.

Unter Sand versteht man alle gröberen Bestandteile des Bodens, welche in Wasser verteilt, rasch zu Boden sinken und sich durch eine höhere Korngröße (etwa die eines Mohn- bis Hanfkornes) auszeichnen.

Die chemische oder mineralogische Zusammensetzung wird erst in zweiter Linie berücksichtigt. Die verbreitetste Art des Sandes besteht aus Quarz; es können jedoch die verschiedensten anderen Mineralien oder Gesteine Sand bilden. Im nordischen Diluvialsand findet sich vielfach Feldspat (daher auch Spatsand genannt), im Tertiärsand Schlesiens nehmen Körner von Kieselschiefer und Glimmerblättchen Anteil; die Kalk- und Dolomitsande bestehen aus Kalkspat und Dolomit; die vulkanischen Sande aus Bruchstücken der verschiedenen Eruptivgesteine. Überall ist die mechanische Verteilung und nicht die chemische Zusammensetzung maßgebend.

Die abschlämmbaren Teile sind die fein- und feinstkörnigen Bestandteile des Bodens; in Wasser verteilt, bleiben sie lange schwebend und setzen sich nur ganz allmälich ab; man kann sie daher durch Abschlämmen vom Sande trennen. Die abschlämmbaren Teile sind die Träger vieler der wichtigsten chemischen und physikalischen Eigenschaften der Böden.

Vielfach bezeichnet man die abschlämmbaren Teile als Ton; in neuerer Zeit auch als Rohton. Die wichtigsten der hierher gehörigen Bestandteile sind die eigentlichen Tonsubstanzen, wasserhaltige Tonerde- und Eisenoxydsilikate, ferner können fein zerriebene

Mineralien aller Art, auch Quarz, in wechselnder Menge vorkommen. Es ist daher unbedingt notwendig, die große Verschiedenartigkeit in der Zusammensetzung hervorzuheben und sie bei der Wertschätzung eines Bodens zu berücksichtigen.

Die humosen Stoffe entstehen aus der Verwesung und Zersetzung der abgestorbenen Reste von Tier- und Pflanzenkörpern. Der Humus ist kein einheitlicher Körper, sondern bezeichnet organische Stoffe in den verschiedensten Stadien der Umwandlung. Alle sind dunkel, braun bis schwarz gefärbt, lassen vielfach noch organisierte Struktur erkennen und haben in ihren Eigenschaften unverkennbar große Ähnlichkeit untereinander.

Die humosen Stoffe fehlen selten gänzlich und beeinflussen die Eigenschaften der Bodenarten erheblich.

In weitaus den meisten natürlichen Böden finden sich die Stoffe der drei aufgeführten Gruppen gemischt und fehlen wohl in keiner der besseren Bodenarten völlig. Eine Mischung im geeigneten Verhältnis ist vorteilhaft und steigert den Bodenwert, den Überwiegen einer Stoffgruppe in der Regel herabsetzt. Grenzwerte stellen dabei trockne, oft flüchtige, unfruchtbare Sandböden; zähe, für die Pflanzenwurzel fast undurchdringbare Tonböden und die Hochmoore mit ihrer ärmlichen Flora dar.

II. Verwitterung.

§ 3. Die festen Gesteine der Erdoberfläche verwittern, d. h. sie werden durch chemische und physikalische Einwirkungen, sowie durch die Tätigkeit der Organismen, besonders der Pflanzenwelt, in ihrem Zusammenhange gelockert und endlich in ein feinkörniges Aggregat, den Erdboden, umgewandelt.

Es ist möglich, die Vorgänge, welche hauptsächlich hierbei wirksam sind, getrennt zu behandeln und sie hierdurch dem Verständnis näher zu bringen. Man muß sich aber jederzeit vergegenwärtigen, daß wohl stets mehrere jener Wirkungen gleichzeitig tätig sind, wenn auch einzelne soweit vorwiegen, daß es möglich ist, große Gruppen zu unterscheiden und die Oberfläche der Erde in Gebiete zu teilen, welche durch eine bestimmte Art der Verwitterung ihren Charakter erhalten.

Als Verwitterung bezeichnet man Änderungen im mechanischen Zusammenhang und in der chemischen Zusammensetzung, welchen die Gesteine an der Erdoberfläche und in den obersten Erdschichten unterworfen sind.

Man unterscheidet den Zerfall (physikalische Verwitterung), ohne erhebliche Änderung der Zusammensetzung, und die Zersetzung (chemische Verwitterung), mit Änderung der Zusammensetzung der Bestandteile.

Der Zerfall führt zur Bildung von Gesteinsbruchstücken aller Größen; die Zersetzung zur Entstehung neuer Verbindungen mit andern physikalischen Eigenschaften und von abweichender Zusammensetzung. Die Zersetzung vermindert den Zusammenhang der Gesteine (Auflockerung) und wandelt sie früher oder später in ein Haufwerk kleiner Partikel.

Zerfall und Zersetzung sind in der Natur nebeneinander wirksam; je nach dem Vorherrschen des einen oder der anderen tragen die Verwitterungsprodukte abweichenden Charakter.

Die Verwitterung wird beeinflußt durch Korngröße, Gefüge und Oberflächenbeschaffenheit der Gesteine.

Einfache Gesteine verwittern in der Regel schwieriger als zusammengesetzte.

Unter gleichen Bedingungen verwittern grobkörnige Gesteine leichter als feinkörnige, feinkörnige leichter als dichte.

Sind Gesteinsbestandteile vorherrschend nach bestimmten Richtungen gelagert, so folgt diesen meist die Verwitterung. Gesteine, welche starken Pressungen (Zermalmung infolge Gebirgsdruck) ausgesetzt waren, verwittern leichter als unbeeinflußte. Je mehr überhaupt ein Gestein von Spalten durchzogen ist, um so leichter können die Kräfte der Verwitterung angreifen und um so energischer wirken sie ein.

Ist die Oberfläche der Gesteine rauh, so bietet sie viele Angriffspunkte, ist sie glatt, so vermag namentlich Wasser nur schwierig einzudringen, die Verwitterung wird dadurch vermindert. Pfaff*) setzte eine geschliffene Platte von feinkörnigem Kalkstein (Jurakalk) der Verwitterung aus; bei 2500 qmm Oberfläche ergab sich in zwei Jahren ein Gewichtsverlust von 0,18 g; nach drei Jahren von 0,55 g. Die Oberfläche des Stückes war rauh geworden.

Die vom Eis geschliffenen „Rundhöcker“ diluvialer Gebiete zeigen noch jetzt, nach Jahrtausenden vielfach fast unveränderte Oberflächen.

In der Technik wird durch Polieren von Gesteinen nicht nur das Aussehen vorteilhaft beeinflußt, sondern auch die Haltbarkeit erhöht.

*) Centrbl Agri.-Chem. II, S. 325.

1. Zerfall der Gesteine.

(Physikalische Verwitterung.)

§ 4. Die wirksamen Kräfte der physikalischen Verwitterung sind: Volumänderungen infolge wechselnder Temperatur; Sprengwirkungen des gefrierenden Wassers (Spaltenfrost); mechanischer Druck.

a) Einwirkung der Temperatur. Alle Körper erleiden bei Wechsel der Temperatur Volumveränderungen, deren Betrag im großen Durchschnitt der Temperatur parallel geht. Die Ausdehnung ist für verschiedene Körper verschieden.

Bei Gesteinen, welche direkter Sonnenbestrahlung ausgesetzt sind, werden infolge verschiedener Erwärmung einfarbige weniger angegriffen als mehrfarbige.*)

Die Zertrümmerung der Felsmassen durch Wärmeschwankungen erfolgt namentlich in ariden Gebieten; sie sind in den Wüsten ein wichtiges Hilfsmittel der Verwitterung. Die tägliche Amplitude der Bodentemperatur erreicht hier 60° und mehr.**) Zerspringen von Gesteinsstücken ist wiederholt beobachtet worden.

Auch im Hochgebirge ist infolge starker Bestrahlung der Temperaturwechsel groß (Heim gibt Unterschiede von 40—60° an) und wird noch besonders dadurch wirksam, daß die Temperatur zur Nachtzeit unter den Gefrierpunkt sinkt und sich hierdurch gleichzeitig Sprengwirkungen des gefrierenden Wassers einstellen.

Die Ausdehnung der Gesteine bei wechselnder Temperatur ist nicht erheblich; nach Messungen beträgt sie z. B. bei Granit, Marmor, Sandstein für 1 m und 1° C etwa 0,05—0,12 mm, bei täglichen Schwankungen der Temperatur von 50° also etwa 0,25—0,6 mm.***)

Berücksichtigt man, daß hohe Unterschiede der Temperatur nur an der Oberfläche der Gesteine auftreten und in tieferen Schichten rasche Abnahme der Differenzen erfolgt, so versteht man, dass die Absprengung kleinerer Bruchstücke auf freier Fläche leicht erfolgen kann, daß für größere Tiefen die Einwirkung aber erst nach vielfacher Wiederholung des Vorganges sich bemerkbar macht.

*) J. Walther, Denudation in der Wüste, S. 21 u. 147. Leipzig 1890.

**) J. Walther, Einl. in d. Geologie, S. 556.

***) Penck (Morph. d. Erdoberfläche 1, S. 203) berechnet die Ausdehnung bei Temperaturunterschieden von 70° auf etwa 1400 qmm für den Quadratmeter. Barlett, Am. J. of Sc. XXII, S. 138. Adie, Trans. R. Soc. of Edinb. 13, S. 366.

Geringer ist die Wirkung absolut niederer Temperaturen, jedoch findet man in borealem Gebiet große Felsplatten, welche nur durch Frostwirkung zersprungen sein können. (Abb. 1.) Blümcke und Finsterwalder wiesen durch Versuche nach, daß beim Gefrieren und Auftauen Oberflächenteile der Gesteine als feiner Staub abgesprengt werden.*)

Abb. 1. Durch Frost zersprengte Felsplatte. Granulit Nördlich Enare, Finnland. Orig.-Phot. Ramann.

Im engen Zusammenhange mit Temperaturwirkungen steht wohl auch die oberflächliche Absonderung der Gesteine. Folgen die Sprünge auch zumeist Richtungen, welche auf Eigentümlichkeiten der Struktur und auf tektonische Ursachen zurückzuführen sind, so bleibt noch genug übrig, was auf Oberflächenwirkung hinweist. Die Richtung der Absonderung ist zumeist abhängig von der gegenwärtigen Gestalt der Felsen, sie ist auf der Höhe horizontal, an den Hängen geneigt, so daß eine Bergkuppe wie von einem Mantel dicker Schalen umgeben ist.**)

§ 5. Nicht unerheblich scheint endlich die verschiedenartige Ausdehnung der Kristalle zu wirken, die umso wirksamer wird als die Volumänderungen von der Kristallstruktur bedingt werden und nach verschiedenen Richtungen wechseln.

*) Ber. Münch. Akad. 1890, S. 435.
**) Herrmann, Steinbruchsindustrie u. Geologie S. 109, Berlin 1895.

Richtungen gleicher Ausdehnung entsprechen den Hauptsymmetrie-Ebenen. Während in regulär kristallisierenden Körpern die Volumänderungen durch Temperaturwechsel gleichmäßig erfolgen, sind sie im quadratischen und hexagonalen System nach zwei, in allen anderen Systemen nach drei Richtungen verschieden.*)

Sind die Unterschiede bei gewöhnlichen Temperaturen auch nur gering, so lockern sie doch den Zusammenhang und öffnen dem Wasser Spalten, auf denen es eindringen kann. Jeder Kristall verhält sich als einheitlicher Körper, je größer die Individuen, um so erheblicher auch Ausdehnung und Zusammenziehung. Hierauf ist es wohl mit zurückzuführen, daß die Verwitterung in grobkristallinischen Gesteinen viel rascher fortschreitet, als bei feinkristallinischen.

In körnigen Gesteinen, wie im Granit, sind die einzelnen Kristalle meist ungleichmäßig ausgebildet und greifen vielfach mit Ecken und Zacken ineinander ein. Hierdurch entstehen bei Volumänderungen Spannungen, welche zum Zerspringen der Gesteine führen. Hierauf

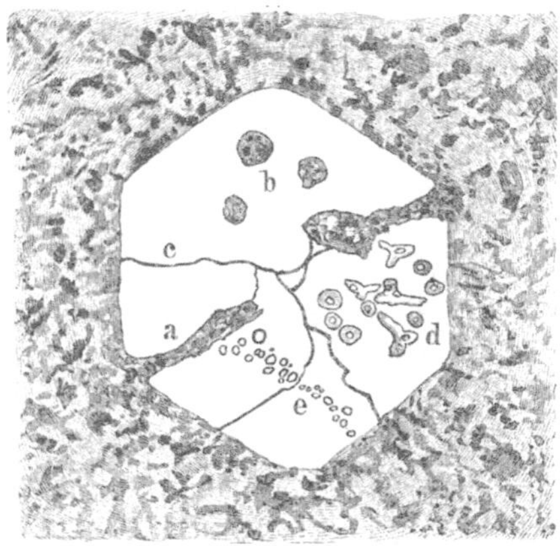

Abb. 2. Quarzkrystall im Felsitporphyr.
a) Einstülpungen der Grundmasse. b) Einschlüsse von Grundmasse. c) Sprünge im Quarz. d) Flüssigkeitseinschlüsse. e) Gasporen.

beruht es wohl, daß in Wüsten auffällige Unterschiede im Gesteinszerfall auftreten; Granite in groben Sand zerfallen, während bei einheitlichen oder feinkörnigen Gesteinen schalenförmiges Abblättern eintritt. (Walther a. a. O.)

Einfluß bei der Verwitterung gewinnen noch die zahlreichen Einschlüsse der Mineralien (Abb. 2), an denen namentlich der

*) Quarz (Dammer, anorg. Chem. II, 1. Abt. S. 470) hat für 100 ⁰ Temperaturerhöhung eine Ausdehnung in der Richtung der Hauptaxe von 0,0008; in den Nebenaxen von 0,0015 der Länge.

Quarz reich ist. Gasporen und Flüssigkeitseinschlüsse sind verbreitet; in Porphyrgesteinen sind Einstülpungen der Grundmasse in die ausgeschiedenen Kristalle häufig. Infolge der erheblichen Ausdehnungskoeffizienten der Gase ($^1/_{273}$) und der Volumveränderungen, welche die eingeschlossenen Flüssigkeiten (meistens Wasser, seltner kohlensäurehaltiges Wasser und Kohlensäure) beim Gefrieren erleiden, muß der Druck, den sie auf das umgebende Gestein ausüben, bedeutend sein. Zersprungene Kristalle, zumal des Quarzes, sind daher in den Gesteinen häufig.

§ 6. b) Spaltenfrost. (Wirkung des gefrierenden Wassers.) Beim Übergang vom Wasser in Eis erfolgt eine Vermehrung des Volumens um rund ein Elftel. Ist Wasser in engen Räumen, zumal Spalten, vorhanden, so werden beim Gefrieren Druckwirkungen auftreten. Alle, auch die festesten Gesteine, sind von einem Netz feinster Spalten und Risse durchzogen, welche Wasser den Eintritt gestatten.*) Für kristallinische Gesteine fand man Wasseraufnahmen von 0,01—1,0 %; im Mittel etwa 0,5 %**). M. Gary faßt seine Erfahrungen in dem Satze zusammen, daß auch sehr feste Gesteine „durch Wasseraufnahme eine Einbuße an ihrer Festigkeit erleiden und daß schon einmaliger Frost imstande ist, die Festigkeit noch weiter herabzudrücken".

Besonders auffällig wird die sprengende Wirkung, wenn sich in breiten Gesteinsspalten flüssiges Wasser ansammelt oder sich abgestorbene Wurzeln voll Wasser saugen. Das gefrierende Wasser wirkt nach Art eines Keiles und kann mächtige Felsblöcke absprengen.***)

Gesteine, bei denen die Zerklüftung schon weiter vorgeschritten ist, sind von Wasseradern durchzogen, beim Gefrieren treibt das Eis die einzelnen Stücke auseinander und nach dem Auftauen kann das ganze, vorher scheinbar feste Gesteinsstück in Grus zerfallen. Im Gebirge ist dies oft zu beobachten, aber auch im nordischen Flachlande sind Geschiebe von Granit oder Gneis oft ganz zerrissen. Gesteine, welche durch ihre Struktur das Eindringen von Wasser begünstigen, z. B. Schiefergesteine, zumal Glimmerschiefer, werden oft in einem Winter völlig in Gesteinsgrus umgewandelt.

Die Sprengwirkungen des gefrierenden Wassers, die man unter der Bezeichnung „Spaltenfrost" zusammenfaßt, sind natürlich auf die Gebiete beschränkt, welche Temperaturen unter null

*) Bischof. Chem. Geologie; M. Gary. Mitth. techn. Vers.-Stat. Charlottenburg 1897, Heft 1 u. 2.

**) A. Hanisch, Baumaterialienkunde Bd. 2 S. 241.

***) Senft, Forstl. Bodenkunde S. 143.

Grad haben; sie treten am stärksten in Wirkung, wenn die Temperatur in der Nähe des Nullpunktes schwankt, Auftauen und Gefrieren häufig wechseln; es findet dies in den Polargebieten und ganz besonders im Hochgebirge statt. Hier wiederholt sich während der wärmeren Jahreszeit oft täglich dieser Vorgang; gewaltige Massen von Gesteinstrümmern werden dadurch von den Gipfeln der Hochgebirge abgesprengt und nicht selten besteht deren Spitze aus einem Haufwerk von Blöcken.*)

Im Polargebiet findet man ganze Felsen durch Frostwirkung zerrissen. In diesen Gegenden wird der Spaltenfrost zum wichtigsten Werkzeuge der Verwitterung, der Boden setzt sich zumeist aus mechanisch zerkleinertem Material zusammen.

§ 7. c) Druckwirkungen. Unter dem Einfluß mechanischen Druckes werden Gesteine zerdrückt oder zerrieben. Für die Oberfläche der Erde sind hierbei fließendes Wasser und Gletscher von Bedeutung.

Beim Transport der Flußgeschiebe reiben sich die einzelnen Bruchstücke aneinander und an den festen Wänden des Flußbettes. Hierbei entsteht fortgesetzt feiner Gesteinsschlamm. Die Geschiebe verlieren ihre ursprünglich eckige Gestalt, werden gerundet und abgeschliffen und bei längerem Wege endlich vollständig zerstört. Man findet daher in dem Oberlauf der Flüsse große, oft noch eckige Geschiebe, im Mittellauf etwa bis faustgroße, im Unterlauf nur noch sandige oder feinschlammige Teile.

Je weicher und angreifbarer ein Gestein ist, um so leichter wird es zerstört, so daß eine „Gesteinsauslese" eintritt, die so einwirkt, daß im Unterlauf der Flüsse nur noch die widerstandsfähigen Gesteine und Gesteinsbestandteile vorhanden sind.**)

Bei Versuchen, welche in rotierenden Trommeln angestellt wurden,***) hat man gefunden, daß die Gesteinsstücke gerundet werden und feiner Schlamm gebildet wird. Daubrée zeigte, daß kleinere Stücke für 1 km Weg $^1/_{1000}$ bis $^4/_{1000}$ an Gewicht verloren. Erdmann fand z. B., daß bei einer Weglänge von 23 km alle Gesteine gerundet waren; feinkörniger Stockholmgranit hatte 6,9 %; roter Orthocerenkalk 29,6 %; Dachschiefer 36,58 % Schlamm ergeben; feinkörniger Sandstein von Helsingborg war völlig zerrieben. Die Gesteine waren dabei vielfach in kleinere Stücke zerbrochen. Sand wurde bei diesen Versuchen nur in kleinen Mengen gebildet; er ent-

*) Heim, Verwitterung im Gebirge. Basel 1879.
**) Am ausführlichsten behandelt in Walther, Einl. in d. Geologie.
***) Daubrée, Eper. Geologie S. 192; Ed. Erdmann, Geol. För. Stockh. Förh. 4, S. 407.

steht zumeist beim Zerfall der Gesteine und erleidet infolge der geringen Korngröße nur wenig Abschleifung; nach Phillips (Quat. Journ. Geol. Soc. 37. 1881) würde ein Transport von etwa 5000 km notwendig sein, um ein Quarzkorn von 1 mm Durchmesser zu runden.

Werden Gesteine durch fallendes Wasser drehend bewegt, so können sie sich tief in das feste Gestein einbohren, es entstehen dadurch „Strudellöcher". Derartige Bildungen der Gletscherschmelzwässer bezeichnet man als „Riesenkessel" oder „Gletschertöpfe"; im nordischen Diluvium sind in lockeren Ablagerungen runde Strudellöcher häufig, die man „Sölle" nennt.

Durch Abschleifen der Flußwände und des Bodens werden die Gerinne der Wasserläufe im festen Gestein vertieft; es können tiefe Einschnitte entstehen, die wohl ausnahmslos durch ursprüngliche Felsspalten vorgebildet, ihren Charakter durch die Tätigkeit des Wassers erlangen. Man bezeichnet sie in den Alpen als „Klamm" und kann sie als tief eingeschnittene Schluchten oft weithin verfolgen; ihre großartigste Ausbildung haben sie in den Flußläufen Colorados in Nordamerika erfahren, wo sie als Cañon bezeichnet werden.

Weitgehende mechanische Zertrümmerung der Gesteine verursachen ferner die Gletscher, deren Grundmoränen hauptsächlich aus Gesteinsmehl bestehen und die durch die bewegten Geschiebe die Felswände ritzen und glätten. Nicht ohne Berechtigung hat man diese Tätigkeit der Gletscher mit der eines Hobels verglichen.

Durch Winde bewegter Sand wirkt abschleifend und rundend auf Gesteine ein. Am großartigsten entfaltet sich diese Tätigkeit in den Wüsten; fehlt aber in Sandsteingebieten (z. B. Elbsandsteingebirge) auch in gemäßigten Breiten nicht ganz.

An der Oberfläche liegende Bruchstücke werden vom treibenden Sande geglättet und kantig abgeschliffen, sie erhalten dadurch oft pyramidale oder eckige Form. Solche Stücke sind im nordischen Diluvium in manchen Gegenden häufig und werden als Kantengeschiebe oder Dreikanter bezeichnet.

2. Die lösende Wirkung des Wassers.

§ 8. Wasser ist ein ausgezeichnetes Lösungsmittel für viele Stoffe und man hat Ursache anzunehmen, daß es kein völlig unlösliches Mineral gibt. Viele Verbindungen gelten als „unlöslich", mit mehr Recht würde man sie als so „schwerlöslich" bezeichnen, daß der im Wasser gelöst bleibende Rest unter gewöhnlichen Verhältnissen vernachlässigt werden kann; das gilt aber nicht für das große Laboratorium der Natur, wo durch Jahrtausende immer neuzugeführtes Wasser einwirkt.

Allerdings wirkt in der Natur nie reines Wasser, immer sind wechselnde Mengen von Salzen, Kohlensäure, Humussäuren darin gelöst und werden chemische Umsetzungen nicht ausbleiben; trotzdem ist es berechtigt, die Einwirkung des Wassers auf solche Körper, die gelöst und unverändert wieder abgeschieden werden können, von der stets mit Stoffumwandlungen verbundenen, chemischen Verwitterung zu trennen.

Zu den leichtlöslichen Körpern gehören schwefelsaure Magnesia und die Salze und Doppelsalze der Alkalien (Kochsalz, Carnallit, Kainit, Sylvin usw.) mit Ausschluß bestimmter Silikate.

Verhältnismäßig schwerlöslich ist der wasserhaltige schwefelsaure Kalk (Gips), der in etwa 400 Teilen Wasser gelöst wird. Kommt Gips in mächtigeren Schichten vor, so wird er stets von ausgelaugten Hohlräumen und Spalten (Gipsschlotten) durchsetzt. Kohlensaurer Kalk ist in reinem Wasser sehr schwer löslich (1 : 10800).

Kohlensäurehaltiges Wasser wirkt stärker lösend auf die meisten Mineralien, als reines Wasser. Es vermag die Karbonate des Kalkes, der Magnesia, des Eisens und Mangans aufzunehmen. Obgleich hierbei stets eine chemische Einwirkung stattfindet (Bildung von sauren Salzen) rechnet man den Vorgang gebräuchlicherweise zur „Lösung“.

Kalk und Dolomitgesteine sind daher fast stets von Spalten durchzogen, oft enthalten sie Höhlen, die sich nicht selten weithin erstrecken. (Für viele Höhlen im Kalkgebirge ist es wahrscheinlich, daß sich schon bei der Ablagerung Lücken bildeten. Die Höhlen finden sich vorwiegend in Kalken, die von Korallen gebildet sind; bei heutigen Korallenriffen kommen ähnliche Hohlräume vor.)

Wasser wirkt auf Stücke kristallinischer Stoffe nicht gleichmäßig auflösend ein; einzelne Teile sind leichter angreifbar (jedes in Wasser gelegte Stück Zucker zeigt dies); als Ursache dieses Verhaltens sind Kristallwirkungen oder zufällige Eigentümlichkeiten anzunehmen; in der Natur wird außerdem noch die lösende Flüssigkeit in ungleicher Menge zugeführt. Hierdurch entstehen Vertiefungen, vorspringende Ecken und Kanten. Versteinerungen ragen oft frei aus halbgelösten Kalksteinen hervor. Alle der Verwitterung ausgesetzten Kalksteine zeigen Unebenheiten, auch bei scheinbar ganz einheitlichem Gefüge.

3. Die Zersetzung der Gesteine.
(Chemische Verwitterung.)

§ 9. Die bei der chemischen Gesteinsverwitterung in der Natur beteiligten Stoffe sind Sauerstoff, Wasser, Kohlensäure und Humussäuren, Salze. Die bedeutendsten Wirkungen üben kohlensäurehaltiges und humussäurehaltiges Wasser.

Die Zersetzung durch Einwirkung des Wassers, sowie des kohlensäure- und humussäurehaltigen Wassers, bezeichnet man als einfache Verwitterung. Die Umsetzungen durch Einwirkung löslicher Salze als komplizierte Verwitterung.*)

Beeinflußt werden die Vorgänge der Verwitterung durch die herrschende Temperatur und in ganz hervorragender Weise durch die Masse der einwirkenden Stoffe (chemische Massenwirkung.)

a) Der Einfluß der Temperatur ist noch nicht experimentell geprüft worden. Bei der Verwitterung handelt es sich um die Einwirkung von Wasser und wässerigen Lösungen auf feste Körper sowie um chemische Umwandlungen, bei denen nur wenig Energie frei wird und die deshalb auch nur langsam verlaufen.

Es ist anzunehmen, daß die chemische Verwitterung beim Gefrierpunkt des Wassers so gut wie aufgehoben ist und oberhalb null Grad langsam ansteigt.**)

Die Vorgänge der Verwitterung werden in vielen Richtungen verständlich, wenn man die Theorie der Dissoziation der Stoffe in wässeriger Lösung der Betrachtung zugrunde legt. Es wird angenommen, daß die Stoffe nicht als Säuren, Salze usw. im Wasser gelöst, sondern mehr oder weniger vollständig in kleinere Einheiten, Jonen, zerfallen sind, welche elektrisch geladen und die eigentlichen Träger der chemischen Wirkungen sind. Salzsäure z. B. ist in Lösung teilweise als HCl teilweise als Wasserstoffion und Chlorion vorhanden. Die spaltende Wirkung des Wassers wird um so stärker, je verdünnter die Lösung, d. h. je größer die Masse des wirkenden Wassers ist. Jonen wie Moleküle sind in schwingenden Bewegungen zu denken. Erhöht sich die Temperatur, so schreitet die Spaltung der Jonen fort und zugleich steigert sich die Kraft der aufeinander prallenden Moleküle infolge stärkerer Eigenbewegung. Hierauf ist es zurückzuführen, daß sich im Durchschnitt die Geschwin-

---

*) J. Roth, Chem. Geologie 1, S. 47 u. 159.
**) van't Hoff, Chem. Dynamik S. 225.

digkeit einer Reaktion in Gasen und Flüssigkeiten bei einer Temperaturerhöhung von 10° mindestens verdoppelt. Wirkt eine Lösung auf feste Körper ein, so wird beim Erwärmen wohl die Energie der Jonen gesteigert, aber die der Reaktion zugängliche Oberfläche des Körpers nicht vergrößert. Theoretisch läßt sich berechnen, daß hier die Geschwindigkeit der Umsetzung bei einer Erhöhung der Temperatur von 1° um etwa $^1/_6$ % gesteigert wird. Für die Vorgänge der Verwitterung kommt noch hinzu, daß fast stets sehr verdünnte, also stark dissoziierte Lösungen in Wirkung treten und durch Erhöhung der Temperatur die Zahl der Jonen nicht erheblich vermehrt werden kann. Es wird, solange Versuche hierüber nicht vorliegen, gut sein, dem Einfluß der absoluten Höhe der Temperatur auf die Geschwindigkeit der Verwitterung keine zu große Bedeutung beizumessen. Es widerspricht dies allerdings der herrschenden Auffassung, wird sich aber voraussichtlich bestätigen.

Viel bedeutsamer ist die Zeit, in welcher im Laufe des Jahres die Temperatur über Null liegt. Wenn dies in dem Polargebiet nur etwa drei Monate statthat, so geht schon daraus hervor, daß eisfreie Gegenden in bezug auf Verwitterung sehr bevorzugt sind. Unter Gletschern erhebt sich die Temperatur kaum über null Grad; die Ablagerungen der Gletscher sind daher chemisch sehr wenig angegriffen. Endlich mag darauf hingewiesen werden, daß die Agenzien der Verwitterung in den verschiedenen Zonen nicht gleich sind; hierdurch können große Unterschiede bedingt sein.

§ 10. b) Die chemische Massenwirkung beherrscht die Vorgänge der Verwitterung und Bodenbildung. Es mag daher gestattet sein, das Wesen derselben an einem möglichst einfachen Beispiele darzulegen.

Wirkt auf Eisenoxyduloxyd (Fe_3O_4) bei höherer Temperatur Wasserstoff ein, so entsteht metallisches Eisen und Wasser. Wirkt dagegen bei derselben Temperatur Wasserdampf auf metallisches Eisen ein, so entsteht Eisenoxyduloxyd und Wasserstoff. Zwischen den vier Stoffen bildet sich ein Zustand des Gleichgewichts welcher außer durch die Temperatur durch die Masse bedingt ist, in der die einzelnen Bestandteile gegenwärtig sind. Man kann jede der beiden Reaktionen zu Ende führen, d. h. alles Eisen in Eisenoxydoxydul oder alles Eisenoxydul in metallisches Eisen umwandeln, wenn man den gebildeten Wasserstoff oder das gebildete Wasser wegführt, oder wenn man Wasserstoff oder Wasserdampf im unendlich großen Überschuß anwenden könnte. In allen anderen Fällen bleibt ein Teil des Eisens oder des Eisenoxyduloxyds unverändert erhalten.

Weitaus die größere Zahl der chemischen Reaktionen verlaufen ähnlich. Einen Endzustand erreichen sie nur, wenn ein Produkt der Reaktion aufhört wirksam zu sein; dies ist der Fall, wenn es, wie bei dem gewählten Beispiele, weggeführt werden kann oder wenn es sich unlöslich und damit unwirksam abscheidet.*)

Im Boden und bei der Verwitterung treten Massenwirkungen in größter Mannigfaltigkeit auf, aber sie erreichen nur einen Endzustand, wenn die entstehenden Körper unlöslich abgeschieden oder weggeführt werden. Dies kann nur an Stellen geschehen, an denen atmosphärische Wässer vorhanden sind. Sie sind das einzige Agens, welches in immer neuen Mengen zur Wirkung gelangt.

Hierdurch wird das Wasser zum wichtigsten Hilfsmittel der Verwitterung. Temperatur und Gehalt an Kohlensäure sind in den tieferen Erdschichten höher als an der Oberfläche, trotzdem sind die Gesteine in größerer Tiefe nur schwach angegriffen. Dies erklärt sich daraus, daß der Gleichgewichtszustand kaum gestört wird, der zwischen Wasser, Kohlensäure und angreifbarem Gestein besteht, die Verwitterung schreitet nicht fort. Kann das Wasser abfließen, so ist auch die Zersetzung entsprechend gesteigert, wie dies die Zusammensetzung der Termalquellen hinreichend lehrt.

Der S a u e r s t o f f der Luft ist bei der Gesteinsverwitterung nur wenig tätig; weitaus die meisten Mineralien sind völlig oxydiert und nehmen unter den herrschenden Verhältnissen Sauerstoff nicht auf. Ausnahmen bilden die Oxydulverbindungen des Eisens und Mangans, sowie das Schwefeleisen. Bei der Leichtigkeit, mit der die Eisenverbindungen oxydiert werden, ist die Überführung der Oxydulsalze in die des Oxyds oder Abscheidung als Eisenoxyd einer der ersten Vorgänge der Verwitterung an der Erdoberfläche. Farblose oder grünlich bis grün gefärbte Gesteine nehmen rote oder braune (Eisenoxydsalze oder Oxydhydrat) Farben an.

Große Bedeutung gewinnt der Sauerstoff für die Verwesung, also die Oxydation der organischen Körper.

4. Verwitterung durch Wasser und säurehaltige Wässer.

§ 11. Die größte Masse der Gesteine sind Silikate, Verbindungen der Kieselsäure mit Alkalien, Kalk, der Magnesia, Eisenoxydul, Eisenoxyd und Tonerde; es ist wahrscheinlich, daß die ursprüngliche Erdkruste überwiegend aus Silikaten bestand. Die Zersetzung der Sili-

*) Ein alter, wenn auch nur relativ richtiger Satz der Chemie ist: Corpora non agunt, nisi fluida.

kate ist daher der wichtigste Vorgang der Verwitterung und bisher am eingehendsten untersucht.

So mannigfaltig auch die Prozesse verlaufen, so lassen sie sich doch unter dem Gesichtspunkte vereinigen, daß eine Zerlegung der Mineralien in einen löslichen und unlöslichen Teil statthat.

Die Silikate werden zersetzt, die entstehenden löslichen Verbindungen der Alkalien, des Kalkes, zum Teil der Magnesia und des Eisenoxyduls werden weggeführt, während der Rest des Gesteines unter Wasseraufnahme als wasserhaltiges Silikat zurückbleibt.

Viele Mineralien binden Wasser chemisch. Typisch hierfür ist die Umwandlung von Anhydrit in Gips.

$$CaSO_4 + 2\,H_2O = CaSO_4,\ 2\,H_2O.$$

Verwandte Erscheinungen finden auch bei Silikaten statt und man hat Ursache, die Wasserbindung (Hydratisierung) als einen der ersten, wichtigsten und in große Tiefen reichenden Vorgang der Verwitterung zu betrachten.*)

Das Wasser kann jedoch auch chemische Wirkungen ausüben und auf Mineralien zersetzend einwirken. Es ist durchaus kein chemisch indifferenter Körper. In der Natur finden wir jedoch nirgends chemisch reines Wasser in Tätigkeit, und da seine Wirkung ähnlich, wenn auch schwächer, verläuft, als die des säurehaltigen Wassers, so ist es zulässig, beide Prozesse gemeinschaftlich zu behandeln.

Das beste Beispiel der Silikatverwitterung unter Bildung eines schwer angreifbaren wasserhaltigen Tonerdesilikats ist Umwandlung von Orthoklas in Kaolin.**) Betrachtet man dabei den Gehalt an Tonerde als unveränderlich, so läßt sich folgende (schematische) Gleichung geben.***)

106 Teile Orthoklas enthalten:

16,88 K_2O	18,49 Al_2O_3	64,63 SiO_2	

entstehen können 46,45 Teile Kaolin, enthaltend:

	18,49 Al_2O_3	21,58 SiO_2	6,47 H_2O

Bei der Verwitterung sind weggeführt oder aufgenommen worden

— 16,18 K_2O		— 43,05 SiO	+ 6,47 H_2O

*) Bischof, Chem. Geologie S. 381.

**) Das Schema der Orthoklasverwitterung stellt nur einen Teil des wirklichen Vorganges dar; tatsächlich entsteht viel lösliches kieselsaures Alkali. Die Zersetzungen in der Natur verlaufen fast stets nach verschiedenen Richtungen, zum Verständnis der Vorgänge ist aber deren einfache Form hier beibehalten.

***) Roth, Chem. Geologie I, S. 142.

In ähnlicher Weise läßt sich die Bildung eines schwer angreifbaren wasserhaltigen Magnesiumsilikates, des Pikrophyll, aus Salit ableiten.*)

100 Teile Salit enthalten

24,16 CaO	22,80 MgO	53,04 SiO_2	

hieraus können sich bilden 48,5 Teile Pikrophyll, enthaltend

	22,80 MgO	34,23 SiO_2	6,9 H_2O

Bei der Verwitterung sind weggeführt oder aufgenommen

— 24,16 CaO		— 18,81 SiO_2	+ 6,9 H_2O

Es mag aber bemerkt werden, daß diese Beispiele nur den Charakter der Verwitterung wiedergeben, wenn sie bis zu Ende geführt ist und zugleich durch organische Stoffe die Eisenverbindungen usw. gelöst und weggeführt wurden, also bei der Verwitterung durch Humussäuren. Die Kaolinbildung spielt bei der Bodenbildung in weiten Gebieten eine viel geringere Rolle, als zumeist angenommen wird.

Die wichtigsten unlöslichen Produkte der einfachen Verwitterung sind:

1. Aus tonerdehaltigen Mineralien bilden sich wasserhaltige Tonerdesilikate;
2. Aus magnesiahaltigen Mineralien bilden sich wasserhaltige Magnesiasilikate;
3. Aus eisenhaltigen Gesteinen bilden sich wasserhaltige Eisenoxydsilikate, Eisenoxyd und Eisenoxydhydrate;
4. Quarz bleibt kaum angegriffen zurück.

Die wichtigsten löslichen Produkte der Verwitterung durch Kohlensäure sind:

1. Wasserhaltige Silikate von Kalium und Natrium;
2. Karbonate der Alkalien, des Calciums, der Magnesia, des Eisenoxyduls;
3. Kieselsäurehydrat.

Bei der Verwitterung durch Humussäuren werden außer den genannten noch gelöst: Eisenoxyd und seine Verbindungen, Phosphate und wahrscheinlich auch Tonerde.

Es ist natürlich nicht notwendig, daß die gebildeten löslichen Stoffe sofort weggeführt werden. In sehr vielen Fällen sind hierzu die vorhandenen Wassermengen nicht annähernd genügend; in ariden Gebieten bleiben die Salze vorwiegend im Boden erhalten und die komplizierte Verwitterung und Bodenabsorption sorgt für Bildung schwer löslicher sekundärer Produkte. (Gips, kohlensaurer Kalk.)

---

*) Berechnet nach den Analysen von Svanberg. Der Gehalt an Eisenoxydul ist auf eine äquivalente Menge Magnesia umgerechnet.

Häufig scheiden sich Stoffe kristallinisch aus oder gehen in schwer lösliche Form über. (Hydratische Kieselsäure in Quarz.)

Versuche über die Verwitterung durch Kohlensäure sind vielfach angestellt worden.*) Als Beispiel mögen einzelne Ergebnisse von J. R. Müller dienen,**) der Wasser unter Druck von drei Atmosphären sättigte und dann längere Zeit auf Mineralien einwirken ließ. Die Zahlen geben die prozentische Löslichkeit der einzelnen vorhandenen Stoffe und des ganzen Minerals:

Es wurden gelöst %

	Adular	Oligoklas	Hornblende	Augit	Olivin
Kieselsäure	0,155	0,237	0,419		0,873
Tonerde	0,137	0,171	Spur		—
Kali	1,353	Spur	—	—	—
Natron	—	2,367	Spur	—	—
Magnesia	—	—	—	—	1,291
Kalk	Spur	3,213	8,528	—	Spur
Eisenoxyd	Spur	Spur	4,829	0,942	8,733
% des ganzen Minerals	0,328	0,533	1,536	0,307	2,111

Die Beispiele zeigen die leichte Zersetzbarkeit der kalk-, natron- und eisenhaltigen Silikate, die sich auch in der Natur beobachten läßt.

Auffällig ist die Tatsache, daß Sicha bei seinen Versuchen nur geringe Steigerung der Angreifbarkeit der Silikate durch Kohlensäure bei hohem Druck (bis 40 Atm.) feststellte. Eine Erklärung würde sich ergeben, wenn die Wirkung zunächst von der an der Oberfläche der festen Teile kondensierten Kohlensäure ausgeht, welche unter sehr hohem Druck (mehrere hundert Atmosphären) steht.***)

Von Wichtigkeit ist ferner, daß Eisenoxyd durch kohlensäurehaltiges Wasser nicht in Lösung gebracht wird. Aus diesem Verhalten folgt, daß die Bildung reiner Kaoline an der Erdoberfläche nicht durch Kohlensäure erfolgen kann. Die Mineralien sind sehr selten chemisch reine Verbindungen, auch der reinste Kalifeldspat enthält Eisenverbindungen, die genügen, um einen mehr oder weniger eisenhaltigen Ton zu bilden. Zur Wegfuhr des Eisens bedarf es der Mitwirkung organischer Stoffe, der Humussäuren.

Normale Produkte der Verwitterung durch Kohlensäure in allen niederschlagreicheren (humiden) Gebieten sind eisenhaltige Tone.

*) Lit. in Roth, Chem. Geologie I, ferner Sicha, Inaug.-Diss. Leipzig 1891; A. Beyer, Landw. V.-St. XIV, S. 314.

**) Tschermak, Min. Mitt. 1877, S. 25.

***) v. Dobeneck, Forsch. Agrik.-Phys. XV, Heft 3 u. 4.

Trennt man die wichtigsten Mineralien nach ihrem Gehalt an Kieselsäure, so ergeben sich etwa folgende abnehmende Reihen der Zersetzbarkeit durch kohlensäurehaltiges Wasser. Die Mineralien der zweiten Reihe verwittern im allgemeinen leichter als die der ersten.

Labrador	Olivin
Oligoklas	Augit
Orthoklas	Hornblende
Kaliglimmer	Magnesiaglimmer.

5. Verwitterung durch Humussäuren und organische Stoffe.

§ 12. Im ganzen hat man der Verwitterung durch organische Verbindungen wenig Aufmerksamkeit gewidmet. Die beste Arbeit über den Gegenstand verdanken wir Julien*), gute Beobachtungen bringt P. E. Müller. Zuerst wurde wohl die Bedeutung des Vorganges von Senft**) richtig gewürdigt***).

Über die Natur der wirkenden Stoffe sind wir noch wenig unterrichtet. Es sind organische Säuren, welche in manchen Böden in erheblicher Menge auftreten, Kohlensäure aus ihren Verbindungen auszutreiben und auch unter Umständen stärkere Säuren frei zu machen vermögen. Man bezeichnet sie als Humussäuren und unterscheidet die Huminsäuren (deren Salze als Humate bezeichnet werden; nur die der Alkalien sind löslich) und die Quellsäure oder Krensäure (auch der Quellsatzsäure, Apokrensäure), deren Salze, die Krenate, mit Ausnahme des Tonerdesalzes, mit allen im Boden vorkommenden metallischen Elementen löslich zu sein scheinen; zumal das Kalksalz geht leicht und reichlich in Lösung.

Von Wichtigkeit ist die leichte Angreifbarkeit der Eisenverbindungen durch die Humussäuren. Die entstehenden Verbindungen sind zum Teil in Wasser löslich, zum Teil werden sie durch Alkalien (Ammoniak) leicht angegriffen, widerstehen dagegen Säuren, auch Salzsäure. Es ist wahrscheinlich, daß es sich dabei um komplexe organische Verbindungen handelt, welche Eisen mit organischen Stoffen bildet (am bekanntesten von verwandten Körpern sind die Blutlaugensalze); auch kann es sich um Doppelsalze, ähnlich denen der Oxalsäure, Weinsäure usw., handeln. Diese Fragen sind noch ganz ungeklärt.

*) A. S. Julien, Proc. of the amer. Ass. f. the Adv. of Sc. 1879 S. 311.
**) P. E. Müller, Die natürlichen Humusformen.
***) Forstl. Gesteins- und Bodenkunde. 2. Aufl., S. 331.

Unter der Einwirkung gewisser Humusstoffe werden die Eisenverbindungen löslich und unterliegen der Auswaschung. Hierdurch wird ein durchgreifender und leicht erkennbarer Unterschied zwischen der Verwitterung durch Kohlensäure und durch Humussäuren bedingt.

Bei Abschluß des atmosphärischen Sauerstoffs wirken die organischen Stoffe reduzierend und wandeln Eisenoxydverbindungen in die des Oxyduls um. Bei Luftzutritt sind es Oxydverbindungen, die gelöst und weggeführt werden. (Vergl. Chem. d. Bodens.)

Unter der Einwirkung der Humussäuren werden jedoch auch andere, schwer angreifbare Stoffe löslich. Es gilt dies namentlich von den Verbindungen der Phosphorsäure.

Wenig untersucht sind noch die Beziehungen zwischen Humusstoffen und der Kieselsäure. In den Gewässern, welche aus Torfmooren austreten, ist auffällig viel lösliche Kieselsäure enthalten. Auf die Tatsache, daß organische Körper häufig zur Ansatzstelle für Kieselsäurekonkretionen werden (z. B. Feuersteine), hat Julien eindringlich hingewiesen. Gewässer, welche aus kieselsäurereichen Gesteinen in Gebieten der Humussäureverwitterung hervortreten, haben hohen Gehalt an Kieselsäure; Headden fand 25—40 % des Rückstandes.*)

Im allgemeinen ist die zersetzende Wirkung der Humussäuren groß; sie führt in allen humiden Gebieten zu hell, weißlich, oder durch Humus grau bis dunkel gefärbten Ablagerungen. Die Angreifbarkeit der Gesteine tritt namentlich in Mooren und Heiden deutlich hervor; die Oberfläche der Heiden ist oft von schneeweißen, ausgebleichten Geschieben überdeckt.

Das wichtigste Produkt der Humussäureverwitterung in allen humiden Gebieten ist Kaolin.

6. Verwitterung durch Organismen.

§ 13. Bei der Verwitterung sind pflanzliche Organismen stark beteiligt. Kaum bekannt, wahrscheinlich aber von hohem Einfluß ist die Tätigkeit der Bakterien, die vermöge ihrer geringen Größe in die feinsten Gesteins- und Erdspalten einzudringen vermögen. Müntz**) schreibt die chemische Verwitterung hochalpiner Gipfel (Faulhorn) der Einwirkung von Nitrobakterien zu.

*) Chem. Centr.-Bl. 1903, II, S. 846.
**) Compt. rend. 110, S. 1370, 1890.

Besser beobachtet und untersucht ist der Einfluß der Flechten. Jedem Beobachter wird das Auftreten der Flechten als erste pflanzliche Bewohner an Felsen auffallen. Löst man die Pflanzenschicht ab, so ist das unterliegende Gestein wie angefressen und vielfach im Zusammenhange gestört. Aber auch tiefer in das Gestein vermögen die Hyphen der Flechten einzudringen, wie Winter*) für Sarcogyne privigna (Ach.) auf Granit und Bachmann**) für die Kalkflechten nachwiesen.

Algen sind am Meeresstrande und unter Süßwasser wirksam. Moose setzen die Tätigkeit der Flechten auf Felsen fort und höhere Pflanzen vermögen ihre Wurzeln tief in Felsspalten zu treiben und Gesteine zu durchbohren,***) zumal gilt dies für Kalk- und Sandsteine.

Anätzen von Marmor, Phosphorit durch Pflanzenwurzeln ist von Sachs†) experimentell festgestellt worden.

Namentlich Kalkgesteine werden von den Wurzeln stark angegriffen, es ist dies in Kalkgebieten überall zu beobachten; Mangroven fressen in den Tropen Einschnitte in den Korallenfels††) und die Karren der Hochgebirge verdanken wohl überwiegend ihre Bildung wenigstens dem mittelbaren Einfluß der Pflanzen.

Die Pflanzenwurzeln enthalten Säfte, deren Säuregehalt im Durchschnitt nach B. Deyer†††) etwa einer einprozentigen Zitronensäurelösung (0,013 Wasserstoff) entspricht, jedoch bei einzelnen Arten stark schwankt. Nach Czapek§) scheiden die Wurzeln wesentlich Kohlensäure aus; zum gleichen Schluß kommt Kassowitsch.§§) Auch die mechanischen Wirkungen der wachsenden Pflanzenwurzeln, die erhebliche Druck- und Sprengwirkungen üben können, (Pfeffer, Abh. math. phys. Kl. d. Sächs. Akad. 20. 1893.) unterstützen die Verwitterung und den Gesteinszerfall nicht unerheblich.

Einen sehr wichtigen Einfluß übt endlich die Pflanzenwelt durch den Schutz, den sie den Verwitterungsprodukten vor Abschlämmung gewährt. Die unzersetzten Gesteine werden unter der Bodendecke dauernd feucht erhalten, das Wasser fließt nicht oberflächlich ab, sondern dringt allmählich in die Gesteinspalten und öffnet der Verwitterung neue Wege.

---

*) Flora 1875, S. 132.
**) Progr. Realsch. Plauen i. V. 1892.
***) Walther, Einl. in d. Geol., S. 568.
†) Handb. d. Exp. Pflanzenphysiologie, S. 188.
††) Wharton, Nature 1884, S. 76.
†††) Zentrbl. Agrik.-Chem. 1894, S 800.
§) Landw. V.-St. 1899, 52, S. 473.
§§) Journ. exper. Landwirtsch. (russ.) 1902, S. 165.

Auch die Tierwelt ist nicht ganz ohne Bedeutung. Die Ameisen fördern durch ihre starksauren Ausscheidungen ohne Zweifel die Verwitterung. Nach Dusserre*) enthalten die Exkremente der Regenwürmer mehr lösliche Phosphorsäure als der ursprüngliche Boden, ferner mehr Ammoniak und Salpetersäure. Die Nitrifikation schreitet rascher voran.

7. Komplizierte Verwitterung und Bodenabsorption.

§ 14. Die löslichen Salze, welche bei der Zersetzung der Gesteine entstehen, wirken aufeinander und auf die Mineralien des Bodens ein und führen dadurch zu zahllosen Umsetzungen, die man in der Geologie als „komplizierte Verwitterung", in der Bodenkunde als „Bodenabsorption" bezeichnet.**)

Die hierher gehörigen Vorgänge sind durch verschiedene Ursachen bedingt. Überwiegend sind es:

1. Umsetzungen, welche unter der Herrschaft der chemischen Massenwirkung stehen, zugleich aber auch durch die chemischen Eigenschaften der Verbindungen, namentlich deren Unlöslichkeit, beeinflußt werden;
2. Vorgänge, deren Einordnung noch nicht hinreichend gelungen ist und die sowohl auf chemische wie physikalische Kräfte hindeuten (gallertartige Körper);
3. physikalische Oberflächenwirkungen;
4. Der Einfluß des Wassers.

Experimentelle Untersuchungen liegen in großem Umfange vor; unter den Forschern sind zu nennen Way, Liebig, Bischof, Peters, Lemberg, van Bemmelen, denen sich viele andere anschließen. Vorgänge der komplizierten Verwitterung sind lange bekannt. Die Bodenabsorption wurde zuerst von Way richtig erkannt; Liebig blieb es aber vorbehalten, ihre Bedeutung für den Boden festzustellen und deren Kenntnis zu verbreiten.

*) Ann. agronom. Suisse 1901 (2).

**) Die Bezeichnung dieser Vorgänge als „Bodenabsorption" stammt aus einer Zeit, in der man die Vorgänge überwiegend physikalisch, als Oberflächenwirkung der fein verteilten Bodenteilchen betrachtete. Hat sich diese Auffassung auch nicht bewährt und sind die Prozesse ganz überwiegend chemischer Natur, so dass meist der Aufnahme eines Stoffes die Wegfuhr eines andern entgegensteht; bezeichnet man endlich in der Physik mit Absorption nur die Aufnahme von Gasen in Flüssigkeiten, so liegt doch kein Grund vor, einen eingebürgerten und allgemein verstandenen Ausdruck aus theoretischen Bedenken aufzugeben, noch weniger aber die Bezeichnung Adsorption zu gebrauchen (in der Physik Anlagerung an die Oberfläche fester Körper), die für diese Vorgänge zugleich neu und falsch ist.

Die hierher gehörigen chemischen Umsetzungen an einem Beispiel zu erläutern, sind die Arbeiten von Lemberg*) geeignet.

Lemberg arbeitete mit wasserhaltigen Silikaten. Eins derselben hatte folgende Zusammensetzung:

Silikat I:	Kieselsäure	46,64 %
	Tonerde	29,38 %
	Kali	22,75 %
	Natron	1,83 %

Nachdem auf dieses Silikat drei Wochen hindurch kohlensäurehaltiges Wasser eingewirkt hatte, enthielt es

Silikat II:	Kieselsäure	54,03 %
	Tonerde	39,65 %
	Kali	5,34 %

Unter der Massenwirkung des im Überfluß vorhandenen kohlensäurehaltigen Wassers war der größte Teil des Kali in Lösung gegangen.

Führte man dem Silikat II wieder durch Behandeln mit Kalilauge Kalium zu, so hatte das Silikat III folgende Zusammensetzung:

Silikat III:	Kieselsäure	46,60 %
	Tonerde	35,67 %
	Kali	17,73 %

Das Silikat hatte also den größten Teil des Kaliums wieder aufgenommen; eine erneute Einwirkung von Wasser würde es wiederum in Lösung gebracht haben. Die Zusammensetzung der Silikate wechselt also und ist von der Masse des einwirkenden Wassers und der Masse des Kaliums abhängig. Es bildet sich stets ein Zustand chemischen Gleichgewichtes heraus.

Durch Einwirkung von Chlorammonium auf das Ausgangsmaterial (Silikat I) wurde das Kalium fast völlig verdrängt und Ammoniak aufgenommen. Es war eine Verbindung von folgender Zusammensetzung gebildet worden:

Silikat IV:	Kieselsäure	56,17 %
	Tonerde	34,59 %
	Kali	0,89 %
	Ammoniak (NH_3)	8,37 %.

Da 8,37 Teile Ammoniak in der chemischen Wirkung 23,14 Teilen Kali entsprechen, hierzu noch das ebenfalls verdrängte Natron in

*) Zeitschr. d. Geol. Ges. 1876, S. 318.

Rechnung zu stellen ist, so ergibt sich, daß die Basen nahezu (21,26 : 22,75) im Äquivalentverhältnis vertreten waren.

In ähnlicher Weise, wie hier durch Ammon, würde man das Kali durch Natron- oder Kalksalze ersetzen können. Das Beispiel soll nur lehren, in welchem Sinne die Umsetzungen verlaufen und eine Andeutung von den immer wechselnden zahllosen Prozessen im Boden gewähren. Alle lassen sich darauf zurückführen, daß sich ein Zustand des chemischen Gleichgewichts zwischen den Wirkungen des Wassers, der Bestandteile des Bodens und der verschiedenen gelösten Salze herstellt. Natürlich wird dies stark von der Wirkungsweise der einzelnen Elemente und Verbindungen, sowie von der Löslichkeit der entstehenden Verbindungen beeinflußt. Um bei dem oben gewählten Beispiele zu bleiben, würde ein sehr großer Überschuß von Kalk- oder Natronsalzen notwendig sein, um alles Kali aus dem Silikate zu verdrängen. Daß dies möglich ist, zeigen die Versuche von Rümpler,*) der durch Behandlung mit Kalkwasser einen Boden völlig an löslichem Kali erschöpfte.

Auch Schlößing (Compt. rend. 137 S. 1206. 1903) zeigte, daß durch Kalknitrat die Böden an löslichem Kali fast völlig erschöpft werden können.

§ 15. Die Vorgänge der komplizierten Verwitterung unterscheiden sich kaum von denen der Absorption des Bodens. Die Abscheidung der entstehenden Verbindungen in wohlausgebildeten Kristallen, welche sich durch den langsamen Verlauf und Jahrhunderte lange Dauer der Vorgänge erklärt, läßt die entstehenden Produkte leichter erkennen, als dies im Boden möglich ist.

Die absorbierende Wirkung der Gallertkörper (Colloide) ist durch van Bemmelen eingehend studiert worden.**) Die Colloide sind amorph, nehmen große Mengen Wasser zwischen ihre Molekülen auf (sind aufquellbar) und bilden leicht zersetzbare Verbindungen, welche je nach Menge der wirksamen Stoffe, namentlich auch des Wassers, wechselnde Zusammensetzung haben. van Bemmelen bezeichnet sie als „Absorptionsverbindungen“. Es ist schwierig, die Grenze zwischen chemischer und physikalischer Bindung zu ziehen; im allgemeinen ist es aber wohl gerechtfertigt, die erstere als vorwiegend anzusehen.

Durch Einwirkung von Elektrolyten fallen die quellbaren Körper aus; sie verhalten sich also ganz ähnlich wie sehr feinkörnige Mineralteile.

---

*) Deutsche Zuckerindustrie 1901, S. 585. (Eine der besten Arbeiten über Absorption durch Austausch!)

**) Landw. V.-St. 35, S. 69.

Läßt man Colloide in Salzlösungen aufquellen, so nehmen sie die Flüssigkeit entweder als Ganzes auf, oder es kann mehr Wasser oder mehr Salz aufgenommen werden als dem Gehalte der Lösung entspricht. Fällt man Colloide aus, so halten sie meist Salz fest. Nach R. Schaller*) reißt z. B. ausfallendes Eisenoxydhydrat aus kalkhaltigen Lösungen viel Kalk mit. Die Menge ist abhängig vom Gehalte an Kalk und Eisen. Schaller betrachtet den Vorgang als reine Oberflächenwirkung (Adsorption).

Colloide, z. B. Kieselsäure, können zersetzend auf Salze einwirken. Es tritt dies namentlich hervor bei schwachen, mehrbasischen Säuren, wie Kohlensäure, Phosphorsäure; es bilden sich Silikate und saure Salze. Aber auch hier sind die chemischen Eigenschaften entscheidend. Z. B. entzieht Kieselsäure dem Kalkkarbonat einen Teil des Kalkes unter Bildung von Bicarbonat;**) colloidales Eisenoxyd den Ammoniaksalzen einen Teil der Säure.***) Es handelt sich demnach um Wirkungen, welche auf die sauren oder basischen Eigenschaften der betreffenden Substanzen zurückführbar sind.

An Colloiden kommen im Boden vor:

Amorphe Silikate; man schreibt diesen Körpern große Bedeutung für den Boden zu. Im aufquellbaren Zustande können sie nur vorkommen, wenn wenig lösliche Salze vorhanden sind, so daß ihre Menge den „Schwellenwert" der flockenden Einwirkung nicht überschreitet (siehe Bodenphysik).

Dem Verfasser sind amorphe Silikate bei seinen Untersuchungen nur selten entgegengetreten und nur in schweren ungünstig veränderten Ackerböden bekannt geworden. Die übliche Gleichstellung der nach der Schlößingschen Methode alschlämmbaren Teile mit den amorphen Silikaten ist sicher unrichtig.

Colloidale Kieselsäure findet sich verbreitet in den Böden und tritt bei mikroskopischer Untersuchung oft hervor; sie ist wohl ohne Zweifel ein wesentlicher Träger der Absorptionswirkungen, zumal sie auch aus Lösungen Salze aufzunehmen vermag.†)

Colloidales Eisenoxyd ist ein weit verbreiteter Bestandteil der tropischen Böden, der Laterite und Roterden. Es ist anzunehmen, daß es sich auch in manchen Sanden nördlicherer Gegenden findet. Über die Wirksamkeit im Boden ist noch kaum etwas bekannt. Colloidale Tonerde findet sich in unseren Böden nur in Spuren, scheint aber in den Tropen ebenfalls verbreitet zu sein.

---

*) Zeitschr. anorg. Chem. 1901, 14, S. 1294.

**) van Bemmelen, Landw. V.-St. 35, S. 76.

***) Warington, Journ. f. prakt. Chem. 104, S. 316.

†) G. C. Schmidt, Zeitschr. phys. Chem. 15, S. 56.

C o l l o i d a l e H u m u s s t o f f e. Die Humusstoffe des Bodens tragen zum großen Teil den Charakter aufquellbarer Körper; in den nährstoffreichen Böden werden sie ausgefällt unter Bildung von salzartigen Verbindungen; in den armen Böden gehen sie dagegen teilweise in Lösung. Die Salze der Alkalien sind löslich, absorbierende Wirkungen können daher nur von den Humaten auf Erden und Leichtmetalle ausgeübt werden. Die Kenntnis der Humusstoffe ist noch viel zu ungenügend, um ein abschließendes Urteil zu ermöglichen; jedenfalls wird man gut tun, den Humusstoffen, entgegen den herrschenden Ansichten, für die Absorption im Boden keine zu große Bedeutung beizumessen.

Eine Ausnahme davon macht die Aufnahmefähigkeit für freie Basen und deren Karbonate. Im Boden kommt nur Ammoniak und kohlensaures Ammon in Frage; es scheint wenigstens teilweise chemisch gebunden und in schwer angreifbare Verbindungen übergeführt zu werden. Zumal sauere Humusstoffe sind wirksam. Es tritt dies z. B. bei der Anwendung der Torfstreu hervor.

P h y s i k a l i s c h e A b s o r p t i o n ist auf Adsorption an der Oberfläche fester Körper zurückzuführen und kann daher nur einen erheblichen Wert erreichen, wenn die Oberfläche sehr groß ist, wie es bei den Colloiden und namentlich bei den organischen Stoffen der Fall ist.

Die starke Adsorption der Kohle und, wie es scheint, einzelner humoser Stoffe für Farbstoffe u. dgl. scheint für Salze nicht hervorzutreten. Wenigstens ergeben die Versuche von K ö n i g*) beim Behandeln von Humusstoffen mit Salzlösungen Zunahme der Konzentration in den Lösungen.

Die T r ä g e r d e r A b s o r p t i o n i m B o d e n sind fein verteilte Mineralarten, wasserhaltige Silikate, colloidale Stoffe verschiedener Art.

Von den Mineralien ist Q u a r z ohne absorbierende Wirkung, wie direkte Versuche im Gegensatz zu den Angaben von S e m i a t s c h e n s k i (s ü d r u s s i s c h e K a o l i n e) ergeben haben, der für Ammonchlorid Absorption annahm.

Ohne Absorption ist ferner K a o l i n, wie bereits R a u t e n b e r g**) feststellte, und von v a n B e m m e l e n***) und D i e t r i c h†) bestätigt wird, wohl aber verbindet sich Kaolin mit einwirkenden Alkalisilikaten zu Doppelsilikaten, welche dann absorbierend wirken.

*) Ber. d. Landw. Inst. Halle 1880, II, S. 40.
**) Journ. f. Landw. 1862, 7, S, 421.
***) Landw. V.-St. 1879, 23, S. 276.
†) Mitt. bad. geol. Landesanst. IV, Heft 3. 1901.

Die Wirkung der wichtigsten gesteinbildenden Mineralien ist wiederholt untersucht. Alle zeigen, wenn auch teilweise nur sehr geringe Wirkungen (Orthoklas), die von der Korngröße stark beeinflußt werden.

Die hauptsächlichsten Träger der Absorption sind wasserhaltige Silikate, wohl überwiegend Doppelsilikate der Tonerde und des Eisenoxyds. Kristallisiert finden sich die ersteren als Zeolithe in den Gesteinen. Nach zahlreichen Versuchen zeigen sie Basenaustausch, wie wir ihn im Boden beobachten. Man hat daher schon lange die zeolithartigen Bestandteile als die wichtigsten Träger der Bodenabsorption betrachtet. Die mikroskopische Untersuchung des Bodens läßt hierher gehörige kristallisierte Bestandteile im Boden nicht erkennen. Es ist vielleicht richtiger, anstatt hypothetische Körper im Boden anzunehmen, die ganze Menge der ununterscheidbaren kleinsten Teile mit Steinriede unter der Bezeichnung Argillite zusammenzufassen. (Anlt. z. mineral. Boden-Anal. Leipzig 1889.)

§ 16. Bestimmung der Absorption des Bodens.

Man hat Methoden ausgearbeitet, um die Absorption des Bodens zu bestimmen. Es ist nicht wahrscheinlich, daß diese Bestimmungen großen Wert haben. Ein an Ton reicher Boden wird in der Regel größere Absorption aufzuweisen haben als ein an Ton ärmerer. Ein gut gedüngter Boden kann aber, gerade infolge seines Nährstoffreichtums, weniger absorbieren als ein ärmerer; immerhin kann es für wissenschaftliche und für praktische Fragen Wert haben, die Absorptionswirkung des Bodens festzustellen.

Als Absorptionskoeffizient eines Bodens bezeichnet man die in Milligrammen ausgedrückte, von 100 g Boden aufnommene Menge der Stoffe.

Zu den Versuchen benutzt man $^1/_{10}$ oder $^1/_{100}$ Normallösungen (in einem Liter $^1/_{10}$ oder $^1/_{100}$ des Äquivalentgewichtes in Gramm gelöst) und verwendet in der Regel Chlorammon, Kaliumnitrat, Calciumnitrat, Magnesiumsulfat und zweifachsaures Calciumphosphat zur Bestimmung.*) Für Ammoniak wählte Knop als Einheit die Menge elementaren Stickstoffs, ausgedrückt in ccm, welche von 100 g Boden gebunden werden.

Bei der Ausführung werden 50 g Feinerde mit 200 ccm der zu prüfenden Flüssigkeit übergossen und unter öfterem Umschütteln 48 Stunden stehen lassen. In einer gemessenen abfiltrierten Flüssigkeitsmenge erfolgt die Bestimmung.

*) Näheres in König, Unters. landw. u. gew. Stoffe S. 48.

Für die einzelnen Stoffe gelten folgende Sätze:

B a s e n . Von metallischen Elementen werden alle S c h w e r - m e t a l l e stark gebunden. Der Boden hat durchaus kein Wahlvermögen für Pflanzennährstoffe, und anderseits ist ein mäßiger Gehalt an gebundenem Kupfer, Zink u. dgl. für die Entwicklung der Pflanze ohne Schaden.*)

K a l i u m und A m m o n werden in äquivalenter Menge (etwa 3 Teile K_2O auf 1 T. NH_4) aufgenommen und stark gebunden. In der Regel erfolgt die Absorption unter Austausch, wobei Calcium, Natrium, Magnesium in Lösung gehen. Kohlensaures Kali kann jedoch von hydratischer Kieselsäure, kieselsaures Kali von Kalkkarbonat direkt gebunden werden.

N a t r i u m , welches meist lösliche Salze bildet, wird erheblich schwächer absorbiert als die beiden erstgenannten Körper.

C a l c i u m ist noch weniger absorbierbar als Natrium, es wird als Karbonat, Humat oder Phosphat gebunden und kann in den Silikaten sehr leicht durch andere Basen ersetzt werden.

M a g n e s i u m verhält sich dem Calcium ähnlich, scheint aber etwas stärker gebunden zu werden als dieses.

S ä u r e n. Die Absorption der Säuren ist von der Löslichkeit der Salze abhängig. Gebunden werden Säuren nur, wenn sie unlösliche Salze bilden können; es ist dies namentlich bei der

P h o s p h o r s ä u r e der Fall, welche mit Calcium, Magnesium, Eisen und Tonerde unlösliche Verbindungen bildet.

S c h w e f e l s ä u r e wird sehr schwach, C h l o r und S a l - p e t e r s ä u r e werden nicht absorbiert.

§ 17. D e r V o r g a n g d e r A b s o r p t i o n i n n e u t r a - l e n B ö d e n gestaltet sich demnach in den meisten Fällen für die wichtigsten Nährstoffe nach folgenden Regeln:

1. P h o s p h o r s ä u r e , K a l i , A m m o n w e r d e n s t a r k , K a l k u n d M a g n e s i a , S c h w e f e l s ä u r e w e r d e n s c h w a c h , C h l o r u n d S a l p e t e r s ä u r e w e r d e n n i c h t g e b u n d e n.
2. D a s z u g e f ü h r t e S a l z w i r d g a n z a u f g e - n o m m e n , wenn es direkt gebunden werden kann (z. B. Kaliumsilikat und Eisenoxyd bilden ein Doppelsilikat), oder wenn ein Teil gebunden, der andere unlöslich abgeschieden wird (doppeltphosphorsaures Calcium und Eisenoxyd bilden phosphorsaures Eisenoxyd und zwei- oder dreibasisch phosphorsauren Kalk), oder wenn Säure und Metall unlösliche Ver-

*) A. B a u m a n n , Landw. V.-St.

bindungen bilden (phosphorsaures Kalium und Eisenoxyd und Tonerdesilikat = Phosphorsaures Eisenoxyd und Doppelsilikat von Kalium-Tonerde).

3. Ein Teil des Salzes wird aufgenommen, während äquivalente Mengen vorher gebundener Stoffe in Lösung gehen. (z. B. aus Chlorkalium wird Kalium gebunden und Natrium, Calcium, Magnesium gehen in Lösung).

Da hierbei chemische Massenwirkungen eine Hauptrolle spielen, so ist für den tatsächlichen Verlauf entscheidend, welcher Stoff in relativ (im Verhältnis zu seinem Wirkungswert) größter Menge vorhanden ist. Auf diesem Vorgange beruht die Erschöpfung der Böden an Kalk und Magnesia nach starker Düngung mit Kalisalzen und mit Chilisalpeter; sowie die „aufschließende“ Wirkung vieler Dünger, auch jener, welche wie Kochsalz keine unmittelbaren Pflanzennährstoffe enthalten („indirekte Dünger“), wohl aber im Boden gebundene löslich oder leichter zugänglich machen.

Gips, Mergel, Chilisalpeter enthalten wichtige Düngestoffe, erschöpfen aber zugleich das Bodenkapital.*)

In sauer reagierenden Böden ist die Absorption stark geschwächt. Die übermächtige Wirkung der Humussäuren macht alle Bodenbestandteile mehr oder weniger löslich. Es gilt dies auch für die Phosphorsäure. Bisher fehlen sorgfältige Untersuchungen über den Gegenstand; ein Einblick wird erst bei besserer Kenntnis der Humussubstanzen möglich sein.

Die Bedeutung der Bodenabsorption für die Pflanzenernährung beruht darauf, daß wichtige und meist sparsam vorhandene Nährstoffe, wie Kalium, Ammon, Phosphorsäure in den oberen Bodenschichten festgehalten werden. Fast noch wichtiger ist die Beeinflussung der Konzentration der Bodenflüssigkeit.**) Indem das Wasser selbst Massenwirkungen ausübt, wird der Salzgehalt des Bodenwassers günstig gestaltet. Bei viel Wasser gehen mehr Salze in Lösung, die Wurzeln sind also nicht gezwungen, ihren Bedarf aus sehr nährstoffarmen Flüssigkeiten zu decken und beim Austrocknen des Bodens werden die Salze gebunden. Es wird dadurch einer schädigenden Wirkung zu starker Lösungen vorgebeugt.

---

*) Die Bezeichnung „ausgemergelt“, die Bemerkungen, daß Mergelung „auf reichen Böden am günstigsten wirke“ oder „reiche Besitzer und arme Erben mache“, zeigen die Erkenntnis der aufschließenden, sowie anderseits der erschöpfenden Wirkung einseitiger Mineraldüngung.

**) A. Mayer, Agrik.-Chem.

8. Die Auswaschung des Bodens.

§ 18. Unter den großen Vorgängen, welche die Erdoberfläche beeinflussen und weiten Gebieten ihren Charakter aufprägen, ist wohl die Wirkung der Auswaschung des Bodens am spätesten erkannt worden. Solange Geologie getrieben wurde, ist auch die Abfuhr gelöster Stoffe durch die Flußwässer beobachtet; wenn man trotzdem diesem Vorgang für die Bodenbildung wenig Bedeutung beilegte, so geschah es wohl, weil man die Wirkung der Absorption überschätzte und anderseits nicht gewohnt war, den Boden von größeren, weitere Gebiete umfassenden Gesichtspunkten zu betrachten. Hierzu kam noch, daß die Untersuchungen sich fast nur auf die schwereren, dem Ackerbau dienenden Flächen beschränkten. Die ersten eingehenden Beobachtungen hat die forstliche Bodenkunde und das Studium der Sandböden geliefert.*) Die allgemeine Bedeutung des Vorganges ist von Hilgard gewürdigt**) und in neuerer Zeit auch von russischen Forschern (Tanfiljew, Wysotzki u. a.) in den Vordergrund der Betrachtung gestellt worden.

Von allen auf den Boden einwirkenden Faktoren ist das Wasser der einzige, welcher bei den Niederschlägen in immer neuer Menge zugeführt und hierdurch fortgesetzt wirksam wird. Je nach dem Verhältnis, in welchem Verdunstung und Niederschläge stehen und der Menge der Sickerwässer, werden sich die Vorgänge im Boden verschieden gestalten und maßgebend für dessen Eigenschaften werden. Sind Niederschlag und Verdunstung etwa im Gleichgewicht, oder überwiegt die Verdunstung, so sammeln sich die Verwitterungsprodukte im Boden an; überwiegen die Niederschläge, so werden die Böden ausgewaschen und die löslichen Stoffe mit den Sickerwässern weggeführt. Im ersten Falle schreitet die Zersetzung der Gesteine langsam fort und herrschen im Boden die mannigfaltigen Verbindungen der komplizierten Verwitterung vor, die Böden tragen feinsandigen Charakter; im zweiten Falle überwiegen die Faktoren der einfachen Verwitterung, welche zur Entstehung tonreicher Böden führt.

In klimatisch extremen Gebieten kann daher aus der Verwitterung der verschiedenartigsten Gesteine ein einheitlicher Boden hervorgehen, der seinen Charakter aus der Summe aller meteorologischen Faktoren erhält. Im gemäßigten Klima oder in den Grenzbezirken einzelner Gebiete gewinnt jedoch die Zusammensetzung der vorkommenden Gesteine größeren Einfluß. Die Bodenarten tragen

---

*) Emeis, Waldbauliche Forschungen. Berlin b. Springer.
P. E. Müller, Natürliche Humusformen. Berlin b. Springer.
Ramann, Unters. üb. Streuböden. Zeitschr. f. Forst- u. Jagdw. 1883.

**) Einfluss des Klimas auf Bodenbildung. Heidelberg 1893.

ähnlichen Charakter, weichen aber nach der Gesteinsart erheblich voneinander ab, und die Veränderungen, welche die Böden erleiden, werden stark durch ihre Struktur beziehentlich durch ihr Verhalten zum Wasser bedingt. Ein Sandboden kann unter diesen Umständen bereits alle Eigentümlichkeiten stark ausgewaschener Böden aufweisen, während ein benachbarter Lehmboden noch kaum beeinflußt zu sein braucht.

Die Menge des wirkenden Wassers ist für klimatische Gebiete wohl ziemlich gleich groß. Unebenheiten des Bodens können örtlich Unterschiede hervorrufen, im großen Durchschnitt kann man aber gleiche Zufuhr annehmen. Ist die Wirkung trotzdem verschieden, so muß die Ursache im Boden liegen und die Vorgänge werden zumal von der Tiefe des Eindringens des Wassers und durch die Wasserbewegung im Boden beeinflußt werden.

Leider liegen hierüber bisher wenig Beobachtungen vor.

Für Sandböden haben die Untersuchungen des Verfassers gezeigt,*) daß die ganze Bodenschicht ziemlich gleichmäßig vom Wasser durchsunken wird. Wasserbestimmungen nach stärkeren Regen lassen dies deutlich erkennen. Zunächst ist die oberste Bodenschicht am feuchtesten, in den nächsten Tagen eine tiefer gelegene und so fort bis endlich eine undurchlässige Schicht erreicht wird, auf der das Wasser sich anstaut. Es ist dies die regelmäßige und in den oberen Lagen stets eintretende Wasserbewegung in Sandböden; nur gelegentlich verursachen einzelne Schichten abweichender Korngröße Änderungen.

Anders verhält sich das Wasser gegenüber Lehmböden. Zunächst tritt der große Unterschied in der Wasserkapazität in Wirkung. Während Sandböden während der Vegetationszeit nach ausgiebigen Niederschlägen Sickerwasser abfließen lassen, geschieht dies unter mittleren klimatischen Verhältnissen nicht bei Lehmböden. Die oberste gekrümelte Schicht ist in der Regel bei Waldböden wenig mächtig, sie wird vom Wasser gleichmäßig durchfeuchtet. Die tieferen Bodenlagen sind zumeist von feinen Poren durchzogen; in diesen Hohlräumen und mit Vorliebe in den Gängen verrotteter Wurzeln und in den Röhren der Regenwürmer bewegt sich das Wasser, und von ihnen aus sättigt sich die Hauptmasse der Erde durch kapillare Aufnahme.

Es bestehen daher zwischen unseren beiden Hauptbodenarten in ihrem Verhalten zur Auswaschung tiefgehende Unterschiede.

---

*) Forsch. d. Agrik.-Phys. 11, S. 327.

Verlauf der Auswaschung der Böden.

§ 19. Die einfachsten und am leichtesten erkennbaren Verhältnisse findet man in den Sandböden.

Regen und Schneewässer treffen die Bodenoberfläche als nahezu reines, nur schwach kohlensäurehaltiges Wasser. In Berührung mit dem Boden wird es rasch Salze aufnehmen und den Sättigungsgrad erreichen, welcher dem statischen Gleichgewicht zwischen der Zusammensetzung des Bodens und der wirkenden Wassermenge entspricht. Die nächsttiefere Bodenschicht kommt bereits mit einer mehr oder weniger gesättigten Salzlösung in Berührung, die Fähigkeit, noch Stoffe aufzunehmen, ist daher geschwächt und wird immer mehr abnehmen, in je größere Tiefen das Wasser eindringt.

In der Abb. 3 sind diese Verhältnisse schematisch dargestellt. Zugeführtes Wasser wird sich in der Schicht *a* annähernd sättigen, in *b* nur noch wenig, in *c* fast nichts mehr aufnehmen können.

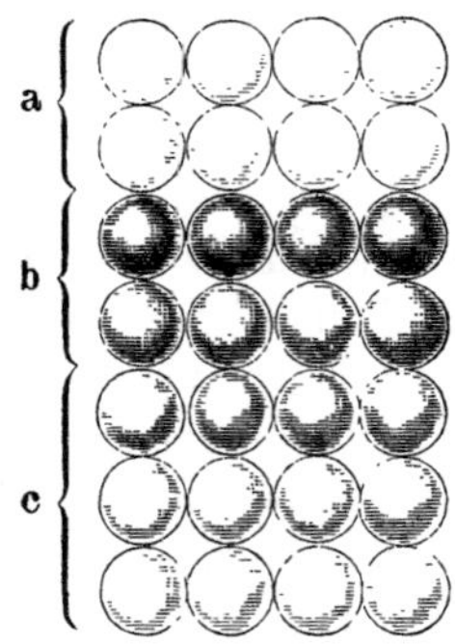

Abb. 3.

Die Auswaschung trifft also nicht alle Bodenschichten gleichmäßig, sondern schreitet allmählich von der Oberfläche nach der Tiefe fort. Auf diese Vorgänge ist die bodenkundlich bedeutsame Tatsache zurückzuführen, daß völlig verwitterte und an löslichen Salzen durch Auswaschung erschöpfte Schichten auf noch reichem Boden auflagern, ja sich davon oft in scharfer Linie absetzen. Zugleich werden in den salzarmen Schichten die Krümel zerstört und die Tonteile leichter beweglich, die Humusstoffe quellen auf; es sind dies Wirkungen, welche zu einer immer weiter fortschreitenden ungünstigen Änderung des Bodenzustandes führen.

Die einzelnen Salze verhalten sich gegenüber der Auswaschung entsprechend ihrer Löslichkeit. In absteigender Reihe folgen sich etwa Chloride und Nitrate, Sulfate, Karbonate des Ca und Mg, Phosphate.

Chloride finden sich in kleinerer Menge in allen Böden, sie scheinen zum erheblichen Teil den atmosphärischen Niederschlägen und im Ausgangspunkt dem Meere zu entstammen. Ansammlungen von Chloriden kommen in sehr niederschlagarmen Gebieten vor, wo sie sich namentlich in Tieflagen ansammeln (Salzsteppen), finden sich ferner am Meeresstrande und in der Nähe von Salzquellen.

Karbonate und Sulfate der Alkalien, welche sich in bezug auf Löslichkeit den Chloriden ähnlich verhalten, kommen in den Salzböden der Steppen verbreitet vor und bilden dort namentlich die sogenannten Alkaliböden, von denen man in Nordamerika die karbonathaltigen als „schwarze“, die sulfathaltigen als „weiße“ Alkaliböden unterscheidet.

Nitrate gehören zu den löslichsten Bodenbestandteilen. Bei der großen Bedeutung und der Kostspieligkeit der Stickstoffverbindungen als Düngerstoffe hat man der Auswaschung der Nitrate viel Aufmerksamkeit geschenkt und umfassende Untersuchungen angestellt.

In unseren Gebieten ist der Gehalt der Böden an Nitraten unter ursprünglichen Pflanzenformationen (Wald, Wiesen, alle sauer reagierende Böden) verschwindend klein; in Gebieten höherer Temperatur scheinen jedoch andere Verhältnisse zu herrschen. Für Ackerböden sind namentlich von Deherain zahlreiche Versuche angestellt worden, seine Zahlen sind jedoch infolge der Methode (Topfversuche) wohl viel zu hoch. Schlößing*) berechnet den Stickstoffverlust durch Auswaschen nach dem Gehalt der Flußwässer im Flußgebiet der Seine zu 4,2—8,5 kg für das Hektar. Es kann keinem Zweifel unterliegen, daß unsere Landwirtschaft meist infolge schlechter Düngerbehandlung durch Auswaschung der Nitrate alljährlich große Verluste erleidet.

Von Sulfaten kommt im Boden der Gips in Frage. Schwefelsaures Magnesium schließt sich in seinem Verhalten den leichtlöslichen Salzen an und ist ein häufiger Bestandteil der Gewässer und Böden der Salzsteppen Gips ist hauptsächlich der Träger der Schwefelsäure im Boden und hat wohl denselben Ursprung wie die Chloride; er entstammt zum Teil den verwitternden Mineralien, zum Teil dem Meerwasser, vielleicht auch dem Gehalt der Atmosphäre an Schwefel- bzw. Schwefliger Säure (Verbrennung von Kohlen; Aushauchungen der Vulkane). Von den Pflanzen aufgenommen, wird Schwefelsäure in organische Verbindungen übergeführt und erst bei der Verwesung wieder zurückgebildet. Hierdurch wird der Auswaschung entgegengewirkt.

Abscheidungen von Gips sind in schwer durchlässigen Schichten (Ton) häufig; im Boden finden sie sich oft in reichlicher Menge in Steppengebieten, wo der Gips in den oberen Lagen oft Konkretionen bildet. In den humiden Gegenden fehlen derartige Ausscheidungen.

Karbonate des Kalkes sind wichtige und verbreitete Bodenbestandteile. Soweit die Bodenarten nicht aus Kalkgesteinen

*) Compt. rend. 120 (1895) S. 256.

hervorgegangen sind, entstammt der kohlensaure Kalk der Verwitterung der Silikate. Alle Böden arider Gebiete sind kalkreich; unter mittleren klimatischen Verhältnissen schwankt der Gehalt in weiten Grenzen, in ausgesprochen humiden wird das Kalkkarbonat ausgewaschen; es können selbst Verwitterungsböden der Kalkgesteine sehr kalkarm sein; der noch vorhandene Kalk ist dann zumeist an Kieselsäure gebunden.*)

Die Phosphate gehören zu den gegen Auswaschung am widerstandsfähigsten Bestandteilen des Bodens. Phosphate werden vom Wasser nur in geringer Menge aufgenommen und bilden mit allen vorkommenden Metallen mit Ausnahme der Alkalien unlösliche (Eisen, Aluminium, Magnesium) oder sehr schwer lösliche (Calcium) Verbindungen.

Die Silikate unterliegen der Auswaschung in beschränktem Umfange. Es können hydratische Kieselsäure und Silikate der Alkalien weggeführt werden. Die häufigen Ausscheidungen kristallinischer Kieselsäure (Quarz, Chalcedon) zeigen, daß Kieselsäure ein beweglicher Bodenbestandteil ist.

Durch Auftreten freier Humussäuren im Boden erhalten die Vorgänge der Auswaschung einen andern Charakter. Zumal Eisenverbindungen, Phosphate werden löslich; die widerstandsfähigen Silikate werden zersetzt und in lösliche Verbindungen übergeführt. Alle Gebiete mit sauer reagierendem Boden sind daher stark ausgewaschen.

Guten Einblick in die Verhältnisse der sauren Humusböden geben die Analysen der Moorböden und Moorwässer, sowie der Heideböden. Die Moore sind immer arm an Kali, welches wenigstens bei den Flachmooren nur durch Auslaugung entfernt sein kann. Aus Sphagnumtorf kann man fast die ganze Menge des vorhandenen Kalis durch Wasser ausziehen und in Lösung bringen. Die zersetzende Wirkung der sauer reagierenden Moorböden auf Phosphate ist bekannt; die Abwässer sind reich an Kieselsäure; bei Zusatz von Kalkkarbonat gehen große Mengen Kalk in Lösung.

Die Heideböden zeigen starke Auswaschung und Verarmung an allen Mineralstoffen mit Ausnahme der unlöslichen Form der Kieselsäure (Quarz). Alles dies zeigt, in welch außerordentlichem Grade die Auswaschung durch Auftreten der Humussäuren gesteigert wird.

Die Vorgänge in den Böden der tropischen Gebiete sind noch wenig bekannt, die vorliegenden Analysen der typischen Böden, der Laterite, zeigen jedoch, daß die Auswaschung

*) D. Meyer, Landw. Jahrb. 1900, 29, S. 913.

sehr stark einwirkt, jedoch Eisenoxyde nicht wegführt und daß ein überwiegend aus Eisenoyxdhydrat, Tonerde und Silikaten beider Basen bestehender Boden zurückbleibt.

Die Auswaschung ist von der Menge der angreifbaren Salze und der Menge des Wassers abhängig. Zwischen beiden Faktoren besteht Gleichgewicht. In Gebieten mit geringen Abwässern enthalten die Bodenwässer mehr Salze gelöst (in den Steppen sind alle Grundwässer salzreich, in den Wüsten meist brakisch) als in humiden Gegenden, weil hier infolge jahrhundertelanger Einwirkung die Hauptmenge der löslichen Salze bereits weggeführt ist und anderseits die lösende Wirkung entsprechend den Verhältnissen des chemischen Gleichgewichtes mit Abnahme der angreifbaren Stoffe geringer wird.

Dem Verlust an löslichen Stoffen steht der Gewinn durch fortschreitende Verwitterung gegenüber. Dieser Faktor ist außer von klimatischen Verhältnissen von der Zusammensetzung der Gesteine abhängig und kann je nach den Verhältnissen auch in humiden Gebieten überwiegen oder hinter der Auswaschung zurückbleiben. Im allgemeinen darf man annehmen, daß die chemische Zersetzung durch Wegfuhr der Verwitterungsprodukte gesteigert wird (das statische Gleichgewicht wird zugunsten der Verwitterung verschoben); es steht daher im vollen Einklange mit der Theorie, wenn unter Waldbestand berechte und durch Auswaschung erschöpfte Sandböden stärker verwittern als geschonte.

Der Auswaschung steht ferner, soweit man von absichtlicher (Düngung) oder unabsichtlicher (Schlickablagerung der Flüsse, Aufwehen von Bodenteilen) Zufuhr absieht, die Tätigkeit der Pflanzenwelt entgegen. Die Pflanzen, zumal die Bäume, nehmen Nährstoffe aus verschiedenen, oft tiefen Bodenschichten auf und führen sie der Oberfläche nach dem Absterben der Pflanze oder einzelner Teile derselben (Streuabfall) zu. Auf diesem Wege wird der Auswaschung kräftig entgegengewirkt. Wenn sie auch im Laufe langer Zeiträume in allen humiden Gebieten das Übergewicht erlangt, so ist doch unter mittleren Verhältnissen die Einwirkung vermindert und kann in gar nicht seltenen Fällen sich so gestalten, daß eine Anreicherung der oberen Bodenschichten an löslichen Stoffen erfolgt, trotzdem der Gesamtgehalt des Bodens vermindert wird.

Grund- und Quellwasser.

§ 20. Einen Einblick in die stattfindende Auswaschung geben die Zusammensetzungen der Grund- und Quellwässer, für größere Gebiete die der Flußwässer.

Es liegen zahlreiche Analysen vor und ihre Zahl vermehrt sich infolge der Frage der Wasserversorgung der Städte in erfreulicher Weise, so daß es bereits möglich ist, einen Überblick zu erhalten.

a) Sickerwässer der Erdböden (Lysimeterwässer) sind sehr wechselnd in ihrer Zusammensetzung und können durch den landwirtschaftlichen Betrieb, zumal durch Düngung, stark beeinflußt werden.

Die folgende Tabelle gibt eine Anzahl Analysen*):

I. Strenger Lehmboden von Schlau in Böhmen.
II. Derselbe Boden gedüngt.
III. Toniger Boden mit Kalkuntergrund. Proskau.
IV. Lehmige Weinbergserde 27. Februar.
V. Derselbe Boden, am 6. März.
VI. „ „ „ 12. „

1 Liter abfließendes Wasser enthält mgr:

	I	II	III	IV	V	VI
Kali	3	6	2	109	122	114
Natron	6	23	14	243	250	219
Kalkerde	53	68	134	61	64	86
Magnesia	9	3	32	8	?	8
Eisenoxydul	6	6	2	?	?	?
Phosphorsäure	Spur	Spur				
Schwefelsäure	27	29	122	138	121	150
Chlor	9	39	5	231	236	208
Kieselsäure	11	9	7	32	48	46
Gesamtmenge	124	183	318	822	841	831

Es zeigt sich, daß Calcium und Natrium stark ausgewaschen werden, aber auch der Gehalt an Kali erreicht in den Abwässern eine beträchtliche Höhe.

Festzuhalten ist, daß die Zusammensetzung nicht nur nach klimatischen Gebieten, sondern auch nach Bodenart und für denselben Boden im Laufe der Jahreszeiten wechselt.

b) Für die Quellwässer gelten folgende Regeln:

1. Quellwässer sind zumeist reicher an löslichen Salzen und namentlich infolge höheren Gehaltes der Bodenluft an Kohlensäure reicher an Kalk und Magnesiasalzen (es sind harte Wässer) als die Oberflächenwasser.
2. Die Zusammensetzung der Quellwässer ist von der Beschaffenheit der durchflossenen Gesteine abhängig. Zum Teil findet

*) I u. II nach Zöllner, III nach Kroker, IV—VI nach Audoynoud und Chaugit. Fernere Analysen von Bräunlen, Landw. V.-Stat. 1, S. 157; Lawes, Gilbert und Warington, Centbl. Agrik.-Chem. 1882 usw.

einfache Auslaugung der Gesteine statt (Sandsteine, Löß), teils ist der Salzgehalt eine Folge chemischer Zersetzungen (Granit, Gneis, Schiefer).

3. Im allgemeinen sind die Quellwässer der kristallinischen Gesteine (zumal Granit, Gneis, Felsitporphyr) und der Schiefer arm an löslichen Stoffen, sie führen reichlich Kali aber wenig Kalk. In vielen Fällen vermögen diese Wässer organische Stoffe aufzulösen, und erhalten dann in dichten Schichten eine dunkle Färbung (daher viele Namen wie Schwarzach, Schwarza, Schwärze usw.; auch die im nordischen Diluvium verbreitete Art der Gewässer).

Die Gewässer der Kalkgesteine, Sandsteine, Löß, ferner der basischen kristallinischen Gesteine usw. sind in der Regel (Ausnahme z. B. viele Gewässer der Buntsandsteine) reich an löslichen Stoffen, besonders an Kalksalzen; sie lösen keine Humusstoffe und zeichnen sich durch klares, durchsichtiges Wasser aus.

§ 21. c) Aus Mooren entspringende Gewässer*) verdienen besondere Betrachtung. Die der Hochmoore sind sehr arm an festen Stoffen (1—3 Teile auf 100 000), enthalten dabei relativ viel Kali, Kieselsäure, Phosphorsäure neben großen Mengen organischer Substanzen gelöst. Die Wässer der Flachmoore sind reicher an löslichen Stoffen (etwa die zehnfache Menge der Hochmoorwässer), enthalten geringere Mengen organischer Bestandteile, häufig relativ reichlich Kali, Eisen in Lösung.

I. Kleines Hochmoor in Chorin (Mooskuten) Hochmoor.
II. Kleines Hochmoor in Chorin, Grenze des Hochmoors. Graben mit Flachmoorpflanzen.
III. Plager Fenn. Chorin. Hochmoor.
IV. Hochmoor von Augstumal.
V. „ „ „

100 000 Teile Wasser enthalten:

	I.	II.	III.	IV.	V.
K_2O	0,244	2,285	0,220	0,595	0,264
Na_2O	0,198	0,739	0,414	0,473	0,181
CaO	1,170	6,261	0,134	0,072	0,192
MgO	0,208	0,651	0,152	0,029	0,111
Fe_2O_3	0,903	4,008	0,126	0,016	0,114
P_2O_5	0,095	0,645	0,064	0,033	0,110
SiO_2	0,362	1,087	0,333	1,080	0,296
Mineralstoffe	3,278	16,45	1,979	2,704	1,31
Organische Substanz	12,741	27,83	0,55	20,86	12,30

*) Ramann, N. Jahrb. Mineral., Beilagebd. X. C. Weber, Hochmoor von Augstumal.

d) Die Quellwässer der Gebiete vorherrschender physikalischer Verwitterung (Hochgebirge, arktische Gegenden) sind arm an löslichen Stoffen; die der Gebiete der vorherrschenden Humussäureverwitterung sind arm aber relativ reich an Eisen; die der vorherrschenden Kohlensäureverwitterung haben mittleren, von der Gesteinsbeschaffenheit abhängigen Gehalt; die der ariden Gebiete sind reich an gelösten Stoffen.

Um ein Bild der Zusammensetzung einzelner Gewässer zu geben, folgen einige Beispiele aus klimatisch mittleren Gebieten:

I. Quellwasser von Liebwerd bei Teschen (Basalt).
II. Dgl. von Gomplitz bei Teschen (Löß).
III. „ „ Schützenhaus bei Teschen (Quadersandstein).
IV. „ „ der Marne bei Renne (Kalk).
V. „ von La Boisardier (Granit).
VI. „ bei Iserlohn (Schiefer).

In 1 Liter Wasser sind enthalten mgr:

	I.	II.	III.	IV.	V.	VI.
Kali	3,7	2,8	2,9	5,2	4,8	?
Natron	10,3	7,3	7,6	30,1	15,0	2,2
Kalk	50,5	146,7	40,6	163,7	6,4	24,8
Magnesia	12,8	23,3	13,9	18,7	6,3	6,1
Eisenoxyd	1,8	2,6	1,7	0,7	2,3	Spur
Chlor	6,4	7,1	18,0	26,5	13,5	?
Schwefelsäure	8,2	2,1	37,3	4,9	5,0	6,8
Kieselsäure	45,0	16,5	20,1	15,7	18,0	6,0
Gesamtgehalt	148,7	211,4	142,1	415,0	84,4	69,9

§ 22. e) Die Zusammensetzung der Flußwässer wird durch den Gehalt der Zuflüsse beeinflußt. Da jedoch immer ein größerer oder geringerer Teil des Wassers eines Flusses oberflächlichen Zuflüssen seinen Ursprung verdankt, und anderseits ein Teil des gelösten Kalkes durch Entweichen der Kohlensäure und Tätigkeit von Organismen abgeschieden wird, sind die Flußwässer salzarme, weiche Wässer.

Von den deutschen Flüssen enthielten in 100 000 Teilen (gr):

I. Weser (Unterlauf).
II. Elbe bei Hamburg.
III. Spree bei Berlin.
IV. Moldau bei Prag.
V. Donau bei Wien.
VI. Rhein bei Straßburg.
VII. Weichsel bei Kulm.
VIII. Isar bei München.

	I.	II.	III.	IV.	V.	VI.	VII.	VIII.
Kali	0,549	?	?	0,802	?	?	?	?
Natron	?	3,92	?	0,279	0,1	0,7	?	?
Kalk	5,720	4,54	5,20	1,134	4,8	8,2	7,7	8,09—6,96
Magnesia	1,303	Spur	0,60	0,490	1,2	0,24	1,3	?
Schwefelsäure	3,180	3,50	0,86	0,552	1,0	0,7	1,0	?
Chlor	1,754	2,03	2,12	0,347	?	1,2	?	0,11—0, 14
Kieselsäure	?	0,97	0,26	0,940	0,5	4,9	0,8	?
Org. Stoffe	?	13,60	?	0,9367	?	?	2,2	1,94— 2,65
Geb. Kohlensäure	?	3,16	4,34	1,115	4,5	6,2	6,3	5,90— 8,20
Salpetersäure	0,741	0,05	?	0,054	?	?	?)	0,01— 0,05
Gesamtrückstand	?	27,50	16,89	6,560	12,5	23,2	19,9	21,05—21,95

Zu bemerken ist noch, daß im Hochwasser der Flüsse der Gehalt an gelösten Stoffen (nicht an Sinkstoffen) niedriger ist als bei Niedrigwasser. Ein Beispiel geben Analysen des Flußwassers der Ill und Ach, die in 10,000 Teilen enthielten:

	Ill Sommer Juli	Ill Winter Dezember	Ach Sommer	Ach Winter
Eisenoyxd	4,25	1,41	8,43	2,66
Gips	10,37	3,84	13,75	8,47
Kohlens. Kalk	43,68	38,71	36,24	57,01
Kohlens. Magnesia	34,93	26,08	25,06	6,62
Alkalien	3,88	4,27	?	?

	Ill Sommer Juli	Ill Winter Dezember	Ach März	Ach Juni	Ach Oktbr.	Ach Dezbr.
Gesamtrückstand	0,174%	0,155%	0,159%	0,228%	0,196%	0,177%

§ 23. f) Meerwasser. Die abfließenden Gewässer sammeln sich in den Ozeanen an, der Gehalt an gelösten Stoffen reichert allmählich das Meerwasser an Salzen an, soweit sie nicht, wie der kohlensaure Kalk, durch die Organismen abgeschieden werden. Die Menge der alljährlich zugeführten Stoffe ist beträchtlich, aber verschwindend gegen den gewaltigen Salzgehalt der Meere. Mellard Reade berechnet z. B. die aus England und Wales dem Meere zuströmenden gelösten Stoffe zu $8^1/_2$ Mill. Tonnen.*) Trotzdem ist man nicht berechtigt, die im Meere enthaltenen Salze als Ausdruck der allmählichen Auslaugung des Landes anzusprechen, wie dies in der Regel geschieht. Viel eher ist es wahrscheinlich, daß die Hauptmenge des im Boden vorhandenen Chlors, sowie die Salze der Wüsten- und Steppengebiete dem Meere entstammen und durch Windbewegung fortgeführt worden sind.

*) Chem. Denudation in relat. to Geolog. Time. London 1879.

In den bekannten Gesteinen überwiegt im Durchschnitt die Menge des Kaliums das Natrium beträchtlich; der Chlorgehalt ist dagegen verschwindend gering. Im Meerwasser haben wir hauptsächlich eine Chlornatriumlösung. Kali bindende Prozesse fehlen außer im Erdboden fast völlig. Mit steigender Genauigkeit der Wasseranalysen lernen wir, daß die Menge des ausgelaugten Kalis durchaus nicht gering ist. Auch ohne Rüchsichtnahme auf die ungeheueren Massen der Steinsalzlager müssen die angeführten Gründe zur Überzeugung führen, daß ein von der Zufuhr durch Verwitterung unabhängiger Gehalt an Chlornatrium bereits bei Bildung der Weltmeere vorhanden war.

g) Durchschlämmung von Ton. In naher Beziehung zur Auswaschung der Böden steht der Transport von Ton in tiefere Bodenschichten und seine Abfuhr durch Quellwasser.

Bisher ist dieser Vorgang nur von Wollny untersucht worden.*) Bringt man auf einen tonhaltigen Boden Wasser, so läuft es zunächst klar ab und trübt sich erst, nachdem die löslichen Salze ausgewaschen sind. Es ist daher in der Natur möglich, daß sehr salzarme Wässer (Gletscherwässer, Moorwässer usw.) Ton verschlämmen und in größere Bodentiefen führen können. Zahlreiche tonreiche Streifen und Schichten unterhalb der diluvialen Lehmböden, Anreicherung des Tones im Ortstein und manche andere Erfahrung deuten darauf hin, daß eine Einschlämmung von Ton stattgefunden hat, die sich wohl nur aus der Wirkung sehr salzarmer Wässer erklären läßt. (Über Flockung des Tones vgl. Bodenphysik.)

9. Die Zeitdauer der Verwitterungsvorgänge.

§ 24. Die Zeit, welche zur Verwitterung von Gesteinen notwendig ist, war wiederholt Gegenstand der Untersuchung. Man muß sich jedoch vergegenwärtigen, daß physikalischer Zerfall wie chemische Zersetzung von zahlreichen, namentlich auch klimatischen Ursachen abhängig sind, so daß auch der sorgsamste Versuch immer nur ein Bild der örtlichen Verhältnisse wiederspiegelt. Hilger**) und seine Schüler verfolgten die Einwirkung der Atmosphärilien auf verschiedene Gesteine (Basalt, Sandstein, Kalke, Schiefer); bereits nach 3—4 Jahren waren merkbare Mengen Feinerde gebildet und zum Teil reichlich Gesteinsgrus erzeugt; Geikie***) beobachtete die Ver-

*) Forschg. Agrik.-Phys. 18, S. 201.
**) Jahresb. Agrik.-Chem. 1870/71, S. 4. Landw. Jahrb. 8, S. 1 usw.
***) Proc. Roy. soc. Edinb. X. 1880, S. 518.

änderungen, welche genau datierte Grabmäler aufweisen. Die Beobachtungen lehren, daß große Unterschiede bestehen; dichte, harte Gesteine werden schwer, Sandstein, Schiefer, Kalk leichter angegriffen.

Im allgemeinen scheint es berechtigt, die Verwitterung als einen langsam fortschreitenden Prozeß zu betrachten, der oft in Jahrhunderten, oft erst in viel längeren Zeiträumen bemerkbare Größe erreicht; nur örtlich kann der Gesteinszerfall in kürzerer Frist starke Veränderungen herbeiführen. Die vom Diluvialeis geglätteten Felsen Nordeuropas zeigen fast unveränderte Oberfläche; in den Alpen beginnen einzelne durch Eis transportierte Blöcke oft erst in Umrissen die Formen anzunehmen, welche der normale Verlauf der Verwitterung unter den herrschenden klimatischen Verhältnissen ihnen gegeben haben würde.

Unter diluvialer Decke haben sich auch in Norddeutschland polierte Felsen, selbst von Kalkgesteinen (Rüdersdorf b. Berlin) nur wenig verändert erhalten. Dekt man den Verwitterungsschutt eines Gesteines ab, so erkennt man, daß es die bevorzugten Richtungen der Wasserbewegung sind, welche stärkere Zersetzungen zeigen und anderseits wieder, daß mit Humussäuren beladene Wässer außerordentlich starke Einwirkungen üben können; (die sogenannten interglacialen Schichten in den Alpen und Karpaten; Karrenbildung; die Oberfläche der anstehenden Gesteine in Schwarzerdegebieten).

Allgemeine Grundlagen lassen sich daher für die Zeitdauer der Verwitterung nur insoweit geben, daß man mit sehr langsam wirkenden Kräften rechnen muß und rascheren Fortschritt nur unter bestimmten Bedingungen annehmen darf. Es sind die obersten Erdschichten, in denen kräftigere Wirkungen erwartet werden können; jedoch sind Erfahrungen, wie sie bei der Brache der Ackerböden gewonnen werden, nicht übertragbar auf mächtigere Boden- und Gesteinsschichten.

Ein Gegenstand, welcher eingehende Berücksichtigung verdient, ohne sie bisher gefunden zu haben, ist das geologische Alter der Böden. Die Bodendecken Europas, wenigstens Mittel- und Nordeuropas, sind, geologisch betrachtet, junge Böden. Die diluvialen Eismassen fegten alles hinweg, was an Verwitterungsprodukten vorhanden war, und vermischten es mit einer ungeheuren Masse von Gesteinsmehl und Gesteinsschutt. Selbst die diluvialen Sandböden sind noch relativ wenig angegriffen und wenn die Beobachtung auch lehrt, daß die Bodenverhältnisse weiter Gebiete einem Endzustand zustreben, so ist dieser doch nur unter extremen Bedingungen annähernd erreicht. Dem einzelnen Menschen erscheinen diese Verhältnisse als feststehend, da sie sich im Verlaufe eines Jahrhunderts in der Regel wenig ändern, und einmal ausgebildete typische Böden Umbildungen oft lange Widerstand leisten.

Viel charakteristischer sind die Eigenschaften der geologisch alten Böden, wie sie uns in vielen Tropengebieten entgegentreten. Welche Unterschiede hierbei vorkommen, zeigen die stark ausgewaschenen, an Nährstoffen erschöpften Lateriterden, z. B. Indiens, und die außerordentlich reichen jungvulkanischen Böden (Java, Sumatra, Kamerun), obwohl sie ganz ähnlich zusammengesetzten Gesteinen entstammen können.

Der Einfluß des Klimas auf die Bodenbildung ist später behandelt.

10. Absätze aus verwitternden Gesteinen.

§ 25. Durch Verwitterung gebildete Verbindungen scheiden sich bei zur Lösung unzureichender Wassermenge örtlich ab oder sie werden bei Verdunstung und bei Änderungen in der Zusammensetzung des Lösungswassers (Verlust von Kohlensäure usw.) ausgeschieden. Wichtige, oft entscheidende Wirkungen üben dabei vielfach lebende Organismen aus.

Bei der Abscheidung fast aller vorkommenden Stoffe machen sich Anziehungskräfte geltend; sie bewirken, daß sich gleiches zu gleichem lagert und einheitlich zusammengesetzte Absätze entstehen. Der einfachste hierher gehörige Vorgang ist das fast reine Auskristallisieren verschiedener Salze aus gemischten Lösungen. Verwandte Vorgänge lassen sich überall in der Natur verfolgen und finden im Boden ebensowohl statt wie in Gesteinsspalten, wo sie die häufigste Ursache der Bildung von Gangmineralien sind. Auf die Wichtigkeit dieser Vorgänge im Boden hat zuerst Emeis*) hingewiesen.

Beispiele geben fast alle Ganggesteine, für den Boden ist wohl eins der übersichtlichsten die Abscheidung von Mangansuperoxyd, Eisenoyxdhydrat und Kalkkarbonat aus einer Quelle in der Nähe von Eberswalde, die im bunten Wechsel den Diluvialsand zu festem Gestein verkitteten. Der Mangansandstein enthielt 4,4% Manganoyxduloyxd und nur 0,13% Eisenoyxd; während der unmittelbar benachbarte, in scharfer Linie sich absetzende, eisenschüssige Sand 2,6% Eisenoyxd und nur unwägbare Spuren von Mangan enthielt.**)

*) Waldbauliche Forschungen, Berlin 1875 und viele Artikel in Allgem. Forst- und Jagdzeitung.

**) Ramann, Jahrb. preuß. geol. Landesanstalt 1885.

Man kann die Ausscheidungen einteilen in: Kristalle, Konkretionen (meist gerundet, die innersten Teile zuerst gebildet; z. B. die Körner der Rogensteine), Sekretionen (Außenschicht zuerst gebildet, z. B. Achatmandeln) und Ausfällungen (Ausscheidung in feinpulverigem Zustande, z. B. Eisenocker oder strukturlose Ausscheidungen meist amorpher Körper, z. B. Ortstein).

Die für die Bodenbildung wichtigsten Absätze sind: Karbonate, Silikate, Sulfate, Phosphate, Humate, Oyxde und Oyxdhydrate.

Karbonate.

§ 26. Kohlensaurer Kalk scheidet sich meist als Kalkspat, sparsamer als Aragonit ab. Kristalle beider Mineralien sind in Gängen und Hohlräumen von Gesteinen verbreitet; Tropfsteine finden sich in Höhlen der Kalkgebirge.

Die Gewässer enthalten den Kalk als saures kohlensaures Salz oder an organische Säuren gebunden in Lösung. Die Abscheidung kann rein chemisch erfolgen, indem Kohlensäure entweicht und in reinem Wasser unlösliches Kalkkarbonat ausfällt.

$$Ca\,H_2\,C_2O_6 = Ca\,CO_3 + CO_2 + H_2O$$

In sehr vielen Fällen tritt diese Zersetzung unter Mitwirkung von Pflanzen ein, welche die Kohlensäure zur Assimilation verbrauchen und hierdurch den Vorgang beschleunigen.

Untersuchungen über die Bedeutung der Kalksalze organischer Säuren liegen noch nicht vor. Was darüber bekannt ist, läßt sich dahin zusammenfassen, daß lösliche, leicht zu kohlensaurem Kalk oxydierbare Verbindungen in sauer reagierenden Böden vorhanden sind, daß ihr Vorkommen in den Gebieten der Humussäureverwitterung verbreitet ist und daß Beobachtungen dafür sprechen, daß die organischen Verbindungen von den Pflanzen zur Ernährung verbraucht werden.

Man unterscheidet:

Kalksinter, Absätze heißer Quellen, bei denen chemische Abscheidungen infolge raschen Entweichens der gelösten Kohlensäure und Tätigkeit der Organismen, namentlich niederer Algen, gemeinsam zur Bildung dichter fester Kalksteine führen (z. B. Karlsbader Sprudelstein).

Kalktuffe, poröse Kalksteine, vielfach Inkrustate von Stengeln und Blättern höherer Pflanzen, zumal von Gräsern, Mosen und Algen, sowie poröse Kalkgesteine, die chemischen Ausscheidungen von Kalkkarbonat ihre Entstehung verdanken und zum Teil wohl auch sekundär verändert sind.

Außer Algenarten sind namentlich Moose „Kalksammler“. Man muß dabei annehmen, daß einzelne Arten besonders befähigt sind, Kalk abzuscheiden. Nach Überschwemmungen findet man auf Wiesen oft einzelne Arten (z. B. Cinclidium dendroides) mit weißem Kalkstaub bedeckt, während andere Arten frei davon sind, ohne daß in der Beschaffenheit der Blattoberfläche die Ursache des Verhaltens gesucht werden könnte; ähnliche Beobachtungen kann man auf Mauern und Felsen der Kalkgebiete machen. In kalkhaltigen Quellwässern findet man Moose, die bei ihrem starken Spitzenwachstum oben noch freudig grünen, während der untere Teil des Stengels tief im Kalktuff steht. (Häufig vorkommende Moosarten sind: Hypnum tamariscinum (sehr häufig), Gymnostomum curvirostre, Trichostomum turphaceum, Hypnum falcatum.)

Kalktuffe finden sich oft in großer Mächtigkeit und weiter Verbreitung. Die Kalkgebiete Mitteldeutschlands sind reich daran, bekannt sind auch die Kalktuffe Italiens, dort Travertin genannt.

Wasser mit relativ geringem Kalkgehalt kann zu Tuffbildungen führen; sie entstehen gern an Stellen starker Wasserbewegung, namentlich kleinen Wasserfällen. Es ist aber wohl mehr reicheres Pflanzenleben, welches hier zur Tuffbildung führt, als die chemische Abscheidung infolge Kohlensäureverlustes.*)

Seekreide sind Abscheidungen feinkörnigen, kreideähnlichen Kalkkarbonats am Grunde von Seen; ähnlicher Bildung ist der Alm der Flachmoore, welcher sich am Grunde der Moore vorfindet. Als Wiesenkalk bezeichnet man nesterweise oder in geschlossenen Schichten vorkommende Kalkbildungen in Flachmooren. Es sind weiche, feucht breiige, trocken fein- bis grobkörnige Massen, seltener bilden sie auch im trocknen Zustande lockere, wie verfilzt erscheinende leichte Stücke.

Die Bildung der Seekreide steht in enger Beziehung zur Abscheidung von Kalkkarbonat durch Wasserpflanzen, die oft große Mengen davon aufnehmen oder auf ihrer Oberfläche niederschlagen. Die Characeen enthalten oft die Hälfte ihrer Trockensubstanz an kohlensaurem Kalk; auf den Blättern der Wasserpflanzen scheidet er sich oft in dünnen Schichten ab.**)

---

*) Magnon fand in einer Quelle mit 0,0166 % $CaCO_3$ reichliche Tuffbildung. Roth, Chem. Geol. I S. 535.

**) Kerner von Marilaun beobachtete, daß ein 0,492 gr. schweres Blatt von Potamogeton lucens 1,04 gr. $CaCO_3$ abgeschieden hatte (Pflanzenleben).

Sehr schön zeigte Passarge*) die Beziehungen zwischen der Pflanzendecke der Seen und dem Kalkgehalt des Schlammes. (Unter Characeenrasen 70 und mehr Prozent $CaCO_3$; gemischte Wasserpflanzen bis 60%; unter Vaucheria wenig Kalk.) Eingehende Untersuchungen gibt auch Wesenburg-Lund.**)

Die Seekreide ist als eine Facies der Schlammablagerungen stehender Gewässer zu betrachten. Der Alm scheint teils Seekreide zu sein, teils sekundären Vorgängen seine Abscheidung zu verdanken.

Die Wiesenkalke sind zumeist anderen Ursprungs, wie aus der Art ihres Auftretens, oft inmitten von Moosschichten, und aus der feinfaserigen Beschaffenheit vieler Vorkommen hervorgeht. Verbreitet finden sich in unseren Gegenden diese Ablagerungen nur in Gebieten mit reichlicher Bildung von Humussäuren. Es ist daher anzunehmen, daß lösliche organische Kalksalze bei der Entstehung mitwirken.

Als Moormergel bezeichnet man Moorböden mit gleichmäßig verteiltem kohlensauren Kalk.

Lößpuppen, Lößkindchen sind Kalkkonkretionen, die im Löß weitverbreitet sind und sich in ähnlicher Weise auch in vielen nordischen Diluvialmergeln und Tonen (Mergelknauern) finden und in der Regel 60—80% kohlensauren Kalk enthalten. Es sind meist rundliche oder scheibenförmige Gebilde, von denen oft mehrere zusammenhängen und dadurch entfernt an menschliche Gestalten erinnern.

Die feinporöse Struktur des Löß wird hervorgerufen, indem Kalk die Wurzeln und Wurzelgänge der Pflanzen, besonders der Grasarten, inkrustiert. Kohlensaurer Kalk folgt überhaupt in auffälliger Weise den Gängen verrottender Wurzeln und liefert von ihnen oft völlige Abdrücke, die nach Verwesen der organischen Substanz Tierknochen nicht unähnlich aussehen (Osteokolla); sie erregen die Aufmerksamkeit, da sie in trockenen, flüchtigen Sanden auftreten.

Auf die Abscheidung von Kalkkarbonat durch die Kalkalgen (Lithotamnien) des Salzwassers kann, wie auch auf die Korallen- und Muschelbänke, hier nur hingewiesen werden; etwas größeres Interesse für die Bodenkunde bieten die Reste der Zweischaler und Schnecken in unseren Mooren, die oft in nicht unerheblicher Menge vorkommen.

Kohlensaures Eisenoyxdul findet sich, meist amorph, als weiße, an der Luft sich bräunende Masse gelegentlich in Mooren.

---

*) Kalkschlammabl. in den Seen von Lychen. Jahrb. preuß. geol. Landesanstalt 1901. S. 79.

**) Meddel. fra Dansk. geol. Foren. 1901, No. 7.

§ 27. Kieselsäure und Silikate.

Auf Gängen und in Gesteinen gehören Abscheidungen von Quarz und Chalcedon zu den häufigsten Vorkommen. Im Boden ist die Bildung kristallisierter Kieselsäure noch nicht nachgewiesen worden, obgleich sie theoretisch als möglich angenommen werden muß.

Kieselsinter scheidet sich aus kieselsäurehaltigen, meist heißen Quellen durch Verdampfen des Wassers und unter Mitwirkung von Organismen, namentlich Algen, aus.

Tripel, Polierschiefer sind Ablagerungen kieselschaliger Algen, der Diatomeen.

Wasserhaltige Silikate gehören zu den wichtigsten Bestandteilen des Bodens.

Phosphate.

Auf Gängen und Klüften sind Ausscheidungen von Phosphaten nicht selten. Kalkphosphat als Phosphorit ist wohl zumeist eine Konkretionsbildung, scheint jedoch überwiegend im Meere abgelagert zu werden, findet sich aber auch auf guanobedeckten Koralleninseln und ist hier ein Produkt der Einwirkung von phosphorsäurehaltigen Sickerwässern auf Kalkkarbonat.

Vivianit. Blaueisenerde findet sich häufig in Mooren, nicht selten in Verbindung mit Raseneisenstein. Vivianit ist phosphorsaures Eisenoxydul; frisch von weißer Farbe färbt er sich an der Luft unter Aufnahme von Sauerstoff blau und geht in ein Oxyduloxydsalz über.

Sulfate und Sulfide.

Wasserhaltiger schwefelsaurer Kalk, Gips, gehört zu den häufigsten Ausscheidungen in Tonen, auf Gängen usw. In den Steppenböden bilden seine Konkretionen einen wohl ausgebildeten Horizont. Feinkristallinische Krusten, die an den Rändern von Moorgräben nicht selten vorkommen, bestehen zumeist aus Gips.

Schwefeleisen als Schwefelkies, ist eine der verbreitetsten Ausscheidungen in Gesteinen. In Tonen (zumal tertiären Alters) finden sich vielfach Konkretionen von Markasit in traubigen oder kugeligen Formen. In Mooren kommen Eisenkiese, namentlich im unterlagernden Sande, sowie an der Grenze von Untergrund und organischer Ablagerung vor, in kleinen Mengen auch in der Substanz des Moores. Zumeist finden sich nesterweise verteilte kleinkörnige Konkretionen. Die Eisenkiese sind wahrscheinlich durch Einwirkung von Schwefelverbindungen (aus dem Eiweiß der Pflanzen stammend) auf Eisensalze unter Abschluß des Luftsauerstoffes entstanden. Für die Moorkulturen hat dies Vorkommen große Bedeutung, da bei Verwitterung des Eisenkieses freie Schwefelsäure und Eisenvitriol entstehen, die als Pflanzengifte wirken.

Oxyde und Oxydhydrate.

Es sind namentlich die Oxyde des Eisens, welche verbreitet vorkommen, sie bilden neben Eisensilikaten die Ursache der braunen und roten Färbungen der Böden.

Eisenocker, *Ocker* sind pulverförmige Abscheidungen von Eisenoxyden und Oxydhydraten von gelber bis brauner Färbung. Vielfach scheinen auch wasserhaltige Silikate des Eisens vorhanden zu sein; ferner sind oft kohlensaurer Kalk, Ton usw. beigemischt.

Raseneisenstein, *Sumpferz*, *Wiesenerz*, *Limonit* besteht aus Eisenoxydhydraten mit wechselnden Mengen von kieselsauren und phosphorsauren Eisenoxyden, Sand, Ton, organischen Stoffen. Die Zusammensetzung schwankt daher in weiten Grenzen.*)

Der Raseneisenstein ist braun bis dunkelbraun, oft mit pechartig glänzenden, dunkeln Flecken und Adern (bestehend aus einem Eisenoxydsilikat) durchsetzt. Er findet sich vielfach in kleinen, gerundeten Konkretionen, die meist wenig Zusammenhang zeigen und lose im Boden liegen (wenig schädliche Form) oder in geschlossenen Bänken von oft bedeutender Ausdehnung und Mächtigkeit (für die Kultur ungünstige Form). Im Laterit der Tropen finden sich weit verbreitet im Boden Eisenkonkretionen, die man meist dem Raseneisenstein zurechnet. Über ihre Bildung ist noch nichts bekannt.

In den gemäßigten und kalten Gebieten, in denen der typische Raseneisenstein entsteht, ist sein Vorkommen auf Gebiete mit humussauren Böden beschränkt. Die Ausscheidung erfolgt in Mooren und stehenden Gewässern, am Austritt von Quellen, kurzum wo eisenhaltige Wässer mit der atmosphärischen Luft in Berührung kommen. Ist kohlensaures Eisenoxydul (als saures Salz) in Lösung, so kann unter Verlust von Kohlensäure Abscheidung des einfachen Salzes erfolgen, welches sofort weiter oxydiert und unter Verlust der Kohlensäure in Eisenoxydhydrat übergeführt wird.

$$H_2Fe''C_2O_6 = Fe\,CO_3 + CO_2 + H_2O$$

$$2\,FeCO_3 + O + 3\,H_2O = Fe_2\,(OH)_6 + 2\,CO_2$$

Dieser rein chemische Vorgang scheint jedoch überwiegend zur Bildung feinpulveriger Niederschläge, von Ocker, zu führen.

Die Bildung der Raseneisensteine erfolgt vorwiegend unter Mitwirkung von Bakterien, der sogenannten *Eisenbakterien*, die bei ihrem Lebensprozeß Eisensalze zersetzen und Eisenoxydhydrat

*) Senft, Humus, Marsch- u. Limonitbildungen. Leipzig 1862. Stapf, Zeitschr. Geol. Ges. 1866, 18, S. 110 u. 167.

in schleimigen, gelbbraunen Massen abscheiden.*) Nach dem Vorgange von Winogradski nimmt man in der Regel an, daß die Bakterien Eisenverbindungen für ihren Lebensprozeß verbrauchen. Bedenkt man, daß diese Form der Raseneisensteinbildung nur in Gebieten der Humussäurebildung auftritt, ferner, daß lösliche organische Eisenverbindungen unter dem Einfluß der Humussäureneinwirkung entstehen, so scheint es wahrscheinlicher, daß die Bakterien (namentlich Crenotrixarten) die organischen Stoffe zersetzen und hierdurch Eisenoxydhydrat abscheiden, welches sich mit der in derartigen Gewässern stets vorhandenen Phosphorsäure und Kieselsäure verbindet. Hierdurch werden Abscheidungen hervorgebracht, welche zur Bildung des Raseneisen das notwendige Material liefern. Auch der irisierende Überzug stehender eisenhaltiger Gewässer wird überwiegend durch niedere Organismen gebildet.

Ausscheidung von Eisenoxydhydrat und Eisensilikaten führen im Boden zur Bildung von eisenschüssigen Sanden.

Über die Bedingungen der Eisenabscheidung in den Roterden ist noch nichts bekannt.

Im Boden, wenigstens einem an organischen Stoffen reichen Boden, gehört das Eisen zu den leicht beweglichen und zur Bildung von Konkretionen geneigtesten Bestandteilen.

Manganoxyde sind in Gesteinen ziemlich häufig als Abscheidungen, wenn sie auch nur selten, entsprechend dem sparsamen Vorkommen des Mangans, in größeren Mengen abgelagert werden. In den oberen Bodenschichten sind bisher Mangankonkretionen nur bei diluvialen Sanden beobachtet worden.

11. Der Transport der Verwitterungsprodukte.

§ 28. **Abtrag.** Denudation. Die Gesamtwirkung aller Kräfte, welche zur Umlagerung der Verwitterungsprodukte führen, nennt man in der Geologie Denudation (Entblößung), obgleich der deutsche Ausdruck Abtrag unvergleichlich treffender ist.

Überall in der Natur tritt uns das Bestreben der Kräfte entgegen, zu einem dauernden Zustande des Gleichgewichts zu gelangen. Zwei Körper verschiedener Temperatur z. B. beeinflussen einander, bis Gleichgewicht der Temperatur hergestellt ist. An der Erdoberfläche wirken die mechanischen Kräfte in ganz ähnlicher Weise auf Erzielung eines Zustandes des Gleichgewichts hin, welcher erst erreicht sein würde, wenn alle Unterschiede der Höhe ausgeglichen sein wür-

*) Winogradski, Ueber Eisenbakterien. Bot. Zeitg. 1888, S. 260.

den. Die Bedeckung von $^{5}/_{8}$ der Oberfläche der Erde mit Wasser führt dazu, daß zunächst der Meeresspiegel, oder wenn man die Tätigkeit der Meereswellen berücksichtigt, eine nur wenig tiefere Schicht als Gleichgewichtslage erscheint. Alles, was darüber hinausragt, unterliegt dem Abtrag, und um so stärker, je größer die Unterschiede der Höhe sind. Wir sehen daher die Vorgänge des Abtrags im Hochgebirge in stärkster Wirksamkeit, im Mittelgebirge mäßig, im Tieflande nur noch schwach tätig. Geologisch junge Gebirge zeigen scharf ausgeprägte Bergformen, steil emporragende Gipfel (Alpen, Karpaten), die geologisch alten Gebirge Einebnung oder niedere Höhen mit scharf eingeschnittenen Tälern (Rheinisches Schiefergebirge, Böhmisches Mittelgebirge).

Bei der Verwitterung entstehende Massen verbleiben in ebenen oder schwach geneigten Lagen am Orte ihrer Entstehung. Für diese Bildungen hat man den Ausdruck Eluvium eingeführt. Gebräuchlicher ist die Bezeichnung als Verwitterungsböden, denen man die durch Wasser oder Eis umgelagerten Schwemmlandsböden gegenüberstellt. Bei den ersteren trifft man in größerer oder geringerer Tiefe das Urgestein des Bodens an, bei den zweiten kann es oft weit entfernt vom Ablagerungsorte des Bodens anstehen.

Umlagerung der Verwitterungsprodukte kann durch die Wirkung der Schwere erfolgen, indem die ihres Zusammenhangs beraubte Masse an Hängen hinabgleitet (trockner Abtrag) oder durch die Kraft des fließenden Wassers oder des Eises, endlich durch Windwirkung erfolgen.

Als Regel hat man bei diesen Vorgängen festzuhalten, daß vielleicht mit Ausnahme mancher Windwirkungen die Wegfuhr von den tiefsten Stellen des Geländes beginnt. Im Tale, nicht in der Höhe, setzt zunächst die Verwitterung ein und schreitet, indem sie die höheren Schichten ihrer Stützpunkte beraubt, von unten nach oben fort.

1. Der trockne Abtrag.*)

§ 29. Die zutage tretenden Schichten eines Gesteins zeigen Neigungswinkel ihrer Gehänge, welche von dem Gefüge und der Festigkeit des Gesteins abhängig sind. Wird der normale Neigungswinkel überschritten, so erfolgt früher oder später Abbruch. Im Gebirge ist häufig zu beobachten, daß bei Bergen von der Sohle bis zum Gipfel der Neigungswinkel des Hanges gleich ist.

---

*) Heim, Verwitterung im Gebirge. Basel 1879.

Der Grad der Steilheit ist für die Pflanzenkultur von Wichtigkeit; über eine gewisse Neigung hinaus kann Ackerbau nicht mehr getrieben werden, werden dem Waldbau Schwierigkeiten bereitet und hört endlich auf Abstürzen jede Nutzung auf.

Unterschiede im Neigungswinkel der Berge verraten oft weithin die Gesteinsart. In den Vorbergen der Alpen sind die sanft gerundeten Formen des Flysches und die steilen Abfälle der Kalkberge leicht kenntlich. Nicht selten lassen sich an Bergen die einzelnen Schichten durch den steileren oder flacheren Abfall und die damit in Beziehung stehende Vegetation unterscheiden.

An steilen Hängen, im Hochgebirge auch in weniger geneigten Lagen, stürzen Gesteinsbruchstücke, der Schwere folgend, ab und sammeln sich am Fuße der Berge, untermischt mit weiteren Ver-

Abb. 4. Schutthalden im Hochgebirge.

witterungsprodukten, an. Der Winkel, unter dem sich diese losen Massen anhäufen, ist verschieden, meist ziemlich steil und beträgt in der Regel 20—30—40 Grad.

Diese Ablagerungen bezeichnet man als

Schuttkegel, wenn die Bruchstücke einem schmalen Bergeinschnitt oder einer Schlucht (Riese) folgend in das Tal gelangen und sich in unten verbreiterten kegelförmigen Massen an den Berg lehnen.

Schutthalden, wenn der Abtrag gleichmäßig oder doch ohne scharf hervortretende Schuttkegel an einem Gehänge stattfindet.

Gehängeschutt sind Anhäufungen, welche nicht bis ins Tal hinab geführt, sondern infolge geringerer Neigung oder durch vorspringende Felsmassen und Querriegel der Felswand festgehalten werden.

Beim trocknen Abtrag wirkt natürlich auch abfließendes Regenwasser mit und befördert die Abfuhr der Bruchstücke, aber doch nicht in so hohem Grade, daß dadurch der Charakter der Ablagerung verloren geht.

Die Schuttablagerungen vergrößern sich durch Zufuhr neuer Bruchstücke fortwährend und sind vielfach ohne Vegetationsdecke; allmählich siedeln sich von unten nach oben fortschreitend Pflanzen an; es ergreifen Gräser oder Wald von der Fläche Besitz. Derartige Schuttlager erfordern bei der Behandlung große Vorsicht, da sie, einmal der schützenden Decke beraubt, oft erst nach Jahren soweit be-

Abb. 5. Erdschlipfe. Zwischen Partenkirchen und Mittenwald. Orig.-Phot.

ruhigt sind, um eine neue Vegetation zu tragen. Fast noch gefährlicher ist es, Schuttlager bei Wegebauten anzuschneiden, die fortgesetzt nachstürzenden Massen verlangen oft umfangreiche und kostspielige Bauten.

Zu den Erscheinungen des trockenen Abtrags gehören die Bergstürze, Abrutschungen größerer Gesteinsmassen und Bergschlipfe. Von Felswänden können größere Massen, welche im Gefüge gelockert sind, niederbrechen; bei geneigter Lage der Schichten, zumal wenn Tonlager sich zwischen ihnen finden, die vom Regen durchweicht werden, können ganze Bergmassen den Halt verlieren und in die Tiefe gleiten.

Weit verbreitet in allen Gebirgsgegenden sind die Bergschlipfe, die oft auf ganzen Hängen, zumal wenn sie Weideland sind, eine unebene Oberfläche verursachen. Es sind Bergstürze im kleinen. Einzelne Teile des Bodens werden durchweicht, gleiten abwärts und bilden einen Wall oder eine bogenförmige Erhöhung, hinter dem eine Vertiefung die Stelle anzeigt, von der der Boden abgerutscht ist.

Bergstürze und Bergschlipfe sind am häufigsten im Hochgebirge; Bergstürze sind z. B. in den Alpen (trockne Stein- oder Erdmuren) gefürchtet, fehlen aber auch in den Mittelgebirgen nicht und kommen vereinzelt auch im Flachlande vor.

Eine eigentümliche Erdbewegung, die an jedem Hange, wenn auch in sehr wechselnder Stärke, auftritt, wird durch langsames Gleiten der ganzen verwitterten Schicht verursacht, die, der Einwirkung der Schwere folgend, allmählich sich talabwärts fortschiebt. Verstärkt wird dieser Vorgang durch Frostwirkung. Volumvermehrung durch Gefrieren des Wassers und Lockerung des Zusammenhangs beim Auftauen verursachen fortgesetzt Verschiebungen, welche auf unterliegende, wenig widerstandsfähige Schichten so stark einwirken könnnen, daß die Schichtenköpfe nach unten gebogen werden (Hackenwerfen der Schichten). Kerr, welcher dies Vorgänge eingehend verfolgte und der Frostwirkung großen Einfluß zuschreibt, bezeichnet diese abwärts gleitenden Bodenmassen als Erdgletscher*).

Auch einzelne Blöcke können durch Wirkung des Frostes und der ausspülenden Tätigkeit des Wassers, welche die tieferen Lagen stärker trifft, allmählich bergabwärts wandern.**)

Endlich mag noch auf die Einstürze von Höhlen im Gebirge hingewiesen werden, die namentlich im Kalkgestein nicht selten sind und zu trichterförmigen Erdsenkungen Veranlassung geben.

2. Abtrag durch Wasser.

§ 30. Unter Einwirkung des Wassers werden Gesteinsbruchstücke bewegt. Wirksam ist dabei: Minderung der Reibung zwischen den festen Teilen; Herabsetzen des spezifischen Gewichts der im Wasser befindlichen festen Massen (spezifisches Gewicht wird [gegen Luft] um das spezifische Gewicht des Wassers = 1 vermindert) und die lebendige Kraft des fließenden Wassers.

---

*) Am. Journ. of Sc. 1881. [3] 21 S. 345.
**) v. Salisch-Postel, Forstästhetik. 2. Aufl. S. 64.

Ist relativ wenig Wasser gegenüber viel Geschieben vorhanden, so spricht man von Massentransport; wirkt viel Wasser auf verhältnismäßig wenig Geschiebe, so spricht man von Einzeltransport. Natürlich sind alle möglichen Übergänge zwischen beiden vorhanden.*)

Die bewegten Massen kommen früher oder später zum Absatz, ihre Verfrachtung ist von der Neigung der Unterlage und der Masse des wirkenden Wassers abhängig; es ist daher verständlich, daß Erosion, Geschiebeabfuhr und Geschiebeablagerung in naher Beziehung stehen.

§ 31. a) Massentransport.

Massentransport von Geschieben kann nur bei starker Neigung der Abflußbahn auftreten. In der reinsten Form des Massentransports wirkt das Wasser durch Minderung der Reibung als Schmiermittel zwischen den Gesteinsbruchstücken, die wesentlich durch ihre eigene Kraft auf der schiefen Ebene der Abflußsohle hinabgleiten. Diese Vorgänge sind namentlich bei den Wildbächen studiert worden.

Die ganze in Bewegung befindliche Masse bildet dann einen dicken Brei von Wasser und Geschieben, der oft unter starkem Geräusch, die Wirkung der sich stoßenden Bruchstücke, talabwärts gewälzt wird, bis Minderung des Gefälles die Schlammflut zum Absetzen bringt. Derartige Abflüsse bezeichnet man als Muren oder Murgänge; sie brechen meist aus Schluchten oder Seitentälern hervor und lagern ihre Geschiebe zumeist in einem Haupttale ab, in dem sich die Massen in Form eines flachen Schuttkegels mit selten über 10° Neigung ausbreiten.

Große Gesteinsstücke werden mitgerissen und eilen infolge der großen lebendigen Kraft, welche ihnen innewohnt, den feineren Gemengteilen voraus und lagern sich, wie überhaupt die gröberen Teile des Murganges, überwiegend in den tieferen, die feinerdigen Teile in den oberen Teilen des Schuttkegels ab.

Der ganze Vorgang wird am leichtesten verständlich, wenn man festhält, daß es sich dabei wesentlich um ein Abgleiten fester Massen auf einer schiefen Ebene handelt, wobei das Wasser nur die Rolle des Schmiermittels spielt. Man kann auch die Mure als einen einheitlichen Brei von Wasser und Gesteinen mit entsprechend hohem Eigengewicht betrachten und daraus die große Beweglichkeit der

---

*) Lit in Wang, Gesetze der Bewegung des Wassers. Wien 1899. Penck, Morphologie der Erdoberfläche I. S. 231—284 (Geschiebeführung).

Geschiebe erklären, obgleich die erste Auffassung einfacher ist und sich an Verhältnisse anschließt, die bei Abfuhr von Erdmassen stattfinden und bei jeder Verladung von Kies und Geröll auf schiefer Ebene beobachtet werden können. Die Wildbäche entnehmen ihre Geschiebe in der Regel den Verwitterungsprodukten ihres Sammelgebietes, können aber auch anstehende lockere Gesteinsmassen angreifen und in Bewegung setzen. Im Hochgebirge liefern alte Moränen nicht selten einen Hauptteil der Geschiebe.

Auftreten der Wildbäche ist vom Gestein, der Vegetationsbedeckung und der Verteilung der Niederschläge abhängig.

Stark gefährdet sind z. B. die Kalkböden. Bereits die Muschelkalkgebiete Mitteldeutschlands sind nicht frei von Wildbächen; am verheerendsten treten sie jedoch in den Kalkgebirgen der Alpen, namentlich der Südalpen auf. Im allgemeinen nehmen die schädlichen Wirkungen des fließenden Wassers nach Süden und Südosten in Europa zu. In den nördlicheren und westlicheren Gegenden sind die Niederschläge gleichmäßiger über das ganze Jahr verteilt, sie treten auch seltener als starke Platzregen auf. Es ist festzuhalten, daß nicht die Summe der Niederschläge, sondern ihre Verteilung den Geschiebetransport wesentlich beeinflußt. Man findet daher mächtige Erosionswirkungen, tief eingeschnittene Schluchten, Wasserverheerungen aller Art in den Gebieten seltner, aber heftiger Niederschläge. Am typischsten sind die Ablagerungen der Wildbäche wol in den Wüsten und Halbwüsten entwickelt und nehmen ab, je mehr die Länder mit Vegetation bedeckt sind. Reichlicher Pflanzenwuchs ist Folge gleichmäßiger Niederschläge während der Vegetationszeit; die Pflanzendecke schützt aber wiederum den Boden gegen Abschwemmung auch dann, wenn starke Platzregen niedergehen.

Erhaltung einer geschlossenen Pflanzendecke ist daher das wichtigste Hilfsmittel gegen die Gefahren der Wildbäche. Niedere Pflanzen, namentlich Gräser, geben schon guten Schutz, am vorteilhaftesten wirkt der Wald. Die tiefgehenden Wurzeln der Bäume geben den lockeren Gesteinsbruchstücken Halt; die Nadeln, Blätter und Äste schwächen die Kraft der fallenden Tropfen und die Bodendecke verlangsamt den Abfluß. Die Erfahrung lehrt, daß selbst kleine örtliche Entblößungen des Bodens, wie Steige des Weideviehs, Riesen zur Holzbringung u. dgl. den Anfang schwerer Schäden bilden können, die später oft nur durch kostspielige Verbauungen aufzuhalten sind. Die Menge des Wassers, welche vom Walde festgehalten wird, ist von viel geringerer Bedeutung als meist angenommen wird. Bei langdauernden oder starken Niederschlägen wird nur ein kleiner Prozentsatz des Wassers von den Ästen und Blattorganen festgehalten;

die Wasserkapazität einer normalen Bodendecke ist ebenfalls nicht allzu bedeutend, wohl aber wirkt jeder Moosstengel und jedes Laubblatt der Streudecke als mechanisches Hindernis für die Bewegung des Wassers, und jede Wurzel hält Bodenteile fest und schützt sie gegen Abschwemmung. In der Verlangsamung des Wasserabflusses und der Bindung der Bodenteile ist die hauptsächliche Wirkung des Waldes gegen Wasserschäden zu suchen.

Die Schäden, welche die Wildbäche verursachen, bestehen in der Wegfuhr der Verwitterungsprodukte und der Bodendecke ihres Sammelgebiets, in der Überdeckung fruchtbarer Flächen mit Steinen und Geröll und in der plötzlichen Zufuhr großer Geschiebemassen in die Flüsse und Bäche, die häufig aufgestaut werden und stromaufwärts Versumpfungen veranlassen.

Die Schäden, welche hierdurch hervorgerufen werden, machen sich verschieden schwer geltend nach der Beschaffenheit des abgelagerten Materials. Man kann unterscheiden:*)

Ablagerungen in Platten (schiefrig) brechender Gesteine lassen Wasser leicht hindurchgehen und verhindern dadurch Anstauung. Stärkere Fluten führen die Bruchstücke wieder weg.

Unregelmäßig brechende und kugelige Bruchstücke. Die Massen widerstehen dem Andrang des Wassers leichter und sind schwerer durchlässig.

Grus und Sandmassen sind leicht beweglich.

Lehm (Letten) und alle feinkörnigen Massen werden leicht vom Wasser getragen, bilden aber abgelagert ein schwer bewegliches zähes Hindernis für Wasser. Sind etwa 30 % feinerdiges Material den Gesteinen beigemischt, so ist das ganze eine sehr widerstandsfähige Masse, die bei endlichem Durchbruch aufgestauter Gewässer wieder beweglich wird und schwere Schlammfluten veranlaßt. Diese gemischten Ablagerungen sind die gefährlichsten Formen der Murgänge.

§ 32. b) Abspülung.

Zwischen Massentransport und Einzeltransport durch Wasser steht ein Vorgang, der beiden angehört und den man als Abspülung bezeichnen kann. An allen Hängen setzen abfließender Regen oder die Schmelzwässer des Schnees durch ihre lebendige Kraft kleine Bodenteile in Bewegung und unterspülen größere, die zugleich durch Minderung der Reibung beweglich werden. Es werden

*) Lorenz, Sitzb. k. k. Akad. (mat.-nat. Kl.) 1857, 26, S. 91.

hierdurch fortgesetzt Bodenteile, zumal die feinerdigen, von den höheren Lagen in die tieferen hinabgespült. Bei nackten und landwirtschaftlich genützten Hängen tritt der Vorgang viel stärker auf als bei bewaldeten, fehlt aber auch hier nicht.

Hazard*) zeigte an einzelnen Beispielen, welche große Bedeutung dieser langsam fortschreitende, aber immer wiederkehrende Vorgang für die Ackerböden, deren höhere Lagen oft an feinerdigen Teilen verarmt sind, hat. Auch im Walde kann man sich von seiner Wirkung überzeugen; wenn die tieferen Lagen bessere Bestände tragen, so ist dies nicht am wenigsten durch Zufuhr von feinerdigen Teilen zu erklären. Im nordischen Diluvium werden die höchsten Lagen oft von oberem Diluvialmergel gebildet, die auf Diluvialsanden auflagern. Der Baumwuchs ist dann meist am Hange besonders begünstigt, auch hier eine Folge der Abspülung von nährstoffreichem Boden aus den oberen Schichten.

Besonders stark tritt die Wirkung der Abspülung in den Steppen hervor. Die ebene oder leicht wellige Oberfläche der Ursteppe verwandelt sich unter dem Einfluß landwirtschaftlicher Bebauung und der ihr folgenden Abspülung in ein System zahlreicher Wasserrisse (balky im Russischen), die allmälich die Form eines verzweigten kleinen Flußnetzes annehmen, aber nur zur Zeit der Schneeschmelze Wasser führen.

§ 33. c) Einzeltransport.

Das Fließen des Wassers in den Bächen und Strömen ist sehr eingehend untersucht worden, ohne daß alle Probleme ihre Lösung bisher gefunden haben. Der größte Teil der lebendigen Kraft, welche dem Wasser, entsprechend der Fallhöhe im Fluß innewohnen müßte, wird durch Reibung und beim Transport der Geschiebe verbraucht. Geschiebe sind immer schwerer als Wasser, bewegen sich daher langsamer und verlangsamen, wenn in großer Menge vorhanden, auch den Lauf des Wassers.

Der Stoß des bewegten Wassers auf Geschiebe führt zur Zusammenpressung des Wassers an der Stoßseite; die Wirkung ist für verschiedene Körper gleicher Form gleich, wird aber durch die verschiedenen Formen stark beeinflußt. Sie ist z. B. für Körper mit ebenen Flächen groß, für sphärische Körper stark vermindert (z. B. für Drehungsellipsoid gegen Würfel $= {}^1/_2$). Der Widerstand, den die Geschiebe der Fortbewegung entgegenstellen, ist nach Form und Größe sehr wechselnd, flache Steine werden schwierig, sphärische am leichtesten bewegt. Hierauf beruht es, daß die flach-ovalen Steine

*) Mitt. Landw. V.-Stat. Möckern, S. 834. (Sep.-Abz.)

im Flußbett in gesetzmäßiger Weise zur Ablagerung kommen, sie stellen sich so, daß die Längsachse horizontal und quer über das Flußbett, die kleinste Achse fast vertikal (etwas geneigt), die mittlere Achse talwärts gerichtet zu liegen kommt.

Je nach Geschwindigkeit und Menge vermag bewegtes Wasser verschieden große Geschiebe fortzuführen; in den meisten Fällen sind im Oberlauf grobe, im Unterlauf Geschiebe allmählich abnehmender Größe vorhanden.

Die Geschwindigkeit des Wassers, welche Geschiebe gleichen hydraulischen Wertes bewegen kann, bezeichnet man als seine Grenzgeschwindigkeit; es ist natürlich eine Größe, die in einzelnen Teilen des Flusses und zu verschiedenen Zeiten wechselnden Wert haben kann. Je nach dem Gefälle wird eine Grenze vorhanden sein, bis zu der Geschiebe vom Wasser aufgenommen werden können; ist diese Grenze erreicht, so ist das Wasser mit Geschieben gesättigt. Es erfolgt dann weder Ablagerung nach Wegfuhr, wohl aber kann Materialaustausch dadurch stattfinden, daß gröbere Stücke abgelagert und dafür eine entsprechende Menge kleiner aufgenommen werden. Dieser Vorgang setzt sich so lange fort, bis ein unter den gegebenen Verhältnissen haltbares Profil des Flusses (Gleichgewichtsprofil) erreicht ist und der Wasserlauf sein natürliches Gefälle hat.

Sind Ufer verschieden angreifbar, so findet sich an dem weniger widerstandsfähigen größere Wassertiefe und infolge verminderter Reibung höhere Geschwindigkeit; hierdurch wird der Angriff gesteigert und werden Serpentinen des Flusses gebildet.

In sehr vielen Flüssen, namentlich im Oberlauf, findet im Fluß oberhalb der Sohle Einzeltransport, unterhalb Massentransport statt. Beobachtungen zeigten, daß nicht selten die ganze Geschiebemasse in der Tiefe des Flusses in langsam gleitender Bewegung ist. Hierbei findet fortgesetzt Reibung und Zertrümmerung der Bruchstücke statt; hört die Bewegung aus irgend einem Grunde auf, z. B. Verlegung des Flußbettes, so verbleiben Ablagerungen, in denen grobe und feine Gemengteile regellos gemischt sind, wenn auch natürlich die ersteren immer überwiegen. Auch im Unterlauf des Flusses können Sandkörner nach den Gesetzen des Massentransports bewegt werden, sie bilden dann den Triebsand der Flüsse.

Eine andere Form des Triebsandes findet sich in losem Sande, namentlich in den Dünentälern, und bildet sich an Stellen, an denen Wasser langsam aus der Tiefe emporquillt. Die ganze Masse läßt sich am besten mit einem dicken Sandbrei vergleichen, in dem die einzelnen Körner durch den Auftrieb des Wassers schwebend erhalten werden. Jedes Korn befindet sich im labilen

Gleichgewicht und es bedarf nur eines geringen Anstoßes, um es zum Absetzen zu bringen; tritt dies ein, so lagern sich die Körner dicht zusammen und hüllen fremde Körper in eine dichte Sandschicht ein. Kommen Menschen und Tiere in Triebsand, so werden sie durch den ablagernden Sand festgehalten und können sich nur schwierig durch eigene Kraft befreien. Am gefährlichsten wird der Triebsand, wenn die oberste Sandschicht abtrocknet und eine feste Schicht bildet, die leicht durchtreten wird. In Dünengebieten, z. B. der frischen Nehrung, werden solche Stellen gefürchtet.

G r ö ß e r e S t e i n e können im Flusse wälzend fortbewegt werden; kleinere werden am Boden drehend fortgeschoben und nehmen dadurch die für Flußgeschiebe charakteristische, flache und an den schmalen Seiten infolge Abreibung gerundete Form an.

Vermindert sich die Geschwindigkeit des Wassers, so erfolgt Ablagerung von Geschieben. Die verschiedensten Ursachen können einwirken, z. B. einseitige Ausbreitung der Flüsse an der konvexen Seite, Flußkrümmungen, Auftritt mehrerer Stromrichtungen (Scharung). Die häufigste Ursache ist rasche Änderung des Gefälles, wie sie in der Regel bei Einmündung der Nebenflüsse in einen Hauptfluß, bei Eintritt der Gebirgsflüsse in die Ebene und bei Mündung in ein stehendes Gewässer (See oder Meer) erfolgt. Die Ablagerungen bilden dann meist sanft geneigte und oft fächerartig ausgebreitete Schuttkegel oder B a r r e n vor ihrer Mündung. In Meeren mit geringer Bewegung lagern sich die Sinkstoffe infolge der flockenden Wirkung des Salzwassers rasch ab, es entstehen D e l t a - b i l d u n g e n, ist Ebbe und Flut (die Tiden oder Gezeiten) stark, so wird der feine Flußschlick weiter hinausgeführt und lagert sich, untermischt mit den Resten von Meeresorganismen, an ruhigeren Stellen ab. Die M a r s c h e n der Nordseeküste sind so entstanden.

K i e s b ä n k e. Die Geschiebe eines Flusses sammeln sich an einzelnen Stellen in Bänken an, die entweder am Ufer sich anlagern (U f e r b ä n k e) oder mehr oder weniger im Flußlauf lagern (M i t t e l f e l d e r). Sind die Ufer nicht angreifbar, so wandern die Kiesbänke als Ganzes, etwa wie eine Düne vor dem Winde. Die Gestalt ist meist mehr oder minder dreieckig, stromauf abgeflacht, stromab rasch abfallend. Sind die Ufer angreifbar, so wird das der Kiesbank gegenüber liegende Ufer ausgebuchtet und durch die Änderung der Stromrichtung stärker angegriffen, es bilden sich Serpentinen.

§ 34. a) W a s s e r a b f u h r u n d H o c h w a s s e r.

Die Wasserabfuhr aus einem Gebiete wird durch das Verhältnis zwischen Niederschlag und Verdunstung beherrscht, gleichzeitig aber durch den Zustand der Bodendecke beeinflußt. Die neueren Untersuchungen über die deutschen Ströme liefern viel Material zur Beurteilung. Hier mögen die wichtigsten Zahlen nach W a n g folgen.

Von den Niederschlägen kommen etwa zum Abfluß:
in gut kultivierten Ländern 30—33 %,
in bergigen bewaldeten Gebieten 35—45 %,
in bergigem Gelände mit schlechter Bewaldung 45—55 %,
auf kahlem Gebirge 50—60 %.

Mit steigendem Abflußprozent steigt auch die Menge des oberflächlich abfließenden, für die Vegetation unnutzbaren Wassers.

Die fließenden Gewässer bilden die von der Natur geschaffene Entwässerung des Landes, sie führen den Überschuß der Niederschläge über die Verdunstung den Meeren zu.

Die Flüsse erhalten ihre hauptsächliche Wassermenge entweder

1. aus entfernt liegenden niederschlagreichen Gebieten. In der Regel sind es Flüsse, die aus einem Gebirge in die Ebene fließen. Ein Beispiel ist der Nil, welcher in seinem Wasserstande von den Niederschlägen in Abessinien und Zentralafrika abhängig ist. Die wichtigsten deutschen Flüsse (Rhein, Oder) gehören vorwiegend diesem Typus an. Verdanken die Flüsse ihr Wasser zum reichlichen Anteil Gletschern der Hochgebirge, so haben sie den höchsten Wasserstand zur Zeit des Hochsommers. Bezeichnend für diese Flüsse, die oft tief eingeschnittene Rinnsale haben, ist ihre Unabhängigkeit vom örtlichen Grundwasserstande (z. B. Isar bei München).

2. Flüsse, die wesentlich als Ableitungen des Grundwassers angesehen werden können und mit dem Grundwasser, wenn auch etwas verschieden in der Zeit, steigen und fallen. Es sind namentlich Flüsse der Ebene (Spree, Havel, nordrussische Ströme).

Die Flüsse dieser Gruppe fließen fast sämtlich in durchlässigem Gelände und geben an das benachbarte Gebiet Wasser ab oder nehmen es von ihm auf. Namentlich die Beobachtungen der Brunnen haben gelehrt, daß ein Austausch des Wassers vorkommt und ebensowohl härteres Grundwasser in den Fluß abfließt, wie anderseits bei höherem Wasserstande weicheres Flußwasser in den Boden eindringt.

Bei Hochwasser können dann eigenartige Verhältnisse eintreten. Der Boden füllt sich vom Fluß aus mit Wasser, welches an dem zufließenden Grundwasser Widerstand findet; dem beiderseitigen Gefälle entsprechend kann das Wasser erheblich emporsteigen und namentlich aus Brunnen mit großer Kraft hervordringen. Derartiges Wasser, wie auch bei Wasserbauten aus tieferen Schichten empordringendes Wasser, bezeichnet man als S e i h w a s s e r (Qualm-, Klüver-, Dräng-, Truhwasser).

Das Seihwasser wird übereinstimmend als schädlich für die Vegetation angegeben und zur befruchtenden Einwirkung der Überflutungswässer in Gegensatz gestellt.*) Analysen sind nicht veröffentlicht worden. Die Ursache der ungünstigen Wirkung ist wohl im längeren Stagnieren, vielleicht auch, da es sich meist um humusreiche Böden handelt, im Mangel an Sauerstoff zu suchen.

Im Geröllboden der Täler, sowie in stark zerklüftetem und mit Höhlen durchzogenem Kalkgebict versickert vielfach das Wasser und fließt unterirdisch ab, in extremen Fällen (Karstgebieten) bildet sich ein vollständiges unterirdisches Stromgebiet aus.

Im Gegensatz zu diesen Verhältnissen können sich aus langsam fließenden Gewässern Schlickteile absetzen, welche den Boden undurchlässig machen und die Flußsohle allmälich über den Boden erhöhen, so daß der Abfluß dann oberhalb der durchschnittlichen Höhenlage des Bodens erfolgt (Rhein, Po).

§ 35. Die Hochwässer sind infolge ihrer großen wirtschaftlichen Schäden vielfach nach den Bedingungen ihrer Entstehung und nach ihrem Verlaufe untersucht worden.

Aus den bisherigen Feststellungen läßt sich nicht nachweisen, daß die europäischen Flüsse im Laufe der Beobachtungszeit Abnahme der Wasserführung zeigen; dagegen neigen viele der Ansicht zu, daß die Hochwässer an Zahl wie Heftigkeit gestiegen, die Zeiten der Niedrigwässer verlängert sind.**)

Ein Urteil über diese Fragen zu gewinnen ist äußerst schwierig. Die Wasserstandsbeobachtungen bringen nur die Pegelhöhe, nicht die Abflußmenge zum Ausdruck.

Tatsächlich liegen Gründe vor, welche eine Steigerung der Hochwasserstände wahrscheinlich machen; dahin gehören:

1. Erhöhung der Flußbette durch Sinkstoffe.
2. Entwaldungen und Verminderung der Pflanzendecke im Ursprungsgebiet der Flüsse.
3. Meliorationen, welche rascheren Abfluß des Wassers herbeiführen.

Dahin gehören:

a) Flußkorrektionen. Die Gradlegung der Bette beschleunigt den Abfluß und erhöht dadurch die Gefahr der Überschwemmung im Unterlaufe.

---

*) Arch. deutsch. Landwirtsch.-Rates 1882, VI, S. 369 u. flg.

**) Wex, Wasserabnahme in Quellen, Flüssen u. Strömen. Wien 1873/79. Sasse, Wasserabnahme in Bächen u. Strömen Deutschlands. Halle 1880. Hagen, Veränd. d. Wasserstände in den preuß. Strömen. Berl. 1880. (Abh. d. Akd. d. Wiss.

b) Trockenlegung von Sümpfen, Seen u. dgl., welche früher mehr oder weniger als Sammelbecken für die abfließenden Wässer dienten. Welchen Einfluß größere Seen ausüben, zeigt sich z. B. beim Rhein (Verhältnis der Wassermenge von Nieder- und Hochwasser beim Einfluß in den Bodensee wie 1: 10,9; beim Ausfluß wie 1: 4,9), Rhone (oberhalb des Genfer Sees 1: 12,7, unterhalb wie 1: 5). Der Abfluß der großen nordamerikanischen Seen, der St. Lorenzstrom, ändert in seinem Unterlaufe den Wasserstand nur um etwa 50 cm.

c) Landwirtschaftliche Meliorationen, namentlich Drainagen, führen das Wasser rascher ab; die Frühjahrsbestellung kann auf drainierten Grundstücken 8—14 Tage früher erfolgen als vor dem Trockenlegen. In ähnlicher Weise müssen ausgedehnte Moorkulturen wirken.

Alle diese Verhältnisse vermitteln rascheren Abfluß der Gewässer und steigern dadurch die Gefahren der Hochwässer. Die neueren Maßnahmen der Wasserpflege richten sich daher berechtigterweise darauf, den Abfluß zu verlangsamen; dahin gehören Anlage von Horizontalgräben im Gebirge, Bau von Stauteichen, Sammelbecken usw. So notwendig diese Arbeiten auch sind, so darf man sich doch darüber keiner Täuschung hingeben, daß sie nur helfen die durchschnittlichen Verhältnisse zu bessern; großen elementaren Ereignissen gegenüber versagen sie ihre Wirkung.

§ 36. Die Menge der Geschiebe wächst bei Hochwässern außerordentlich. Namentlich Gebirgsflüsse enthalten oft sehr große Mengen. Ein Bild des Verlaufes eines verderbenbringenden Hochwassers gibt Breitenlohner.*)

Das Wasser der Rienz enthielt im Kubikmeter kg feste Massen:

16., 17., 18., 19. Sept. je	43,9; 59,7; 47,8; 40,2 kg,
20.—22. Sept.	10,2—12,4 kg,
23.—29. Sept.	7,9— 2,8 kg,

vom 16.—19. Sept. durchflossen die Rienzbrücke 102,363,000 cbm Wasser mit 1,962,000 cbm Geschiebe;
vom 23.—26. Sept. 44,219,000 cbm Wasser mit 273,000 cbm Geschiebe.

Auch die Nebenflüsse waren voll von Geschieben. So führte der Reisachbach bei Bruneck am 17. Sept. im cbm = 105 kg; der Mühlgraben unterhalb Lorenzen 145 kg; am 23. Sept. aber nur noch 8 kg.

Der Geschiebetransport der Flüsse*) zum Meere und der Abtrag der Erdoberfläche ist vielfach untersucht worden. Im allge-

---

*) Hochwasserkatastrophe zu Bruneck in Tirol Sept. 1882. Forsch. d. Agrik.-Phys. 9, Heft 4.

**) Literatur in Penck, Morphol. d. Erdoberfl., I.

meinen nimmt die Menge der Sinkstoffe mit der Größe des Flußlaufes ab, bei starkem Gefälle und von den Polen zum Äquator erheblich zu.

Für die mitteleuropäischen Flüsse rechnet man, daß der Abtrag eines Meters der Oberfläche 33000 Jahre dauern würde; für Südeuropa etwa 15000 Jahre; für südasiatische Flüsse etwa 5000 Jahre. Der Unterschied zwischen den süd- und nordeuropäischen Flüssen ist ein gutes Beispiel dafür, daß nicht die Regenhöhe für die Erosion maßgebend ist.

§ 37. Die Tätigkeit des Meeres ist überwiegend zerstörend. Unter den immer wiederholten Angriffen der Wellen werden alle beweglichen Teile fortgerissen, die widerstandsfähigen bleiben als Klippen usw. zurück. Anstehende Gesteine werden in den tieferen Schichten, welche dem Anprall der Wogen am stärksten ausgesetzt sind, angegriffen und brechen dann nach. Das Ufer hat einen Steilrand, Steilufer; grobe Bruchstücke der Felsmassen sammeln sich entlang des Strandes an (Strandwall). In geologischen Zeiträumen können durch den Abbruch des Meeres (Abrasion) ganze Landstriche abgetragen werden (z. B. Zerstörung der friesischen Inseln in historischer Zeit, Bildung des Dollart, des Jadebusens). Abbruchküsten haben meist gute Häfen und unregelmäßig geformte, eingeschnittene Ufer (Rügen, Westküste von Großbritannien).

An ruhigen, von der herrschenden Strömung geschützten Stellen lagert sich am Meeresufer Sand ab, der zur Verlandung Anlaß geben kann. Anschüttungsküsten sind meist Ufer (Halbinsel Darß, Pommern, Kurland) mit gerundeten Linien, ohne Einschnitte und mit wenig Häfen.

3. Abtrag durch Eis.

§ 38. Der Transport von Verwitterungsschutt durch schwimmendes Eis ist unerheblich; um so bedeutender ist die Wirkung des langsam fließenden Eises, der Gletscher oder Ferner.

In der Diluvialzeit war fast ganz Nordeuropa und ein großer Teil Mitteleuropas eisbedeckt; Ablagerungen des Eises bilden daher nach Ausdehnung, wie wirtschaftlicher Wichtigkeit, einen großen Teil der europäischen Böden.

In den kalten Gebieten (Hochgebirge, arktische Gebiete) findet ein großer Teil der atmosphärischen Niederschläge in der Form von Schnee statt; aber auch fallender Regen gefriert und vermehrt die Höhe der Eisschicht.

Der ursprünglich meist feinstaubige Schnee (Hochschnee der Alpen) bildet sich durch Anschmelzen und Wiedergefrieren körnig um (Firnschnee). Die einzelnen Körner sind von ziemlich gleicher Größe, lagern sich dicht zusammen und sind nicht mehr der Verwehung ausgesetzt. Einsickerndes und wieder gefrierendes Wasser veranlaßt die Umwandlung des Firns in poröses, körniges Eis (Firneis).

Aus dem Firneis geht das Gletschereis hervor; es besteht aus durchsichtigen Stücken (Gletscherkörnern) wechselnder (bis 10 und 15 cm) Größe, von denen jedes einen einheitlichen Kristall bildet. Gletschereis ist demnach ein körniges Gestein aus Eiskristallen.

Bewegung der Gletscher. Eis verhält sich wie eine dickflüssige, aber nicht zähe Masse; es fließt unter dem Einfluß von Druck, auch der eigenen Schwere, zerreißt aber auf Zug, so daß sich im fließenden Gletscher Spalten (Gletscherspalten) bilden.

Die höher gelegenen Teile des Gletschers drücken auf die tiefer liegenden und so bewegt sich die ganze Masse nicht unähnlich einem sehr langsam fließenden Gewässer talabwärts. Die Geschwindigkeit der Bewegung ist von der Mächtigkeit des Gletschers und von der Neigung der Unterlage abhängig; hierbei kommt in der Hauptsache nur das Verhältnis des obersten zum untersten Querprofil in Frage, so daß ein Gletscher stellenweise auf ebener Grundlage und selbst bergaufwärts fließen kann.

Die Geschwindigkeit der Bewegung ist sehr verschieden und zumeist von der Mächtigkeit des Gletschers abhängig (alpine Gletscher jährlich 50 bis (Mer de Glace) 250 m; Ausläufer des Grönländischen Inlandeises bis 22 m täglich).

Das Eis schreitet so weit fort, bis Zufuhr und Abschmelzung im Gleichgewicht befindlich sind, in kühleren Zeiträumen rückt daher der Gletscher vor, in wärmeren zieht er sich zurück; auch örtliche Einwirkungen können bei kleinen Gletschern Einfluß gewinnen.

Die Schmelzwässer fließen entweder am unteren Ende des Gletschers ab oder können auch auf dem Gletscher Bäche bilden; treffen sie eine Spalte des Gletschers, so stürzen sie in die Tiefe; da das fließende Wasser oft lange Zeit einen Spalt offen zu halten vermag, treffen sie den Boden dabei mit starkem Gefälle und erzeugen mit Hilfe drehend bewegter Geschiebe oft tiefe Strudellöcher (Gletschermühlen).

Man unterscheidet Hängegletscher (Gletscher II. Ordnung, Hochgletscher), Ansammlungen von Eis geringer Mächtigkeit, die nicht in die Täler hinabsteigen. Talgletscher (Gletscher I. Ordnung) von großer Mächtigkeit und längerer Erstreckung, reichen in die Täler hinab. Auf Plateaugebirgen sammelt sich Gletschereis in breiter Fläche an; am Rande fließen nach verschiedenen Seiten kleine Gletscher ab (norwegischer Typ.).

Die vollendetste Ausbildung finden die Eisablagerungen als Inlandeis in den Polargebieten; hier bedecken sie die Landoberfläche vollständig, hüllen alle Unebenheiten ein und nur selten ragt eine Bergspitze (Nanatakker) über die Eismasse empor.

Die Gletscher wirken nach ihrer lebendigen Kraft auf den Untergrund ein, glätten Felsen und ritzen sie durch mitgeführte Gesteinsstücke (Gletscher-Schliffe und -Schrammen) oder schürfen den Untergrund aus, alle beweglichen Teile führen sie mit sich fort.

Auf die Gletscher fällt vielfach Verwitterungsschutt der benachbarten Hänge, der vom Eis mit weggeführt wird und auf den Gletschern der Gebirge lange Züge von Gesteinsstücken, Moränen bildet. (Moräne jede durch Ferner bewirkte Ablagerung von Gesteinsschutt). Da die Zufuhr namentlich an den Rändern erfolgt, so bezeichnet man die beiden seitlichen Schuttstreifen als Seitenmoränen. Am Ende des Gletschers, wo die stärkste Abschmelzung eintritt, häufen sich die mitgeführten Massen in halbkreisförmigen Ablagerungen an, den Endmoränen.

Reichlich gelangt auch Gesteinsschutt durch die Spalten in die Tiefe der Gletscher und mischt sich dort mit den Teilen, welche am Grunde abgelöst und zerrieben werden; die im Eis eingeschlossenen Gesteine wirken dabei nach Art eines Hobels; es bildet sich dadurch unterhalb des Gletschers ein durch den gewaltigen Druck der Masse oft sehr stark gepreßtes Gemisch von Gesteinsbruchstücken aller Größe. Die Hauptmasse besteht aus Gesteinsmehl, zwischen dem sich regellos verteilt Bruchstücke aller Größen und aller vom Eis durchwanderten anstehenden Gesteinsarten finden: die Grundmoräne.

Inlandeis führt keine Oberflächenmoränen, aber eine ausgeprägte Grundmoräne. Im Innern des bewegten Eises, namentlich im Inlandeis, finden sich noch Geschiebemassen, die man als Innenmoräne bezeichnet.

Die Struktur der Grundmoränen ist ungemein charakteristisch; da kein anderer Weg als unter Eisbedeckung bekannt ist, auf welchem sie entstehen kann, gelten entsprechende Ablagerungen als Beweis früherer Eisbedeckung; so tragen die Diluvialmergel alle Eigenschaften einer Grundmoräne.

Beim Abschmelzen der Eismassen werden große Massen von Wasser tätig, sie bewirken Verteilung des Moränenmaterials nach der Korngröße und führen zur Bildung von geschichteten Granden, Sanden, Ton u. dgl. Die Schmelzwässer wirken auch auf die Massen der Grundmoränen ein, führen die leichter beweglichen Teile weg und geben Veranlassung, daß häufig ein aus Steinen, Grand und Sand mit wenig feinkörnigen Bestandteilen gemischtes Material zurückbleibt, während sich der Sand vor der Moräne ablagert und oft größere Sandfelder (Sander) bildet.

Bezeichnend für die Tätigkeit der Gletscher sind außer den Moränen die geglätteten Felsoberflächen, welche bei Unebenheiten gerundete Formen (Rundhöcker Abb. 6) zeigen. Es ist hierdurch möglich, schon an den Bergformen Gebiete früherer Eis-

Abb. 6. Durch Eis geglättete Felsen (Rundhöcker) am Nejdenfjord (Varanger). Orig.-Phot. Ramann.

bedeckung zu erkennen. Die Gebirge von Skandinavien sind durch gerundete Bergformen bezeichnet, welche jenen Gebieten, trotz hoher landschaftlicher Schönheit, doch im ganzen eintönigen Charakter geben.

4. Abtrag durch Luftbewegung (Wind).

§ 39. Die Umlagerung von Gesteinsmaterial durch Wind beschränkt sich naturgemäß auf Bestandteile geringer Korngrößen.

Lange Zeit hat man der abtragenden Tätigkeit des Windes (Deflation) nur geringe Bedeutung beigemessen, erst der neueren

Zeit gehört die Erkenntnis an, daß auf großen Teilen der Erdoberfläche der Umlagerung von Gesteinsteilen durch Luftbewegung der Hauptanteil bei der Bildung der obersten Schichten zufällt. Es sind dies die wasserarmen Gebiete, besonders die Wüsten und Steppen.

In den humiden Gebieten sind es einzelne Flugsandgebiete und die Dünen, welche durch Wind umgelagert werden, nur sparsam macht sich im Gebirge Abfuhr von Staub geltend. Es gilt dies z. B. für die Gipfel der vulkanischen Gebiete Frankreichs; man nimmt an, daß der sehr fruchtbaren Limagne jährlich für das Hektar 1000 kg Staub von den benachbarten Bergen der Auvergne zugeführt werden.

In einzelnen Fällen können durch vulkanische Ausbrüche (z. B. vulkanischen Staub aus Island in Skandinavien) oder starke Stürme in oft weit entfernten Wüstengebieten (Saharastaub in Mitteleuropa) Staubfälle eintreten.

Viel größere Bedeutung haben die Staubstürme (Buran im Russischen) in den Steppen; ihre vollste Wirkung erreichen sie in den Wüstengebieten. Häufig ist in Zentralasien die Luft tagelang undurchsichtig infolge des Staubgehaltes.

Der feine Gesteinsstaub setzt sich auf bewachsenem Boden gleichmäßig ab und kommt in der Nähe von Flußläufen, besonders auf feuchten Bodenschichten zur Ablagerung. Es bilden sich im Laufe langer Zeiträume ungeschichtete, von Wurzeln durchzogene, poröse Ablagerungen von Staubsand, der typische Löß.

Flugsand, d. h. lockerer, durch Wind beweglicher Sand findet sich in humiden Gebieten in größerer Ausdehnung nur dort, wo durch die Schuld des Menschen die Vegetationsdecke zerstört ist; in ariden Gebieten sind Flugsande weit verbreitet.

Umlagerungen von Sand treten viel häufiger auf als vielfach angenommen wird. In den Heidegebieten und auch sonst häufig im Flachlande wird Sand in Wegeeinschnitten usw. beweglich und auf benachbarten mit Pflanzen bestandenen Flächen ziemlich gleichmäßig abgelagert. Ein großer Teil der Heidesande ist auf diesem Wege entstanden.

Im nordischen Flachlande war nach der Diluvialzeit die Umlagerung durch Wind sehr bedeutend. Vielfach finden sich Flugsandflächen und entlang den einstigen diluvialen Wasserläufen Flußdünen, wie sie ähnlich noch heute an den südrussischen Flüssen gebildet werden.

Flugsand bildet in unseren Gebieten keine ausgeprägten Formen. Häufigkeit der Niederschläge, wechselnde Windrichtungen und die nie ganz mangelnde Pflanzendecke veranlassen, daß nur unregelmäßige Gestalten, Anhäufungen an einzelnen Stellen, Ausblasen an anderen die Flugsandflächen charakterisieren.

In pflanzenarmen Steppengebieten nehmen dagegen die Flugsande die Form der Bogendünen (Kurgane) an. Meist sind es Sträucher (oft Tamarisken) und andere Hindernisse, welche zur Ablagerung des bewegten Sandes Veranlassung geben; es bilden sich kleine Dünen von halbkreisförmiger Gestalt.

Die Bogendüne ist die typische Gestalt der Düne, ähnlich wie der Schuttkegel die typische Gestalt des trocknen Abtrages ist. Wie durch zahlreiche nebeneinander auftretender Schuttkegel sich die Schutthalde herausbildet, so entstehen durch nebeneinander sich auftürmende Bogendünen lange, gestreckte Sandwälle, z. B. die Dünen.*)

§ 40. Meeresdünen.**) Die Westküste Europas ist von einem, wenn auch oft unterbrochenen Kranze von Dünen umgeben, der sich von Portugal bis zur Halbinsel Kola erstreckt.

Am Meeresstrande wird von den Wellen fortgesetzt Sand ausgeworfen, der vom herrschenden Winde landeinwärts getrieben und an Stellen, welche der Fortbewegung Hindernisse bereiten, abgelagert wird. Die fast ständig landeinwärts wehenden Winde geben Veranlassung, daß die Ablagerung parallel den Küsten erfolgt. Die Ablagerung findet in der Regel dort statt, wo Vegetation vorhanden ist. Dem Wachstum im bewegten Sande sind einige Gräser angepaßt, welche Rhizome besitzen und ihren nächstjährigen Vegetationspunkt an der derzeitigen Oberfläche der Sandschicht anlegen. Es sind namentlich Ammophila arenaria, Elymus arenarius, einige Carex- und Triticumarten, welche den Sand binden. Es ist nicht selten, daß sich Reste jener Pflanzen bis in tiefe Schichten der Dünen verfolgen lassen.***)

Die Korngröße des Dünensandes schwankt nach der Stärke der herrschenden Winde. In der Nähe des Seeufers finden sich vielfach gröbere Sandkörner, die übrigens auch in den diluvialen Flußdünen durchaus nicht fehlen. Der Dünensand kann daher in ziemlich weiten Korngrößen schwanken und ein sehr feinkörniger bis grobkörniger Sand sein. Die Untersuchungen von W. Schütze (Sylter Dünensand) geben davon ein gutes Bild.†)

---

*) J. Walther, Gesetz der Wüstenbildung, S. 125.

**) Die Literatur über Dünen ist in dem letzten Jahrzehnt sehr reichhaltig geworden, zumal man den Bildungen der Wüsten größere Beachtung geschenkt hat. Hier seien angeführt:

Wessely, Flugsand und seine Kultur. Wien 1873.
Sokolow, Dünen. Berlin 1894.
Lehnpfuhl, Mündener Forstl., Heft. 1, S. 53.

***) Borggreve, Verh. nat. Ver. f. Rheinland u. Westf., 1875, Corresp. 69.

†) Zeitschrift für Forst- und Jagdwesen 5, S. 183.

	> 2 mm	1—2 mm	0,5—1 mm	0,25—0,5 mm	< 0,25 mm
Westseite der Seedünen	10,7%	60,9%	19,4%	8,8%	0,6%
Ostseite der Seedünen	—	1,2%	8,4%	86,4%	3,6%
Dünen d. Ostseite d. Insel	—	0,2%	5,4%	82,4%	12,1%

Die Dünen der Ostseeküsten sind im ganzen feinkörniger. Nach v. Raumer entsprechen die von Reval einem grobkörnigen, die von Windau und Kronstadt einem mittelkörnigen, die von Libau, Narva und Dünamünde einem feinkörnigen Sande.

Die Höhe, zu welchen sich der Sand in den Dünen auftürmt, schwankt sehr, an den europäischen Küsten sind 60—70 m Höhe beobachtet worden.

§ 41. Wanderdünen. Nicht gebundene, d. h. nicht mit einer Pflanzendecke bestandene Dünen erleiden fortdauernd Umlagerungen. Die Oberfläche trocknet leicht ab, die locker gelagerten Sandkörner werden vom anprallenden Winde emporgehoben, über den Rand der Düne hinweggeführt und fallen auf der Rückseite, im Windschatten, zu Boden. Der Vorgang wiederholt sich fortgesetzt und die ganze Masse der Düne rückt in der Richtung des herrschenden Windes vorwärts, sie wandert. Die Geschwindigkeit der Bewegung wechselt sehr und ist nicht nur von der Stärke und Dauer der herrschenden Winde, sondern auch von der Masse der Düne abhängig. An der Ostseeküste beobachtete man 1—8 m, im Mittel 6 m im Jahre. Die Mitte des Dünenzuges bewegt sich rascher als die Flügel (von Raumer beobachtete z. B. in der Mitte 0,66—0,82 m; an den Seiten 0,16—0,34 m). Die Düne würde sich, wenn dieses Verhältnis dauernd bestehen bliebe, in ihrer Gestalt den Bogendünen nähern, die Walther als Normalform der Dünen betrachtet.

Der Winkel, welchen die Dünen bilden, beträgt nach der Meeresseite (Angriffseite, des Windes, Luvseite) an der frischen Nehrung 5,5°; in anderen Gebieten in der Regel 8—10°; an der Leeseite (abwärts des Windes) 32—40°. Tritt die Düne in einen Wald ein, so kann der Winkel der Leeseite sehr steil werden.

Der Nährstoffgehalt des Dünensandes ist gering; Schütze fand z. B. für die Sylter Dünen an löslichen Stoffen 0,002—0,003 % Phosphorsäure; 0,0025—0,006 % Kali und 0,02—0,05 % Kalk; andere Forscher geben für verschiedene Vorkommen erheblich höhere Zahlen. Infolge beigemischter Muschelschalen ist oft ziemlich viel kohlensaurer Kalk vorhanden; in französischen Dünen wurden 2—6 %; bei Narva 0,8, bei Windau 6 % gefunden; auch die Dünen des Darß sind reich an Kalk; seinem Vorkommen verdanken wohl die dortigen Buchen die

*) Forsch. Agrik.-Phys. 9, S. 204.

Möglichkeit des Gedeihens. Schon an der niederen Flora macht sich der höhere oder geringere Nährstoffgehalt bemerkbar. (Vgl. v. Raumer, Forsch. d. Agrik.-Phys. Bd. 9, S. 205.)

Der Dünensand ist unmittelbar nach der Ablagerung sehr locker, nimmt aber unter Einfluß der fallenden Regen bald dichte Lagerung an. Der Wassergehalt in den Dünen ist an unseren Küsten nicht unerheblich.

Bindung und Aufforstung der Dünen. Die Dünen dienen in vielen Fällen (Holland, Sylt usw.) dem Hinterland zum Schutze gegen die Angriffe des Meeres. Ihre Erhaltung ist schon aus diesem Grunde geboten. Wanderdünen übersanden fruchtbares Land und rücken oft weit in das Land vor. Die Bindung der Dünen ist daher von großer wirtschaftlicher Bedeutung.. Als erste Anpflanzung dienen die Dünengräser, dauernden Schutz kann nur die Bewaldung bieten.

Die größten Schwierigkeiten bereitet der starke Wind, welcher den Boden flüchtig erhält und durch bewegte Sandkörner die Rinde der Bäume beschädigt; junge Pflanzen erliegen oft der Wirkung der anprallenden Körner. Zur Anpflanzung haben sich bewährt in den südlichen Gebieten die Meerstrandskiefer (P. maritima), in nördlichen die durch buschigen Wuchs ausgezeichnete Bergkiefer. In den Dünentälern, die meist reichlich Feuchtigkeit haben, gedeihen am besten Rot- und Weißerle und Aspe.

Zur Ausführung der Kultur deckt man küstenfernere oder weniger exponierte Örtlichkeiten mit Reisig, dem die stärkeren Äste belassen werden, oder mit Heide und pflanzt unmittelbar unter der Decke. Küstennahe Dünen werden durch Anpflanzen von Strandgräsern zuerst befestigt. Es ist dies vor der Anschonung unbedingt notwendig, denn auf frisch bewegtem, lockerem Dünensande läßt sich keine Baumpflanzung halten, selbst die Bergkiefer versagt. Bei der Ausführung bepflanzt man zunächst die Kessel und offenen Windrisse; die nackten Seiten bleiben frei, damit der Wind die Höhen abtragen und die Anpflanzungen überwehen kann. Man setzt die Anpflanzung schrittweise fort, bis die Neigung der Hänge vermindert und der Boden dichter gelagert ist. Vielfach verwendet man bei der Baumpflanzung Füllerde (Moorerde, Lehm u. dgl.), welche den Sand bindet, Nährstoffe liefert und die Wasserkapazität erhöht.

Nahe der Küste ist die Anlage einer Vordüne wichtig. Das Meer wirft fortgesetzt Sand aus, der vom Winde bewegt und auf der mit Sandgräsern besetzten Vordüne festgehalten wird. Der Erfolg einer Dünenanpflanzung ist immer von vielen Bedingungen abhängig, zunächst von der Windwirkung, dann vom Nährstoffgehalt des Bodens.

Befestigte Dünen können wieder flüchtig werden, wenn die Bodendecke zerstört wird. Die Dünen der Provinz Preußen waren früher bewaldet; in Kurland sind noch alte Waldbestände auf Dünensand vorhanden; die Flußdünen des Binnenlandes tragen fast stets Wald. Der Windangriff auf eine Düne geht meist von einzelnen Stellen aus, die durch den Wind ausgeweht (ausgekehlt) werden. Wege, welche über die Düne führen, die Tritte von weidenden Tieren, sind oft die Ursache, daß der Sand flüchtig wird.

Waldbestand ist der sicherste Schutz für eine Düne. Wie Lehnpfuhl nachwies, wirkt dagegen hinter der Düne liegender Wald, indem er Winde aus anderen als den herrschenden Richtungen abschwächt, nicht verlangsamend, sondern erhöhend auf die Schnelligkeit der Bewegung der Düne. Die Waldbäume werden vom Sand der vorrückenden Düne überweht, schwächere vom fallenden Sande umgebrochen, stärkere oft bis zum Wipfel, der noch einige Jahre grün bleibt, übersandet (Baumfriedhöfe). Schreitet die Düne allmählich fort, so treten die Reste des überwehten Waldes hervor. Die in einem Wald fortschreitende Düne nimmt an Masse ab, der Sand der langsamer beweglichen Flanken wird im Schutz der benachbarten Bäume abgelagert; es werden Dünenrücken gebildet, welche fast normal zur herrschenden Windrichtung stehen.

III. Die wichtigsten Mineralien und Gesteine und ihre Verwitterung.

I. Mineralarten.

§ 42. Für die Bodenkunde haben nur Mineralarten Bedeutung, die in so weiter Ausdehnung vorkommen, daß sie bodenbildend sind oder für Pflanzenernährung Wichtigkeit haben. Die Zahl der in Frage kommenden Mineralarten ist gering. Sie bestehen zumeist aus Silikaten und anderen den Salzen zuzurechnenden Verbindungen, sparsam aus Oxyden und Sulfiden.

Für die Bodenkunde kommen in Betracht: Kieselsäure und Silikate; Karbonate ($CaCO_3$; $MgCO_3$; $FeCO_3$); Sulfate ($CaSO_4 + 2\,H_2O$); Phosphate (Apatit); Chloride (NaCl; KCl); Doppelsalze (Kainit und andre).

Bei den Mineralanalysen ist es gebräuchlich, die einzelnen Bestandteile als Oxyde und Säureanhydride aufzuführen. Entspricht dies auch nicht mehr den Anschauungen der theoretischen Chemie, so hat die Methode doch so viele praktische Vorteile und ist so allgemein eingebürgert, daß keine Ursache vorliegt, davon abzugehen.

Als die wichtigsten den Boden zusammensetzenden Bestandteile kommen in Betracht:

Kieselsäure (SiO_2),
Schwefelsäure (SO_3),
Kohlensäure (CO_2),
Phosphorsäure (P_2O_5),
Chlor (Cl),
Wasser (H_2O),
Kali (K_2O),
Natron (Na_2O),
Kalk (CaO),
Magnesia (MgO),
Eisenoxydul (FeO),
Eisenoxyd (Fe_2O_3),
Tonerde (Al_2O_3),
Mangandioxyd (MnO_2), in den Analysen meist als Manganoxyduloxyd (Mn_3O_4) aufgeführt.

W a s s e r, beziehentlich der W a s s e r s t o f f, ist in zwei Verbindungsformen in den Mineralarten vertreten. Zumeist befindet sich das Wasser in molekularer Verbindung, entspricht also dem K r i s t a l l w a s s e r vieler Salze. Durch mäßiges Erhitzen wird dieses Wasser ausgetrieben (z. B. Gips, $CaSO_4 + 2\,H_2O$, gibt beim Glühen $CaSO_4$ und zwei Moleküle Wasser). Viele Verwitterungsprodukte (Tone, Zeolithe, wasserhaltige Magnesiumsilikate) bestehen aus wasserhaltigen Salzen.

In vielen Fällen nimmt jedoch W a s s e r s t o f f als solcher am Aufbau des Moleküls teil, er vertritt dann die Stelle eines einwertigen Metalles. Derartige wasserstoffhaltige Mineralien (Turmalin, Glimmer, manche Tone), verlieren ihren Wasserstoff erst beim dauernden Glühen.

Die S i l i k a t e bilden die wichtigste Gruppe der bodenbildenden Mineralien. Um sie leichter ordnen zu können, benutzt man Bezeichnungen, die ebenfalls einer früher üblichen Anschauungsweise über die Zusammensetzung der chemischen Verbindungen entsprechen, aber ihrer Übersichtlichkeit wegen auch jetzt noch beibehalten werden. Denkt man sich ein Silikat, z. B. Olivin [Mg_2SiO_4] in Magnesia (MgO) und Kieselsäureanhydrid (SiO_2) zerlegt, so erhält man

$$Mg_2O_2 + SiO_2.$$

Die Menge des an das Metall gebundenen Sauerstoffs verhält sich zum Sauerstoff der Kieselsäure wie

$$1 : 1.$$

Nach diesem Verhältnis bezeichnet man eine solche Verbindung als S i n g u l o s i l i k a t.

Von andern kieselsauren Salzen finden sich noch häufig B i s i l i - k a t e , nach der allgemeinen Formel R_2SiO_3 zusammengesetzt. R bedeutet hier ein beliebiges einwertiges Metall. Nach obiger Weise getrennt, würden

$$R_2Si\,O = R_2O + SiO_2$$

sein, also das Sauerstoffverhältnis wie

$$1 : 2,$$

daher Bisilikate.

Ferner finden sich Z w e i d r i t t e l s i l i k a t e , nach der allgemeinen Formel R_6SiO_3 zusammengesetzt (also $R_6O_3 + SiO_2$; Sauerstoffverhältnis 3 : 2, daher Zweidrittelsilikate).

Als D o p p e l s i l i k a t e*) bezeichnet man Verbindungen, und sie machen einen großen Teil der verbreitetsten und wichtigsten Mineralien aus, die mehrere ungleichwertige Elemente enthalten; namentlich sind es Körper, die neben den sogenannten Monoxyden (Alkalien und alkalische Erden) noch Sesquioxyde (Eisenoxyd und Tonerde) enthalten.

Die Mineralien sind nur in ihren reinsten Formen ganz einheitlich zusammengesetzt. Die meisten enthalten kleinere oder größere Mengen anderer Körper beigemengt.

Verschiedene Elemente können sich ferner untereinander vertreten, so kann z. B. Kalium an die Stelle von Natrium oder Wasserstoff treten und umgekehrt diese an die Stelle des Kaliums; Calcium an die Stelle von Magnesium oder Eisenoxydul; Eisenoxyd an die Stelle von Tonerde, ohne daß die Mineralarten die ihnen zukommende Kristallform und ihre sonstigen Eigenschaften wesentlich ändern. Hieraus erklärt es sich, daß die häufigsten und verbreitetsten Mineralarten in ihrer Zusammensetzung wechseln, beziehentlich einzelne Bestandteile in verschiedener Menge enthalten können.

Wichtige Zeugen für die im Mineralreich eingetretenen Umwandlungen sind die P s e u d o m o r p h o s e n. Jedes kristallisierbare Mineral tritt in geometrisch bestimmbaren Formen, den Kristallen, auf, die für das betreffende Mineral oder doch für einige wenige charakteristisch sind. Findet sich daher irgend eine Mineralart

*) Diese alte Bezeichnung ist beibehalten, da für die Bodenkunde es notwendig ist, einen kurzen Ausdruck für diese Verbindungen zu haben.

in Kristallformen, welche nicht ihrer, sondern einer andern Verbindung angehören, so hat man Ursache anzunehmen, daß durch chemische Einwirkung die letztere in das jetzt vorhandene Mineral umgewandelt wurde. Derartige Umwandlungsprodukte bezeichnet man als Pseudomorphosen; sie sind Hilfsmittel, um die Umbildungsvorgänge im Mineralreich verfolgen und die chemischen Reaktionen, welche sie bewirkt haben, feststellen zu können.

1. Kieselsäure und Silikate.

§ 43. Die Kieselsäure tritt in der Natur hexagonal kristallisiert als Quarz, ferner rhombisch (in trachytischen Gesteinen) als Tridymit und amorph als Opal auf.

Quarz; kenntlich an den sechsseitigen Säulen und Pyramiden der Kristalle, an unebenem Bruch, dem Glasglanz der Kristallflächen und mehr oder weniger ausgeprägten Fettglanz der Bruchflächen. Endlich an der hohen Härte (= 7). Der Quarz kommt farblos (Bergkristall), weiß (Milchquarz) und durch kleine Mengen fremder Bestandteile gefärbt (z. B. Amethyst) vor.

Dichte, kryptokristallinische Formen des Quarzes sind:

Chalcedon, sehr mannigfach gefärbt; mit ebenem bis flachmuscheligem, feinsplitterigem Bruch.

Feuerstein (Flint), meist grau bis grauschwarz gefärbt, mit flachmuscheligem Bruch, leicht in scharfkantige Stücke zersprengbar.

Jaspis, durch Eisenoxyd rot oder braun gefärbt, undurchsichtig, Bruch matt, flachmuschelig.

Kieselschiefer, verschieden, meist durch Kohlenstoff schwarz gefärbt; dickschieferig, Bruch uneben bis flachmuschelig.

Der Quarz und seine Abänderungen sind die verbreitetsten Mineralien. Quarz findet sich in vielen Gesteinsarten (Granit, Gneis, Schiefergesteinen) und bildet die Hauptmasse der Sande und Sandsteine.

Der Quarz ist durch kohlensäurehaltiges Wasser kaum, durch Salzlösungen schwer angreifbar; etwas leichter unterliegen die dichten Abarten chemischen Veränderungen. Feuerstein und Chalcedone sind oft von einer hell gefärbten, weichen Verwitterungskruste umgeben, die meist kohlensauren Kalk enthält. Zerfressene, von Lösungen angegriffene Quarze kommen, wenn auch sparsam, vor, ebenso Pseudomorphosen anderer Mineralien (Speckstein, Roteisenstein, Kalkspat, Chlorit) nach Quarz; ein Beweis, daß auch dieser widerstandsfähige Stoff allmählichen Umbildungen unterliegen kann.

Bei der Verwitterung der Gesteine bleibt Quarz zumeist chemisch unverändert, zerspringt aber leicht in scharfeckige Bruchstücke.

Die Quarze der diluvialen Sande zeigen fast stets eine äußere Schicht mit abweichender Lichtbrechung, welche den unveränderten Kern umgibt. Die Bildung des Quarzes kann in vielen Gesteinen (Felsitporphyren, Andesiten) nur durch Ausscheidung aus geschmolzenen Eruptivmassen erfolgt sein, in anderen sehr zahlreichen Fällen ist die Entstehung aus wässeriger Lösung unzweifelhaft; so in Versteinerungen, auf Erzgängen, in Hohlräumen vulkanischer Gesteine. Chalcedonkugeln lassen häufig den Weg der Bildung deutlich verfolgen. Die Ränder werden von dichtem, oft schichtweise verschieden gefärbtem Chalcedon gebildet, die Mitte ist von Quarz eingenommen. Oft ist noch der Gang, auf dem die Flüssigkeit einsickern konnte, erhalten. In der ersten Zeit, wo die Abscheidung rascher voranging, erfolgte die Abscheidung der verstecktkristallinischen, später die der großkristallinischen Form der Kieselsäure.

Opal. Die wasserhaltige, amorphe Form der Kieselsäure findet sich überwiegend in den Hohlräumen vulkanischer Gesteine.

Die Abscheidung von Quarz im Erdboden ist wiederholt behauptet, aber bisher noch nicht nachgewiesen worden (Emeis, Waldbauliche Forschung. Berlin 1876). Theoretisch ist die Bildung durchaus möglich, es ist aber nicht wahrscheinlich, daß die Menge des so entstehenden Quarzes für die Bodenkunde ins Gewicht fallen würde.

Größere Bedeutung für den Boden, zumal für die Absorptionsvorgänge, muß man der wasserhaltigen, amorphen Kieselsäure beilegen, die häufig vorkommt.

Silikate.

Olivin, rhombisch kristallisierend; bildet in glasglänzenden, muschelig brechenden Kristallkörnern einen Gemengteil basischer eruptiver Gesteine, so der Basalte, Melaphyre. Der Olivin ist meist von flaschengrüner, seltener gelber bis brauner Farbe.

Zusammensetzung: Der Olivin ist ein Magnesiumsilikat (Mg_2SiO_4); Mg oft durch Eisen ersetzt; im Mittel:

$$SiO_2 = 41\,\%;\ MgO = 49{,}2\,\%;\ FeO = 9{,}8\,\%.$$

Der Verwitterung unterliegt der Olivin sehr leicht; sie schreitet in den meist zahlreich vorhandenen Sprüngen und Haarspalten rasch voran. Das Eisenoxydul wird hierbei in Oxyd umgewandelt, die grünliche Färbung geht in eine gelbliche bis rotbraune über, und die Hauptmasse des Gesteines wird unter Aufnahme von Wasser in ein wasserhaltiges Magnesiumsilikat, zumeist in Serpentin, übergeführt.

Serpentin, wahrscheinlich versteckt kristallinisch, ein weiches (H = 3 — 4) dichtes, meist düster lauch- bis schwarzgrün gefärbtes Gestein; findet sich in ganzen Bergen, Stöcken und Lagern.

Zusammensetzung:

$$Mg_3 H_2 Si_2 O_8 + H_2O = SiO_2 = 43{,}5; \quad MgO = 43{,}5; \quad H_2O = 13\,\%.$$

Ein Teil der Magnesia ist fast immer durch Eisenoxydul ersetzt (bis zu 8 % der Mineralsubstanz).

Der Serpentin ist aus der Verwitterung magnesiumhaltiger Mineralien, meist Olivin, hervorgegangen.

Talk und Speckstein, kristallinische, sehr weiche (H = 1), farblose oder schwachgrünliche oder gelblich gefärbte Mineralien, von denen

die leicht spaltbaren, schuppigen oder blätterigen Abarten als Talk,
die festeren, uneben brechenden, dichten als Speckstein

bezeichnet werden.

Zusammensetzung:

$$H_2 Mg_3 Si_4O_{12} = Si\,O_2 = 63{,}5; \quad MgO = 31{,}7; \quad H_2O = 4{,}8\,\%.$$

Talk bildet als Talkschiefer eine Gebirgsart. Talk ist ein häufig vorkommendes Verwitterungsprodukt magnesiahaltiger Mineralien, zumal der Augit- und Hornblendegesteine.

Bei der Verwitterung zerfällt der Talk infolge der leichten Spaltbarkeit blätterig; chemische Umwandlungen erleidet er kaum, ist daher als eines der unangreifbarsten Mineralien zu betrachten.

Glaukonit findet sich in gerundeten, meist kleinen, mattgrünen Körnern in Kalken, Sandsteinen, Tonen und auch in sandsteinartigen Zusammenlagerungen (die als Grünsande bezeichnet werden). Der Glaukonit ist äußerlich der Grünerde ähnlich und durch den meist hohen Gehalt an Kali (5—15 %) von bodenkundlicher Wichtigkeit. Chemisch ist Glaukonit ein sehr schwankend zusammengesetztes wasserhaltiges Silikat von Eisen, Tonerde und Kali.

§ 44. **Feldspate.**

Unter den gesteinbildenden Silikaten sind, sowohl in bezug auf Menge des Vorkommens, wie auf Bedeutung der Verwitterungsprodukte, die Feldspate für die Bodenkunde am wichtigsten. Es sind sämtlich Doppelsilikate von Alkalien, alkalischen Erden und Tonerde. Nach den Kristallformen unterscheidet man

monoklinen Feldspat, Orthoklas
trikline Feldspate oder Plagioklase.

Orthoklas, Kalifeldspat; monoklin, leicht spaltbar in zwei aufeinander senkrecht stehenden Richtungen, von hoher Härte (H = 6); glasglänzend und meist rötlichweiß bis fleischrot gefärbt. Die glasige, in trachytischen Gesteinen vorkommende Abänderung bezeichnet man als Sanidin.

Zusammensetzung:

$$\text{Kalitonerdesilikat} = K_2\,Al_2\,Si_6\,O_{16} \text{ mit}$$
$$SiO_2 = 64{,}68\,\%$$
$$Al_2O_3 = 18{,}43\,\%$$
$$K_2O = 16{,}89\,\%$$

Außerdem finden sich kleine Mengen von Kalk, Magnesia, Eisen und fast stets 2—3 % Natron.

Orthoklas ist ein Gemengteil vieler Gesteine (Granit, Gneis, Syenit, Felsitporphyr usw.) und findet sich auch sonst verbreitet.

Die Verwitterung des Orthoklas ist vielfach untersucht. In den Gesteinen verlieren die Kristalle ihren Glanz, werden matt und färben sich häufig durch ausgeschiedenes Eisenoxyd rötlich oder bräunlich und gehen endlich in tonige Bestandteile, die reinsten Abarten in weißen Kaolin über (vgl. S. 81).

Abb. 7.
Orthoklaskristall, teilweise zersetzt in a) Kaolin; b) Kaliglimmer; c) Epidot.

Die Angreifbarkeit des Orthoklas durch reines oder kohlensäurehaltiges Wasser ist vielfach experimentell nachgewiesen worden. Bei der komplizierten Verwitterung in der Natur, wo zugleich verdünnte Salzlösungen einwirken, bilden sich häufig andere Mineralarten, zumal Kaliglimmer und Epidot. Auf Dünnschliffen lassen sich nicht selten die drei hauptsächlichen Umbildungen in Kaolinit, Kaliglimmer und Epidot nebeneinander beobachten (Abb. 7). Es läßt sich auch verfolgen, daß die Verwitterung meist den Spaltflächen folgt und derselbe Kristall an einzelnen Teilen bereits in trüben Kaolinit umgewandelt ist, während andere noch völlig klar und unangegriffen erscheinen.

Von den Feldspaten ist der Orthoklas in der Regel am schwierigsten angreifbar. Häufig finden sich die Plagioklase in gemengten Gesteinen bereits völlig zersetzt, während die glänzenden Spaltungsflächen des Orthoklas unverändert geblieben sind.

Die Plagioklase.

Die triklinen Feldspate haben bei gleicher Kristallform sehr verschiedene Zusammensetzung. Alle zeichnen sich durch die Neigung aus, zu Zwillingen zu verwachsen. Selbst der kleinste Kristall zeigt sich aus mehreren, oft zahlreichen Kristallamellen zusammengesetzt; vielfach läßt sich dies schon mit bloßem Auge an der Zwillingsstreifung der Spaltungsstücke erkennen.

Man unterscheidet drei selbständige Arten der Plagioklase, welche durch Verwachsung zu Zwillingskristallen die zahlreichen Zwischenglieder bilden, es sind dies:

Abb. 8.
Plagioklaskristall in polarisiertem Lichte gesehen. Zwillingsstreifung.

Mikroklin, trikliner Kalifeldspat; in der Zusammensetzung und dem Verhalten mit dem Orthoklas übereinstimmend.

Albit, Natronfeldspat; ein Doppelsilikat von Natron und Tonerde.

Anorthit, Kalkfeldspat; ein Doppelsilikat von Kalk und Tonerde.

Mischungen der beiden letzten Arten finden sich häufig, während die reinen Mineralien selten sind; je nach dem Überwiegen des einen oder anderen bezeichnet man sie als

Oligoklas; Natronkalkfeldspat, viel Natrium bei relativ wenig Kalk enthaltend, und

Labrador; Kalknatronfeldspat, viel Kalk, wenig Natron enthaltend.

Mikroklin entspricht in allen seinen Eigenschaften, natürlich mit Ausnahme der Kristallform, dem Orthoklas; er erleidet dieselben Zersetzungen wie jener.

Albit = $Na_2\ Al_2\ Si_6\ O_{16}$ mit

Kieselsäure	68,62 %
Tonerde	19,56 %
Natron	11,82 %.

Anorthit = $Ca\ Al_2\ Si_2\ O_8$ entsprechend

$$SiO_2 = 43{,}08\ \%$$
$$Al_2O_3 = 36{,}82\ \%$$
$$CaO = 20{,}10\ \%.$$

Neben Natron und Kalk enthalten fast alle Plagioklase kleine Mengen von Kalium.

Oligoklas und Labrador stehen in ihrer Zusammensetzung und ihrem Verhalten zwischen Albit und Anorthit.

Die Plagioklase sind weitverbreitete Gemengteile vieler Gesteine, in denen sie zum Teil neben Orthoklas (in Granit, Gneis) oder als alleinige Vertreter der Feldspatmineralien vorkommen.

Die Verwitterung der Plagioklase führt zur Bildung von Mineralien der Kaolingruppe (am wenigsten beim Anorthit); sie geht in den kalkreichen Abarten rascher voran, als in den natronreichen. Natron, sowie Kalk werden weggeführt, der letztere wol auch als Karbonat in den Gesteinen abgeschieden. Bemerkenswert ist die Neigung zur Bildung von Zeolithen bei der Zersetzung der Plagioklase im Gegensatz zu den Kalifeldspaten, denen sie nicht oder nur in beschränktem Maße zukommt.

§ 45. Mineralien der Glimmergruppe.

Neben den Feldspaten nehmen die Mineralien der Glimmergruppe an der Zusammensetzung der Gesteine wesentlichen Anteil. Alle zeichnen sich durch leichte Spaltbarkeit aus, welche ein Zerteilen des Glimmers in sehr feine, meist elastisch biegsame Blättchen in höchstem Maße begünstigt.

Auf Grund des optischen Verhaltens hat man die Glimmer in eine Anzahl Arten eingeteilt; für die Zwecke der Bodenkunde genügt jedoch die alte Unterscheidung in Kaliglimmer und Magnesiaglimmer. Die Zusammensetzung der Glimmer ist schwankend, und es ist bisher noch nicht möglich gewesen, sie auf einfache Formeln zurückzuführen. Es sind Doppelsilikate der Alkalien, alkalischen Erden und der Tonerde (Eisen).

Kaliglimmer, ausgezeichnet spaltbar, von überwiegend hellen, oft silberweißen Farben; geringe Härte (2—3). Die Zusammensetzung wechselt sehr und schwankt etwa in folgenden Grenzen:

$$SiO_2 = 46\text{—}50\,\%;\quad Al_2O_3 = 25\text{—}35\,\%;\quad K_2O = 8\text{—}10\,\%.$$

Hierzu kommen noch Eisen, meist als Eisenoxyd (0,5—5 %), Fluor und Wasser (1—4 %); Kalk sowie Magnesia fehlen fast gänzlich, jedoch finden sich oft kleine Mengen von Natrium und Lithium.

Kaliglimmer ist ein Bestandteil vieler Gesteine (Granit, Gneis, Kaliglimmerschiefer usw.).

Der Verwitterung ist Kaliglimmer sehr wenig unterworfen, er spaltet sich in äußerst dünne Blättchen, die sich lange fast völlig unangegriffen erhalten.

Magnesiaglimmer, meist dunkel gefärbt, schwarz, grünlich oder grau, auch braun, vielfach nicht so vollkommen spaltbar wie der Kaliglimmer.

Chemisch von noch wechselnderer Zusammensetzung wie die Kaliglimmer; charakteristisch ist der hohe Gehalt an Magnesia und an Eisen, welches meist als Eisenoxyd vorhanden ist. Etwa folgende Grenzwerte sind anzunehmen:

$$SiO_2 = 39—44; \; Al_2O_3 = 6—20; \; Fe_2O_3 = 0—30;$$
$$MgO = 10—30; \; K_2O = 5—11\,\%.$$

Der Magnesiaglimmer findet sich, ähnlich dem Kaliglimmer, in vielen Gesteinen, oft mit diesem vergesellschaftet; in basischen Gesteinen ist Magnesiaglimmer vorherrschend.

Die Verwitterung des Magnesiaglimmers erfolgt erheblich leichter als die des Kaliglimmers. Häufig sind die dunklen Blättchen von einem hell gefärbten Rande umgeben, der durch Wegführung des Eisens und der Alkalien entstanden ist; oft setzt sich auch Eisenoxyd zwischen den Lamellen ab und färbt das Mineral rötlich. Der Boden, welcher sich aus Gesteinen bildet, die viel Magnesiaglimmer enthalten, ist ein eisenreicher Tonboden und durch seine physikalischen Eigenschaften, wie durch höhere Fruchtbarkeit von den aus Kaliglimmer gebildeten unterschieden.

§ 46. Mineralien der Hornblende- und Augitgruppe.

Diese Gruppe umfaßt eine Anzahl Mineralien, welche rhombisch oder monoklin, selten triklin kristallisieren, aber trotz der verschiedenen Kristallsysteme doch gewisse geometrische Beziehungen in ihren Formen erkennen lassen. Chemisch sind sie als isomorphe Mischungen verschiedener Bisilikate aufzufassen, die Alkalien, alkalischen Erden, Eisenoxydul, sowie Eisenoxyd und Tonerde enthalten können. Von bodenkundlichem Interesse sind nur Hornblende und Augit und vielleicht noch der Diallag: die ersteren beiden sind Bestandteile verbreiteter Gesteine.

Hornblende und Augit sind im reinen Zustande Magnesiumbisilikate, in denen ein Teil des Magnesiums durch Calcium oder Eisenoxydul ersetzt ist. Die verbreiteten Formen enthalten außerdem reichliche Mengen von Tonerde, welche den Verlauf der Verwitterung stark beeinflußt.

Hornblende (Amphibol), monoklin, vollkommen spaltbar und an den glänzenden, rissig ausgebildeten Spaltflächen vom Augit leicht zu unterscheiden. Die gesteinsbildenden Abarten sind dunkel, meist schwarz gefärbt.

In der Zusammensetzung unterscheiden sich die Hornblenden vom Augit durch geringeren Kalkgehalt und durch einen Gehalt an Alkalien (auch an Fluor). Die Zusammensetzung schwankt erheblich; bei den gesteinsbildenden Arten etwa in folgenden Grenzen:

SiO_2 = 39—49; Al_2O_3 = 8—15; MgO = 12—20 %; Fe_2O_3 und FeO sehr wechselnd; CaO = 10—12; Alkalien = 1—5 %.

Die Hornblende ist ein Bestandteil vieler Gesteine (Syenit, Diorit, Hornblendeschiefer, viele Granite, Basalte usw.).

Die Verwitterung der gemeinen Hornblende kann zunächst zur Bildung von Glimmer, Epidot, Chlorit führen. Beim Fortschreiten der Verwitterung werden Alkalien sowie Kalk und Magnesia weggeführt, Wasser dagegen gebunden, und die Endprodukte sind eisenreiche Tone.

Augit (Pyroxen) unterscheidet sich in Bruchstücken durch die geringe oder fehlende Spaltbarkeit von der Hornblende; in der chemischen Zusammensetzung durch Reichtum an Kalk (20—23 %), geringeren Gehalt an Magnesia (13—16 %) und Tonerde (4—9 %), sowie durch das Fehlen der Alkalien.

Der Augit ist ein Bestandteil vieler Gesteine (Diabas, Basalt, Melaphyr usw.).

Die Verwitterung nimmt infolge des geringeren Tonerdegehaltes meist einen anderen, rascher fortschreitenden Verlauf wie bei den Hornblenden. Vielfach bildet sich zuerst eine zerreibliche, erdige, grüne Masse, Grünerde, die immer reicher an Kieselsäure, ärmer an alkalischen Erden ist als der Augit, aus dem sie entstand; häufig ist Kalkkarbonat beigemengt; als Endprodukt der Verwitterung entstehen eisenreiche Tone.

Diallag hat Bedeutung als Gemengteil des Gabbro und durch sein Vorkommen in einzelnen basischen Gesteinen. Er unterscheidet sich durch seine Spaltbarkeit nach einer Richtung und den schimmernden Glanz der Spaltungsflächen vom Augit, dem er sich in der Zusammensetzung anschließt. Bei der Verwitterung scheint, soweit Untersuchungen vorliegen, sehr vielfach Serpentin gebildet zu werden; anderseits zeigen Gabbroböden denselben eisenreichen Ton, welcher für die Hornblende- und Augitgesteine bezeichnend ist.

Mineralien der Chloritgruppe.

Die Mineralien der Chloritgruppe stehen in ihrem Verhalten wie in der Art und Weise des Auftretens etwa zwischen den Glimmern und dem Talk. Mit beiden teilen sie die geringe Härte und die hohe Spaltbarkeit. Die Chlorite enthalten keine Alkalien, reichlich Tonerde. Für die Bodenkunde hat nur Bedeutung:

Chlorit, lauch- bis schwärzlichgrün, sehr weich (H = 1 — 1,5). Die Zusammensetzung wechselt etwa in folgenden Verhältnissen:

$$SiO_2 = 25—28;\ Al_2O_3 = 19—23;\ FeO = 15—29;$$
$$MgO = 13—25;\ H_2O = 9—12\ \%.$$

Der Chlorit kann als ein wasserhaltiges Doppelsilikat von Tonerde mit Magnesia und Eisenoxydul betrachtet werden.

Das Vorkommen von Chlorit ist weit verbreitet. Er gehört zu den häufigsten Umbildungen, welche aus magnesia- und eisenhaltigen Mineralien entstehen. Chloritschiefer und körnig-schuppiges Chloritgestein bilden ganze Gebirgsarten.

Der Verwitterung unterliegt Chlorit nur schwierig; es wird zumeist die Kieselsäure als Quarz oder Chalcedon abgeschieden, das Eisen in Oxydhydrat und die Magnesia in Karbonat übergeführt. Leichter erfolgt eine mechanische Zerteilung der Chloritsubstanz.

Mineralien der Zeolithgruppe.

Als **Zeolithe** bezeichnet man eine Gruppe zahlreicher Mineralien, die stets sekundärer Bildung sind und reichlich Wasser enthalten (welches beim Glühen unter Aufschäumen entweicht); ihrer Zusammensetzung nach sind die wichtigeren Arten Doppelsilikate von Kali, Natron, Kalk und Tonerde.

Zeolithe finden sich auf Erzgängen und in Hohlräumen vulkanischer, namentlich basischer Gesteine sehr häufig; sie sind ein Verwitterungsprodukt der verschiedensten gesteinsbildenden Mineralien.

Die Zeolithe zeichnen sich durch ihre, bei Mineralien seltene Reaktionsfähigkeit, zumal durch die Leichtigkeit aus, mit welcher ein Austausch der Basen erfolgt. Die meisten Vorgänge der Absorption im Erdboden lassen sich ohne Schwierigkeit in ähnlicher Weise künstlich an zeolithischen Mineralien hervorrufen. Aus diesem Grunde hat man ihr Vorkommen im Erdboden angenommen.

Bei der Verwitterung zerfallen die Zeolithe, meist unter Wasserverlust in Pulver und gehen allmälich in kaolinartige Erden über.

Von der großen Zahl der bekannten Zeolithe können hier nur einige wenige aufgeführt werden:

Mesotyp, die kalkhaltige Abart als Skolecit, die natronhaltige als Natrolith bezeichnet. $Na_2Al_2Si_3O_{10} + 2H_2O$. Meist strahlig oder fein nadelförmig.

Stilbit, $CaAl_2Si_6O_{16} + 5H_2O$, an der vollkommenen, blätterigen Spaltbarkeit erkennbar. In Laven, Basalten verbreitet.

Analcim, $Na_2Al_2Si_4O_{12} + 2H_2O$, regulär. In Blasenräumen von Eruptivgesteinen, auf Erzgängen.

Harmotom, $BaK_2Al_2Si_5O_{14} + 5H_2O$, durch die häufig kreuzartig ausgebildeten Zwillingskristalle (daher auch Kreuzstein genannt) ausgezeichnet.

§ 47. Gruppe der Tonmineralien.

Zu den wichtigsten Mineralarten gehören die „Tone". Leider bieten sie der Untersuchung außergewöhnliche Schwierigkeiten und trotz vielen Mühen ist es noch nicht gelungen, auch nur einigermaßen Klarheit in diese Körperklasse zu bringen.

Kaolinit,*) das bekannteste Verwitterungsprodukt tonerdehaltiger Gesteine. Im reinen Zustande weiß, erdig, fühlt er sich trocken mager an, ist aber im feuchten Zustande sehr plastisch. Der Kaolinit ist monoklin, versteckt kristallinisch, nicht amorph, wie man vielfach angenommen hat, ausgezeichnet spaltbar, sehr weich und besteht aus kleinen Blättchen und deren Bruchstücken.

Die Zusammensetzung des Kaolinits ist nach den besten vorliegenden Analysen $H_2Al_2Si_2O_8 + H_2O$; die ältere Formel $Al_2Si_2O_7 + 2H_2O$ ist, da die Hälfte des Wassers erst bei höherer Temperatur entweicht, wohl weniger wahrscheinlich.

$$SiO_2 = 46{,}60;\quad Al_2O_3 = 39{,}68;\quad H_2O = 14{,}92\,\%.$$

Der Kaolinit ist vor dem Lötrohre unschmelzbar, Salz- und Salpetersäure greifen ihn nicht an, Schwefelsäure zersetzt ihn. Von Kalilauge wird er ebenfalls zersetzt.

Der Kaolinit findet sich im reinen Zustande als Zersetzungsprodukt tonerdereicher Gesteine und bildet sich bei Gegenwart reduzierender Stoffe oder bei Ausschluß des Luftsauerstoffes. In den tonigen Erden ist Kaolinit meist nur in geringer Menge enthalten, findet sich aber weit verbreitet.

Als **Kaolin** bezeichnet man besser das technische Produkt, sowie durch Wasser umgelagerten Kaolinit, welcher auch den Hauptbestandteil der feuerfesten Tone bildet.

Kaolinit ist das wichtigste Produkt der Verwitterung der Silikate durch Humussäuren, er ist in allen entsprechenden Böden reichlich vertreten.

Die meisten Ablagerungen von Kaolinit in Mitteleuropa sind wahrscheinlich Bildungen aus der Tertiärzeit. Während der Braunkohlenzeit haben humussaure Wässer tiefgehende Zersetzungen herbeigeführt und zur Entstehung von Kaolinit in weitem Umfange

*) Literatur: Williams, Forschg. d. Agrik.-Phys. Semiatschenski, die südrussischen Kaoline (russ.). H. Rösler, Beitr. z. Kenntn. einiger Kaolinlagerstätten. Inaug.-Diss. München 1902.

Veranlassung gegeben. Zur Jetztzeit sind es namentlich die kühlen gemäßigten Zonen, in denen Kaolinbildung in den Böden vorherrscht, sowie die Wässer der Schwarzerdegebiete, welche unterlagernde Silikatgesteine angreifen und sie in Kaolinit umwandeln. Südrußland ist hierdurch wahrscheinlich das an Kaolin reichste Gebiet Europas. Rösler, der für die Bildung des Kaolinits aus tiefen Schichten hervortretende Quellen annimmt ist im Irrtum, wenn er glaubt das Liegende aller Kaolinlager sei unbekannt. Es sind häufig nur die obersten Schichten der Gesteine unter Schwarzerdebedeckung, welche kaolinisiert sind. Übrigens zeigt fast jeder Felsblock, der lange Zeit in Mooren gelegen hat, die Verwitterung durch Humussäuren und die Kaolinbildung offenkundig. Häufig ist die Mitte des Bruchstückes kaum angegriffen, während die Rinde völlig kaolinisiert ist.

Die **Tonarten,** wie sie in der Natur vorkommen, sind Gemische feinsten Staubes anderer Mineralien und wasserhaltiger Silikate der Tonerde und des Eisenoxydes. Man muß annehmen, daß mehrere, wahrscheinlich zahlreiche verwandte Verbindungen im Ton vorhanden sind. Unter dem Mikroskope erkennt man bei sehr starken Vergrößerungen, daß ein großer Teil des Tones aus länglichen oder rundlichen Blättchen besteht, und die Resultate der Schlämmanalyse nach Schlösing lehren, daß wechselnde, oft erhebliche Mengen aus so kleinen Teilen bestehen, daß sie jenseits der Sichtbarkeitsgrenze unserer Mikroskope liegen. Am besten wird dies verständlich durch die Berechnungen von Alf. Mitscherlich; er zeigte, daß die Wärmetönung beim Benetzen von Quarzpulver eben noch meßbar ist, wenn die Korngröße 0,0054 mm beträgt, Größen, die an der Grenze der Sichtbarkeit liegen. Sehr schwere Tone haben hohe Wärmetönung, müssen also aus außerordentlich feinkörnigem Material bestehen. Dies hat zur Annahme geführt, daß die wichtigste Tonsubstanz „kolloidal“ sei, also zu den gallertartigen Körpern gehöre. Es sind jedoch so viele Bedenken gegen diese Auffassung zu äußern, zumal da sich sehr fein verteilte Körper, bei denen jede Quellbarkeit ausgeschlossen ist, dem Ton ganz ähnlich verhalten, daß man die Existenz kolloidaler Tonsubstanzen nur als Hypothese zulassen kann. Zur Erklärung der Eigenschaften des Tones bedarf man ihrer nicht.

Trockner Ton zeigt beim Anhauchen einen eigentümlichen Duft, den Tongeruch; nach Semiatschenski ist dieser Geruch nur eine Folge der Reizung der Geruchsnerven durch sehr feinkörnige Körper und findet sich auch bei anderen Stoffen (z. B. geglühter Kieselsäure).

Analysen von Tonen mitzuteilen hat kaum Wert, da die Zusammensetzung in weiten Grenzen schwankt.

Um dem tatsächlichen Stande unserer Kenntnis der Tone gerecht zu werden, ist es am richtigsten, die physikalische Seite, die Verteilung in äußerst feinkörniges Material voranzustellen und die Tone nach Steinriede unter einem Gesamtnamen „Argillite“ zusammenzufassen.

Silikate geringerer Bedeutung.

Leucit; Bestandteil einzelner basaltischer Gesteine. Ein Doppelsilikat von Kalium und Tonerde, $K_2\,Al_2\,(Si\,O_3)_4$. Bildet bei der Verwitterung eine weiße, tonige Masse, wahrscheinlich Kaolin.

Nephelin; ein Bestandteil vieler Basalte und der Phonolithe. Hexagonal, bildet kleine, eingewachsene, auf dem Bruch stark fettglänzende Kristalle von meist hellen Farben.

Chemische Zusammensetzung. Doppelsilikat von Natron, Kali und Tonerde $(Na\,K)_2\,Al_2\,Si_2\,O_8$ (meist ist Kali in geringer Menge vorhanden, in der Regel 1 K auf 4—5 Na). Die mittlere Zusammensetzung ist:

$$SiO_2 = 41{,}24;\quad Al_2O_3 = 35{,}26;\quad Na_2O = 17{,}04;\quad K_2O = 6{,}46\,\%.$$

Bei der Verwitterung bildet der Nephelin unter Wasseraufnahme zeolithische Mineralien (sehr oft Natrolith), als Endprodukt entstehen tonige Mineralien.

Epidot; ein wasserhaltiges, kalkreiches Tonerde-Eisenoxydsilikat von meist grüner Färbung, entsteht sehr häufig als sekundäres Produkt bei der komplizierten Verwitterung von Feldspaten und anderen tonerdereichen Mineralien. Epidot ist vielfach die Ursache der grünen Färbung vieler Gesteine, insbesondere der Felsitgesteine, deren Grundmasse oft fast völlig in Epidot umgewandelt ist.

Granat. Eine ganze Gruppe meist regulär kristallisierender Mineralien, von denen für die Bodenkunde nur der gemeine Granat beschränkte Bedeutung hat. Der chemischen Zusammensetzung nach ist derselbe ein Doppelsilikat von Kalk, Eisenoxyd und Tonerde. Bei der Verwitterung werden tonige Substanzen gebildet.

Turmalin (Schörl), ein sehr mannigfach zusammengesetztes Silikat (K H Na Li, Mg Fe Mn Ca, $Al_2\,O_3$ enthaltend). Für die Bodenkunde hat nur der schwarz gefärbte, in längsgestreiften Kristallsäulen auftretende gemeine Turmalin eine geringe Bedeutung. Bei der Verwitterung wird er zumeist in Kaliglimmer umgewandelt, seltener entsteht Chlorit oder Talk.

2. Karbonate.

§ 48. Neben den Silikaten gehören die Karbonate, zumal die des Kalkes und der Magnesia, seltener des Eisens, durch Verbreitung wie durch ihre Einwirkung auf die Pflanzenwelt, zu den wichtigsten Mineralien.

Kohlensaurer Kalk, $CaCO_3 = CaO = 56;\ CO_2 = 44\ \%$ ist als solcher leicht an dem Aufbrausen beim Übergießen mit Säuren zu erkennen; er findet sich in der Natur in drei voneinander abweichenden Formen.

Kalkspat, hexagonal-rhomboëdrisch; leicht spaltbar in den Formen des Grundrhomboëders, gehört zu den verbreitetsten Mineralien und kommt auf Gängen und Spalten in schön ausgebildeten, formenreichen Kristallen vor; kristallinisch oder dicht bildet er als Marmor und Kalkstein ganze Gebirgszüge.

Aragonit, rhombisch; weniger verbreitet als Kalkspat, aber immerhin noch ein häufiges Mineral auf Gängen, in den Drusenräumen von Basaltgesteinen, als Tropfstein usw.

Kreide, feinerdig, abfärbend, besteht zum Teil aus Körnern und Scheibchen, die tierischen Ursprung erkennen lassen.

Kohlensaurer Kalk gehört zu den häufigsten Bildungen bei der Verwitterung kalkhaltiger Silikate und wird in vielen Fällen kristallinisch im Gestein abgeschieden (in Diabasen, Basalten usw.). Kohlensäurehaltiges Wasser löst Calciumkarbonat ohne Rückstand als sauren kohlensauren Kalk. Die Verwitterung der Kalkgesteine besteht daher wesentlich in einer Lösung und Wegführung des Kalkes, nur schwerer angreifbare Beimischungen bleiben zurück. Hierbei zeigt es sich, daß einzelne Teile der Kalkgesteine, namentlich kommt dies bei sehr reinen Abarten vor, leichter angreifbar sind; hierdurch und zum Teil auch wohl durch einfache mechanische Zertrümmerung wird ein fein- bis grobkörniger Sand, Kalksand, gebildet.

Der kohlensaure Kalk ist die Veranlassung zu zahlreichen Umbildungen im Mineralreich. Zumal aus Metallsalzen vermag er unlösliche in Oxyde übergehende kohlensaure Salze auszufällen. Pseudomorphosen von Rot- und Brauneisen, Mangansuperoxyd nach Kalkspat sind vielfach bekannt.

Dolomit ist ein rohmboëdrisches, mit Kalkspat isomorphes Doppelsalz von kohlensaurem Kalk und kohlensaurer Magnesia, am häufigsten nach der Formel $CaCO^3 + MgCO_3$ zusammengesetzt.

$$CaCO_3 = 54{,}35;\quad MgCO_3 = 45{,}65\ \%.$$

Von dem Kalkspat unterscheidet sich der Dolomit durch häufiges Auftreten des Grundrhomboeders als Kristallform (bei jenem eine Seltenheit) und durch die größere Widerstandsfähigkeit gegen Einwirkung der Säuren; mit Salzsäure befeuchtet, tritt Aufbrausen nur bei höherer Temperatur oder dann ein, wenn der Dolomit gepulvert angewendet wird.

Dolomit ist ein häufiges Mineral und bildet als Dolomitfels ganze Gebirgsmassen.

Zwischen dem Dolomit und dem Kalkspat stehen die dolomitischen Kalke, sie enthalten weniger Magnesia als der gegebenen Formel entspricht.

Bei der Verwitterung wird aus dolomitischen Kalken zuerst ganz überwiegend kohlensaurer Kalk gelöst und weggeführt; das zurückbleibende Gestein nähert sich immer mehr der Zusammensetzung des reinen Dolomits. Viele Dolomite sind auf diesem Wege entstanden. Der Dolomit selbst wird später ebenfalls allmälich gelöst, jedoch viel schwieriger als Kalkspat; in den zumeist vorkommenden porösen Räumen der Dolomite sammelt sich ein aus lauter kleinen Dolomitrhomboëdern bestehendes Pulver an, die sogenannte Dolomitasche.

Eisenspat, kohlensaures Eisenoxydul, $Fe\,CO_3$ (62,07 FeO; 37,93 CO_2), ist bei Luftabschluß ein häufiges Produkt der Verwitterung eisenhaltiger Gesteine und wird von kohlensäurehaltigen Wässern gelöst. Mit der Luft in Berührung verliert Eisenspat allmählich seine Kohlensäure und wandelt sich in Eisenoxyd oder Eisenoxydhydrat um; Pseudomorphosen von Rot- oder Brauneisen nach Eisenspat sind sehr häufig.

3. Sulfate.

§ 49. Sulfate treten bodenbildend nur als schwefelsaurer Kalk, im wasserfreien Zustande als Anhydrit, im wasserhaltigen als Gips auf; seltener und ohne bodenkundliche Bedeutung ist der Schwerspat, schwefelsaures Baryum, $Ba\,SO_4$; eine der unlöslichsten Mineralarten.

Anhydrit, schwefelsaurer Kalk, $Ca\,SO_4$ (= 41,2 Ca O; 58,8 SO_3), bildet in kristallinischen, gräulich oder bläulich gefärbten Massen eine Gebirgsart, seltener findet er sich in rhombischen Kristallen. Unter Wasseraufnahme geht der Anhydrit über in

Gips, wasserhaltigen, schwefelsauren Kalk, $Ca\,SO_4 + 2\,H_2\,O$,

$$CaO = 32{,}5;\quad SO_3 = 46{,}5;\quad H_2O = 21{,}0\,\%.$$

Gips findet sich in monoklinen Kristallen und bildet in körniger Ausbildung eine Gesteinsart. Kenntlich ist er an seiner geringen Härte (1,5—2) und der vorzüglichen Spaltbarkeit der Kristalle.

Gips ist das verbreitetste schwefelsaure Salz und der Träger der Schwefelsäure im Erdboden. Gips ist verhältnismäßig leicht löslich (in etwa 400 Teilen Wasser) und wird daher leicht durch die Bodenwässer weggeführt und kristallisiert an geeigneten Orten beim Verdunsten des Wassers wieder unverändert aus.

4. Phosphate.

§ 50. Von den phosphorsauren Salzen ist nur der phosphorsaure Kalk, kristallisiert als Apatit, kristallinisch als Phosphorit bezeichnet, verbreitet und von Wichtigkeit.

Apatit,*) hexagonal kristallisierend, dreibasisch phosphorsaures Calcium. Der Gehalt an Phosphorsäure beträgt 41—42 %.

Apatit findet sich in mikroskopischen Kristallen in fast allen Gesteinen. Er bildet nadelförmige, oder kurz säulenförmige Kristalle von sechsseitigem Querschnitt als Einschluß in den verschiedensten Mineralien (Quarz, Hornblende, Glimmer, Feldspaten usw.); ist aber prozentisch meist nur in geringen Mengen vorhanden.

Der Apatit ist der Träger der Phosphorsäure im Boden. In kohlensaurem Wasser ist Apatit etwas löslich, leicht wird er von allen Mineralsäuren gelöst. Größere Kristalle werden bei der Verwitterung undurchsichtig und scheinen, Analysen liegen nicht vor, teilweise in Kalkkarbonat umgewandelt zu werden.

Die Phosphorite bilden, wo sie in größerer Menge vorkommen, hellgefärbte, faserige bis dichte Massen (hochwertiges Düngemittel).

5. Halogensalze.

§ 51. Flußspat, Fluorcalcium, CaF_2, verbreitetes regulär kristallisierendes Mineral. In spätigen Massen ganze Gänge ausfüllend.

Steinsalz, Chlornatrium, $NaCl$ (39,3 Na; 60,7 Cl), in mächtigen Lagern und gelöst in vielen Quellen, Salzquellen, Solen, sowie im Meerwasser. In kleinen Mengen findet sich Kochsalz in allen Böden.

Abraumsalze. Große Bedeutung als Düngemittel haben die kalihaltigen Salze erlangt, die sich in Nordwestdeutschland, am bekanntesten in Staßfurt finden. Es sind die oberen Schichten von Salzlagern und setzen sich zumeist aus wasserhaltigen Doppelsalzen des Kaliums, Natriums, Calciums und Magnesiums zusammen. Da man bei Abteufen des Salzlagers in Staßfurt zunächst für diese Salze wenig Verwertung hatte und sie beseitigen, „abräumen“ mußte, um zum Reinsalz zu gelangen, brauchte man den Ausdruck „Abraumsalze“, unter dem sie noch bekannt sind.

---

*) Apatit enthält geringe Mengen von Chlor oder Fluor und wird deshalb als Doppelsalz $Ca_5\,[Cl, F]\,(PO_4)_3$ betrachtet.

Die wichtigsten in der Industrie als Düngemittel benützten Salze sind:

S y l v i n (Chlorkalium = 52,2 K und 47,7 Cl).

K a i n i t ; wasserhaltiges Doppelsalz von Chlorkalium und schwefelsaurer Magnesia ($Mg SO_4 + KCl + 3 H_2O$).

C a r n a l l i t ; wasserhaltiges Doppelsalz von Chlorkalium und Chlormagnesium ($KCl + Mg Cl_2 + 6 H_2O$).

G l a s e r i t ; schwefelsaures Kalium.

K r u g i t ; wasserhaltiges Doppelsalz von schwefelsaurem Magnesium, Kalium, Calcium ($K_2SO_4 + Mg SO_4 + 4 CaSO_4 + 2 H_2O$).

P o l y h a l i t ; ($K_2SO_4 + Mg SO_4 + 2 CaSO_4 + 2 H_2O$).

6. Oxyde und Oxydhydrate.

§ 52. **Roteisen,** Eisenoxyd, Fe_2O_3 (70 % Fe, 30 % O), bildet als Roteisenstein mächtige Lager und Gänge; in kleinen Mengen findet es sich in vielen Erdarten, deren rote Farbe es veranlaßt. Ebenso bildet es in Form von Körnern und kleinen Blättchen, die bei der Verwitterung eisenhaltiger Minerale entstehen, den färbenden Bestandteil vieler Gesteine.

Durch Aufnahme von Wasser geht Eisenoxyd in sein Hydrat über, wobei die Farbe sich von rot in gelb oder braun verändert. Pseudomorphosen von Brauneisen nach Roteisen sind nicht gerade selten; auch im Boden kann man die Umwandlung gelegentlich beobachten.

Unter dem Einfluß organischer Stoffe wird Eisenoxyd, oder Eisenoxydhydrat löslich. Das Eisen gehört daher zu den unter Umständen am leichtesten beweglichen Bestandteilen des Bodens.

Eisenoxydhydrate. Die Hydrate des Eisenoxyds haben wechselnden Wassergehalt, am wichtigsten sind:

B r a u n e i s e n s t e i n , dem man die Zusammensetzung $Fe_2 (OH)_6$ zuschreibt, in dichten, kristallinischen Massen und

G ö t h i t (Nadeleisenerz), in rhombischen, meist spießigen Kristallen nach der Formel $Fe_2H_2O_4$ zusammengesetzt.

Eisenoxydhydrate gehören zu den verbreiteten Mineralien, sie veranlassen die gelbe bis braune Farbe vieler Böden.

Eisenoxydhydrat kann direkt bei der Verwitterung von eisenhaltigen Mineralien entstehen; oft ist es neben Eisenoxyd in Gesteinsdünnschliffen zu beobachten; es kann durch Wasseraufnahme aus Eisenoxyd gebildet werden (in Böden ein verbreiteter Vorgang), unter Umständen durch Wasserverlust auch in dieses übergehen.

Die Eisenoxyde spielen im Boden bei den Absorptionserscheinungen eine wichtige Rolle, sie zeichnen sich, namentlich die Hydrate, durch die starke Adsorption für Gase (Kohlensäure, Stickstoff) aus.

Magneteisen, Eisenoxyduloxyd, Fe_3O_4 (72,4 Fe; 27,6 O), findet sich in Form kleiner, regulärer, tiefschwarzer und völlig undurchsichtiger Oktaëder in sehr vielen Gesteinen und entsteht auch bei Beginn der Verwitterung aus eisenreichen Mineralien.

Bei fortschreitender Verwitterung nimmt das Magneteisen Sauerstoff auf und geht in Eisenoxyd oder in Eisenoxydhydrat über.

Titaneisen steht in Verbreitung und Vorkommen dem Magneteisen nahe, von dem es sich durch Unlöslichkeit in Säuren unterscheidet.

Braunstein, Pyrolusit; Mangansuperoxyd, MnO_2, ist das verbreitetste Mineral des Mangans.

7. Schwefelmetalle.

§ 53. Unter den Schwefelmetallen hat nur der Eisenoxyduloxydr durch sein Vorkommen, als durch die Giftwirkung seiner Verwitterungsprodukte auf die Pflanzen Bedeutung.

Schwefeleisen, $Fe\,S_2$, findet sich in der Natur regulär als Schwefelkies und rhombisch kristallisiert als Markasit (Kammkies, Strahlkies); von denen der erstere zumal in Gesteinen und auf Gängen verbreitet ist.

Von Wichtigkeit ist das Vorkommen des Schwefeleisens in den tieferen Schichten, zumeist im unterlagernden Sande der Moore.

Die Verwitterung erfolgt bei beiden Mineralarten gleichmäßig (der Markasit verwittert etwas leichter) durch Oxydation und Aufnahme von Wasser unter Bildung von schwefelsaurem Eisenoxydul (Eisenvitriol) und freier Schwefelsäure.

$$Fe\,S_2 + O_7 + H_2O = Fe\,SO_4 + H_2\,SO_4.$$

Die entstehenden beiden Stoffe sind, wenigstens bei irgend reichlichem Vorkommen, direkte Pflanzengifte.

Der Eisenvitriol oxydiert sich bei Gegenwart von Sauerstoff und unter Bildung basischer Salze von wechselnder Zusammensetzung zu Eisenoxyd. Ist kohlensaurer Kalk in genügender Menge gegenwärtig, so setzt sich der Eisenvitriol mit ihm zu schwefelsaurem Kalk (Gips) um; entstehendes kohlensaures Eisenoxydul geht unter Verlust der Kohlensäure und Aufnahme von Sauerstoff in Eisenoxyd, beziehentlich Eisenoxydhydrat über. Pseudomorphosen von Brauneisen nach Schwefelkies, welche auf diesen Vorgang hinweisen, sind häufig. Die im Diluvium verbreiteten Eisennieren und Klappersteine sind aus der Oxydation von Markasit hervorgegangen; das entstehende Brauneisen verkittet den umliegenden Sand.

Die freie Schwefelsäure, welche bei der Verwitterung des Schwefeleisens entsteht, sättigt sich, soweit möglich, mit vorhandenen Basen; fehlen diese, so wirkt sie als Pflanzengift und vernichtet jede Vegetation.

Die schwefelkieshaltigen Schichten der Moore sind durch Wasser und die stark reduzierende Einwirkung der Moorsubstanz von der Einwirkung des Sauerstoffs abgeschlossen; werden sie bei Meliorationen oder sonstigen Bodenarbeiten an die Oberfläche gebracht, so kann der Boden oft auf Jahre hinaus unfruchtbar werden.

Auch bei Gegenwart genügender Mineralbestandteile ist die Einwirkung der freien Schwefelsäure nicht ohne Bedeutung. Am günstigsten ist der verbreitetste Fall, daß kohlensaurer Kalk gegenwärtig ist, um Gips zu bilden. Aus den anderen Bodenbestandteilen entsteht zuweilen Alaun oder auch schwefelsaure Magnesia. Wenn von beiden auch nur selten direkt schädigende Einwirkungen beobachtet sind, so sind sie doch bei reichlichem Vorkommen kaum als förderlich für die Vegetation zu betrachten.

Die Mineralien als Quellen der Pflanzennährstoffe.

Von den verbreiteteren Mineralien sind die hauptsächlichsten Quellen für

Kalium: Orthoklas, Mikroklin, Magnesiaglimmer, Kaliglimmer;

Calcium: Kalkspat, Dolomit, Plagioklase (mit Ausnahme von Mikroklin), Augit, Hornblende, Diallag, Gips;

Magnesium: Magnesiaglimmer, Augit und Hornblende, Olivin, Chlorit, Talk, Serpentin, Dolomit;

Phosphorsäure: Apatit, Vivianit;

Schwefelsäure: Gips (Anhydrit).

II. Bodenbildende Gesteine und ihre Verwitterung.*)

§ 54. Die Böden, welche aus der Verwitterung der Gesteine hervorgehen, sind nach ihren Eigenschaften in Gegenden gemäßigter Verwitterung und Auswaschung sehr verschieden. Die Zusammensetzung der einzelnen Gesteine schwankt innerhalb ziemlich weiter Grenzen und ist dadurch eine weitere Veranlassung abweichender Bodenbildung gegeben. Innerhalb engerer Gebiete ist jedoch häufig größere Einheitlichkeit vorhanden, bestimmte Gesteine, sowie Glieder einzelner Formationen, behalten oft auf erhebliche Erstreckung gleichen Charakter und bilden ähnliche Bodenarten. Es ist daher

*) Literatur: Fallou: Bodenkunde. Senft: Forstl. Bodenkunde. Grebe: Forstl. Bodenkunde.

möglich, z. B. in Mitteldeutschland von Basalt-, Muschelkalk-, Buntsandsteinböden zu sprechen und damit bestimmte Begriffe zu verbinden. Natürlich können selbst hier Ausnahmen vorkommen, es kann z. B. ein Basaltboden von geringerem, ein Quarzitboden von mittlerem Werte sein; entscheidend ist das Verhalten der großen Mehrzahl der Vorkommen.

Die Trennung in Verwitterungsböden, die aus der Zersetzung fester, anstehender Gesteine hervorgegangen sind und in Schwemmlandsböden, von Eis und Wasser umgelagerte lockere Massen, ist nicht festgehalten. Die letzteren unterliegen derselben Verwitterung wie die ersten, nur der Zerfall in kleinere Bruchstücke ist bereits beendet.

Als Regel kann gelten, daß sich die Eigenschaften der bei der Verwitterung gebildeten Böden aus den Eigenschaften der Mineralien ergeben, welche die Gesteine zusammensetzen. So liefern reichlich Quarz enthaltende Gesteine Sand- und Lehmböden; quarzfreie Tonböden usw.

Einteilung der Gesteine.

Unter Gestein ist hier jedes Aggregat von Mineralkörpern verstanden, welches in so reichlicher Weise vorkommt, daß es einen nennenswerten Anteil an der Zusammensetzung der festen Erdoberfläche ausmacht. Unter diese Begriffsbestimmung fallen auch die losen Anhäufungen, wie Sande, Gerölle, sowie die humosen Ablagerungen, Kohlen und dergleichen, vorausgesetzt, daß sie gebirgs- und bodenbildend auftreten.

Die Gesteine sind hier nach chemischer Zusammensetzung und Ausbildungsweise in Gruppen zusammengefaßt. Es sind dies folgende:

a) Eruptivgesteine;
b) Schiefergesteine;
c) Kalk- und Dolomitgesteine, einschließlich Mergel;
d) Konglomerate, Sandsteine und Sande;
e) humose Bildungen.

1. Die Eruptivgesteine.

§ 55. Als Eruptivgesteine bezeichnet man alle aus Schmelzfluß erstarrten Gesteine und unterscheidet Tiefengesteine und Ergußgesteine.

Die Tiefengesteine sind nach dieser Einteilung im Innern der Erde, also unter mehr oder weniger mächtigen auflagernden Schichten erstarrt; die Ergußgesteine sind geschmolzene, aus Vulkanen ausgeflossene und an der Erdoberfläche erstarrte Massen.

Die Eruptivgesteine ordnet man für bodenkundliche Zwecke am besten nach ihrem Gehalte an Kieselsäure. An Kieselsäure reiche Gesteine sind meist reich an Alkalien, arm an Kalk und Magnesia, die sich wiederum vorwiegend in den basischen (kieselsäurearmen) Gesteinen vorfinden. Von den zahlreichen Arten haben für deutsche Verhältnisse nur eine beschränkte Anzahl Bedeutung. Unter gleichen Verhältnissen verwittern kieselsäurereiche Gesteine schwieriger als kieselsäurearme; ferner aus größeren Kristallen zusammengesetzte (grobkörnige) leichter als feinkörnige; körnige Gesteine leichter als porphyrisch ausgebildete; glasige Gesteine sind am schwierigsten angreifbar. Gesteine, welche aus vulkanischen Aschen gebildet wurden, sind leichter zersetzbar als dichte Gesteine.

Die wichtigsten Gesteine sind etwa folgende:

	Saure Gesteine mit mehr als 65 % SiO_2	Gesteine mit mittl. Kieselsäuregehalt 55—65 % SiO_2		Basische Gesteine unter 55 % SiO_2	
Tiefengesteine:	Granit	Syenit	Diorit Gabbro	Diabas	Peridotit (Serpentin)
Ergußgesteine: ältere:	Quarzporphyr	Porphyrit		Melaphyr	
Ergußgesteine: jüngere:	Quarztrachyt	Trachyt Dacit	Andesit	Basalt	Phonolith

a) Saure Gesteine.

Granit; kristallinisch-körniges Gemenge von Quarz, Orthoklas, Plagioklas und Glimmer. Die Feldspate machen in den gewöhnlichen Graniten etwa die Hälfte des Gesteins aus; die Glimmer, sowol Kali- wie Magnesiaglimmer kommen vor, fallen durch ihre glänzenden Spaltungsflächen in die Augen, treten aber an Gewicht sehr zurück.

Den Granit der Alpen mit hellfarbigem, im Äußeren talkähnlichem Glimmer bezeichet man als Protegingranit; mischen sich dem Granit Hornblende und Turmalin bei, so spricht man von Hornblendegranit, Turmalingranit.

Je grobkörniger und reicher an Feldspat ein Granit ist, um so leichter verwittert er. In der Regel folgt die Verwitterung den vorhandenen Spalten im Gestein, rundet die Kanten der Bruchstücke, deren Kern in oft mächtigen „wollsackähnlichen" Blöcken zurückbleibt, wenn die große Menge der Verwitterungsprodukte längst weggeführt ist (Felsenmeere, Teufelsmühlen).

Die grobkörnigen, meist auch feldspatreichen Granite verwittern ziemlich leicht und zerfallen hierbei in lockeren Gesteinsgrus, dessen Feldspatbestandteile allmählich in einen lehmigen, alkalireichen, jedoch meist kalkarmen Boden übergehen. Der Boden ist meist ziemlich tiefgründig, und sagt in höheren Lagen der Fichte und Tanne, in den tieferen der Buche und anderen Laubhölzern, jedoch in der Regel wenig der Eiche und der Lärche zu.

Wie alle kalkarmen Böden zersetzen sich die Humusstoffe auf Granitboden nur langsam, Rohhumusbildungen, die in Hochlagen leicht zur Versumpfung und Torfbildung führen, finden sich daher häufig. Auch in tieferen Lagen hat die Ansamung unter der langsamen Zersetzung der Pflanzenreste (gelegentlich auch unter Graswuchs) zu leiden.

Die feinkörnigen Granite verwittern schwierig und geben einen flachgründigen, grandigen und selbst sandigen Boden, der zumal auf Köpfen und Hängen geringwertig ist, kaum noch die Fichte, an vielen Stellen selbst nicht Kiefer und Birke zu tragen vermag. Der Rohhumusbildung (durch Beerkräuter und Heide) unterliegt derartiger Boden in noch höherem Grade als der des grobkörnigen Granits.

Der Granit bildet in mächtigen Stöcken häufig den Kern der Gebirge und ist auch in Gängen verbreitet.

Felsitporphyr, dichte felsitische Grundmasse mit ausgeschiedenen Kristallen von Feldspat und Quarz. Die Färbungen des Gesteins wechseln erheblich, in der Tiefe herrschen helle, weißliche oder grünliche, an der Oberfläche rötliche oder braune Farben vor.

Die Felsitporphyre verwittern schwierig und werden um so langsamer angegriffen, je größer der Gehalt an Grundmasse und je feinkörniger diese ist. Das Gestein zerfällt in scharfkantige, schiefwürfelige Trümmer und geht endlich in einen meist flachgründigen, erdarmen, sehr steinreichen Boden über, der in der Regel zu den ungünstigsten Waldböden zählt. In ebenen Lagen häufen sich die Bruchstücke dicht zusammen und verhindern das Eindringen der Wurzeln, während sie an Hängen das Wasser rasch abfließen lassen und der Boden an Trockenheit leidet. Die geringe Tätigkeit teilen diese Porphyrböden mit denen der feinkörnigen Granite. Rohhumusbildungen, auf denen die Heide vegetiert, sind daher häufig.

Die an ausgeschiedenen Kristallen reicheren Porphyre verhalten sich in der Bodenbildung wesentlich günstiger, aber auch der aus ihnen hervorgehende Boden ist erdarm und reich an beigemischten Steinen, häufig ein ausgesprochener Geröllboden. Fichte, in tieferen Lage die Buche, findet hier ihren Standort; jedoch ist der kahle Abtrieb bei der Armut des Bodens an Feinerde und der Schwierigkeit der Pflanzung meist bedenklich.

Günstiger verhalten sich die Porphyrtuffe, die zu einem tiefgründigeren, an feinerdigen Bestandteilen reicheren Boden (Fichte, Buche) verwittern.

b) Gesteine mit mittlerem Kieselsäuregehalt.

Syenit, ein kristallinisch-körniges Gemenge von Orthoklas und Hornblende.

Der Syenit ist ein wenig verbreitetes Gestein und zerfällt bei der Verwitterung zunächst in Grus, der in einen lockeren, eisenreichen Ton- oder Lehmboden übergeht. Der Kalkgehalt der Hornblende macht sich für den Holzwuchs (Buche, Ahorn, Esche bevorzugen den Syenitboden) und auch durch die bessere Zersetzung der Humusstoffe geltend. Rohhumusbildungen gehören zu den Seltenheiten.

Porphyrit. Gesteine mit dichter Grundmasse und ausgeschiedenen Kristallen von Feldspat, Glimmer, gelegentlich auch Hornblende, Augit. Die Porphyrite wechseln in ihrer Zusammensetzung erheblich und bilden in der Regel zwar steinreiche, aber doch hinreichend tiefgründige Böden, die den eisenreichen Tonböden zuzurechnen sind und meist gute Bestände (Fichte, Buche) tragen.

Trachytische Gesteine. Zu den trachytischen Gesteinen, welche man früher meist unter dem Namen Trachyt zusammenfaßte, gehören:

Quarztrachyt (Rhyolith): Sanidin, Oligoklas und Quarz;
Trachyt (Oligoklastrachyt): Sanidin, Oligoklas, Hornblende;
Andesit: Oligoklas, Hornblende oder Augit.

Die trachytischen Gesteine sind meistens porphyrisch ausgebildet, kommen aber in Mitteleuropa nur sparsam vor, so daß eine Zusammenfassung derselben in bezug auf ihr bodenbildendes Verhalten zulässig ist.

Quarztrachyte und Trachyte zerfallen zwar ziemlich leicht, bilden aber meist einen erdarmen, trockenen Boden, der nur in tieferen Lagen höhere Fruchtbarkeit zeigt. Die Andesite verhalten sich ähnlich, sind aber, ihrer Zusammensetzung entsprechend, wesentlich fruchtbarer.

Diorit. Gemenge von Plagioklas (meist Oligoklas, selten Labrador) und Hornblende. Dioritische Gesteine finden sich in kristallinisch körniger, porphyrischer und dichter Ausbildung.

Diorit verwittert, zumal in porphyrischer oder dichter Ausbildung nur langsam und bildet einen erdarmen, steinreichen Boden. Das Vorkommen dieser Gesteine ist beschränkt.

c) Basische Gesteine.

Gabbro, ein massig ausgebildetes, kristallinisch-körniges Gemenge von Plagioklas und Diallag, oft auch Olivin enthaltend.

Gabbro findet sich im ganzen selten und ist nur ausnahmsweise für die Bodenbildung wichtig. Die entstehenden eisenreichen, dunkelen Tonböden sind zumeist sehr fruchtbar und erinnern in ihrem Verhalten an die Basaltböden.

Diabas; Gemenge von Plagioklas (Labrador) und Augit. Wie der Diorit findet sich auch der Diabas in verschiedener Ausbildung, kristallinisch-körnig, porphyrisch und dicht.

Die Verwitterung ergreift zumeist zuerst den Augit, der in Dünnschliffen sich häufig völlig in Chlorit umgewandelt zeigt. Der hohe Kalkgehalt des Augits bewirkt Ausscheidungen von Kalkkarbonat, welches sich als Kalkspat häufig in den Hohlräumen des Gesteins abscheidet (sogenannter Kalkdiabas) und auch vielfach in den schwächer verwitterten dichten Diabasen verteilt ist (dichte Diabase brausen fast stets bei Berührung mit Säuren; bei Dioriten ist dies nur ausnahmsweise der Fall). Der Diabas verwittert im allgemeinen ziemlich leicht, nur die dichten Abarten widerstehen oft lange.

Der Verwitterungsboden der Diabase ist dunkel gefärbt, eisenreich und infolge des hohen Phosphorsäure- wie Kalkgehaltes sehr fruchtbar und daher für Laubhölzer besonders geeignet. Nadelhölzer, wie auch die Eiche, finden jedoch weniger gutes Gedeihen. „Diabasboden sagt der Buche und den Kraft fordernden Holzarten, z. B. den Ahornen, vorzüglich zu, und das abgesonderte Vorkommen der ersteren auf einzelnen Höhepunkten bewaldeter Gebirge ist oft ein fernes Kennzeichen des Vorhandenseins dieser Felsart.“ (Grebe, a. a. O.)

Der Diabasboden ist sehr empfänglich für Besamung, aber wie alle guten Bodenarten, starkem Graswuchse (auch Himbeerwuchse) in hohem Grade ausgesetzt, während Rohhumusbildungen fast immer fehlen.

Die Diabase werden vielfach von Tuffablagerungen, Diabastuff, Schalstein begleitet, welche sich bei der Verwitterung dem Diabas ähnlich verhalten, jedoch leichter zerfallen und tiefgründige gute Bodenarten bilden.

Melaphyr. Die Melaphyre sind dichte, vielfach als „Mandelsteine“ ausgebildete Gemenge von Plagioklas, Augit und Olivin. Der Melaphyr findet sich in Lagern, Gängen und einzelnen Kuppen.

Die Verwitterung geht in den porösen, lockeren Abarten (den Melaphyr-Mandelsteinen) am raschesten voran. Die dichteren Formen zerklüften zunächst, und die Oberfläche der einzelnen Bruchstücke überzieht sich mit einer zuerst grünlichen, später ockerbraunen Kruste. Allmählich bildet sich, trotz der nur langsam fortschreitenden Verwitterung, ein dunkler, eisenreicher Tonboden, der sich in seinem Verhalten eng an die Basaltböden anschließt.

Basalt. Die Basalte sind scheinbar dichte, bläulich- oder grauschwarze Gesteine, die Augit, Magneteisen, vielfach auch Olivin und je nach der Abart Plagioklas, Nephelin oder Leucit enthalten, hiernach unterscheidet man:

Plagioklas (meist Oligoklas)-Basalte, die verbreitetste Form;
Nephelin-Basalt;
Leucit-Basalt.

Die beiden letzten sind seltener. Die kristallinisch-körnige Ausbildung der Basalte wird als Dolerit bezeichnet. Die Basalte sind vielfach von Tuffablagerungen, den Basalttuffen, begleitet.

Die Basalte verwittern ziemlich schwierig und sind infolge der meist vorhandenen säulenförmigen Absonderung reich an Einlagerungen größerer Bruchstücke, die in der Regel mit einer gelb- bis rostbraun gefärbten Verwitterungsschicht überzogen sind. An Hängen bildet der Basalt oft reine Steinfelder, in den feuchteren Lagen ist er aber auch dann noch befähigt, vollen Waldbestand zu tragen.

Im allgemeinen ist der Verwitterungsboden der Basalte ein dunkel gefärbter, meist an Steinen reicher, eisenhaltiger Tonboden von ausgezeichneter Fruchtbarkeit, der zumal Buche und anspruchsvolleren Laubhölzern, weniger Nadelhölzern, Eiche und Birke zusagt. Rohhumusbildungen sind auf Basaltboden selten; die Leichtigkeit, mit welcher Verjüngungen gelingen, ist bekannt.

Phonolith (Klingstein) ist ein dichtes, meist dunkelgrün oder braun gefärbtes, vielfach in Platten abgesondert auftretendes Gestein, welches sich aus Sanidin und Nephelin zusammensetzt.

Bei der Verwitterung zerfällt der Phonolith in ein Haufwerk scharfkantiger Bruchstücke, die der plattenförmigen Absonderung entsprechend, meistens wie Bruchstücke von Schiefergesteinen aussehen. Allmälich überziehen sich die Bruchstücke mit einer weißen, äußerlich dem Kaolin ähnlichen Verwitterungskruste und gehen in einen hell gefärbten Boden über, der naß schlammig, trocken krümelig erscheint und meist zu den besseren Waldböden gehört.

Ausformung der Eruptivgesteine.

Die Tiefengesteine treten in Stöcken, Lagern und Gängen auf. Als Stöcke bilden sie in humiden Gebieten bei der Verwitterung gerundete Bergformen mit mäßiger Neigung der Gehänge; in ariden Gegenden meist schärfer ausgebildete, oft schroffe Formen. Gangförmige Vorkommen kennzeichnen sich gelegentlich durch verminderte Verwitterung und rückenförmige Überragung der Nachbargesteine. In Hochlagen sind gerundete Blöcke, die als Verwitterungsrest liegen bleiben, häufig.

Die Ergußgesteine bilden Kuppen, Ströme und Lager. In Mitteleuropa sind die Basalte, Trachyte und Phonolithe am verbreitetsten und ragen oft als Kegel und Kuppen über das umgebende Gebiet hervor.

2. Urschiefer und metamorphische Gesteine.

§ 56. Die Gesteine dieser Gruppe, welche in großer Ausdehnung die Erdoberfläche bedecken, zeichnen sich sämtlich durch mehr oder weniger ausgeprägte Schichtung aus.

Bodenkundlich ist diese Ausbildung von höchster Bedeutung, da je nach Dicke, Gleichmäßigkeit und Wechsel der einzelnen Schichten der daraus hervorgehende Boden verschiedenes Verhalten zeigt. Hierzu kommt noch der Einfluß der verschiedenen Neigung der Schichten. Ein Schiefer, dessen Schichten senkrecht stehen, wird dem Wasser leicht Abfluß in die Tiefe gestatten und kann bei geringer Mächtigkeit des Bodens an Trockenheit leiden, während bei stärkeren Erdschichten der Abfluß des Wassers günstig beeinflußt wird. Ein Schiefer mit horizontaler Lagerung der Schichten wird dagegen dem Wasser nur schwierig Abzug gestatten und leicht zur Versumpfung und Versauerung des Bodens führen.

Das Eindringen des Wassers in die Schichten dieser Gesteine bewirkt beim Gefrieren eine vielfach sehr tiefgehende Lockerung und Sprengung des Zusammenhangs. Oft genügt ein Winter, um feste Bruchstücke in ein Haufwerk von kleinen Gesteinspartikeln umzuwandeln.

Die Zusammensetzung der hierher gehörigen Gesteine wechselt in hohem Maße und schwankt zwischen weiten Grenzen. Allgemeine Gesichtspunkte über das Verhalten dieser Gesteine bei der Bodenbildung sind daher schwieriger aufzustellen als bei den bisher behandelten Bildungen.

Gneis ist ein Gestein, welches sich in seiner Zusammensetzung eng an den Granit anschließt und wie dieser aus Feldspat (Orthoklas und Plagioklas), Quarz und Glimmer besteht, sich aber durch die schieferige, flaserige oder lagenweise Verteilung der Bestandteile, also durch abweichende Struktur vom Granit unterscheidet.

Der Gneis bildet bei der Verwitterung im humiden Gebiet gerundete Bergformen; die Hänge sind dabei meist schwächer geneigt als beim Granit und schon dadurch günstiger für die Bodenbildung.

Je nach der Zusammensetzung unterliegt der Gneis der Verwitterung verschieden rasch; je reicher er an Feldspaten und an dunklem Magnesiaglimmer ist, um so schneller, je reicher an Quarz und Kaliglimmer, um so langsamer zerfällt er. Die Korngröße ist von ebenso großer Bedeutung wie beim Granit, grobkörnige Abarten verwittern am leichtesten; aufrechte Stellung der Schichten wirkt ebenfalls günstig auf die Verwitterung ein.

Der Gneis zerfällt, namentlich nach frostreichen Wintern, in ein Haufwerk kleinerer, plattiger Bruchstücke, die allmählich in Grus und endlich in einen gelb- bis rotbraunen mit Quarzkörnern und Gesteinsresten gemengten Boden übergehen.

Der Gneisboden verhält sich dem Granitboden durchaus ähnlich, ist aber bei der zumeist rascher fortschreitenden Verwitterung in der Regel tiefgründiger und daher ein mittlerer, in günstigen Lagen ein guter Waldboden, der vielfach Buche, im Gebirge zumal Fichte trägt.

Granulit, ein Gemenge von Quarz und Feldspat, vielfach findet sich ein Gehalt an Granaten.

Bei der Verwitterung, die überhaupt langsam eindringt, zumal bei den feinkörnigen Abarten, bildet sich unter Einfluß der Humussäuren ein Gemenge von Quarz mit Kaolin, im allgemeinen ein geringer, den Lehmböden anzureihender Boden.

Glimmerschiefer. Ein ausgeprägt schieferiges Gemenge von Quarz und Glimmer, seltener mit nennenswertem Gehalt an Feldspat. (Der Quarz tritt namentlich auf dem Querbruch hervor; die parallel gelagerten Glimmerblättchen bedecken die der Schieferung entsprechenden Flächen oft vollständig.)

Je nach der Glimmerart unterscheidet man Kaliglimmerschiefer und Magnesiaglimmerschiefer.

Die Verwitterung folgt der Richtung der Schieferung, am ausgeprägtesten, wenn die Schichten mehr oder weniger aufgerichtet sind. Oft können Gesteinsmassen äußerlich noch ganz frisch erscheinen, während die inneren Spalten schon stark mit Verwitterungsresten ausgefüllt sind.

Je nach dem Reichtum an Glimmer und der Glimmerart ist der Verwitterungsboden dieser Schiefer sehr verschieden.

Der Boden des Kaliglimmerschiefers ist in der Regel infolge der schwer zersetzbaren, aber fein verteilten Glimmerschuppen auffällig bindungslos, meist gelblich bis bräunlich, erdarm und wenig mächtig. Der Boden ist geringwertig; im Gebirge trägt er oft kaum noch die Fichte, leidet aber bei der meist leichten Ableitung des Wassers wenig durch Versumpfung.

Der Boden der Magnesiaglimmerschiefer ist, zumal wenn der Glimmer vorwaltet, wesentlich günstiger. Die leichtere Zersetzbarkeit des Magnesiaglimmers bewirkt dies und verursacht die Bildung eines meist braun gefärbten, eisenreichen Bodens, der aber wenig Bindigkeit zeigt. Der aus diesem Gesteine entstehende Boden bietet in günstiger Lage noch den Laubhölzern die Bedingungen des Gedeihens.

Beiden Glimmerschiefern gemeinsam ist die ungünstige Einwirkung, welche größere, meist wagerecht liegende Gesteinsbruchstücke hervorrufen, die das Eindringen der Wurzeln erschweren und stellenweise wie eine undurchdringliche Bodenschicht wirken können.

Urtonschiefer (Phyllit). Die Urtonschiefer sind Gesteine von meist dunklen, grauen, braunen oder grünlichen Farben mit immer vorhandener, vielfach scharf ausgeprägter Schieferung. Die Oberflächen besitzen seidenartigen Glanz. Die Urtonschiefer bestehen aus einem Gemenge mikroskopisch kleiner Kristalle von Quarz, Feldspat, Glimmer und Chlorit; die einzelnen Bestandteile können in sehr verschiedenen Mengen vorhanden sein, so daß z. B. der Kieselsäuregehalt zwischen 45 und 75 % schwankt, ohne daß das Gestein petrographisch seinen Charakter als Urtonschiefer verliert. Abarten sind die Fleck- oder Knotenschiefer; ferner der Sericitschiefer, in dem an Stelle des gewöhnlichen Glimmers eine talkähnliche weiche Abart, Sericit, enthalten ist.

Die Verwitterung ist eine der verschiedenen Zusammensetzung entsprechend recht verschiedene.

Die quarzreichen, dickschieferigen Abarten verwittern schwer und bilden steinige, flachgründige Bodenarten, an steilen Hängen oft völlige Geröllwände. Die Vegetation der trockneren Lagen ist daher gering (zumeist Fichte) und der Boden der Rohhumusbildung in hohem Grade ausgesetzt. In den milderen Lagen gedeiht die Fichte. Nach Grebe ist Niederwaldbetrieb am besten am Platze. Viele der rheinischen Schälwaldungen stocken auf Tonschiefer, der überhaupt für die Reproduktion der Laubhölzer eine günstige Bodenart ist.

Die quarzärmeren, oft dünnschieferig ausgebildeten Abarten erzeugen einen milden, mit vielen kleinen Schieferstückchen durchsetzten Boden, der in höheren Lagen Fichte, in den tieferen Tanne und Buche trägt.

Bei der Verwitterung, die ein starkes mechanisches Zerfallen des Urtonschiefers und dadurch sehr reichliche Beimischungen von Gesteinsbruchstücken im Boden herbeiführt, ist die Neigung der Schichten von erheblicher Bedeutung, bei ebener Lage findet leicht Versumpfung statt.

Die Böden der Urtonschiefer sind, wie die meisten steinreichen und zumal an schieferigen Bruchstücken reichen Bodenarten, gegen Auflockerung empfindlich, die vielen Hohlräume, welche sich bilden, lagern sich nur schwierig wieder zusammen. Bodenbearbeitung ist daher zu unterlassen.

Verwitterungsformen der kristallinischen Schiefer.

Die Verwitterungsformen der kristallinischen Schiefer werden sehr stark durch die Richtung der Schichten beeinflußt. Bei steiler Aufrichtung entstehen im Hochgebirge (z. B. Gotthardgebiet) nach einer Seite überragende, zackige Formen; bei geringerer Neigung der Schichten und in tieferen Lagen pyramidale, oft sehr gleichmäßig geneigte Bergformen. Bei fortschreitender Abtragung ergeben sich schwach bewegte Hochlagen mit tief eingeschnittenen Tälern (Rheinische Schiefergebirge) und dachförmige Höhen.

3. Tonschiefer und Tone.

§ 57. Von den Tonen bis zum Tonschiefer, zum Teil auch bis zu den Urtonschiefern, finden sich vielfache Übergänge. Durch die Zusammenschwemmung der bei der Verwitterung entstandenen Tonteilchen lagern sich Tone ab, die unter Druck mehr oder weniger schieferige Gesteine bilden, die man nach ihrer Härte und Ausbildung als **Schieferton** (weichere, aber ausgesprochen schieferige, in ihrem Verhalten dem Tone noch näher stehende Gesteine) und **Tonschiefer** (härter, meist ausgezeichnet schieferig, oft durch humose Beimischungen dunkel gefärbt) bezeichnet.

Beide zerfallen bei der Verwitterung, wenn auch verschieden leicht, zunächst in eine lockere, nicht bindige Masse (Bodenbearbeitung wirkt in diesem Stadium der Verwitterung meist recht ungünstig), die allmählich in einen kräftigen tonigen Boden übergeht, günstig für Fichte, Buche und Tanne.

Als Letten wird die in der Triasformation (zumal im Keuper) viel verbreitete, kaum schieferig ausgebildete Abart des Schiefertons bezeichnet, die zunächst in eckige Stücke und Blättchen zerfällt, die nur sehr losen Zusammenhalt zeigen und erst allmählich in einen schweren, fruchtbaren Tonboden übergehen, der zumal Buche und Esche zusagt, bei Bloßstellung starken Graswuchs trägt und infolge der hohen Wasserkapazität leicht versumpft.

Ton bildet feste, zähe Massen, welche zumal in der Tertiärformation verbreitet sind. Die hohe Plastizität und Wasserkapazität beeinflussen die Tonböden, namentlich in ebenen Lagen, ungünstig. Es sind immer kalte und nasse Böden. Günstiger verhalten sich die eisenreicheren, meist rot gefärbten Tone, während die schweren (zumal dem Tertiär angehörigen) weißen, kaolinreichen Tone zu den ungünstigsten Waldböden gehören und oft nur Krüppelbestände tragen.

Lehm ist als eine Mischung von tonigen Teilen mit Sand zu betrachten, sein Verhalten wird beim Diluvium und bei der Besprechung der Hauptbodenarten berührt werden.

4. Kalk- und Dolomitgesteine.

§ 58. Kalkgesteine finden sich in allen Formationen. Der kohlensaure Kalk wird bei der Verwitterung gelöst und weggeführt, die entstehenden Böden sind von der Menge und der Zusammensetzung der dem Kalkkarbonat beigemischten anderartigen Bestandteile abhängig. Reine, kohlensaure Kalke zerfallen in Bruchstücke und bilden kaum feinerdige Verwitterungsprodukte. Hiernach ist es verständlich, daß die Verwitterung der Kalkgesteine sehr verschiedenartige und sehr verschieden fruchtbare Böden erzeugt. Bei keiner anderen Gesteinsart wechselt die Bodengüte in so hohem Maße wie bei den Kalken.

Durch die Wegfuhr des kohlensauren Kalkes bilden sich tiefgehende Spalten und Höhlungen im Gestein. Wasseransammlungen finden daher kaum statt, wohl aber leiden Kalkböden von geringer Mächtigkeit an Trockenheit.

Man kann folgende Hauptunterschiede machen:

Reine Kalke. Felsarten, welche fast nur aus kohlensaurem Kalke bestehen. Die aus diesen hervorgehenden Bodenarten sind erdarm, mit Steinen durchsetzt, leiden zumeist an Trockenheit und zählen hierdurch zu den armen und ärmsten Waldböden.

Einzelne verbreiteter auftretende, hierher gehörige Gesteinsarten sind

Kreide, weich, zerreiblich, bildet geringwertige Böden.

Die kristallinischen Kalke bieten in Mitteleuropa je nach den Formationen, denen sie angehören, manche Eigentümlichkeiten. Es gehören dahin:

Die Kalke der paläozoischen Periode, dichte stark zerklüftete Massen, welche einen an Steinen überreichen, wenig erdhaltigen, flachgründigen Boden von geringem Werte liefern.

Die Kalke des Muschelkalkes, namentlich des Hauptmuschelkalkes, sind meist deutlich geschichtet, von graulicher oder gelblicher Farbe und dichtem Gefüge.

Die Jurakalke, meist wenig geschichtet, massig, hell gefärbt. Sie bilden geringe Steinböden.

Die Böden der reinen Kalkgesteine sind alle gegen Freistellung empfindlich. Es liegt dies in der dünnen Erdschicht und der Durchlässigkeit des Untergrundes, welche rasches Austrocknen und dadurch Zerstörung der Krümelstruktur herbeiführt. An Hängen wird die geringe Erdmenge leicht abgespült. Die Wiederaufforstung der in Mitteldeutschland weit verbreiteten kahlen Muschelkalkberge, die vielfach durch Schafweide beeinflußt und deren Erddecke in die Täler gewaschen ist, bietet oft enorme Schwierigkeiten. Zumal die Südwest- und Westhänge leiden unter dem Einfluß der austrocknenden Winde. Auf solchen Gebieten finden sich, wenn überhaupt Holzgewächse vorhanden sind, meist nur noch Gestrüppe von verschiedenen Sträuchern. Es ist dies schon ein Beweis, daß diese Bodenarten für die Laubhölzer immer noch günstiger sind, als für Nadelhölzer. Die Aufforstung erfolgt zumeist mit Kiefern; namentlich die Schwarzkiefer hat sich bewährt, behält aber kein langes Leben und wird späterhin von der gemeinen Kiefer überholt. Weißerle hat sich in den Göttinger Gegenden bewährt; man sollte überhaupt mehr Versuche mit stark wurzelnden Laubhölzern (Akazie und dergleichen) machen, als es bisher geschehen ist. Die Natur weist auf solche Pflanzenarten hin.

An beigemischten Tonteilen reichere Kalksteine. Die dieser Gruppe angehörigen Kalke, als deren Typus man den Wellenkalk bezeichnen bann, enthalten alle reichliche Beimischungen von tonigen Bestandteilen, welche bei der Verwitterung zurückbleiben. Alle hierher gehörigen Bodenarten tragen daher den Charakter schwerer Tonböden, deren Untergrund gût drainiert ist (infolge der Spalten im Gestein), und die außerdem durch den Gehalt an löslichen Salzen zumal Kalksalzen, nicht die Plastizität der übrigen Tonböden besitzen. Kalkböden in dem Sinne, wie dieser Ausdruck zumeist gebraucht wird, sind oft sehr kalkarm und haben alle Vorzüge und Nachteile eines Tonbodens.

Zahlreiche Untersuchungen bestätigen dies; hier mögen nur die von Councler *) angeführt werden, welche sich auf Wellenkalkböden des preuß. Forst-Reviers Lohra beziehen.

Der Boden bestand aus

2— 4 cm durch Humus gefärbtem Ton,
23—30 „ grau- bis schwarzbraunem Ton,
5—16 „ gelblichem Ton.

*) Zeitschr. f. Forst- u. Jagdw. 1883, 16, S. 121.

Hierunter lag das wenig veränderte, nur in Bruchstücke zerfallene Gestein.

Die einzelnen Bodenschichten zeigten folgende Zusammensetzung im Gesamtgehalt an (löslichen und unlöslichen) Mineralstoffen (wobei nur die wichtigsten Bestandteile hier wiedergegeben sind):

	Oberste Schicht	Zweite Schicht	Dritte Schicht	Grundgestein
Kali	2,32	2,64	2,65	0,39
Natron	0,66	1,09	0,93	0,3
Kalk	1,14	1,16	1,16	52,98
Magnesia	0,94	0,99	0,83	0,76
Eisenoxyd	3,82	2,90	6,53	0,51
Tonerde	9,83	12,13	17,60	0,90
Phosphorsäure	0,21	0,22	0,20	0,03
Kieselsäure	63,57	67,74	54,13	2,06
Kohlensäure	0,14	0,56	1,11	41,74
Wasser	7,59	4,26	8,70	0,21

Man sieht hieraus, daß selbst in erheblicher Tiefe und unmittelbar über dem Gestein der kohlensaure Kalk bis auf geringe Reste ausgelaugt sein kann.

Es ist erklärlich, daß solche Bodenarten fruchtbar sind und namentlich Laubhölzer mit vorzüglichem Wuchs tragen können, wenn auch in kühleren Lagen Nadelhölzer, zumal Tanne, oft vortrefflich gedeihen. Anderseits ergibt sich aber auch die Ursache der Empfindlichkeit gegen Bodenentblößung und dadurch bewirktes oberflächliches Austrocknen. Die Krümelstruktur dieser Bodenarten wird durch Bloßliegen zerstört, die Tonteile werden dicht zusammengelagert und setzen dem Zerfall großen Widerstand entgegen. (Völlig trockene „Kalkböden", die längere Zeit frei gelegen haben, kann man oft stundenlang mit Wasser kochen, ehe alle Tonpartikel sich verteilt haben, und im kalten Wasser können sie recht lange liegen, ohne daß sich dieses durch aufgeschlämmte Tonpartikel trübt.)

Besonders schädlich für junge Holzpflanzen ist endlich noch der starke Graswuchs solcher Böden, der häufig die Entwicklung um Jahrzehnte verzögern kann, wohl auch die jungen Baumpflanzen zum Absterben bringt; hier wirkt namentlich der starke Wasserentzug des Grases ein und muß sich zumal an Hängen am empfindlichsten geltend machen.

Die nichtbewaldeten Kalkböden der Höhenlagen bieten vielfach ähnliche Verhältnisse in der Wasserführung, wie die Steppenböden.

Es sind Böden mit hoher Wasserkapazität, aber zumeist von mittlerer Mächtigkeit und durch Gesteinsspalten gut drainiert. In der kalten Jahreszeit sättigen sich die Böden mit Wasser, geben zu einer üppigen Frühjahrsvegetation Veranlassung, leiden aber in späterer Zeit Mangel an Feuchtigkeit. Der Gehalt an Nährstoffen ist meist hoch, der unterliegende Kalk für die Pflanzenwurzel erreichbar. Diese Verhältnisse sind wohl Ursache, daß viele Steppenpflanzen (Adonis vernalis, Stipaarten, Melica ciliata usw.) auf derartigen Kalkböden am weitesten nach Westen gehen.

Dolomitische Kalke und Dolomite. Die Dolomite verhalten sich ganz ähnlich wie die Kalkgesteine.

Die reinen Dolomite verwittern noch schwieriger als diese und geben einen sehr steinreichen, erdarmen Boden von geringer Fruchtbarkeit. Vorspringende Felsmassen ragen vielfach völlig unbewachsen hervor.

Die Dolomitgesteine mit reichlicheren tonigen Beimengungen unterscheiden sich bei der Bodenbildung von den Kalkböden dadurch, daß vielfach Dolomitsand gebildet wird, der mit den Tonbestandteilen gemischt, einen meist hellen, gelblich gefärbten Boden gibt, der sich in seinem Verhalten dem Lehm (Ton mit Quarzsand) sehr ähnlich verhält und oft außergewöhnliche Fruchtbarkeit besitzt.

Mergel. Als Mergel bezeichnet man innige Mischungen von kohlensaurem Kalk, tonigen Bestandteilen und Sand. Je nach dem Vorherrschen des einen oder andren Bestandteils kann man unterscheiden (nach Senft, Gesteins- und Bodenkunde, S. 315; die angegebenen Zahlen bedürfen wohl der Revision, es handelt sich jedoch nur um ganz angenäherte Verhältnisse; vielfach sind hier wohl anderartige Bodenarten eingereiht worden):

Tonmergel, 15—20 % Kalk, 50—75 % tonige Bestandteile, höchstens 25 % sandige Teile. Nach Senft in der Trias verbreitet, sind es meist rot gefärbte Steine von geringem Zusammenhange, die zunächst in kleine Brocken und Blättchen zerfallen und allmählich in einen Boden hoher Fruchtbarkeit übergehen. (Irrtümlich werden wohl zu diesen Gesteinen viele der bunten Letten, die zumal im Keuper weit verbreitet sind, aber keinen oder nur Spuren von Kalk enthalten, gerechnet.)

Lehmmergel, 15—20 % Kalk, 20—50 % tonige Teile, 25—50 % Sand. Meist gelbbraun bis gelb gefärbt, geht vielfach aus der Verwitterung von Sandsteinen mit kalk- und tonreichem Bindemittel hervor. Hier würde auch ein Teil der Diluvialmergel einzureihen sein.

Kalkmergel, 50—75 % Kalk, 20—50 % Ton, wenig (nur bis 5 %) Sand. Meist hell bräunlich gefärbte Bodenarten, die sich, langsam ausgetrocknet, durch auffällige Bindungslosigkeit auszeichnen, bei raschem Austrocknen aber auch hart und fest werden können.

Verwitterungsformen der Kalk- und Dolomitgesteine. Die Kalk- und Dolomitgesteine verwittern im Hochgebirge zu steil abfallenden Felsen, hervorragenden Spitzen und Zacken und gehören oft zu den malerisch schönsten Formen, wie sie z. B. aus den Dolomiten Südtirols bekannt sind. Auch in milderem Klima zeichnen sich diese Gesteine durch häufige Steilabstürze, und oft vereinzelt hervortretende Felsmassen aus; selbst bei tonreicheren Gesteinen sind die Hänge stark geneigt. Die zutage tretenden Kalkmassen, zumal der reineren Kalkgesteine, sind mit einem Netzwerk von Verwitterungsfurchen überzogen, die charakteristisch für diese Gesteinsart sind.

Geschichtete Kalke in wenig gestörter Lagerung bilden vielfach ebene Hochlagen mit tief eingeschnittenen Tälern; oder das ganze Gebiet ist in einzelne voneinander isolierte Kalkberge und Gebirgsmassen getrennt.

5. Konglomerate, Sandsteine und Sande.

§ 59. **Konglomerate** bestehen aus gerundeten, größeren Bruchstücken von Mineralien oder Gesteinen, die durch ein Bindemittel verkittet sind. (Breccien bestehen aus eckigen, scharfkantigen Gesteinsbruchstücken; für die Bodenkunde ist diese Unterscheidung, die für die Geologie wichtig ist, ohne Bedeutung.) Bei Abnahme der Korngröße gehen die Konglomerate in die Sandsteine über.

Je nach der Verschiedenheit und Art der Gesteinsbruchstücke, der Menge und Zusammensetzung der Bindemittel sind die Konglomerate von verschiedenem Wert für die Bodenbildung. Im allgemeinen jedoch wird das Bindemittel rascher als die Gesteinsstücke verwittern und bilden sich Böden, zumal an Hängen, welche sich in ihrem Verhalten mehr oder weniger den Grand- und Geröllböden nähern. Schon hieraus ergibt sich, daß es meist ungünstige Verhältnisse sind, welche dem Forstmann bei Behandlung der Konglomeratböden entgegentreten.

Einzelne in größerer Ausdehnung auftretende Konglomerate sind die des Rotliegenden und die Nagelflue.

Das Konglomerat des Rotliegenden besteht aus wallnuß- bis kopfgroßen Stücken von Quarz, Hornstein, Kieselschiefer, Granit, Gneis, Felsitporphyr, Glimmer- und Tonschiefer, die durch ein eisenreiches, tonig-sandiges Bindemittel verkittet sind. Die Zusammensetzung wechselt demnach in hohem Grade.

Der Verwitterungsboden ist meist flachgründig, steinreich, an den Hängen oft ein reiner Grandboden. Wassermangel und anderseits vielfach auftretende Rohhumusbildungen, Heide- und Beerkrautbedeckung sind gleichmäßig ungünstig für den Waldbestand, der oft nur aus geringen Kiefern besteht. (Grebe, a. a. O.)

Das „Rotliegende" als Formation betrachtet, in der die Konglomerate nur einen Teil bilden, besteht außerdem aus Sandsteinen mit eisenreichem Bindemittel, sowie aus ebenfalls eisenreichen Schiefertonen. Alle diese Bildungen wechseln vielfach miteinander und bieten dadurch für die forstliche Kultur Schwierigkeiten, welche Berücksichtigung der örtlichen Verhältnisse notwendig macht.

Nagelflue, im alpinen Tertiär weit verbreitet, besteht ganz überwiegend aus Kalksteinstücken, seltener finden sich Bruchstücke von Sandsteinen und kristallinischen Gebirgsarten, die durch ein kalkreiches, mäßig toniges Bindemittel verkittet sind.

Grand schließt sich den Konglomeraten eng an, nur fehlt ein verkittendes Bindemittel. Je nach der Zusammensetzung sind die Grande von verschiedenem Wert, in höheren Lagen leiden sie stets durch Mangel an Feuchtigkeit, in tieferen kann, zumal bei flachanstehendem Grundwasser, ein guter Boden aus ihnen hervorgehen.

Sandsteine sind Gesteine, die aus verkitteten kleineren, nicht über erbsengroßen Gesteins- und Mineralbruchstücken bestehen. Am häufigsten ist Quarz der Hauptbestandteil, jedoch können die verschiedenartigsten anderen Mineral- und Gesteinsarten an der Zusammensetzung teilnehmen.

Man unterscheidet die Sandsteine entweder nach ihrem geologischen Alter (z. B. Buntsandstein, Quadersandstein und dergleichen) oder nach ihrer Zusammensetzung, beziehungsweise ihrem Bindemittel.

In bezug auf die Zusammensetzung unterscheidet man:

Arkose; Körner von Quarz und Feldspat, denen zuweilen noch Glimmer beigemischt ist. Manche Buntsandsteine, sowie in der Kohlenformation vorkommende Sandsteine gehören hierher.

Grünsandstein, Sandsteine mit meist tonig-kalkigem Bindemittel, welche Körner von Glaukonit enthalten.

Glimmersandstein, Quarz und Glimmer, meist mehr oder weniger schieferig ausgebildet.

Nach der Natur des Bindemittels unterscheidet man:

Tonige Sandsteine, mit meist durch Eisen rot oder braun gefärbtem, in der Regel reichlich vorhandenem Bindemittel.

Derartige Sandsteine zerfallen leicht und geben je nach der Menge des Bindemittels einen lehmigen bis sandigen, tiefgründigen Boden von günstiger Beschaffenheit. Hierher gehören viele Buntsandsteine.

Mergelige Sandsteine, mit kalkig-tonigem Bindemittel. Es sind dies meist hell gefärbte Gesteine, die bei der Verwitterung tiefgründige, fruchtbare Böden geben.

Kalkige Sandsteine, wenig verbreitet, überwiegend mit kohlensaurem Kalk als Bindemittel.

Kieselige Sandsteine, Sande mit sehr kieselsäurereichem Bindemittel. Die an Bindemittel reichen Abarten verwittern nur sehr schwierig, auch die übrigen bilden Sandböden von geringer Fruchtbarkeit. (Die meisten Buntsande der unteren Abteilung, sowie die Hauptmasse der Quadersande und oberen Keupersande gehören hierher.)

Eisenhaltige (eisenschüssige) Sandsteine. Das Bindemittel besteht überwiegend aus Eisenoxydhydrat, seltener aus Eisenoxyd. Meist sehr feste, schwer verwitternde Gesteine.

Da Sandsteine bestimmter Zusammensetzung in einzelnen Formationen (wenigstens in den hier gezogenen Grenzen) mehr oder weniger reichlich auftreten, so ist es vorteilhaft, sie nach diesen geordnet nach ihrem bodenkundlichen Verhalten kurz zusammenzustellen.

Grauwacke, der paläozoischen Abteilung angehörig, besteht aus größeren oder kleineren Körnern (es kommen nicht selten auch ausgesprochene Konglomerate, Grauwackenkonglomerate vor) verschiedener Gesteinsarten; Quarz, Kieselschiefer, Tonschiefer, sowie Feldspatkörner, die durch ein kieseliges oder kieselig-toniges Bindemittel verkittet sind, herrschen vor.

Die entstehenden Böden sind hiernach verschieden.

Die quarzreichen Abarten, überdies zumeist noch mit einem kieselsäurereichen Bindemittel, verwittern schwer und geben einen flachgründigen, erdarmen Boden von geringem bis sehr geringem Wert; seltener, bei wenig Bindemittel, erzeugen sie tiefgründigere Sandböden, die dann den tiefwurzelnden Baumarten, wie Kiefer und Eiche, vorteilhaften Standort bieten.

Die tonreicheren Abarten zerfallen leichter, ebenso die meisten grobkörnigen bis konglomeratischen Formen der Grauwacke und erzeugen einen tiefgründigen, tonreicheren Boden, der in den höheren Lagen für Fichte, in den tieferen, feuchteren, für Buche und Tanne günstige Bedingungen des Gedeihens bietet.

Buntsandstein. Die Ausbildung des Buntsandsteins ist verschieden; im allgemeinen verhalten sich die Gesteine der tieferen Etagen weniger günstig als die der oberen.

Der Verwitterungsboden ist je nach der Menge des Bindemittels Sandboden bis Lehmboden, zumeist ein mehr oder weniger sandiger Lehm; erfahrungsmäßig geben die hell gefärbten Abarten des Gesteins (eine Folge des geringeren Gehalts an Bindemittel) geringe bis arme, die gelb gefärbten mittlere, die rot gefärbten gute und selbst sehr gute Bodenarten.

Auf allen bildet sich leicht Rohhumus; man findet in dieser Beziehung auf den Böden des Buntsandsteins oft auffällig ähnliche Verhältnisse, wie auf den diluvialen Böden Norddeutschlands. Hierdurch begründet es sich, daß die tieferen, feuchteren Lagen meist ungünstiger als die höheren Lagen sind und daß anderseits alles, was eine zu starke Austrocknung der oberen Bodenschichten veranlaßt, zugleich mit einem Rückgang im Bestande verbunden ist. Kaum eine andere Bodenart ist daher so empfindlich gegen unvorsichtiges Freistellen und auch gegen Streuentnahme, wie der Buntsandstein. Geschlossene, größere Bestände, in denen eine normale Zersetzung der humosen Stoffe viel gleichmäßiger stattfindet als in kleinen Waldungen, sind hierdurch in der Regel sehr viel günstiger für den Bestand. Im ganzen Verhalten ist der Buntsandsteinboden einer der am schwierigsten zu behandelnden und am leichtesten Rückgängen ausgesetzten Bodenarten, die in unseren Gebieten vorkommen. Gerade hier haben sich einmal die Folgen übertriebener Streuentnahme geltend gemacht; anderseits ist man fast nirgends so geneigt, ungünstige Einwirkungen, welche wesentlich in verschiedenen Humusbildungen begründet sind, auf die Streunutzung zu schieben, wie im Buntsandsteingebiet.

Kiefer (auf dem trockneren mehr dem reinen Sande sich nähernden Boden), Buche und Fichte, sowie Tanne, zum Teil auch Eiche, also unsere wichtigsten Holzarten, finden auf dem Buntsandsteinboden je nach den Verhältnissen entsprechenden Standort.

Keupersandstein. Die unteren Etagen dieses Gesteines enthalten meist reichlich kalkhaltige Bindemittel, durch die bei der Verwitterung tiefgründige, lehmige Sandböden erzeugt werden, welche zumal den tiefwurzelnden Bäumen, vor allem der Eiche, günstig sind, weniger der Buche und Fichte.

Die oberen Ablagerungen führen meist ein kieselsäurereiches Bindemittel und geben mehr flachgründige, trockene Böden, welche überwiegend mit Kiefern bestanden sind.

Liassandstein verhält sich den besseren Keupersandsteinen ähnlich und besitzt ebenfalls ein kalkhaltiges Bindemittel. Bei der Verwitterung entstehen tiefgründige, fruchtbare, für das Laubholz günstige Bodenarten.

Quadersandstein. Der Quadersandstein besteht zumeist aus feinkörnigem Quarzsand mit wenig, meist kieseligem, selten tonigem Bindemittel und bildet bei der Verwitterung meist einen sehr wenig fruchtbaren, lockeren Sandboden, der überwiegend Kiefern trägt. Manche Abarten verwittern schwer und bilden nicht selten vegetationslose Felsen.

Der Rohhumusbildung, und wie es bei so armen Sanden verständlich ist, der Ortsteinbildung, ist der Quadersand leicht unterworfen. (In Böhmen zuerst beobachtet, in Oberschlesien sehr häufig.)

Quarzit. Unter Quarziten versteht man dichte oder körnige Quarzgesteine. Viele stehen ihrer Entstehung nach mit Sandsteinen in enger Beziehung und sind als Quarzsandsteine mit kieseligem Bindemittel aufzufassen; bei anderen ist die Bildung wahrscheinlich eine wesentlich abweichende gewesen.

Der Verwitterung sind die Quarzite schwer zugängig, sie ragen oft als vegetationslose Felsmassen aus dem übrigen Gestein hervor.

Die körnigen Abarten geben einen flachgründigen, armen Sandboden und nur in sehr seltenen Fällen sind so viele andere Bestandteile (Tone und eisenreiche Tone) beigemischt, daß ein erträglicher Boden entstehen kann.

Sande. Die Sande stehen zu den Sandsteinen in einem ähnlichen Verhältnis wie die Grande zu den Konglomeraten; es fehlt ihnen ein verkittendes Bindemittel. Sie unterliegen aber, soweit sie Silikate enthalten, in ganz gleicher Weise der Verwitterung, wie jedes andre Gestein.

Die Sande gehören zumeist den jüngeren Formationen an; die im Diluvium und Alluvium vorkommenden werden später im Zusammenhang behandelt werden, hier sind hauptsächlich die tertiären Bildungen anzuführen:

Tertiärsand besteht zumeist aus milchweißem Quarz mit wenig Bruchstücken von Kieselschiefer. Die Korngröße ist sehr verschieden, teilweise finden sich sehr feinkörnige Sande, die Hauptmasse ist jedoch von höheren Korngrößen, oft sogar sehr grobkörnig.

Die tertiären Quarzsande geben ihrer Zusammensetzung entsprechend sehr arme Bodenarten, die sich nur etwas günstiger verhalten, wenn Grundwasser flach ansteht. Zugleich sind sie Rohhumusbildungen, sowie der Abscheidung von Ortstein sehr ausgesetzt. Kiefer, an den feuchteren Stellen allenfalls Erle, bilden die meist geringwertigen Bestände.

Tertiärer Glimmersand, sehr feinkörnig, mit Glimmerblättchen durchsetzt. Boden mittlerer Güte; trägt Laubhölzer.

Vulkanische Aschen und Sande. Bei den Ausbrüchen der Vulkane werden oft große Massen von feinkörnigem Material ausgeworfen, und fallen, je nach der Korngröße, in der Nähe oder in größerer Entfernung nieder. Man unterscheidet vulkanische Sande, grobkörnig, und vulkanische Aschen, sehr feinkörnig. Die letzteren lagern sich zusammen und werden vielfach durch sekundäre Mineralbildungen verkittet; solche verkittete Aschen bezeichnet man als vulkanische Tuffe.

Die vulkanischen Tuffe werden bei der Verwitterung rasch und bis in größere Tiefe zersetzt und bilden Bodenarten von mittlerer bis hoher Güte. Die vulkanischen Sande haben meist eine geschmolzene, schwer angreifbare Oberfläche, verwittern schwierig und bilden lose, trockene Bodenarten, die oft kaum eine dürftige Vegetation zu tragen vermögen.

6. Diluvium und Alluvium.

§ 60. Ein großer Teil von Nord- und Mitteleuropa wird von Gletscherablagerungen, den Bildungen der diluvialen Eiszeit, überdeckt. Von den einzelnen Gebirgen (Alpen, Pyrenäen, Karpathen usw.) drangen Eisströme bis weit in die vorliegenden Ebenen vor (z. B. Oberbayrische Hochebene, Seengebiet Norditaliens). Von Skandinavien aus erstreckte sich ein geschlossenes Inlandeis nach Mitteleuropa und dem nördlichen und mittleren Teil von Osteuropa. Die Grenzen der nordischen Diluvialbildungen sind etwa England, Südbelgien, die mitteldeutschen Gebirge; in Rußland war mehr als drei Fünftel des ganzen Landes eisbedeckt.

Nach den gegenwärtig herrschenden Auffassungen sind für den Norden mindestens zwei, durch eine wärmere „Interglazialzeit" unterbrochene Eisbedeckungen vorhanden gewesen. Indessen mehren sich die Stimmen, welche in den Diluvialbildungen die Ablagerungen einer einheitlichen Eiszeit sehen. Verständlicher, aber durchaus nicht gesichert, ist die Annahme einer mehrfachen Wiederkehr der Eisbedeckung in den Gebirgen.

Auf die Eiszeit folgte eine „Steppenperiode", in der ein gemäßigtes Steppenklima bis nach Mitteleuropa, etwa bis zu den Vogesen und Ardennen, nach Süden bis zu den Alpen reichte; während dieser Zeit kamen wohl ausgeprägte Steppenböden (Löß, Schwarzerde) zur Ablagerung, und lebte eine Steppenfauna in Mitteleuropa. Die Ursachen der „Steppenzeit" sind vielfach besprochen worden. Bedenkt man, daß der europäische Kontinent sich damals etwas weiter nach Westen erstreckte, die Trennung von Frankreich und England durch den Ärmelkanal erst spät stattgefunden hat, daß erhebliche Teile der Nordsee und Ostsee mit großer Wahrscheinlichkeit landfest waren; anderseits daß gegenwärtig gemäßigtes Steppenklima bis Preßburg, zum Teil bis Wien reicht, so bedarf es keiner weiteren Hypothesen, um die nachdiluviale Ausbreitung von Ablagerungen der Steppen zu erklären.

a) Das nordische Diluvium.

Die Ablagerungen der Eiszeit entstammen den Moränen des Inlandeises. Es sind entweder erhaltene Grundmoränen, die Diluvialmergel, oder deren Aufbereitung durch fließendes Wasser, die Steinpackungen, Grande, Sande und Tone des Diluviums.

Nach den herrschenden Auffassungen sind die tieferen, von höheren Mergeln durch Sandablagerungen getrennten Moränen Zeugnisse verschiedener Eiszeiten; nach Auffassung der Unitarier die Folge örtlicher Schwankungen der Eisbedeckung, wahrscheinlicher sind diese Mergel jedoch auf örtliche ungleichmäßige Bildung von Grundmoränen unter dem Eise zurückzuführen.

Die gesamten tiefer lagernden Schichten bezeichnet man als unteres Diluvium und stellt ihnen die Ablagerungen der obersten Schicht als oberes Diluvium gegenüber. Man betrachtet das obere Diluvium zumeist als Ablagerung der letzten, jüngsten Eiszeit. Sehr bezeichnend für das nordische Diluvium sind die diluvialen „Endmoränen", mehr oder weniger bogenförmig verlaufende Höhenzüge, die in ihrer Masse aus Anhäufungen von Gesteinsblöcken, Sanden, Mergeln usw. bestehen und in denen man die Endmoränen sieht, welche bei zeitweisem Stillstand des abschmelzenden Inlandeises abgelagert wurden. Durch Ausdehnung wie gleichbleibenden Charakter ausgezeichnet sind die Ablagerungen der diluvialen Flüsse, welche man früher als „Altalluvium" bezeichnete.

Die Diluvialmergel sind ungeschichtete Gemische von fein zerriebenem Gesteinsmehl, Sand und Grand, zwischen denen regellos, d. h. nicht nach Korngrößen gesondert, Steine aller Größen eingelagert sind. Die Lagerung ist oft sehr dicht.

Bei der Verwitterung wird zunächst der vorhandene kohlensaure Kalk gelöst und weggeführt und kommt häufig in tieferen Lagen wieder zur Abscheidung. Etwa gleichzeitig werden die Oxydulverbindungen des Eisens der feinkörnigen Bestandteile oxydiert und in Eisenoxydhydrat übergeführt. Die Farbe geht hierbei in braun über, während die Silikate zu Ton verwittern. Aus dem Mergel ist Lehm, ein Gemisch von Sand und Ton, geworden.

Durch Einwirkung der Schmelzwässer des Eises können in weitem Umfange die feinkörnigen Bestandteile der Mergel ausgeschlämmt und weggeführt werden. Je nach Mächtigkeit der Mergel bleiben dann sandige Lehme oder lehmige Sande zurück, in den tieferen Schichten oft noch mit reichlicherem Tongehalt, so daß oft in 1—2 m Tiefe liegende Lehmreste entweder im geschlossenen Zusammenhang oder doch an einzelnen Stellen erhalten bleiben. Berücksichtigt man, daß zu Ende der Diluvialzeit die Schmelzwässer sehr salzarm waren und die chemische Verwitterung auch nur sehr wenig eingewirkt haben kann, so wird eine große Beweglichkeit der Tonteile anzunehmen sein, da flockende Salze fehlen; hierdurch kann eine weitgehende Umlagerung und Transport der feinkörnigen Teile in tiefere Bodenschichten erfolgt sein.

Der untere Diluvialmergel ist von wechselnder, oft von erheblicher Mächtigkeit. Die Farbe ist meist grünlichgrau; bei der Verwitterung, die häufig sehr ungleichmäßig eindringt, entsteht rotbrauner und brauner Lehm. Der untere Diluvialmergel ist überwiegend an Talgehängen aufgeschlossen, sein Vorkommen läßt sich vielfach schon durch reichlicheren Pflanzenwuchs, Auftreten von Rosen, Weißdorn u. dgl. erkennen.

Der obere Diluvialmergel ist in der Regel wenig mächtig (meist nicht über 1 m) und bräunlich gefärbt. Er bildet im Diluvialgebiet vielfach die oberste Bodenschicht und schmiegt sich allen Unebenheiten des Geländes an. Die Entkalkung des Mergels ist meist weit fortgeschritten und selbst die Enttonung oft so vollständig, daß nur schwach tonhaltige, meist steinreiche Sande (oberer Diluvialsand, Decksand) die letzten Reste des einstigen Mergels bilden.

Der Lehmboden der Diluvialmergel bildet die wichtigste Bodenart des nordischen Diluviums und ist namentlich in den der Ostsee benachbarten Gebieten weit verbreitet. Vorwiegend dient der Boden der Landwirtschaft; als Wald trägt er überwiegend Laubhölzer (Buche, auch Eiche), oft von vortrefflichem Wuchse. Der Bodenwert wechselt nach Mächtigkeit des Mergels, sowie nach dem Grade seiner Auswaschung. Die geologische Kartierung des Flachlandes unterscheidet: Lehmboden (oberen Mergel), lehmige Sande mit unterlagernder geschlossener Lehmschicht, lehmige Sande mit einzelnen Lehmresten. Nicht selten sind die oberen Diluviallehme reich an Steinen, die in vereinzelten Fällen in Steinschichten oder Steinpackungen übergehen können.

Vielfach ist die früher zusammenhängende Mergeldecke durch Erosion zerstört und nur auf vorspringenden Kuppen erhalten. Handelt es sich hierbei um vereinzelte hoch gelegene Kuppen von geringer

Ausdehnung und sehr festem Boden, so sind es für den Waldbau meist geringwertige Böden.

Die Endmoränen (Geschiebewälle) des Diluviums bieten häufig einen sehr großen Wechsel in der Zusammensetzung. Bei typischer Ausbildung sind es Steinpackungen mit mergeligem Bindemittel; ferner Grande und Sande.

In weiter Ausdehnung und zumeist mit Wald bestanden finden sich geschichtete Sande, die zwischen den Mergeln eingelagert sind und als unterer Diluvialsand bezeichnet werden.

Unterer Diluvialsand, Spatsand, vielfach einfach als Diluvialsand bezeichnet, ist ein fein- bis grobkörniger Sand, der neben Quarz reichlich Feldspatkörner und andre Mineral- und Gesteinsbruchstücke, sowie stets sparsamer oder häufiger Steine enthält. In den oberen Bodenlagen findet sich selten, in den tieferen Schichten in der Regel ein mäßiger Gehalt an kohlensaurem Kalk. Ton (nach Schlösing bestimmt) enthalten die Diluvialsande meist nur in Spuren, jedoch kommen Abarten vor, welche reichlich sehr fein zerriebene Mineralbestandteile enthalten.

Bei der Verwitterung wird zunächst der kohlensaure Kalk ausgelaugt; durch die Verwitterung der Silikate geht die ursprünglich sehr schwach gelbliche Farbe des Sandes (eine Folge der beigemischten Feldspatteile, sowie der Färbung des Quarzsandes) in eine gelbliche bis bräunliche, seltener und meist nur stellenweise in eine rötliche Farbe über. Infolge der großen Durchlässigkeit des Sandes für die atmosphärischen Wässer unterliegt der Diluvialsand wie alle Sande leicht starker Auswaschung.

Die Zersetzung der organischen Abfallreste ist meist befriedigend. Sind auch Rohhumusbildungen weit verbreitet, so stellt sich doch der Diluvialsand in bezug auf Humusbildung weit günstiger als die altalluvialen und die Heidesande. Ortsteinbildungen gehören daher zu den Seltenheiten.

Der Diluvialsand ist weit verbreitet und findet sich zumal an Hängen und an Stellen, wo durch Erosion die obere Diluvialdecke zerstört ist, vielfach bloßgelegt. Immerhin gehören die Diluvialsande zu den mittleren Waldböden und tragen namentlich die Kiefer oft in hoher Vollkommenheit, vielfach mit Buche als Unterholz. Eiche, Hainbuche und Buche bleiben zumeist zurück und nur wenn viel feines Gesteinsmehl dem Sande beigemischt ist, gedeihen die Laubhölzer, zumal die Eiche.

Im Durchschnitt stockt die Kiefer der mittleren bis besseren Ertragsklassen in Norddeutschland überwiegend auf Diluvialsand. Die Tiefgründigkeit dieser Sande ermöglicht trotz geringer Wasserkapazität ausreichende Versorgung mit Wasser und der Gehalt an Nährstoffen genügt anspruchsloseren Holzarten.

Wesentlich ungünstigere Verhältnisse bieten die übrigen Sande des Diluviums. Im Westen, sowie an der Südgrenze des Diluvialgebietes ist offenbar die Ausschlämmung, Auswaschung und Umlagerung der Diluvialbildungen in viel weiterem Umfange erfolgt als im mittleren Gebiete. Oberer Geschiebemergel ist nicht mehr vorhanden, statt dessen finden sich ausgedehnt Ablagerungen von Sanden mit oder ohne beigemischte Gesteine. Die Campinensande des Westens, der Blachfeldsand Schleswig-Holsteins und der größte Teil der Sandablagerungen, welche das nordwestliche Heidegebiet bilden, gehören hierher. Die als Heidesand bezeichneten Sande schließen sich an, sind wohl aber zum großen Teil durch Wind umgelagert, daher steinfrei.

Mergelsand. Unter der Bezeichnung Mergelsand oder „sehr feinkörnige Sande“ faßt man bei der Kartierung des Diluviums Ablagerungen von sehr feinkörnigen Sanden zusammen, die sehr verschiedenen Bodenwert haben können. Alle bestehen aus fein zerriebenem Gesteinsmehl, so daß sie zum Teil lößähnlichen Habitus haben, zum Teil im Aussehen manchen Lehmen gleichen. Diese Ablagerungen sind im Westen und den mittleren Gebieten des Diluviums sparsam verbreitet, finden sich dagegen im Osten in großer Ausdehnung vor. Je nach der Menge des Nichtquarzes sind die Mergelsande von sehr verschiedenem Wert. Bei reichlichem Kalkgehalt sind sie gute Kiefern- und Laubholzböden, zumal Eichenböden. In anderen Fällen sind sie bei genügender Düngung und Bearbeitung ganz gute Ackerböden, aber infolge dichter Lagerung oft fast ertraglose Waldböden. Einzelne Vorkommnisse hat man mit besonderen Namen belegt, so gehört der „Flottlehm“ (Hannover), der „Heidelehm“ (Schleswig-Holstein) hierher. Die in Nord- und Mittelrußland weitverbreiteten Podsolböden entsprechen vollständig den Mergelsanden.

Ablagerungen diluvialer Flüsse.

Als Ablagerungen von im Eise fließenden Flüssen betrachtet man die als Åser bekannten schmalen, oft weithin verfolgbaren Anhäufungen von Geschieben, Sanden und Granden, häufig auch Mergeln und Tonen, die in Skandinavien häufig, in Mitteleuropa selten sind und hier wohl durch viel ausgedehntere Ablagerungen vertreten werden, welche in Norddeutschland vorkommen und als Zone der Rixdorfer Sande oder Grande bezeichnet werden (in der Regel als „interglazial“ aufgefaßt).

In weitester Ausdehnung finden sich Ablagerungen der großen spätdiluvialen Flüsse, die in Ost-Westrichtung flossen. Es sind meist eben gelagerte Ablagerungen, die entweder aus umgelagerten steinfreien Sanden (den Talsanden) oder aus durch die strömenden Wässer ausgespültem und von Ton befreitem Diluvialsand (dem Tal-Geschiebesand) bestehen.

Alle die wiederholt umgelagerten Sande gehören zu den geringen Böden und sind überwiegend von Wald, im Westen von Heide bestanden. Die Talsande haben vielfach in mäßiger Tiefe Grundwasser und entsprechen im allgemeinen mittleren Kiefernböden (dritte bis vierte Ertragsklasse), häufig reichlich mit Unterwuchs von Wachholder. Die Talgeschiebesande, sowie die ähnlich zusammengesetzten Blachfeld-, Campinen- und Heidesande sind überwiegend Böden geringsten Wertes, die durch ungünstige Humusbildungen und Abscheidung von Ortstein noch mehr verschlechtert werden. Heidelbeere und Heide sind häufige Bewohner dieser Böden, die unter den gewöhnlichen Verhältnissen geringe Kiefernbestände tragen oder völlig verheidet sind.

b) Glazialbildungen der Gebirge.

Wie erwähnt, waren die Hochgebirge und vielfach auch die Mittelgebirge Europas zur Diluvialzeit stark vergletschert.

Die Hauptmasse der gebildeten Ablagerungen besteht aus Schottermassen, in denen gröberes und feineres Material wechselt und die meist in diskordanter Schichtung lagen.

An vielen Stellen sind Moränen, an manchen ist die Grundmoräne der alten Gletscher erhalten, welche aus Bruchstücken und zu Staub zerriebenen Teilen aller der Gesteine bestehen, welche der Gletscher dereinst passierte.

Im oberbayrischen Gebiete kann man eine untere Schicht unterscheiden, welche überwiegend aus Geröllen und Bruchstücken von Kalkgesteinen, weniger aus Silikatgesteinen besteht und durch ein kalkiges Bindemittel verkittet ist (diluviale Nagelflue). Überlagert wird diese von Geröll- und Sandschichten (Penck, Vergletscherung der deutschen Alpen, Leipzig 1882).

c) Diluvialablagerungen der Flüsse.

Viele Flußläufe haben in der Diluvialzeit Ablagerungen gebildet, die ohne Mitwirkung des Eises entstanden sind oder doch so stark durch den Transport im Flußbett verändert worden sind, daß sie den Charakter reiner Flußbildungen tragen. Es sind oft ausgedehnte Schichten von Geröllen, Sanden und Tonen.

Ein ausgezeichnetes Beispiel solcher Bildungen bieten weite Strecken der ungarischen Ebene. Die „kleine ungarische Ebene", etwa von Preßburg bis Gran, ist reich an größeren Geschieben, die große ungarische „Donau-Theisebene oder Alföld", von Pest bis nach Siebenbürgen, wird von Sanden und tonhaltigen Sanden gebildet.

Viele Flußterrassen sind ebenfalls diluviale Bildungen, sie kamen zur Ablagerung, als die Flüsse noch in höherer Lage flossen und bauen sich überwiegend aus Granden und Sanden auf.

d) Alluvium.

Zum Alluvium werden alle Ablagerungen gerechnet, deren Bildung noch fortgesetzt andauert. Die wichtigsten sind die humosen Bodenarten (Moor, Torf u. dgl.), die Ablagerungen durch Windbewegung (Flugsand, Dünen*) und die rezenten Ablagerungen des Meeres und der Flüsse (Flußsand und -Schotter, Aueton, Meeres- und Flußschlick).

Flußgrand, gerundete Geschiebe von wechselnder Größe mit allen Eigenschaften eines Grandbodens. Die Ablagerungen rasch fließender Gewässer. Die Flußgrande haben meist in mäßiger Tiefe Grundwasser anstehend und unterscheiden sich hierdurch vorteilhaft von höher gelagerten Grandböden.

Flußsand wird von langsam fließenden Geäwssern gebildet und besteht aus gleichmäßig fein- bis mittelkörnigen Sanden, die namentlich bei sehr flach anstehendem Grundwasser reichlich humose Beimengungen (5—15 %) enthalten. Selten findet sich der Wasserspiegel tiefer als 1 m; hierdurch gehören die Flußsande zu den günstigeren Bodenarten, die mit Wald bestanden, namentlich Laubhölzer tragen.

Aueton. Nicht allzu selten finden sich, zumal im nordischen Flachlande, Ablagerungen von Ton, der durch sehr langsam fließende Gewässer zusammengeschwemmt ist. Der Aueton enthält vielfach Reste von Süßwasserkonchylien und bildet in der Regel einen festen, zähen Ton von grünlicher oder bläulicher Färbung. Der Aueton hat in der Regel alle ungünstigen Eigenschaften eines reinen Tonbodens. Da er zumeist in der Höhe des Wasserspiegels oder nur wenig höher liegt, so leidet er unter Überfluß an Wasser. Oft sind die meist nur wenig ausgedehnt vorkommenden Lager des Auetons die ungünstigsten Stellen für die Vegetation.

*) Das geologische Alter der Dünen läßt sich nicht immer feststellen, vielfach sind sie wohl schon zur Diluvialzeit entstanden.

IV. Organismen des Bodens.

Im Boden tätige Lebewesen.

Die im Boden vorkommenden und bei seiner Umbildung tätigen Lebewesen gehören zahlreichen Arten an und finden sich oft in erstaunlich großer Individuenzahl.

Die chlorophyllfreien Organismen, zu denen die wichtigsten niederen Pflanzen des Bodens und sämtliche Tiere gehören, verbrauchen für ihren Lebensprozeß organische Substanz. Ihre Tätigkeit muß daher vorwiegend auf Zerstörung der von den Chlorophyllpflanzen gebildeten Stoffe gerichtet sein. Es ist anzunehmen, daß es keinen organischen Stoff gibt, der nicht in einer oder andrer Form zur Ernährung bestimmter Organismen verwertet werden könnte.

1. Pflanzen.

§ 61. Die Einwirkungen der Chlorophyllpflanzen wird in den Kapiteln über Bodendecke und Vegetationsformen behandelt; hier sollen nur die chlorophyllfreien Pflanzen besprochen werden.

Spaltpilze, Bakterien. Die oberen Schichten des Erdbodens werden von Bakterien der verschiedensten Art bewohnt. Sie sind die wichtigsten Träger der Vorgänge der Verwesung und gleichen ihre geringe Größe durch zahllose Menge der Individuen aus.

Zum Nachweis der Bakterien bedient man sich einer Methode, welche im wesentlichen darauf hinausläuft, daß der Boden mit Wasser geschüttelt, von der Flüssigkeit dann eine geringe Menge mit Nährsubstanz versetzt und auf Platten oder in flachen Schalen ausgegossen wird. In der Regel benutzt man hierbei Nährgelatine, eine durch Erhitzen steril gemachte, mit Pepton und Nährsalzen versetzte Gelatine, seltner Kulturplatten von Agar-Agar. Man zählt die zur Entwicklung kommenden Kolonien der Bakterien und kann auf diesem Wege eine annähernde Bestimmung der in einem Gewicht oder Volumen Boden vorhandenen Anzahl erhalten.

Die Methoden der Untersuchung auf Bakterien sind zunächst von Ärzten und zur Kultur von Arten ersonnen worden, welche im tierischen Körper vorkommen. Es kann wohl kaum einem Zweifel unterliegen, daß im Boden zahlreiche Organismen vorhanden sind, welche auf dem angegebenen Wege nicht auskeimen und sich dadurch der Beobachtung entziehen.*) Trotz zahlreicher und wichtiger

*) Erfahrungen, welche beim Studium von Tierkrankheiten (Maul- und Klauenseuche, Lungensucht) gewonnen wurden, machen es wahrscheinlich, daß zahlreiche Bakterien zu klein sind, um in unseren Mikroskopen sichtbar zu werden.

Arbeiten stehen wir doch noch im Beginn der Bakterienforschung und erst in den allerersten Anfängen der Erkenntnis der Bodenbakterien.

Die Bakterien entwickeln sich, wenigstens gilt dies für die große Summe der Arten, am günstigsten auf neutralem oder schwach alkalischem Nährboden. Gegen Säuren, zumal stärkerer Konzentration, sind die Bakterien empfindlich, während die Fadenpilze bei schwachsaurer Reaktion des Substrates noch gut gedeihen. Aus demselben Boden kann man durch Anwendung von neutraler oder schwach angesäuerter Gelatine ganz verschiedene Kulturen erlangen. Im ersteren Falle herrschen in der Regel Bakterien, im letzteren Fadenpilze vor.

Dieser Erfahrung widerspricht nicht, daß viele Bakterienarten bei ihrem Lebensprozeß Säuren bilden. Ein gutes Beispiel hierfür ist die durch Bakterien bewirkte Bildung der Buttersäure aus Zucker durch Bacillus subtilis,*) welche infolge der Säurewirkung bald unterbrochen wird und nur bei Gegenwart von Stoffen, welche die entstehende Säure neutralisieren (Kalkkarbonat), stark fortschreitet. Milchsäuren, Buttersäure, Essigsäure usw. sind verbreitete Produkte der Bakterien und es sprechen viele Gründe dafür, daß auch das Vorkommen der Humussäuren, wenigstens der Quellsäure, auf Bildung durch Bakterien zurückzuführen ist.

Einzelne Bakterienarten können je nach dem Substrat, auf dem sie wachsen, Ammon oder Säuren bilden. Bei Gegenwart von Stoffen, welche reich an Stickstoffverbindungen sind, entsteht Ammon, bei Gegenwart von Kohlehydraten dagegen Säuren.> Bei Versuchen von *Chester***) führten z. B. in Nährbouillon Bacillus mycoides und B. subtilis etwa 20% des vorhandenen Stickstoffs in Ammoniak über; bei Zusatz von Traubenzucker bildeten dieselben Pilze dagegen reichlich Säuren.

<Da in allen humosen Böden mehr oder weniger Kohlehydrate vorhanden sind, „so haben dadurch alle Böden die Neigung, sauer zu werden; als Folge der Zersetzungen durch Mikroben“ (*Chester*). Es ist dies so zu verstehen, daß die Menge der Kohlehydrate im Boden größer ist, als die der Stickstoffverbindungen und daher häufiger die Bedingungen zur Bildung von Säuren gegeben sind, als zur Abscheidung von Ammon.

Es mag übrigens noch bemerkt werden, daß dies Verhalten durchaus nicht allen Spaltpilzen eigentümlich ist; so bildeten z. B.

---

*) *Fritz*, Ber. der d. chem. Ges. 9, S. 1348 u. 11, S. 42.

**) Exp. St. Rec. XII, S. 729. *Marchal*, Bull. Ac.-R. Belg. 1893—95, S. 727.

Bacillus soli, Mikrospira tenuis u. a. unter gleichen Verhältnissen keine Säuren.

Die ersten Untersuchungen über Bodenbakterien verdanken wir Koch,*) dem bald zahlreiche Arbeiten folgten. Als Regel kann gelten, daß die Oberflächenschichten des Bodens reich an Bakterien sind, daß ihre Zahl mit der Tiefe abnimmt und Schichten von $^3/_4$ bis 1 m Tiefe als fast bakterienfrei betrachtet werden können. Ausnahmen hiervon machen Wasseradern, welche den Boden in mäßiger Tiefe durchziehen.

Am reichsten an Bakterien sind gut gedüngte und durchlüftete Acker- und Gartenböden; im Walde ist der Gehalt in den lockeren Mullböden viel höher als in dicht gelagerten Böden. Bei saurer Reaktion der Böden nehmen die Bakterien an Zahl ab; es scheinen dann Arten vorzukommen, die diesen Verhältnissen angepaßt sind.

Lange Zeit galten die Moorböden, wenigstens die der Hochmoore, für frei von Bakterien. Genauere Untersuchungen haben dies nicht bestätigt; die Oberfläche der Moore beherbergt eine reiche Bakterienflora, nach der Tiefe zu scheint sie jedoch rasch abzunehmen und bereits in $^1/_2$ m findet sich wohl nur noch in Wasseradern eine geringe Zahl.

Im Beginn des Frühjahrs (April—Mai) erhöht sich die Zahl der Bakterien im Boden gewaltig und fällt wieder bei Trocknis oder im Herbste; in gut beschatteten Waldböden ist die Schwankung geringer als in Feldböden. Im allgemeinen scheint häufiger Wechsel im Wassergehalt des Bodens auf die Bakterien ungünstig zu wirken und ihre Entwicklung und Zahl stark herabzusetzen.**)

Die Spaltpilze bieten in bezug auf Lebensvorgänge die größte Mannigfaltigkeit. Einzelne Arten wachsen nur bei Luftzutritt (aërobe Arten), andere bei Luftausschluß (anaërobe Arten); viele können bei beschränktem Zutritt von Sauerstoff gedeihen.. Einzelne Arten scheiden Eisenverbindungen aus eisenhaltigen Wässern ab (Eisenbakterien, Crenothrix), andere Schwefel aus Schwefelverbindungen (Schwefelbakterien, Beggiatoa). Von besonderer Wichtigkeit für den Boden ist die Tätigkeit der Nitrobakterien, die entweder Kohlensäure assimilieren oder aus Ammonverbindungen und kohlensaurem Kalk organische Substanz unter Ausscheidung von Nitraten zu bilden vermögen.

Die Spaltpilze wirken wahrscheinlich bei Verwitterung, Lockerung und Krümelung der Böden mit, ihre geringe Größe macht es ihnen möglich, in die feinsten Spalten der Gesteine einzudringen.

---

*) Mitteilungen des Kaiserl. Gesundheitsamtes I, 1881, S. 1. Berlin.
**) Remy, Centbl. f. Bakteorol. 1902, 8, S. 657.

Fadenpilze finden sich in allen Bodenarten in wechselnder Menge vor. Das Volumen der Fadenpilze ist sehr viel größer als das der Spaltpilze, so daß bei gleicher Anzahl die letzteren in ihrer Wirksamkeit wohl sehr zurückstehen. Bei der Bestimmung der Menge im Boden machen sich die gleichen Schwierigkeiten geltend, wie beim Nachweis der Bakterien. Bei den Kulturversuchen werden nicht die im Boden wachsenden Pilze, sondern die auskeimenden Sporen gezählt. Sehr viele Pilzsporen keimen schwierig, besonders auf Gelatine, und anderseits kann eine Erdprobe, in der gerade Fadenpilze zur Fruktifikation kommen, unzählbare Kolonien ergeben, ohne daß diese Pilze im Boden eine besondere Bedeutung zu haben brauchen. Es handelt sich daher bei der Bestimmung um relative Verhältnisse, die geeignet sind, wenigstens einige Einblicke in die Verteilung der Pilze im Boden zu erlangen.

Auf Gelatine keimen am raschesten und üppigsten Schimmelpilze aus, von denen die großen Mucorineen auf Moorboden, zumal Hochmoor, verbreitet sind. Hefearten gehören zu den regelmäßig, meist jedoch sparsam vorhandenen Arten.

Im Boden ist Pilzmycel weit verbreitet, in humosen, sauer reagierenden Sandböden tritt es zuweilen in solchen Mengen auf, daß die Körner fest versponnen sind und der Boden in zusammenhängende Stücke geschnitten werden kann. Selbst in größeren Tiefen, bis zwei und mehr Meter finden sich auf Sandboden Mycel vor. In den Humusschichten der Wälder durchwebt es oft die ganze Masse, so daß es zu einem augenfälligen und erheblichen Teil der Ablagerung wird.

Der erste Schritt bei ungünstiger Umbildung einer Streulage ist Verspinnen der Blätter und Nadeln durch Pilzmycel zu einer dicht zusammenhängenden Schicht. Es sind namentlich Arten mit frisch farblosen, nach dem Trocknen braunen, sehr widerstandsfähigen und zähen Mycelfäden, die nach den Schnallenzellen, welche sie haben, zu den Basidiomyceten gehören und von Rostrup den Namen Clodosporium humifaciens erhielten, jedoch noch einer genaueren Untersuchung bedürfen.

Die Beobachtung lehrt, daß Pilzmycel in gelockerten, nährstoffreichen Böden nur sparsam und nur in der Nähe wenig zersetzter organischer Massen vorkommt, daß dagegen die sauren Humusböden und alle Rohhumus- und Torfschichten, auch in Hochmooren, überall von Mycel durchwachsen sind.

Die Zeit üppigsten Wachstums der Fadenpilze in unseren Gebieten ist der Herbst; der Blattabfall liefert reichliche Nährstoffe, die Verdunstung ist gering, die Feuchtigkeit der Bodenoberfläche hoch. Man kann sich leicht überzeugen, daß in der Regel bis Mitte

November die Streu des letzten Jahres von Pilzen ganz durchwachsen ist, wenigstens dort, wo die Blattreste dicht zusammenlagern.

Die Zahl der niederen pflanzlichen Organismen in den verschiedenen Böden wechselt in weiten Grenzen. Als Regel kann gelten, daß in allen gut durchlüfteten, lockeren und nährstoffreichen Böden die Bakterien vorherrschen, daß auf dicht gelagerten, namentlich auf den sauer reagierenden Böden dagegen die Fadenpilze das Übergewicht erlangen.

Zahlreiche Untersuchungen liegen vor.*) Waldböden berücksichtigen Fülles**) und der Verfasser mit seinen Mitarbeitern.***) In der letzten Arbeit ist Bodenzustand und Reaktion bestimmt und sind ihr die folgenden Beispiele entnommen:

Waldstreu.

1. Kiefer mit Buchenunterwuchs;
2. Kiefer ohne Buchenunterwuchs. Parallelfläche zu 1 nur durch Gestell getrennt, mit reichlicher Heidelbeer- und Moosdecke;
3. obere lose Streudecke (Buche);
4. unterlagernde lockere vorjährige Streu (unter 3);
5. Streu im Eichenstangenholz;
6. Streu unter Fichten (lockere Nadeldecke des Waldmantels);
7. untere Kiefer (geschlossene ältere Schonung).

Es keimten aus:

	auf 1 gr Trockensubstanz		1 gr organische Substanz	
	Spaltpilze	Fadenpilze	Spaltpilze	Fadenpilze
1	35,000,000	60,000	59,880,000	66,000
2	1,647,000	343,000	2,165,000	450,000
3	31,000,000	560,000	33,600,000	608,000
4	264,000	800,000	2,050,000	10,280,000
5	40,000,000	3,430,000	42,900,000	3,430,000
6	50,000,000	unzählbar	56,500,000	unzählbar
7	5,153,000	1,360,000	6,060,000	1,610,000

Die Zahl der Organismen in der Waldstreu ist bei normalen Verhältnissen außerordentlich groß und scheint den höchsten Stand zu erreichen, wenn sowohl Spalt- wie Fadenpilze gutes Gedeihen finden. Im Boden (unterhalb der Streuschicht, bzw. des auflagernden Rohhumus) ist der Unterschied in der Zahl der Organismen sehr groß. In den ausgeführten Untersuchungen enthielten im Durchschnitt

*) Adametz, Inaug.-Diss. Leipzig 1876; Fränckel, Zeitschr. f. Hygiene II S. 521; Eberbach, Bakt. im Boden Dorpats, Inaug.-Diss. 1890 u. a. m.

**) Bakterol. Unt. d. Bodens von Freiberg i. B. Inaug.-Diss. 1891.

***) Zeitschr. f. Forst- u. Jagdw. 1899, S. 1.

1 gr Trockensubstanz

Mullboden	Lehmboden (6 Proben)	4 860 000	Bakterien
	Sandboden (6 Proben)	2 500 000	,,
Boden unter Rohhumus; Sandboden (5 Proben)	....	247 000	,,

Auf 1 ccm Boden keimten aus in Sandböden:

Mullboden (6 Proben)	2 460 000	,,
Boden unter Rohhumus (4 Proben)......	220 000	,,

Der Boden ist relativ reicher an Fadenpilzen als die Streu, zumal wenn man den Gehalt auf organische Substanz berechnet. Auf Volumen berechnet enthielt (1 ccm) in Tausenden

Mullboden	Lehm	4—277	im Durchschnitt	129	Fadenpilze
	Sand	66—566	,, ,,	289	,,
unter Rohhumus		35—550	,, ,,	241	,,

Aus den bisherigen Versuchen lassen sich folgende Regeln ableiten:

1. In locker gelagerten Böden ist die Zahl der niederen Organismen größer als in dicht gelagerten.
2. In dicht gelagerten, zumal sauer reagierenden Böden steigt die Anzahl der Fadenpilze gegenüber den Bakterien, während die Gesamtzahl der Organismen abnimmt.

Die höheren Pflanzen üben auf den Boden weitgehenden Einfluß aus; ihre Einwirkungen, welche sowohl physikalisch wie chemisch sind, werden in den Abschnitten über Beschattung, Bodendecke und Beziehungen zwischen Pflanzen und Boden behandelt.

2. Tiere.

§ 62. Der Einfluß der Tierwelt auf die Vorgänge der Bodenbildung ist vielfach studiert worden; über die Anzahl, in welcher die einzelnen Arten auftreten, ist bisher wenig bekannt.

Die niederen Formen der Monothalamien, zumal Arcella und Difflugia fand P. E. Müller im Rohhumus verbreitet (Natürl. Humusformen S. 27), während sie den Mullböden fehlten.

Von der größere Tierwelt üben alle bodenbewohnenden oder den Boden nach Nahrung durchwühlenden Arten bedeutsamen Einfluß; außer Säugetieren gehören dahin zahlreiche Würmer, zumal die Regenwürmer, ferner Schnecken, Tausendfüße, Insekten, zumal Ameisen usw.

<Die Zahl der im Boden vorkommenden Tiere ist sehr groß. Bisher liegen darüber noch wenige Arbeiten vor.*) Diem unterscheidet (a. a. O. S. 235) die Tierformen, welche 1. dauernd im Boden leben und meist wenig beweglich (seßhaft) sind; und 2. jene Arten, welche zeitweise an die Oberfläche des Bodens kommen; und 3. Arten, die einen Teil ihrer Entwicklung im Boden verleben.>

Zur Untersuchung schlägt Diem einen Bodenausstich ($^1/_{16}$ m) durch ein Sieb, sondert so größere Arten, breitet dann die Erde in dünner Schicht aus und bläst Tabakrauch darüber. Auch die kleinsten Tiere verraten sich dann durch Bewegung.

Bretscher fand z. B. bei Zürich auf 1 qm Fläche:

Garten	300	Lumbriciden	5000	Enchytraciden
Wiese	700	,,	8000	,,
Fichtenwald	120	,,	8000	,,
Wiese b. Cresta	2200	,,	80000	,,

Diem fand im Durchschnitt für 1 qm Fläche:

I. bei Alpstein-Calfeusenstal bei 1300—1800 m Höhe
II. im Fextal bei 1800—2300 m Höhe
III. im Fextal bei 2300—2700 m Höhe

I. Wiesen	Weide	6440	Tiere	(davon 448 Lumbriciden)
	Wald	4590	,,	(,, 336 ,,)
II.	Wiese	2990	,,	(,, 326 ,,)
	Weide	1386	,,	(,, 61 ,,)
	Wald	408	,,	(,, 176 ,,)
III.	Weide	848	,,	(,, 32 ,,)

Die Abnahme der Tierwelt mit steigender Höhe tritt gut hervor. Zu bemerken ist, daß in der Schweiz die „großen“ Lumbriciden selten sind oder ganz fehlen. Nach Diem lieben sie überhaupt mäßig feuchte Orte und sind selten in sehr nassen oder trocknen, zumal steinigen Lagen.

< Eingehend bearbeitet ist die Tätigkeit der **Regenwürmer.****)

Sicher festgestellt ist etwa folgendes. Die Regenwürmer sind Omnivoren, nähren sich aber hauptsächlich von Pflanzenabfällen aller Art. Sie verschlingen reichlich Erde, welche zum Zermahlen

---

*) C. Bretscher, Beitr. zur Kenntn. der Oligochaetenfauna der Schweiz, Revue suisse de Zoologie, 1900. — K. Diem, Unters. der Bodenfauna der Alpen. Jahrb. nat. Ges., St. Gallen, für 1901/02, 1903.

**) Darwin, Bildung der Ackererde. 1882.
Müller, Natürliche Humusformen.
Hensen, Landw. Jahrbücher 1882, S. 667.
Wollny, Forsch. d. Agrik.-Phys. 13, S. 382 u. a. m.

der Nahrung zu dienen scheint und scheiden sie in gerundeten, durch Schleim mehr oder weniger verklebten Massen wieder aus. Im Darmkanal einzelner Arten finden sich Drüsen, die kohlensauren Kalk absondern; ob hierdurch eine Entsäuerung des Bodens eintritt, ist zweifelhaft. Im Darminhalt läßt sich häufig Quellsäurereaktion nachweisen (Mitt. v. Dr. Passarge). Humussäuren sind für die Regenwürmer ohne schädliche Einwirkung; sie lassen sich in starksaurem Rohhumus bei reichlich Wasser wochenlang erhalten.*) Dagegen ist Essigsäure ein stark wirkendes Gift. Gegen Trocknis sind die Regenwürmer sehr empfindlich; ihre Organisation entspricht vielfach wasserlebenden Tieren. Trocknet die obere Bodenschicht aus, so ziehen sie sich in tiefere, feuchtere Lagen zurück; so fand ich z. B. im September in diluvialen Lehmböden die Würmer eingerollt, wie sie auch die Winterzeit verbringen, in 0,75—1 m Tiefe. In milden feuchten Klimaten sind sie während des größten Teiles des Jahres tätig. Bei Frost gehen sie vielfach in tiefere, frostfreie Bodenschichten.

<Die Menge der im Boden vorkommenden Regenwürmer scheint zumeist vom Wassergehalt beeinflußt zu sein; daher sind sie auf Wiesen und sonstigen feuchten Lagen am reichlichsten verbreitet, auf schweren und humusreichen Böden häufiger als auf trocknen Bodenarten.>

Im Walde finden sich Regenwürmer auf allen feuchteren, gekrümelten Böden; sie werden auf Sandboden sparsam und fehlen auf allen mit geschlossenen Rohhumusdecken versehenen Gebieten. Auf trocknerem Sandboden mit Graswuchs sind die Regenwürmer selten oder fehlen ganz; Ausnahmen machen nur feuchtere Stellen. Unter einzelnen tief beasteten Buchen in Kiefernbeständen finden sich diese Tiere oft sehr zahlreich (bis 40 und mehr Stück auf 1 m Fläche), während sie an anderen Stellen fehlen.

In Sandboden bei Eberswalde fanden sich in mit Buchen unterbautem Kiefernwalde etwa 6—10 Stück meist kleineren Arten angehörige Regenwürmer, auf Lehmböden erheblich mehr.**) Auf Äckern, Wiesen, im Laubholzwalde ist der gemeine große Regenwurm (Tauwurm, Lumbricus terrestris) häufig; auf rückgängigen Stellen, im Kiefernwalde, auch in den Waldungen der Heiden (Mitt. v. van Schermbeek) kommen kleinere Arten, namentlich der Buchenregenwurm (Lumbricus roseus Eisen) sparsam vor. In den Steppen Südosteuropas treten große Arten auf, verschwinden aber nach Anpflanzungen von Wald.

< Die Tiefe, bis zu welcher die Regenwürmer in den Boden eindringen, wechselt stark. Die kleineren Arten scheinen überwiegend nahe der

*) Ramann, Zeitschr. f. Forst- u. Jagdw. 1899, S. 24.
**) Ramann, Forsch. d. Agrik.-Phys. 11, S. 318.

Oberfläche zu bleiben und fast nur horizontal verlaufende Gänge zu graben; der große Regenwurm findet sich vereinzelt bis 2 m tief; die großen Arten der Steppen gehen bis 5 und mehr Meter in den Boden hinab (Wysotzki).

Darwin suchte die Bildung der lockeren Ackererde auf Anhäufung von Ausscheidungen der Regenwürmer zurückzuführen. An feuchten Stellen, auf Wiesen, in Parkanlagen besteht oft ein sehr großer Teil des Erdbodens aus Exkrementen der Regenwürmer; auf vielen anderen Böden ist ihre Bedeutung geringer.

Müller schreibt mit vollem Rechte der wühlenden und grabenden Tätigkeit der Regenwürmer die Hauptwirkung zu. Wollny untersuchte dies experimentell und erhielt lockere, stark durchgearbeitete Böden unter der Einwirkung der Würmer. Bei Versuchen, die Regenwürmer zwischen Glasplatten zu halten, habe ich den Eindruck gewonnen, daß die Tiere ihre Höhlungen herstellen, indem sie die Erde verschlingen. Die Ausscheidungen der Würmer erfolgen, wenn sie sich in ihre Höhlungen zurückziehen. Da dies öfter in einer Nacht geschehen kann, so gibt die Zählung der Kothäufchen nur ein unsicheres Maß für die Anzahl der vorhandenen Tiere.

E. Henry*) suchte die Menge der durch Regenwürmer im Walde verzehrten Abfälle festzustellen. Er brachte in Bretterrahmen je hundert Blätter von Eiche, Buche, Hainbuche; bei einem Versuche waren die Hainbuchenblätter fast völlig verzehrt, bei einem zweiten nach zwei Monaten noch vorhanden 73 Buche, 71 Eiche, 10 Hainbuche. Die Tiere scheinen für die letzte Art besondere Vorliebe zu haben.

In 66 Tagen verzehrten 5 Würmer 6,745 g Nahrung, jeder Wurm für den Monat 1,55 g organische Trockensubstanz; bei 10 Monat Tätigkeit und je 30 Würmern für 1 qm ergeben sich rund 250 kg für das Hektar oder $^1/_{10}$ der gesamten Blattproduktion. Berücksichtigt man, daß noch alle anderen Gäste des Waldes mitgearbeitet haben, sowie daß die angenommene Zeit wie die Zahl der Würmer, wenigstens für deutsche Verhältnisse, viel zu hoch ist, so wird man diesen Teil der Arbeit der Regenwürmer nicht allzu hoch anschlagen dürfen.

Hensen nahm an, daß die Pflanzenwurzeln ausschließlich Wurmgänge als Weg in die Tiefe benutzen; tatsächlich folgen die Wurzeln gern den Regenwurmröhren und in den Steppenböden findet man in größerer Tiefe Baumwurzeln nur in alten Regenwurmgängen. In vielen unseren Waldungen fehlen jedoch die Würmer und die Wurzeln erreichen Tiefen, in die diese Tiere niemals hinabgehen.

---

*) Journ. d'Agric. prat. 1900, S. 778.

∠ Die Tätigkeit der Regenwürmer ist zweifellos ein wichtiges Hilfsmittel der Bodenlockerung; die Ausscheidungen der Würmer, ihre wühlende und grabende Tätigkeit fördert die Krümelung der Böden erheblich; in schweren Böden dienen die Wurmgänge dem Eindringen des Wassers. Anderseits behaupten Gärtner, daß Regenwürmer den Boden der Blumentöpfe „versauern", ein Einfluß, der wohl mit der starken Absonderung dieser Tiere zusammenhängt, deren Schleim auf den Boden verkittend wirken kann. Die Versuche Wollnys sprechen nicht gegen diese alten Erfahrungen.

< **Insekten.** Während die Regenwürmer überwiegend abgestorbene Reste der Organismen verzehren, greifen die Insekten zumeist lebende Pflanzen und Tiere an und gehören dadurch zu den für die Vegetation überwiegend schädlichen Tieren; namentlich gilt dies für Käferlarven, wie Engerlinge usw. Am wichtigsten für Bodenlockerung sind die Ameisen mit ihren Verwandten. In den tropischen Zonen sind Termiten und zahlreiche Ameisenarten tätig; in unseren Gebieten ist wohl die kleine braune Waldameise die wichtigste Arbeiterin. Es ist anzunehmen, daß die große Waldameise früher viel stärker verbreitet war; in unberührten Waldungen ist sie auch gegenwärtig zahlreich vorhanden. Auf Weiden finden sich Hügel der kleineren Ameisen oft in zahlloser Menge. ⌐

Auf Sand- und Heideböden schreibt Keilhack den Käfern (Cicindelaarten; namentlich den Mistkäfern) erheblichen Einfluß zu; auch die Sandwespen sind eifrige Arbeiter. In den diluvialen Kiefernböden ist die Bodenbearbeitung durch Tiere überwiegend auf Ameisen und Käfer beschränkt.

Höhere Tiere. Alle im Boden lebenden und Höhlen grabenden Tiere bewirken Umlagerungen im Boden.

Alte Steppenböden sind noch nach langen Zeiten an den mit Boden der oberen Erdschichten erfüllten früheren Tierwohnungen zu erkennen. In den Steppen treten einzelne Arten, wie das Ziesel, massenhaft auf; die Erdauswürfe des Blindmoll erreichen oft beträchtliche Höhen. Mäuse und Wühlmäuse, so schädlich sie für den Pflanzenbestand auch sein mögen, fördern die Lockerung der Böden oder tragen zur Umbildung von Rohhumusschichten bei.

Maulwürfe. Sieht man von dem Vorkommen in Gärten oder Saatkämpen ab, so ist die Tätigkeit der Maulwürfe unbedingt nützlich. Es ist oft erstaunlich, ein wie großer Teil des Bodens von diesen Tieren umgelagert wird; die emporgewühlten Erdhaufen sind nur ein Teil der Bodenbearbeitung, viel wirksamer ist die Lockerung durch das tägliche Befahren der Gänge. Die ausgeworfene Erde stammt vielfach aus 20—30 cm Tiefe; im Walde habe ich Stellen gefunden, die fast zu ein Vierteil ihrer Schichten von Maulwürfen umgelagert waren. In neuerer Zeit haben sich vielfach Stimmen gegend die Maulwürfe ausgesprochen, da sie die Regenwürmer verzehren. Abgesehen davon, daß die Vermehrungsfähigkeit der Würmer unter günstigen Umständen sehr groß ist, übertrifft die Arbeit der Maulwürfe die der Würmer; außerdem darf die Bedeutung der Vertilgung schädlicher Insekten auch nicht unterschätzt werden.

Für die Forstkultur wichtig sind ferner noch die Schweine. Das Wildschwein steht ja immer mehr auf dem Aussterbeetat, um so mehr hat der Forstmann Ursache, den Eintrieb zahmer Schweine zu begünstigen. In Gebieten mit sehr flachgründigem, erdarmen, steinigen Boden kann zwar die umbrechende Tätigkeit der Schweine eher schaden als nützen, in weitaus den meisten Fällen wird sie jedoch von großem Vorteil sein. Findet regelmäßiger Eintrieb statt, so ist oft die ganze Bodendecke umgebrochen und sind zahlreiche Stellen des Waldbodens aufgewühlt. Die hierdurch hervorgerufene Bodenverwundung ist wohl weit wichtiger, als die Vertilgung der im Boden vorhandenen Insekten. Namentlich in allen Fällen beginnender Rohhumusbildungen ist der Schweineeintrieb ein hochwichtiges Kulturmittel, und kann dessen Begünstigung nicht angelegentlich genug empfohlen werden.

In ähnlicher Weise günstig für die Bodenverwundung wirkt die Tätigkeit aller größeren huftragenden Tiere, wenn auch ihre Leistung weit hinter der der Schweine zurücksteht. Deutlich und nicht gerade immer zum Vorteile des Bodens und der Vegetation tritt die Einwirkung der Tiere dort hervor, wo größere Herden regelmäßig weiden, im Gebirge und in den Heidegebieten. An Bergen und Abhängen haben Schafe und Ziegen oft eine ganz ausgeprägte terrassenartige Ausbildung herbeigeführt. Im Walde, wo schon durch den geringen Futtervorrat ein häufiger Weidegang für dieselbe Fläche ausgeschlossen ist, treten die Hufe der Tiere durch die Rohhumusschichten, durchbrechen diese und schaffen Luft wie Wasser leichten Zugang zum Mineralboden. Es sind dies in hohem Grade vorteilhafte Wirkungen. Natürliche Verjüngung und reichlicher Anflug der Kiefer finden sich daher fast nur in solchen Gebieten, die sehr reichen Wildstand haben, oder in denen Waldweide geübt wird. (Beispiele hierfür sind z. B. Schutzbezirk Bralitz des Reviers Freienwalde an der Oder; seit Aufhören der Waldweide gelingt die natürliche Verjüngung der Kiefer nicht mehr. Ferner das Revier Darß mit reichem Wildstand.)

So sehr ausgedehnte Waldweide durch Verbeißen der Tiere auf das Verschwinden des Unterholzes hinwirkt und dadurch wohl auf besseren Böden die Bildung der reinen Nadelholzbestände Norddeutschlands mit veranlaßt hat, so vorteilhaft ist anderseits die Wirkung der Bodenverwundung. Ausnahmen hiervon bilden Bestände auf feuchten und zähen Bodenarten (Ton, schwere Lehmböden), sowie auf Sandböden, welche zum Flüchtigwerden neigen.

Zweifellos bildet die Tätigkeit der Tiere für den Boden ein wertvolles und in einzelnen Fällen für die Strukturverhältnisse geradezu entscheidendes Moment, welches die volle Würdigung zumal des Forstmannes verdient und dies um so mehr, als die für die Landwirtschaft gebräuchlichen Kulturmaßregeln doch nur eine sehr beschränkte Verwendung im forstlichen Betriebe finden können.

Viel umfangreicher als in den gemäßigten Zonen scheint die Einwirkung des Tierreiches in den wärmeren Gebieten zu sein.*) Manche Eigenschaften der Böden der Tropenzone, deren tiefgehende Porosität, die Tatsache, daß große Regenmengen vom Boden aufgenommen werden, also nicht oberflächlich abfließen, sondern sofort in die Tiefe versickern, lassen sich kaum ohne die Annahme erklären, daß neben verrottenden Pflanzenwurzeln noch die Gänge und Höhlen der zahlreichen erdbewohnenden Tiere dem Wasser einen Weg eröffnen. Hierin fände auch die oft behauptete und mit guten Beispielen belegte schädigende Wirkung ausgedehnter Entwaldungen in den Tropen ihre Erklärung. Mit dem Verschwinden des Waldes wird sicher ein großer Teil der erdlebenden Tiere die Möglichkeit ihrer Existenz verlieren, und mit deren Vernichtung wird das Eindringen des Wassers in den Boden beschränkt werden und natürlich auch die Wasserversorgung der Vegetation wie der Quellen sich wesentlich ungünstiger gestalten.

V. Organische Reste im Boden.

§ 63. Die Organismen oder ihre abgestorbenen Teile unterliegen nach dem Tode weitgehenden Zersetzungen, die je nach den gegebenen Verhältnissen sehr verschieden verlaufen können.**)

Liebig, der zuerst richtige Auffassungen über den Verlauf dieser Vorgänge brachte, faßte sie als rein chemische Prozesse auf und unterschied: Verwesung bei Zutritt von Sauerstoff; und

*) Keller (Humusbildung und Bodenkultur. Leipzig 1887) beschreibt meterlange Regenwürmer aus Madagaskar und schreibt der Tätigkeit der Tiere in feuchteren Lagen weitgehenden Einfluß auf die Bodenverhältnisse zu.

**) Wollny. Zersetzung der organischen Stoffe. Heidelberg 1897. Das Werk enthält eine eingehende Behandlung aller hier in Frage kommenden Untersuchungen; darunter auch die forstlichen. Wenn im folgenden Abschnitt Wollny zitiert ist, so ist immer dieses Werk gemeint.

Fäulnis bei Abwesenheit von Sauerstoff. Die Verwesung erschien als ein Oxydationsvorgang; der Sauerstoff der Luft oxydierte die organischen Stoffe und führte sie in die einfachsten Verbindungen über, während bei der Fäulnis innere Spaltungen zur Bildung noch oxydierbarer Körper führten.

Die Einteilung Liebigs, der die Wirkung der Lebewesen noch nicht kannte, läßt sich im vollen Umfange nicht mehr aufrechterhalten, ist aber immer noch geeignet einen raschen Einblick, in den Gang der Zersetzungen zu erlangen.

Nach dem gegenwärtigen Stande unseres Wissens läßt sich folgendes aussagen.

Die Überführung der organischen Stoffe in einfache Verbindungen, und zwar des Kohlenstoffs in Kohlensäure, des Wasserstoffs in Wasser, des Stickstoffs in Ammoniak und Salpetersäure erfolgt bei Zutritt von Sauerstoff der Luft durch die Lebenstätigkeit von Organismen, während rein chemische Prozesse zurücktreten. Die Gesamtheit dieser Vorgänge bezeichnet man als Verwesung.

Die Zersetzung der organischen Stoffe bei Abwesenheit von Sauerstoff wird durch Organismen **oder** durch chemische Prozesse bewirkt; der Vorgang kennzeichnet sich dadurch, daß ein Zerfall in einfacher zusammengesetzte Körper eintritt, von denen ein größerer oder geringerer Teil sich noch mit Sauerstoff verbinden kann (oxydierbar ist).*)

Die Verwesung hat man mit Recht als langsame „Verbrennung" bezeichnet. Die Fäulnis betrifft wesentlich Spaltungen der Moleküle der organischen Reste, wobei Zusammenlagerung der Spaltungsprodukte nicht ausgeschlossen ist.

Die Zersetzungsvorgänge verlaufen je nach den gegebenen Bedingungen verschieden schnell. Die entstehenden meist dunkel gefärbten Zwischenprodukte bezeichnet man als Humus oder humose Stoffe.

---

*) In strengem Sinn würden sich die Definitionen in folgender Weise geben lassen:

Verwesung ist die Oxydation organischer Reste bei Gegenwart von Sauerstoff und ihre Überführung in Verbindungen mit höchstem Wärmeaustritt.

Fäulnis ist Zerfall organischer Reste bei Abwesenheit von Sauerstoff in Verbindungen, die ganz oder zum Teil oxydierbar sind.

1. Die Verwesung.

§ 64. Die Energie, welche die Organismen für ihre Lebensvorgänge brauchen, entstammt dem Körper der Chlorophyllpflanzen. Als Regel gilt, daß jede hierbei entstehende Verbindung, welche noch Energie abgeben kann, auch als Nährstoff für die eine oder andere Gruppe von Organismen zu dienen vermag und die Produkte der Lebenstätigkeit immer wieder zur Verwertung gelangen, bis endlich die ganze Masse in stabile chemische Verbindungen, wie Kohlensäure und Wasser, übergeführt ist. Alle chlorophyllfreien Organismen, vom Bakterium bis zum Menschen, bewirken die Zerstörung der organischen Stoffe; die Überführung einfach zusammengesetzter Zwischenprodukte fällt zumeist den Spaltpilzen zu.

Ist die Verwesung wesentlich auf Lebenstätigkeit niederer Organismen, besonders der Bakterien, zurückzuführen, so unterliegt sie auch den Regeln, welche für deren Entwicklung gelten. Wollny, dessen Arbeiten überwiegend den wichtigsten Vorgang, die Verwesung durch Bakterien, betreffen, zeigte, daß die Schnelligkeit der Zersetzung dem „Gesetz des Minimums" folgt, also wie jede andere Pflanzenentwicklung von der im Minimum vorhandenen Lebensbedingung abhängig ist.*)

Unter sonst gleichen Verhältnissen ist die Verwesung abhängig: von der Temperatur, Anwesenheit von genügendem Wasser und Nährsalzen, Zutritt von Sauerstoff und Abwesenheit pflanzenschädlicher Stoffe.

Ein Hauptprodukt der Verwesung ist Kohlensäure; die gebildete Menge Kohlensäure kann als Maßstab für die Schnelligkeit der Verwesung dienen.

a) Temperatur.

Die Verwesung ist an ein bestimmtes (für die wirkenden Pflanzenarten verschiedenes) Maß von Wärme gebunden, beginnt oberhalb des Gefrierpunktes, steigt zunächst langsam, dann schneller mit zunehmender Temperatur bis zur höchsten Höhe (Optimum). Bei höheren Wärmegraden erlischt das Leben und an Stelle des Lebensprozesses treten rein chemische Reaktionen.

Erfahrungsmäßig ertragen Spaltpilze meist hohe Temperaturen; bei den im Boden vorkommenden Arten scheint etwa bei 60° die obere Grenze der Lebenstätigkeit zu liegen. In gefrorenen Böden ist die Verwesung so gut wie aufgehoben. Man darf daher annehmen, daß die Verwesung der herrschenden Temperatur annähernd parallel geht.

*) Wollny, Journ. f. Landw. 1886, 34, S. 213.

Nach Wollny*) entwickelte eine Komposterde (mit 44 % Wassergehalt), wenn man die bei 10° gebildete Kohlensäure = 1 setzt, bei

10°	20°	30°	40°	50°
1	5,5	13	15,2	27,3 Teile CO_2

Auf dem mächtigen Einfluß der Temperatur beruht es hauptsächlich, daß in kühleren Gebieten (Norden Europas und Höhenlagen) auch bei sehr geringer Produktion an organischer Substanz reichliche Humusansammlungen vorkommen, während in den wärmeren Gegenden rasche Zersetzung der Abfallstoffe eintritt. In den Wäldern der ungarischen Ebene findet man z. B. im Juli und August nur schwache Reste der vorjährigen Streudecke; in tropischen Urwäldern fehlt jede Streudecke.

Auch bei der „Aushagerung" der Waldböden ist die höhere Temperatur eine Hauptursache der rasch fortschreitenden Humuszerstörung.

b) Einfluß der Feuchtigkeit.

Zur Entwicklung der Pflanzenwelt bedarf es einer hinreichenden Menge Wasser. Fehlt es an Wasser, so wird die Entwicklung der Pflanzen gehemmt, bei Übermaß an Wasser leiden die Pflanzen an mangelndem Luftzutritt. Zugleich macht sich die langsame Erwärmbarkeit der nassen Böden geltend.

Wollny (a. a. O.) zeigte durch Experimente die Bedeutung des Wassers für die Verwesung. Setzt man die Kohlensäurebildung in einer Komposterde bei dem niedersten verwendeten Wassergehalt gleich 1, so wurden CO_2 entwickelt

	6,8 %	26,8 %	46,8 %
bei 10°	1 Vol. CO_2	9,1 Vol. CO_2	17,2 Vol. CO_2
bei 20°	1,6 „ „	26,7 „ „	30,6 „ „
bei 30°	3,4 „ „	31,0 „ „	40,5 „ „

In der Natur kommt es nun gar nicht selten vor, daß Böden, und noch viel häufiger aufliegende Humusschichten, so weit austrocknen, daß die Verwesung auf ein Minimum herabsinkt. Es ist dies von Möller experimentell erwiesen.**) Er untersuchte Nadeln von Schwarzkiefer, mit Sand gemischtes Weißbuchenlaub, Komposterde, alle im lufttrocknen Zustande; alle diese Substanzen gaben innerhalb sechs Tagen keine Kohlensäureentwicklung, wohl aber sehr rasch nach Wasserzusatz.

*) A. a. O.

**) Mitteilungen aus dem forstlichen Versuchswesen Österreichs 1878. I, Heft 2.

Die zahlreichen Versuche von Bellen, welche Kostytschew mitteilt, führen zu dem Schlusse, daß die Verwesung im lufttrocknen Zustande zwar nicht aufhört, aber doch so schwach ist,*) daß für die Verhältnisse des Waldes die Verwesung lufttrockner Streu nicht in Rechnung zu ziehen ist, wenigstens nicht bei geringem Feuchtigkeitsgehalt der Luft.

Wie es scheint, ist starker Wechsel an Wasser für die Bakterienentwicklung besonders ungünstig und wirkt Trocknis stärker schädigend auf die Bakterien als auf die Schimmelpilze ein.**)

Im Walde macht sich dieser Einfluß besonders stark geltend und führt zur Ablagerung wenig zersetzter faseriger Rohhumusmassen. Lichtgestellte Wälder, Waldränder, vorspringende Kuppen und die der Austrocknung am meisten ausgesetzten Südwestseiten der Hänge leiden am meisten unter Bildung von Rohhumus, dessen Schichten in der kühlen Jahreszeit und nach Regen oft naß, im Sommer oft stark ausgetrocknet sind.

Von großem Einfluß ist ferner die schwere Erwärmbarkeit nasser Böden, in deren Folge vielfach Humusansammlungen auftreten. Die Bildung der Flachmoore ist in sehr vielen Fällen wohl überwiegend auf die im Durchschnitt niedere Temperatur der Wässer zurückzuführen.

c) Nährsalze.

Die niederen Organismen des Bodens bedürfen wie jede andere Pflanze der Nährsalze; es ist daher nicht auffällig, daß sich das Vorkommen der Bakterien in nährstoffreichen Böden günstiger gestaltet als in armen Böden.

Wollny (a. a. O.) zeigte, daß die Kohlensäure-Entwicklung in Böden, nach Ausziehen mit Salzsäure, auf $^1/_5$ bis $^1/_4$ zurückging.

Zusatz von Düngesalzen (Chilisalpeter u. a.) steigerte die Bildung von Kohlensäure bei Zersetzung aschenarmer, organischer Reste (Holz u. dgl.) zunächst nur wenig, machte sie aber dauernder und erhielt sie auf gleichmäßiger Höhe, so daß sie im Verlaufe eines Vierteljahres etwa verdoppelt wurde.***)

Ein mäßiger Gehalt an Alkalien und deren Karbonaten begünstigt im ganzen die Verwesung. Wollny wies dies für Kali nach (a. a. O.). Hohe Gehalte schädigen jedoch die Entwicklung der niedern Organismen und führen zur Bildung humoser Stoffe, wie dies die alkalischen, an Natriumkarbonat reichen Böden zeigen. Zusatz von Ätzkalk verzögerte (Wollny a. a. O.) die Verwesung

*) Kostytschew, Potschwy Tschernosomnoï oblasti Russii. S. 34 ff.
**) Remy, Zentralbl. Bakt. VIII, 1902, S. 763.
***) Ramann, Landw. Jahrb. 1889, S. 910.

frischer Pflanzenreste, steigerte jedoch die Kohlensäureentwicklung bei Torf. Humussäuren treiben aus kohlensaurem Kalk die Kohlensäure aus; die Verbindungen von Humussäuren und Kalk werden nach Wollny doppelt so rasch zersetzt als die freien Säuren. Hieraus würde es sich erklären, daß in den wärmeren gemäßigten Klimaten die kalkreichen Böden zu den „tätigen" Böden gehören, auf denen die organischen Stoffe rasch zersetzt werden und sich nur wenig Humus ansammelt.

Im Gegensatz zu diesen Tatsachen steht die Erfahrung, daß unter abweichenden klimatischen Verhältnissen kalkreiche Böden reich an Humusstoffen sind, so die Schwarzerden, der Regur Indiens, der „Alpenhumus" der Kalkalpen, Kalkböden in Estland usw.

In den Versuchen, welche Kostytschew mitteilt*), zeigte Kalkkarbonat als Zusatz zu verwesenden Stoffen keine Wirkung oder verminderte die Bildung von Kohlensäure. Zu denselben Schlüssen führen die Untersuchungen von Kassowitsch und Fretjakow**) und von O. Reitmair.***)

d) Einfluß des Sauerstoffs.

Die Schnelligkeit der Verwesung steigt bei reichlichem Zutritt von Sauerstoff, es genügt indes schon ein mäßiger Gehalt der Luft, etwa 6—8 %, um eine energische Zersetzung zu ermöglichen.

Wollny arbeitete mit Gemischen von Sauerstoffen und Stickstoff und ermittelte durch mannigfach abgeänderte Versuche, daß die Zersetzung organischer Stoffe bei wachsendem Sauerstoffzutritt zuerst eine rasche, dann langsamer fortschreitende Steigerung erfährt.

Ein Gemisch aus Torf und Sand gab folgende Kohlensäuremengen bei verschiedenem Sauerstoffgehalt der Luft (die bei 2 % Sauerstoff gebildete Kohlensäure = 1):

Die Luft enthielt	2 %	8 %	15 %	21 % Sauerstoff
Kohlensäure-Entwicklung	1	2,9	3	3,5.

Ozonhaltige Luft setzte die Verwesung etwas herab und steigerte sie nur bei Torf und ähnlichen schon teilweise zersetzten organischen Resten.

e) Schädliche Stoffe.

Alle antiseptisch wirkenden Stoffe, sowie hohe Temperaturen setzen die Verwesung auf ein geringes Maß herab; nach Wollny betrug die Kohlensäure-Entwicklung einer humosen Erde bei Zusatz von (humose Erde = 100):

*) A. a. O. S. 40 u. 41.

**) Jahresb. Agrik.-Chem. 1903, S. 32.

***) Zeitschr. f. landw. V.-Wesen in Österr., 1902, 5, S. 1107.

5 % Thymol	= 7,8
1 % Quecksilberchlorid	= 6,8
5 % Karbolsäure	= 5,7 %
Erhitzen auf 115°	= 2,3 %.

Säuren.

Zusatz von 0,1 % starker Mineralsäuren hemmt die Verwesung erheblich (Wollny). In Waldungen, die der Einwirkung von Hüttenrauch ausgesetzt sind, lagern sich vielfach große Mengen wenig zersetzter Streu ab. (Schröder und Reuß; Veget.-Beschäd. d. saure Gase. Berlin 1883).

Die wichtigste Rolle in der Natur haben die Humussäuren, mit deren Auftreten zumeist die Verwesung vermindert wird (Rohhumus, die meisten Moorböden).

Zu den schädlichen Stoffen im Boden muß man auch die Kohlensäure rechnen, wenn sie in größerer Menge in der Bodenluft vorhanden ist. Kolbe zeigte, daß freie Kohlensäure antiseptische Eigenschaften hat.*)

Wollny (a. a. O. S. 100) untersuchte den Einfluß verschiedener Mengen leicht zersetzbarer organischer Körper auf die Verwesung und fand, daß sie oberhalb einer bestimmten Menge organischer Substanz nicht mehr gesteigert wurde. Ein Verhalten, welches auf die Menge der gebildeten Kohlensäure zurückzuführen ist.

Es ist wahrscheinlich, daß zahlreiche Einwirkungen auf Pflanzen, die man bisher Sauerstoffmangel zuschrieb, auf den schädigenden Einfluß größerer Mengen von Kohlensäure in der Bodenluft zurückzuführen sind.

Chloride, von denen nur Chlornatrium in der Natur Bedeutung hat, werden in kleinen Mengen (etwa 0,1 % Lösung) ertragen, in größeren hemmen sie die Verwesung um so mehr, je konzentrierter die Lösung ist.

f) Chemische Wirkungen.

Neben der Verwesung durch Organismen geht direkte Oxydation der Humussäure einher. Auch Sterilisieren durch Erhitzen auf höhere Temperaturen vermag die Kohlensäure-Entwicklung nicht völlig zu hemmen. Humussäuren, dem Sonnenlicht ausgesetzt, gehen oberflächlich in einen gelben, wachsähnlichen Körper mit geringerem Gehalt an Kohlenstoff über (61,5 % gegen vorher 63,9 %)**). Nikitinsky***) beobachtete gleichfalls nicht unerhebliche Oxydation der Humussäuren.

---

*) Journ. f. prakt. Chem. 1882, 26, S. 149.

**) Berthelot et André, Compt. rend. 1892, 114, S. 41.

***) Jahrb. wiss. Bot. 1902, 37, S. 374.

2. Die Fäulnis.

§ 65. Als Fäulnis bezeichnet man die Zersetzung der organischen Reste ohne Mitwirkung von Luftsauerstoff. Die Fäulnis kann unter Mithilfe von niederen Organismen statthaben oder auch auf rein chemische Prozesse beschränkt sein. Im letzten Falle ist die Geschwindigkeit der Zersetzung sehr stark verlangsamt.

In der Natur können Verwesung und Fäulnis nebeneinander auftreten. Ein Stück Fleisch z. B. kann an der Oberfläche der Verwesung, im Innern der Fäulnis unterliegen.

a) Fäulnis bei Mitwirkung von Organismen.

Fäulnisvorgänge durch Bakterien sind vielfach untersucht worden. Als typische Beispiele mögen die Zersetzung des ameisensauren Kalkes und die der Zellulose angeführt werden.*)

Bringt man *ameisensauren* Kalk unter Wasser mit etwas Kloakenschlamm in Berührung, so tritt völlige Zerlegung des ersteren ein. Es entwickeln sich Kohlensäure und Wasserstoff, im Rückstande bleibt kohlensaurer Kalk. Auf ein Volumen Kohlensäure entstehen zwei Volumen Wasserstoff. Die Zersetzung läßt sich durch folgende Gleichung darstellen:

$Ca\,C_2\,H_2\,O_4$	$+$	H_2O	$=$	$Ca\,CO_3$	$+$	CO_2	$+$	$4\,H$
Ameisensaurer Kalk		Wasser		kohlens. Kalk		1 Vol. Kohlensäure		2 Vol. Wasserstoff.

Zellulose, mit einem im Schlamme der Gewässer weit verbreiteten Spaltpilz in Berührung, zerfällt unter Wasseraufnahme in Kohlensäure und Sumpfgas.

$C_6\,H_{10}\,O_5$	$+$	$H_2\,O$	$=$	$3\,CO_2$	$+$	$3\,CH_4$
Zellulose		Wasser		3 Vol. Kohlensäure		3 Vol. Sumpfgas.

Die beiden Prozesse sind eingehend von *Tappeiner* und anderen untersucht worden;**) es zeigte sich, daß verschiedene Produkte (Essigsäure, Buttersäure usw.) außer den Gasen entstehen, so daß die Zersetzungen tatsächlich nicht so einfach verlaufen, wie es nach den Formeln erscheinen könnte.

In der Natur unterliegen mannigfach zusammengesetzte Körper der Fäulnis; die Zahl der entstehenden Verbindungen ist sehr groß; ihre Kenntnis ist erst teilweise gefördert.

---

*) *Hoppe-Seyler*, Archiv der gesamten Physiologie 12, S. 1 und Zeitschr. f. physiologische Chemie 10, S. 422. — *Maasen*, Arb. d. Kaiserl. Gesundheitsamtes 12, S. 340. — *Omelianski*, Centralbl. f. Bakteriol. (II), H. 11, S. 177.

**) Ber. d. d. Chem. Ges. 1883, 16, S. 1734 u. 1740.

b) Fäulnis ohne Teilnahme von Organismen.

Die rein chemischen Prozesse der Fäulnis verlaufen langsam, haben aber für Entstehung von Torf und Mineralkohlen besondere Wichtigkeit. Namentlich die Untersuchungen von J. Früh*) haben wertvolle Aufschlüsse über die Umbildung der Torfsubstanz ergeben. In gleicher Richtung lassen sich viele Beobachtungen über die Struktur und Zusammensetzung der Steinkohle deuten, welcher durch Kalilauge eine lösliche, dunkel gefärbte Masse entzogen wird, mit ganz ähnlichen Eigenschaften, wie die der Humussäuren des Torfes.

Früh fand, daß der Zellinhalt der Pflanzen bei der Torfbildung zuerst angegriffen und in eine meist körnige, selten homogene, braune Masse umgewandelt wird. Erst später wird die Zellulose verändert, am widerstandsfähigsten erweisen sich Lignin- und Kutikularschichten. Der Angriff erfolgt nicht überall gleichmäßig, an einzelnen Zellen kann er früher, an anderen später beginnen, alle können aber in völlig homogene Massen umgewandelt werden, welche nach ihrem Verhalten gegen Kalilauge den „Humaten" zugerechnet werden müssen, bzw. aus Humussäuren bestehen.

Der Verlauf der chemischen Umänderungen bei den fossilen Brennstoffen ist schwer verfolgbar. Im allgemeinen tritt fortschreitende Anreicherung an Kohlenstoff ein, während Wasserstoff und Sauerstoff vermindert werden. Man darf annehmen, daß der wichtigste Vorgang in Wasserabspaltung besteht, während Bildung von Kohlensäure und Grubengas der Menge nach sehr zurücktreten. Bayer**) zeigte, daß die Abspaltung von Wasser bei chemischen Umsetzungen hohe Bedeutung hat und Märcker brachte den Vorgang, indem er von der Zellulose ausging, in folgende Formeln:***)

$$\begin{array}{l} C_6H_{10}O_5 \;-\; H_2O \\ C_6H_8O_4;\;-\; H_2O \\ C_6H_6O_3;\;-\; H_2O \\ C_6H_4O_2;\;-\; H_2O \\ C_6H_2O;\;-\; H_2O \\ \hline \qquad n\,C \end{array}$$

Bezeichnend für alle Vorgänge der Fäulnis ist die Bildung noch oxydierbarer Stoffe; es ist daher nicht auffällig, daß die Produkte der Fäulnis in vielen Fällen ausgesprochen reduzierend wirken. So führt Torf Lösungen von Eisenoxydsalzen in wenigen Stunden in Oxydul-

*) J. J. Früh, Torf und Dopplerit. Zürich 1883.
**) A. Bayer, Ber. d. chem. Ges. 3, 1870, S. 63.
***) Nach Benni. Hall. Zeitschr. f. Naturwiss. 1896, 69, S. 156.

verbindungen über. Fast noch rascher ist die Wirkung abgestorbener faulender Pflanzenteile. Reichardt*) zeigte, daß im Regenwasser bei Zusatz von Torf der Gehalt an Sauerstoff innerhalb 15 bis 20 Minuten auf ein Viertel zurückging und nach 2 Tagen überhaupt kein freier Sauerstoff vorhanden war. Die Wirkung der Reduktion macht sich in der Natur zumal auf die Pflanzenwurzeln geltend, denen der zum Atmen notwendige Sauerstoff entzogen wird.

3. Verlauf der Humusbildung in der Natur.

‹ § 66. Der Verwesung und Fäulnis unterliegen alle Bestandteile der organischen Reste. Je nachdem es sich um stickstofffreie oder stickstoffhaltige Verbindungen handelt, bilden sich verschiedene Körper, die fast alle in „humose Stoffe“ übergeführt werden können und von denen die im Boden vorhandenen wechselnde Mengen Stickstoff enthalten. ›

Die Veränderung der stickstoffhaltigen Körper ist eingehend untersucht worden, und wenn auch noch lange nicht alle Fragen gelöst sind, so läßt sich schon jetzt der wesentliche Gang der Zersetzung übersehen.

Bei Fäulnisprozessen, zumal der Zersetzung tierischer Reste, können zahlreiche hoch zusammengesetzte organische Verbindungen entstehen, die bodenkundliches Interesse jedoch kaum haben. ‹ Wichtiger ist die Bildung von freiem Stickstoff aus Nitraten, die in Düngergruben auftreten und erhebliche Verluste an diesem wertvollen Nährstoff der Pflanzen herbeiführen kann. ›

Bei der Verwesung bilden sich als Endprodukte Ammoniak und Salpetersäure.

Die im Pflanzen- und Tierkörper vorkommenden Stickstoffverbindungen sind sehr verschieden angreifbar. Während einzelne rasch zersetzt werden, widerstehen andere sehr lange jedem Angriff.

Der Gehalt an Stickstoff, wie auch seine Überführbarkeit in Pflanzennährstoffe kann daher in weiten Grenzen schwanken. In der Regel überholt die Zersetzung der stickstofffreien Körper die der stickstoffhaltigen, so daß die humosen Reste mehr Stickstoff enthalten als die ursprüngliche Substanz. Neßler wies dies für Blätter nach.**) Es enthalten Stickstoff

	Eiche	Buche	Pappel
nicht gefault	1,70 %	1,78 %	1,37 %
gefault	2,01 %	2,01 %	3,06 %

*) Landw. Zentralbl. 1875, S. 167.

**) Jahrb. d. Agrik.-Chem. 1868, 69, S. 361.

Ob die Annahme von Henry*), daß die Mehrung von Stickstoff die Wirkung von N assimilierenden Bakterien sei, berechtigt ist, bedarf noch eingehender Untersuchungen.

Auf ähnlichem Vorgang beruht wohl auch der hohe Gehalt vieler Moore, namentlich des Flachmoortorfes an Stickstoff; teilweise ist jedoch hierbei auch das Vorkommen von Tierresten zu berücksichtigen. Vielfach lassen sich im Torf Chitinpanzer von Krustazeen und Insekten erkennen, die trotz hohen Stickstoffgehaltes (Chitin hat 6,4 % N) zu den am schwierigsten angreifbaren organischen Körpern gehören.**) Endlich ist noch anzunehmen, daß sauer reagierende Humusstoffe Ammoniak aus der Luft absorbieren. Eine Quelle des gebundenen Stickstoffes, die vielleicht allergrößte Bedeutung hat.

Der Stickstoff der organischen Substanz wird zunächst in Ammoniak übergeführt. Sehr zahlreiche Pilze vermögen Ammoniak zu bilden; zumal der Stickstoff des Harns wird leicht umgewandelt. Zumeist scheint Ammonkarbonat aufzutreten.

Ammoniak kann in Salpetrige Säure oder in Salpetersäure umgewandelt werden.

Die Umwandlung von Ammon in Salpetersäure ist vielfach untersucht worden. Gegenwart von Sauerstoff ist notwendig; die Nitrifikation begann bei Versuchen Schlösings bereits bei 1,5 Vol. % Sauerstoff auf 98,5 Vol. Stickstoff langsam, stieg aber mit höheren Mengen erheblich, bei Luftzutritt auf das Fünffache.

Empfindlich ist das Salpetersäurebakterium gegen Säuren; bereits schwachsaure Reaktion des Nährbodens wirkt hemmend auf die Salpetersäurebildung; sie erlischt, wie Ewell und Wiley sich ausdrücken, wenn der Säuregehalt der Lösung dem Verbrauch von 3 bis 4 ccm Normalalkali für 100 ccm entspricht; sowie daß „die Organismen von zahlreichen Orten sich sehr einheitlich in bezug auf Ertragen von Säure verhalten.“ ***)

Bei höherer Temperatur und genügendem Wassergehalt schreitet die Bildung von Salpetersäure rasch voran; am schnellsten verläuft sie bei alkalischer Reaktion und nicht zu hoher Konzentration der Flüssigkeiten. Abwesenheit von Erdkarbonaten (kohlensaurer Kalk, kohlensaure Magnesia) schwächt die Bildung von Salpetersäure; kohlensaures Ammon kann nur etwa zur Hälfte umgewandelt werden.

Das Salpetersäureferment ist empfindlich gegen Austrocknung; in lebhafter Nitrifikation begriffene Flüssigkeiten konnten durch einfaches Austrocknen völlig steril werden.

---

*) Journ. d'Agricult. prat. 1899.

**) Eingehend behandelt von Früh, in Moore der Schweiz, 1904.

***) Journ. Amer. Chem. Soc. 1896, 18, S. 475.

Die Tiefe im Erdboden, in der noch der Salpetersäurepilz zu leben vermag, ist nach Warington gering. In Tonböden geht er nicht über 25—45 cm hinab. Bodenproben aus größerer Tiefe rufen in sterilisierten Flüssigkeiten keine Salpetersäurebildung hervor.

Die Salpetersäure ist das wichtigste Material für die Stickstoffernährung der Kulturgewächse, insbesondere der Gramineen. Ihre Bildung aus den Düngemitteln ist daher für die Agrikultur von hoher Bedeutung. Je wärmer und gleichmäßiger durchlüftet ein Boden ist, und je mehr sein Wassergehalt einer mittleren Höhe entspricht, um so reicher und rascher werden die organischen Stickstoffreste in Salpetersäure übergeführt werden. Zu berücksichtigen ist noch, daß die Salpetersäure vom Boden nicht absorbiert wird, daher leicht ausgewaschen werden kann. Der Gehalt der in der Natur vorkommenden Böden an Salpetersäure schwankt daher sehr.

In sauer reagierenden Böden fehlt Salpetersäure oder ist nur in Spuren vorhanden. Nitrobakterien fehlen z. B. im Boden der Heiden und Moore*) und finden sich auch nach der Kultivierung nur langsam ein. Migula**) fand in Waldböden wenig jener Organismen, am häufigsten noch in 10—20 cm Tiefe; die obere Streuschicht scheint davon frei zu sein. Auf Wiesen ist Salpetersäure im Boden nur selten vorhanden.

In Waldböden findet sich keine Salpetersäure oder doch nur in Spuren. An einer Anzahl Böden bereits früher beobachtet, ist dies Verhalten von Ebermayer***) und Baumann†) eingehend verfolgt worden. Ebermayer zeigte, daß die Quellen und Bäche in Bayern frei von Salpetersäure sind, die sich erst nachweisen läßt, wenn die Wässer Ortschaften durchflossen haben und mit tierischen Abfallstoffen in Berührung gekommen sind.

Diese Beobachtungen gelten wahrscheinlich nur für die gemäßigten und kalten Zonen, in denen die Zersetzung der Waldstreu langsam fortschreitet, sowie für saure Böden. Auf den besseren Waldböden ist offenbar die Bildung von Salpetersäure gering und bei der starken Durchwurzelung des Bodens in Wald und Wiese wird jede Spur, welche sich bildet, rasch von den Pflanzen aufgenommen. Daß auch gelegentlich unter örtlichen Verhältnissen einmal reichlich Salpetersäure im Waldboden auftreten kann, zeigt die Beobachtung von Grebe.††)

*) H. Jensen, Tidsskr. Landbr. 1899, S. 175.
**) Zentralbl. Bakt. II, 1900, S. 365.
***) Allgem. Forst- u. Jagdzeit. 1888.
†) Landw. V.-St. 35, S. 217.
††) Zeitschr. f. Forst- u. Jagdw. 1885, 19, S. 157.

Bindung und Entbindung von elementarem Stickstoff.

Gegenwärtig steht im Vordergrunde der landwirtschaftlichen und forstlichen Fragen das Verhalten der Spaltpilze zum Stickstoff.

Der Gegenstand bietet große experimentelle Schwierigkeiten und zahlreiche noch unausgeglichene Gegensätze zwischen den Erfahrungen in der Natur und dem Experiment im Laboratorium. Es sei hier nur darauf hingewiesen, daß das Salpetersäurebakterium auf Kulturplatten nur bei Abwesenheit von organischer Nahrung erzogen werden kann; in den Böden entwickelt er sich am reichsten in gedüngten Erden, also bei Gegenwart von viel organischer Substanz.

Clostridium pasteurianum, nach Winogradski der wichtigste stickstoffbindende Spaltpilz des Bodens, ist ausgesprochen anaërob; im Boden ist Durchlüftung das wichtigste Hilfsmittel, die Fixation freien Stickstoffs zu fördern. Nun wird zwei anderen Spaltpilzen die Eigenschaft zugeschrieben, Cl. pasteurianum so zu beeinflussen, daß es sich auch bei vollem Luftzutritt zu entwickeln vermag; jedenfalls ein Verhalten, welches sich nur als Tatsache hinnehmen läßt, für welches aber jede wissenschaftliche Erklärung fehlt; denn die Annahme, welche gemacht worden ist, die andern Spaltpilze verbrauchen den Sauerstoff und verhelfen dadurch dem Clostridium zu einem anaëroben Leben, ist doch für jeden, der den Boden kennt, unbegreiflich und wird durch jede Analyse der Bodenluft widerlegt.

Außer Bakterien, welche Stickstoff binden, gibt es Arten, die Nitrate zersetzen und freien Stickstoff ausscheiden.

Faßt man den gegenwärtigen Stand der Frage zusammen, so ist es etwa folgender:

In den Böden sind Spaltpilze vorhanden, von denen eine Anzahl Arten befähigt ist, Stickstoffverbindungen zu zerlegen und freien Stickstoff abzuscheiden. Ferner sind im Boden Spaltpilze vorhanden, welche befähigt sind, den freien Stickstoff der Luft zu binden und ihn in organische Verbindungen überzuführen. Wahrscheinlich kommen Spaltpilze beider Gruppen zugleich im Boden vor. Welcher Vorgang das Übergewicht erlangt, ist von den jemaligen herrschenden Verhältnissen abhängig; die bisherigen Untersuchungen haben wechselnde Verhältnisse ergeben.

Stickstoffbindende Spaltpilze sind nach Winogradski die Clostridiumarten, für unsere Gebiete namentlich Cl. pasteurianum; nach Beijering sind namentlich zwei Arten von Azotobakter, sowie von den Algen die Cyanophyceen im gleichen Sinne tätig.

Von anderer Seite wird die Mitwirkung der Algen bestritten, jedoch anerkannt, daß die Bindung von Stickstoff bei schwacher Grünfärbung des Bodens durch niedere Algenarten besonders reichlich stattfindet.

Erfahrungen, wie das Verhalten streuberechter Sandböden (Ramann 1883) oder dauernd mit Roggen bestellter Felder (Jul. Kühn, Frühlg. landw. Ztg. 1901), die zweifellos Bereicherung des Bodens an Stickstoff zur Voraussetzung haben, finden vielleicht noch eine andere Erklärung als die der ausschließlichen Fixation des Stickstoffes durch Mikroben.

4. Die Beteiligung des Tierlebens an der Humusbildung.

§ 67. An der Umbildung der organischen Reste nehmen Tierarten vielfach Anteil. Einer großen Anzahl derselben dienen Abfallprodukte zur Nahrung; die Tiere stellen sich ein, wo sie für ihr Gedeihen günstige Bedingungen vorfinden. Die Einwirkung der Tierwelt abzumessen ist sehr schwierig; sie kann sehr groß, aber auch sehr unbedeutend sein, je nach den örtlichen Verhältnissen.

Bisher hat sich die Untersuchung fast nur auf die am häufigsten vorkommende größere Tierart des Bodens, auf die Regenwürmer erstreckt. Aber auch hier fehlen noch brauchbare Daten, um die Menge der Nahrung annähernd zu schätzen; jedenfalls kann sie bei zahlreichem Vorkommen dieser Tiere, zumal auf Wiesen, erheblich werden. (Vgl. S. 122.)

Häufig findet man skelettierte Blätter, das Parenchym ist völlig zerstört und nur die Nervatur bis in die feinsten Einzelheiten erhalten. Verfasser erhielt derartige Blattreste unter Umständen, die eine nennenswerte Mitwirkung von Tieren völlig ausschlossen, sie sind daher nicht immer auf eine Abnagung durch Tiere zurückzuführen.

Dagegen weisen viele Beobachtungen darauf hin, daß die Zerteilung der Pflanzenreste in feine Partikel und ihre Mischung mit dem Mineralboden, also die Form, in der uns die humose Schicht der besseren Waldböden entgegentritt, durch die Tätigkeit der Tierwelt wesentlich gefördert wird.

Es wird sehr schwer, in der Regel sogar unausführbar sein, die Bedeutung des Tier- und Pflanzenlebens für die Zersetzung der organischen Abfälle gegeneinander abzuwägen. In der Regel wird die Tätigkeit der Bakterien überwiegen, die durch die Zahl der Individuen ihre mikroskopische Kleinheit ausgleichen. Hierauf deuten auch

Versuche des Verfassers,*) sowie spätere von Kostytschew in ähnlicher Weise durchgeführte.**)

500 g Eichenblätter wurden in einem Regenmesser der Einwirkung der Atmosphärilien ausgesetzt. Eine Einwirkung der Tierwelt war fast völlig ausgeschlossen; das durch die Anordnung des Versuchs bedingte häufige Austrocknen war der Tätigkeit der Bakterien sicher nicht günstig, trotzdem wog die Substanz der Eichenblätter nach acht Monaten nur noch 225 g, nach weiterer Jahresfrist 135 g. Die Pflanzensubstanz hatte also im ersten Jahre einen Verlust von 55 %, im zweiten von 18 % erlitten. (Im Ablaufwasser fanden sich nur 12—15 g gelöster organischer Substanz.) Ähnliche Verhältnisse ergaben die Versuche Kostytschews, der Gras sowie Birkenblätter auf ihre Zersetzbarkeit untersuchte.

Von 200 g trockner Substanz blieben übrig:

	Gras	zersetzt	Birkenblätter	zersetzt
nach 6 Monaten	119,3 g	40,3 %	124,7 g	37,6 %
„ 12 „	70,8 „	24,2 „	75,5 „	24,6 „
„ 18 „	43,0 „	13,9 „	47,6 „	13,9 „

In beiden Fällen zeigt sich deutlich der Weg der Verwesung organischer Stoffe. Ein Teil wird rasch zersetzt, ein anderer bleibt zurück und verfällt allmählich der fortschreitenden Umwandlung. (Vgl. auch §§ 64 u. 65.)

Kostytschew schöpfte seine Anschauungen zumeist aus dem Studium der Schwarzerde und vertrat die Meinung, daß die Menge des im Boden vorhandenen Humus zunehme, bis ein Gleichgewicht zwischen Erzeugung von organischen Stoffen und deren Zersetzung hergestellt sei. Es ist jedoch nicht einzusehen, warum die Bedingungen, welche dazu führten, einen Teil des Humus vor Zerstörung zu bewahren, ihre Wirksamkeit verlieren sollen, wenn größere Mengen organischer Stoffe vorhanden sind.

Alle Beobachtungen zeigen, daß die Menge des im Boden vorhandenen Humus von klimatischen und örtlichen Einflüssen (Bodenart, Feuchtigkeit, Temperatur usw.), sowie von der Menge der erzeugten organischen Substanz abhängig ist und verhältnismäßig raschen Veränderungen unterliegt, wenn die örtlichen Verhältnisse sich ändern. Hierher ist auch die Bodenbearbeitung zu rechnen, gleichgültig ob sie durch Menschenhand oder durch natürliche Faktoren bewirkt wird; immer schafft sie andere Bedingungen der Zersetzung.

---

*) Zeitschr. f. Forst- u. Jagdw. 1888, S. 4.

**) Nach dem Referate in Forsch. d. Agrik.-Phys. 12, S. 78.

In vielen Fällen ist trotz reichlicher Düngerzufuhr das bearbeitete Ackerland ärmer an Humus als mit ausdauernden Pflanzen bestandener Boden (Wiese, Wald). Zahlreiche Arbeiten von Dehérain, Lawes und Gilbert, Wollny usw. liegen hierüber vor (Literatur in Wollny a. a. O. S. 188), die übereinstimmend die Minderung des Humusgehaltes in Ackerböden zeigen; selbst bei den an organischen Stoffen reichen Prärieböden hat man nach 10 bis 15 Jahren Ackerbau Rückgang an humosen Stoffen bis zur Hälfte der ursprünglichen Menge festgestellt.

5. Chemie der Humusstoffe.

§ 68. Über die Ursache der Bildung der Humusstoffe und selbst über den Weg, auf dem sie im Boden entstehen, ist fast noch nichts bekannt. Wir sind zunächst nur auf die Tatsache ihres fast über die ganze Erde verbreiteten Vorkommens angewiesen und haben einzelne Andeutungen, die vorläufig als Fingerzeige dienen können, mehr aber nicht, obgleich es an Versuchen zur Lösung der Frage nicht gefehlt hat, wenn auch wenig davon in die Öffentlichkeit gedrungen ist. Ad. Mayer teilt mit, daß er beim Mischen organischer Stoffe mit Sand und Wasser nur aus Gerbsäuren „unzweifelhafte" Humuskörper erhalten habe.*)

Durch Einwirkung von Bakterien werden, soweit die bisherigen Erfahrungen reichen, echte dunkel gefärbte Humusstoffe nicht gebildet, wohl aber durch Fadenpilze. Nägeli, Hoppe-Seyler,**) Kostytschew***) kommen übereinstimmend zum Schluß, daß nahe Beziehungen zwischen Fadenpilzen und dunkelfarbigen Abscheidungen bestehen. C. J. Koning†) nimmt nach seinen Untersuchungen an, daß namentlich einige bestimmte Arten, er führt Trichoderma Koningi Oud. und Cephalosporium Koningi Oud. an, die Bildung der dunkel gefärbten Humusstoffe veranlassen.

Auf künstlichem Wege hat man Stoffe, welche den Humussubstanzen nahe stehen, mit einzelnen derselben auch wohl übereinstimmen, unter Bedingungen erhalten, die alle auf Abspaltung von Wasser aus organischen Molekülen hindeuten. Aus chemisch sehr verschiedenartig zusammengesetzten Verbindungen (Kohlehydrate, Eiweiß, Lignin usw.) und unter verschiedenen Einwirkungen erhält man Körper von ähnlichen Eigenschaften, wahrscheinlich aber abweichender chemischer Konstitution. Man hat alle Ursache anzu-

*) Agrik.-Chem. 5. Aufl. II, 1, S. 72.
**) Zeitschr. f. Physiol.
***) Ann. agronom. 17, S. 17.
†) Arch. néerland. sc. ex. et nat. 1902, [2], 9, S. 34.

nehmen, daß es sich um Verbindungen mit hohem Molekulargewicht handelt und es ist eine den Chemikern bekannte Erscheinung, daß mit steigendem Molekulargewicht nicht selten die äußeren Eigenschaften verschiedener Stoffe sich nähern (z. B. Säuren und Alkohole; Kohlenwasserstoffe usw.).

Als wichtigste Methoden, künstliche „Humusstoffe" herzustellen, sind zu nennen: Erhitzen auf höhere Temperatur (etwa 2—300°); Behandeln mit stärkeren Säuren und Alkalien. Namentlich durch Einwirkung von verdünnten Mineralsäuren auf Kohlehydrate in höherer Temperatur erhält man Stoffe, welche sich den Humusstoffen eng anschließen.

Es ist leicht verständlich, daß sich zahlreiche Forscher mit dem Studium der Humuskörper beschäftigt haben; wenn hierdurch noch keine weitergehenden Resultate erzielt sind, so darf man mit Recht darauf hinweisen, daß es erst spät und unter Aufwand großer Mittel gelungen ist, die Konstitution der relativ einfach zusammengesetzten und leicht im reinen Zustande herstellbaren Zuckerstoffe aufzuklären und daß die Kenntnis der Eiweißstoffe noch gegenwärtig äußerst lückenhaft ist. Bei der hohen Wichtigkeit der Humusstoffe für die Bodenproduktion wird der Mangel an zuverlässigen Grundlagen stark empfunden, zurzeit ist es aber nur möglich, jeden Fortschritt der Erkenntnis dankbar anzunehmen und ratsam sich im Urteile zurückzuhalten.

Alle in der Natur vorkommenden Humusstoffe enthalten wechselnde Mengen von anorganischen Bestandteilen. Ein Teil davon wird durch die colloidale Beschaffenheit der Humusstoffe mehr oder weniger zurückgehalten, ein anderer ist wohl sicher chemisch gebunden. Zu den letzteren gehört vielleicht ein Teil der vorhandenen Phosphorsäure*), sicher ein Teil des Schwefels und des Eisens. Diese Bestandteile sind in stärkeren Säuren, z. B. Salzsäure, nicht löslich, werden aber leicht von Ammoniak gelöst. Die gewöhnlichen Reaktionen der Stoffe erhält man erst nach Zerstörung der organischen Substanz.

Bei den Zersetzungsvorgängen der organischen Reste werden Säuren gebildet; es scheinen namentlich Kohlehydrate zu sein, aus denen sie hervorgehen. Chester**) sagt, daß alle Böden Kohlehydrate enthalten und „dadurch die Neigung haben, sauer infolge deren

---

*) Vergleiche hierüber:
Eggesty, Zentralbl. f. Agrik.-Chem. 1889, S. 75.
Tacke und Immendorff, Jahrb. f. Agrik.-Chem. 1898, S. 67.
Nannes, Journ. f. Landw. 1899, 47, S. 45.
Fleischer und Wiklund, Landw. Jahrb. 1891, 20, S. 368.
**) Exp. St. Rec. XII, S. 729.

Zersetzung durch Mikroben zu werden". Durchaus nicht alle Bakterien sind Säurebildner, wohl aber fehlen solche Arten nirgends.

Bei der Zersetzung treten vielfach wohlgekannte organische Säuren auf, wie Ameisensäure, Essigsäure, Buttersäure usw., die aber in gut durchlüfteten Böden bald weiter zersetzt werden und auch vielen Fadenpilzen als Nahrung dienen können. Da die meisten dieser Säuren in Wasser leicht löslich sind und leichtlösliche Salze bilden, so darf man aus dem Fehlen oder spurenweisen Vorkommen im Bodenwasser auf relativ sparsame Bildung oder mindestens auf rasche weitere Zersetzung schließen. Diese Säuren werden gebräuchlicherweise nicht zu den Humussubstanzen gerechnet. Wohl aber ist dies der Fall bei zwei wenig gekannten Verbindungen, der Quellsäure und Quellsatzsäure.

Die Quellsäure (Krensäure; Salze = Krenate) ist in Böden und Wässern verbreitet, bildet eine gelb gefärbte, stark saure, wässerige Lösung, die zu amorphen Massen eintrocknet. Die Salze der Alkalien sind leicht, die der alkalischen Erden etwas schwieriger löslich; das saure Tonerdesalz ist löslich, durch Ammoniak nicht fällbar; das Eisenoxydsalz ist in Wasser unlöslich, in Ammoniak leicht löslich.

Quellsatzsäure (Apokrensäure; Salze = Apokrenate) wird aus der Quellsäure bei Luftzutritt gebildet. Man unterscheidet verschiedene „Modifikationen", wahrscheinlich verschiedene Säuren. Die Salze sind mehr oder weniger schwer löslich bis unlöslich.

So wenig bisher auch die hierher gehörigen Verbindungen untersucht worden sind, so hat man doch alle Ursache, ihnen für Verwitterung wie Transport der angreifbaren Mineralstoffe im Boden große Bedeutung beizumessen. Über die Entstehung jener Säuren in der Natur ist nichts bekannt; es ist aber nicht unwahrscheinlich, daß die stärkeren Säuren im Torfe und vielen Böden der Gruppe der Quellsäure anzuschließen sind. Um die freien Säuren des Bodens zu bestimmen, behandelt man die humosen Substanzen mit frisch gefälltem Kalkkarbonat oder einer Lösung von Kaliumbikarbonat unter Durchleiten von Wasserstoff*) und bestimmt die entwickelte Kohlensäure. Hierdurch erhält man vergleichbare Zahlen für den Säuregehalt des Bodens. Stark sauer reagierende Stoffe, wie Rohhumus oder Torf, verlieren an der Luft auch nach längerem Lagern und Abtrocknen nur einen Teil ihrer Säure; gut durchlüftete, locker gelagerte Waldböden sind oft von ausgesprochen saurer Reaktion; es sind dies Beweise, daß die Entstehung der Bodensäuren nicht oder doch nicht vorwiegend durch mangelnde Oxydation bewirkt wird.

---

*) Tacke, Ramann usw.

Am nächsten liegt es, in den vorhandenen Säuren ebenso Produkte der Lebensvorgänge bestimmter Bakterienarten zu sehen, wie dies für zahlreiche einfacher zusammengesetzte organische Säuren unzweifelhaft der Fall ist; es wird dies noch wahrscheinlicher, wenn man berücksichtigt, daß freie Humussäuren sich in der Hauptsache in klimatisch wohl abgegrenzten Gebieten finden. Einwenden kann man gegen diese Schlußfolgerung, daß dies in Gebieten stattfindet, deren Boden durch Auswaschung stark verarmt ist oder an Orten, in denen Basen zur Bindung der Säuren fehlen; ferner daß freie Säuren auf reicheren Böden nicht vorhanden sind, auch wenn sie im gleichen klimatischen Gebiet liegen (z. B. Humus auf Kalkböden, Alpenhumus).

Jedenfalls liegt die Tatsache vor, daß in weiter Ausdehnung gewachsene Böden von ausgeprägt saurer Reaktion vorkommen; damit sind gleichzeitig tiefgehende Auswaschungs- und Verwitterungsprozesse der Böden verbunden; zugleich wird die Zusammensetzung der niederen Bodenflora beeinflußt. Auch höhere Pflanzen sind gegen freie Säuren nicht unempfindlich. W. Maxwell*) behandelte Pflanzen mit $^1/_{10}$ und $^1/_{50}$ prozentiger Lösung von Zitronensäure; alle Cruciferen gingen rasch ein, die Papilionazeen langsamer, die Getreidearten litten stark, nur Perlhirse und Mais widerstanden. Tolf**) zeigte die Empfindlichkeit und die Schädigung der Keimlinge im sauren Moorboden. Blanck***) wies nach, wie stark die Diffusion der Salzlösungen im sauren Moor aufgehoben ist. Reinitzer†) und Nikitinski††) stellten fest, daß reine Humussäuren zur Ernährung der Bakterien und Fadenpilze ungeeignet sind. Die meisten höheren Pflanzen vermögen mäßigen Gehalt an freien Humussäuren im Boden zu ertragen, einzelne Gruppen (z. B. Ericaceen, Kamelien, Azaleen) scheinen saure Böden zu verlangen oder zu bevorzugen; wenigstens weisen die Erfahrungen der Gärtner hierauf hin.

Die dunkel gefärbten Humusteile bestehen überwiegend aus Humin und Huminsäure. Mulder unterschied die hierher gehörigen braungefärbten Stoffe als Ulmin und Ulminsäure; da es sich jedoch nicht um bestimmte chemische Verbindungen handelt, sondern um Gruppen mehr oder weniger nah verwandter Stoffe, so ist jene Unterscheidung besser aufzugeben.

Sichergestellt ist etwa das folgende:

---

*) Journ. amer. Chem. Soc. 1898, 20, S. 103.
**) Exp. Stat. Rec. X, S. 645.
***) Landwirtsch. V.-St.
†) Jahrb. d. Agrik.-Chem. 1900, S. 97.
††) Jahrb. wissensch. Bot. 1902, 37, S. 365.

Die Humusstoffe sind als ein Gemenge vieler einander nahestehender Körper zu betrachten, die sowohl stickstofffrei wie stickstoffhaltig sein können.

Nach dem Verhalten gegen Alkalien kann man die Humusstoffe in zwei große Gruppen einteilen.

1. Huminstoffe quellen mit alkalischen Flüssigkeiten auf und gehen allmählich in Humussäuren über.
2. Humussäuren lösen sich leicht in Alkalien und werden aus ihren Lösungen durch stärkere Mineralsäuren wieder ausgefällt.

Unter dem Mikroskop lassen sich beide Gruppen durch ihr Verhalten gegen Kalilauge unterscheiden.

Die Huminstoffe verhalten sich hiernach etwa wie Anhydride der Huminsäuren.

Die Huminstoffe sind schwarz bis braun gefärbte, amorphe, in den verschiedensten Lösungsmitteln unlösliche (mit Alkalien aufquellbare), organische Verbindungen, ohne hervortretende chemische Eigenschaften.

Man tut gut, sich zumeist an die Eigenschaften der Humussäuren zu halten, die noch am besten bekannt sind.

Die Humussäuren sind im freien Zustande in Alkalien und kohlensauren Alkalien leicht löslich. Aus Moorböden kann man sie durch Ausziehen mit Alkalien oder Ammoniak und Ausfällen mit Salzsäure als voluminöse, gallertartige Massen erhalten, die getrocknet braun bis schwarz gefärbte amorphe Stücke bilden.

In starken Mineralsäuren (Salzsäure, Schwefelsäure) sind die Humussäuren unlöslich, in schwächeren (Borsäure, Phosphorsäure) etwas löslich. In reinem Wasser sind die Humussäuren etwas löslich, nicht aber in salzhaltigem. Lösliche Salze von Erdmetallen und alkalischen Erden (Eisen, Tonerde, Kalk, Magnesia) fällen die Lösungen der Humussäuren; vielleicht unter Bildung von salzartigen Verbindungen. Es scheinen aber alle konzentrierten Salzlösungen ähnlich einzuwirken (am wenigsten noch die phosphorsauren Alkalien) und die gelösten Humussäuren auszuscheiden. Beim Gefrieren der Lösung von Humussäuren werden diese als dunkel gefärbtes Pulver abgeschieden und gehen langsam wieder in Lösung.

Diese Eigenschaften teilen die humosen Lösungen mit den quellbaren Körpern (Stärkekleister, Kieselsäuregallert und anderen) und es ist daher in hohem Grade wahrscheinlich, daß die Humussäuren im Wasser in ganz ähnlicher Weise verteilt sind, wie es für jene Stoffe gilt. Auch die eigentümlichen Absorptionserscheinungen des Humussäuregallerts, dem zahlreiche Salze durch Auswaschen nicht zu entziehen sind, stimmen mit diesem Verhalten überein.*)

Hierdurch ist natürlich nicht ausgeschlossen, daß in der Natur salzartige Verbindungen vorkommen, die man als humussaure Salze bezeichnet. Gilt doch das gleiche von mehreren im freien Zustande gallertartig aufquellbaren Säuren (Kieselsäure, Zinnsäure).

Die Löslichkeit der Humussäuren kann leicht beobachtet werden, wenn man humose Lösungen mit Salzsäure ausfällt und den Niederschlag fortgesetzt mit reinem Wasser auswäscht. Solange noch überschüssige Säure vorhanden ist, bleibt das Ablaufwasser klar, färbt sich dann zuerst bräunlich und endlich braun.

Die dunkle Färbung der Moorgewässer, sowie vieler Waldwässer, ist durch gelöste Humussäuren bedingt.

Die Zusammensetzung der Humussäuren ist nicht genügend bekannt. Da wahrscheinlich zahlreiche einander ähnliche Körper vorliegen, ist eine Übereinstimmung der Analysen auch nicht zu erwarten. Diese schwanken in weiten Grenzen, halten sich aber in der Regel zwischen

59 —63 % Kohlenstoff,
4,4—4,6 % Wasserstoff,
35 —36 % Sauerstoff.

Die Salze der Alkalien und des Ammoniaks mit den Humussäuren sind in Wasser löslich, die der alkalischen Erden (Kalk, Magnesia) unlöslich. Viele Vorgänge deuten jedoch darauf hin, daß auch die letzteren Verbindungen im Boden, bei Gegenwart überschüssiger Säuren, in Lösung übergeführt werden können.

Die rasche Zersetzbarkeit der Humusstoffe in reicheren, zumal kalkhaltigen Böden, ist vielleicht auf die Bildung humussaurer Salze und üppiges niederes Pflanzenleben zurückzuführen.

Humussaurer Kalk z. B. unterliegt rasch der Verwesung; er wird in kohlensauren Kalk übergeführt, der neue Mengen von Humussäuren zu binden vermag. Es liegt keine Ursache vor, zu bezweifeln, daß auch andere Metalle, beziehentlich deren Salze, eine ähnliche die Zersetzung beschleunigende Wirkung ausüben; daß diese Erscheinung besonders auf Kalkböden hervortritt, liegt darin, daß (außer Magnesiumkarbonat) andere angreifbare Salze nicht in gleicher Menge wie das Kalkkarbonat an der Zusammensetzung des Erdbodens teilnehmen.

*) Eingehende Untersuchungen über diesen Gegenstand bei van Bemmelen, Landw. V.-St. 28, S. 115.

Von Bedeutung ist der in den natürlich vorkommenden Humusstoffen nie fehlende Gehalt an Stickstoff. Künstlich hat man (durch Behandeln von Kohlehydraten mit verdünnten Mineralsäuren) völlig stickstofffreie, den Humusstoffen durchaus ähnliche Körper hergestellt; aber auch diese zeigen große Neigung, sich mit stickstoffhaltigen Verbindungen zusammen zu lagern. Erhitzen mit Ammoniak oder stickstoffhaltigen organischen Verbindungen veranlaßt die Entstehung stickstoffhaltiger humoser Körper.

Der Gehalt an Stickstoff kann in weiten Grenzen schwanken. beträgt aber in der Regel 2—3 %. H. Snyder gibt folgende Zahlen von humosen Stoffen, welche nach einjähriger Verwesung gebildet, durch Ausziehen mit Säuren gereinigt, in kohlensaurem Natron gelöst und mit Salzsäure wieder ausgefällt waren:*)

Stickstofffrei	=	Humus der Kohlehydrate,
1—2 % N	=	Humus aus Holz,
2—4 % N	=	Humus aus Getreidestroh,
4—8 % N	=	Humus aus tierischem Dünger,
mehr als 8 % N	=	Humus aus Eiweiß und Fleisch.

Die humosen Stoffe der Böden in ariden Gebieten sind durchschnittlich viel reicher an Stickstoff als die der humiden Gebiete.

Man hat vielfach versucht, die Bindungsweise des Stickstoffs festzustellen. Die Untersuchungen von Dojarenko**) machen es wahrscheinlich, daß die Hauptmenge als Amidosäuren und Säureamide, nur ein kleiner Teil als Ammoniak oder verwandte Körper vorhanden ist. Die Bedeutung des Stickstoffgehaltes der Humussubstanzen für die Pflanzenwelt beruht auf der allmählich fortschreitenden Verwesung, wodurch der in organischer Bindung schwer zugängliche Stickstoff in leichter aufnehmbare Verbindungen übergeführt wird.

Zur Gewinnung der Humussäuren kann man von den Stoffen ausgehen, welche bei Einwirkung von Mineralsäuren auf Kohlehydrate (Zucker) gebildet werden. Will man Humussäuren aus Bodenarten herstellen, so folgt man am besten Nikitinsky.***) Der Boden wird mit 10 % Salzsäure behandelt, ausgewaschen, mit 10 % Sodalösung ausgezogen, das Filtrat zur Abscheidung von Schlammteilen durch ein poröses Filter getrieben; die Lösung mit Salzsäure gefällt, der Niederschlag ausgewaschen (enthält in der Regel noch 3—5 % anorganische Stoffe).

*) Minnesota Agr. Stat. Bull. 53, S. 12.

**) Landw. V.-S. 1902, 56, S. 311. Vergl. auch Berthelot u. André, Compt. rend. 1891, 112, S. 189.

***) Jahrb. d. wissensch. Bot. 1902, 37, S. 366.

Die Reaktion des Bodens bestimmt man mit Lackumspapier. Ein einfaches Mittel, sich von Gegenwart oder Fehlen freier Humussäuren zu überzeugen, hat W. Schütze angegeben.*) Man braucht nur eine kleine Menge des zu untersuchenden Bodens mit Ammoniak zu schütteln. Ist der Boden schwach alkalisch, so bleibt die Lösung farblos oder wird licht gelb gefärbt, neutrale Böden (Mullböden) geben eine hellbraune bis kaffeebraune Färbung, sind freie Humussäuren vorhanden, so ist die Flüssigkeit tief braun bis schwarz gefärbt.

Ist diese Reaktion auch nicht brauchbar, um den Reichtum oder die Armut an Mineralstoffen festzustellen,**) so ist sie doch ein bequemes Mittel, sich über den Bodenzustand zu unterrichten.

Nicht alle organischen Reste bilden bei Verwesung und Fäulnis dieselben humosen Stoffe, wenigstens ist die Neigung, freie Humussäuren zu bilden, für die verschiedenen Pflanzenabfälle eine sehr wechselnde. Scheinbar im gleichen Zersetzungszustand dem Walde entnommene Humusstoffe zeigen z. B. je nach ihrer Abstammung erheblich verschiedene Mengen an in Alkalien löslichen Verbindungen. Unter günstigen Verhältnissen verwesen zwar alle in gleicher Weise, bei ungünstigen tritt jedoch der Unterschied in der Bildung freier Humussäuren erheblich hervor. Als Regel kann gelten, daß von den Waldbäumen namentlich die Abfälle der Buche reich an diesen Stoffen sind, dann folgen Fichte, Eiche; die Kiefer scheint von allen Waldbäumen am wenigsten zu liefern. Reichliche Mengen von Humussäuren enthalten ferner noch die Abfälle von Heide- und Beerkräutern.

Die im Boden vorhandenen unter der Bezeichnung „Humus" zusammengefaßten organischen Stoffe sind pflanzliche und tierische Reste in allen Stadien der Zersetzung. Vielfach ist unter dem Mikroskop noch organisierte Struktur erkennbar, vielfach tragen aber auch die humosen Bestandteile des Bodens den Charakter von Ausfällungen; die organischen Stoffe sind dann innig mit den Mineralstoffen gemischt und fast nur durch ihre Farbe unterscheidbar (Typus der Schwarzerde) oder überziehen wie ein brauner Firnis die einzelnen Bodenteile, namentlich die Sandkörner (Typus des Ortsteins).

Je stärker die organisierte Struktur der Humusteile erhalten und je weniger die Zersetzung fortgeschritten ist, um so reicher ist der Gehalt an ursprünglichen Pflanzenbestandteilen. Es ist daher nicht auffällig, daß man Zellulose, Pentosen usw. im Humus gefunden hat.

---

*) Zeitschr. f. Forst- u. Jagdw. 1873.

**) Vergl. Tuxen in Müller, Natürliche Humussäure S. 105.

Die chemische Analyse des Humus hat seit Schübler nur geringe Fortschritte gemacht. Der Versuch von Grandeau, durch Ausziehen mit Alkalien, nach vorhergehender Behandlung mit Mineralsäuren, die den Pflanzen zugängliche Nährstoffmenge festzustellen, hat wenigstens den Erfolg gehabt, daß man der Trennung der chemisch wirksamen Humussubstanzen, der Humussäuren nach Mulder, wieder größere Bedeutung beigemessen hat.

Eine einfache Methode der Untersuchung ist gegenwärtig etwa folgende:

1. Bestimmung der Harze und wachsartigen Körper durch Ausziehen des trocknen Bodens mit Alkohol und Äther. Der Gehalt an diesen Bestandteilen ist in fruchtbaren Böden gering, im Torf finden sich nach Wollny etwa 5 %, in Sandböden nach Grebe oft in merkbaren Mengen*) und beeinflussen dann die Zersetzung, wie die physikalischen Eigenschaften der Böden.

2. Bestimmung der freien und gebundenen Humussäuren. Der Rückstand des nach 1 behandelten Bodens wird geteilt; 2a) ein Teil wird direkt mit 2 % Ammoniakflüssigkeit bei gewöhnlicher Temperatur mindestens 24 Stunden ausgezogen, das Filtrat eingedampft, bei 100—110° getrocknet, gewogen, geglüht, das Gewicht der zurückbleibenden Asche vom Gesamtgewicht abgezogen.

2b) Der zweite Teil des Rückstandes von 1 wird unter Erwärmen eine halbe Stunde lang mit wenig Salzsäure behandelt, die Salzsäure ausgewaschen, und der Rückstand mit 2 % Ammoniak, wie oben angegeben, ausgezogen.

(Vielfach begnügt man sich damit, den Boden unmittelbar im feuchten Zustande [unter Abrechnung des vorhandenen Wassers, welches in einer besonderen Menge bestimmt wird] mit Ammoniak bzw. vorher mit Säure auszuziehen, ohne die harzartigen Stoffe bestimmt zu haben; bei reicheren Böden ist dies unbedenklich, bei harzhaltigen wird die Alkohol-Äther lösliche Substanz mitgewogen.

3. In einer besonderen Bodenprobe ist die Gesamtmenge der organischen Substanz zu bestimmen. Es geschieht dies bei Humusböden und Sandböden durch Glühen; bei tonreichen Böden ist eine genaue Bestimmung nur durch Verbrennungsanalyse möglich. Um den Humusgehalt zu berechnen, multipliziert man den gefundenen Kohlenstoff mit dem konventionell festgestellten Faktor 0,471.

Nach dieser Methode erhält man

nach 3 die Gesamtmenge der organischen Substanz,

nach 1 die Menge der Harze,

---

*) Zeitschr. f. Forst- u. Jagdw. 19, S. 157.

nach 2a die Menge der löslichen Humussäuren und der Huminstoffe,

nach 2b die Menge der löslichen und der gebundenen Humussäuren und der Huminstoffe.

Liefert 2a mehr als 2b, so erhält man aus der Differenz eine Schätzung der in Säuren löslichen nicht humosen Pflanzenbestandteile (sogenannten stickstofffreien Extraktivstoffe der Nährstoffanalyse). Die Differenz zwischen der Gesamtmenge der organischen Substanz und der, die nach 2b gefunden ist, entspricht etwa dem, was von Mulder als „Humuskohle“ bezeichnet wurde und entweder aus dunkel gefärbten Pflanzenresten oder aus echter Kohle besteht, die in manchen Böden (Torf, Heide, arme Sandböden) nicht selten vorkommt.

Die stärker wirksamen freien Säuren des Bodens, die aus Kalkkarbonat Kohlensäure austreiben, sind in einer frischen Probe besonders zu bestimmen.

Scharf hervorzuheben ist, daß die angegebene Methode der Analyse, wie jeder Chemiker sofort erkennen wird, auf wissenschaftliche Genauigkeit nicht Anspruch erheben kann und nur einen Notbehelf darstellt, der wenigstens einigen Einblick in das Verhalten der Humusstoffe gewährt. Die Methode hat den Vorzug, daß sie den Zersetzungsgrad der organischen Reste und den Gehalt an freien und gebundenen Humussäuren annähernd kennen lehrt. Die humosen Ablagerungen lassen sich z. B. in zwei Gruppen einteilen: die der Hochmoore, denen sich meist der Rohhumus der Wälder anschließt, welche nach dem Behandeln mit Salzsäure weniger in Ammon lösliche Bestandteile abgeben als vorher; und die der Flachmoore, die nach dem Behandeln mit Salzsäure die gleiche oder eine größere Menge in Ammon lösliche Stoffe geben.

Einige Beispiele mögen dies erläutern (Harze wurden nicht bestimmt):

1. Hochmoor, wenig zersetzt, Schicht unter der lebenden Sphagnumdecke. Chorin (Mark);
2. Flachmoor, stark zersetzt, erdartig. Oberschicht. Chorin;
3. Rohhumus unter Moos- und Flechtendecke. Kiefernwald. Biesenthal (Mark);
4. Heidetorf, mit Calluna bestandene Fläche, 10 cm humose Schicht. Apeldoorn in Holland;

	1.	2.	3.	4.
1. Glühverlust	96,25 %	75,43	78.57	59,15 %
2. In Ammon lösl.	7,93	5,38	15,75	15,76 %
3. Asche in 2)	1,01	1,09	0,49	0,58 %
4. In Ammon nach HCl-Einwirkung	5,41	19,23	9,80	14,33 %
5. Asche in 4)	1,14	1,31	0,24	0,40 %

Berechnete Zusammensetzung der organischen Substanz.

1. Freie Humussäuren (2—4) . . .	4,44 %	5,59 %	12,17	22,14
2. Gebundene „ (4—3) . . .	—	18,07	—	—
3. Leicht angreifbare Pflanzenstoffe (3—4)	2,75	—	7,25	2,25
4. Schwer angreifbare Pflanzenstoffe, Kohle (1—3)	92,81	76,24	80,58	75,61
5. Freie Säure (treibt CO_2 aus) . . .	0,963 %	0,001	0,58	n. best.

6. Bedeutung der Humusstoffe für die Böden.

§ 69. Die Bedeutung der humosen Stoffe im Boden ist je nach Klima, Bodenart und nach der Art der Humusverteilung verschieden. Im allgemeinen kann man annehmen, daß die Bedeutung des Humus von den warmen Regionen nach den kalten und von den ariden nach den humiden steigt. Während man in ariden Gebieten Bedenken trägt, wenig zersetzte Stoffe dem Boden beizumischen,*) ist in kalten Gegenden die Pflanze überwiegend auf die humosen Substanzen, als die oft einzigen Träger der Pflanzennährstoffe, angewiesen.

Von großem Einfluß ist ferner die Lagerungsweise der Humusstoffe. Durch Düngung und Bodenbearbeitung können ertraglose Moorflächen in gute Ackerböden umgewandelt werden; der locker gelagerte krümelige Alpenhumus bietet den Waldbäumen alle Bedingungen der Entwicklung; und oft findet man in Senken und an Flußufern mit gekrümelten Humusablagerungen den üppigsten Baumwuchs. Im Gegensatz zu diesen Tatsachen verdrängen geschlossene, dicht gelagerte Humusschichten die anspruchsvolleren Waldbäume (z. B. Buchenmüdigkeit der Böden) oder bieten auf den Heiden der Aufforstung oft außerordentliche Schwierigkeiten.

Die Wirkung des Humus ist überwiegend physikalisch, erst in zweiter Reihe kommt der Gehalt an Pflanzennährstoffen und die Bildung von Kohlensäure bei der Verwesung in Frage.

Feste Bodenarten werden durch Humusbeimischung gelockert, lose (Sandböden) durch sie weniger beweglich gemacht, in beiden Fällen wird die Krümelung gefördert. Diese Wirkung tritt aber nur dann hervor, wenn der Mineralboden mit den humosen Teilen gemischt ist, nicht wenn ihn eine geschlossene humose Schicht überlagert. Mischung von Humus mit Mineralboden ist für jeden Boden vorteilhaft.

*) Hilgard, Forsch. d. Agrik.-Phys. 16. In Südrußland, Rumänien usw. verbrennt man zumeist das Stroh.

Auflagernder Humus ist nur wertvoll, wenn er gut gekrümelt und arm an freien Säuren ist. Dichte, geschlossen auf dem Mineralboden lagernde, fast immer an freien Säuren reiche humose Schichten sind überwiegend schädlich für den Boden.

Die Ansammlung von Humus im Boden ist von der Verwesung abhängig, die in gut geschlossenen Beständen und gekrümelten, nährstoffreichen Böden am raschesten fortschreitet, es ist dies die Ursache, daß die besten Waldböden der Gebiete mit gemischten Laubhölzern arm an humosen Stoffen sind. In Buchenwäldern vollkommenster Entwicklung findet man den Streuabfall des letzten Jahres als lose Laubdecke auf einem humusarmen Mineralboden. Auf solchen Beobachtungen beruht z. B. auch die Angabe Grebes, daß „die Güte des vorhandenen Humus meist im umgekehrten Verhältnis zu dessen Menge steht".*)

Auch für Kiefernböden sind diese Beziehungen in zahllosen Fällen nachweisbar. W. Schütze fand z. B. bei seinen Arbeiten über die diluvialen Sandböden in

Böden der	I.	Ertragsklasse	=	0,892 %	Humus
„	II.	„	=	0,555 %	„
„	II/III.	„	=	1,401 %	„
„	III.	„	=	1,825 %	„
„	IV.	„	=	1,524 %	„
„	V.	„	=	1,429 %	„

Selbst unter Fichten, die mit ihrem flachstreichenden Wurzelsystem oberflächlichen Humusschichten wie kaum eine andere Holzart angepaßt sind, kann man häufig ähnliche Beobachtungen machen. Im allgemeinen ist daher hoher Humusgehalt für Waldböden noch kein Zeichen besonderer Bodengüte, es wird es jedoch, wenn der Humus gleichmäßig mit dem Mineralboden gemischt ist; man kann dann als Regel annehmen, daß unter gleichen Verhältnissen der humusreichere Boden auch der ertragreichere ist. Im Gegensatz hierzu steht das Vorkommen dichter, dem Mineralboden in geschlossener Decke auflagernden Humusschichten, die immer als ein Zeichen des Bodenrückganges aufzufassen sind.

*) Bodenkunde, III. Aufl., S. 176. Die Ausführungen Grebes über Humus sind sehr beachtenswert.

Nach der Menge der humosen Stoffe unterscheidet man einen Boden als schwach, mäßig, stark humos und humusreich. Will man genauere Grenzen einführen, so würde es notwendig sein, sie für Sandböden und Lehmböden, oder überhaupt schwerere Böden getrennt aufzustellen. Ein Gehalt von 10 % Humus gibt z. B. dem Sandboden schon überwiegend den Charakter eines Humusbodens, während ein Lehmboden nur als humushaltig erscheint. Die folgende Zusammenstellung versucht Knops Einteilung (nur für schwere Böden benutzbar) mit den auf Sandböden gewonnenen Erfahrungen in Vergleich zu stellen:

	Schwere Böden	Sandböden
Humusarm	bis 3 %	bis 1 %
Humushaltig	3— 5 %	1—2 %
Humos	5—10 %	2—4 %
Humusreich	10—15 %	4—8 %
Humusüberreich	über 15 %	über 8 %

Um ein zutreffendes Urteil über die Bedeutung der Humusbeimischung für den Ertragswert der Böden zu gewinnen, muß man einmal humushaltige und humusarme Erden derselben Gebiete vergleichen und anderseits die Verbreitung der humosen Stoffe in den verschiedenen Klimaten berücksichtigen.

Die vorteilhaften physikalischen Eigenschaften humushaltiger Böden, ihre Lockerheit, Krümelung und zumal die Beeinflussung des Wassergehaltes treten für jeden Unbefangenen hervor. Mit vollem Recht legt man daher einem angemessenen Humusgehalt im Boden den höchsten Wert bei und bevorzugt zumal im forstlichen Betriebe alle Maßregeln, welche der Humusbildung günstig sind.

In wärmeren Gebieten ist der Boden fast humusfrei oder doch sehr humusarm. Unter mittleren klimatischen Verhältnissen nimmt das Vorkommen von humosen Stoffen langsam, in kühleren Gebieten rasch zu, und in kalten Regionen und Klimaten wird infolge der verminderten chemischen Verwitterung der Humus der hauptsächliche Träger der Pflanzenwelt.

In wärmeren und zumeist mehr oder weniger ariden Gebieten finden sich im Boden Stickstoffgehalte, welche auf die organische Substanz berechnet zum Teil höhere Prozente als in den Eiweißkörpern ergeben würden; d. h. der Stickstoff ist zum großen Teile in Formen vorhanden, die zurzeit noch nicht genügend bekannt sind, aber wohl vorwiegend den anorganischen Verbindungen zugehören. In den kälteren Gebieten wird der Humus immer ausgesprochner der Träger des gebundenen Stickstoffs, dessen prozentischer Gehalt im großen Durchschnitt mit der Menge des Kohlenstoffes im Boden steigt und fällt.

Man ist daher nicht berechtigt, Erfahrungen, welche z. B. auf nährstoffreichen, gut zersetzten, lockeren Böden Mitteleuropas gewonnen worden sind, ohne weiteres auch auf arme Böden nördlicherer Lagen zu übertragen. Thaer würde seine Hypothese der Humusernährung der Pflanzen nicht aufgestellt haben, wenn er anstatt in der Mark Brandenburg in Südeuropa seine Beobachtungen gemacht hätte und viele Äußerungen, zumal auch aus forstlichen Kreisen, würden weniger extrem lauten, wenn nicht die Verhältnisse nur eines Gebietes den Urteilen zugrunde gelegt würden.

Die herrschenden Verhältnisse im Walde, zumal die Schäden, welche ungemessene Streuentnahme herbeigeführt habt, waren Veranlassung die Bedeutung des Humus für den Wald einseitig zu überschätzen und zumal den gewaltigen Unterschied zwischen den verschiedenen Humusformen zu übersehen. Gegenwärtig treten Bestrebungen hervor, welche darauf hinauslaufen, die Wichtigkeit der humosen Stoffe für den Waldboden zu gering zu veranschlagen und einseitig die Bedeutung der Mineralstoffe für den Wald hervorzuheben. Es ist nicht dringend genug darauf hinzuweisen, daß jede Auffassung, welche nicht an beiden Richtungen das Berechtigte anerkennt, zu einseitigen Schlüssen führen muß.

7. Humusablagerungen.

§ 70. Die humosen Stoffe, welche im Boden und unter Wasser abgelagert werden, setzen sich aus folgenden Bestandteilen zusammen: Mehr oder weniger zersetzte erkennbare Pflanzen- und Tierreste, von Tieren zerkleinerte Pflanzenreste, Tierkot, chemische Niederschläge, anorganische Teile. Je nach den Mengen, in denen die einzelnen Gruppen an der Mischung teilnehmen, lassen sich folgende Hauptabteilungen unterscheiden:

1. Mull (P. E. Müller, natürliche Humusformen) umfaßt nach Müllers Definition die locker gelagerten, gekrümelten, überwiegend durch Tiere bearbeiteten Ablagerungen der Böden. Müller unterscheidet den Mull der Regenwürmer und Insektenmull, der erstere reich an anorganischen Stoffen, der letztere fast ganz aus zerkleinerten Pflanzenresten bestehend. Gegenwärtig bezeichnet der Sprachgebrauch alle locker gelagerten, gekrümelten Gemische organischer und anorganischer Bestandteile als Mull. Die Böden, welche gekrümelt sind und humose und Mineralteile gleichmäßig gemischt enthalten, bezeichnet man als „Mullböden".

2. Schlamm. Unter Wasser gebildete Ablagerungen, welche ihre bezeichnenden Eigenschaften durch die Einwirkung des organi-

schen Lebens erhalten, aus Gemischen von anorganischen und organischen Bestandteilen in sehr wechselnder Menge bestehen und mehr oder weniger Tierkot, chemische Ausfällungen und Reste niederer Pflanzen (Algen, Diatomeen) enthalten.

Die Schlammablagerungen sind Produkte geringer Massen pflanzlicher Substanz und reichlichen Tierlebens. Von allen hierher gehörigen Bildungen schwanken die Schlammablagerungen in ihren Eigenschaften am meisten; gemeinsam ist ihnen der Absatz unter Wasser, sowie daß ihre Struktur und Zusammensetzung durch niederes Tier- und Pflanzenleben beeinflußt ist. Zwischen Flußschlamm, der fast nur aus feinen Mineralteilen besteht, und Gyttje, die in der Hauptmasse aus Tierkot gebildet wird, finden sich alle Übergänge.

3. Torf. Ablagerungen mehr oder weniger humifizierter Pflanzenreste meist mit erhaltener, makroskopisch erkennbarer Pflanzenstruktur. Der Torf besteht aus Resten einer Massenvegetation von Phanrogamen, Gefäßkryptogamen und Moosen. Torf wird gebildet, wenn die Vorgänge, welche organische Substanz zerstören, erheblich langsamer arbeiten als die Produktion durch die Pflanzenwelt.

Die folgende Zusammenstellung gibt eine Übersicht der europäischen Humusbildungen.*)

Auf dem Trocknen.

1. Vorherrschen der Verwesung u. Tätigkeit der Tierwelt: lockere, gekrümelte Massen, reich an Tierkot, Bakterien, Würmer-Mull. Ohne oder arm an freien Säuren. Reich an Mineralteilen: Mull.

Abweichende Formen.

a) Insektenmull; Insektenkot und zernagte Pflanzenteile, arm an Mineralteilen.

b) Schwarzerde, im ariden Gebiet. Die humosen Stoffe zumeist chemisch ausgefällt. Mäßige Mengen Tierkot.

c) Alpenhumus, in kühleren humiden Regionen auf Kalkgesteinen. (Einordnung noch zweifelhaft!)

Unter Wasser.

1. Vorherrschen der Verwesung und Tätigkeit der Tier- u. Pflanzenwelt: Schlamm.

Unterabteilungen.

a) Teichschlamm (Gyttje); Ablagerungen schwimmender Pflanzen in klaren Gewässern; durch Bakterien zersetzter Tierkot, tierische Reste, Mineralteile. Humifizierte Pflanzenreste sind sparsam, daher graue Färbungen vorherrschend.

b) Mudde; Ablagerungen der dunkel gefärbten, gelöste Humusstoffe enthaltenden Gewässer. Braun gefärbte, faserige Massen: überwiegend chemische Ausscheidungen durch Einwirkung der Pflanzen.

---

*) Die nachfolgende Übersicht geht über die Grenzen des vorliegenden Buches, das doch vorwiegend nur mitteleuropäische Verhältnisse behandeln kann, hinaus. Die Einteilung gründet sich auf v. Post, P. E. Müller, Gunnar Andersson, J. Früh, C. Weber und bringt zugleich die noch nicht veröffentlichten Untersuchungen des Verfassers. Das große Werk von J. Früh und C. Schröter: „Moore der Schweiz“ erschien erst nach Drucklegung der vorstehenden Übersicht, konnte daher nur wenig benutzt werden.

Auf dem Trocknen.

d) Humusbildungen nördlicher Kalkböden, der Borowina- und Rendzina-Böden Rußlands. (Einordnung noch zweifelhaft.)

2. Verwesung verlangsamt. Bakterien und Tiere treten zurück. Fadenpilze. Viel freie Säuren. Reste der Waldbäume und Bodenvegetation. Rohhumus (Trockentorf). Umbildung des unterlagernden Bodens: Abscheidung von Ortstein.

Unterabteilungen.

a) Heidetorf oder Heiderohhumus; Ablagerungen der Heidevegetation (Calluna, Erica tetralix usw.)
b) Trockentorf der Hochgebirge; Ablagerungen von Carexarten (C. firma u. and.), Azalea procumbens, Flechten.
c) Trockentorf der arktischen Böden; Ablagerungen von Reisern (Empetrum u. a.), Moosen usw.

Unter Wasser.

c) Seekreide; vorherrschend durch Pflanzen abgeschiedenes Kalkkarbonat.
d) Diatomeenerde; Anhäufungen von Diatomeenschalen.
e) Lebertorf; Algen mit Gallerthüllen reich vertreten; chemische Ausfällungen und zersetzter Tierkot.
f) Flußschlamm; überwiegend Mineralteile; Algen, Krustazeen.
g) Seeschlamm (Schlick); Gemisch von organischen Resten (Diatomeen, Polythalamian) mit Mineralteilen. In Brack- und Meerwasser.
h) Schlamm der Salzseen arider Gebiete.

2. Verwesung verlangsamt, in tieferen Schichten Fäulnis. Tiere treten zurück. Reste der torfbildenden Pflanzen herrschen vor. Torf.

Unterabteilungen.

a) Flachmoortorf; Ablagerungen der Pflanzen der nährstoffreichen Gewässer (Cyperaceen, Phragmites, Hypneen usw.).
b) Hochmoortorf; Ablagerungen der Pflanzen der nährstoffarmen Gewässer.
   1. Moostorf; überwiegend Reste von Sphagneen, Wollgras.
   2. Torf der nordischen und arktischen Gewässer (Kärrmoore); Hochmoorpflanzen, Carexarten, Wollgras usw.; ohne Sphagneen.
   3. Torf der Alpinen Moore; Carexarten, Wollgras; ohne Sphagneen.
   4. Torf der Tundra und „schwappenden Tundra“ (nach Middendorff).

Umbildungen der Torfablagerungen.

§ 71. 1. Durch Einwirkung der Tier- und Pflanzenwelt: Bildung der Moorerden; meist locker und gekrümelt, ohne erkennbare Pflanzenstruktur.

a) Bei der Bildung. Reiches Tierleben, zerstört bereits bei und kurz nach Ablagerung die Pflanzenstruktur: Einzelne Moorbildungen, zumal im Röhricht. Böden der Erlenbrüche und vieler Waldmoore. Moorerden der Wälder auf feuchten und nassen Böden. Moormergel z. T.

b) Nach der Ablagerung: Zerstörung der Pflanzenstruktur in den obersten Schichten der Moorwiesen durch Tiere (Maulwürfe, Mäuse, Regenwürmer, Insektenlarven) und durch die Vegetation nicht torfbildender Pflanzen (Wiesenvegetation). Veränderung des Torfbodens durch menschliche Arbeit. Moormergel z. T. Zerstörung des Rohhumus der Wälder durch Grasvegetation.

2. Durch Verarmung an mineralischen Pflanzennährstoffen: Bildung von Hochmoor auf dem Rohhumus der Wälder, auf Heiden und auf Flachmoortorf.

3. Durch Austrocknen: Bildung oberflächlicher Verwitterungsschichten auf Hochmoor; Bunkerde. Bewaldung durch Kiefer, Fichte, Birke, Heide.

4. Durch Vernässung: (Regressive Moorbildung der Skandinavier.) Zurücktreten der Sphagneen; Vorherrschen von Carex- usw. Arten des nährstoffarmen Wassers. (Bisher nur im Norden beobachtet.)

5. Durch chemische Umbildungen: Zerfall der Pflanzenstruktur in den tiefen Schichten sehr alter Moore durch fortschreitende Humifizierung z. B.: Baggertorf, älterer Moostorf (C. Weber). Die fortschreitende Umbildung der Pflanzenreste in mehr oder weniger strukturlose organische Stoffe mit dem chemischen Charakter der Humate ist der normale Vorgang, den man als „Humifizierung" bezeichnen kann.

8. Auf dem Trockenen gebildete Humusformen.*)

§ 72. Untersucht man die in der Natur vorkommenden Böden, so findet man, daß die Einlagerung humoser Stoffe bis in sehr verschiedene Tiefen reicht. Am geeignetsten zur Untersuchung sind die durch Menschenhand wenig oder nicht berührten Waldböden. Hier sind namentlich zwei Formen vertreten:

1. Die Streuschicht ist meist wenig mächtig und besteht aus nicht verbundenen, locker nebeneinander liegenden Waldabfällen, die entweder unmittelbar den Mineralboden überlagern oder unter denen sich eine wenig mächtige humose Schicht von lockerer, gekrümelter Beschaffenheit findet. Gräbt man in den Boden ein, so schneidet

*) Müller, Natürliche Humusformen. Berlin.

der Oberboden nicht scharf von dem tieferen ab, sondern beide gehen scheinbar allmählich ineinander über.

2. Unter einer oft mächtigen Streuschicht, deren einzelne Bestandteile untereinander verflochten sind, findet sich eine feste, faserige oder dicht gelagerte humose Schicht. Der Oberboden ist in scharfer Linie von dem tieferen geschieden, so daß der Unterschied zwischen beiden sofort hervortritt.

Natürlich finden sich zwischen den beiden Formen mannigfaltige Übergänge. Für die erste Ausbildung bietet jeder im guten Zustande befindliche Wald Beispiele, die zweite beobachtet man am reinsten in armen, namentlich Ortstein führenden Sandböden.

Auf Heiden und freiliegenden Böden (Sandböden) tritt in niederschlagreichen Gegenden häufig die Entwicklung einer Algenvegetation auf, welche die Oberfläche verkrustet und für Wasser schwer durchlässig macht. Die Algendecke entwickelt sich unter Umständen so mächtig, daß sie in zusammenhängenden Stücken abgerissen werden kann (v. Schermbeek). Auch auf dem Rohhumus der Wälder finden sich vielfach Algen und Flechten als erste Vegetation nach der Freistellung (Graebner, Die norddeutsche Heide).

a) Die erste Form ist die der guten, und um den Ausdruck zu brauchen, gesunden Waldböden. Die oberste Bodenschicht enthält deutlich erkennbare, humose Beimischungen, aber auch in den nächst tieferen Lagen fehlen die organischen Stoffe nicht völlig, sind aber auf besserem Boden nur in geringer Menge vorhanden. Sie lassen keine organisierte Struktur mehr erkennen, sondern sind den Bodenteilen so innig beigemengt, daß nach der ganzen Erscheinung nur an eine chemische Ausfällung gedacht werden kann. Man verdankt Müller eine einfache Erklärung dieser Erscheinung. Die obersten Schichten sind meist arm an löslichen Mineralstoffen, hier können Humussäuren gebildet und vom Wasser gelöst werden. In Berührung mit den benachbarten Bodenteilchen, welche reicher an Salzen sind, werden die Humussäuren wieder ausgefällt.

b) Die zweite Form der Humusablagerungen entsteht bei ungünstigen Bedingungen der Verwesung.

Dieselben können verursacht sein:

1. auf sehr armen Böden durch Mangel an Nährstoffen;
2. durch Abschluß der Luft (überwiegend bei längerer Wasserbedeckung);
3. durch Übermaß an Wasser, zumeist verbunden mit niederer Temperatur. Dies findet statt in Gegenden mit hohen Niederschlägen und hoher Luftfeuchtigkeit (Seeküsten, Hochgebirge);

4. durch niedere Temperatur (in den nordischen Ländern);
5. durch Mangel an Wasser (Trockenheit, zumal während der wärmeren Jahreszeit). Hervorragende Kuppen, Hänge, die von Süd- und Ostwinden ausgetrocknet werden, licht gestellte Bestände, zumal Buchenforste, zeigen häufig diese Erscheinung.

Demnach können alle Bedingungen, welche der Verwesung ungünstig sind, die Ablagerung humoser Reste in wenig zersetztem Zustande und auf dem Boden dicht auflagernder Schicht veranlassen; welche Bedingung gerade am gegebenen Orte die wirkende gewesen ist, das zu entscheiden bedarf es eines mit den Verhältnissen vertrauten Urteils. Allen diesen Ablagerungen gemeinsam ist die faserige, wenig erdartige Struktur der Humusschicht.

Die verschiedenartigsten Pflanzenreste können das Material für diese Bildungen liefern, zeigen aber bemerkenswerte Unterschiede in der Leichtigkeit und Schnelligkeit, mit welcher die Ablagerung voranschreitet. Vielleicht steht dies Verhalten in Beziehung zur Zahl und den Arten der auf den verschiedenen Pflanzenresten vorkommenden Pilze. Eine Andeutung hierüber gibt die Mitteilung von de Konung; er fand auf den Blättern der Eichenstreu 41 Arten, auf Buche 27 Arten, auf Kiefernnadeln nur 12 Arten Fadenpilze. (Arch. néerland. II, 9, S. 49.)

Für die Baumarten ergibt sich etwa folgende Reihe:

Buche, Fichte, Eiche, Kiefer;

für Tanne, Lärche, Birke fehlen noch die betreffenden Beobachtungen.

Erdmann (Heideaufforstung 1904, S. 70) gibt die Reihenfolge: Weymouthskiefer, Buche, Fichte, Tanne, Eiche, Kiefer, Birke. Die letzten drei seien unschädliche „Humuszehrer", während die ersten drei ausgesprochene „Humusbilder" sind und die Tanne etwa in der Mitte steht. Nur unter sehr ungünstigen Verhältnissen liefere sie Rohhumus, im ganzen schließe sie sich mehr den unschädlichen Baumarten an.

In bezug auf die Bodenpflanzen ist etwa folgende Reihe aufzustellen:

Heide (Calluna vulgaris), Preißelbeere (Vacc. vitis idaea), Heidelbeere (Vacc. myrtill.), Farnkraut (Pteris aquilina und Aspidiumarten), Moos, besonders die dichte Polster bildenden Arten.

Alle solche Ablagerungen werden unter dem Namen „Rohhumus" zusammengefaßt; Müller bezeichnet sie als „Trockentorf". Es sind nach Entstehung und Eigenschaften sehr ähnliche Bildungen.

Der Rohhumus besteht aus zwei Schichten; die obere ist mäßig zersetzt, die Pflanzenabfälle sind in ihrer Struktur mehr oder weniger erhalten und bilden eine mäßig dichte, versponnene und verwebte Masse; die tiefere Schicht enthält sparsam erkennbare Pflanzenteile, die humose Substanz ist faserig, meist dunkel gefärbt, von Wurzeln dicht durchzogen. Es wäre erwünscht, für diese beiden Schichten gesonderte Bezeichnungen zu haben. In manchen Fällen, zumal unter Astmoosen ist die obere Lage wenig entwickelt. In anderen Fällen erreichen die Ablagerungen erhebliche Mächtigkeit; die Beschaffenheit des Rohhumus wird dann völlig torfartig. Es sind namentlich kühlere und feuchte Gebiete, in denen derartige Bildungen nicht selten sind; sie können unter verschiedenen Beständen (Buche, Kiefer, Fichte) auftreten und entsprechen in ihrer Ausbildung vollständig der Waldmoorschicht, welche sich unter vielen Hochmooren findet.

Vorhandener Rohhumus läßt sich zumeist schon an dem Zustande der Streudecke erkennen. Auf allen guten Waldböden ist diese dünn und immer locker gelagert. Die einzelnen Bestandteile, Blattreste und dergleichen liegen lose nebeneinander. Überall, wo dagegen die Bildung von Rohhumus beginnt, ist die Streudecke mehr oder weniger dicht zusammengelagert; zumal in Buchenwäldern kann man sie oft in großen zusammenhängenden Schichten abziehen.

Nicht selten läßt sich nachweisen, daß die Entstehung des Rohhumus mit forstlichen Kulturmaßregeln in Verbindung steht. Oft bildet eine Abteilungsgrenze die Scheide zwischen gesunden Humusbildungen und denen des Rohhumus.*)

Auch an einzelnen Stellen eines sonst davon freien Bestandes tritt häufig Bildung von Rohhumus durch lokale Bedingungen auf; ungünstige Jahre und Lichtstellung können sie sehr steigern. An solchen Orten erfolgt mit Vorliebe die erste Ansiedelung der Heide und Beerkräuter, die durch ihr dichtes Wurzelgeflecht und eigene Abfälle die Rohhumusbildungen stark fördern.

Der Rohhumus der Heide ist zumeist dunkel gefärbt, von wenig faseriger, dichter Struktur. Der Heidetorf ist schwarzbraun bis schwarz, homogen und im feuchten Zustande zuweilen fast speckig, nach dem Trocknen fest zusammengebacken, von Heidewurzeln dicht durchwachsen.

Der Rohhumus der Buche ist dunkelbraun gefärbt, oft torfartig ausgebildet. In den obersten Schichten sind Blattreste reichlich erkennbar, die in den tieferen in braune bis rotbraune, körnige und faserige Massen zersetzt sind, während Fruchtkapseln und Äste

*) Vergleiche hierüber namentlich Müller, Die natürlichen Humusformen.

meist noch unterschieden werden können. Der Buchenrohhumus ist von Buchenwurzeln durchzogen, die einen wesentlichen Bestandteil der Schicht ausmachen und zur dichten Lagerung der Massen beitragen. Ähnlich verhalten sich die Abfälle der Eiche, doch herrschen hellere Farben und lockerere Struktur vor.

Der Rohhumus der Heidelbeere steht in seinen Eigenschaften dem der Buche nahe, bezeichnend ist das dichte Geflecht von Kriechtrieben der Heidelbeere, welche meist in den tiefsten Schichten des Humus, oft unmittelbar auf der Oberfläche des Mineralbodens streichen. Die Preißelbeere gibt hell gefärbte, grau bis gelbbraune, dicht zusammengelagerte, stark faserige Massen.

Die Farnkräuter liefern braun gefärbte, erdartige bis ausgesprochen torfartige Bildungen.

Der Rohhumus der Fichte ist dunkel gefärbt, meist lockerer als die vorgenannten. Reste der Nadeln sind fast stets erkennbar.

Die Bildungen der Kiefernwälder, bei denen Moosarten starken Anteil haben, sind zumeist hellbraun, seltner braun bis dunkelbraun, oft stark faserig.

Natürlich können lokale Bedingungen mannigfache Abänderungen hervorrufen; es kann hier nur darauf ankommen, die hauptsächlichten Formen hervorzuheben.

9. Die Veränderungen des Bodens unter Rohhumus. Ortsteinbildung.

Literatur:

Emeis, Waldbauliche Forschungen. Berlin bei Springer.
Müller, Die natürlichen Humusformen. Berlin bei Springer.
Ramann, Jahrbuch der preußischen geologischen Landesanstalt usw. 1885. Zeitschr. f. Fosrt- u. Jagdw. 1885.

§ 73. Die Veränderungen des Bodens bei Rohhumusbedeckung lassen sich auf die Wirkung der Humussäuren, sowie auf den Abschluß der Luft durch die dichten Humusschichten zurückführen.

Die entstehenden Säuren wirken auf die unverwitterten Silikate des Bodens energisch zersetzend ein, bringen Alkalien und alkalische Erden in Lösung und geben, da zugleich die Absorption des Bodens in sauren Lösungen gering ist, Ursache zur Auswaschung des Bodens und Wegführung der löslichen Stoffe in größere Tiefen.

Die Rohhumusbedeckung bewirkt also rasch fortschreitende Verwitterung des Bodens und beschleunigte Auswaschung der löslich gewordenen Mineralstoffe.

Die Einwirkung einer Rohhumusbedeckung tritt am charakteristischsten bei Sandböden hervor. Untersucht man diese, so findet man die oberste Bodenschicht stark ausgebleicht, die Sandkörner sind milchweiß, die eingemischten Silikatgesteine stark verwittert und zumeist in weißen Kaolin umgewandelt. Humose Beimischungen sind an der Oberfläche reichlich vorhanden, nehmen aber nach der Tiefe immer mehr ab, so daß der Boden eine helle graue (bisweilen mit einem Stich ins Rötliche) Farbe hat. Sande, bei denen diese Eigenschaften oft bis in erhebliche Tiefen auftreten, bezeichnet man nach der bleigrauen Färbung als Grau- oder Bleisand.

Unterhalb dieser hell gefärbten Schicht lagert, scharf davon getrennt, ein gelb bis braun gefärbter Boden, der allmählich nach der Tiefe zu heller wird. Die Sandkörner dieser Bodenlage zeigen Beimengungen von Eisenoxyd, beziehentlich von Eisenoxydhydrat, welche hauptsächlich die Färbung veranlassen.

Die beigemischten Silikate (Feldspat und dergleichen) sind zum Teil verwittert, zum Teil auch noch wenig angegriffen und erscheinen, je tiefer man in den Boden vordringt, um so frischer und unveränderter.

Um ein Bild der Umbildungen solcher Böden zu geben, mögen hier zunächst Analysen eines normalen Diluvialsandbodens der Oberförsterei Eberswalde folgen.*)

Das Bodenprofil zeigte bis zu einer Tiefe von 2 m:

I. 16 cm schwach humosen Sand;
II. 30 ,, bräunlichgelben nach unten heller gefärbter Sand;
III. weißen Sand.

Die chemische Zusammensetzung der verschiedenen Schichten siehe umstehende Tabelle (S. 164).

Die oberste humose Bodenschicht ist der am stärksten verwitterte und durch Auswaschung an Mineralstoffen verarmte Teil des Bodens.

Die dunkel gefärbte Lage (II.) ist die eigentliche Verwitterungszone des Bodens, am reichsten an löslichen, von mittlerem Gehalte an unlöslichen Stoffen, während der weiße Sand den noch wenig angegriffenen Rohboden darstellt.

Bedeckt sich ein solcher Boden mit Rohhumus, so wird die Umbildung der verschiedenen Schichten beschleunigt, die Unterschiede treten schärfer hervor; zumal die Auswaschung der obersten Bodenlage geht rascher voran. Ist diese bis zu einem gewissen Grade vollendet, so hört auch die Einwirkung der Bodensalze auf die löslichen

*) Ramann, Die Verwitterung diluvialer Sande. Jahrb. d. preuß. geol. Landesanst. 1884.

		Löslich in Salzsäure $^0/_0$ des Bodens	Unlöslicher Rückstand des Salzsäureauszugs	Gesamtgehalt des Bodens
I.	Kali	0,020	0,96	0,98
	Kalk	0,019	0,36	0,38
	Magnesia	0,025	0,06	0,08
	Eisenoxyd	0,197	0,69	0,89
	Tonerde	0,174	2,84	3,01
	Phosphorsäure	0,040	0,05	0,09
II.	Kali	0,035	1,19	1,23
	Kalk	0,041	0,43	0,47
	Magnesia	0,052	0,07	0,12
	Eisenoxyd	0,215	0,76	0,98
	Tonerde	0,272	2,40	2,67
	Phosphorsäure	0,068	0,04	0,11
III.	Kali	0,048	1,04	1,09
	Kalk	0,041	0,32	0,36
	Magnesia	0,055	0,06	0,12
	Eisenoxyd	0,241	0,68	0,92
	Tonerde	0,132	2,48	2,61
	Phosphorsäure	0,030	0,07	0,10

Humussäuren auf, die Säuren bleiben in Lösung und können in tiefere Bodenschichten gelangen. Sobald sie jedoch in Berührung mit löslichen Salzen kommen, werden sie zur Ausfällung gebracht und überziehen zunächst die einzelnen Bodenkörner mit einer dünnen Schicht strukturloser organischer Stoffe. Naturgemäß wird diese Ausfällung am stärksten in der „Verwitterungszone" des Bodens vor sich gehen. Werden immer mehr gelöste organische Stoffe zugeführt, so können die ausgeschiedenen Mengen so bedeutend werden, daß sie die einzelnen Bodenteile verkitten und eine feste Schicht unterhalb des Bleisandes, den Ortstein, bilden.

Man kann in Sandböden aller Art diese Vorgänge häufig in allen Übergängen verfolgen. Der Entstehungsvorgang verläuft in drei Abschnitten:

1. Auswaschung der obersten Bodenschicht;
2. erste Abscheidung humoser Stoffe auf der Verwitterungszone des Bodens. Die einzelnen Körner sind noch voneinander getrennt, aber mit dünnen Schichten organischer Stoffe überzogen;
3. Verkittung der Bodenschicht zu festen Ortsteinlagen.

Die chemische Veränderung des Bodens läßt sich schrittweise verfolgen. Ein besonders gutes Beispiel hierfür geben Untersuchungen des Verfassers von Diluvialsanden.*)

Die Bodenarten enthielten an in Salzsäure löslichen Stoffen:

	Gesunder Waldboden (Mullboden)	Boden mit 2 cm Rohhumus bedeckt	Boden mit 7 cm Rohhumus bedeckt
Kali	0,0107	0,0107	0,0092
Kalk	0,0875	0,0508	0,0360
Magnesia	0,0440	0,0333	0,0130
Eisenoxyd	0,4875	0,4287	0,3375
Tonerde	0,5625	0,4287	0,3487
Phosphorsäure	0,0489	0,0320	0,0296
Gesamtgehalt an lösl. Stoffen	**1,2974**	**1,0163**	**0,7959**
Porenvolumen des Bodens	55,4	53,1	46,2

Noch viel schärfer ausgeprägt treten ähnliche Verhältnisse bei Ortsteinböden hervor. Unter den vielfachen untereinander völlig übereinstimmenden Untersuchungen möge hier eine Analysenreihe des Verfassers als Beispiel dienen:

Ortsteinboden der Oberförsterei Hohenbrück (Pommern). (Siehe Tabelle S. 166.)

1. Bleisand, 15—20 cm mit 1,05 % organischen Stoffen;
2. Ortstein, 5—8 cm mit 7,28 % organischen Stoffen;
3. Gelbbrauner unter dem Ortstein liegender Sand.

10. Der Ortstein

Ur, Ahl, Orterde, Branderde, Fuchserde, Fuchsdiele, Kraulis (Ostpreußen), Knick (Westfriesland).

§ 74. Der Ortstein ist ein durch humose Stoffe verkitteter Sandstein, also ein Humussandstein; von hellbrauner bis schwarzbrauner Farbe. Je nach Bodenart und Mächtigkeit ist derselbe zerreib-

*) Waldstreu usw., S. 48. Berlin 1890.

Die Analysen beziehen sich auf diluviale Sande, deren ungemein gleichartige Zusammensetzung die Ausführung solcher Untersuchungen ermöglicht. Die völlige Gleichheit des Bodens in tieferen Schichten ist überdies noch später durch besondere Analysen nachgewiesen (Forstliche Blätter 1890, S. 141). Für jeden, der mit den Verhältnissen diluvialer Sandböden vertraut ist, kann es keinem Zweifel unterliegen, daß die beobachteten Veränderungen sekundär sind und nach Lage der Sache nur durch die Rohhumusauflagerungen herbeigeführt sein können.

		Löslich in Salzsäure $^0/_0$ des Bodens	Der in Salzsäure unlösliche Rückstand $^0/_0$	Berechnete Zusammensetzung des Bodens $^0/_0$
Bleisand	Kali	0,0076	0,618	0,626
	Kalk	0,0110	0,060	0,071
	Magnesia	0,0026	0,020	0,023
	Eisenoxyd	0,0964	0,450	0,546
	Tonerde	0,0268	1,650	1,677
	Phosphorsäure	0,0059	0,043	0,049
	Gesamtmenge	**0,1646**	**2,068**	**2,233**
Ortstein	Kali	0,0178	0,754	0,772
	Kalk	0,0194	0,170	0,189
	Magnesia	0,0137	0,028	0,042
	Eisenoxyd	0,1936	0,690	0,784
	Tonerde	1,5256	2,320	3,845
	Phosphorsäure	0,2966	0,042	0,338
	Gesamtmenge	**2,0744**	**4,411**	**6,482**
Gelbbrauner Sand	Kali	0,0085	1,103	1,111
	Kalk	0,0254	0,225	0,250
	Magnesia	0,0401	0,064	0,104
	Eisenoxyd	0,3448	0,760	1,105
	Tonerde	0,4000	3,210	3,610
	Phosphorsäure	0,0281	0,043	0,071
	Gesamtmenge	**0,895**	**5,938**	**6,833**

lich, wenig fest bis steinhart. Er findet sich in der Regel an den Hängen selbst schwacher Bodenerhebungen besonders stark ausgebildet; die Gipfel, beziehentlich Höhen sind meist, nicht immer, frei von Ortstein; in den Tieflagen, zumal in der Nähe des Grundwassers, ist er meist weicher, zerreiblicher.

Die Mächtigkeit des Ortsteins und die Tiefe, in der er sich findet, sind äußerst wechselnd.

An die Luft gebracht zerfällt der Ortstein zunächst zu einem braunen, durch Verwitterung der organischen Bestandteile allmählich heller werdenden Sand. Durchfrieren des Ortsteins beschleunigt diesen Vorgang ungemein. Als Regel kann gelten, daß der Zerfall um so rascher eintritt, je höher der Gehalt an organischen Stoffen ist. Braun gefärbte (humusreiche) Ortsteine sind meist in Jahresfrist, hell gefärbte (humusarme) oft erst in 2—4 Jahren zerstört.

Duchbrechungen des Ortsteins geben zunächst Gelegenheit zum rascheren Abfluß des Wassers; hierdurch wird starke Auswaschung des Bodens und Bildung von Bleisand bewirkt, der von neuen Ortsteinablagerungen umkleidet wird, die oft metertief in den Boden hinabreichen. Fehlen solche Abzugskanäle für das Wasser, so durchsickert dieses an einzelnen Stellen den Ortstein reichlicher als an anderen und bildet tiefe Ausstülpungen von Ortstein. Beide Formen bezeichnet man als Töpfe, sie bieten der Kultur von Ortsteinböden oft große Schwierigkeiten.

Obgleich einheitlicher Entstehung, kann man für die Zwecke der Bodenkultur doch drei verschiedene Formen des Ortsteins unterscheiden, da diese Ausbildungsweisen darstellen, welche der Bearbeitung sehr verschiedene Schwierigkeiten entgegenstellen.

1. Orterde (Branderde), weich, zerreiblich, sehr reich an organischen Stoffen; zumeist wenig tief gelagert. Es ist dies die Form reicherer, noch wenig ungünstig veränderter Böden.

2. Ortstein, feste, steinartig harte Massen, die in mäßiger Dicke auf noch zerreiblichen oder losen Bodenschichten auflagern. Der Gehalt an organischen Stoffen ist ein mittlerer, die Farbe braun bis schwarz. Diese Form ist in der Lüneburger Heide und überhaupt in Norddeutschland am verbreitetsten.

3. Hellbraun bis braun gefärbter Ortstein, sehr fest und zähe, von geringem Gehalte an organischen Stoffen. Diese Form des Ortsteins, welche der Bodenbearbeitung die größte Schwierigkeit entgegensetzt, findet sich überwiegend in Schleswig-Holstein und Dänemark, seltener in Norddeutschland. Der Ortstein ist bei dieser Ausbildung meist von großer Mächtigkeit und von einer oft weniger festen Schicht dunkler gefärbten Ortsteins überlagert.*)

Das Vorkommen des Ortsteins ist viel verbreiteter als man früher angenommen hat. Einmal auf diese Bildung aufmerksam gemacht, hat man sie nicht nur im ganzen Norden Europas gefunden, sondern auch auf den deutschen Mittelgebirgen und im Hochgebirge.

Die Ortsteinbildung tritt auf reinen Sandböden am leichtesten und verbreitetsten auf, ist jedoch nicht auf sie beschränkt. Auf Gesteinsgrus nicht selten, finden sich analoge Bildungen auch auf

---

*) Emeis wie Müller, welche wesentlich die Verhältnisse der cimbrischen Halbinsel berücksichtigen, erklären übereinstimmend, daß der Ortstein, wo er voll ausgebildet sei, immer in der letzteren Form vorkomme. Für jene Gebiete ist dies richtig, glücklicherweise aber nicht für weitaus die meisten Ortsteinböden der südlicheren Gebiete.

Oberhalb des Ortsteines findet sich nicht selten eine lockere, humusreiche Lage. Müller führt die Bildung auf herabgeschlämmte Humuspartikel zurück. Wo ich Gelegenheit hatte, diese Bildung kennen zu lernen, scheint sie mir vielmehr auf abgestorbene Heidewurzeln, welche oft den Ortstein in dichterem Geflecht überziehen, zurückzuführen zu sein.

lehmigen Böden, wenn auch die Ausbildung dann in der Regel weniger typisch ist und meist erdartige Formen vorkommen.*)

Man nahm früher vielfach an, daß der Ortstein infolge Entwaldung unter Heide entstände, trotzdem schon sehr frühzeitig Nachrichten über Ortstein in Wäldern vorkommen (Eilenriede bei Hannover, Rostocker Stadtwald). Tatsächlich ist Ortstein auf alten Waldböden weit verbreitet; so beziehen sich z. B. die mitgeteilten Analysen auf Ortstein aus altem Waldboden der Oberförsterei Hohenbrück.

§ 75.

11. Physikalische Änderungen des Bodens bei Rohhumusbedeckung treten mit den chemischen Wirkungen gleichzeitig ein. Durch Wegführung der löslichen Salze wird eine der wichtigsten Bedingungen der Krümelbildung beseitigt; die Krümel selbst werden zerstört und die Bodenkörner dichter zusammengelagert. Bei vergleichenden Untersuchungen ergibt sich immer eine Verringerung des Porenvolumen, also der von Luft erfüllten Räume des Bodens. Alle Heideböden zeigen fast das Minimum der Durchlüftung. Nicht selten ist die oberste Mineralbodenschicht so dicht gelagert, daß sie sich, auch wenn sie aus Sand besteht, in Stücken herausbrechen läßt.

Eine fernere ungünstige Wirkung liegt in der Vernichtung oder doch in der sehr bedeutenden Verminderung des Tierlebens. Die Regenwürmer verschwinden bei Rohhumusbedeckung sehr rasch. Die saure Reaktion der Böden bewirkt Zurücktreten der Bakterien und damit Abnahme der Verwesung. Aus allen diesen Gründen ist es verständlich, daß die einmal begonnene Bildung von sauren Humusstoffen rasch fortschreitet, da die wesentlichsten Ursachen der Zerstörung der Abfallreste vermindert sind.

Während Beimischung von gesundem Humus und Bedeckung mit einer *locker gelagerten Streudecke* für den Waldboden von hervorragender Bedeutung ist, sind *Rohhumusschichten für Boden wie Bestand in ihren Wirkungen überwiegend ungünstig.* Sammelt sich Rohhumus zu mächtigeren Schichten an, so wird er zu einem Gliede der Bodenformation und bildet einen ausgesprochenen Humusboden, der in vielen Fällen zum Ausgangspunkt eines Hochmoores werden kann. Die Hochmoore der Gebirge sind fast ausschließlich, die der Ebene vielfach auf diesem Wege entstanden.

---

*) Verf. fand z. B. Ortsteinbildungen in reichlicher Verbreitung im Gotthardgebiete, z. B. entlang der Furkastraße.

12. Unter Wasser gebildete humose Ablagerungen.*)

§ 76. Die unter Wasser gebildeten Ablagerungen organischer und durch die Lebenstätigkeit der Organismen beeinflußter Stoffe des Süßwassers und Brackwassers lassen sich in zwei große Gruppen vereinigen; in Schlamm- und in Torfbildungen. Als dritte Gruppe und wesentlich auf Salzwasser beschränkt, hier aber nicht zu behandeln, würden die Anhäufungen der Muscheln, Korallen usw. anzusehen sein, während die recenten Schichten der Tiefsee sich ohne Zwang den Schlammarten zuordnen lassen.

Die Schlammbildungen bestehen aus sehr feinkörnigen Gemischen organischer und anorganischer Bestandteile, von denen die anorganischen Stoffe (tonige, selten sandige) von außen zugeführt oder chemisch abgeschieden sind; die organischen Stoffe, chemische Ausfällungen oder Reste mikroskopischer Organismen (Diatomeen, Polytalamien, Algen, Krustazeen usw.), Tierkot und sehr weitgehend zersetzte Reste höherer Pflanzen sind.

Die Torfbildungen umfassen die humifizierten Reste höherer Pflanzen, zumeist mit noch erhaltener Pflanzenstruktur.

Es ist leicht verständlich, daß den Schlammbildungen auch gelegentlich Reste höherer Pflanzen oder größerer Tiere eingelagert sein können, sowie daß fast alle Torfablagerungen dem Schlamm zuzurechnende Bestandteile enthalten; je nach dem Vorherrschen der einen oder andern Gruppe sind die einzelnen Vorkommen einzuordnen, in weitaus den meisten Fällen ist die Zugehörigkeit leicht festzustellen.

Charakteristisch ist, daß Schlammbildungen Produkte chemischer Ausfällungen und mikroskopischer Organismen, die Torfbildungen Produkte der Phanerogamen Moose und Gefäßkryptogamen sind. Es sind in erster Linie die Masse der abgestorbenen Reste und die Lebensbedingungen, welche den zerstörenden Organismen geboten sind, welche über den Charakter der Bildungen entscheiden.

---

*) Die Literatur über den Gegenstand ist außerordentlich umfangreich. Von Arbeiten, welche allgemeine Gesichtspunkte behandeln, seien hervorgehoben:

Sendtner, Veget. Bayerns. München 1847.
Lorenz, Moore von Salzburg. Flora 1858.
J. J. Früh, Torf u. Dopplerit. Zürich 1883.
v. Post, Landw. Jahrb. 1888, S. 405 (übers. aus d. Schwedischen).
Ramann, Organogene Bildungen der Jetztzeit. Neues Jahrbuch. Min.-B. Bd. X.
Weber, Hochmoor von Augstumal. Berlin 1902.
Gunnar Andersson, Bull. de la Comm. géol. de Finlande 1898, No. 8.
J. Früh u. C. Schröter, Moore der Schweiz. 1904.

Die geringe Produktion der schwimmenden Wasserpflanzen an organischen Stoffen ermöglicht es der Tierwelt, sie zu zerstören; die reiche Entwicklung der Bakterien und der Tierwelt in den Röhrichten ist noch imstande, die Hauptmenge der abgestorbenen Pflanzen zu zerstören, sie versagt aber gegenüber der hohen Produktion der im geschlossenen Bestande wachsenden Cyperaceen, und noch mehr unter den ungünstigen Lebensbedingungen, welche die Hochmoore bieten. Sehr bezeichnend ist, worauf Früh besonders hinweist, daß die Hauptmasse des Torfes der Flachmoore aus Wurzelresten gebildet wird, also jenen Teilen der Pflanze, welche dem Angriff der zerstörenden Organismen mehr entzogen sind.

Der Charakter der herrschenden Vegetation der Gewässer wird außer durch klimatische Bedingungen, überwiegend durch den Gehalt an anorganischen Pflanzennährstoffen, weniger durch Anwesenheit oder Fehlen gelöster organischer (humoser) Bestandteile bedingt.

Fließendes Wasser wirkt, da fortwährender Wechsel des die Pflanzenwurzel umspülenden Wassers und hierdurch bessere Ernährung stattfindet, wie Erhöhung, stagnierendes Wasser infolge ungünstiger Ernährung der Pflanzen, wie Minderung des Nährstoffgehaltes.

Hochmoorpflanzen treten in Gebieten geringer chemischer Verwitterung (im Norden und im Hochgebirge), in vielen Seen und Wasseransammlungen herrschend auf; in den Gegenden stärkerer chemischen Verwitterung finden sie sich fast nur auf vorgebildeten humosen Ablagerungen.

Wachstumsverhältnisse der Wasserpflanzen.

Früh und Schröter unterscheiden

I. Sedimentationsbestände.

1. Die Tiefenregion (unterhalb 13—30 m) enthält farblose Schizophyceen (zumal Beggiatoaarten) und Bazillariaceen.
2. Die Schwebeflora (Phytoplankton) besteht aus Bakterien, Schizophyceen (Blaualgen), Bazillariaceen, Chlorophyceen (Grünalgen), von denen namentlich Arten mit Gallerthüllen sich in den Schlammbildungen finden.
3. Hydrochariten, schwimmende größere Wasserpflanzen: fadenbildende Algen, Laubmoose, schwimmende Phanerogamen.

II. Verlandungsbestände.

a) Ganz untergetaucht oder mit Schwimmblättern versehen: Algen sehr verschiedener Typen, die fest haften und flutende oder dichtrasige Schichten bilden. Limnaceenvereine:

Algen, Characeen, Laubmoose (meist Hypneen). Potamogetonarten und ihre Begleiter: Callitriche, Hippuris u. a. Das Napharetum, Seerosen, Trapa.

b) Bestände der Sumpfpflanzen: Rohrsümpfe. Scirpus lacustris, Phragmites mit ihren zahlreichen Begleitern. Das Magno-Caricetum gesellig wachsender Cyperaceen, meist Carexarten.

Nach der früher gegebenen Einteilung bilden die Sedimentationsbestände und die unter a) aufgeführten Verlandungsbestände Schlammablagerungen, die unter b) dagegen Torf.

Man vergleiche auch Brand. Vegetationsverh. d. Würmsees. Bot. Centralbl. 1896.

Als Regel für die Verteilung der Vegetation in den Seen Nordeuropas kann folgendes gelten: *)

In tiefen Regionen lagern sich Bestandteile, die durch Wind und Gewässer zugeführt werden (Pollen, Mineralteile), untermischt mit den Resten der schwimmenden Flora und Fauna, des Plankton, ab. Der Schlamm ist sehr locker gelagert (Tiefenschlamm). In größeren Tiefen (etwa 40 m und mehr) treten Reduktionsprozesse auf und beim Zerfall der Eiweißstoffe kann Schwefelwasserstoff bzw. Schwefeleisen gebildet werden, Vorgänge, an denen sich die Schwefelbakterien (Beggiatoaarten) stark beteiligen.

In höheren Lagen (bis 10 m Tiefe) finden sich geschlossene Ansiedelungen von Algen (Vaucheria u. a.), denen in geringerer Tiefe Rasen von flutenden oder schwimmenden Pflanzen folgen (Elodea, Ceratophyllum, Potamageton, Nymphaea u. a.); im flachen Wasser und bis zur Tiefe von 2—3 m finden sich Horste von Phragmites, Scirpus lacustris usw., Arten, die unterer Wasser wurzeln, deren Vegetationsorgane aber frei in die Luft emporragen. Diese Arten wachsen gesellig, aber nicht geschlossen, zwischen ihren Stengeln findet sich reichlich freies Wasser. Hohe Temperatur und Schutz gegen Feinde ermöglichen ein hoch entwickeltes Tierleben. Am Rande der Seen findet sich in flachem Wasser ein geschlossener Bestand von Carexarten, welche zwischen ihrem dichten Bestande dem Tierleben nur geringen Raum gewähren. Häufen sich Reste der Cariceen so reichlich an, daß die ursprüngliche Wasserfläche erreicht oder überschritten wird, so kann die Entwicklung verschieden verlaufen.

---

*) Jentzsch, Zeitschr. d. Geol. Ges. 1902, 54, S. 144.

1. Die Cyperaceenvegetation wird durch Wiesenpflanzen verdrängt, die so lange herrschend bleiben, bis durch Weide, Entzug durch Menschen und namentlich durch Auswaschung der Nährstoffgehalt so weit erschöpft ist, daß Moose und saure Gräser sich entwickeln können, die endlich durch Hochmoorpflanzen überwuchert werden.

2. An der Oberfläche der Vegetation sammelt sich infolge geringer Wasserbewegung, z. B. in verlandenden Seen, oder bei mangelndem Abfluß Tagwasser an und ermöglicht hierdurch die Herrschaft einer Flora der nährstoffarmen Gewässer, namentlich der Sphagneen, die bald die frühere Wasseroberfläche überschreiten und zur Entstehung eines Hochmoores Veranlassung geben.

Diese Form der Umwandlung eines Flachmoors in Hochmoor ist viel häufiger unmittelbar zu beobachten als die unter 1. angegebene und hat dadurch zur Meinung geführt, daß sie die einzig normale Form der Weiterbildung sei. Mir sind z. B. aus der Mark Brandenburg eine Anzahl von Beispielen, namentlich kleinerer in Wäldern gelegener Moore bekannt, die früher wirtschaftlich genutzt worden sind, und mit einzelnen Haufen von Sphagneen bewachsen waren, während die Hauptmasse noch Flachmoor- und Wiesen-Vegetation trug.

Eine Abart der Cyperaceenvegetation wird durch den bültigen Wuchs von Carex stricta hervorgerufen. Jede Pflanze erscheint in Form einer kurzen Säule (einzelne bis meterhoch), deren unterer Teil von Wurzeln und abgestorbenen Blättern gebildet wird, während die Pflanze an der Spitze weiter grünt. Zwischen den einzelnen Säulen findet sich meist Wasser. Diese Moore hat Kerner*) nach einem ungarischen Worte (zsombék = Bülte, Haufen) Zsombékmoore genannt.

Die Bildung organischer Substanz ist im Gebiete der schwimmenden Pflanzenwelt gering, erheblich in den Rohrhorsten und am stärksten im Gebiete der Cyperaceen. Es ist dies die wichtigste Ursache, daß die Ablagerungen nach Richtung des Ufers meist mächtiger werden.

Die Wurzeln des Rohres (Phragmites) sind oft dicht verwachsen und bilden unter Umständen eine schwimmende Decke auf tieferem Wasser (Schwingrasen), welche durch weitere Auflagerungen zur Verlandung der Fläche führen kann, so daß die Moorschicht auf Wasser schwimmt. Derartige schwimmende Moore sind bei Dammaufschüttungen, Wegeanlagen u. dgl. oft Ursache schwerer wirtschaftlicher Schäden, da die Decke der humosen Stoffe durchbrochen werden und die Aufschüttungen in die Tiefe sinken können.

---

*) Pflanzenleben der Donauländer.

13. Schlamm.

§ 77. Schlammablagerungen bilden sich in stehenden und langsam fließenden Gewässern und an den Mündungsgebieten der Flüsse im Meere.

a) Teichschlamm (Gyttje), Bildungen in klarem, gelöste Humusstoffe nicht enthaltenden Wasser. Locker gelagerte, grau bis graubraun oder grauschwarz, im frischen Zustande infolge von Einlagerungen von Algen auch grünlich gefärbte, sehr feinfaserige Massen, die beim Trocknen stark schwinden und in harte, schneidbare Stücke zerfallen. Der Gehalt an organischen Stoffen ist mäßig, die Hauptmenge wird von einer feinen, grauen, faserigen Masse gebildet. Trybom*) gibt für schwedische Gyttje als Mittel des Gehaltes an 5 % Tierreste, 5 % Pflanzenreste, 15 % Ton und Sand, 75 % nicht unterscheidbare Teile, die überwiegend aus zersetztem Tierkot bestehen. v. Post untersuchte die Schlammbildung genauer. Die schwimmenden Pflanzen werden von Schnecken usw. abgeweidet, der Kot dieser Tiere wird von Bakterien weiter zersetzt und in jene graue, faserige Masse umgewandelt, der sich Reste der Pflanzen und Tiere beimischen.

b) Seekreide.**) Überwiegend feinkörniger kristallinischer kohlensaurer Kalk, untermischt mit Tier- und Pflanzenresten. Nach Zersetzung der organischen Beimischungen bleibt fast reiner kohlensaurer Kalk zurück. Die Seekreide wird durch Ausfällung von Kalkkarbonat durch schwimmende Pflanzen gebildet. Die Zusammensetzung wechselt nach den Pflanzenarten. Passarge fand im Schlamm unter Characeen 70—74 %, unter Elodea 53 %, unter Vaucheriarasen 10 % kohlensauren Kalk.

Die Pflanzen verbrauchen die Säuren, an welche der gelöste Kalk des Wassers gebunden ist, zur Assimilation; kohlensaurer Kalk wird abgeschieden. Nach J. König***) können die flutenden Arten ihren Bedarf an Stickstoff aus organischer Quelle decken, ebenso den an Kohlenstoff aus Lösungen, die frei von Kohlensäure sind. Bei Kulturen entwickeln sich diese Arten günstiger in Wasser, welches organische Stoffe gelöst enthält, sie scheinen einer halb saprophytischen Lebensweise angepaßt zu sein. Genügt auch die Annahme, daß diese Pflanzen ihren Bedarf an Kohlensäure dem doppeltkohlensauren Kalk des Wassers entnehmen und einfaches Karbonat abscheiden, zur Erklärung, so weisen die mit-

*) Geol. För. Förh. 1888, 10, S. 489.

**) Passarge, Jahrb. d. preuß. geol. Landesanst. 1901.
Wesenberg-Lund, Medd. dansk. geologisk. Fören. 1901, Nr. 7.

***) Zeitschr. f. Unters. d. Nahrungs- u. Genußmittel 1900, 3, S. 377.

geteilten Beobachtungen doch auf die große Bedeutung hin, welche organische Säuren bei dem Vorgange haben.

c) Humose Niederschläge (Mudde, Dy). In dunkel gefärbten Gewässern, zumal im Gebiete der schwimmenden Pflanzen, namentlich der Seerosen, sparsamer in den Schilf- und Rohrhorsten, findet man die Blätter und Stiele der Pflanzen mit feinen braunen strukturlosen Fasern behängt. Unter dem Mikroskope läßt sich erkennen, daß sie aus demselben Materiale bestehen, welches die feinfaserigen Teile der Schlamm-Ablagerungen bildet und zumeist den Charakter chemischer Ausfällungen trägt.

Nach v. Post *) ist die dunkle Färbung der Gewässer vorwiegend eine Folge der Auslaugung von auf dem Festlande gebildeten löslichen Humusstoffen, wenn auch die organischen Ablagerungen der Wasserbecken reichlichen Anteil daran haben mögen. Die gelösten humosen Teile werden überwiegend durch Einwirkung der Wasserpflanzen ausgefällt; die reichlichste Ausscheidung erfolgt daher in der Nähe der Ufer.**) Es mag bei diesen Ausfällungen dahingestellt bleiben, ob man in ihnen Produkte der Oxydation gelöster Humusstoffe, vermittelt durch Sauerstoffausscheidung der Pflanzen, sehen will, oder was Verfasser als wahrscheinlicher erscheint, als nicht verbrauchte Teile der zur Ernährung der Wasserpflanzen dienenden organischen Stoffe. In diesem Falle würde eine vollständige Parallele mit den Kalkausscheidungen bestehen.

Ablagerungen dieser Humusform sind in Seen weit verbreitet; sie überlagern vielfach Teichschlamm und bilden oft mächtige, sehr weiche, in der Tiefe meist hellbraun gefärbte Massen, die an der Luft rasch dunkler werden und unter starker Volumverminderung zu festen schwarzen Stücken eintrocknen. Den Torfbildungen sind derartige Ausfällungen in wechselnder Menge beigemischt und scheinen in den „Waldmooren", den Ausfüllungen kleiner, zumeist von Laubwald umgebener ehemaliger Seen, sehr reichlich vertreten zu sein.

d) Diatomeenerde. In manchen Mooren finden sich Anhäufungen von Diatomeenschalen, zumeist einiger weniger Arten, die ganze Bänke bilden können. Es sind lockere, im frischen Zustande oft grau oder dunkel gefärbte Lagen.

Die fossilen oder subfossilen Diatomeenlager bezeichnet man als Tripel oder Kieselgur.

---

*) Bull. geol. Inst. Upsala 1893, 1, S. 284.

**) Vielleicht würde es berechtigt sein, den von C. Weber vorgeschlagenen Ausdruck „Mudde" ausschließlich auf die chemisch ausgefällten organischen Stoffe zu beschränken. Andersson definiert den schwedischen Ausdruck „Dy", der durch v. Post eingeführt ist und unserem „Moorboden" am meisten entspricht, als Humusbildungen, entstanden „durch chemische Ausfällung organischer Verbindungen".

e) L e b e r t o r f bildet in manchen Fällen das Liegende von Flachmoorbildungen im nördlichen und nordöstlichen Deutschland. Im frischen Zustand knetbar, elastisch, von dunkelgrüner bis rotbrauner Farbe, nicht unähnlich tierischer Leber (daher der Name), trocknet der Lebertorf auf $^1/_5$—$^1/_4$ seines ursprünglichen Volumens ein und bildet harte, schneidbare, auf dem Schnitt glänzende Massen.

Der Lebertorf besteht aus den Bestandteilen des Schlammes, zu denen sich in der Regel Algen mit Gallerthüllen gesellen. Der Gehalt an organischen Stoffen ist ziemlich groß. Der Lebertorf bildet meist einen wertvollen Brenntorf.

f) F l u ß s c h l a m m. Der Flußschlamm lagert sich in langsam fließenden Gewässern und namentlich auf zeitweise überschwemmten Ufern ab. Der Flußschlamm ist reich an Mineralteilen (Mineralstaub, tonigen Teilen usw.), die in manchen Fällen weit vorwiegen. In ruhigen Stellen des Flußlaufes können Bildungen auftreten, die sich dem Moorboden nähern und an die sich die Erlenbrüche anschließen. Die Bildung des Flußschlamms läßt sich am leichtesten auf überschwemmten Wiesen beobachten. Es entwickelt sich ein reiches Pflanzen- und Tierleben, zumal Algen sind zahlreich, und beim Zurücktreten des Wassers findet man an den Gräsern graubraunen Schlamm haften. In manchen Fällen bilden die Algen verfilzte Massen, die nach dem Absterben ganz papierartig aussehen können und von E h r e n b e r g als „W i e s e n -“ oder „M e t e o r p a p i e r“ bezeichnet wurden.

Auch von schwebenden Mineralteilen freies Wasser kann bei Überflutungen durch Vermittlung des organischen Lebens nicht unerhebliche Zufuhr von Nährstoffen bewirken.

Die aus Ablagerungen von Flußschlamm hervorgegangenen Böden bezeichnet man als A u e b ö d e n, auch wohl als F l u ß m a r s c h e n. *)

Die Aueböden werden stark durch die Zusammensetzung der abgelagerten mineralischen Bestandteile in ihrem Ertrag beeinflußt. So sind nach G r e b e die Aueniederungen der Saale, deren Schlamm überwiegend Kalk- und Urgesteinen entstammt, viel ertragreicher als die der Elbe, deren Schlamm im Mittel- und Unterlaufe hauptsächlich von Sandsteinen und Sandgebieten geliefert wird.

Die Aueböden sind wertvolle Wiesenböden; sie tragen außerdem Wälder, die sich hauptsächlich aus Eschen, Erlen, Pappeln, an trockneren Stellen Eichen und Feldahorn, Birnbäumen, mit reichem

*) In Süddeutschland bezeichnet man als Aueböden vielfach überhaupt recente Ablagerungen von Flüssen, auch wenn sie außerhalb des Überschwemmungsgebietes liegen und sich aus Sand u. dgl. zusammensetzen.

Unterholz zusammensetzen, jedoch frei von Nadelholz und Buche sind, welche regelmäßig wiederkehrende Überstauungen nicht ertragen.

g) Seeschlamm (Schlick). Im Mündungsgebiet der Ströme lagert sich an ruhigen Stellen, namentlich den bei Ebbe trocken liegenden Küsten eine Schlammart ab, die zur Bildung der fruchtbaren Marschböden führt. Es sind Gemische von Mineralteilen, der Flußtrübe der Ströme, mit abgestorbenen Resten von Organismen des Meeres, namentlich Diatomeen und kalkschaligen Polythalamien.

Man rechnet *), daß im Durchschnitt in 50 Jahren die Marschablagerungen 1 Fuß betragen, nach Begrünung des Bodens kann aber dieselbe Schicht in 6—8 Jahren abgelagert werden.

Um dem Meer neue Flächen abzugewinnen, befördert man die Schlickablagerung durch Anlage von Zäunen u. dgl., welche die Geschwindigkeit des abfließenden Wassers mäßigen und den Schlick festhalten. Ist die Ablagerung so weit gewachsen, daß sie die normale Fluthöhe überragt, so siedelt sich zunächst der Queller (Salicornia herbacea) an, ihm folgen Salzkraut (Salsola Kali) und andre Salzpflanzen, endlich Gräser.**)

h) Schlamm der Salzseen. Die Salzseen der ariden Gebiete, namentlich Südrußlands, erhalten in der kalten Jahreszeit reichlich Wasser zugeführt. Im Frühling entwickelt sich reiches Pflanzen- und Tierleben, welches beim Verdunsten des Seewassers im Sommer in der starken Salzlauge erlischt. Es lagert sich ein sehr weicher, voluminöser, schwarzer, feinkörniger Schlamm ab.

Abweichend sind die Humusformen der Natriumkarbonat führenden Bodenarten (Sodaböden, Black-alkali-Böden der Amerikaner). Die organischen Stoffe werden unter dem Einfluß der alkalischen Bodenlösung löslich und lagern sich beim Austrocknen wieder ab. Die Böden erhalten durch diese Vorgänge eine bestimmte Schichtenfolge bei dichter Lagerung der Bodenteile.

14. Moorerden.

§ 78. Unter der Bezeichnung „Moorerde“ sind hier alle Formen der Humusböden zusammengefaßt, welche aus stark zersetzten Torfbestandteilen bestehen und in denen Pflanzenreste mikroskopisch nicht mehr erkennbar sind. Diese Böden haben lockere, meist ge-

*) Forchhammer, Neue Jahrb., München. 1841, S. 29.

**) Literatur in Emmerling u. Weber, Dauerweiden in den Marschen Norddeutschlands. Arb. d. deutsch. Landw. Ges. Heft 61.

Ansbach, Jahrb. d. deutsch. landw. Ges. 1897, 12, S. 182.

Becker, Journ. f. Landw. 1900, 48, S. 123.

krümelte Beschaffenheit und bilden stets die obersten Schichten.

Die Moorerden können auf verschiedenem Wege entstehen, von denen der wichtigste Bearbeitung durch Tiere, in Kulturböden durch Menschen, ist. Abweichende, aber physikalisch ähnliche Bildungen und daher hier angeschlossen sind die Humusböden auf Kalk in den kühleren Gebieten und Regionen; in Deutschland besonders der Alpenhumus.

1) Moorerden der Wiesen usw. Dunkel, meist schwarz gefärbte, stark zersetzte und durch wühlende und grabende Tiere, namentlich Maulwürfe, Regenwürmer, Insektenlarven durcharbeitete, in den oberen Schichten oft erdige Humusböden. Häufig wird der Untergrund von Torf oder Sand gebildet.

Die Böden meliorierter und öfter bearbeiteter Torfmoore nehmen in längerer oder kürzerer Zeit die Beschaffenheit der Moorerden an.

2) Als Moormergel bezeichnet man stark zersetzte kalkhaltige Humusböden gleicher Entstehung und Beschaffenheit wie die der vorigen Abteilung, bei denen der kohlensaure Kalk der ganzen Masse gleichartig eingelagert ist. Häufig ist der kohlensaure Kalk nicht sichtbar und nur durch Befeuchten mit Säure nachzuweisen.

3) Der Boden der Erlenbrüche ist zumeist dunkel gefärbt, von lockerer, mehr oder weniger erdartigen Beschaffenheit. An pflanzlichen erkennbaren Resten finden sich häufig Erlenwurzeln und Stubben. Namentlich in kleineren Waldmooren wird die obere Schicht oft von Erlenresten gebildet.

4) Waldmoorboden. Auf nährstoffreichen, feuchten und nassen Böden der Wälder finden sich nicht selten Ablagerungen von wechselnder Mächtigkeit locker gelagerter, krümeliger Humusböden, zumeist von hoher Fruchtbarkeit und mit reichem Tierleben, namentlich zahlreichen Regenwürmern.

5) Alpenhumus.*) In den Kalkalpen finden sich nach Ebermayer Humusablagerungen, welche folgende Eigenschaften besitzen: „Es ist eine dunkelschwarze, lockere, fast pulverförmige Erde, welche nur aus verwesten Pflanzenresten besteht und weder Exkremente von Regenwürmern noch Chitinteile und Insektenexkremente enthält. Regenwürmer kommen nur ganz vereinzelt vor. Dieser Humus ist frei von allen fremden mineralischen Beimengungen und hinterläßt beim Glühen nur so viel Asche, als den humusbildenden Materialien (Moos, Nadeln, Holz usw.) entspricht. Bisweilen bildet er meterdicke Schichten, auf welchen schöne Fichtenbestände oder Mischungen von Fichten, Buchen und Tannen stocken,

*) Ebermayer, Forsch. der Agrik.-Phys. 10, S. 385.

die ihre Nahrung einzig und allein aus diesem Material beziehen. Im Untergrunde finden sich Bruchstücke von Kalk oder Dolomit. Am meisten Ähnlichkeit hat diese Humusart mit zerfallener schwarzer Moorerde, ist aber weit reicher an Kali und Phosphorsäure als diese."

15. Torf.

§ 79. Über den Vorgang der Torfbildung liegen mehrere Untersuchungen vor. Andersson deutet seine Beobachtungen dahin, daß im Torf die Cellulose fast stets zerstört ist, vielleicht durch Gärung, und daß man annehmen muß, die Hauptmasse des Torfs bilde sich aus Ligninsubstanzen. Am widerstandsfähigsten sind Korkschichten. Von Interesse ist, daß bei Untersuchung der erkennbaren Pflanzenreste der schwedischen Moore nur 15 % der schwedischen Pflanzenarten gefunden wurden; es sind so gut wie ausschließlich Arten mit verholzten Zellwänden, welche erhalten sind. Auf die Mitwirkung der Gerbsäuren deuten Erfahrungen, welche Anreicherung an Eisen in stark gerbstoffhaltigen Pflanzenteilen nachweisen.*) In der Asche vertorften Kiefernholzes fand Müller**) 37%, im Eichenholz 66% Eisenoxyd, während die meisten Salze ausgelaugt waren.

Der Torf besteht aus Pflanzenresten mit makroskopisch erkennbar erhaltener Pflanzenstruktur und aus chemisch zersetzten und durch Tiere umgearbeiteten Pflanzenresten, die sich als braune zerfaserte Massen beimischen; geringen Anteil nehmen Tierkot und Tierreste (Chitin usw.). Auch durch Pilze, im Hochmoor namentlich durch Fadenpilze verändertes Material mischt sich bei. Je nach dem Anteil, welchen die Bestandteile an der Zusammensetzung haben, ist der Charakter des Torfs verschieden; die lockersten, leichtesten Formen bestehen überwiegend aus wenig veränderter Pflanzensubstanz (Moostorf u. a.).

Früh, dem wir eingehendere mikroskopische Studien verdanken, fand zahlreiche sehr kleine braune Körnchen, die auch in geschlossenen Zellen vorhanden sind; dies deutet darauf hin, daß chemische Umsetzungen eintreten, die allmählich eine Umbildung der vorhandenen Pflanzensubstanz herbeiführen. Es scheint, daß sehr verschiedene chemische Stoffe in ähnlicher Weise verändert werden können. Nach Früh ist Cellulose einer der wichtigsten Torfbildner und liefert homogene braune Massen, aber auch die verschiedensten anderen Pflanzenstoffe nehmen teil. Auch die Zerstörung der Pflanzenstruktur in sehr alten Torfschichten (Baggertorf, älterer Moostorf), sowie die allmähliche Anreicherung an Kohlenstoff

---

*) Thoms, Landw. V.-St. 1897, 49.
**) Landw. V.-St. 1888, 36, S. 263.

in den Kohleablagerungen, die in verwandter Weise auch im Torf eintritt, zeigt, daß rein chemische Vorgänge bei der Torfbildung in hervorragender Weise beteiligt sind. Als Regel kann überhaupt gelten, daß die erkennbaren Pflanzenteile im Torf um so mehr abnehmen, je stärker die chemischen Veränderungen fortgeschritten sind.

Es finden sich daher in den tieferen Schichten der Moore Ablagerungen, die unzweifelhaft aus Torfschichten mit erhaltener Pflanzenstruktur hervorgegangen sind, aber makroskopisch keine erkennbaren Pflanzenreste enthalten. Von den Moorböden unterscheiden sie sich durch ihre Lagerung unter Torf und die gleichmäßige, nicht gekrümelte Struktur. Charakteristische Vorkommen sind der

Baggertorf, der zumeist durch Ausschöpfen gewonnen wird, in den tiefsten Schichten alter Hochmoore auftritt und ein gleichmäßig feinschlammiges, weiches Material bildet, welches beim Eintrocknen sehr stark schwindet und oft reich an Paraffinen ist. Unter dem Mikroskop erkennt man zersetzte Blattreste von Sphagneen und Wurzelreste von Gräsern, sparsam tierisches Material, Pollenkörner u. dgl.

Der ältere Moostorf in den tieferen Lagen der regionalen Hochmoore Westdeutschlands. Gleichmäßige, stark schwindende humose Massen, ohne makroskopisch erkennbare Pflanzenteile; unter dem Mikroskop läßt sich feststellen, daß der ältere Moortorf fast ausschließlich von Sphagnum- und Wollgrasresten gebildet wird. Er ist offenbar aus gewöhnlichem Hochmoortorf durch fortschreitende Zersetzung entstanden.

Die Fähigkeit, Torf zu bilden, ist in unseren Klimaten nur einer kleinen Anzahl von Pflanzen zuzuschreiben; die wichtigsten sind: Moose und zwar Hypneen (Amblystegiumarten, zumal A. fluitans), Sphagneen, denen sich Paludella squarrosa, im Norden Dicranumarten anschließen; vielleicht ist auch noch Polytrichum zu nennen.*)

Der Weißmoostorf ist locker, stark faserig und porös, hellbraun bis braun gefärbt; der gewöhnliche zur Torfstreugewinnung benutzte Torf (Moostorf). Hypneentorf besteht in den nördlichen Gebieten oft aus fast unveränderten, gelbbraun gefärbten Moosen; in den südlicheren findet sich mehr fremdes Material beigemischt, die Moose zeichnen sich aber auch hier durch verhältnismäßig geringe Zersetzung aus.

---

*) Im Norden nennt man den Sphagneentorf „Weißmoostorf“ (und nach Tolf die Hypneentorfe „Braunmoostorf“), ein Ausdruck, der auch bei uns benutzt werden kann.

Unter den Gramineen liefert Phragmites communis reichlich und verbreitet Torf. Die Art hat sehr weite geographische Verbreitung und vermag unter den verschiedensten Bedingungen zu leben, sogar im brackischen Wasser. Der „Darg“ Nordwestdeutschlands ist überwiegend im Brackwasser gebildeter Phragmitestorf. Vielfach finden sich die Wurzeln und Rhizome des Rohres zwischen anderen humosen Ablagerungen, jedoch besteht auch viel Torf aus Phragmitesresten, die dunkelgefärbte, verfilzte, sehr ungleichmäßige, aus lockeren und festen Teilen gemischte Torfmassen in 0,5 bis 2—3 m Tiefe der Moore bilden.

Seggentorf, eine der wichtigsten, vielleicht die verbreitetste Torfart der Flachmoore. Poröse Torfarten, die aus einem Gewirr von Stengel- und Wurzelresten von Carexarten bestehen. Zumeist ist die Zellwandung zerstört, aber in der Regel sind erkennbare Fruchtreste vorhanden. Die wichtigsten torfbildenden Arten der Flachmoore sind C. filiformis, ampullacea, vesicaria; ferner sehr häufig C. stricta. Im Hochgebirge bilden Trockentorf Carex firma und C. curvula.

Wollgrastorf, Fasertorf, braun, von helleren oft ziemlich festen Fäden, den Gefäßbündeln des Wollgrases, durchzogen. Der an seinen Fasern leicht kenntliche Wollgrastorf wird hauptsächlich von Eriophorum vaginatum gebildet und findet sich verbreitet im Hochmoortorf, wo er zuweilen fast reine Ablagerungen bildet.

Häufig vorkommende, in stärker zersetzten Torfen oft noch allein kenntliche, tiefschwarze, glänzende Pflanzenreste stammen von Schachtelhalmen (meist Equisetum fluviatile L.).

Natürlich finden sich noch zahlreiche andere Pflanzen örtlich als torfbildend, aufgeführt sind nur verbreitete Vorkommen. Es mag noch darauf hingewiesen werden, daß Reiser, d. h. niedere Holzgewächse im hohen Norden und im Hochgebirge torfbildend auftreten. Im Norden namentlich Empetrum nigrum (auch Betula nana), im Hochgebirge namentlich Azalea procumbens.

Die Heidearten (sowohl Calluna und Erica tetralix) lagern zersetzte feinkörnige Humusstoffe ab.

§ 80. Der Zuwachs der Moore schwankt je nach den örtlichen Verhältnissen in weiten Grenzen. Sehr langsam erfolgt, außer bei Zufuhr von viel Mineralteilen, die Bildung des Schlammes. Die Ablagerungen haben meist nur geringe Dicke (20—50 cm, selten 1 m und mehr). Rascher wachsen die Schichten der Mudde und am schnellsten schreitet die Torfbildung voran.

Im Hochmoor ist der Zuwachs nach Borggreve*) und Weber**) gering, wenn auch örtlich schwankend. Im Durchschnitt ist 1 cm im Jahre wohl reichlich hoch gerechnet; die Sphagneen wachsen etwa 2,5 cm im Jahre, verdichten sich jedoch stark bei der Torfbildung.

In früheren Zeiten glaubte man den Zuwachs des Torfs hoch ansetzen und einen geregelten Umtrieb, nicht unähnlich dem eines Waldes, bei der Torfnutzung einführen zu können. Dieser Irrtum wurde möglich, da unter dem Druck der benachbarten erhaltenen Torfmasse meist tiefer liegende Torfschichten seitlich ausgepreßt wurden und den Boden der Torfstiche erhöhten. Der in Torfstichen u. dergl. neu gebildete Torf ist zumeist sehr locker und faserig und als Brennstoff unbrauchbar.

Den Pflanzenbestand eines Moors bezeichnet man nach den herrschenden Arten (Arundinetum bei Phragmites, Caricetum = Cyperaceen, Scirpetum = Scirpus caespitosus, Callunetum = Calluna; Ericetum = Erica tetralix, Eriophoretum = Eriophorum sp., Hypnetum = Hypnum sp., Sphagnetum = Sphagnum sp. usw. Gemischte Bildungen werden entsprechend bezeichnet, z. B. Caricetо-Arundinetum, Eriophoreto-Sphagnetum usw. Mit Recht macht Weber geltend, daß die Übertragung dieser Bezeichnungen des Pflanzenbestands auf den Torf nicht zulässig ist, es müßte denn mindestens immer -Torf hinzugefügt werden, wenn es sich um die abgelagerten Reste handelt.

In unteren Schichten der Moore finden sich nicht selten mineralische Ausscheidungen; die wichtigsten sind: Eisenverbindungen: Raseneisen, Ocker, Schwefeleisen (Markasit und Eisenkies, beide kommen nach Sitensky vor), Vivianit (phosphorsaures Eisenoxydul, bläut sich an der Luft), kohlensaures Eisenoxydul (amorph und kristallisiert, bräunt sich an der Luft). Das Auftreten der Oxydulverbindungen des Eisens beweist die völlige Abwesenheit von Sauerstoff in tieferen Moorschichten.

Die Säuren des Moores wirken stark lösend auf die Schalenreste der Conchylien; die Moore sind deshalb meist frei von deren Resten und die erhaltenen sind stark angeätzt. Ist viel kohlensaurer Kalk vorhanden und im Torf gleichmäßig verteilt, so nennt man solche Ablagerungen Mergeltorf.

Im Torf findet sich auch gelegentlich in einzelnen Adern und an Baumstämmen u. dgl. eine dunkle, meist schwarze Abscheidung, Dopplerit, homogen, pechartig, auf dem Bruche glänzend.

*) Mitt. d. Ver. z. Förd. d. Moorkultur, 1889, S. 20.
**) Hochmoor von Augstumal 1902, S. 17.

16. Bildung und Bau der Moore.

§ 81. Der Schichtenbau der Moore ist von den herrschenden Pflanzen, der vorhandenen Tierwelt und zahlreichen örtlichen Einwirkungen abhängig und daher ungemein mannigfaltig. Am einheitlichsten ist der Aufbau der Hochmoore, während die Flachmoore, am ausgeprägtesten die kleinen, von Wäldern umgebenen „Waldmoore“ die größte Mannigfaltigkeit zeigen.

Entscheidend für die Moorbildungen wird der Einfluß, welchen der Nährstoffgehalt des Wassers auf die Pflanzenwelt ausübt; im nährstoffreichen Wasser entstehen Flachmoore, im nährstoffarmen Hochmoore.

Moore des nährstoffreichen und fließenden Wassers: Flachmoore.

Flachmoore, Grünlands-, Wiesen-, Leg-, Rasen-, Talmoore; in Süddeutschland Moos, Mehrzahl Möser.

Die Pflanzenfolge der Seen in verschiedenen Tiefen ist bereits Seite 170 angegeben; an abgeschnürten Flußstrecken und in Flußverbreiterungen finden sich ähnliche Verhältnisse. Früher oder später werden kleinere und wenig tiefe Wasserspiegel in allen Gebieten, welche die klimatischen Bedingungen zur Torfbildung gewähren, von organischen Massen ausgefüllt.

In Seen wird die Verlandung von der Windwirkung beeinflußt. Das bewegte Wasser der Leeseite stört die Vegetation und auch ein geringer Wellenschlag genügt, um die entstandenen humosen Stoffe in tiefere Schichten oder an ruhigere Stellen zu führen. Schreitet die Vermoorung der Seen fort, so wird der Einfluß des Windes schwächer, läßt sich aber zumeist an der Lage des noch vorhandenen Wasserspiegels erkennen. In der Regel entspricht die Verlandungsseite der Seen der herrschenden Windrichtung. Uferschutz (Wald, vorliegende Höhen u. dgl. können jedoch recht abweichende Verhältnisse schaffen.*)

Indem die Verlandung der Wasserfläche in der Regel vom Rande her erfolgt, in der Mitte der Seen sich zumeist auch die größte Wassertiefe findet, so ist das Flachmoor in der Regel am Rande am trockensten, in der Mitte am feuchtesten.

Die Schichtenfolge der Flachmoore ist bei regelmäßigem Aufbau: Schlamm, Mudde, Torf. In vielen Fällen

*) Angaben über Einfluß der Windrichtung finden sich in mehreren Einzelarbeiten über Moore; eingehendere Untersuchungen in J. Klinge, Englers botanisches Jahrbuch 1890, 9, S. 267. Auf Hochmooren ist Windwirkung kaum vorhanden (Weber a. a. O. S. 54).

ist die Schlammschicht nur schwach entwickelt; der Torf bildet in der Regel die obersten 1—3 m, sofern nicht durch stärkere Zersetzung die ganze Masse sich dem Charakter der Moorerde nähert.

B r u c h b o d e n. Den Flachmoorböden schließen sich die Bruchböden an. Zumeist gehört die oberste Bodenschicht, oft auch die tieferen zu den Moorerden. Immer ist Wasser in geringer Tiefe oder auch anstehend vorhanden.

Der waldbauliche Wert der Brücher wird überwiegend von der Gegenwart f l i e ß e n d e n Wassers sowie von der Zusammensetzung des Untergrunds beeinflußt.

Das den Boden durchfließende Wasser enthält durch die lebhaftere Bewegung und das Berühren verschiedener Bodenschichten mehr oder weniger Sauerstoff und Mineralstoffe gelöst und ermöglicht dadurch genügende Ernährung der Pflanzen. Das Gedeihen der Erle, des Hauptbaumes dieses Bereiches, ist stark von der Gegenwart stagnierenden oder fließenden Wassers abhängig.

Man kann die Bruchböden unterscheiden:

a) m i t M o o r u n t e r g r u n d (auch als M o o r b r u c h bezeichnet); sie nähern sich dann in ihren Eigenschaften den Flachmooren, fallen sogar vielfach mit diesen zusammen. Es sind Ländereien, welche normal als Wiesen zu benutzen sind. Holzzucht lohnt auf denselben überhaupt nicht oder nur in einzelnen seltenen Fällen;

b) m i t S a n d u n t e r g r u n d (auch als S a n d m o o r b r u c h bezeichnet); Sand, mit Moorschichten mäßiger Stärke bedeckt und in feuchter bis nasser Lage, zumal im Flachlande weit verbreitet. Die Ränder zahlreicher Moore, aber auch ausgedehntere Flächen gehören hierher.

Von größter Wichtigkeit für den Bodenwert ist die Beschaffenheit des Wassers, insbesonders ob es stagnierend oder fließend ist. Im erstern Falle sind die Brüche entweder forstlich ertraglos oder tragen doch nur sehr schlechtwüchsige Erlen, im zweiten finden sich Erlenbestände geringer bis mittlerer, selten höherer Güte;

c) m i t L e h m - u n d M e r g e l u n t e r g r u n d (auch als L e h m m o o r - und M e r g e l m o o r b r u c h bezeichnet); Moorschichten auf Lehm oder Mergel bieten die besten Standorte für Erle. Der an Mineralstoffen reiche Untergrund, insbesondere Gegenwart von Kalk beeinflussen die Zersetzung der organischen Reste erheblich. Erfahrungsmäßig tritt die Bildung von Humussäuren auf solchen Standorten nicht oder nur in beschränktem Maße auf, man hat daher schon früher diese Brüche als süße Moore, im Gegensatz zu den sauren Mooren (a und zum Teil b entsprechend), bezeichnet.

Mullwehen. Bei starkem Eingriff des Menschen, Entfernung der Bodendecke und fortgesetzter Viehweide, zumal wenn täglich mit Herden übertrieben, wird der Moorboden flüchtig, und es entstehen die mit Recht gefürchteten Mullwehen, deren Bindung oft große Schwierigkeiten mit sich bringt.

Burckhardt sagt hierüber (Aus dem Walde, Band 9, S. 159): „Unter Mullwehen versteht man Moorflächen, die durch übertriebene Benutzung oder fehlerhafte Behandlung ihre natürliche vegetabilische Bodendecke verloren haben, wo der rohe Moorboden zutage tritt, der dann bei trockener Witterung staubig und flüchtig, bei nasser Witterung schlammig und treibend wird. Dieselben unterscheiden sich von den flüchtigen Sandflächen, sogenannten Sandwehen, dadurch, daß sie auch bei feuchter Witterung beweglich sind, sich weiter ausdehnen und nur zur Ruhe kommen, wenn sich eine neue Bodendecke bildet."

Mullwehen treten im Gebiete der Hochmoore, sehr selten der Flachmoore auf; sie sind jedoch auch auf Heideböden mit mächtigeren Schichten von Heiderohhumus gefürchtet.

Gehängemoore (Hangmoore). An die Flachmoore sind die Gehängemoore anzuschließen, die sich im Gebirge an Hängen bei recht verschiedenem Neigungswinkel unter dem Einfluß von Quellen oder herabrieselndem Oberflächenwasser bilden. In allen Gebirgen finden sich derartige Moore vom ersten Beginn bis zur vollen Ausbildung in großer Zahl, oft jedoch von geringem bis kleinstem Umfange; seltener erreichen sie größeren Umfang, können aber dann erhebliche Flächen bedecken. Die Eigenschaften der Hangmoore werden durch die meist erhebliche Entwässerung oder durch Wasserbewegung infolge der Neigung der Flächen beeinflußt. Es können Bildungen mit Flachmoorcharakter auftreten, häufiger sind die Hangmoore jedoch den Hochmooren zuzuzählen.*)

An der Bildung beteiligen sich zunächst vorwiegend Moosarten; bei größerer Mächtigkeit sind die Gehängemoore meist bewaldet. Die Flora ist nach den örtlichen und klimatischen Bedingungen verschieden.

*) Keilhack, Jahrb. d. preuß. geologisch. Landesanst. 1886, S. 146. Männel, Moore des Erzgebirges. Inaug.-Diss. 1896, S. 22.

17. Formation des nährstoffarmen Wassers und Bodens.

§ 82. **Hochmoore** (Moosmoore, Filz, Heidemoor.) Hochmoore sind Ablagerungen der Reste torfbildender Arten der Pflanzenformationen nährstoffarmer Böden und Gewässer. In Europa kommen hierbei hauptsächlich in Frage: Torfmoose (Sphagneen), Wollgras (Eriophorum), Scirpus caespitosus, Scheuchzeria palustris; die übrigen Pflanzenarten der Hochmoore sind meist sehr bezeichnend, treten aber an Wichtigkeit für die Torfbildung zurück.

In den Hochmooren sind die Mineralstoffe der im Minimum vorhandene Faktor der Pflanzenentwicklung. Wechsel im Nährstoffgehalt entspricht daher fast stets Wechsel in der Vegetation.*)

Sehr hübsch zeigt dies die Untersuchung des Kendlmühlfilz durch Gundlach.**) Es enthielten im Mittel mehrerer Analysen:

I. Typisches Hochmoor (Sphagneen und Wollgras).
II. „ „ (vorwiegend Heide).
III. Gemischte Vegetation (Baumwuchs, Heide, Gras).
IV. Typisches Wiesenmoor (ohne Heide).

	I.	II.	III.	IV.
Stickstoff	1,387 %	1,832 %	2,268 %	2,690 %
Kali	0,020 %	0,041 %	0,031 %	0,044 %
Kalk	0,123 %	0,089 %	2,934 %	2,334 %
Magnesia	0,021 %	0,021 %	0,011 %	0,056 %
Phosphorsäure	0,090 %	0,151 %	0,181 %	0,140 %

Im allgemeinen nimmt der Gehalt an Mineralstoffen nach der Tiefe des Moores ab, wohl eine Folge der Auswaschung und anderseits der Aufnahme der Nährstoffe durch die lebende Pflanzendecke.

Die Entstehung der Hochmoore kann auf mehreren Wegen erfolgen:

1. In sehr nährstoffarmen Gewässern und Böden.
2. Auf Flachmooren.
3. Auf humosen Ablagerungen trockener Böden, zumal der Wälder.

1. Hochmoorbildungen in nährstoffarmen Gewässern sind im Norden häufig und kommen auch im Hochgebirge vor (alpine Moore); in Mitteleuropa sind sie bisher nicht bekannt geworden.

*) Mit diesen Sätzen soll nicht ausgesprochen werden, daß nicht auch örtlich andere Einwirkungen die Oberhand gewinnen können, so wirkt z. B. fließendes Wasser gleich einer Erhöhung des Nährstoffgehaltes.

**) Inaug.-Diss. München 1892, S. 3.

Auf undurchlässigen Böden, namentlich plastischen Tonen, finden sich gelegentlich torfbildende Sphagneen; ausgedehnte Torfmoore, die auf diesem Wege entstanden sind, wurden in südlicheren Breiten bisher nicht beschrieben; nach Lage der Sache ist auch nicht zu erwarten, daß sie vorkommen.

Vielleicht ist es berechtigt, hier einige Formen der Mischmoore (S. 187) anzuschließen, die im Süden von Deutschland mehr verbreitet sind als im Norden. Sie bestehen aus geschlossenen Beständen von Molinia coerulea, Carex panicea und den von Früh als „Parvocaricetum“ bezeichneten niederen Cyperaceen, unter denen Carex panicea, Davalliana, flava, Rhynchosporaarten, Schönus ferrugineus, Eriophorum alpinum u. a. zu nennen sind.

Untersuchungen liegen noch nicht vor, es scheint aber wahrscheinlich, daß man es hier mit Beständen zu tun hat, die mit den schwedischen Kärrmooren in Vergleich zu stellen sind und sich in Wässern entwickeln, deren Salzgehalt für Sphagneen noch zu hoch, für die herrschenden Pflanzen der Flachmoore dagegen nicht mehr genügend ist.

2. Der normale Standort der Sphagneen sind vorgebildete Humusablagerungen; es gilt dies in einem so weiten Umfange, daß von vielen Floristen das Vorkommen von Torfmoosen unmittelbar auf Mineralböden bestritten worden ist.

Die Entstehung der Hochmoore auf Flachmooren.

Ist ein Wasserbecken bis zur Höhe oder über die Höhe des früheren Wasserspiegels mit Pflanzenresten ausgefüllt und dadurch die Bildung eines Flachmoores zum Abschluß gekommen, so finden allmählich die Pflanzenarten, welche es gebildet haben, nicht mehr die Bedingungen ihres Gedeihens. Erst sparsam, dann immer zahlreicher erscheinen Gräser, Leguminosen und andere echte Wiesenbewohner. Aus dem Flachmoor ist eine Wiese entstanden. Die Pflanzenwelt derselben lebt von den mineralischen Bestandteilen des Moorbodens, und je nach den Umständen wird sich die Wiesenvegetation lange erhalten können oder, zumal bei Grasnutzung ohne entsprechende Düngung, zurückgehen. Allmählich bedeckt sich die Fläche immer mehr mit Moosarten (eine typische Art ist das auch auf Hochmoor vorkommende Aulocomnium palustre, kenntlich an der rotbraunen, filzigen Behaarung der Stengel), zwischen denen noch Carexarten wachsen können, an einzelnen Stellen siedeln sich bereits Polster von Sphagnum an.*) Der erste Schritt zur Bildung

*) In der Mark ist es nach meinen Beobachtungen immer Sphagnum teres Angtr., welches zuerst erscheint; Sitensky gibt dieselbe Art für Böhmen an.

eines Hochmoores ist getan. Die Sphagneen verbreiten sich immer mehr und überziehen allmählich die ganze Fläche. Mit ihnen halten die typischen Pflanzen des Hochmoores, Heide, Andromeda polifolia, Ledum palustre, Vaccinium oxycoccus ihren Einzug, und nur ein schmaler Streifen am Rande des Moores trägt noch die ursprüngliche Vegetation der Flachmoore, oder ein Wasserlauf mit den für diese bezeichnenden Pflanzen durchzieht das Hochmoor.

Die meisten der kleineren Hochmoore sind auf diesem Wege entstanden. Die um Eberswalde gelegenen Reviere (zumal Chorin, Freienwalde, Pechteich) zeigen zahlreiche Beispiele in allen Übergangsstadien zur Hochmoorbildung. Hat die Vermoorung erst einmal begonnen, so schreitet sie rasch voran und kann in wenigen Jahrzehnten bereits ein ausgesprochenes Hochmoor erzeugen.

Die Bedingung für das Auftreten der Hochmoorpflanzen ist weiches, namentlich kalkarmes Wasser.

Es ist bei der geringen Durchlässigkeit dicht gelagerter Flachmoorschichten für Wasser wenig wahrscheinlich, daß die unterliegenden Humusstoffe die Salze des zugeführten Wassers absorbieren, vielmehr spricht alles dafür, daß die obersten Bodenlagen sich mit atmosphärischem Wasser (Regen, Tau) sättigen und dadurch der Hochmoorvegetation das Vorherrschen ermöglichen. Die Torfmoose zeichnen sich sämtlich durch ein energisches Spitzenwachstum aus und erhöhen dadurch den Boden immer mehr; da dies am ausgesprochensten in der Mitte des Moores stattfindet, so ist diese am trockensten und die ganze Fläche von einem feuchteren Streifen mit Sumpfpflanzen umgeben. Das Hochmoor, selbst bei erst beginnender Bildung, unterscheidet sich hierdurch schon äußerlich von den Flachmooren.

Nicht immer verläuft die Umbildung so rasch und gleichmäßig wie angegeben. Einzelne Lagen einer Moorfläche mit größerem Gehalt an Nährstoffen können oft längere Zeit eine Vegetation erhalten, welche in ihren Ansprüchen an mineralogische Nährstoffe zwischen den Pflanzen der Flachmoore und denen der Hochmoore in der Mitte steht; dahin gehören Molinia coerulea, während Sphagneen erst ganz vereinzelt auftreten oder fehlen. Früher oder später gehen solche Flächen, die man als Mischmoore bezeichnet hat, in reine Hochmoore über.

18. Bildung von Hochmoor auf humosen Böden.

§ 83. Die ausgedehnten Hochmoore des Nordens und Nordwestens, sowie die meisten Hochmoore der Gebirge sind zumeist durch Versumpfung von Wald- und Heideböden gebildet worden.

Der Vorgang ist überall ähnlich verlaufen; entweder siedeln sich Torfmoose unmittelbar auf Rohhumus an, bringen die Bäume zum Absterben und bilden ein Hochmoor oder dem Vorherrschen der Sphagneen geht eine gemischte Bildung mit Carexarten und anderen Pflanzen sumpfiger Böden voran. Die Rohhumusablagerungen, zumal wenn sie mächtiger werden, entsprechen in bezug auf die Beschaffenheit der organischen Stoffe dem Boden der Hochmoore, in bezug auf ihren Nährstoffgehalt etwa kalkarmem Flachmoorboden. Es ist daher nicht auffällig, daß sie Veranlassung zur Ansiedlung von Torfmoosen geben. In der Regel ist es Sphagnum acutifolium Erh., welches zuerst auftritt (Sphagnum Girgussohnii findet sich häufig im Walde, scheint aber dort nicht oder nur wenig torfbildend zu sein) und dem sich gelegentlich Sph. medium anschließt. Mit dem Auftreten mächtigerer Sphagnumpolster wird, wenn die Umbildung langsam erfolgt, in der Regel die Kiefer, selten die Birke herrschend; die Bäume kommen zum Absterben, wenn die Sphagnumschicht mächtiger wird. Auf fertigem Hochmoor kränkeln die Bäume, wenn ihr Fuß 20—25 cm hoch überwachsen wird; sie sterben bei Sphagnumschichten von 30—40 cm ab; ähnliche Werte findet man auch auf neuversumpften Stellen.

Vielfach, namentlich auf reicheren Böden, geht dem Vorherrschen der Torfmoose eine Vegetation von Sumpfpflanzen voraus, ohne jedoch eine sehr starke Entwicklung zu finden.

Oft folgt Vernässung und Sphagnumvegetation dem Abtriebe eines älteren Bestandes. Die Torfmoose gedeihen am besten bei vollem Lichtzutritt. Der mächtige Wasserverbrauch des früheren Bestandes hatte die Versumpfung des Bodens mehr oder weniger verhindert.

Da die Hochmoorbildung auf dem Trocknen zwar an bestimmte klimatische Verhältnisse gebunden ist, aber auf den verschiedensten Böden auftreten kann, so ist es zulässig, sie als „regionale Hochmoorbildung“ zu bezeichnen.

Die Tatsache, daß Wälder versumpfen können und ihre Reste von Hochmoor überdeckt werden, ist frühzeitig erkannt worden*) und läßt sich in allen Übergängen, in weitem Umfange in den Wäldern des Nordens, seltener in unseren Gebirgen verfolgen.**)

Ein reiches Gebiet der Hochmoorbildung sind die Heiden Westeuropas. Hier wirkten Klima und Armut des Bodens zusammen, um in der Ortsteinbildung ein noch weiteres begünstigendes Moment

*) Bühler, Die Versumpfung der Wälder. Tübingen 1831. Ramann, a. a. O. S. 133.

**) Alb. Nilsson, Om Norrbotens myrar och försumpede skogar. Tidsskr. for Skogshushallning 1897. Enthält eingehende Beobachtungen über die Wälder Nordschwedens und Literatur bis 1776 zurück.

der Vernässung des Bodens zu schaffen. Staring*) vertrat die Ansicht, daß der Gagelstrauch (Myrica) ein wichtiger Vorläufer der Hochmoore sei. Genauere Untersuchung hat ergeben, daß im Grunde vieler und namentlich weitausgedehnter Moore Westeuropas eine alte Waldvegetation begraben liegt.

Die humosen Ablagerungen der Heide weichen in ihrer chemischen Zusammensetzung nicht allzuweit vom Hochmoortorf ab; es ist daher nicht auffällig, daß vielfach Sphagneen und andere Hochmoorpflanzen zwischen der Heide vorkommen und leicht zur Hochmoorbildung hinüberleiten; sind Heide und Moor doch nahe miteinander verwandt und Graebner ist in vollem Rechte, wenn er beide als Facies einer Pflanzenformation nährstoffarmer Böden betrachtet.**)

Die Schlußformation der Heideböden ist normal ein Hochmoor.

Ein anderes Gebiet der Hochmoorbildung ist die Nordküste Europas. Die mit Torfhügeln bedeckte Tundra ist eine charakteristische Form des Hochmoors und das Zurückweichen der Waldgrenze nach Süden beruht, soweit es nicht menschliche Eingriffe verschulden, auf fortschreitender Hochmoorbildung.

19. Bau der Hochmoore.

§ 84. Man hat die Schichtenfolge der großen nordwestdeutschen Hochmoore früher unrichtig gedeutet; erst C. Weber hat in zahlreichen Arbeiten den Zusammenhang aufgeklärt. Die Mehrzahl der Moore findet sich auf alten Waldböden, die kleinere Zahl baut sich auf Flachmooren auf. Es findet sich folgende Schichtenreihe:

1. Am Grunde eine Lage von „Waldtorf“, den Resten des ursprünglichen Waldes, mit Föhren, Eichen, Erlen usw., jedoch vorherrschend Föhren. In der Regel ist die Waldtorfschicht wenig entwickelt, erreicht aber auch die Mächtigkeit von 1 m; es liegen dann mehrere Baumschichten übereinander. Nicht selten findet sich auf den Erhöhungen Waldtorf, in den Vertiefungen Seggentorf. Die Schicht der Waldabfälle folgt allen Unebenheiten des Bodens.

2. Der „untere Moostorf“, stark zersetzter Sphagneentorf mit flach linsenförmigen (20—30 m langen, $^1/_2$—10 cm dicken) Einlagerungen von Wollgrasresten. Dunkel gefärbter, nach dem Trocknen schwerer Torf. Die Mächtigkeit beträgt 2—3 m.

3. Die „Grenzschicht“, in der Regel 30 cm mächtig, überzieht die Lagen des unteren Moortorfes gleichmäßig. Die Grenzschicht besteht namentlich aus Resten von Wollgras, Heide usw.,

*) Boden van Nederland.
**) Heide Norddeutschlands.

also denselben Arten, welche die Bülten der Moore tragen oder die auf entwässerten Mooren herrschend werden. Gelegentlich finden sich auch Baumreste, namentlich Kiefer.

4. Der „obere Moostorf"; in seiner Zusammensetzung aus Sphagneen und Wollgras den tieferen Lagen gleich, unterscheidet sich der obere Moostorf durch viel geringere Zersetzung und lockere, faserige Beschaffenheit. Die Oberfläche des oberen Moostorfes wird auf den mehr oder weniger entwässerten Mooren von einer „Verwitterungsschicht" bedeckt, die aus stärker zersetztem, viel Heide und Polytrichumreste enthaltendem Torf besteht (am besten ist der verschieden gebrauchte Ausdruck „Bunkerde" wohl auf diese Lage zu beschränken). Die Mächtigkeit des oberen Moostorfes beträgt in der Mitte der Moore 1,5—2 m, am Rande bis 3 m. Die Schichtenfolge der Moore zeigt, daß zwischen der Bildung der älteren und jüngeren Ablagerungen eine trockene Periode aufgetreten ist, welche zur Entstehung der „Grenzschicht" Veranlassung gab.

Viel durchsichtiger in ihrer Entstehung und in allen Übergangsformen leichter zu beobachten sind die Hochmoorbildungen der Gebirge.

Überall läßt sich hier die Entstehung auf ursprünglichen Waldböden nachweisen, oft sind mehrere Lagen von Baumresten übereinander erhalten.

Bergplateaus sowie Senken auf Hochebenen sind für die Bildung von Hochmooren besonders günstig. Unter den Bäumen sammeln sich Schichten von Rohhumus an, die oft erhebliche Stärke erreichen; auf diesen siedeln sich Torfmoose an und später schreitet die Torfmoorbildung in ganz ähnlicher Weise unter Verdrängung des Waldes voran, wie dies für die Ebenen gilt.

Übergangsbildungen finden sich im Gebirge äußerst zahlreich und haben schon längst die Beachtung aufmerksamer Forstwirte gefunden.

Die Oberfläche der Hochmoore ist in unberührten Mooren, die in Deutschland nur noch vereinzelt als kleine Waldmoore vorhanden sind, sehr naß und ungleichmäßig; tiefere, fast nur von Torfmoosen eingenommene Stellen (Schlenken) wechseln mit Erhöhungen (Bülten) ab, auf denen sich neben Torfmoosen Heide, Wollgras usw., gelegentlich auch Kiefer oder Birke finden. Die Bülten werden entweder durch das eigentümliche Wachstum der Moose, die geschlossene, mehr oder weniger gerundete Polster bilden, hervorgerufen (Moosbülten) oder sie sind eine Folge des üppigeren Wachstums der Sphagneen zwischen Heide und ähnlichen Sträuchern (Heidebülten).

Die Torfmoose halten infolge ihrer ganzen Struktur sehr viel Wasser fest; lockerer Moortorf ist jedoch für Wasser durchlässig; dagegen gehören dicht gelagerte, stark humifizierte Torfschichten zu den undurchlässigsten Bodenarten. Die Entstehung eines Hochmoores bringt daher eine gewaltige Aufstauung des Wassers hervor und erhöht örtlich den Grundwasserstand erheblich. In vielen Mooren finden sich kleinere oder größere mit Wasser erfüllte Vertiefungen (Torfseen, Meere), die entweder als zutage tretendes Grundwasser oder als Ansammlung von Tagewässern zu betrachten sind.*)

20. Höhenwachstum und seitliches Wachstum der Hochmoore.

§ 85. Die Hochmoore erhöhen sich entsprechend dem Wachstum ihrer Pflanzen über die ursprüngliche Bodenfläche (daher der Name Hochmoore).

Der Höhenwuchs der Pflanzen ist in der Mitte der Fläche am energischsten und dadurch nehmen die Hochmoore allmählich eine flach gewölbte „uhrglasähnliche“ Gestalt an und es bildet sich ein oft stark ausgeprägtes Randgehänge aus.

Das Wachstum der Pflanzen wird stark von klimatischen Verhältnissen, zumal der Höhe und Regelmäßigkeit der Niederschläge, beeinflußt. Längere Trockenzeiten sind die schlimmsten Feinde der Sphagneen. Folgen mehrere trockene Jahre, so kann die Vegetation stark beeinflußt werden; die Torfmoose gehen zurück, dagegen vermehren sich die Arten, welche auf trocknerer Grundlage besser gedeihen, Heide und andere Reiser, Föhren- und Birkensamen finden geeignete Keimplätze. Am besten lassen sich solche Wechsel in kleinen Waldmooren verfolgen, die natürlich viel rascher und schärfer reagieren als große Moore. So waren z. B. die kleinen Hochmoore im Choriner Revier in den Jahren Ende 1900 fast ausgetrocknet, die Sphagneen zumeist abgestorben, die Gräser vermehrt, so daß die Flora ein ganz anderes Aussehen hatte als wenige Jahre vorher. In trocknen Zeiten schreitet die Zersetzung der Pflanzenteile rascher voran und bewirkt geringere Durchlässigkeit des Bodens. Die Höhe, bis zu der ein Hochmoor emporwachsen kann, ist daher durch die klimatischen Verhältnisse beeinflußt und außerdem von der Größe der bedeckten Fläche stark abhängig. Weber (a. a. O. S. 140) sagt hierüber: „Nach alledem ist die Höhe, bis zu der ein Hochmoor aufwächst, nicht bloß durch die Wachstumsverhältnisse und Lebensbedürfnisse der Sphagneen bedingt, sondern zugleich ganz allgemein eine Funktion des Klimas, dessen periodische Schwankungen außerdem modifizierend eingreifen.“

---

*) Über Bültbildung und Torfseen vgl. namentlich Weber a. a. O.

Sehr mächtige Hochmoore können, wenn der Zusammenhang gelockert ist oder die Niederschläge ungewöhnlich hoch sind, zerbersten und gewaltige Massen breiigen Moorbodens abfließen lassen; derartige „Moorausbrüche“ sind bisher nur in Irland beobachtet worden.

Der Hochmoortorf hat sehr hohe Wasserkapazität. Der faserige, lockere Moortorf ist dabei ziemlich durchlässig für Wasser, während stärker zersetzter, dicht gelagerter Torf sehr undurchlässig ist. In der Regel verhält sich das Hochmoor wie eine durch die Anziehungskräfte des Torfes festgehaltene Wasseransammlung (die feste Substanz in den tieferen Moorschichten macht meist nur 6—10 % des Volumens aus) mit einer auflagernden lockereren, zwar wasserreichen, aber der Wasserbewegung nur mäßigen Widerstand entgegensetzenden Decke. Ein reichlicher Teil der Niederschläge sickert daher ab, und zwar bei dem sehr gleichmäßigen Gefälle und den einheitlichen Verhältnissen des Moores am ganzen Moorrande. Nur auf sehr ausgedehnten Moorflächen bilden sich außerdem einzelne Richtungen des oberflächlichen Wasserabflusses (Rüllen) heraus, in denen gelegentlich auch Bäche fließen.

Das Hochmoor ist daher von einer feuchten Zone umgeben, welche zur Bodenversumpfung führt, und, da es sich um Zufuhr nährstoffarmen Wassers handelt, auch auf Flächen die Ansiedlung von Hochmoorpflanzen gestattet, welche sonst davon frei bleiben würden. Hierdurch wächst das Hochmoor an seinem Rande fortgesetzt, bringt Waldbäume zum Absterben und erweitert seinen Bereich schrittweise. Auch kleinere Hochmoore zeigen dies Verhalten, sie sind von einem Kranz feuchten Bodens oder von Wasseransammlungen umgeben. Zunächst werden natürlich Vertiefungen des Bodens betroffen; dies hat vielfach zu der Annahme geführt, daß die Hochmoorbildung von ihnen ihren Ausgang nimmt, während sie doch zumeist ein Produkt allgemeiner Verhältnisse ist.

Die Pflanzen des Hochmoorrandes sind sehr charakteristisch verteilt. Entweder zeigt sich ein Gemisch von Hochmoor- und Flachmoorarten, oder verschiedene Hochmoorpflanzen sind in Reihen angeordnet, die je nach den Ansprüchen an Mineralstoffe und Wassergehalt sich folgen.

Nach Borgman*) findet man in Holland am äußeren Rande Heide, Wollgras, Sphagnum. Weber (a. a. O. S. 217) gibt für das Moor von Augstumal an: Scheuchzeria, Wollgras, Sphagnum. Der Steilrand größerer Hochmoore trägt einen abweichenden Bestand, in der Regel Kiefer oder Fichte oder Birke, bzw. ein Gemisch dieser Arten.

*) Hoogvenen van Nederland.

Beim Fortwachsen des Moores sterben diese Bäume ab und werden durch neuen Anflug ersetzt. Da sie immer in derselben Höhenlage auftreten, so können ihre Wurzelstöcke in einer bestimmten Torfschicht zurückbleiben und das Bild einer einheitlichen früheren Waldbedeckung des Moores hervorrufen. Erhöht sich das Moor durch Verhältnisse, welche das Wachstum der Moore steigern über den früheren Stand, so würde es nicht ausgeschlossen sein, daß mehrere Schichten mit Baumwurzeln, getrennt durch eine Moostorflage, vorkommen können. Verfasser hält es nicht für unwahrscheinlich, daß das verbreitete Vorkommen von Wurzellagen auf diese Vorgänge zurückzuführen ist.

(Wasserkapazität, Zusammensetzung der Moorwässer und Temperatur der Moore vgl. Bodenphysik.)

21. Die geographische Verbreitung der Moore.

§ 86. Moore finden sich in einiger Ausdehnung nur in den kalten und kühlen gemäßigten Zonen, sowie in den entsprechenden höheren Regionen der Gebirge.

In den Tropen ist die Moorbildung auf die Hochgebirge beschränkt; nur am Meeresstrande finden sich unter den Mangroven moorähnliche Ablagerungen. In der warmen gemäßigten Zone kommt es gelegentlich in stehenden Gewässern zur Bildung von humusreichen Ablagerungen, die aber alle sehr viele Mineralteile enthalten und mehr den Charakter von Schlammablagerungen tragen (z. B. die Pontinischen Sümpfe bei Rom). Große, in das subtropische Gebiet reichende Moore sind die Taxodiummoore Nordamerikas (die „swamps“).

In Europa fehlen Moorbildungen südlich der großen west-östlich streichenden Gebirge in ebenen Lagen; südlich einer Linie Holland-Hannover, Ostseeküste entstehen Hochmoore nur auf Grünlandsmoor, nördlich dieser Linie treten die regionalen Hochmoore auf. Der Norden Europas ist außerordentlich reich an Mooren; Irland wird von manchen geradezu als ein großes Moor bezeichnet; in Nordwesteuropa, in Skandinavien (Finland hat seinen finnischen Namen Suomi wahrscheinlich von suo = Moor) und Nordrußland erreichen die Moore enorme Ausdehnung. Von außereuropäischen Ländern ist Nordamerika und Sibirien reich an Mooren; in Südamerika fehlen die Torfmoose, nicht aber echte Moorbildungen.

Das Alter unserer Moore wechselt außerordentlich; während unter den gegebenen Verhältnissen noch heute neue Moore entstehen können und viele in voller Bildung begriffen sind, reichen andere bis zum Schluß der Diluvialzeit zurück. Die Kenntnis der

Pflanzenfolgen nach der Eiszeit verdanken wir wesentlich Moorfunden. Sind die Moore, wie sie uns entgegentreten, auch echt alluvial, also Bildungen der Jetztzeit, so ist das Alter der meisten immerhin relativ hoch und geht, zumal für die größeren Hochmoore, weit über die historische Zeit zurück.

Mit dem Eingreifen der Menschen ändern sich die Bedingungen der Moorverbreitung. Bewußt und unbewußt, durch Entwässerungen, weidende Tierherden, Nutzung des Torfes als Brennmaterial hat der Mensch seinen Einfluß ausgeübt, so daß heute in Mitteleuropa ausgedehntere Moore im Urzustande nicht mehr bestehen.

VI. Chemie des Bodens.

Ein Teil der Chemie des Bodens, so z. B. die Absorptionsvorgänge, sind bereits bei der Besprechung der Verwitterung abgehandelt worden (S. 21), ein anderer, wie die Bedeutung der löslichen Salze für die Krümelbildung, bei der Bodenphysik (S. 224). Hier erübrigt noch die Methoden der Analyse kurz zu berühren und die Verteilung und Bedeutung der einzelnen Bodenbestandteile zu besprechen.

1. Die mineralogische Analyse des Bodens.*)

§ 87. Die Wichtigkeit der mineralogischen Bestimmung der Bodenteile ist frühzeitig erkannt worden. Für den Bodenwert macht es natürlich einen großen Unterschied, ob die gröberen Gemengteile aus Quarz oder einem verwitterbaren Silikat usw. bestehen. Stellt doch das Bodenskelett das Kapital dar, aus dem durch Zersetzung immer wieder Pflanzennährstoffe löslich werden. Die Einteilung der Böden in nachschaffende und nichtnachschaffende bringt diese Verhältnisse zum Ausdruck.

Die gröberen Gemengteile des Bodens, Steine, Kies, Sand, sind daher auf ihre mineralogische Zugehörigkeit zu prüfen. In der Regel

*) Steinriede, Anl. zur mineral. Bodenanalyse. Leipzig 1889. Orth, Rüdersdorf und Umgebung. Abh. d. preuß. geolog. Landesanst. 1877. Der Gegenstand ist in neuerer Zeit wiederholt von russischen Forschern behandelt worden.

ist dies nicht sehr schwierig, bei einiger Übung unterscheidet das Auge z. B. in einem Sandboden nicht nur den rötlichen Orthoklas, sondern auch farblose Plagioklase vom Quarz.

Ungleich schwieriger gestaltet sich die Untersuchung der Feinerde, die mineralogisch oft sehr verschieden zusammengesetzt sein kann, ohne leicht erkennbare Unterschiede hervortreten zu lassen.

Der sicheren Bestimmung treten hier große Schwierigkeiten entgegen und es bedarf langer Übung, um mit einiger Sicherheit die einzelnen Bestandteile richtig zu bestimmen, und die Möglichkeit dazu nimmt bei sehr geringer Korngröße immer mehr ab. Es können hier die anzuwendenden Methoden nur angedeutet werden; will sich jemand mit ihnen beschäftigen, so bedarf er, ebenso wie für die chemische Analyse, der besonderen Ausbildung. Für wissenschaftliche Arbeiten legt man diesen Untersuchungen noch viel zu wenig Wert bei, sie werden noch manche wertvolle Aufklärung ergeben.

Am leichtesten anwendbar sind die optischen Methoden der Untersuchung. Lichtbrechung und Doppelbrechueg sind bei den Mineralarten verschieden; Farbenspiel und Farbenwechsel im polarisierten Lichte geben über die mineralogische Zugehörigkeit oft raschen Aufschluß. Je kleiner die Bruchstücke sind und je mehr deren Durchmesser abnimmt, um so mehr nähern sich die optischen Erscheinungen bei den verschiedenen Mineralien; sie treten schließlich nur noch als helle, schwach lichtbrechende Pünktchen hervor.

An chemischen Hilfsmitteln sind folgende zu nennen:

Färbemethoden, direkt oder nach Behandeln mit Säuren. Das Bodenpulver wird mit Fuchsin-, Rubin- oder ähnlichen stark färbenden Lösungen übergossen. Zersetzte und leicht spaltbare Mineralien lassen den Farbstoff eintreten und halten ihn nach dem Auswaschen noch fest. Zumal gallertartige Kieselsäure färbt sich stark.

Durch Glühen der Bodenteile werden alle organischen Teile verbrannt. Manche Mineralien ändern ihre Farbe oder zerspringen und lassen dann ihre Spaltbarkeit erkennen.

Chemische Reaktionen, zumal Behandeln mit Säuren (Salzsäure, Salpetersäure, Kieselflußsäure) liefern Aufschluß über die Zusammensetzung einzelner Körner.

Flüssigkeiten verschiedenen spezifischen Gewichts (z. B. Jodquecksilber und Jodkalium) ermöglichen die Trennung der Bodenteile nach dem spezifischen Gewichte bei größeren Körnern, z. B. in Sanden noch leicht, feinpulverige Bodenteile bieten jedoch erhebliche Schwierigkeiten.

2. Die chemische Analyse des Bodens.*)

§ 88. Nachdem Liebig die Bedeutung der Mineralstoffe für die Pflanzenernährung zur allgemeinen Anerkennung gebracht hatte, suchte man nach einem Maßstab der Fruchtbarkeit; hierfür schien es nur der chemischen Analyse zu bedürfen. Man begann in weitem Umfange Böden zu untersuchen, um nur zu bald zu dem Schlusse zu kommen, daß die Kenntnis der chemischen Zusammensetzung nicht ausreiche, das gewünschte Ziel zu erreichen. Nach dieser unerfreulichen Erfahrung verfiel man in das entgegengesetzte Extrem, man sprach der chemischen Analyse allen oder fast allen Wert für die Beurteilung eines Bodens ab; Äußerungen wie „die bekannte Unzuverlässigkeit der Bodenanalyse“ usw. wurden vielfach gemacht und erst jetzt beginnt eine größere Anzahl Agrikulturchemiker der chemischen Bodenuntersuchung die gebührende Aufmerksamkeit zuzuwenden.

Im Kreise der forstlichen Chemiker stand es weniger ungünstig. Mehrere Gründe veranlaßten, daß eine so unbillige Beurteilung nicht Platz greifen konnte. Einmal stockt der Wald zum großen Teil auf ärmeren Böden, bei denen die chemische Zusammensetzung von besonderer Wichtigkeit ist, ferner handelt es sich bei den Ackerböden um den Ertrag von einem oder einiger Jahre, während der Umtrieb eines Waldbestandes ein Jahrhundert und mehr beträgt und endlich fehlte im Forst die Möglichkeit umfassender Düngerzufuhr. Alles dies veranlaßte, daß man diesen Fragen unbefangener gegenüberstand und es ist bedauerlich, daß eine so schöne Arbeit wie die von W. Schütze über die märkischen Kiefernböden**) auch noch heute im Kreise der Agrikulturchemiker so gut wie unbekannt geblieben ist.

Jedenfalls ist man sich allmählich der Grenzen bewußt geworden, innerhalb deren man aus der chemischen Analyse des Bodens Schlüsse ziehen darf. Als Regel muß dabei gelten, daß nur nach sorgfältiger Abwägung aller Verhältnisse *Folgerungen, welche für eine Bodenart gewonnen sind, auf andere übertragen werden dürfen.*

Die chemische Analyse der Böden ist eine der wichtigsten und für viele forstliche Fragen die entscheidende Untersuchungsmethode.

Die Ausführung der chemischen Analyse verlangt besondere Einrichtungen, lange Übung und großen Arbeitsaufwand; sie wird daher überwiegend in den Händen von Berufschemikern verbleiben müssen. Innerhalb der hier möglichen Grenzen können nur die grundlegenden Fragen besprochen werden.

---

*) Grandeau, Handb. d. agrik.-chem. Analysen, Berlin 1884. Wahnschaffe, Anl. z. wissensch. Bodenuntersuchung. Berlin.

**) Zeitschr. f. Forst- u. Jagdw., I, S. 560 und III, S. 367.

Entnahme der Bodenproben. Die Probenahme ist verschieden auszuführen, je nachdem es sich um Kenntnis einer im Boden vorhandenen Schicht und ihre Zusammensetzung handelt, oder ob Auskunft über die vorhandenen Mineralstoffe gewonnen werden soll.

Im ersteren Falle sind möglichst reine, charakteristisch ausgebildete Proben zu nehmen. Natürlich verlangt dies Bekanntschaft mit den örtlichen Verhältnissen und dem Zweck der beabsichtigten Untersuchung.

Für Bestimmung des Nährstoffgehaltes der Böden kann man je nach Umfang der Arbeit und der Genauigkeit, welche man erzielen will, verschieden verfahren. Man entnimmt entweder Durchschnittsproben des Gesamtbodens oder stellt die Zusammensetzung der einzelnen Bodenschichten fest. Wenn möglich, soll man das letztere Verfahren anwenden trotz des erheblich größeren Aufwandes an Arbeit. Natürlich müssen dann die einzelnen Schichten nach Mächtigkeit und Volumgewicht bei Berechnungen eingestellt werden.

Die Probenahme hat in der Weise zu geschehen, daß die Oberfläche von Pflanzen und zufälligen Auflagerungen gesäubert und ein genügend großer und tiefer Einschlag hergestellt wird. In der Regel reicht man mit 1 m Länge und $^1/_2$ m Breite aus, muß aber in tiefgründigen Böden oft zu größeren Abmessungen greifen. Der Einschlag soll bei Verwitterungsböden tunlichst bis zum anstehenden Grundgestein, in lockeren Böden bis zum Grundwasser, wird dies nicht erreicht, bis zu 1,5 oder 2 m Tiefe gehen. Mit Hilfe eines Erdbohrers kann man dann vom Grunde des Einschlags die Beschaffenheit der tieferen Schichten noch auf 1—2 m feststellen. Mindestens eine der Seitenflächen des Einschlags wird glatt abgestochen und mit der Schneide des Spatens ein gleichmäßig dicker, senkrechter Abstich gemacht. Die Probe, welche der ganzen Mächtigkeit der Schicht entspricht, wird auf einem Tuche gemischt und daraus eine Menge von etwa fünf Pfund in Gläser oder reine Säcke gefüllt, sofort dauerhaft bezeichnet und verschlossen.

In gleicher Weise verfährt man, wenn man Proben einzelner Schichten entnimmt, deren Mächtigkeit man bezeichnet.

Beigemischte Wurzelreste entfernt man. Größere Steine werden ausgelesen, ihre Menge schätzungsweise bestimmt (man überschätzt den prozentischen Anteil der Steine sehr leicht!) und die Gesteinsart bestimmt.

Mischt man gleiche Mengen der Proben mehrerer Einschläge, so bekommt man ein Material, aus dem sich die durchschnittliche Zusammensetzung des Bodens ableiten läßt. Wert hat deren Feststellung aber nur bei sehr einheitlichen Böden, z. B. tiefen

Moorschichten, Sandböden u. dgl. Wechselt der Boden in seinem Bau (z. B. Lehmstreifen im Sande, lehmiger Sand mit Lehm), so sind Analysen des Durchschnittsbodens ohne Wert.

Für wissenschaftliche Zwecke ist es vorzuziehen, sich nicht mit Feststellung des Durchschnittsgehaltes zu begnügen, sondern die verschiedenen Schichten von drei einander entsprechenden Einschlägen zu untersuchen. Hierdurch wird es möglich, Abweichungen in der Zusammensetzung des Bodens kennen zu lernen, Unterschiede festzustellen und der Untersuchung eine viel größere Sicherheit zu geben, als dies aus einer Durchschnittsanalyse vieler Bodenproben möglich ist.

Die Bodenanalyse für landwirtschaftliche Zwecke wurde zumeist auf die Feinerde beschränkt. Die Grenze der Korngröße ist hierbei von verschiedenen Forschern nicht einheitlich festgehalten worden; erst die Vereinbarungen der Chemiker der landwirtschaftlichen Versuchsstationen haben hierin Wandel geschaffen; die neueren Bestimmungen decken sich ziemlich mit dem, was von forstlichen Chemikern bereits früher festgehalten wurde.

Der Grund, warum nur die Feinerde zur Untersuchung benutzt wurde, liegt in der Tatsache, daß in wohl allen Böden die feinkörnigsten Bestandteile hauptsächlich die Träger der pflanzlichen Nährstoffe sind. In den Schlämmprodukten steigt der Gehalt an den wichtigeren Bodenbestandteilen ziemlich regelmäßig mit Abnahme der Korngröße. Es lag deshalb nahe, die gröberen Gemengteile überhaupt zu vernachlässigen. Um ein Bild dieser Verhältnisse zu geben, mögen hier Analysen von Mazurenko folgen, welche sich auf zwei sehr verschiedene Böden, einen Löß von Donetz und eine Grauerde (Podsol) von Moskau beziehen.

Es enthielten Prozente (Trockensubstanz):

Löß.	CO_2	SiO_2	$Fe_2O_3 + Al_2O_3$	CaO	MgO	P_2O_5
< als 0,001 mm	10,11	38,98	24,85	14,09	5,10	0,319
0,005—0,01	5,29	62,21	17,34	7,65	2,03	0,221
0,01 —0,25	3,12	77,42	10,68	4,81	1,01	0,112
Podsol.						
< als 0,001 mm	0,03	55,66	32,19	3,44	2,31	0,265
0,005—0,01	0,00	79,12	12,29	1,23	?	?
0,01 —0,25	?	89,36	?	1,13	?	?

Es lag nahe, aus einer solchen Verteilung der Stoffe den Schluß zu ziehen, daß die Bestimmung der abschlämmbaren Teile durch Schlämmanalyse bereits hinreichenden Anhalt für den Nährstoffgehalt biete. Für ganz gleichartige Bodenarten ist dies innerhalb gewisser Grenzen richtig; Untersuchungen haben aber gezeigt, daß die Schlämmprodukte verschiedener Böden in der Zusammensetzung voneinander stark abweichen können.

Dieses Verhalten wird verständlich, wenn man bedenkt, daß in einem Steppenboden Auswaschung kaum stattfindet, in humiden Gebieten dagegen völlige Erschöpfung eintreten kann, ferner, daß die Gletscherablagerungen überwiegend aus fein zerriebenem Mineralmehl, die Verwitterungsböden aus chemisch zersetztem Gestein bestehen. Die Mannigfaltigkeit der Böden spiegelt sich in der Zusammensetzung der Feinerde wieder.

Allmählich bildete sich eine Methode der Analyse heraus, welche den Boden als Ganzes, abgesehen von groben Gemengteilen, betrachtet. Nach den gegenwärtig gültigen Vereinbarungen der landwirtschaftlichen Versuchsstationen wird das gesamte Material unter 2 mm zur Untersuchung benutzt.

Im Boden ist nur ein Teil der vorhandenen Stoffe für die Pflanzenwurzel aufnehmbar, die größere Menge befindet sich in so fester Bindung, daß sie entweder überhaupt oder doch für absehbare Zeit unzugänglich ist. Es trat daher die Notwendigkeit hervor, den Boden in einen angreifbaren und unangreifbaren Teil zu zerlegen. Man benutzte zunächst Mineralsäuren, namentlich Salzsäure, und nahm an, daß durch Einwirkung verdünnter Säure annähernd die aufnehmbare Menge Nährstoffe, bei Anwendung konzentrierter Säure die gesamten in absehbarer Zeit zur Lösung kommenden Stoffe aufgeschlossen wurden.

Zwischen der Tätigkeit der Pflanzenwurzel und der Atmosphärilien und anderseits der Mineralsäuren bestehen jedoch durchgreifende Unterschiede. So wird z. B. Tonerdephosphat gelöst, gilt aber als unangreifbar für die Wurzel. Magnesiasilikate, die dem Angriff der Kohlensäure widerstehen, können durch Salzsäure zersetzt werden. Zahlreiche Versuche sind daher ausgeführt worden, um ein mit den landwirtschaftlichen Erfahrungen besser übereinstimmendes Lösungsmittel zu finden und wenigstens für die Bestimmung der zugänglichen Phosphorsäure scheint ein solches in einer verdünnten Lösung von Zitronensäure vorzuliegen. Jedoch wird es noch mannigfaltiger Untersuchungen bedürfen, ehe ein abschließendes Urteil möglich ist.

Gegenwärtig bedient man sich in der Regel der verdünnten Salzsäure als Aufschlußmittel, erwärmt den Boden mit der Flüssigkeit zwei Stunden auf dem Wasserbade und läßt dann noch 24 Stunden einwirken.*) Diese Methode gibt ein gutes Urteil über

---

*) Der Bodenauszug muß während des Erwärmens und vor dem Abfiltrieren öfter umgeschüttelt werden.

die Gesamtmenge der in den Böden vorhandenen Nährstoffe, sie läßt vor allem die Notwendigkeit einer Zufuhr von Mineraldünger erkennen. Ist damit auch noch kein Urteil über die Ertragsfähigkeit der Böden mit Sicherheit erlangt, so haben die vorliegenden Untersuchungen doch erkennen lassen, daß für die große Zahl der landwirtschaftlich genützten Bodenarten erkennbare Beziehungen zwischen Nährstoffgehalt und Bodenart bestehen. Bei den forstwirtschaftlich genützten Böden, besonders den Sandböden, sind diese Beziehungen viel enger, hier kann man in weitaus den meisten Fällen ein paralleles Verhalten zwischen Nährstoffgehalt und Ertrag feststellen. Bei Anwendung von Salzsäure ohne Erwärmen ist dies jedoch nicht der Fall; die Menge der löslichen Stoffe wird dann oft sehr gering.

Zur Ausführung wird der zu untersuchende Boden mit der doppelten Menge von Salzsäure (1,12 spez. Gew.) übergossen und im Auszug werden die chemischen Bestimmungen ausgeführt. In einem Teile des ausgewaschenen Rückstands wird die lösliche Kieselsäure durch Einwirkung von 10 % heißer kohlensaurer Natronlösung bestimmt. Will man die Gesamtmenge der vorhandenen Stoffe kennen lernen, so ist entweder der Rückstand des Salzsäureauszugs oder der Gesamtboden durch Fluor aufzuschließen.

Die Bestimmung des Gehaltes an Humus kann in kalkfreien Sandböden, welche keine wägbaren Mengen Ton nach Schlösing ergeben, ohne Bedenken durch Glühen und Feststellen des Glühverlustes des bei 100—110° getrockneten Bodens erfolgen. Derartige Böden enthalten chemisch gebundenes Wasser in so geringer Menge, daß der Fehler jedenfalls nicht größer wird als bei Anwendung einer andern Methode.

Bei tonreicheren Böden muß die Bestimmung der organischen Stoffe durch Verbrennungsanalyse erfolgen. Ist kohlensaurer Kalk vorhanden, so wird die zu untersuchende Erde mit einigen Tropfen Phosphorsäure eingedampft. Zur Berechnung des Humusgehaltes nimmt man an, daß Humus im Durchschnitt 69 Prozent Kohlenstoff enthalte und schließt aus der Menge der gebildeten Kohlensäure auf den Gehalt an Humus. Zieht man den gefundenen Gehalt an Humus vom Glühverlust ab, so erhält man annähernd die Menge des chemisch gebundenen Wassers.

Auf diesem Wege gelangt man zur Kenntnis des Gesamtgehaltes an organischen Stoffen; einen weiteren Einblick gewährt es, die chemisch wirksamen Humusverbindungen kennen zu lernen, welche man nach Grandeau bestimmen kann (vgl. S. 150); auch die Schützesche Methode gibt rasche Einsicht. Von der Reaktion des Bodens überzeugt man sich durch Anwendung von Lackmuspapier.

Von Wichtigkeit ist, festzustellen, ob der Boden kohlensauren Kalk in bemerkbarer Menge enthält; der große Einfluß dieses Stoffes auf Boden wie Pflanzen macht wenigstens eine Schätzung erwünscht, die nach der Stärke des Aufbrausens beim Befeuchten mit verdünnter Salzsäure bewirkt werden kann. Hierbei gelten folgende Regeln: Erfolgt

kein Aufbrausen, so ist der Boden frei oder enthält unter 1 % $CaCO_3$,
schwaches Aufbrausen etwa 1—2—3 % $CaCO_3$,
deutliches, aber nicht anhaltendes Aufbrausen 3—5 % $CaCO_3$,
anhaltendes Aufbrausen deutet auf reichlichen Kalkgehalt (über 5 %). Erfolgt das Aufbrausen durch die ganze Masse des Bodens, so ist der kohlensaure Kalk gleichmäßig im Boden verteilt; örtliches Aufbrausen deutet auf Vorkommen in Stückchen oder Steinen.

Die Bestimmung des gebundenen Stickstoffs wurde früher durch Verbrennen mit Natronkalk (Will-Varrentrapp) ausgeführt. Jetzt ist wohl ausschließlich die Methode von Kjeldahl in Benutzung, welche darauf beruht, daß durch Erhitzen mit konzentrierter Schwefelsäure organische Substanzen zerstört und die Stickstoffverbindungen in Ammoniak übergeführt werden. Handelt es sich darum, den Gehalt an Ammon und Salpetersäure im Boden zu finden, so sind spezielle Methoden anzuwenden. Zum qualitativen Nachweis der Salpetersäure bedient man sich des Zusatzes von konzentrierter Schwefelsäure und Brucin (Rotfärbung) oder von Diphenylamin (Blaufärbung) zum wässerigen Bodenauszuge. Beide Reaktionen sind sehr scharf.

§ 89. Die Darstellung der Analysenresultate erfolgt in der Regel durch einfaches Aufzählen der betreffenden Stoffe, die immer als Oxyde oder Säureanhydride berechnet werden. Kali ist demnach K_2O, Natron Na_2O, Kalk CaO, Magnesia MgO, Tonerde Al_2O_3, Eisen wird in der Regel als Eisenoxyd Fe_2O_3, nur in besonderen Fällen, wenn als solches nachweisbar, als Eisenoxydul FeO angegeben. Phosphorsäure als P_2O_5 (nicht als H_3PO_4), Schwefelsäure als SO_3 (nicht H_2SO_4). Chlor und Stickstoff werden meist als Elemente, Ammoniak als NH_3 berechnet. Diese Weise der Darstellung entspricht nicht den herrschenden Anschauungen über die chemische Bindung der Stoffe, ist aber gebräuchlich und bietet bestimmte praktische Vorteile, zumal alle älteren und die meisten neueren Analysen in dieser Form veröffentlicht sind.

Eine besondere Methode der Darstellung der Analysen ist von Knop angegeben worden und verdient durch Einfachheit und Übersichtlichkeit weitere Verbreitung.

Er gliedert die Bestandteile des Bodens in:

1. Glühverlust .. { chemisch gebundenes Wasser, Humus.
2. Sulfate....... Gips.
3. Karbonate ... { kohlensaurer Kalk, kohlensaure Magnesia.
4. Silikate...... { Quarz und Kieselsäure, Sesquioxyde (Fe_2O_3, Al_2O_3, Monoxyde (K_2O, Na_2O, CaO, MgO) } an Kieselsäure gebunden.
5. Aufgeschlossene Silikatbasen.

Wenn notwendig, würde zwischen 3 und 4 noch Phosphate, wohl am besten als Phosphorsäure und Chloride (als Chlor) einzusetzen sein.

Als aufgeschlossene Silikatbasen werden die an Kieselsäure gebundenen (nicht humosen und nicht als Karbonat, Sulfat usw. vorhandenen) basischen Stoffe zusammengefaßt.

Die Darstellung nach Knop läßt die einzelnen Gruppen schärfer hervortreten; sie ist aber im wesentlichen nur auf die Bestimmung der in Salzsäure löslichen Bestandteile zugeschnitten.

In nebenstehender Tabelle (S. 203) ist die Zusammensetzung eines Bleisandes, Diluvialsandes und eines diluvialen Lehmbodens nach den beiden Darstellungsweisen gegeben.

Nach Knop würden dieselben Analysen in folgender Form zur Darstellung kommen:

			Bleisand	Diluvialsand	Diluvialer Lehmboden
1.	Wasser (chemisch gebunden)		0,23	1,96	4,63
	Humus		2,55	—	—
2.	Sulfate (Gips)		Spur	0,01	0,03
3.	Karbonate ($Ca\,CO_3$)		—	—	3,69
	Phosphorsäure		0,045	0,073	0,18
4.	Quarz und Kieselsäure		96,27	92,62	78,69
	Sesquioxyde (Tonerde und Eisenoxyd)		1,25	3,32	12,24
	Monoxyde	Ca O	0,126	0,254	0,80
		Mg O	0,033	0,111	0,88
		K_2 O	0,200	1,141	1,06
		Na_2 O	0,125	0,480	0,37
5.	Aufgeschlossene Silikatbasen		0,1167	0,528	9,595

	Bleisand			Diluvialsand			Diluvialer Lehmboden		
	Löslich in Salzsäure %	Unlöslicher Rückstand %	Gesamtboden %	Löslich in Salzsäure %	Unlöslicher Rückstand %	Gesamtboden %	Löslich in Salzsäure %	Unlöslicher Rückstand %	Gesamtboden %
Kali	0,0040	0,195	0,200	0,0072	1,134	1,141	0,3400	0,80	1,06
Natron . .	0,0016	0,123	0,125	0,0033	0,477	0,480	0,0318	0,38	0,37
Kalk . . .	0,0140	0,112	0,126	0,0194	0,235	0,254	2,0250	0,93	2,86
Magnesia . .	0,0023	0,031	0,033	0,0280	0,083	0,111	0,6630	0,24	0,88
Eisenoxyd .	0,0094	0,224	0,233	0,1132	0,356	0,469	4,4000	0,89	5,20
Tonerde . .	0,0748	0,950	1,025	0,3256	2,524	2,849	2,0100	5,57	7,04
Lösliche Kieselsäure .	—	0,832	0,832	—	0,632	0,632	—	7,08	7,08
Schwefelsäure	0,0008	—	0,0008	0,0085	—	0,0085	0,0121	—	0,0121
Phosphorsäure . .	0,0107	0,024	0,035	0,0257	0,047	0,073	0,1130	0,06	0,18
Kohlensäure	—	—	—	—	—	—	1,63	—	1,63
Chemisch geb. Wasser	—	—	0,23	—	—	1,96	—	—	4,63
Humus . .	—	—	2,55	—	—	—	—	—	—
Gesamtmenge der löslichen Stoffe . .	0,1167	—	0,1167	0,5280	—	0,5280	9,595	—	9,595
Unlösliche Kieselsäure	—	—	95,44	—	—	92,62	—	7,08	78,69

3. Bedeutung der Bodenanalysen.

§ 90. Die Bedeutung der Bodenanalyse ist für verschiedene Bodenarten nicht gleich.

Die Untersuchung der Moorböden hat übereinstimmend ergeben, daß Fruchtbarkeit oder Unfruchtbarkeit bei sonst normalen Verhältnissen überwiegend vom Gehalt an Nährstoffen abhängig ist. Natürlich machen sich für die Moorböden auch andere Bedingungen geltend, treten aber doch fast stets hinter den Einfluß des Mineralstoffgehaltes zurück. Die Bodenanalyse feiert hier ihre hauptsächlichsten Triumphe und kann, einige seltene Ausnahmefälle abgerechnet, als maßgebend für die Beurteilung der Fruchtbarkeit betrachtet werden.

Für Sandboden gilt dies in ähnlicher, wenn auch nicht so scharf ausgesprochener Weise. Für pflanzenphysiologische Versuche verdrängt die Sandkultur, d. h. Erziehung der Pflanzen in tunlichst reinem Quarzsand unter Zusatz von Nährsalzen, die Wasserkultur immer mehr. Die oft in großer Mächtigkeit und weiter Verbreitung vorhandenen Sandböden sind mit großen, von der Natur selbst geschaffenen „Sandkulturen" vergleichbar.

W. Schütze*) untersuchte diluviale Sandböden und kam zum Schlusse, daß der Mineralstoffgehalt der zumeist bestimmende Faktor der Fruchtbarkeit ist.

Im folgenden sind die Resultate von Schütze zusammengestellt. Die römischen Zahlen bedeuten die Ertragklasse für Kiefer.. Die Zahlen sind Mittel aus 3—4 Einzelbestimmungen und beziehen sich auf die in Salzsäure löslichen Bestandteile, sowie auf den Gehalt an Humus und den Gesamtgehalt an Phosphorsäure.

	Löslich in kochender Salzsäure			Phosphorsäure	Humus
Ertragsklasse	Kalk %	Magnesia %	Kali %	%	%
I.	1,8876	0,0484	0,0457	0,0501	0,892
II.	0,1622	0,0716	0,0632	0,0569	0,555
II./III.	0,1224	0,0981	0,1235	0,0464	1,401
III.	0,0963	0,0800	0,0392	0,0388	1,825
IV.	0,0270	0,0505	0,0241	0,0299	1,524
V.	0,0433	0,0438	0,0215	0,0236	1,429

Die Beziehungen zwischen Ertrag und Mineralstoffgehalt treten unverkennbar hervor; namentlich gilt dies für Kalk und Phosphorsäure. Verfasser kann hinzufügen, daß alle Veränderungen in den Sandböden durch Analyse verfolgt werden können und die Abhängigkeit des Ertrages vom Mineralstoffgehalt in zahlreichen anderen Fällen gleichfalls festgestellt ist. Wenn auch andere Einflüsse in Sandböden vielfach mitwirken, so ist doch deren Bodenanalyse ein ausgezeichnetes Hilfsmittel, um praktische und wissenschaftliche Fragen zu verfolgen.

Erheblich ungünstiger stellen sich die Verhältnisse für die schwereren Bodenarten; aber immerhin haben zahlreiche Arbeiten den Beweis geliefert, daß die Bodenanalyse Grenzwerte feststellen kann, innerhalb deren sich Beziehungen zwischen der Fruchtbarkeit der Böden und dem Mineralstoffgehalt ergeben. Es würde auffällig sein, wenn dies nicht hervortrete; anderseits kann es aber auch nicht befremden, daß andere Faktoren, namentlich die Lagerungsweise der Böden, vielfach größeren Einfluß gewinnen als ein etwas Mehr oder Weniger an Nährstoffen.

Ein Bild von dem gegenwärtigen Stande der Frage zu geben, mögen folgende Ausführungen dienen.

---

*) Zeitschr. f. Forst- u. Jagdw. I, S. 500 u. III, S. 367.

Sehr umfangreiche Untersuchungen führte Thoms*) in den baltischen Provinzen aus; seine zahlreichen Analysen ergaben folgende Resultate für den Dongater Kreis, mit denen seine späteren Forschungen ziemlich übereinstimmen.

Gehalt an	Bester Boden Krume	Bester Boden Untergrund	Mittel-Boden Krume	Mittel-Boden Untergrund	Geringer Boden Krume	Geringer Boden Untergrund
CaO	0,336	1,352	0,214	0,265	0,165	0,371
P_2O_5	0,152	0,119	0,113	0,084	0,089	0,067
K_2O	0,157	0,168	0,138	0,158	0,115	0,144
N	0,179	0,059	0,166	0,046	0,159	0,056

Wohltmann**) gibt für anspruchsvolle Kulturpflanzen in Deutschland an:

	sehr reich Raubbau zulässig	reich schwach P_2O_5 bedürftig	gut P_2O_5 ersatz	mäßig Ersatz von P_2O_5 und K_2O	arm ersatzbedürftig	sehr arm sehr bedürftig	beschränkt ackerbaufähig
N löslich in kalter HCl	$>$ 0,3	0,2 —0,3	0,1—0,2	0,06—0,1	0,03—0,06	0,02—0,03	$<$ 0,02
CaO + MgO	$>$ 3,0	1,5 —3,0	0,5—1,5	0,25—0,5	0,1 —0,25	0,05—0,10	$<$ 0,05
P_2O_5	$>$ 0,25	0,15—0,25	0,1—0,15	0,07—0,1	0,04—0,07	0,02—0,04	$<$ 0,02
K_2O	$>$ 0,2	0,15—0,2	0,1—0,15	0,06—0,1	0,03—0,06	0,02—0,03	$<$ 0,02
lösl. in heißer HCl K_2O	0,5	0,4 —0,5	0,2—0,4	0,12—0,2	0,08—0,12	0,05—0,08	0,05

Liebscher***) und Bieler†) geben folgende Zahlen:

Liebscher

K_2O	
$<$ 0,15	stark bedürftig
0,2—0,4 ,,	mittelbedürftig
$>$ 0,5	reich
P_2O_5	
$<$ 0,07	arm
0,07—0,085	mittelmäßig
0,085—0,1	befriedigend
0,1—2	gut
$>$ 0,2	sehr reich

Bieler

N u. P_2O_5	
$<$ 0,05	arm
0,05—0,1	mäßig
0,1	norm.
0,1 —0,15	gut
$>$ 0,15	reich
für K_2O	
$<$ 0,05 K_2O	arm
0,05—0,15	mäßig
0,15—0,25	normal
$>$ 0,25	reich

Kalk in Lehmboden		Kalk in Sand
0,1	arm	0,05
0,1 —0,25	mäßig	0,10
0,25—0,50	norm.	0,1—0,2
0,5 —1,0	gut	$>$ 0,2
$>$ 1,0	reich	

*) Wertschätzung d. Ackererden auf naturw.-stat. Grundlage. 3 Mitteilungen.
**) Nährstoffkapital westdeutscher Böden. Bonn 1901.
***) Journ. f. Landw. 1895, S. 207.
†) Jahresber. d. Agrik.-Chem. 1896, S. 146.

Eine eigenartige Darstellung gibt Bogdanow.*) Er bestimmt die wasserlöslichen Stoffe (für Ammon und Salpetersäure nach 48 Stunden bei 30°), die Phosphorsäure durch Ausziehen mit 2 % Essigsäure und findet für Hafer und gleichfordernde Pflanzen:**)

	N	P_2O_5	K_2O
Hoher Ertrag	0,0108 %	0,0050	0,0060
Mittlerer Ertrag	0,0060 %	0,0022	0,0020
Niederer Ertrag	0,0021 %	0,0010	0,0010

Die Angaben Bogdanows, welchen die richtige Anschauung zugrunde liegt, daß die Anforderungen verschiedener Pflanzen an den Nährstoffreichtum des Bodens in erheblichen Grenzen schwanken, leiten hinüber zu einer Methode, den Boden nach dem Gehalt der auf ihm anwachsenden Pflanzen zu beurteilen; also gewissermaßen die Pflanze selbst als Reagenz zu verwerten.

Diese Arbeiten führen zurück auf Heinrich***), der die Aschen der Wurzeln, speziell der Haferwurzeln, untersuchte. Ausführliche Analysen sind später von Atterberg, Helmkampf u. a. ausgeführt worden†) und haben gezeigt, daß auch auf diesem Wege bestimmte Grundlagen der Beurteilung gewonnen werden können.

4. Einzelne Bestandteile des Bodens.

§ 91. Untersuchungen über die Form des Vorkommens und die Löslichkeit der einzelnen Verbindungen im Boden liegen bisher nur für die wichtigsten Pflanzennährstoffe vor.

Phosphorsäure. Am eingehendsten ist das Verhalten der Phosphorsäure untersucht wurden. J. Seißl zeigte,††) daß die Hauptmenge in den feinerdigen Teilen des Bodens vorhanden ist. Bis 1 mm Durchmesser fand er Gehalte von 0,09—0,12 %; in den Korngrößen von 1—3 mm nur 0,0006—0,0083 %, also verschwindend wenig.

R. Müller fand etwa 1,5—2 ‰ Apatit in kohlensäurehaltigem Wasser löslich†††); Joffre fand 0,002 g Apatit im Liter

*) Exp. Stat. Record, 12, S. 726.

**) Die Anwendung von Essigsäure als Lösungsmittel hat prinzipielle Bedenken, da sich beim Erwärmen der Lösung leicht basische Salze abscheiden. Ein Vorgang, der auch bei längerem Stehen des Auszuges eintreten kann.

***) Grundlagen z. Beurtlg. d. Ackerkrume (1883); auch A. v. Dikow, Journ. f. Landw. 1891, 39, S. 134.

†) Literatur: Journ. f. Landw. 1892, 40, S. 119. Landw. Jahrb. 1886, S. 415 und 1887, S. 757. Jahrb. f. Landw. 1889.

††) Zeitschr. f. landw. Versuchsw. Österr. 1899, 2, S. 120.

†††) Tschermak, Min. Mitt., 1877, S. 34 u. 36.

Wasser*) löslich und 0,014 im kohlensäurehaltigen Wasser; gefälltes Tricalciumphosphat gab 0,009 g an 1 Liter Wasser, 0,153 g an 1 Liter kohlensaures Wasser ab. Emmerling**) unterscheidet im Boden das Vorkommen der Phosphorsäure:

a) in Apatitform, von geringer Bedeutung für das Pflanzenleben,

b) als absorbierte Phosphorsäure, gebunden an Kalk, Magnesia, Eisenoxyd, Tonerde. Die an Kalk und Magnesia gebundene Säure geht durch Behandeln mit kohlensäurehaltigem Wasser in Lösung; an Eisen gebundene ist wenigstens teilweise für organische Säuren (2 % Zitronensäure, 1 % Oxalsäurelösung) löslich und kann von den Pflanzenwurzeln angegriffen werden. Daneben findet sich aber noch Phosphorsäure in

c) schwerlöslicher Form, vielleicht als stark basische Salze, löslich in Salzsäure, und endlich

d) in organischer Bindung; unlöslich in Salzsäure, aber löslich in Ammon. Diese Form geht durch Verwesung der organischen Substanz in den löslichen Zustand über und ist vielleicht als Eiweißverbindung (Nucleïn [Schmöger, Ber. dtsch. chem. Ges. 1893 S. 386]) vorhanden.

Aus allen vorliegenden Untersuchungen ergibt sich, daß die Phosphorsäure im Boden in verschiedener Form vorhanden und mehr oder weniger für Pflanzen zugänglich ist. Für Apatit ist die Löslichkeit sehr gering; die Phosphorsäure gefällter Calcium- und Magnesiumsalze ist für die Pflanzenwurzel gut zugänglich; hierbei hat wohl die feine Verteilung im Boden großen Einfluß. In Verbindung mit Eisen scheint sie in angreifbaren und widerstandsfähigen Formen vorzukommen; Tonerdephosphat ist für die Pflanzenwurzel kaum angreifbar. Hieraus wird es verständlich, daß die Löslichkeit durch das Verhältnis zwischen Phosphorsäure und durch in Säuren löslichen Sesquioxyden (F_2O_3 und Al_2O_3) stark beeinflußt wird (nach Liebscher***) ist 1 Phosphorsäure auf weniger als 40 Sesquioxyde sehr günstig, 1 : 40—60 noch günstig, 1 : 60—90 wenig günstig, 1 zu mehr als 90 ungünstig), sowie daß reichlicher Kalkgehalt im Boden die Wirksamkeit der Phosphorsäure vorteilhaft beeinflußt.

Wie die Arbeiten von Schlösing jun. zeigen†) stellt sich in der Bodenlösung ein statisches Gleichgewicht zwischen der Wasser-

*) Bull. Soc. Chim. Paris 1898. 19 S. 372.
**) Landw. V.-St. 1899, 52, S. 60.
***) Centralbl. d. Agrik.-Chem., 25, S. 84.
†) Ann. Sc. Agron. 1899, I, S. 316.

menge und der gelösten Phosphorsäure her; bei acht guten Böden waren immer nur 0,1—0,3 mgr im Liter Wasser gelöst und der Gehalt blieb für denselben Boden auffällig konstant, trotzdem die Pflanzen für das Hektar 10—30 kg Phosphorsäure assimilierten. Läßt man Wasser einwirken, so bedarf es sehr großer Mengen, um einen Boden an Phosphorsäure zu erschöpfen.

Woodman (Journ. Am. Chem. Soc. 1902, 24, S. 735) gibt an, daß der durchschnittliche Gehalt der Oberflächenwässer an Phosphorsäure etwa 1 : 1 000 000 sei.

Durch Auswaschung geht allen neutralen oder basischen Böden nur sehr wenig Phosphorsäure verloren, in sauer reagierenden Böden kann jedoch der Verlust erhebliche Größe erreichen. Im Hochmoor ist die als Dünger gegebene Phosphorsäure kaum weniger beweglich als irgend ein andrer Nährstoff.

Kalium. Das Kalium des Bodens ist entweder in Form schwer angreifbarer Silikate (Feldspate, Glimmer) oder für die Pflanzenwelt zugänglich als wasserhaltiges Doppelsilikat vorhanden. In dieser Form findet es sich in der Hauptmenge in den feinkörnigen Teilen des Bodens. Der Einwirkung des Wassers gegenüber verhält es sich ähnlich der Phosphorsäure. Es bildet sich ein Gleichgewichtszustand zwischen der Menge des Wassers und dem im Boden vorhandenen Kalium. Analysen der Lysimeterwässer (S. 35) zeigen, daß dies in weiten Grenzen schwanken kann. Schlösing*) fand in Böden, die im Hektar 3—4000 kg Kali enthalten, nur 1—5 kg in der Bodenflüssigkeit gelöst. Die Pflanzen vermögen jedoch große Mengen Kali aufzunehmen, da durch den Entzug der gelösten Mengen fortgesetzt im Boden absorbiertes Kali löslich wird.

Die chemische Energie, welche das Kalium auszeichnet und die Leichtigkeit, mit der es absorbiert wird, bewirken, daß es in neutralen Böden zu den widerstandsfähigen Bestandteilen gehört, die nur mäßig der Auswaschung unterliegen. Anders gestalten sich die Verhältnisse in sauer reagierenden Böden. In den Moorböden ist fast die ganze Menge des vorhandenen Kaliums leicht beweglich; in Sandböden humussaurer Reaktion scheinen jedoch in Mineralsäuren lösliche, aber für organische Säuren widerstandsfähige Verbindungen vorzukommen.

Kalk und Magnesia. Calcium findet sich im Boden als Karbonat, Silikat und Humat.

Die wirksamste Form des Kalkes ist das Karbonat; es übertrifft die immerhin leicht zugänglichen wasserhaltigen Silikate um $^1/_4$—$^1/_2$ in seiner Aufnehmbarkeit für die Pflanzenwurzel.

*) Compt. rend. 1900, 130, S. 422.

Man hat sich gewöhnt, den Kalkgehalt eines Bodens nach seinem Gehalt an Karbonat anzusprechen; wie die eingehenden Untersuchungen von D. Meyer*) zeigen, jedoch mit Unrecht. Bei den von ihm untersuchten leichten Böden waren im Durchschnitt 26%, bei den schweren 20% des Kalkes als Karbonat vorhanden (bei einem Gesamtgehalt der Böden von 0,09—1,27%), so daß man nicht berechtigt ist, aus einem geringen Gehalte an Kohlensäure auch auf geringen Kalkgehalt zu schließen und Böden mit gleichem Gehalt an Kohlensäure können ganz verschiedene Kalkmengen enthalten.

Humussaurer Kalk findet sich nur in Moorböden und in sauer reagierenden Bodenarten, wahrscheinlich auch in den Schwarzerden; in den gewöhnlichen Ackererden scheint er dagegen nur wenig verbreitet zu sein.

Um die Gesamtmenge des leicht zugänglichen Kalkes im Boden festzustellen, empfiehlt D. Meyer dreistündiges Digerieren des Bodens mit 10% Salmiaklösung auf dem Wasserbade. (Hierbei geht jedoch, wie Verfasser wiederholt beobachtete, unter Umständen viel Mangan in Lösung, welches vor weiterer analytischer Bestimmung des Kalkes abgeschieden werden muß.)

Kalk ist einer der leichtest beweglichen Bestandteile des Bodens; es liegt dies einmal in der relativ großen Löslichkeit des sauern Karbonats und anderseits darin, daß in sauer reagierenden Böden leichtlösliche organische Kalksalze vorkommen.

Die große Bedeutung eines hinreichenden Kalkgehaltes im Boden liegt außer in seiner Eigenschaft als Pflanzennährstoff in seinen physikalischen Wirkungen, zumal der Erhaltung der Krümelung und in seinen chemischen Wirkungen, welche Pflanzennährstoffe wie Phosphorsäure leichter zugänglich erhalten und sauer reagierende Humusstoffe neutralisieren. Kein anderer Bestandteil übt annähernd einen gleich starken Einfluß wie der Kalk, namentlich der kohlensaure Kalk, auf die Eigenschaften der Böden aus.

Für Magnesia liegen bisher wenig Untersuchungen vor. Erfahrungsmäßig genügt ein geringer Gehalt im Boden, um den Bedarf der Pflanzen zu decken.

Stickstoff. Neben der Phosphorsäure ist der Stickstoff des Bodens am eingehendsten untersucht worden. Er findet sich als Salpetersäure, Ammoniak und in mannigfaltigen organischen Verbindungen.

Der organisch gebundene Stickstoff ist verschieden angreifbar; in einigen Formen gehört er zu den sehr wider-

*) Landw. Jahrb. 1900, 29, S. 913—1000.

standsfähigen Körpern, wird aber früher oder später doch durch Organismen zersetzt und in Ammoniak übergeführt. Im allgemeinen ist man wohl berechtigt, den Stickstoff der organischsn Substanzen als Reservestoff zu betrachten, welcher erst nach Umwandlung in Ammon und Salpetersäure für die höhere Pflanzenwelt als Nährstoff dient. Das Verhalten der Hochmoore läßt dies erkennen; bei ihnen ist, trotz relativ hohen Gehaltes des Bodens, zur Erzielung normaler Ernten Zufuhr von leicht aufnehmbarem Stickstoff notwendig.

Als Regel kann man annehmen, daß der Gehalt an Stickstoff im Boden mit dem Gehalt an Kohlenstoff (Humus) steigt und fällt.

Das Verhältnis zwischen Stickstoff und Kohlenstoff ist jedoch sehr wechselnd. In norddeutschen Sandböden fand Gans 2—5 % N vom Gewichte des Humus; in Ton und Lehmböden bis 8 % N *).

Ammoniak findet sich in vielen Ackerböden als kohlensaures Salz, ist aber wahrscheinlich in der Hauptmenge an Silikate gebunden, von denen es stark absorbiert wird. Der Gehalt des Bodens ist gering, da es direkt von Pflanzen aufgenommen werden kann und anderseits in Salpetersäure übergeführt wird.

Eine ohne Mitwirkung von Organismen bewirkte Überführung von Ammon in Salpetrige Säure lehrte Sestini kennen.**) Er zeigte, daß Eisenoxydhydrat imstande ist, Ammoniak zu oxydieren.

Salpetersäure findet sich in gut durchlüfteten und gedüngten Acker- und Gartenerden; sie fehlt in sauren Böden, namentlich Wiesen und Mooren und findet sich im Waldboden nur in geringen Spuren. Es ist wahrscheinlich, daß in normalem Waldboden kleine Mengen gebildet, von den Wurzeln der Bäume aber rasch aufgenommen werden; ähnlich scheint es sich auf Wiesen zu verhalten, für deren Gräser die Salpetersäure ein ausgezeichneter Nährstoff ist.

Die Salpetersäure wird im Boden nicht absorbiert und unterliegt leicht der Auswaschung. Als Produkt des organischen Lebens ist die Nitratbildung von klimatischen Verhältnissen beeinflußt und schreitet unter sonst gleichen Bedingungen in den wärmeren Gebieten der Erde rascher voran, als in den kühleren.

Chlor. Chlor gehört nicht zu den notwendigen Nährstoffen der Pflanzen, findet sich jedoch in jedem Boden und jeder Pflanze; in ariden Gebieten bilden sich durch Ansammlung von Chlornatrium und anderen leicht löslichen Salzen echte Salzböden. Die Hauptmenge der Chlorverbindungen wird durch Regen dem Boden zugeführt. Zahlreiche Untersuchungen lassen kaum einen Zweifel,

---

*) Jahrb. d. Geol. Landesanst. Preußen 1902, Bd. 23, Heft 1.
**) Landw. V. St. 60 S. 103. 1904.

daß der Ursprung der Chlorverbindungen im Boden überwiegend dem Salzgehalte der Ozeane entstammt, daß Salz durch Verstäuben von Meerwasser in die Atmosphäre gelangt und durch Winde in das Innere der Kontinente getragen wird.*)

Schwefel. Ein Teil der Schwefelsäure der Böden hat denselben Ursprung wie die Chlorverbindungen, sie entstammt dem Salzgehalt der Ozeane. Ein Teil geht aus der Oxydation von Schwefliger Säure hervor, die in den großen Kulturländern reichlich beim Verbrennen der Mineralkohlen und Verhütten der Erze gebildet wird und auch zu den Aushauchungen der Vulkane gehört.

Von den Pflanzen aufgenommen findet sich ein größerer oder geringerer Teil des im Boden vorhandenen Schwefels als organische Verbindung vor. Berthelot und André**) fanden bei Gesamtschwefel von 0,372 g in 1 kg Boden davon nur 0,169 g als Sulfatschwefel; in einem andern Falle von 1,17 Gesamtschwefel 0,61 g in organischer Bindung. Bei der Verwesung bildet sich Schwefelsäure, die von den Pflanzen aufgenommen wird. Auf diesem Wege findet ein Kreislauf des Schwefels und eine indirekte Absorption im Boden statt, da die Schwefelsäure leicht ausgewaschen wird, die organischen Schwefelverbindungen dagegen ziemlich widerstandsfähig sind.

5. Bodentätigkeit.

§ 92. Die Bedingungen, welche die Zersetzung und Verwesung der organischen Abfallreste bestimmen, sind in den verschiedenen Böden in wechselnder Weise vorhanden. Die Verwesung ist im wesentlichen ein Produkt des Lebensprozesses der Bakterien; alles was daher deren Entwicklung günstig ist, wird sie fördern, was ungünstig ist sie hemmen. Natürlich übt auch der Boden Einfluß aus. In den gemäßigten Klimaten sind die wasserreichen (kalten) und nährstoffarmen, zumal sauer reagierenden Böden ungünstig, die sich leicht erwärmenden (warmen), nährstoffreichen, zumal kohlensauren Kalk enthaltenden (Neutralisation der Humussäuren) Bodenarten günstig für die Verwesung.

Den Einfluß der Bodeneigenschaften auf die Verwesung bezeichnet man als Tätigkeit des Bodens.

Man unterscheidet:

untätige oder träge Böden mit sehr langsamer Zersetzung, z. B. Tonböden;

*) W. Ackroyd, Chem. News, 83, S. 265. Journ. Chem. Soc., 1901, 79, S. 673. A. Müntz, Compt. rend. 1891, 112, S. 447.

**) Compt. rend. 1892, 114, S. 43.

- wenig tätige Böden, z. B. nährstoffarme schwere Böden; sauer reagierende Sandböden in feuchter Lage, z. B. Heideböden;
- tätige Böden, mit mittlerer Schnelligkeit der Verwesung; die große Zahl der Bodenarten gehört hierher;
- zehrende, auch hitzige Böden, auf denen die Verwesung rasch verläuft; hierher gehören die sich leicht erwärmenden besseren Sandböden, ferner viele Kalkböden.

Es ist leicht verständlich, daß die Tätigkeit der Böden von klimatischen Verhältnissen beeinflußt wird. Ein Boden, der im Tieflande zu den mäßig tätigen gehört, kann im Hochlande oder in nördlicher Lage zu den untätigen gerechnet werden müssen. In kälteren Klimaten sind im Vergleich mit gemäßigten Gebieten alle Böden untätig, in wärmeren Klimaten alle Böden tätig. Bereits im Mittelmeergebiete macht sich das geltend; die dortigen Bodenarten sind alle humusarm und würden nach unserer Bezeichnung zu den zehrenden Bodenarten zu rechnen sein.

6. Bodenkraft. Fruchtbarkeit. Ertragsvermögen.

§ 93. In der land- wie forstwirtschaftlichen Literatur wird oft der Ausdruck „Bodenkraft" benutzt. Vielfach wird er als gleichartig mit „Fruchtbarkeit" gebraucht, noch öfter in Einschränkung auf den Gehalt an mineralischen Nährstoffen, als mineralisch kräftige usw. Böden. Folgende Definitionen entsprechen wohl dem herrschenden Gebrauche:

- Bodenkraft ist die Summe aller chemischen und physikalischen Eigenschaften des Bodens.
- Fruchtbarkeit ist die Beziehung zwischen Bodenkraft und Entwicklung der Pflanzen.
- Ertragsvermögen ist die Beziehung zwischen Fruchtbarkeit und klimatischen Faktoren in ihrer Wirkung auf Pflanzengruppen oder einzelnen Pflanzenarten (Getreide, Waldbäume usw.).

Einen brauchbaren Maßstab für Bodenkraft und Fruchtbarkeit gibt es nicht und kann es nicht geben, da die einzelnen Faktoren variabel sind, sich gegenseitig günstig oder ungünstig beeinflussen und bald der eine, bald der andre das Übergewicht erhält. Man könnte ein ähnliches Gesetz des Minimums für diese Begriffe ableiten, wie es für die Pflanzenproduktion aufgestellt ist: der im Mindestmaß vorhandene chemische und physikalische Faktor bestimmt die Bodenkraft.

Als wichtigste Träger der Bodenkraft sind anzugeben: Gehalt an zugänglichen Mineralstoffen, günstige physikalische Verhältnisse, insbesondere Krümelung und Gründigkeit des Bodens, Feuchtigkeit und für gemäßigte Klimate Gehalt an humosen Stoffen.

Diese Bedingungen können sich bis zu einem gewissen Grade ausgleichen, wie z. B. ein flachgründiger Basaltboden noch vorzüglichen Waldbestand tragen kann.

Vielfach spricht man von „alter Kraft" des Bodens. Nicht mit Unrecht, denn ungünstig veränderte, zumal mechanisch verschlechterte Böden bedürfen oft Jahre, um in den ursprünglichen Zustand zurückzukehren. Im landwirtschaftlichen Betriebe tritt dies hervor bei mangelhafter Düngung, im Walde, wenn Flächen längere Zeit bloß gelegen haben oder bei unrichtiger Wahl der Holzarten.

Der Zustand eines Waldes gibt immer ein Bild der Verhältnisse, unter denen er erwachsen ist; erst die Berücksichtigung des Bodens läßt erkennen, was für die Zukunft zu erwarten ist, und welche Schwierigkeiten, z. B. der Verjüngung, entgegenstehen. Je länger ein Boden bereits Wald getragen hat, je normaler sich der Wald entwickeln konnte, und je mehr die Baumart den örtlichen Verhältnissen angepaßt ist, um so mehr wird der Bestand der Bodenkraft und Fruchtbarkeit entsprechen, d. h. sich in dem Zustande der Entwicklung befinden, wie sie durch die örtlichen Verhältnisse ermöglicht werden. Naturgemäß wird dies im von Menschen unberührten Walde, im Urwalde, am meisten der Fall sein.

Die Schilderungen der Urwälder, wie sie uns vorliegen, geben im ganzen ein forstlich wenig erfreuliches Bild. Einzelne außergewöhnlich starke Stämme werden von einer großen Menge minderwertigen Materials umgeben. Auf Bodenarten, die in alten Kulturländern längst dem Ackerbau zugefallen sind, dort erhebt sich die Pracht des Urwaldes, die großartige Entwicklung der Baumriesen. Auf derartigen Böden sind aber unsere Bestände auch nicht schlechter, man läßt sie nur nicht mehr so alt werden als früher. Auf ungünstigen Böden hat der Urwald wohl ungleichmäßiger, aber nicht besser ausgesehen als die heutigen Bestände. Tatsächlich sind im Norden und Osten Europas noch Bestände vorhanden, welche den Charakter der Urwälder tragen, in Nordamerika sind noch größere Gebiete von ihnen bedeckt und überall tritt dasselbe hervor wie in unseren Gebieten: die Abhängigkeit des Bestandes vom Boden. Geringe Böden tragen auch im Urwalde schlechte Bestände; man vergißt nur zu leicht, daß die bewundernden Schilderungen sich naturgemäß auf die günstigen, nicht auf die ungünstigen Verhältnisse beziehen.*)

Die jetzige Florenverteilung ist ein Werk langer Zeiträume; auf geologisch alten Böden hat sich ein Gleichgewichtszustand herausgebildet, dem die herrschende Flora entspricht; auf geologisch jungen Böden, wie den mittel- und nordeuropäischen, ist dies nur erst relativ der Fall. Vermag auch der Waldbestand lange Zeit den einmal vorhandenen Zustand zu erhalten, indem durch Streuabfall der Auswaschung entgegengewirkt wird, so handelt es sich dabei doch nur um eine Verlangsamung eines unvermeidlich fortschreitenden Prozesses, der namentlich in Sandböden verläuft und in humiden Böden früher oder später zu einer Verarmung führen wird. Jedes Bodenprofil zeigt uns den Fortgang der Auswaschung; sie wird mächtig gefördert, wenn übertriebene Nutzungen von Streu und Gras stattfinden, noch mehr, wenn sich ungünstige Humusschichten, Rohhumus, bilden. Im allgemeinen muß man daher die fortschreitende Verarmung der geringen Böden in Nord- und Mitteleuropa anerkennen; wie weit sie aber fortgeschritten ist, läßt sich nur örtlich entscheiden.

7. Die mineralische Kraft der Böden.

§ 94. Nach einem der Hauptfaktoren der Fruchtbarkeit, dem Gehalt an Pflanzennährstoffen, spricht man von mineralisch kräftigen oder reichen und von unkräftigen, mageren, armen Böden.

Diese Einteilung hat nur für bestimmte Gebiete Berechtigung. Im Steppengebiet ist jeder Boden „mineralisch kräftig", im kalten gemäßigten oder arktischen Gebiete sind fast alle Bodenarten „mineralisch unkräftig". In den gemäßigten Gebieten, zumal denen der Braunerden, sind dagegen die Unterschiede sehr erheblich; hier hat eine Ordnung der Bodenarten nach ihrem Ursprungsgestein volle Berechtigung.

Die wichtigsten Bodenarten Mitteleuropas kann man nach ihrem durchschnittlichen Verhalten in folgende Reihe bringen.**)

1. Sehr kräftige Böden bilden:
   Die basischen Eruptivgesteine: Basalt, Diabas, Melaphyr und ihre Tuffe.

*) Ludloff, (Mayr, Waldungen von Nordamerika, S. 134) sagt nach einer Beschreibung des auf günstigem Boden stockenden Urwaldes: „Auf magerem ist das anders, und in solchen Gegenden existiert kein wesentlicher Unterschied zwischen den amerikanischen und den deutschen Wäldern."

**) Grebe, Gebirgs- und Bodenkunde.

Porphyrite und Porphyrtuffe.
Kalkgesteine mit reichlichen Tongehalt.
Leichtzersetzbare Tonschiefer.
Aue- und Marschböden.

2. Kräftige Böden bilden:

Die leicht verwitternden Arten von Granit, Gneis, Syenit

An Bindemittel reiche, nicht quarzitische Sandsteine (einzelne Grauwacken, Lias und Keupersande, Bundsandstein).

3. Mäßig kräftige Böden bilden:

Mittelschwere verwitternde Granite und Gneis, Magnesiaglimmerschiefer.

Bindemittelärmere, nicht quarzitische Sandsteine (die meisten Sandsteine und Grauwacken).

Schwer verwitternde Tonschiefer.

4. Schwache Böden bilden:

Sämtliche schwer verwitternde Silikatgesteine: Felsitporphyr, Abarten von Gneis, Granit.

Kaliglimmerschiefer.

Sandsteine mit quarzitischem Bindemittel.

Sande: Diluvialsand.

Viele Konglomerate: Rotliegendes, Grauwacken.

5. Magere (arme) Böden bilden:

Sehr schwer verwitternde Gesteine, wie manche Quarzporphyre, Grauwacken, Rotliegendes.

Bindemittelarme oder stark quarzitische Sandsteine: Manche Grauwacken, Quadersandsteine.

Quarzit.

Heide und Flugsande, Dünensande, tertiäre Sande.

Geschiebe- und Geröllablagerungen.

Tonarme Kalkgesteine: Zähe Tone und Letten.

VII. Physik des Bodens.

1. Die mechanische Bodenanalyse.

Literatur: Schöne, Zeitschr. f. analyt. Chem. 7, S. 29. Hilgard, Forsch. d. Agrik.-Phys. 2, S. 57. Knop, Landw. V.-St. 17, S. 79. Williams, Forsch. d. Agrik.-Phys. 18, S. 225.

§ 95. Jedem aufmerksamen Beobachter fallen sofort die Unterschiede auf, welche durch die verschiedene Korngröße des Bodens bedingt sind. Schon die ersten Schriftsteller, die eine wissenschaftliche Behandlung der Bodenkunde anstreben, berühren diesen Punkt und suchen nach Methoden, den Boden in seine mechanischen Bestandteile zu zerlegen.

Die Anwendung von Sieben mit verschiedenen Lochgrößen war ein naheliegendes und einfaches Hilfsmittel; die Benutzung des Widerstandes, welchen das Wasser den fallenden Körnern entgegensetzt, führte zur Schlämmanalyse. Durch allmähliche Vervollkommnung der Methoden ist es jetzt möglich, den Boden in eine beliebige Anzahl von Korngrößen zu zerlegen.

a) Trennung durch Siebe. Durch Absieben, wenn notwendig unter Hilfenahme von Wasserspülung, kann man die Bodenteile bis zu etwa 0,25 mm Durchmesser trennen. In der Regel begnügt man sich Drahtsiebe zu verwenden, vorzuziehen sind Rundlochsiebe, wie sie zuerst von Alexander Müller angewendet wurden. Man trennt in

$>$ als 4 mm D. Steine und große Wurzelreste;
3—4 mm D. Grobkies (gerundete Stücke), Grobgrus (eckige Stücke);
2—3 mm D. Feinkies, Feingrus.

Alle Teile, welche unter 2 mm Durchmesser haben, bezeichnet man als Feinerde; ihr stellt man die größeren Teile als Bodenskelett gegenüber. Die Grenze zwischen beiden ist früher von den verschiedenen Forschern sehr ungleich gezogen worden (unter 1 mm, 0,5, 0,25 mm).

Die Feinerde trennt man in

fällt im Wasser rasch nieder	Sand	Grobsand	1—2 mm
		Mittelsand	0,5—1 mm
		Feinsand	0,25—0,5 mm
setzt sich langsam ab: abschlämmbare Teile oder Rohton	Staub	Grob-St.	0,01— 0,25 mm
		Mittel-St.	0,005— 0,01 „
		Feiner St.	0,0015—0.005 „
	Schlamm	unter 0,0015 mm	

In den Analysen der preuss. geol. Landesanstalt wird unterschieden:

Grand über 2 mm
Sand 0,05—2 „
abschlämmb. Teile { Staub 0,01—0,05 mm / feinste Teile unter 0,05 mm.

In der Regel begnügt man sich mit der Trennung der gröberen Gemengteile durch Siebe, der abschlämmbaren Teile unter 0,1 mm nach Kühn und der Bestimmung der feinsten Tonteile nach Schlösing. Bei sehr feinsandigen Böden (Löß, Podsol) bedarf es noch weiterer Trennung des Staubes usw.; für weitaus die meisten bodenkundlichen Fragen genügen jedoch die angegebenen Bestimmungen.

Die Schlämmanalyse gründet sich auf den Fall der festen Körper im Wasser.

Die Fallgeschwindigkeit ist abhängig:

1. Von dem Rauminhalt der Körner. Der Widerstand des Wassers vergrößert sich mit der Oberfläche der fallenden Körner.*)

2. Von der Gestalt der Körner. Es ist ohne weiteres verständlich, daß flache Körner, z. B. Glimmerblättchen, langsamer fallen werden als gleich große und gleich schwere Kugeln. Jede Abweichung von der Kugelgestalt beeinflußt entsprechend die Fallgeschwindigkeit. Bei dem gewählten Beispiel ist die Schnelligkeit des Falles gleichzeitig noch davon abhängig, ob ein solches Blättchen mit seiner breiten Fläche vertikal oder horizontal zur Fallrichtung steht.

3. Von dem spezifischen Gewicht der Körper. Je höher das spezifische Gewicht eines Körpers ist, um so mehr Masse ist in der Raumeinheit vorhanden und um so leichter kann der Widerstand des Wassers überwunden werden.

Der hydraulische Wert der Schlämmkörper. Aus den angeführten Gründen ergibt sich, daß durch Schlämmoperationen erhaltene Bodenteile nicht völlig gleicher Größe sein können. Man bezeichnet daher die in gleicher Zeit niedergefallenen Bestandteile, bzw. solche, die von gleich starken Wasserströmen weggeführt werden, als von gleichem hydraulischen Werte und bezieht ihre Größe auf Quarzkugeln entsprechenden Durchmessers.

---

*) Ein Würfel von 1 cbcm hat eine Oberfläche von 6 qcm; ein solcher von 0,5 cbcm eine Oberfläche von 3,78 qcm; ein solcher von 0,25 cbcm D. eine Oberfläche von 2,38 qcm. Der Rauminhalt verhält sich wie:

1 : 0,5 : 0,2

Die Oberfläche aber wie: 1 : 0,63 : 0,4.

§ 96. Methoden der Schlämmanalyse.

Bei der Schlämmanalyse hat man eine große Anzahl von Methoden zur Anwendung gebracht; diese lassen sich alle in zwei Gruppen einteilen:

1. Methoden, die sich auf den Fall der festen Körper im Wasser gründen (Davy, Schübler, Sprengel, Kühn, Knop, Schlösing, Osborne);

2. Methoden, welche den Stoß aufwärts fließenden Wassers (hydraulischen Druck) verwenden (von Benningsen-Förder, Schulze, Nöbel, Schöne, Hilgard).

Während man sich in der ersten Zeit fast ausschließlich der Methoden der ersten Gruppe bediente, haben die Fortschritte, welche durch Nöbel (der den ersten übereinstimmende Zahlen liefernden Apparat konstruierte) und Schöne herbeigeführt wurden, den entsprechenden Apparaten das Übergewicht verschafft. Erst in der neuesten Zeit gewinnen die Methoden von Schlösing und die gemischte Methode von Williams durch Einfachheit der Ausführung oder Sicherheit der Resultate berechtigte Verbreitung.

Methoden der ersten Gruppe. Davy, Schübler, Sprengel schlämmten den Boden mit Wasser auf und suchten durch Abgießen die Trennung der feineren und gröberen Bestandteile herbeizuführen. Eine einfache und für die meisten praktischen Zwecke ausreichende Methode gab Kühn an.

J. Kühn läßt den lufttrocknen Boden durch Absieben in Steine (über 5 mm Durchmesser), Kies (2—5 mm D.) und Feinerde (kleiner als 2 mm D.) trennen. 50 g der Feinerde werden in einer Porzellanschale unter häufigem Umrühren bis zur Verteilung aller Partikel gekocht (je nach der Bodenart 3—6, bei sehr schweren Böden 24 Stunden kochen notwendig). Ferner benutzt man einen 30 cm hohen Glaszylinder von 8,5 cm innerer Weite, der in 5 cm Höhe ein 1,5 cm weites und 2 cm langes, außen verschließbares Ablaufrohr hat. Bei 28 cm Höhe des Zylinders ist eine Marke eingeritzt. (Vorteilhaft ist übrigens die Benutzung eines Hebers.)

Die durch Zerkochen des Bodens gewonnene Flüssigkeit bringt man mit dem Bodensatz in den Glaszylinder und füllt bis zur Marke mit Wasser auf, rührt eine Minute lang kräftig um und läßt die Flüssigkeit zehn Minuten lang ruhig stehen und hierauf die trübe überstehende Flüssigkeit abfließen. Man wiederholt das Aufgießen von Wasser, Umrühren und Abfließenlassen von nun an alle fünf Minuten, bis die über dem Bodensatz stehende Flüssigkeit völlig klar erscheint.

Der im Zylinder gebliebene Rückstand wird (nach dem Abheben der klaren Flüssigkeit) als Sand bezeichnet und nach dem Trocknen in einer Porzellanschale auf dem Wasserbade durch Sieben getrennt.

Die abgeschlämmten Stoffe enthalten alle unter ein Zehntel Millimeter großen Bodenteile.*)

Schlösing bringt 5—10 g Boden in ein Porzellanschälchen und verteilt durch anhaltendes und sorgfältiges Reiben mit dem Finger die Erde in wenig Wasser, gießt die überstehende Flüssigkeit ab und wiederholt die Operation, bis alle feinerdigen Bestandteile abgeschlämmt sind. Das Zerdrücken des Bodens muß, bei der Neigung der Tonpartikel, sich flockig zusammenzulagern, sehr sorgfältig ausgeführt werden.

Zu dem im Wasser verteilten Boden setzt man, wenn notwendig unter Anwendung schwacher Wärme, tropfenweise Salzsäure, um den kohlensauren Kalk zu lösen und vorhandene Humate zu zerstören. Nach dem Auswaschen der Säure setzt man ein paar Kubikzentimeter Ammoniak oder einige Dezigramm Kali zu, um die organischen Stoffe zu lösen. Durch Aufgießen von mehr Wasser (so daß die Flüssigkeitssäule immer 20 cm hoch ist) verteilt sich der Ton im Wasser und kann nach 10—24 Stunden durch einen Heber vom Rückstand abgezogen werden. Man wiederholt das Aufgießen und Ablassen des Wassers (je nach 10 Stunden), bis dieses klar oder ganz wenig getrübt abfließt. Es ist notwendig, destilliertes Wasser zu verwenden, da sonst ein Zusammenballen des Tones erfolgt. Die gesammelten trüben Flüssigkeiten vereinigt man und versetzt sie mit einigen Gramm Chlorkalium; der Ton bildet dann Flocken, die sich rasch absetzen, abfiltriert und gewogen werden können.

Methoden der zweiten Gruppe. Den Auftrieb fließenden Wassers benutzte zuerst Schulze zur mechanischen Trennung der Bodenbestandteile.

Genauere und übereinstimmende Resultate ergab der Apparat von Nöbel. Dieser besteht in vier untereinander verbundenen Trichterflaschen, deren Rauminhalt sich wie 1 : 8 : 27 : 64 ($1^3 : 2^3 : 3^3 : 4^3$) verhält. In den Trichter 2 wird die zu untersuchende Erde gebracht und ein Wasserstrom so durchgeleitet, daß innerhalb 40 Minuten genau 9 Liter Flüssigkeit ablaufen.

Der Nöbelsche Apparat war der erste, der übereinstimmende Analysen lieferte. Durch die konische Form der Gefäße werden jedoch sekundäre Strömungen hervorgerufen, die zu Ungenauigkeiten Veranlassung geben.

Schöne suchte diesen Fehler zu vermeiden, indem er ein längeres, unten konisches, oben zylindrisches Glasgefäß benutzte. Ein

*) Steinriede, Mikroskop. Analyse d. Bodens.

aufgesetztes, genau geteiltes Glasrohr dient zur Messung des Wasserdrucks, ein zweites als Ausfluß (beim ursprünglichen Apparate waren beide vereint). Indem es möglich ist, unter wechselndem Wasserdruck zu arbeiten, kann man den Boden in beliebig viel Korngrößen zerlegen.

Auch im Schöneschen Apparate lagern sich noch Tonteilchen in Flocken zusammen und sind die Seitenströmungen nicht ganz ausgeschlossen. Hilgard verlängerte daher den zylindrischen Teil der Röhre und brachte am Grunde ein sich drehendes Rädchen an, wodurch die Tonflocken immer wieder zerstört werden.

Auch bei diesen Methoden ist die Vorbereitung des Bodens wichtig, derselbe muß durch Kochen und Stampfen erst in seine Bestandteile zerteilt werden.

Alle Methoden, welche sich des hydraulischen Auftriebes bedienen, müssen für die Tonteile im Boden zu hohe Zahlen liefern, da sie die schwingende Bewegung der kleinsten Bodenteile im Wasser nicht berücksichtigen, welche allein schon hinreicht, die Tonteile schwebend zu erhalten. Jeder meßbare höhere Wasserdruck muß daher gleichzeitig neben jenen noch Körner größeren Durchmessers mit hinwegführen.

Williams verwendet den Schlämmapparat nach Schöne und trennt die feinsten Bestandteile durch Absetzen in 10 cm Wassersäule nach je 6 Stunden (0,005—0,01 mm), 24 Stunden (0,001 bis 0,005 mm) und die auch nach 24 Stunden nicht abgesetzten Bestandteile ($<$ als 0,001).

Die Bedeutung der Schlämmanalyse wird nicht nur dadurch bedingt, daß die physikalischen Eigenschaften der Böden überwiegend von der Korngröße abhängig sind, sondern es wird auch zugleich eine Trennung verschiedener Stoffgruppen herbeigeführt. Schwer angreifbare, harte Mineralien des Bodens, wie Quarz, nehmen in der Regel an der Zusammensetzung des „Rohtons" sparsam teil; in ihm sammeln sich die weicheren, leichter zerreiblichen und die durch Verwitterung zersetzten Teile. Aber man muß sich immer gegenwärtig halten, daß die abschlämmbaren Teile verschiedener Böden sehr wechselnd zusammengesetzt sein können, daß bei der Methode von Schlösing einzelne Teile, wie Kalkkarbonat, ausgeschieden werden und daß endlich auf eine der wichtigsten physikalischen Bodeneigenschaften, die Krümelung, nicht Rücksicht genommen werden kann.

Die Anzahl der Körner im Boden ist außerordentlich groß. Nach Whitney*) schwankt sie in fruchtbaren Böden für ein Gramm Boden zwischen 1692000000 und 24653000000.

*) Exp. St. Rec. 4, S. 21.

Whitney versuchte Grenzwerte der Körnerzahl für die nutzbaren Böden festzustellen und gibt z. B. an: Ohne Bewässerung war kein Getreide in Böden unter 1700000000 Stück zu erziehen; guter Weizen wuchs erst bei Böden mit über 10000000000, Gras erst bei 24000000000.

Diese Verhältnisse sind natürlich von Klima und Regenmenge abhängig; die nordischen Sandböden bringen bei viel geringerer Kornzahl mäßige Ernten; es ist aber immerhin der Mühe wert, darauf hinzuweisen, daß jeder fruchtbare Boden sich aus einer für uns unvorstellbaren Anzahl Einzelkörner zusammensetzt.

2. Der Bau (Struktur) des Bodens.

Literatur.

Flügge, Beiträge zur Hygiene, Leipzig 1870. — C. Lang, Forsch. der Agrik.-Phys. 1, S. 109. — Soyka, d. Z. 8, S. 1. — Renk, Zeitschr. für Biolog. 15, S. 86. — Wollny, Forsch. d. Agrik.-Phys., in vielen Einzelarbeiten.

§ 97. Durch die mechanische Bodenanalyse lernt man die Größen der einzelnen Bodenbestandteile kennen; die Art und Weise ihrer Zusammenlagerung kann jedoch erheblich verschieden sein.

a. Einzelkornstruktur.

Am einfachsten werden sich die Verhältnisse gestalten, wenn Körner gleicher Größe regelmäßig nebeneinander gelagert sind. Es können mehrere Fälle eintreten, die man als dichteste und lockerste Lagerung der Bodenteile bezeichnen kann.

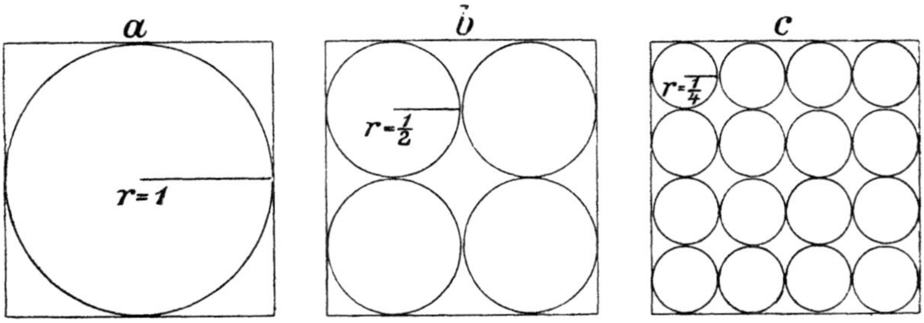

Abb. 9.

Geht man von der einfachsten Annahme aus, daß der Boden aus gleichgroßen Kugeln bestehe, so läßt sich leicht zeigen, daß die Raumerfüllung der festen Bestandteile von der relativen Größe der Kugeln unabhängig ist.

In einen Würfel (Abb. 9) von der Größe n lasse sich eine Kugel von der Größe r = 1 eintragen, so werden bei der angegebenen Lagerung in demselben Würfel 8 Kugeln mit einem Radius $= {}^1/_2$, 64 Kugeln mit $r = {}^1/_4$ usw. Platz haben.

Da der Inhalt der Kugel gleich ist

$$^4/_3\ \pi\ r^3$$

so ergibt sich aus der Berechnung, daß der Rauminhalt der angenommenen Kugeln der gleiche und unabhängig von der relativen Größe derselben ist.

Berechnet man die Größe des nicht von fester Substanz erfüllten Raumes, das Porenvolumen, so findet man es zu 47,64 % des Gesamtvolumens.

Das angezogene Beispiel zeigt zugleich die lockerste Lagerung der Bodenbestandteile, diese findet dann statt, wenn die einzelnen Körner (Kugeln) senkrecht übereinander stehen (Abb. 10).

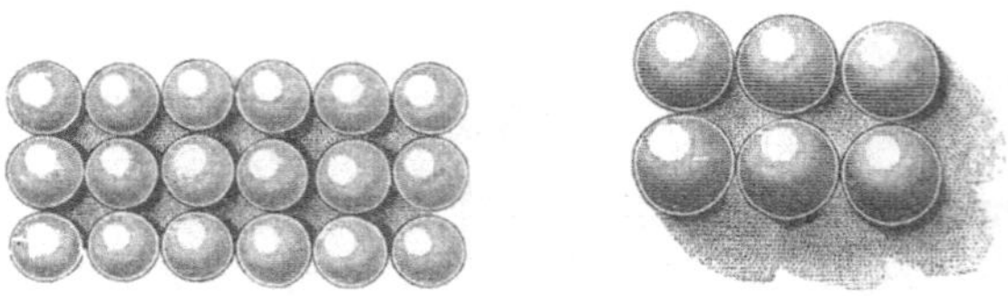

Abb. 10.

Die dichteste Lagerung findet dann statt, wenn je eine Kugel in den Zwischenräumen von je vier (bzw. drei) anderen Kugeln ruht (Abb. 11—13).

Abb. 11.

Abb. 12

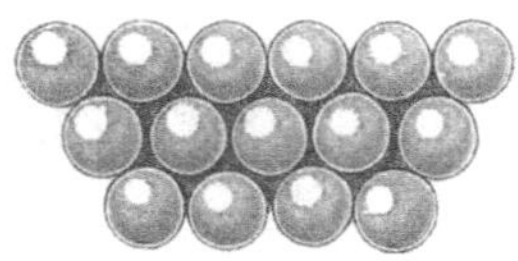

Abb. 13.

Berechnet man die Größe der so entstehenden Hohlräume, so zeigen sie sich ebenfalls unabhängig von der Korngröße (die mathematische Beweisführung bei Lang a. a. O.). Das Porenvolumen beträgt dann 25,95 % des Gesamtvolumens.

Zwischen den beiden angegebenen Werten muß also die Raumerfüllung bzw. das Porenvolumen gleichgroßer Bodenpartikel schwanken. Am nächsten kommen dieser Bedingung die Sandböden und es ist nicht ohne Bedeutung, daß feinkörnige Sande, welche den Boden von Seen oder den Untergrund von Mooren bilden, ein Porenvolumen besitzen, welches fast genau dem der theoretisch berechneten dichtesten Lagerung entspricht.

Lagerung bei ungleicher Größe der Bodenbestandteile. In der Natur finden sich überwiegend Bodenarten, welche sich aus Bestandteilen verschiedener Größe zusammensetzen. In diesem Falle werden sich die feinkörnigen Teile zwischen die grobkörnigen einlagern und dadurch das Porenvolumen erheblich herabdrücken (Abb. 14). In der Regel werden jedoch nicht alle Hohlräume mit kleineren Teilen erfüllt sein und sich mittlere Verhältnisse ergeben.

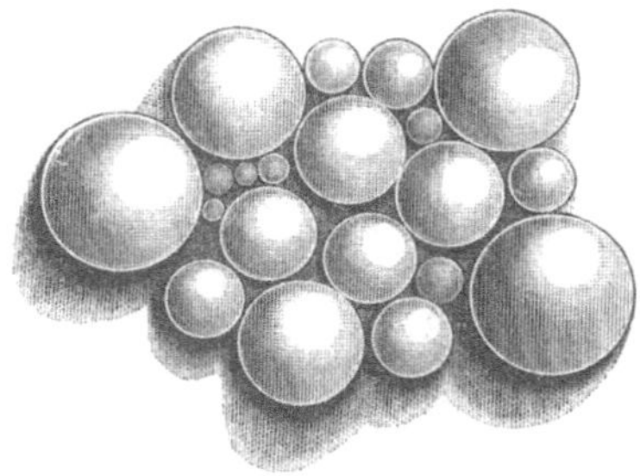

Abb. 14.

In allen bisher berührten Lagerungsweisen der Böden liegt Korn neben Korn, eine weitere Beziehung zwischen diesen besteht nicht, man bezeichnet diesen Zustand als Einzelkornstruktur.

b. Krümelstruktur.

In allen guten Feld- wie Waldböden findet man die einzelnen Bodenteilchen mehr oder weniger zu Aggregaten vereinigt, sie bilden „Krümel". Diese Ausbildungsweise unterscheidet sich demnach von der Einzelkornstruktur dadurch, daß zwischen einer kleineren oder größeren Anzahl von Bodenteilchen Einwirkungen stattfinden, welche eine Zusammenlagerung derselben veranlassen, so daß der Boden nicht mehr aus den einzelnen Bodenbestandteilen, sondern aus Aggregaten derselben besteht. Durch die Krümelung kommt der Boden in einen Zustand, den man am besten als Boden höherer Korngröße mit porösen Körnern bezeichnen kann.

Einzelkornstruktur und Krümelstruktur unterscheiden sich daher voneinander wesentlich nur dadurch, daß bei der letzteren die einzelnen Bodenkörner nicht, wie z. B. beim Sand, einheitlich zusammengesetzt sind, sondern daß jedes Korn aus einer großen Anzahl kleiner Partikel gebildet wird.

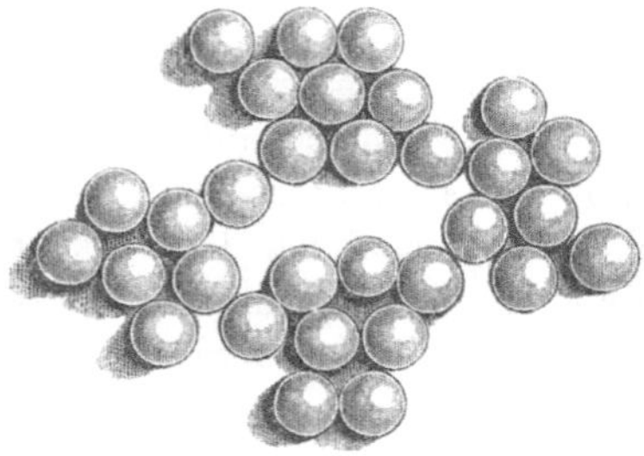

Abb. 15.

Die Krümelstruktur ist also immer ein spezieller Fall der Einzelkornstruktur, bei dem die einzelnen Körner porös und nicht einheitlich zusammengesetzt sind. Eine Zeichnung (Abb. 15) gibt am ehesten ein anschauliches Bild davon.

c. Ursachen der Krümelbildung.

§ 98. Auf die Entstehung und Erhaltung der Krümelstruktur im Boden wirken, soweit unsere jetzigen Kenntnisse reichen, mehrere Faktoren ein. Es sind dies Gehalt an löslichen Salzen, Tätigkeit der Tierwelt, die Durchwurzelung des Bodens durch Pflanzen und Volumveränderungen des Bodens durch physikalische Prozesse, sowie mechanische Bearbeitung der Böden.

a) Die löslichen Salze und ihre Einwirkung auf die Krümelung des Bodens sind erst in neuerer Zeit voll erkannt worden. Sind dieselben auch vielleicht weniger die erste Ursache zur Entstehung der Krümel, so sind sie doch die hauptsächlichste Bedingung für ihre Erhaltung.

Um diese Wirkung verständlich zu machen, ist es notwendig, auf das Verhalten sehr fein verteilter Körper, die in Wasser aufgeschlämmt sind, einzugehen.

Schlämmt man Ton mit reinem salzfreien Wasser auf, so bildet sich eine trübe Flüssigkeit, die auch nach monate- und jahrelangem Stehen nicht völlig klar wird.*) Bei mikroskopischer Untersuchung

*) Man hat solches „Tonwasser“ länger als zehn Jahre aufbewahrt, ohne daß ein Absetzen der festen Partikel erfolgte. Die Korngrößen liegen vielfach

zeigen die festen Partikel eigentümlich zitternde Bewegung, die man als Brownsche Molekularbewegung oder „pedetische“ Bewegung bezeichnet hat.

Diese Eigenschaft der Tonteile ist auf rein physikalische Ursachen zurückzuführen; denn andre Stoffe in gleich feiner Verteilung verhalten sich ebenso.*)

Bringt man in ein solches, feste Bestandteile aufgeschlämmt enthaltendes Wasser lösliche Salze, so lagern sich die bis dahin gleichmäßig verteilten Tonteile zusammen, „bilden Flocken“, die dann rasch zu Boden fallen; in kurzer Zeit wird die überstehende Flüssigkeit vollständig klar und der „Ton“ sammelt sich am Boden an. Ganz gleich verhalten sich alle anderen Stoffe, die im Wasser schwebend erhalten bleiben.

Die Zusammenlagerung und Flockung ist daher von der Gegenwart löslicher Salze abhängig; am stärksten wirken Kalk- und Magnesiasalze, aber auch alle anderen Salze sind mehr oder weniger wirksam. Immer muß aber ein bestimmtes Mengenverhältnis zwischen dem betreffenden Salz (der „Schwellenwert“ der Wirkung muß überschritten sein) und der Flüssigkeit bestehen, um noch ein Absetzen der Tonteile zu vermitteln; sehr verdünnte Lösungen wirken entweder nicht mehr ein, oder doch nur nach längerer Zeitdauer.

Flockend wirken alle Elektrolyte, also Körper, welche nach den herrschenden Anschauungen in wässeriger Lösung zum Teil in „Jonen“ gespalten sind. Nichtelektrolyte sind wirkungslos. Der elektrische Strom fällt die Flocken ebenfalls aus; es ist daher anzunehmen, daß die im Wasser verteilten Partikel elektrisch geladen sind und man in der Ladung die Ursache der Schwingungen zu suchen hat.**)

---

jenseits der mikroskopischen Sichtbarkeit; die im Wasser verteilten Stoffe lassen sich dann erst nach dem Abdampfen oder Koagulieren der festen Teile sichtbar machen. Williams nimmt für alle Korngrößen eine meßbare Fallgeschwindigkeit an, wohl mit Unrecht, da die Wirkung von elektrischen Kräften ausgeht. Das angewendete Wasser enthält immer Spuren gelöster Salze oder nimmt sie aus den Glasgefäßen auf, und hierdurch wird die pedetische Bewegung vermindert und endlich aufgehoben.

*) Verfasser pulverisierte Bergkrystall zu äußerst feinem Pulver; dieses wurde, um etwa beigemischte fremde Stoffe zu entfernen, mit Salzsäure behandelt und dann in reinem Wasser aufgeschlämmt. Nach tagelangem Stehen bildete es, ganz ähnlich dem Tonwasser, noch eine milchige Flüssigkeit, ohne einen weiteren Bodensatz zu liefern. Chemische Einwirkungen waren hier mit Sicherheit ausgeschlossen. (Forsch. d. Agrik.-Phys. 11, S. 299.) Später wiederholt von Whitney (1893).

**) Die Beobachtung, daß salzhaltige Gewässer sich rasch klären, machte bereits Beaumont (citirt Ann. chim. phys. [5] 2 S. 527.). Die ersten genaueren Untersuchungen gab Scheerer (Pogg. Ann., 82, S. 419), Schulze (Pogg. Ann., 129, S. 366), später arbeiteten über den Gegenstand namentlich Hilgard

Die flockende Wirkung entspricht annähernd der „Dissoziationsfähigkeit" der Elektrolyte. Sie ist sehr hoch bei freien Säuren. Freie Alkalien und ihre Karbonate wirken wenig; nach A. Mayer. (Forsch. d. Agrik.-Phys. 2, S. 261) Kalilauge in 0,56%, Natronlauge in 0,4% Lösung. Lösliche Phosphate sind sehr schwach in der Wirkung, ebenso Chilisalpeter. Das Verhalten der Kalksalze und der Alkalien läßt es wahrscheinlich erscheinen, daß auch chemische Einflüsse bei den stark wirkenden Stoffen mitspielen.

Williams (Forsch. d. Agrik.-Phys. 18, S. 225) macht darauf aufmerksam, daß sich die „Tonteilchen" anders verhalten als colloidale, gelöste Stoffe; bei schwachem Erwärmen (auf 60°) setzen sich die Tonteile ab und die Flüssigkeit wird klar, erst bei höherem Erhitzen verteilen sie sich wieder.

Die flockende Wirkung gelöster Salze macht sich auch in den Flüssen geltend; so setzen sich Sinkstoffe in Flüssen aus Kalkgebieten viel schneller ab, als in Flüssen aus kalkarmen Gebieten.

Die Krümel des Bodens verhalten sich ähnlich wie die Tonflocken. Hilgard knetete festen Tonboden mit 1% Ätzkalk zusammen. Der ursprüngliche Boden war nach dem Trocknen steinhart, der mit Kalk versetzte locker und mürbe. Die Untersuchungen von Schlösing u. a. lassen es zweifellos erscheinen, daß im Ackerboden die Krümelung durch lösliche Salze erhalten und hervorgerufen wird. Reichliche Düngung, zumal unterstützt durch Bodenbearbeitung, bringt den Boden in einen ausgesprochen krümeligen Zustand, den der Landwirt mit „Gahre" oder „Ackergahre" bezeichnet.

Ganz ähnlich ist die Wirkung in den Waldböden, bei denen sich Krümelstruktur nur bei genügendem Gehalte an löslichen Salzen findet. Alle Einwirkungen, welche diese beseitigen, wie übertriebene Streunutzung, Bedeckung mit Rohhumus, bewirken zugleich eine Zerstörung der Krümel und dichtes Zusammenlagern des Bodens.

Besonders bezeichnend sind dafür einzelne Beobachtungen, aus denen hervorgeht, daß tiefer liegende, an löslichen Mineralstoffen reichere Bodenschichten ein höheres Porenvolum haben können als die oberste humose Bodenschicht, also lockerer gelagert und mehr gekrümelt sind als diese.*)

(Forschungen der Agrikulturphysik 2, S. 441); die stark flockende Wirkung der Kohlensäure zeigte Sachße; hervorzuheben ist noch Bodländer, N. Jahrb. Min. Die Bedeutung der Krümelung hat namentlich Wollny erkannt und eingehend bearbeitet. Den Einfluß der löslichen Salze im Boden ist von Schlösing gewürdigt worden.

*) Ramann, Waldstreu S. 64.

b) Die Einwirkung der Tierwelt.*)

Einen erheblichen Einfluß auf die Krümelung der Böden üben die im Boden lebenden Tiere durch ihre grabende und wühlende Tätigkeit und zum Teil auch durch ihre Abscheidungen aus. Darwin führte die Bildung der Ackererde auf die Arbeit der Regenwürmer und verwandter Tierarten zurück; ebenso suchte Müller in diesen die maßgebenden Faktoren der Krümelung der Waldböden.

Es kann nun keinem Zweifel unterliegen, daß alle im Boden lebenden Tiere begünstigend auf die Krümelbildung einwirken; Wollny hat dies experimentell für die Regenwürmer gezeigt. Auf Wiesen und anderen feuchten Orten kann die Bedeutung der Tierwelt entscheidend werden. Anderseits kennt man ausgesprochen gekrümelte Bodenarten, in denen Regenwürmer oder sonstige größere Tiere völlig fehlen oder doch in so geringer Zahl vorhanden sind, daß sie eine erhebliche Einwirkung nicht üben können. Man hat daher in der Tierwelt nur ein die Krümelung des Bodens vielfach begünstigendes Element zu sehen. (Vgl. S. 121.)

c) Die Einwirkung der Pflanzenwurzeln.

Zu den Faktoren, welche die Krümelung der Waldböden bewirken, gehören die Wurzeln der Waldbäume. Diese durchziehen den Boden nach allen Richtungen und können in verschiedener Weise einwirken. Einmal durch die direkte mechanische Wirkung beim Eindringen in den Boden, durch die Volumänderungen, welche sie beim Absterben und Verwesen erfahren und endlich durch die mechanische Wirkung bei stärkeren Stürmen.

So beschreibt ein ungenannter Verfasser**) die Wirkung eines Sturmes in einem Fichtenaltholzbestand: „Ganz eigentümlich war aber die hierbei stattfindende Aufwallung, bzw. Verschiebung des moosbedeckten Bodens. Dieser bewegte sich, soweit das Auge reichte, wellenartig und mitunter fußhoch, welche Erscheinung durch Anspannen und Anheben der weit ausgreifenden Wurzeln — wohl auch mit einem Teil der Erde — beim Niederbeugen des Stammes auf die entgegengesetzte Seite verursacht wurde.“

Es ist klar, daß eine mechanische Einwirkung, welche in extremen Fällen so stark werden kann, eine Lockerung der Bodenteile bewirken muß. Ist es auch anzunehmen, daß tiefer wurzelnde Bäume sehr viel geringere Biegungen bzw. Verlängerungen und Verkürzungen

*) Darwin, Bildung der Ackererde durch die Tätigkeit der Würmer, 1882. — Hensen, Landw. Jahrb. 1882, S. 661. — Müller, Die natürlichen Humusformen 1887. — Ramann, Forsch. d. Agrik.-Phys. 11, S. 29. — Wollny, Forsch. d. Agrik.-Phys. 12, S. 382. — Ebermayer, Allgem. Forst- u. Jagdzeitg. 1891, S. 171.

**) St— unterzeichnet. Allgem. Forst- u. Jagdzeitg. 1890, S. 159.

der Wurzeln erleiden, so können durch die häufige Wiederholung des Vorgangs doch schon sehr kleine Bewegungen eine Einwirkung auf die Bodenstruktur üben. Ebermayer schreibt den Wurzeln die Hauptwirkung zu.

d) Veränderungen der Struktur des Bodens durch physikalische Wirkungen bzw. Bodenbearbeitung.

Es ist ohne weiteres verständlich, daß jede Bearbeitung des Bodens (unter normalen Verhältnissen) zur Lockerung und Krümelbildung beitragen muß.

In der Natur geht im Boden eine große Anzahl von Einwirkungen vor, welche Volumenänderungen bewirken und damit zur Bildung wie Zerstörung der Krümelbildung beitragen müssen. Die wichtigsten derselben sind die Volumenänderungen bei wechselndem Wassergehalt und die Frostwirkung.

Viele Bodenarten erfahren beim Austrocknen bzw. Durchfeuchten erhebliche Volumenänderungen (vgl. § 105). Bei Ton-, Lehm- und Humusböden sind diese am bedeutendsten, bei den Sandböden verstärkt wohl der häufige Wechsel im Wassergehalt die an sich geringe Einwirkung. Noch wichtiger ist die Frostwirkung, welche oft den Boden bis in große Tiefen durchlockert.*)

Durch diese Vorgänge werden die kleinsten Teile des Bodens in ihrer Lage verschoben und vielfach mechanische Einwirkungen hervorgebracht, welche die Krümelbildung begünstigen.

Die Krümel des Bodens sind lose zusammengehaltene Aggregate kleinerer Partikel; als solche werden sie leicht zerstört. Am häufigsten wirken in der Natur Auslaugung der löslichen Salze und die mechanische Kraft des fallenden Regens. Namentlich Platzregen können die Krümelstruktur frisch gepflügter, schwerer Ackererden zerstören; ebenso kann eine Bodenbearbeitung bei hohem Feuchtigkeitsgehalte wirken. Ein gutes Beispiel für die Wirkung der löslichen Salze geben die frisch eingedeichten Marschböden. Trocken gelegt, ist für sie die Zeit während der Auswaschung der Meersalzteile, die diese Böden natürlich zuerst einschließen, die gefährlichste. Eine unvorsichtige Bearbeitung kann die ursprünglich lockere Erdmasse in zähen Tonboden verwandeln.

Die landwirtschaftliche Praxis bezeichnet Zerstörung der Krümelstruktur als „Verschlämmung“ oder „Dichtschlämmung“ des Bodens.

Die Krümelstruktur erleichtert das Eindringen des Wassers, bewahrt die feinkörnigen und sehr

*) Wollny, Forsch. d. Agrik.-Phys. 20, S. 439.

humosen Bodenarten vor Übermaß an Wasser und setzt die Verdunstung erheblich herab. Die Menge des Wassers wird daher günstig für die Vegetation beeinflußt. In ähnlicher Weise wird die Durchlüftung gesteigert.

In der Krümelung des Bodens und ihrer Einwirkung auf die verschiedenen Bedingungen der Pflanzenentwicklung hat man daher die wichtigste physikalische Eigenschaft guter Bodenarten zu sehen.

Von Bedeutung ist, daß die Wurzelverbreitung, oder wenigstens die Hauptmasse der Wurzeln immer mit der Tiefe der gekrümelten Schicht parallel geht. Schon bei Bodeneinschlägen ist dies zu beobachten. Ganz überraschend scharf tritt es aber hervor, wenn durch Wegbauten und dergleichen der Wurzelbodenraum eines Baumes durchschnitten ist und Wind und Wasser allmählich die Wurzeln bloßlegen.

Die Mächtigkeit des gekrümelten Bodens ist sehr verschieden und kann in weiten Grenzen schwanken. In der Regel ist sie auf tiefgründigem Boden stärker als auf flachgründigem.

Mit der Krümelung in naher Beziehung steht die Bindigkeit der Bodenarten. In Böden mittlerer Bindigkeit erhält sich die Krümelstruktur am leichtesten. Sehr lose (Sand) sowie sehr zähe Bodenarten (Ton) erlangen sie am schwierigsten und verlieren sie bei ungünstigen Einwirkungen am leichtesten. Deshalb sind schwere Tonböden (die meisten Verwitterungsböden der Kalkgesteine gehören ebenfalls hierher) und lose Sandböden am empfindlichsten gegen Freistellung. Die Wirkung der Aushagerung besteht, wie erwähnt, überwiegend in einer Zerstörung der Krümelstruktur.

Die landwirtschaftliche Bodenbearbeitung befördert durch mechanische Umlagerung die Krümelung; dem Forstwirt stehen die gleichen Mittel nicht oder nur in ganz beschränktem Maße zur Verfügung, er hat demnach alles zu unterstützen, was die Krümelbildung fördern, und alles tunlichst zu verhindern, was sie stören kann. Hierzu gehört ein gleichmäßiger Schluß der Waldungen und Erhaltung der Bodendecke, endlich Vorsorge gegen Einwirkung der Rohhumusschichten.

Der Krümelbildung sind alle Bodenarten fähig. Am bedeutungsvollsten ist sie für Böden, welche bei dichter Lagerung nahezu undurchlässig für Wasser sind, also für Ton-, schwere Lehm- und für Humusböden. Auch Sandböden, zumal feinkörnige Sande, zeigen ausgesprochene Krümelung, die durch beigemischten Humus wesentlich gesteigert werden kann.

d. Lagerungsverhältnisse „gewachsener" Böden.

§ 99. Sind bisher die Bedingungen, welche die Lagerungsweise der Bodenbestandteile beeinflussen, behandelt worden, so kommt es nun darauf an, ein Bild des Verhaltens der in der Natur vorkommenden Bodenarten zu gewinnen, die man am besten wohl mit einem der Bautechnik entnommenen Ausdruck als „gewachsene Böden" im Gegensatz zu den durch menschliche Tätigkeit veränderten bezeichnet.

Untersuchungen über diesen Gegenstand sind noch immer sparsam ausgeführt. Am zahlreichsten wohl vom Verfasser.*)

Als Regel, wenigstens für Waldböden, kann gelten, daß in gewachsenen Böden die oberste Bodenschicht die lockerste Lagerung hat. Nach der Tiefe zu ist die Lagerung dichter und bleibt endlich ziemlich gleichmäßig (natürlich immer gleichartige Bodenarten vorausgesetzt).

Die Untersuchung Eberswalder fein- bis mittelkörniger Diluvialsandböden ergab z. B. folgende Zahlen für das Porenvolumen, also die lufterfüllten Räume des trocknen Bodens.

	1. Profil	2. Profil	3. Profil (Düne)
Oberfläche bis 10 cm Tiefe	56,2 %	57,8 %	50,6 %
in 20—30 cm Tiefe	51,7 %	50,2 %	45,9 %
in 40—50 „ „	42,1 %	43,0 %	40,4 %
in 60—70 „ „	41,4 %	43,0 %	38,2 %
in 80—90 „ „	41,4 %	41,8 %	37,3 %

Sehr dichte Lagerung zeigen alle Böden unter Gewässern. Veitmeyer (Vorarbeiten zur Wasserversorgung der Stadt Berlin, 1871, 1 und Forts.) gibt im Durchschnitt ein Porenvolumen von 20 % an

*) Forsch d. Agrik.-Phys. 1888, Bd. 11, S. 299. „Die Waldstreu", Zeitschr. f. Forst- u. Jagdw. 1898, S. 451 u. a. a. O. Benutzt wurde für diese Arbeiten ein ca. 10 cm langes und ebenso weites Eisenrohr, welches nach unten angeschärft und schwach verjüngt war. Durch langsame Schläge mit einem sehr breiten Holzhammer oder Schlägel wurde das Rohr in die Erde getrieben. Bedingung für übereinstimmende Resultate ist ein sehr gleichmäßiges Schlagen; sowie sich der Apparat nicht ganz gerade einbohrt, erhält man fehlerhafte Bestimmungen. Die Verjüngung des Rohres verhindert ein Quetschen der eingeschlossenen Erdsäule. Ist die Oberfläche der letzteren mit der übrigen Erdschicht in gleicher Höhe, was bei vorsichtigem Arbeiten mit dem völligen Eintrieb des ganzen Apparates zusammenfällt, so wird die obere Öffnung durch einen in Nuten gehenden Deckel geschlossen und mittels eines untergeschobenen Bleches die Erdsäule herausgehoben und am Unterrand des Apparates entsprechend scharf abgestochen oder besser mit einem längeren Messer abgeschnitten. Selbst sehr lockere Bodenarten haben genug Zusammenhang, um auf diesem einfachen Wege gute Resultate zu geben. Etwas mehr Schwierigkeiten bietet das Herausheben einer Erdsäule in schweren Bodenarten. Forstmeister Fricke teilte mir mit, daß ein auf den Apparat aufgelegtes Brett die Benutzung eines gewöhnlichen Schlegels oder Hammers ermöglicht.

(wohl sehr niedrig); am Müggelsee fand er 26,26 % (nahezu der theoretische Wert der dichtesten Lagerung gleichgroßer Teile); im Sand unter Moor fand der Verfasser 30,3 %. Das Wasser schlämmt die feinen Bodenpartikel möglichst dicht zusammen.

Verfasser kam bei seinen Untersuchungen diluvialer Böden zu folgenden Werten (bis 11 cm tiefe Oberflächenschicht).

Sandböden lassen sich einteilen in:

sehr dicht gelagerte	unter 50 %	Porenvolumen
dicht gelagerte	50—55 %	,,
locker gelagerte	55—60 %	,,
sehr locker gelagerte ...	über 60 %	,,

Die Zahlen schwankten zwischen 37 % und 63 % Porenvolumen.

Für Lehmboden liegen nicht genügende Beobachtungen vor. Bei 20 Bestimmungen von Waldböden ging das Porenvolumen nicht unter 51 % herab, stieg aber bis auf 69,8 %.

Bei anderen Versuchen des Verfassers zeigten Lehmböden ein Porenvolumen von 47—50 %. Schwarz fand (Bericht der landwirtschaftl. Versuchsstation, Wien 1878, S. 51) für Lehmboden 45,1 % Porenvolumen; für Ton 52,7 %; für Moorböden 84,0 %; der Verfasser für Torfböden 84,4—85,2 %, im wasserhaltigen Zustande 6—9 %. Das Porenvolumen ist für die Kenntnis vieler der wichtigsten Eigenschaften der Böden, insbesondere für Durchlüftung und Wasserführung von grundlegender Wichtigkeit. Bringen auch die durch wechselnden Wassergehalt bewirkten Volumänderungen der Böden nicht unerhebliche Unsicherheiten in der Bestimmung, so sind die in der Natur gewonnenen Zahlen doch noch immer viel brauchbarer als die durch Laboratoriumsversuche ermittelten. Die letzteren sind kaum je übertragbar. Renck (a. a. O.) konnte durch trockenes Einfüllen und Einschlämmen für denselben Boden Zahlen erhalten, die zwischen 36 und 55,5 % für das Porenvolumen schwankten.

3. Bodenprofil.

(Schichtung und Mächtigkeit des Bodens.)

§ 100. Die Masse des Bodens ist in der Regel nicht gleichmäßig zusammengesetzt, sondern es sind fast stets verschiedene Schichten vorhanden, die sich durch Gehalt an Humusstoffen und Lagerungsweise auch erkennen lassen, wenn die Zusammensetzung nicht wesentlich schwankt. Die einzelnen Bodenschichten haben vielfach aufeinander (Wasserführung, Durchlüftung, Nährstoffgehalt) und auf die vorhandene Pflanzenwelt Einfluß. Die Kenntnis der Schichtenfolge, des Bodenprofils, ist daher für alle land- und forstwirtschaftlichen Maßnahmen von grundlegender Bedeutung. Als Regel kann dabei gelten, daß Schichten verschiedener Zusammensetzung um so günstiger für die Pflanzenwelt sind, je weiter sie in ihren Eigenschaften voneinander abweichen.

Die Kenntnis der Schichtenfolge erlangt man durch Einschläge oder Bohrungen. Von Handbohrern sind Bohrstöcke sehr handlich, die bis etwa 1 m Tiefe reichen, ferner die leichten und billigen, bis 2 m Tiefe reichenden Bohrer, welche die geologischen Landesanstalten bei Flachlandaufnahmen benutzen. Bei diesen Instrumenten sind die gelieferten Bodenproben sehr klein. Mit Hilfe eines Tellerbohrers kann man jedoch ohne zu große Mühe und Belastung genügende Bodenmengen auch aus mehreren Metern Tiefe erhalten. Für bodenkundliche Zwecke begnügt man sich zumeist mit Bohrungen bis 1—2 m Tiefe.

Vielfach kann man auch an Grabenwänden, Wegeinschnitten u. dgl. Einblick in den Bodenbau erhalten.

Im bearbeiteten Boden unterscheidet sich die regelmäßig umgebrochene Schicht des Bodens, „die Ackerkrume", durch gleichmäßige Lagerung und gleichmäßigen Humusgehalt meist deutlich vom Unterboden. Vielfach ist der unmittelbar unter beackertem lagernde Boden, „die Pflugsohle", dicht gelagert; tonige Teile sind zugeführt und Konkretionen (Eisen, Ton, Humusniederschläge) verdichten die Bodenteile. Zumal auf leichteren Böden treten solche Verdichtungen auf; sie sind am kenntlichsten in Zeiten der Trocknis.

Im gewachsenen Boden sind drei gut unterscheidbare Bodenschichten von wechselnder Mächtigkeit vorhanden.

1. Oberboden, Dammerde (Muttererde, Nahrungsschicht usw.). Die oberste, in guten Waldböden immer gekrümelte, durch beigemischten Humus gefärbte Bodenschicht; mehr oder weniger scharf getrennt von den unteren Lagen des Bodens.

Chemisch charakterisiert sich diese Bodenlage dadurch, daß die Verwitterungsvorgänge in derselben überwiegegend beendet und daß die leichter angreifbaren Mineralbestandteile bereits zersetzt sind.

Einen nachhaltigen Zuschuß von Pflanzennährstoffen kann diese Bodenschicht kaum mehr durch fortschreitende Verwitterung, sondern nur von außen erhalten, sei es durch Düngung in der Landwirtschaft, oder durch die Auslaugung und Verwesung der Streu im Walde. In bezug auf die chemische Zersetzung ist die oberste Bodenschicht häufig ärmer an löslichen und immer ärmer an unlöslichen Mineralstoffen als der unterlagernde Boden. Wenn trotzdem die Keimung und die Entwicklung der jungen Pflanzen in der humosen Bodenschicht am besten vor sich geht, die Wurzeln der Bäume sie nach allen Richtungen durchziehen, so liegt dies wohl überwiegend in der Lockerheit und guten Durchlüftung, sowie in dem durch die Humusbeimischung bedingten Stickstoffgehalt und der höheren Frische des Bodens.

2. Unterboden. Die zweite Bodenschicht, welche von dem humosen Boden überlagert und von dem Rohboden unterlagert wird, zeichnet sich meist durch braune oder rote Farben aus; sie ist bei normalen Verhältnissen dichter gelagert als die überliegende Schicht, zeigt aber zumeist noch eine für das Eindringen der Wurzeln hinreichende Lockerheit. In ihr oder auf ihr findet sich in fruchtbaren Böden die hauptsächlichste Verbreitung der Baumwurzeln.

Chemisch ist die zweite Bodenschicht als die eigentliche Verwitterungszone des Bodens zu betrachten. In ihr findet reichlich Aufschließen und Zersetzung der unlöslichen Mineralien statt; hierdurch wird diese Lage in der Regel die reichste an löslichen und von mittlerem Gehalte an unzersetzten Mineralstoffen. Die rote oder braune Färbung wird durch Ausscheidung von Eisenoxyd und dessen Hydrat bei der Verwitterung veranlaßt.

3. Untergrund, Rohboden. Die dritte Bodenschicht stellt den Rohboden dar. Es ist erst schwach von der Verwitterung angegriffenes Gestein; bei anstehenden Felsmassen sind diese bereits mehr oder weniger zerfallen, aber noch wenig zersetzt. Diese Bodenschicht ist daher an löslichen Salzen arm, aber dafür reich an aufschließbaren Bestandteilen.

Die dreifache Schichtung des Bodens läßt sich fast überall verfolgen. Gelegentlich kann einmal eine Schicht schwach ausgebildet sein, wohl auch fast völlig fehlen; es sind dies aber immerhin Ausnahmen. Die oberste Bodenschicht ist mehr oder weniger scharf von der unterlagernden unterscheidbar, während die zweite vielfach allmählich in den Rohboden übergeht.

4. Tieferer Untergrund. Der Untergrund eines Bodens kann von anstehendem, durch Verwitterung noch wenig angegriffenem Gestein (im weitesten Sinne, umfaßt also auch Sand, Grand-, Tonschichten) oder vom Grundwasser gebildet werden. Aus der an-

genommenen Definition geht hervor, daß unter Umständen, z. B. in einem einheitlichen Sandboden von großer Mächtigkeit, eine Grenze zwischen Untergrund und tieferem Untergrund nicht vorhanden ist, beide gehen ineinander über. Man muß dann eine willkürliche Trennung vornehmen, wofür die Tiefe von 1 m gerechtfertigt erscheint.

Die Bezeichnungen für die verschiedenen Bodenschichten werden nicht einheitlich gebraucht; in der Praxis wird vielfach für die zweite Schicht der Ausdruck „Rohboden“, für die dritte „Untergrund“ gebraucht. Für landwirtschaftlich genutzte und geackerte Böden ergibt sich die Trennung zwischen bearbeiteten und nicht bearbeiteten Böden von selbst; für alle anderen Böden wird sich die vorgeschlagene Einteilung einbürgern, da sie sich auf dauernde Verhältnisse, den Gang der Verwitterung im Boden stützt.

In seltenen Fällen, z. B. bei Flugsand, sind verschiedene Schichten im Boden nicht vorhanden, er ist dann „ungegliedert“ oder „einheitlich“.

Von besonderer Wichtigkeit ist die Frage, ob der Boden bis in größere Tiefe einheitlich zusammengesetzt ist oder ob er aus verschiedenen Gesteinen, beziehentlich Schichten besteht. Als ein Teil des Untergrundes ist auch anstehendes Grundwasser zu betrachten.

Je nachdem nun der tiefere Boden das Wasser abfließen läßt oder nicht, oder dieses dauernd als Grundwasser ansteht, erhält man drei große Gruppen von Böden:

a) mit durchlässigem Untergrund,
b) mit Wasser anhaltendem Untergrund,
c) mit Grundwasser.

Mächtigkeit des Bodens. Die Mächtigkeit des Bodens, d. h. die von den Wurzeln durchdringbare Bodenschicht wird als Gründigkeit bezeichnet; man unterscheidet

sehr flachgründig, bis zu 15 cm (= 1/2 Fuß),
flachgründig, 15—30 cm (= 1/2—1 Fuß),
mittelgründig (mitteltief), 30—60 cm (= 1—2 Fuß),
tiefgründig, 60—100 cm (2—4 Fuß),
sehr tiefgründig, über 1 m.

Die Mächtigkeit des Bodens ist für die verschiedensten Bedingungen des Pflanzenlebens von Wichtigkeit. Es ist ohne weiteres verständlich, daß eine Pflanze aus einer Bodenschicht von 100 cm Boden leichter ihren Bedarf an Nährstoffen decken kann, als aus

20—30 cm. Von besonderer Bedeutung wird die Gründigkeit für den Wasserbedarf der Bäume während trockener Perioden. Verdunstet auch der tiefgründige Boden im Laufe der Zeit mehr Wasser als der flachgründige, so ist doch die vorhandene Gesamtmenge eine viel größere; es sind daher hier die Pflanzen günstiger gestellt als auf jenem. In der Regel fällt daher Flachgründigkeit mit Trockenheit, Tiefgründigkeit mit genügender Frische des Bodens zusammen.

---

4. Das Volumgewicht (spezifisches Gewicht) der Bodenbestandteile und Bodenarten.

Literatur.

Mineralogische Lehrbücher, z. B. Naumann-Zirkel, Mineralogie.

v. Liebenberg, Verhalten des Wassers zum Boden. Inaug.-Diss. Halle 1873.

Wollny, Forsch. d. Agrik.-Phys. 8, S. 341.

Mazurenko, Inaug.-Diss. München 1903.

§ 101. a) Für die praktische Bodenkunde ist die Kenntnis der spezifischen Gewichte der Bodenbestandteile von sehr geringer Bedeutung. Man bedarf derselben zur Feststellung des Volumgewichtes der Böden und es ist daher vorteilhaft, die Grenzen zu kennen, zwischen denen sich die spezifischen Gewichte der wichtigsten Bodenbestandteile bewegen.

Für die wichtigsten Mineralarten sind dies folgende:

Feldspat	2,5 —2,8	Kalkspat	2,6—2,8
(Orthoklas)	2,5 —2,6	Dolomit	2,8—3
(Oligoklas)	2,63—2,69	Chlorit	2,7—3
(Labrador)	2,64—2,8	Talk	2,6—2,7
Augit	3,2 —3,5	Gips	2,2—2,4
Hornblende	2,9 —3,4	Magneteisen	4,9—5,2
Glimmer	2,8 —3,2	Eisenoxydhydrat	3,73
(Kaliglimmer)	2,8 —3,0	(Brauneisen)	3,4—4,0
(Magnesiaglimmer)	2,8 —3,2	Eisenoxyd	
Quarz	2,5 —2,8	(Roteisen)	5,1—5,2

Fernere Zahlen sind:

Quarzsand	2,653	(Schübler)
	2,639	(Wollny)
Kalksand	2,722	(Schübler, Lang)
	2,756	(Wollny)
	2,813	(Trommler)

Kreide	2,720	(G. Rose)
Kaolin	2,47	(Lang)
	2,503	(Wollny)
Ton	2,44—2,53	(Schübler)
Humus	1,37	(Schübler)
Torf	1,26	(Lang)
	1,462	(Wollny).

Die spezifischen Gewichte liegen daher ganz überwiegend zwischen 2,3 und 3; bei den meisten Bodenarten zwischen 2,6—2,7. (Zahlreiche Bestimmungen bei von Liebenberg.) Höhere Zahlen werden namentlich durch Eisenverbindungen, geringere durch Humusstoffe veranlaßt.

Wie Wollny gezeigt hat, läßt sich das spezifische Gewicht eines Bodens aus dem der einzelnen Bestandteile berechnen.

b) Das Volumgewicht der Böden. Von erheblich größerem Werte als die Kenntnis des spezifischen Gewichts der Bodenbestandteile ist die des Volumgewichtes der Böden (auch als scheinbares spezifisches Gewicht bezeichnet), man bedarf dessen bei fast allen Untersuchungen über physikalische Bodeneigenschaften.

Das Volumgewicht eines Bodens ist das Gewicht eines Volumens gewachsenen Bodens im trockenen Zustande verglichen mit einem gleichgroßen Volumen Wasser.

Die Bestimmung des Volumgewichts erfolgt am besten nach der Seite 230 angegebenen Methode. Alle Bestimmungen im Laboratorium ergeben ungewisse Zahlen.

Natürlich werden alle Bedingungen, welche die Lagerungsweise des Bodens beeinflussen auch das Volumgewicht vermindern oder vermehren. Ferner ist es vom Eigengewicht der Bodenbestandteile und in hohem Grade vom Wassergehalt des Bodens abhängig. Vermehrend wirken endlich noch Steine ein, wie sich dies aus der gleichmäßigen Raumerfüllung derselben ergibt. Im gleichen Sinne wirken sandige Bestandteile, humose Stoffe dagegen vermindernd.

Die Volumgewichte gewachsener Böden liegen überwiegend zwischen 1,2 und 1,5, schwanken jedoch, je nach der Dichte der Lagerung, für denselben Boden erheblich.

Als Beispiel mögen vom Verfasser untersuchte diluviale, fein- bis mittelkörnige Sandböden gelten. Das Volumgewicht derselben beträgt im trockenen Zustande:

	1. Profil	2. Profil	3. Profil	4. Profil
Oberfläche bis 10 cm Tiefe	1,18	1,14	1,28	1,23
in 20—30 cm Tiefe	1,46	1,41	1,37	1,47
in 40—60 „ „	1,44	1,56	1,52	1,48
in 60—70 „ „	1,55	1,61	1,54	1,47
in 80—90 „ „	1,53	1,61	1,55	1,54

Mit Ausnahme der obersten etwas humosen Schicht und des etwas eisenreicheren Untergrundes des zweiten Profils würden alle diese Sande im Laboratorium nahezu gleiche Zahlen ergeben haben; es ist dies ein Beweis, daß nur die Untersuchung der Böden in natürlicher Lagerung brauchbare Resultate gibt.

5. Verhalten des Bodens zum Wasser.

§ 102. Eigenschaften des Wassers. Wasser, die Verbindung von einem Atom Sauerstoff und zwei Atomen Wasserstoff, ist eine in dünnen Schichten farblose, in dickeren schwach bläulich gefärbte Flüssigkeit; gelöste humose Stoffe veranlassen gelbliche bis schwärzliche, fein verteilte schwebende Bestandteile grüne Färbungen. Der Erstarrungspunkt bildet den Nullpunkt, der Siedepunkt bei 760 mm Quecksilberdruck den Hundertpunkt = 100° des hundertteiligen Thermometers.

Das Wasser ist ein ausgezeichnetes Lösungsmittel für viele Körper und zeichnet sich durch seine chemischen und physikalischen Eigenschaften vor fast allen anderen Verbindungen so sehr aus, daß man berechtigt ist, es als den wunderbarsten aller Körper zu bezeichnen. Es sind besonders hervorzuheben:

1. Wasser wirkt auf Salze, Säuren und Alkalien, indem es diese Stoffe (alle Elektrolyte) mehr oder weniger in Jonen spaltet.

2. Wasser hat von allen bekannten Körpern die höchste Wärmekapazität, dient daher als deren Maß, indem man die Wärmekapazität des Wassers = 1 setzt und die anderer Körper in einem Dezimalbruch ausdrückt.

3. Die Leitfähigkeit für Wärme ist gering = 0,0745 (Quecksilber = 0,91); innerhalb 24 Stunden können im ruhenden Wasser Temperaturschwankungen nicht über 0,3 m, im Jahre nicht über 6 m eindringen. (F. H. Weber, Viertelj. Zür. nat. Ges. 1879, 24, S. 252.) „Das Emissionsvermögen des Wassers für Wärme ist sehr groß, nach Leslie soll es gleich dem des Rußes sein.“ (Forel, Seenkunde 1901, S. 104.)

4. Das Wasser erreicht seine größte Dichte bei 4°; beim Übergang in Eis erfolgt Ausdehnung entsprechend $^1/_{11}$ des Volumens (Dichte des Wassers bei 4° = 1; bei 0° = 0,99988; Eis bei 0° = 0,91674).

5. Im Wasser gelöste Gase. Wasser vermag je nach Temperatur und Druck wechselnde Mengen von Gasen aufzunehmen. Der Absorptionskoefizient*) steht im umgekehrten Verhältnis zur Temperatur.

	Sauerstoff	Stickstoff	Kohlensäure
bei 0°	0,0421	0,0203	1,797
bei 5°	0,0362	0,0179	1,449
bei 25°	0,0284	0,0140	0,901

Luftgesättigtes Wasser enthält im Liter:

	Sauerstoff	Stickstoff	Kohlensäure
bei 5°	7,5 ccm	14,2 ccm	0,5 ccm
bei 25°	4,7 ccm	8,4 ccm	0,3 ccm

Luftdruckschwankungen beeinflussen die Menge absorbierter Gase höchstens bis 6 %.

Der durchschnittliche Gehalt unserer Wässer beträgt im Liter 3,5—3,7 ccm Sauerstoff, steigt aber unter Umständen**) bis zur Sättigung.

N. Zuntz***) zeigte durch seine Untersuchungen, daß die gelösten Gase der Gewässer überwiegend durch die Organismen beeinflußt werden und Aufnahme von Sauerstoff aus der Luft nur wenig ins Gewicht fällt. Während am Tage die chloryphyllführenden Gewächse reichlich Sauerstoff liefern (oft bis zur Übersättigung), wird während der Nacht durch die chloryphyllfreien Lebewesen der Sauerstoff verbraucht, so daß in warmen Nächten zeitweise daran Mangel herrschen kann.

---

*) Die Menge eines von einer Flüssigkeit aufgenommenen (gelösten) Gases ist dem Drucke des Gases proportional. Als Absoptionskoeffizient bezeichnet man, nach Bunsen, das (auf 0° und 760 mm Quecksilberdruck bezogene) Gasvolumen, welches bei 760 mm Druck von 1 ccm Flüssigkeit aufgenommen wird.

Aus Gasgemischen nehmen Flüssigkeiten nur so viel von jeder Gasart auf, wie dem Druck entspricht, welchen diese allein, ohne Gegenwart von anderen Gasarten, ausüben würde. Da dieser Druck in Gasgemischen immer nur einen Teil des Gesamtdruckes der Gase ausmacht, bezeichnet man ihn als Teildruck (Partialdruck) jeder Gasart.

Verändert sich die Zusammensetzung der umgebenden Luft, so werden neue Mengen von Gas aufgenommen oder abgegeben. Es erfolgt namentlich das letztere ziemlich langsam, die Gaslösungen gehen sehr leicht in einen Zustand der Übersättigung über.

**) Die Angabe nach König und Mutschler. Jahresber. d. Agrik.-Chem. 1875/77, S. 84; ferner Finkner und Lepsius a. a. O. 1885, S. 46. Ref. nach Journ. f. Gasbeleucht. u. Wasserversorg. 1885, S. 898.

***) Ztschr. Unt. Nahrungsmittel. 1901 4, S. 843.

Während der Winterzeit, auch unter dem Eise, ist die Assimilation der Pflanzen relativ hoch, die Wässer sind daher reich an Sauerstoff, zumal da der Verbrauch gering ist.

Kommt Wasser mit organischen, namentlich humosen Stoffen in Berührung, so wird der gelöste Sauerstoff zur Oxydation gebraucht. Es tritt dies bei dem Durchsinken vieler Bodenarten, namentlich in Torfmooren ein. Solche Wässer enthalten dann oft keinen oder nur noch Spuren von Sauerstoff.

Nach Lepsius nimmt in tieferen Bodenschichten der Sauerstoffgehalt des Wassers ab. Er fand im Liter gelöst (bei 10—11° C 760 mm Druck):

in	12 m	Tiefe	4,7—5,5	ccm
„	18 „	„	3,4—3,5	„
„	25 „	„	1,5—1,9	„

Wasser aus sehr tiefen Bohrlöchern enthält oft gar keinen Sauerstoff gelöst, wohl aber reichliche Mengen von Stickstoff und Kohlensäure.

Der Gehalt der Oberflächenwässer an Kohlensäure ist gering, steigt aber infolge des höheren Teildrucks (Bodenluft enthält durchschnittlich 10 mal so viel Kohlensäure als atmosphärische Luft) in den Bodenwässern erheblich und durchschnittlich um so mehr, aus je tieferen Schichten sie stammen.

Von der Menge der absorbierten Kohlensäure ist die lösende Wirkung auf bestimmte Salze abhängig; so löst Wasser bei 16° und Kohlensäuredruck von 0,000 504 mm = 74,6 mgr; bei 0,05 008 mm Druck = 360 mgr Kalkkarbonat ($CaCO_3$). (Schlösing, Compt. rend. 74, S. 1552.)

Die atmosphärischen Niederschläge (Regen, Schnee, Tau, Reif, Nebel) enthalten wechselnde, aber immer geringe Mengen von anorganischen Bestandteilen: Natrium, Chlor, Schwefelsäure und relativ reichlich Stickstoffverbindungen.

Es liegen in sehr großer Zahl Untersuchungen hierüber vor, da man der Stickstoffzufuhr große Bedeutung beilegte. Im allgemeinen kann man annehmen, daß in den gemäßigten Klimaten Ammoniak gegenüber Salpetersäure weit vorwiegt, die in tropischen Gebieten reichlicher vertreten ist.

Im großen Durchschnitt ist die Zufuhr an gebundenen Stickstoff für Jahr und Hektar auf 6—10 kg anzunehmen.

a. Wasserkapazität des Bodens.*)

§ 103. Der Boden vermag Wasser aufzunehmen und längere oder kürzere Zeit festzuhalten; das Maß für diese Fähigkeit ist die Wasserkapazität des Bodens.

Die Kräfte, welche Wasser im Boden zurückhalten, sind Adhäsion und Kapillarität. Soweit die Beobachtungen reichen wird die Kapillarität ausschließlich durch die im Wasser wirksamen Kräfte der Anziehung beeinflußt, ist also unabhängig von der Substanz der Körper, welche Kapillarräume bilden. Die Adhäsion wird zunächst durch die Anziehung der benetzbaren Körper verursacht, scheint aber ebenfalls nur von der Größe der Oberfläche, nicht von der chemischen Zusammensetzung abhängig zu sein.**)

An der Oberfläche fester Körper lagert sich nach der Rodewald'schen Theorie nur eine Schicht von Wassermolekülen an,***) welche starker Anziehung unterliegt; die nächsten Wasserschichten werden, da Molekularkräfte nur auf kurze Entfernung wirken (die Adhäsionskonstante fällt steil ab) schwächer angezogen; die Hauptmenge des durch Adhäsion im Boden festgehaltenen Wassers steht wesentlich unter der Einwirkung der im Wasser selbst wirksamen Kräfte.

Wasser wird von der Oberfläche der Substanzen angezogen; diese wirksame Oberfläche kann eine „äußere" sein oder auch eine „innere", gebildet durch die Wandungen der Hohlräume im Innern der Bodenkörner, welche kapillare Wirkungen ausüben und Eindringen der Wassermoleküle veranlassen. Das Wasser der äußeren Oberfläche fällt mit dem bisher als Adhäsionswasser bezeichneten, das Wasser der inneren Oberfläche mit dem bisher als „Imbibitionswasser" bezeichneten zusammen.

Nach Mitscherlich sind die benetzbaren Substanzen des Bodens in drei Gruppen einzuteilen:

*) Die Literatur über die Beziehungen zwischen Boden und Wasser ist umfangreich und sehr zerstreut. Die wichtigsten Arbeiten sind in den Forschungen der Bodenphysik und in Exp. Stations Record niedergelegt oder referiert. Außer Wollny haben sich an den theoretischen Arbeiten namentlich beteiligt: A. Mayer, v. Klenze, Masure, Haberlandt, F. H. King, M. Whitney, in neuester Zeit Alfr. Mitscherlich. Wasserbeobachtungen im Felde und Walde sind ausgeführt von A. Baumann, Ebermayer, Ramann, Hoppe, Wysotzki, Morosow, Ismailski und anderen.

**) Alfr. Mitscherlich, Unters. üb. physik. Bodeneigenschaften. Habilitationsschrift, Kiel 1890.

L. J. Briggs, U. S. Dept. Agr. Division of soils. Bull. 10.

***) Rodewald, Zeitschr. f. physik. Chem. 1900, 33, S. 597.

1. nur äußerlich benetzbar: Quarz, Steine usw.
2. äußerlich benetzbar; die innere Oberfläche ist nur einer Schicht Wassermoleküle zugänglich. Diese Substanzen zerfallen nicht unter Wasser: Humus.
3. äußerlich benetzbar, die innere Oberfläche ist mehreren Molekülschichten Wasser zugänglich, sie verhält sich also wie die äußere und wird bei reichlicher Wasserzufuhr mit ihr identisch, d. h. die feste Substanz folgt der Schwerkraft und zerfällt unter Wasser: Ton.

Es ist bemerkenswert, daß sich die Stoffe gegenüber Flüssigkeiten mit großen Molekülen abweichend verhalten. So ist Humus für Chlorkohlenstoff, Toluol u. dgl. nur äußerlich benetzbar, die Flüssigkeitsmoleküle können nicht zur inneren Oberfläche gelangen. Ton dagegen ist auch innerlich benetzbar, gestattet aber nur Anlagerung einer Molekülschicht, verhält sich also wie Humus unter Wasser und zerfällt nicht.

Aus dem Verhalten des Bodens gegen Flüssigkeiten und der bei ihrer Durchfeuchtung auftretenden Wärmetönung läßt sich die Oberfläche berechnen und feststellen, daß in den humosen und tonigen Teilen die äußere Oberfläche gegenüber der inneren verschwindend klein ist.

Das Verhältnis zwischen Boden und Wasser zeigt sich nach den Ausführungen abhängig von der Oberfläche des Bodens, ohne deshalb eine Funktion seiner Oberfläche zu werden, da bei den inneren Oberflächen zwei verschiedene Größen in Frage kommen. Erst wenn diese bestimmbar sind, erscheint es nicht aussichtslos, die Wasserkapazität des Bodens durch Rechnung zu finden.

Die von der Oberfläche angezogene und verdichtete Molekularschicht Wasser entspricht dem „hygroskopischen Wasser", d. h. der Menge, welche vom Boden (je nach Temperatur und Druck verschieden) dauernd festgehalten wird, es ist „gebundenes" Wasser und für die Pflanzenwurzel nicht zugänglich.

An den Berührungsstellen der Bodenkörper bilden sich kapillar wirkende Räume, welche Wasser festhalten; das hierbei am Abfließen gehinderte Wasser bezeichnet man als „kapillar festgehaltenes Wasser", oder schlechthin als „Kapillarwasser" des Bodens.*)

*) Die wichtigsten Punkte, aus denen man die Vorgänge der Kapillarität ableitet, sind:

Infolge des Molekulardruckes der Flüssigkeiten verhalten sie sich, als ob ihre Oberflächen von einer Schicht abweichender, höherer Spannung umgeben wären.

Bekannte Beispiele für die Wirkung des Molekulardrucks der Flüssigkeiten

Die Adhäsion steigt proportional der Oberfläche und wächst sehr bedeutend mit abnehmender Korngröße.

sind das Schwimmen trockner und spezifisch schwerer Körper (Sand, Nähnadeln u. dgl.) auf Wasser; sowie daß Wassertropfen in Berührung mit trockenen, pulverigen Bodenarten längere oder kürzere Zeit Kugelgestalt behalten.

Die theoretische Begründung dieser Erscheinungen ist die folgende:

Die Anziehung, welche benachbarte Flüssigkeitsmoleküle aufeinander ausüben, erstreckt sich nur auf eine sehr kleine Entfernung. Denken wir uns ein Molekül einer Flüssigkeit als Kugel, so ist es (Molekül A der Abb. 16) von allen Seiten von gleichartigen Molekülen umgeben, welche nach jeder Richtung des Raumes dieselbe Anziehung ausüben. Ein solches Molekül ist daher der Wirkung der Schwerkraft entzogen und wird sich ganz so verhalten, als ob überhaupt keine Anziehungskräfte einwirken würden.

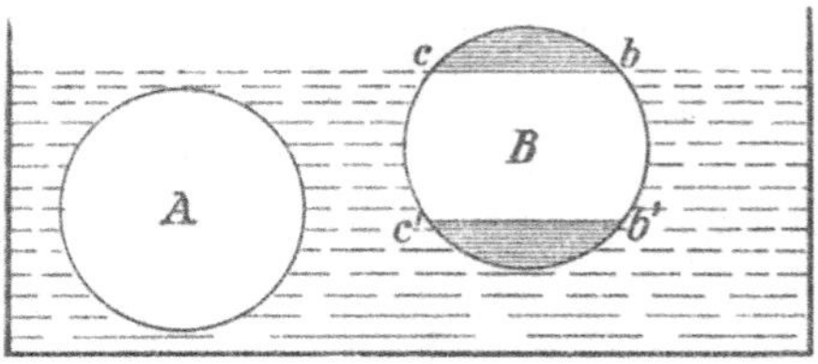

Abb. 16.

Ganz anders stellen sich jedoch die Verhältnisse für die Grenzmoleküle der Flüssigkeitsschicht. Das Molekül B z. B. befindet sich nur teilweise innerhalb des Wirkungsbereiches der Molekularanziehung der benachbarten Flüssigkeitsteilchen; der Kugelabschnitt c b fällt außerhalb dieser Wirkung. Da in cc' und bb' die normale Anziehung stattfindet, die gleiche auf den Kugelabschnitt c' b' einwirkt, so wird auf das Molekül ein Zug nach der Mitte der Flüssigkeit ausgeübt. Jedes Molekül der Grenzschicht ist mehr oder weniger mit einem Teil seiner Oberfläche außerhalb der Molekularanziehung benachbarter Moleküle und unterliegt einem entsprechend schwächeren oder stärkeren Zug in der Richtung nach dem Innern der Flüssigkeit. Die Grenzschicht einer Flüssigkeit befindet sich demnach im Zustand einer Spannung, welche für jede Flüssigkeit verschieden ist, und die man bei ebener Oberfläche als den N o r m a l d r u c k der betreffenden Flüssigkeit bezeichnet.

Betrachtet man die Verhältnisse, welche sich für Flüssigkeitsschichten mit gekrümmter Oberfläche ergeben, so ersieht man leicht, daß jede Abweichung von der Ebene den Normaldruck vermehren oder vermindern muß. Die nebenstehende Abbildung (Nr. 17) soll ein Grenzmolekül der Flüssigkeitsschicht darstellen, die Linie c b dem mittleren Druck (Normaldruck) entsprechen. Wird die Flüssigkeitsoberfläche konkav (sie entspreche z. B. der Linie d e), so wird nicht nur wie bisher c b die Grenze der Anziehung sein, sondern auch noch die Teile c d und e b werden in Bereich der Molekularanziehung der Flüssigkeit gelangen. Ist die Oberfläche konvex, z. B. f g entsprechend, so vermindert sich natürlich der der Molekularanziehung unterliegende Teil um c f und b g.

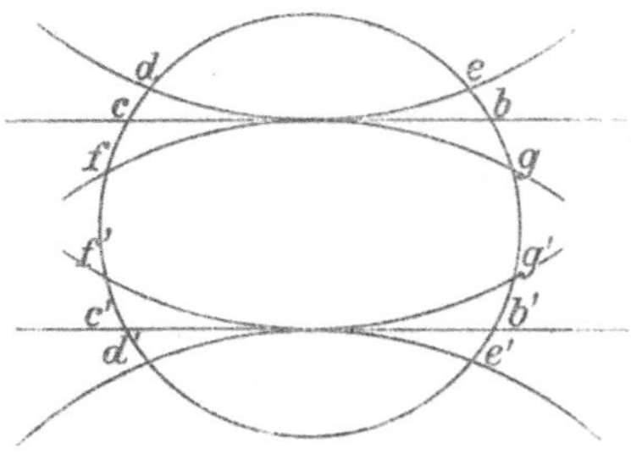

Abb. 17.

Hieraus ergibt sich, daß jede Abweichung der Flüssigkeitsoberfläche von der Ebene, also jede Krümmung, die Spannung, unter welcher die Oberfläche steht, vermehren oder vermindern muß. Man bezeichnet diese Abweichung vom Normaldruck als O b e r f l ä c h e n s p a n n u n g.

Tritt eine Flüssigkeit in enge Räume ein, so äußert sich der Molekulardruck dadurch, daß die Schwerewirkung überwunden wird und ein Emporheben der Oberfläche der Flüssigkeiten stattfindet. Für Wasser beträgt die Hubhöhe

So berechnet Soyka *) die Gesamtoberfläche der Bestandteile in einem Liter Erde (bei Annahme lockerster und dichtester Lagerung; die Bodenteile sind als Kugeln gedacht) und die Wassermenge, die bei einer Dicke der adhärierenden Schicht von 0,005 mm festgehalten werden kann, zu:

Halbmesser eines Kornes	Die Oberfläche entspricht einem Quadrat, dessen Seitenlänge beträgt (Meter) bei lockerster Lagerung	bei dichtester Lagerung	Die durch Adhäsion gehaltene Wassermenge (Liter) bei lockerster Lagerung	bei dichtester Lagerung
0,01 mm	12,537	14,899	1,244	1,757
0,05 „	5,607	6,663	0,173	0,245
0,10 „	3,965	4,711	0,083	0,117
0,50 „	1,773	2,107	0,016	0,022
1,00 „	1,254	1,490	0,008	0,011
5,00 „	0,561	0,666	0,002	0,002

Haben solche Zahlen auch nur theoretischen Wert, so zeigen sie doch die Abhängigkeit der Menge des durch Adhäsion festgehaltenen Wassers von der Oberfläche. Diese Menge ist bei sehr feinkörnigen Bodenarten größer als das Porenvolumen, muß also eine starke Volumvermehrung herbeiführen. In der Tat kann man dies bei tonhaltigen und in noch höherem Maße bei Humusböden beobachten.

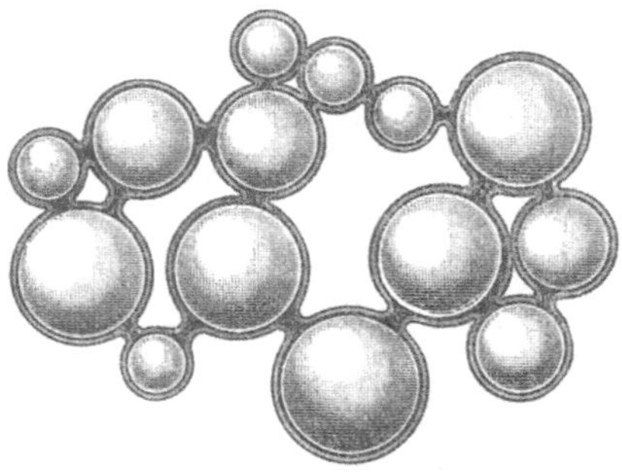

Abb. 18.

Die Kapillarität tritt im Boden überall in Wirkung, wenn sich zwei Bodenbestandteile berühren und kapillar wirkende Hohlräume bilden; so daß man den Boden vielfach als ein mehr oder weniger zusammenhängendes Netz von Kapillaren auffassen kann.

in Röhren von 1 mm Radius = 15 mm (es ist dies die Kapillaritätskonstante des Wassers). Einwirkungen benetzbarer Wände auf die Hubhöhe sind bisher nicht beobachtet, sie ist nur vom Mulekulardruck abhängig und wird um so größere Höhen erreichen, je enger der Röhrenquerschnitt ist; die molekulare Steighöhe ist dem Radius umgekehrt proportional.

*) Forsch. d. Agrik.-Phys. 8, S. 14.

Die Ausdehnung und Zahl dieser Räume ist von der Korngröße der Bodenteile abhängig. Kies und grober Sand z. B. halten Wasser nur an wenigen Stellen ihrer Hohlräume kapillar fest, während in feinkörnigen Bodenarten jeder als Kapillare wirken muß.

Man unterscheidet daher im Boden kapillar wirkende und nicht kapillar wirkende Hohlräume.

b. Größte und kleinste Wasserkapazität.

§ 104. Untersucht man eine mit Wasser durchfeuchtete Erdsäule (gleiche Verhältnisse zeigt der gewachsene Boden), so findet man nach längerer Zeit die Wasserverteilung nur in den oberen Schichten gleichmäßig, nach unten (bei gewachsenen Böden in der Nähe des Grundwassers) steigt der Wassergehalt erheblich.

Man unterscheidet daher zwischen der kleinsten oder absoluten und zwischen der größten oder vollen Wasserkapazität.

Die kleinste Wasserkapazität ist ein Maß der Wassermenge, welche vom Boden dauernd festgehalten wird und nicht in die Tiefe abfließt.

Die größte Wasserkapazität ist ein Maß für die Wassermenge, die der Boden in der Nähe von Grundwasser festzuhalten vermag.*)

---

*) A. Mayer, Forsch. d. Agrik.-Phys. 14, S. 255, gibt einfache theoretische Erklärungen für diese Tatsache. Taucht man eine enge Glasröhre

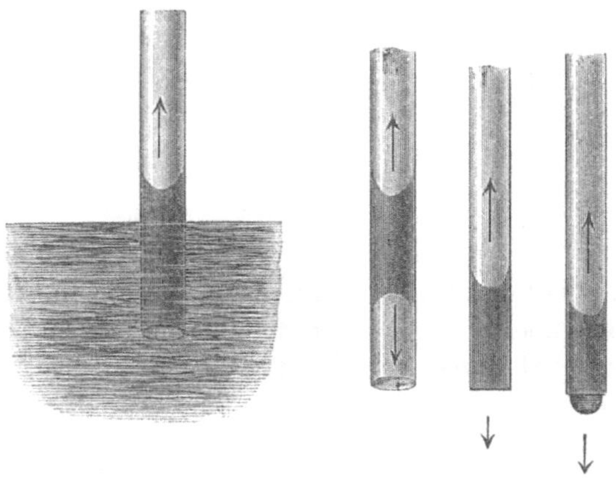

Abb. 19.

in ein offenes Gefäß mit Wasser, so steigt die Wassersäule je nach der Enge der Röhre verschieden hoch und bildet am oberen Ende einen konkaven Meniskus (s. Abb. 19). Es findet ein Zug (durch den Pfeil angedeutet) in dem

Hieraus ergibt sich schon, daß die größte Wasserkapazität der Bodenarten in der Natur nur selten in Frage kommt, während die absolute Wasserkapazität ein Maß des dauernd dem Boden verbleibenden Wassers ist und daher zu den wichtigsten und bedeutsamsten Eigenschaften des Bodens gehört.

Die russischen Forscher unterscheiden noch eine „minimale" Wasser-Kapazität und verstehen darunter ein Maß für die Menge des Wassers im Boden, bei der ein Übertritt des Wassers von Korn zu Korn nicht mehr stattfindet; der Gehalt kann wohl noch durch Verdunstung vermindert werden; aber ein Ausgleich zwischen den verschiedenen Schichten findet nicht statt.

Die „minimale" Wasser-Kapazität würde eintreten, wenn die anziehenden Kräfte des Bodens mit der Oberflächenspannung des Wassers im Gleichgewichte sind. Hält man an der Rodewaldschen Theorie fest, so scheint kein Raum für eine derartige Wirkung vorhanden zu sein, da nach den entwickelten Wärmemengen die Anziehung der Bodenteile kaum über eine Molekulschicht Wasser hinausreicht.

Die „minimale" Wasser-Kapazität ist wesentlich aus dem Verhalten der Steppenböden abgeleitet, die unterhalb einer gewissen Tiefe gleichmäßigen und im Laufe des Jahres nicht wechselnden Wassergehalt haben. Ein ähnliches Verhalten zeigen z. B. auch die tiefen Schichten sehr mächtiger Sandböden. Nach den entwickelten Anschauungen hat man in der „minimalen" Wasser-Kapazität kaum eine feststehende Eigenschaft der Böden zu sehen, sondern man muß annehmen, daß in größeren Bodentiefen Verlust wie Zufuhr von Wasser nur sparsam erfolgen und der Wassergehalt dadurch scheinbar konstant wird. Die „minimale" Wasser-Kapazität fällt dann mit der „kleinsten" Wasser-Kapazität dieser Böden zusammen.

Die Bestimmung der Wasserkapazität kann richtig nur in gewachsenen Böden ausgeführt werden; alle Laboratoriumsuntersuchungen sind ungenau, da der Boden nicht in natürlicher Lagerung zur Verwendung kommt.*)

Zentrum der Meniskushöhlung statt, welche der Schwerkraft entgegenwirkt. Befindet sich ein Wassertropfen in einer Röhre, so sind zwei Menisken gleicher Art vorhanden, deren Zugkraft sich gegenseitig ausgleicht (s. Abb. 19). Der Tropfen wird daher, der Schwerkraft folgend, unten abfließen. Am Ende der Röhre angelangt, breitet er sich eben aus, oder tritt als Wölbung hervor. Es stellt sich ein Gleichgewicht ein, welches den Abfluß des Wassers verhindert.

Erdboden, welcher Grundwasser erreicht oder von grobkörnigeren Bodenschichten unterlagert wird (Wasser kann aus groben leicht in feine Kapillaren übertreten, nicht aber umgekehrt), muß daher in seinen unteren Lagen einen höheren Wassergehalt haben.

*) Heinrich, Grundl. z. Beurt. d. Ackerkrume.

Die Wasserkapazität wird meistens in Gewichtsprozenten des Bodens angegeben. Sofort vergleichbare Zahlen erhält man nur, wenn die auf 100 Teile trocknen Bodens vorhandene Wassermenge angegeben ist. Weniger Überblick bietet die Feststellung des Wassergehalts des feuchten Bodens; (es beträgt dieser z. B. 25 % und 50 %, so kommen je 75 g und 50 g Boden auf 25 und 50 Teile Wasser, der zweite Boden enthält also nicht die doppelte, sondern die dreifache Menge Wasser des ersteren). Für die Wasserversorgung der Pflanzen ist es wünschenswert, auch den Wassergehalt eines Volumens Boden zu kennen und auf Volumprozente zu berechnen. Ausführbar ist dies aber nur, wenn das Volumen des gewachsenen Bodens bekannt ist.

Die Wasserkapazität ist abhängig von

1. der Korngröße der Bodenbestandteile. Je geringer die Korngröße, um so zahlreicher die kapillar wirkenden Hohlräume. Namentlich für nicht poröse Stoffe macht sich dies geltend. Wollny fand z. B. für Quarzkörner verschiedener Größe eine kleinste Wasserkapazität von:

Korngrößen	Volumprozent
1—2 mm	3,66
0,25—0,50 ,,	4,38
0,11—0,17 ,,	6,03
0,01—0,07 ,,	35,50
Gemisch von 0,01—2 ,,	11,89

Die Zerkleinerung des Quarzes hatte also die Wasserkapazität verzehnfacht!

2. Einfluß der Krümelung. Die Bodenkrümel sind von Poren durchsetzt, welche Wasser dauernd festhalten können, sind also porös. Es tritt dies sofort hervor, wenn man die Wasserkapazität der Bodenkrümel mit der gleichgroßer nicht poröser Körner, z. B. Quarz, vergleicht; diesen gegenüber ist natürlich die Wasserkapazität sehr gesteigert.

Die Krümelbildung findet jedoch überwiegend bei feinkörnigen Bodenarten statt, die an sich schon eine hohe Wasserkapazität haben. Gehen Böden aus der Einzelkornstruktur in die Krümelstruktur über, so entstehen vielfach nicht kapillar wirkende Hohlräume, und die Wasserkapazität wird bedeutend herabgesetzt.

Wollny gibt z. B. folgende Zahlen (kleinste Wasserkapazität):

Lehmpulver	0,00—0,25	mm	42,91	Vol. %
Lehmkrümel	0,5—1	„	31,51	„
„	1—2	„	31,05	„
„	2—4	„	32,62	„
„	4—6,75	„	32,32	„
„	6,75—9	„	32,15	„
Gemisch der Krümel	0,5—9	„	30,77	„

Die Wasserkapazität des pulverigen Lehmbodens ist durch die Krümelung um $^1/_4$ erniedrigt. Es ist dies ein für die Praxis äußerst wichtiger Vorgang. Sehr feinkörnige Bodenarten können durch Kultur und Düngung ihren schädlichen Überschuß an Wasser verlieren und dadurch in hohem Grade verbessert werden.

Die Tatsache, daß die Größe der Krümel fast ohne Einfluß auf die Wasserkapazität ist, beruht darauf, daß das Wasser fast nur in den Poren der Krümel festgehalten wird. Quarzsand und Grand gleicher Korngröße zeigt ebenfalls nur geringe Unterschiede, da kapillar wirkende Hohlräume nur sehr sparsam vorhanden sind.

3. Lockere und dichte Lagerung der Bodenteile übt auf die Wasserkapazität bedeutenden Einfluß. In allen gelockerten Bodenarten findet sich eine größere Anzahl nicht kapillar wirkender Hohlräume (im Vergleich mit Böden gleicher Korngröße bei dichter Lagerung).

Eine Lockerung des Bodens setzt daher die Wasserkapazität herab; ein stark gelockerter Boden enthält in der Regel weniger Wasser als ein dicht gelagerter gleicher Zusammensetzung.*)

Preßt man Böden zusammen, so wird ein größerer Teil der Hohlräume kapillar wirksam, die Wasserkapazität steigt. Natürlich gilt dies nur bis zu einem gewissen Grade; werden die Kapillaren durch zu starken Druck über ein gewisses Maß verdichtet, so sinkt die Menge des aufnehmbaren Wassers.

Mit Ausnahme der ganz grobkörnigen hat daher jeder Boden ein Optimum der Wasserkapazität. Jede Lockerung wie jede Verdichtung wird dieselbe herabsetzen.

---

*) Man vergleiche § 109 über Verdunstung. Lockere Bodenarten verdunsten weniger und nehmen zugeführtes Wasser rascher auf als dicht gelagerte. Die Wasserbilanz kann zu Zeiten längerer Trockenheit daher zugunsten der ersteren ausfallen.

Experimentell zeigte dies Wollny an einem humosen Kalksand; er fand eine Wasserkapazität

bei lockerer Lagerung	48,1	Vol. %
bei mitteldichter „	50,7	„
bei sehr dichter „	44,4	„

Die landwirtschaftliche Praxis macht von diesen Tatsachen ausgiebig Gebrauch. Es gilt dies sowohl für die Bodenlockerung als auch für die Fälle, in denen ein reichlicher Wassergehalt erwünscht ist, insbesondere während der Keimungsperiode der Feldfrüchte. Das dann gebräuchliche Walzen des Bodens verdichtet die oberste Bodenschicht, erhöht so die Wasserkapazität und sichert den Samen die zur Entwicklung notwendige Wassermenge.

4. Steine im Boden setzen, da sie keine kapillar wirkenden Räume enthalten, die Wasserkapazität herab. Wieweit dies geschieht, ist noch nicht sicher festgestellt. Man sollte annehmen, daß die Wasserkapazität entsprechend dem Steinvolumen abnehmen müßte; einige Beobachtungen ergeben jedoch geringere Zahlen.

5. Die Wasserkapazität der Bodengemische entspricht im allgemeinen dem mittleren Verhalten der Bodenbestandteile. Da jedoch Durchfeuchtung Volumveränderungen hervorruft, so weichen die für Bodengemische gefundenen Zahlen oft nicht unerheblich vom Mittel ab. Nach Wollny gilt dies namentlich für Gemische von Quarz und Humus.

6. Der Einfluß der Temperatur auf die Wasserkapazität kann bei den in der Natur vorkommenden Wärmegraden vernachlässigt werden. Höhere Temperatur vermindert die Zähigkeit des Wassers; es wird dünnflüssiger und leichter beweglich. Die Wasserkapazität sinkt mit höherer Temperatur.

c. Volumänderungen der Böden.

§ 105. Volumänderungen der Böden bei wechselndem Wassergehalt sind vielfach beobachtet und namentlich bei Ton- und Humusböden sehr bedeutend.

Genauere Untersuchungen veröffentlichten Wolff*) und Haberlandt.**)

Der erstere bestimmte die Volumzunahme trockner Böden bei Zufuhr von Wasser; der letztere das Schwinden feuchter Böden beim Trocknen. Die Angaben Wolffs sind wohl sämtlich zu hoch, die Haber-

*) Anleit. z. Untersuch. landwirtschaftl. Stoffe, S. 71.
**) Frühlings landw. Zeit. 26, S. 481.

landts entsprechen (da die Lagerung der Bodenbestandteile weniger verändert war) wohl am meisten den natürlichen Verhältnissen. Um eine Übersicht zu geben, sollen dessen Zahlen folgen; das Volumen im trocknen Zustande ist gleich 1 gesetzt.

	trocken		feucht
Sandböden	1	:	1
Lößböden	1	:	1,13
Weizenböden	1	:	1,24
Kalkreiche Lehmböden	1	:	1,29
Humusreiche Böden	1	:	1,34
Moorerde	1	:	1,38

Haben derartige Angaben auch nur einen beschränkten Wert, so zeigen sie doch hinreichend, welche mächtig wirkende mechanische Kraft in diesen Volumänderungen gegeben ist, die in Waldböden wohl eine Hauptursache der Krümelung sind. Die wirksamsten Bodenbestandteile sind Ton und humose Stoffe. Bei Moorerden kann man häufig noch größere als die angegebenen Volumänderungen beobachten.

Nach Borgmann*) schwindet das Volumen im Durchschnitt beim Trocknen: Sphagnumtorf = 15 %; Wollgrastorf = 16 %; Heidetorf = 18 %. Bei anderen Humusböden sind noch viel höhere Schwindmaße zu finden, bei Lebertorf z. B. 70—80 %.

Auffällige Folgen der Volumänderungen des Bodens durch Austrocken sind Krusten- und Spaltenbildungen in tonreichen und humosen Bodenarten. Trocknet die oberste Bodenschicht ab, so vermindert sie ihr Volumen und kann sich dadurch von den tieferliegenden Böden horizontal abheben. Da auch in horizontaler Richtung eine Volumverminderung eintritt, so zerspringt die Bodenoberfläche in mehr oder weniger an den Seiten aufgewölbte, schüsselförmige Stücke. Es tritt dies namentlich hervor, wenn die oberste Bodenschicht abweichende Zusammensetzung oder Struktur hat.

Die Krustenbildung ist verschieden von dem, was der Forstmann „Bodenverkrustung“ nennt, und womit der Zustand von Böden bezeichnet wird, deren Oberfläche von Algen, Flechten, Vorkeimen von Moosen durchwachsen und verflochten ist. Die Bezeichnung wird auch noch allgemeiner gebraucht für Böden, an deren Oberfläche die Krümelung zerstört ist und die dadurch dicht gelagert sind; in diesem Falle ist es besser von Bodenverdichtung zu sprechen.

In der Regel ist die Folge der Volumverminderung mit Krustenbildung nicht abgeschlossen; die tieferen Schichten trocknen ebenfalls von oben nach unten fortschreitend aus, und zwar sehr ungleich-

*) Forsch. d. Agrik.-Phys. 14, S. 275.

mäßig, so daß Spannungen im Boden entstehen, die zur Zerreißung des Zusammenhanges und zur Bildung von Spalten führen, welche oben breit sind und sich nach unten verengern.

Die Spaltenbildung tritt am stärksten in den Teilen des Bodens hervor, welche den größten Wasserverlust haben; es kann daher vorkommen, daß die Oberfläche, zumal gekrümelten Bodens, wenig zu leiden hat, die tieferen, dichter gelagerten, von Wurzeln durchwachsenen Schichten dagegen durch den Wasserverbrauch der Gewächse von breiten Spalten durchzogen sein können.

Spaltenbildungen veranlassen, daß der Boden tief austrocknet, auch Zerreißen von Wurzeln kann vorkommen; dagegen ist die Bildung von Spalten eines der wichtigsten Hilfsmittel zur Krümelung der Böden. Besonders scharf tritt dies bei den Schwarzerden hervor, bei denen im unbearbeiteten Boden oft der Zusammenhang zwischen Bodenstruktur und Spaltenbildung augenfällig wird.

Volumänderungen durch Frost treten beim Gefrieren der Böden auf. So vorteilhaft sie für Lockerung und Krümelung der Böden sind, so werden sie der Pflanzenwelt durch Ausfrieren der jungen Baumpflanzen und des Getreides, zumal bei Frostwetter ohne Schneedecke (Barfrost) schädlich. Am meisten gefährdet ist die Vegetation auf wasserreichen, humosen oder tonigen Bodenarten. Auf Heiden findet man die humose Bodenschicht im Frühlinge oft fußhoch gehoben.

Der Vorgang des Ausfrierens ist nicht immer richtig dargestellt worden. Er beruht wesentlich auf folgendem:

Beim Erstarren des Wassers zu Eis findet Kristallisation statt. Das Eis ist hexagonal und die Richtung der Eiskristalle ist so orientiert, daß die Hauptaxe der Ausstrahlungsrichtung parallel geht. Während der Eisbildung scheinen starke Anziehungskräfte auf im Boden vorhandenes Wasser einzuwirken. Man findet wenigstens nicht selten die Schichten unterhalb der gefrorenen obersten Decke ziemlich wasserarm. Vielfach erfolgt die Ausscheidung des Eises strahlig oder feinfaserig (Kammeis, wobei die Fasern immer senkrecht zur Ausstrahlungsfläche stehen.) Durch die starke Volumvermehrung, die sich nur nach oben ausgleichen kann, wölbt sich die obere Bodenschicht hoch und hebt dabei die eingeschlossenen Pflanzen mit empor. Wiederholt sich der Vorgang, so können die Wurzeln vollkommen aus dem Boden herausgezogen oder abgerissen werden. Es ist dies der normale Vorgang des Ausfrierens; erstarrt die ganze Bodenmasse zu Eis, so wird der Boden gemeinschaftlich mit der Pflanze gehoben, die sich in der Regel beim Auftauen wieder mit dem Boden senkt, so daß nur selten ein Herausheben erfolgt.

d. Der kapillare Aufstieg des Wassers.

§ 106. Der kapillare Aufstieg des Wassers wirkt der Schwere entgegen und hebt Wasser aus tieferen in die höheren Schichten des Bodens.

Entsprechend den Gesetzen der Kapillarwirkung ist die Hubhöhe für Wasser um so größer, je mehr kapillar wirkende Hohlräume vorhanden sind, oder was dasselbe sagen will, je feinkörniger der Boden ist. In engen Kapillarräumen macht sich jedoch starke Reibung geltend. Die Geschwindigkeit des kapillaren Wasseraufstieges ist in grobkörnigen Böden groß, in sehr feinkörnigen stark verlangsamt. Über eine gewisse Größe, im Boden bei Körnern von 2—3 mm Durchmesser, findet kapillare Hebung von Wasser nicht mehr statt.

Die Struktur und Lagerung der Bodenbestandteile macht sich geltend in bezug auf Einzelkorn- und Krümelstruktur. In krümeligen Böden ist die kapillare Leitung geringer als in pulverförmigen und dies um so mehr, je größer die einzelnen Bodenkrümel sind.

Je dichter ein Boden gelagert ist, um so höher ist der kapillare Aufstieg des Wassers. Die Schnelligkeit der Leitung wird bei sehr dichter und sehr lockerer Lagerung geringer. Bei einer mittleren Dichtigkeit (wahrscheinlich bei einem Durchmesser der Kapillaren von 0,05—0,1 mm) liegt ein Optimum der Wasserleitung.

Steine im Boden verlangsamen den kapillaren Aufstieg, da sie eine Unterbrechung der Leitungsbahnen darstellen, das Wasser also einen weiteren Weg zurückzulegen hat. Auffällig ist jedoch, daß die Verlangsamung der Wasserleitung auch bei Boden mit erheblichem Steingehalt (bis 60 %) nur gering ist.

Die Einwirkung von Bodenschichten verschiedener Korngrößen läßt sich dahin zusammenfassen, daß die Leitung des Wassers um so mehr beeinflußt wird, je weiter die einzelnen Schichten in bezug auf Struktur und Korngröße voneinander abweichen. Hierbei gilt das Gesetz, welches unmittelbar aus dem des kapillaren Aufstiegs abgeleitet werden kann, daß feinkörnige Bodenschichten wohl den grobkörnigeren Wasser entziehen können, daß dagegen der Übertritt aus jenen in diese sehr erschwert oder fast ganz aufgehoben ist. Die kapillare Hebung des Wassers erfolgt rascher, wenn die Feinheit der Bodenpartikel von unten nach oben zunimmt.*)

*) Bringt man einen Wassertropfen in eine Röhre verschiedener Weite, so ist die kapillare Wirkung in den verengten Stellen eine stärkere, das Wasser wird daher das Bestreben zeigen, nach der engsten Stelle hinzufließen, bzw. einen

Zwischenlagerungen von feinkörnigen Schichten zwischen grobkörnige und von grobkörnigen zwischen feinkörnige heben die kapillare Leitung fast vollständig auf.

Der Einfluß des verschiedenen Wassergehaltes des Bodens ist nicht unerheblich. Die kapillare Leitung findet um so rascher statt, je mehr die tieferen Bodenschichten mit Wasser gesättigt sind, und je mehr bereits eine gewisse Durchfeuchtung des Bodens vorhanden ist.

Eine kapillare Leitung tritt erst dann ein, wenn die tieferen Schichten des Bodens mehr Wasser enthalten als etwa der Hälfte der größten Wasserkapazität entspricht.

Schumacher*) feuchtete Boden mit so viel Wasser an, daß der Gehalt etwa 30 % der Wasserkapazität entsprach; trockene darüber geschichtete Erde zeigte sich selbst nach fünf Tagen noch unverändert und hatte kein Wasser aufgenommen.

In bereits etwas durchfeuchteten Böden ist die Wasserbewegung gesteigert.

§ 107. Die Bedeutung der kapillaren Wasserleitung.

Im allgemeinen ist die Bedeutung der kapillaren Wasserleitung in der Natur nicht groß. Zunächst ist die Bedingung, von welcher

Stand einnehmen, welcher dem Gleichgewicht der Kapillarwirkung und der Schwerkraft entspricht (Abb. 20a). Taucht man Röhren der gezeichneten Form in Wasser, so wird in den mit dem engen Querschnitt eingetauchten Röhren ein erheblicher (Abb. 20 c), im andern Falle (Abb. 20 b) ein sehr geringer kapillarer Aufstieg stattfinden.

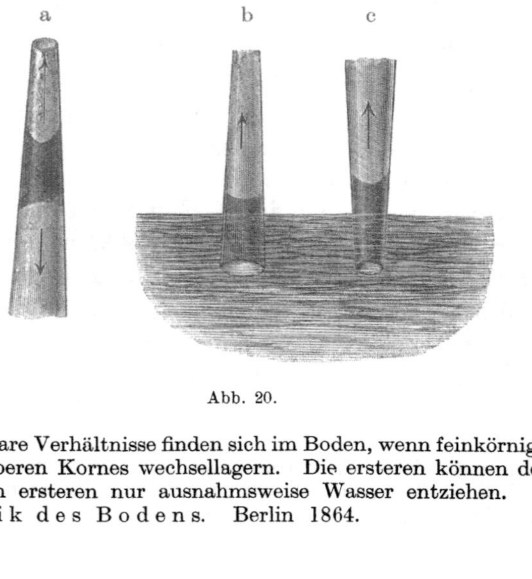

Abb. 20.

Vergleichbare Verhältnisse finden sich im Boden, wenn feinkörnige Schichten mit solchen gröberen Kornes wechsellagern. Die ersteren können den letzteren leicht, diese den ersteren nur ausnahmsweise Wasser entziehen.

*) Physik des Bodens. Berlin 1864.

sie abhängig ist, eine starke Sättigung der tieferen Bodenschichten mit Wasser, nur selten erfüllt. Ist Grundwasser in erreichbarer Tiefe, so ist in Sandböden die Steighöhe gering und in sehr feinkörnigen Bodenarten die Schnelligkeit der Wasserzufuhr eine so langsame, daß die Kapillarleitung wohl einen begünstigenden, aber nur ganz ausnahmsweise einen bedeutenden Einfluß auf die Versorgung der Vegetation mit Wasser auszuüben vermag.

H. Grebe*) untersuchte mittelkörnige Diluvialsandböden, er sagt: „Die Steighöhe des Grundwassers scheint sich bei gröberem Diluvialsand (40—50 % des Bodens bis 0,3 mm Durchmesser, 50—54 % über 0,3 mm Durchmesser) nicht über $^1/_3$ Meter, bei feinkörnigerem Sande (ca. 80 % unter $^1/_3$ mm Durchmesser) nicht über $^1/_2$ Meter geltend zu machen.“

Untersuchungen des Verfassers**) zeigten, daß in feinkörnigem Diluvialsand (70—90 % kleiner als 0,25 mm) die kapillare Hebung nur etwa 40 cm über den Grundwasserspiegel erfolgt. In 20 cm Abstand fanden sich 10—16 % Wasser, in 40 cm noch 5—7 % Wasser, die höheren Bodenschichten zeigten keinen merklichen Unterschied im Wassergehalt gegenüber anderen Sanden gleicher Zusammensetzung.

Neuere Untersuchungen bestätigen dies Verhalten. F. H. King zeigte, daß der Gewinn an Wasser durch kapillare Hebung in schweren Böden bei einem Abstand des Grundwassers von 1—1$^1/_2$ m gering war.***)

Auch für Moorböden†) hat die kapillare Wasserhebung nur geringe Bedeutung. Senkung des Wasserstandes unter 70 cm für Feldfrüchte, 40—50 cm für Wiesen ist schon bedenklich; ein Beweis, wie langsam die Wasserleitung erfolgt.

In schweren Lehm- oder Tonböden ist die Hubhöhe außerordentlich hoch. Mitscherlich berechnete für Tonböden 2—3 km, aber die Geschwindigkeit der Wasserbewegung ist so sehr verlangsamt, daß diese Böden praktisch als undurchlässig zu bezeichnen sind.

Kann man daher die Bedeutung der kapillaren Wasserhebung im Boden nicht hoch anschlagen, so macht sich ein anderer zwar langsam, aber in allen Bodenschichten wirkender Vorgang des Ausgleiches im Wassergehalt bemerkbar. Der erste, welcher hierauf hinwies, war Neßler. Er sagt††): „Wenn der Ackerboden nicht naß, sondern nur feucht ist, so sind, wie man dies schon mit bloßem

---

*) Zeitschr. f. Forst- u. Jagdw. 1885, S. 387.
**) Forsch. d. Agrik.-Phys. 11, S. 327.
***) Exp. St. Rec. 2, S. 442.
†) Weber, Hochmoor von Augstumal, S. 145.
††) Jahresber. d. Agrik.-Chem. 1873/74, S. 51.

Auge sehen kann, die Zwischenräume nicht mit Wasser gefüllt, sondern letzteres bildet nur einen Überzug über die einzelnen Teile und ist nur in stark feuchtem Boden an den Berührungspunkten in etwas größerer Menge vorhanden. Von einem Aufsteigen des Wassers in den Zwischenräumen der Erde, wie in engen Röhren, kann also die Rede nicht sein, sondern das Aufsteigen des Wassers im feuchten Boden findet dadurch statt, daß, wenn zwei Teile nebeneinander liegen, wovon der eine trockner, der andere feuchter ist, das Wasser von der Oberfläche des feuchteren teilweise auf die Oberfläche des trockneren übergeht.“

In den oberen Schichten der Böden ist dieser Vorgang sehr wirksam; auf ihm beruht es namentlich, daß dicht gelagerte Böden rascher abtrocknen als locker gelagerte, sowie daß fortgesetzt ein Ausgleich im Wassergehalte der höheren Schichten statthat.

Außer den besprochenen Bewegungen des Wassers zeigte King, daß mannigfaltige **Umlagerungen** des vorhandenen Wassers im Boden eintreten und unter Umständen rasch verlaufen können. Er beobachtete sie in Schichten mit verschiedener Porosität und bei Änderungen des Wassergehaltes der oberen Bodenschichten. Bei seinen Untersuchungen kam es wiederholt vor, daß nach Regen oder Überrieseln tiefere Bodenschichten weniger Wasser enthielten als vorher. Ob diese Erscheinungen für die Wasserbilanz des Bodens Bedeutung haben, bedarf wohl noch weiterer Untersuchungen.

e. Das Eindringen des Wassers im Boden. Durchlässigkeit.

Literatur:

Haberlandt, Wissenschaftliche praktische Untersuchungen etc. Wien 1875, Bd. 1, S. 9.

Wollny, Forsch. d. Agrik.-Phys. 7, S. 269; 8, S. 207 und 14, S. 1.

§ 108. Das Eindringen des Wassers im Boden steht in inniger Beziehung zu den Verhältnissen, welche den kapillaren Aufstieg beeinflussen, nur daß sie natürlich in entgegengesetzter Richtung tätig sind. Außerdem erhalten einige andere Bedingungen, so Trockenheit der oberen Bodenschichten und wechselnder Luftdruck, neue oder erhöhte Bedeutung.

a) Der Einfluß der Korngröße auf das Eindringen des Wassers macht sich geltend, indem das Wasser um so schneller nach abwärts geleitet wird, je gröber die Bodenbestandteile sind; in Gemengen verschiedener Korngrößen erfolgt die abwärtsgehende Bewegung des Wassers mit annähernd mittlerer Geschwindigkeit.

Es sind dies Tatsachen, welche sich ohne weiteres aus der Größe der Hohlräume und der mit der Oberfläche wachsenden Reibung ergeben.

b) Die Struktur des Bodens ist für das Eindringen des Wassers von großer Bedeutung. Zumal Krümelung des Bodens wirkt stark beschleunigend. Man kann die Krümel als poröse Körner betrachten; da sie zumeist von erheblichem Durchmesser sind, so ist verständlich, daß das Eindringen des Wassers viel rascher erfolgt, als in einem sonst gleichartigen, aber pulverigen Boden. Diesen Verhältnissen entsprechend ist die Größe der einzelnen Krümel ohne erheblichen Einfluß.

c) Die Dichtigkeit der Lagerung macht sich geltend, indem das Eindringen des Wassers um so schwieriger erfolgt, je dichter der Boden gelagert ist. Es ist dies eine einfache Folge der Verengerung der Hohlräume des Bodens bei festerer Zusammenlagerung. Jede Bodenlockerung läßt also das Wasser viel leichter und tiefer eindringen. Es ist dies wichtig bei Niederschlägen von mäßiger Höhe, die in dicht gelagertem Boden oft nur die oberste Bodenlage durchfeuchten und wieder verdunsten, ohne der Vegetation zugute zu kommen.

d) Steine im Boden verlangsamen das Eindringen des Wassers nicht unerheblich und natürlich um so mehr, je reichlicher der Gehalt an beigemischten Steinen ist. Es ist dies eine Folge der Unterbrechung der kapillaren Räume im Boden; das Wasser hat beim Eindringen einen längeren Weg zurückzulegen, da es um die Steine herumfließen muß.

e) Schichten verschiedener Lagerung und Korngröße beeinflussen das Eindringen des Wassers um so mehr, je stärker sie voneinander in ihrer Beschaffenheit abweichen.

Am leichtesten dringt noch das Wasser in solche Böden ein, deren oberste Lagen grobkörniger als die tieferen sind, wie dies z. B. für jeden gekrümelten Boden gilt.

Schichten sehr abweichender Korngröße erschweren die Wasserbewegung ungemein. Es gilt dies nicht nur von sehr feinkörnigen Bodenlagen, sondern auch von grobkörnigen. Das Vorkommen von sogenannten Wasseradern in Kiesstreifen, welche Sande durchsetzen, erklärt sich hierdurch.

f) In bezug auf die chemische Zusammensetzung gilt, daß Quarz das Eindringen des Wassers am raschesten gestattet, Ton es am meisten verlangsamt. Der Humus steht zwischen beiden in der Mitte.

Starken Einfluß üben lösliche Salze.

Kalksalze steigern die Durchlässigkeit infolge ihrer flockenden Wirkung sehr bedeutend. A. N. Pearson (Chem. News 1892, 66,

S. 53) versetzte drei Tonböden mit je $^1/_4$ und $^1/_2$% Ätzkalk. Eine Wasserschicht von zwei Zoll brauchte zum Durchtritt folgende Zeiten:

	Boden I	Boden II	Boden III
ohne Kalk	6 Tage 4 St. 17 Min.	12 Tage 11 St. 28 Min.	26 Tage 19 St.
$^1/_4$% „	12 „ 42 „	10 „ 2 „ 45 „	7 „ 23 „ 15 Min.
$^1/_2$% „	9 „ 56 „	5 „ 6 „ 30 „	2 „ 12 „ 30 „

Nach Beeson (Journ. Am. Chem. Soc. 1897, 19, S. 620) verdoppelte Kalkzusatz die Durchläsigkeit; dagegen setzten alle Kalisalze und Natronsalze den Durchtritt herab, z. B. $^1/_{10}$% Chilisalpeter auf $^1/_{20}$, $^1/_{10}$% Chlornatrium auf $^1/_{10}$ des unveränderten Bodens.

Der größere Widerstand der Pflanzen gegen Trocknis auf gedüngtem Boden erhält hierdurch eine Erklärung, da die Mengen der zur Verwendung kommenden Salze merkbare Einwirkung üben können.

g) Trockenheit der obersten Bodenlagen kann das Eindringen des Wassers in hohem Grade erschweren. Viele hierauf bezügliche Beobachtungen haben Veranlassung zu ganz irrtümlichen Schlußfolgerungen über die betreffenden Verhältnisse gegeben.

Nach starkem Gewitterregen findet man oft Haufen von Chausseestaub nur wenige Millimeter tief durchfeuchtet. Auf schwach humosen Sanden finden sich nach Regen oft noch stundenlang kleine Wasserlachen, während der unterliegende Boden noch staubtrocken ist.

Dies Verhalten beruht teilweise auf dem Molekulardruck des Wassers. Kommt Wasser mit trocknen Bodenteilen zusammen, so muß erst die Wirkung der Oberflächenspannung überwunden werden; trifft dagegen Wasser auf bereits durchfeuchteten Boden, so wird gewissermaßen die Oberfläche des Wassers um die Größe der Bodenteile erweitert, und es ist beim Eindringen nur die Reibung in den Kapillarräumen des Bodens zu überwinden.

Schon aus diesem Grunde muß daher Wasser in bereits durchfeuchtete Böden leichter eindringen als in trockne.

Zugleich wirken noch andere Ursachen im trocknen Boden erschwerend auf das Eindringen des Wassers ein. Es sind dies einmal Gashüllen, welche im verdichteten Zustande die Bodenteile umgeben und wenigstens teilweise durch die Benetzung entweichen und anderseits das Vorkommen nicht benetzbarer Bestandteile in den humosen Stoffen.

Die Humuskörper enthalten immer wechselnde Mengen harz- oder fettartiger Verbindungen, die an sich nicht oder nur schwierig benetzbar sind, wohl auch das Wasser als dünne Hüllen mit abweichender Spannung umgeben.

Das Eindringen des Wassers ist in der Regel um so mehr erschwert, je humusreicher und feinkörniger ein ausgetrockneter Boden ist.

Alle diese Faktoren, welche die Durchfeuchtung ausgetrockneter Böden erschweren, hat der Verfasser unter dem Begriff des Benetzungswiderstandes zusammengefaßt.*)

Auf das Eindringen des Wassers wirken noch Änderungen des Luftdrucks und der Temperatur.**) Der Abfluß aus Drainröhren wird stärker bei fallendem Barometer und schwächer bei steigendem. Es ist dies eine Erscheinung, die wahrscheinlich sehr verschieden stark wirksam sein wird, je nachdem der Boden mehr oder weniger mit Wasser gesättigt ist. In sehr feuchtem Boden wird jeder erhöhte Luftdruck die durch Wasser verschlossenen, mit Luft gefüllten Räume verkleinern, dadurch einen Zug auf das Wasser üben und das Eindringen desselben erleichtern. Im gleichen Sinne wirkt Erniedrigung der Temperatur. Der Wasserabfluß aus Drainröhren ist in der Nacht und am Morgen stärker als am Tage.***)

h) Das Eindringen des Wassers in gewachsene Böden. Bisher sind die Elemente behandelt, welche das Eindringen des Wassers in die Bodenarten beherrschen, außerdem werden die in der Natur vorkommenden Bodenarten noch durch bestimmte Eigenschaften beeinflußt. Von größter Bedeutung ist das ganz verschiedene Verhalten der Sand- und Lehmböden.

Sandböden werden in ihrer ganzen Schicht ziemlich gleichmäßig vom Wasser durchsunken. Folgt der Abfluß auch oft einzelnen Richtungen geringeren Widerstandes, so gilt die gleichmäßige Durchfeuchtung des ganzen Bodens für weitaus die meisten Fälle und wohl immer für die höheren Bodenschichten, wo relativ große Bodenräume das Eindringen des Wassers nach allen Richtungen leicht gestatten.

Ganz anders gestalten sich die Verhältnisse in schweren Bodenarten, besonders Lehmböden. Untersucht man diese, so findet man unter einer mehr oder minder mächtigen gekrümelten Oberschicht die tieferen Lagen dicht zusammengelagert, aber von einer Unzahl feiner Poren durchsetzt. (Es wird dies sichtbar, wenn man Stücke des Bodens durchbricht.) In diesen Röhren bewegt sich nun das Wasser überwiegend, und von dort aus sättigen sich die übrigen Bodenteile kapillar. Die Wasserbewegung wird ferner beeinflußt durch Spalten, welche den Boden durchsetzen, sodann durch die Wege, welche verrottende Wurzeln in die Tiefe bahnen und endlich noch durch die Gänge und Höhlen der erdbewohnenden Tiere, insbesondere der Regenwürmer. Die Wasserbewegung folgt

*) Lorey, Handbuch der Forstwissenschaft. Tübingen, S. 225.

**) Emmett Goff, Zentralbl. d. Agrik.-Chem. 1888, S. 153.

***) Dies Verhalten wird wohl am meisten durch die infolge Verkleinerung der Lufträume verminderte Reibung beeinflußt.

demnach in Lehmböden überwiegend einzelnen Richtungen.

Die große Verschiedenheit der Wasserbewegung in Sand- und Lehmböden beeinflußt die Auswaschung der löslichen Salze und veranlaßt, daß Sandböden viel leichter verarmen als schwerere Bodenarten.

i) Die Durchlässigkeit des Bodens für Wasser*) steht natürlich in engster Beziehung zu den bisher behandelten Fragen; bestimmte Verhältnisse machen jedoch eine gesonderte Besprechung wünschenswert. Insbesondere ist dies deshalb notwendig, weil diese Eigenschaft erst dann in Erscheinung tritt, wenn die Böden mit Wasser gesättigt sind und Überschuß abzugeben haben.

Alle Bedingungen, welche das Eindringen des Wassers erleichtern, erhöhen auch die Durchlässigkeit; es gilt dies namentlich für die Bedeutung der Korngröße und der Krümelstruktur. Alle Sandböden lassen Wasser leicht hindurchgehen. Gemische von grob- und feinkörnigem Material nähern sich jedoch überwiegend der Durchlässigkeit des feinerdigsten Bestandteiles.

Von Einfluß ist ferner die Mächtigkeit der Bodenschicht, je dicker, um so langsamer der Durchgang des Wassers; es ist dies einfach eine Folge des längeren Weges.

Ton und Humus sind bei dichter Lagerung für Wasser fast völlig undurchdringlich; in annähernd gleichem Grade gilt dies für alle sehr feinkörnigen Bodenarten. Quarz und Kalk von 0,01—0,07 mm Durchmesser verhalten sich jenen Stoffen sehr ähnlich.

Bei Böden verschiedener Schichtung ist es von besonderer Bedeutung, daß ausschließlich die undurchlässigste Schicht die Abflußmenge beeinflußt. Diese Beeinflussung ist auch bei ganz dünnen Schichten undurchlässigen Materials schon sehr bedeutend.

Schwache Tonlager, ferner verkittete Sandstreifen (Ortstein, eisenschüssige Sande) sind ein mächtiges Hindernis des Absickerns des Wassers. Die Rolle der Tonschichten, auf denen sich das Grundwasser bewegt, ist bekannt; in Oberbayern wirkt ein sehr feinkörniger Sand (Flinz genannt) in ähnlicher Weise. Die Bäche, welche auf Hochmooren vorkommen, beweisen die Undurchlässigkeit der meisten Moorschichten.

Eine nicht unwichtige, eigentümliche Rolle spielt die unter dem Moos weitverbreitete Humusschicht der Wälder. Häufig liest man, daß Hochwasser dadurch hervorgerufen sei, daß der Boden mit Wasser

*) Wollny, Forsch. d. Agrik.-Phys. 14, S. 1, dort auch ältere Literatur.

gesättigt und nicht mehr aufnahmefähig gewesen sei, so daß die Wässer an der Oberfläche abgeflossen seien. Da feuchte und nasse Bodenarten das Wasser besser leiten als trockne, so ist die Erklärung wenig wahrscheinlich. Viel eher ist anzunehmen, daß dabei jene Humuslage eine besondere Bedeutung gewinnt, indem sie, einmal mit Wasser gesättigt, das Durchsickern des neu hinzugeführten Wassers in hohem Maße erschwert, bei dichter Lagerung sogar zum großen Teil verhindert und oberflächliches Abfließen veranlaßt.

f. Die Wasserverdunstung des Bodens.

Literatur:

Schübler, Grundriß der Agrik.-Chem. — Eser, Forsch. d. Agrik.-Phys. 7, S. 1, hier die ältere Literatur.

§ 109. Die Verdunstung des Wassers ist abhängig a) von den meteorologischen Einflüssen; b) der physikalischen Beschaffenheit und der chemischen Zusammensetzung des Bodens; c) der Lage desselben nach Himmelsrichtung und Horizont (Exposition und Inklination); d) von der Bodenbedeckung, bzw. den auf dem Boden wachsenden Pflanzen.

a) Die meteorologischen Faktoren. Für die Verdunstung des Bodens sind am einflußreichsten die Temperatur, Luftfeuchtigkeit und Luftbewegung. Eingehende und vergleichende Untersuchungen fehlen noch vielfach. Als Vergleich hat man die Verdunstung einer freien Wasserfläche herangezogen; sind die so gewonnenen Angaben auch nicht ohne weiteres auf die Verhältnisse des Bodens übertragbar, so geben sie doch einen Anhalt zur Beurteilung.

aa) Temperatur. Je höher die Temperatur ist, um so größere Wassermengen vermag die Luft aufzunehmen. Unter sonst gleichen Verhältnissen steigt daher die Verdunstung mit der Temperatur. Masure*) teilt hierüber einige Zahlen mit.

Luftfeuchtigkeit	Mittlere Temperatur	Verdunstung f. d. Tag
84 %	10,7°	0,24 mm
84 %	12,0°	0,40 ,,
84 %	17,0°	0,50 ,,

bb) Relative Feuchtigkeit. Die relative Feuchtigkeit bringt die Sättigung der Luft mit Wasserdampf in Prozenten der aufnehmbaren Menge zum Ausdruck; es ist ohne weiteres deut-

*) Forsch. d. Agrik.-Phys. 1880, 4, S. 136, nach Annales agronomiques 4, p. 441—480.

lich, daß die Verdunstung bei niederem Wassergehalt der Luft steigen, bei hohem sinken wird. Auch hierfür gibt Masure einige Zahlen:

Temperatur (mittlere)	Luftfeuchtigkeit (mittlere)	Verdunstung pro Tag
17,6°	74 %	0,93 mm
17,7°	79 %	0,62 „
17,0°	89 %	0,38 „
17,2°	91 %	0,25 „

cc) Sättigungsdefizit. Den besten Maßstab für die Stärke der Verdunstung gibt das Sättigungsdefizit, also gewissermaßen die Resultante aus Temperatur und Luftfeuchtigkeit. Aus den letzten mitgeteilten Zahlen berechnet es sich wie folgt:

Temperatur	Sättigungsdefizit	Verdunstung
17,6°	3,89 mm	0,93 mm
17,7°	3,17 „	0,62 „
17,0°	1,59 „	0,38 „
17,2°	1,32 „	0,25 „

dd) Luftbewegung. Der Einfluß der Luftbewegung läßt sich viel schwerer in Zahlen fassen, ist aber ein erheblicher, in manchen Fällen sogar entscheidend für die Größe der Verdunstung.

Eine Wasserfläche (Boden) in ruhiger Luft wird zunächst Sättigung der benachbarten Luftschicht mit Wasser veranlassen. Durch Diffusion erfolgt der Ausgleich mit den benachbarten Luftteilchen. Bei bewegter Luft ändert sich jedoch der statische Zustand der benachbarten Luft in jedem Augenblick. Immer neue, weniger gesättigte Luftteile kommen mit der verdunstenden Oberfläche in Berührung und steigern die Verdunstung, die den höchsten Stand erreicht, wenn warme, trockne Winde einwirken.

b) Die physikalischen Eigenschaften der Böden wirken in hervorragendem Maße auf die Verdunstung ein.

Als Regel muß man festhalten, daß die Verdunstung in der Hauptsache von der obersten wasserhaltigen Bodenschicht, also zumeist von der Bodenoberfläche, ausgeht und um so stärker ist, je mehr Wasser vorhanden ist.

In wasserreichen Böden ist die Verdunstung groß und sinkt immer mehr, je weiter sich der Boden dem Zustande der „Lufttrockenheit" nähert. Verminderung der Bewegung des Wassers im Boden und molekulare Anziehung der festen Bodenteile auf die Moleküle des Wassers wirken hierbei zusammen. Verdunsten kann nur das „freie" Wasser", entsprechend jener im Boden vorhandenen Menge, um welche das Gesamtwasser das „gebundene“ (hygroskopische) Wasser übertrifft.

Mit Wasser gesättigte Böden, in denen kapillare Leitung stattfindet und Wasser rasch der Oberfläche wieder zugeführt werden kann, haben annähernd gleiche Verdunstung.

Innerhalb zehn Tagen verdunsteten 100 qcm Oberfläche

Quarzsand	Kalksand	Lehm	Torf	Erde
580	508	532	564	565 g Wasser.

Die Verdunstung ist unter diesen Umständen wesentlich eine Funktion der Oberfläche.

Die Oberfläche einer Bodenschicht ist infolge der Körnung des Bodens rauh, so daß der Einwirkung der verdunstenden Faktoren eine größere Fläche zugänglich ist als z. B. in einer gleichgroßen Wasserfläche. Hierauf beruht es, daß für dieselbe Flächeneinheit nasser Boden mehr verdunstet als eine Wasserfläche, und selbst im feuchten Zustande nicht wesentlich dahinter zurückbleibt.

Die Versuche von Haberlandt,*) Masure, Wilhelm**) zeigen dies übereinstimmend. Es ist anzunehmen, daß z. B. Hochmoore sehr viel mehr Wasser verlieren als Seen gleicher Größe.

Die folgende Tabelle gibt Versuche nach Haberlandt.

		Wassergehalt	Versuch am 30. April	2. Mai	3. Mai	5. Mai	Mittel der 4 Versuche	Verhältnis zur Verdunstung einer Wasserfläche. Wasser = 100
Temperatur		—	10,4°	12,6°	17,1°	18,4°	—	—
Luftfeuchtigkeit		—	86 %	76 %	74 %	69 %	—	—
Verdunstung von Wasser		—	2,33 g	4,38 g	11,71 g	21,69 g	10,03 g	100
Es wurde Wasser verdunstet von	Ackererde	15 %	2,47 „	5,05 „	11,79 „	17,01 „	9,07 „	90,4
		25 „	2,62 „	5,57 „	16,89 „	25,76 „	12,71 „	116,75
		35 „	2,73 „	5,72 „	17,24 „	27,72 „	13,35 „	133,13
	Sand	10 „	2,41 „	4,81 „	12,41 „	17,05 „	9,17 „	91,44
		15 „	2,61 „	5,01 „	14,44 „	23,28 „	11,33 „	113,03
		25 „	2,78 „	5,70 „	15,09 „	24,48 „	12,01 „	119,79
	Moorerde	50 „	1,53 „	4,18 „	11,98 „	13,26 „	7,74 „	77,16
		75 „	1,94 „	4,57 „	13,29 „	16,76 „	9,14 „	91,15
		100 „	2,55 „	4,86 „	16,16 „	21,46 „	9,38 „	112,25

Die Beschaffenheit der Bodenoberfläche beeinflußt die Verdunstung ganz allgemein in dem Sinne, daß alle Be-

*) Untersuchungen auf dem Gebiete des Pflanzenbaues 2, S. 29. Wien 1877.
**) Boden und Wasser. Wien 1861.

dingungen, welche *die verdunstende Fläche vergrößern, auch die Verdunstung steigern.*

Alle Kulturmethoden (Behäufelung, Hügel, Rabatten), welche die Bodenoberfläche vergrößern, müssen also auch die Verdunstung steigern.

Boden mit *rauher Oberfläche verdunstet bei hohem Feuchtigkeitsgehalt mehr Wasser als ein Boden mit glatter Oberfläche.* Behacken usw. steigert also *zunächst* die Wasserverdunstung, nach kurzer Zeit aber wirkt die gelockerte Oberfläche wie eine schützende Hülle, und die Wasserverdunstung sinkt ganz erheblich.

Man kann die hier geltende Regel so aussprechen, daß bei *hohem Feuchtigkeitsgehalt ein Boden mit rauher Oberfläche mehr Wasser verdunstet als ein Boden mit glatter Oberfläche, daß aber bei fortschreitender Austrocknung das umgekehrte Verhältnis eintritt.*

Die Struktur des Bodens macht sich in bezug auf *Größe der Bodenbestandteile, lockere* oder *dichte Lagerung* und *Einzelkorn-* oder *Krümelstruktur* bemerkbar.

Da die Menge des verdunstenden Wassers vom Wassergehalte abhängig ist, so sind die feinkörnigen Böden in der Lage, mehr davon abgeben zu können.

Bei einer mittleren Korngröße ist die Verdunstung am stärksten, nimmt aber namentlich bei *hohen Korngrößen stark* ab. Die Wasserverhältnisse eines Bodens werden daher in der Natur durch die Verdunstung in hohem Maße beeinflußt.

„Innerhalb gewisser Grenzen findet daher eine Ausgleichung in der Natur in bezug auf die Wassermengen statt, welche die Böden infolge der verschiedenen Feinheit des Kornes in mehr oder weniger hohem Grade zu fassen vermögen. Böden, die viel Wasser enthalten, verlieren hiervon durch Verdunstung beträchtlich größere Quantitäten als solche, welche nur einen geringen Feuchtigkeitsgehalt besitzen. Der Ausgleich ist zwar nie ein vollständiger, tritt aber doch in dem Umfange hervor, daß die Bodenfeuchtigkeit in günstiger Weise reguliert wird. Das schädliche Übermaß wird durch stärkere Verdunstung herabgedrückt und der niedere Wassergehalt im Boden von geringer Kapazität geschont“. (*Eser*, a. a. O. S. 62.)

In bezug auf die *Lagerung der Bodenteile* zeigen alle Versuche übereinstimmend, *daß die Verdunstung durch Lockerung stark herabgesetzt wird.*

Versuche mit genau festgestellten Volumverhältnissen führte Eser aus. Er brachte dieselbe Bodenmenge in Gefäße, die 5 %, 10 % usw. weniger faßten, als das Volumen des locker gelagerten Bodens betrug.

Es verdunsteten so (für je 1000 qcm Oberfläche in Gramm):

Gefäße	100 Vol.%	95 Vol.%	90 Vol.%	85 Vol.%	80 Vol.%	70 Vol.%
Kalksand in 18 Tagen	1336	1603	1751	1763	1860	1935 g
grobgesiebte humose Erde in 10 Tagen	1978	2210	2242	2461	2625	2800 „
feingesiebte humose Erde in 6 Tagen	762	795	850	920	987	1187 „

Eine Veränderung des Bodens, welche geeignet ist, den Wasserverlust durch Verdunstung um ein Viertel (andere Versuche zeigen noch größere Unterschiede) herabzusetzen, ist zweifellos für die Pflanzenwelt von hoher Bedeutung.

Es ist wahrscheinlich, daß ein Teil der günstigen Wirkung der Bearbeitung des Bodens im veränderten Wassergehalt zu suchen ist.

Die Krümelung des Bodens setzt die Verdunstung erheblich herab. Im wassergesättigten Zustande ist die Größe der Krümel ohne Einfluß, im feuchten Zustande ist die Verdunstung um so geringer, je größer die Krümel sind.

Mächtigkeit der Bodenschichten. Trocknet die Oberfläche eines Bodens aus, so erfolgt die Verdunstung von der nächstliegenden, noch freies Wasser enthaltenden Schicht. Die auflagernde trockne Bodenschicht wirkt dann als schützende Decke, zumal gegenüber bewegter Luft, und die Wasserabgabe wird vermindert. Natürlich tritt dies um so mehr hervor, je mächtiger die auflagernde Schicht ist. Man hat dies Verhalten so ausgesprochen, daß die Verdunstung um so geringer wird, je tiefer die verdunstende Fläche liegt. Bringt man auf feuchten Boden Schichten mit geringerem Wassergehalt, so wird die Verdunstung stark vermindert. In der Praxis stellt man eine solche trockne, schützend wirkende Decke durch oberflächliche Bodenbearbeitung, Behacken u. dgl. her. Bei der Sanddeckkultur der Moore wird durch Aufbringen von Sand derselbe Erfolg erzielt. Bei Versuchen trat z. B. bei Quarzsand und Bedeckung mit 2 cm trockenem Sand eine Verminderung der Verdunstung um fast zwei Drittel (von 2097 Teilen Wasser auf 720 Teile in 7 Tagen); bei Kalksand unter gleichen Verhältnissen um ein Drittel (von 2925 Teilen Wasser auf 1922 Teile in vier Wochen) ein.

Die Mächtigkeit der Bodenschichten macht sich schon dadurch günstig für den Wassergehalt des Bodens geltend, daß die verdunstende Fläche in einem mächtigeren Boden tiefer sinken kann, als in einem flachgründigen. Verliert eine stärkere Schicht auch im Laufe lang anhaltender Trocknis absolut mehr Wasser als eine schwächere, so ist doch die gesamte den Pflanzen zur Verfügung stehende Menge größer und die tieferen Lagen bleiben feuchter; daher tritt frühzeitiges Absterben der Pflanzen, das man als „Ausbrennen“, „Sommerdürre“ usw. bezeichnet, entweder nur auf flachgründigen oder in Böden mit geringer Wasserkapazität häufiger auf.

Einfluß verschiedener Wasserkapazität der Böden auf Eindringen und Verdunstung des Wassers kann oft für die Pflanzenwelt von höchster Bedeutung werden. Schwache sommerliche Niederschläge, welche nur die obersten Zentimeter des Bodens durchfeuchten, verdunsten ohne der Pflanzenwelt erheblich zu nützen. Wenn die Vegetation nach solchem Regen wie neu verjüngt aussieht, so beruht dies wohl auf direkter Wasseraufnahme durch die Blattorgane der Pflanzen und noch mehr auf der Verminderung der Verdunstung in der feuchteren Luft.

Anders gestalten sich die Verhältnisse bei abgetrockneten Böden sehr verschiedener Wasserkapazität. Es tritt dies bereits in unseren Sand- und Lehmböden hervor; noch schärfer werden die Gegensätze in extremeren Klimaten. Nimmt man an, daß ein Sandboden 4 Vol. %, eine Schwarzerde 30 Vol. % Wasserkapazität habe (entsprechend einer Wassersäule von 4 cm bzw. 30 cm in 1 m Bodenschicht), so würde ein Niederschlag von 1 cm Wasser ausreichen, den Sandboden auf 25 cm, den Boden der Schwarzerde auf 3,3 cm zu sättigen. Im Sandboden würde das Wasser tief eindringen und der unmittelbaren Verdunstung entzogen sein, in der Schwarzerde nicht. Nach der Auffassung des Verfassers ist dies Verhalten der Böden gegenüber den sömmerlichen Niederschlägen die wichtigste Ursache, daß im Steppengebiet auf sandigen Böden Baumwuchs, auf Schwarzerde Steppenpflanzen herrschend sind.

Der Einfluß des Salzgehaltes im Boden auf die Verdunstung ist in neuerer Zeit wiederholt behandelt worden.*) Die kapillare Leitung ist in Salzlösungen vermindert, da die Oberflächenspannung in Salzlösungen herabgesetzt ist.**) Die Verdunstung wird vermindert, zumal bei Gegenwart von Kalisalzen und Chilisalpeter. Zugleich tritt noch Verminderung der Verdunstung durch die Pflanzen auf, die bei hohem Salzgehalt weniger Wasser abgeben als bei

*) Märcker, Neue Zeitschr. f. Rübenzucker-Industr. 33, S. 89.
**) M. Whitney, Exp. Stat. Rec. 1891, 4, S. 17.

niederen; berücksichtigt man ferner, daß die Pflanzenwurzeln in gut gedüngten Böden größere Tiefen und damit wasserreichere Schichten erreichen als auf ärmeren Böden, so wird es verständlich, daß Trockenperioden im Frühling bei noch geringer Entwicklung der Pflanzenwelt gut überstanden werden. Wollny*) macht nicht mit Unrecht darauf aufmerksam, daß sich diese Verhältnisse in späterer Zeit infolge üppigerer Entwicklung und größerem Wasserverbrauch der Pflanzenwelt wesentlich ändern können.

In naher Beziehung steht die Verdunstung zu dem Ausblühen der Salze in ariden Gebieten. Indem Wasserverdunstung an der Oberfläche der Böden erfolgt, muß damit zugleich eine Bewegung der Salze von unten nach oben eintreten. In humiden Gegenden überwiegt die Abwärtsbewegung des Wassers: die Auswaschung; die Bodenlösungen sind durchschnittlich so verdünnt, daß man dem Anstieg der Salze erhebliche Bedeutung nicht beimessen kann. Anders gestalten sich die Vorgänge in ariden Gebieten. Hier ist nicht nur der Salzgehalt höher, sondern auch die Verdunstung. Es kann daher nicht auffallen, daß an der Oberfläche der Böden Ausblühungen von Salz auftreten. Besonders stark tritt dies hervor, wenn durch Bewässerung der Stand des Grundwassers erhöht wird. Früher salzfreie Böden leiden dann durch Ansammlung von Salz in hohem Grade; im Westen Nordamerikas, in Indien usw. hat man hierdurch schwere Schäden herbeigeführt und empfiehlt als Gegenmittel mit der Bewässerung sparsamer zu sein.

Nach Puchner**) geht die Ansammlung der Salze in den oberen Bodenschichten der Verdunstung parallel. Alkalien, Magnesia, Chlor, Schwefelsäure, Salpetersäure, Kieselsäure stiegen leicht auf; Tonerde, Eisen, Kohlensäure nicht. Kalksalze zeigten unregelmäßiges Verhalten; Beobachtungen, welche ganz den Erfahrungen in ariden Gebieten entsprechen.

g. Bodenwasser und Grundwasser.

§ 110. Die Wässer, welche im Boden festgehalten werden, kann man als „Bodenwasser“ oder „Bodenfeuchtigkeit“ bezeichnen. Den Teil des Wassers, welcher in die Tiefe absickert, bis er eine undurchlässige Schicht erreicht, auf der er sich ansammelt, nennt man „Grundwasser“.

Nach der Menge der durchschnittlichen Feuchtigkeit unterscheidet man die Böden als:

*) Wollny, Forsch. d. Agrik.-Phys.
**) Forsch. d. Agrik.-Phys. 1895, 18, S. 1.

n a ß; der Boden ist mit Wasser erfüllt, so daß es beim Herausheben von Abstichen des Bodens abfließt. Nasse Böden haben Grundwasser in geringer Tiefe anstehend und sind in der für den Boden wasserreichsten Zeit des Jahres (Frühling) meist mit Wasser bedeckt;

f e u c h t; der Boden gibt beim Zusammendrücken noch Wasser in Tropfen ab;

f r i s c h; mit mäßigem Wassergehalt, aber ohne daß beim Zusammendrücken Wasser hervortritt, wohl aber zeigen die Bodenteile infolge der vorhandenen Feuchtigkeit mäßigen Zusammenhalt (z. B. frischer Sand gegenüber trocknem Sande);

t r o c k e n; überwiegend für Sandböden gebraucht, bezeichnet solche Böden, deren einzelne Körner kaum mehr einen Wassergehalt erkennen lassen;

d ü r r; ohne merkbares flüssiges Wasser.

Die Bestimmung des Feuchtigkeitsgrades eines Bodens setzt immer eine längere Kenntnis desselben, oder doch Berücksichtigung des Bestandes, der Bodenflora u. dgl. voraus. Nach Regen können z. B. trockene Sande frisch, frische Böden feucht erscheinen, nach langdauernder Trockenheit kann ein umgekehrtes Verhalten statthaben. Es gilt eben, die d u r c h s c h n i t t l i c h e n Verhältnisse richtig anzusprechen.

In Senken ist öfter Grundwasser in erreichbarer Tiefe und stagnierend vorhanden, von dem die benachbarten höheren Lagen frei sind. Solche Stellen leiden, namentlich in feuchten Jahren, durch Übermaß an Feuchtigkeit, sowie durch langsames Erwärmen und verspätetes Erwachen der Vegetation. Man bezeichnet sie als N a ß g a l l e n und Böden mit feuchtem Untergrund als „k a l t g r ü n d i g“.

h. Die Menge des Bodenwassers und die Winterfeuchtigkeit.

§ 111. Untersucht man die Böden auf ihren Wassergehalt, so ergibt sich ein außerordentlich großer Unterschied, je nachdem man es mit überwiegenden Sand-, Lehm-, Ton- oder Humusböden zu tun hat.

Als Regel kann bei bedeckten, gleichartig zusammengesetzten Böden gelten, daß die oberste humose Bodenschicht am feuchtesten ist, hierauf folgen die wasserärmsten Schichten des Bodens; in größerer Tiefe findet sich dann wieder ein etwas höherer, ziemlich gleichbleibender Wassergehalt (entsprechend der geringsten Wasserkapazität der Böden).

Diese Verteilung des Wassers im Boden ist eine Folge der Struktur und des Humusgehaltes der oberen Bodenschichten, sowie des Wasserverbrauches der auf dem Boden wachsenden Pflanzen.

Nackter Boden ist in der Regel an der Oberfläche am trockensten (eine Folge der Verdunstung) und enthält in der Tiefe die der kleinsten Wasserkapazität entsprechenden Wassermengen.

Die Menge des gesamten in den festen Erdschichten enthaltenen Wassers ist sehr bedeutend. Delesse *) findet durch Rechnung, daß flüssiges Wasser bis zu 18000 m in den Boden einzudringen vermag. Er nimmt einen durchschnittlichen Gehalt von 5 % an und findet so eine gewaltige Wassermenge im Boden verteilt. Ist auch seine Annahme viel zu hoch, so würde doch $^1/_{100}$ derselben immer noch in der festen Erdrinde fast 13 Millionen Kubikkilometer Wasser ergeben. Beschränkt man sich auf die Betrachtung der obersten Bodenschichten, so kann als Regel gelten, daß die Sandböden etwa 2—4 Gew. %, entsprechend 3—5 Vol. % Wasser enthalten.**) Die Lehmböden dagegen 10—20 Gew. % entsprechend etwa 15—25 Vol. %.***)

Natürlich ist der durchschnittliche Gehalt nach Bodenart und namentlich nach den klimatischen Verhältnissen in den verschiedenen Gegenden ein sehr wechselnder.

Verfasser fand für die diluvialen Lehmböden der Umgegend von Eberswalde einen Wassergehalt von 10—12 Gew. % (etwa 15 Vol. %); Ebermayer für die Waldböden Oberbayerns 18—20 Gew. %; Havenstein für die rheinischen (Lehm-)Feldböden etwa 16 bis 18 Gew. %.

Berechnet man das Verhältnis des im Boden dauernd festgehaltenen Wassers zur Menge der jährlichen Niederschläge, so kommt man zu dem überraschenden Resultate, daß z. B. in der Eberswalder Gegend (600 mm Niederschlag) schon eine Schicht Sandboden von 7—8 m Mächtigkeit, eine solche Lehmboden von 3—4 m Mächtigkeit ebensoviel Wasser enthält wie der gesamten durchschnittlichen jährlichen Niederschlagmenge entspricht.

Der Gehalt der Böden an Wasser wechselt während der verschiedenen Jahreszeiten. Trotzdem für unsere Gebiete der Sommer die an Niederschlägen weitaus reichere Jahreszeit ist, überwiegt doch die Verdunstung, namentlich dann, wenn der Boden mit Pflanzen bestanden ist, welche für ihren Lebensprozeß große Mengen von Wasser verbrauchen.

*) Bulletin de la Société geologique de France 1861/62.

**) Grebe, Zeitschr. f. Forst- u. Jagdw. 1885, S. 387. — Ramann, Zeitschr. f. Forst- u. Jagdw. 1883. — Forsch. d. Agrik.-Phys. 1888, Bd. 9, S. 300.

***) Havenstein, Landw. Jahrbuch 1878. — Ebermayer, Allgem. Forst- u. Jagdzeit. 1889.

Verfolgt man die Wasserverteilung im Boden während der Vegetationszeit, so ergibt sich beim Erwachen der Vegetation eine rasche Abnahme des Wassergehaltes. Diese schreitet, wenn auch gemäßigt durch die reichlichen sömmerlichen Niederschläge, fortwährend vor und im Herbste, in Mitteleuropa wohl übereinstimmend im September und Anfang Oktober, zeigen die Böden den geringsten Wassergehalt. Ebermayer fand für Lehmböden des bayrischen Oberlandes eine Abnahme von etwa 2—3 % zur Sommer- und Herbstzeit. Also selbst in Gegenden mit ausgesprochener sömmerlicher Regenperiode und mit hoher Niederschlagsziffer überwiegt noch die Verdunstung.

In viel höherem Grade macht sich die Abnahme der Feuchtigkeit im nordischen Flachlande geltend. Nach einigen Bestimmungen des Verfassers enthalten die dortigen Lehmböden im Spätsommer und Herbst oft 5—7 und mehr Prozent Wasser weniger als im Frühlinge. Die mittleren von Pflanzenwurzeln durchzogenen Schichten sind dann hart und trocken und bieten dem Eindringen der Werkzeuge großen Widerstand. Selbst im Dezember und Anfang Januar findet man diese Bodenschichten oft noch nicht wieder mit Wasser gesättigt.

In der kühleren Jahreszeit ist die Verdunstung wesentlich herabgesetzt. Die Abnahme der Temperatur, die hohe relative Feuchtigkeit der Luft und nicht am wenigsten das Erlöschen der Vegetation veranlassen ein Überwiegen der zugeführten Feuchtigkeit über die durch Verdunstung verbrauchte. Der Boden sättigt sich allmählich mit Wasser und erreicht in der Zeit von Februar bis April den höchsten Gehalt. Diese im Boden aufgespeicherten und für die Vegetation bereitgestellten Wassermengen bezeichnet man als die „Winterfeuchtigkeit der Böden".

Die Bedeutung der Winterfeuchtigkeit ist für die verschiedenen Bodenarten ganz verschieden. Für Lehmböden mit ihrer hohen Wasserkapazität kann man sie, wenigstens in den niederschlagärmeren Gebieten, kaum überschätzen. Ohne die Winterfeuchtigkeit würden die Lehmböden großer Flächen des nordischen Flachlandes vielleicht eine ausgesprochene Steppenflora tragen.

Für die Humusböden gilt Ähnliches wie für die Lehmbodenarten. Direkte Bestimmungen fehlen hier noch und sind die Verhältnisse der einzelnen Moorgebiete sehr mannigfaltig. Die Höhe des Grundwasserstandes, wechselnde Abfuhr von Wasser durch Gräben und Bäche können hier sehr abweichende Verhältnisse schaffen. Viele Grünlandsmoore leiden an Überfluß an Wasser in der feuchten Jahreszeit, an Trockenheit im Sommer und Herbst.

Für Sandböden ist die Bedeutung der Winterfeuchtigkeit gering. Die Leichtigkeit, mit der die Niederschläge eindringen, die geringe Wasserkapazität, bewirken, daß die meisten Sandböden bei stärkeren Regen sich sättigen und noch Wasser in die Tiefe absickern lassen. Macht sich auch in Sandböden eine durchschnittliche Abnahme der Feuchtigkeit im Spätsommer und Herbst geltend, so findet man doch schon im Mai die obersten Bodenschichten recht wasserarm. Die Bestimmungen in einem fein- bis mittelkörnigem Diluvialsande der Umgebung von Eberswalde zeigten für die obersten 30 cm übereinstimmend keine allzu erheblichen Abweichungen von Mitte Mai bis Ende August im Wassergehalte; wohl aber schreitet das Austrocknen in den tieferen Schichten im Spätsommer wesentlich fort.*)

So enthielt z. B. ein Boden Wasserschichten, welche entsprachen:

	27. April	14. Mai	24. Mai	24. Juni	24. August
in 0—50 cm Tiefe	33,1 mm	38,0 mm	25,0 mm	29,0 mm	23,8 mm
in 50—100 cm Tiefe	20,7 „	22,3 „	20,8 „	27,8 „	15,9 „
in 1—2 m Tiefe	58,2 „	56,8 „	57,1 „	38,1 „	17,1 „

i. Sickerwassermengen.**)

§ 112. Die Menge des aus einem Boden abfließenden Wassers ist von sehr zahlreichen Bedingungen abhängig (Mächtigkeit der Bodenschicht, Korngröße, Lagerungsweise, chemische Zusammensetzung, Pflanzenbedeckung usw.), so daß es ganz ausgeschlossen ist, mehr als eine Anzahl Regeln über diesen Gegenstand aufzustellen.

1. Dicht gelagerte, nicht gekrümelte Ton- und Humusböden sind für Wasser nahezu undurchdringbar; sie sättigen sich selbst mit Feuchtigkeit und nehmen infolge ihrer sehr hohen Wasserkapazität große Massen von Wasser in sich auf, lassen aber in den Untergrund auch bei erheblichem Wasserdruck nur geringe Mengen abfließen.

Moorböden mit lockerer, wenig zersetzter Pflanzensubstanz, z. B. die oberen Schichten der Hochmoore, sind für Wasser durchlässig.***)

2. Bei gleichen Niederschlagshöhen und genügender Bodenfeuchtigkeit steigert Bodenbearbeitung die Menge der Sickerwässer erheblich.†)

3. Die Menge der Sickerwässer ist um so höher, je grobkörniger und gekrümelter der Boden ist.

---

*) Untersuchungen über Waldböden. Forsch. d. Agrik.-Phys. XI, S. 300.

**) Wollny: Forsch. d. Agrik.-Phys. X, S. 1. Hier auch die ältere Literatur.
Ebermayer: Allgem. Forst- u. Jagdzeit. 1890, S. 125.

***) Weber: Hochmoor von Augstumal.

†) Dehérain: Ann. Agronom. 24, S. 449 (1898).
Wollny: a. a. O.

4. Vegetierende Pflanzen setzen die Sickerwassermengen infolge der Wasserverdunstung in so hohem Maße herab, daß viele Böden während der Sommerzeit überhaupt kein Wasser abfließen lassen.

5. Alle Bedingungen, welche die Verdunstung steigern (hohe Temperatur, geringe Luftfeuchtigkeit, dichte Lagerung des Bodens, Bedeckung mit lebenden Pflanzen) vermindern, alle entgegengesetzt wirkenden steigern die Menge der Sickerwässer.

In hohem Grade wirken natürlich die klimatischen Verhältnisse auf die Menge der Sickerwässer ein. Auf nackten, nicht mit Pflanzen bestandenen Böden steigen und fallen die Mengen der Sickerwässer mit den Niederschlägen; die stärkste Wasserabfuhr findet z. B. in Gebieten mit Sommerregen (Gebirge, Bayrische Hochebene) im Sommer, mit Herbstregen (England) im Herbste statt.

Von großem Einfluß erweist sich ferner das Eindringen des Frostes in den Boden. In Klimaten mit milden Wintern (England) ist der Hauptabfluß im Winter und geht im Frühjahr wesentlich zurück. In Gebieten mit kalten Wintern (Deutschland zum Teil, Rußland) ist der Abfluß während des Winters gering, steigert sich zur höchsten Höhe im Frühlinge.

In Gebieten mit geringer Niederschlagshöhe trocknen die Böden, zumal solche mit höherer Wasserkapazität (Lehm usw.) im Laufe des Sommers und Herbstes stark aus und müssen sich zunächst erst selbst wieder mit Wasser sättigen, ehe sie Sickerwasser abzugeben vermögen.

Die Sickerwassermengen sind daher von den allermannigfaltigsten Umständen abhängig und schwanken innerhalb weiter Grenzen in den verschiedenen Gebieten und Bodenarten.

Bedeutungsvoll werden die Abflußmengen für den Stand des Grundwassers und die Speisung der Quellen, welche ausschließlich ihren Wassergehalt aus den Sickerwässern schöpfen.

G r u n d w a s s e r. Im allgemeinen kann man annehmen, daß das Grundwasser in seiner Verbreitung dem Oberflächenrelief folgt, so daß Tälern und Einschnitten auch unterirdische Wasserführungen entsprechen.

I n d u r c h l ä s s i g e n B ö d e n f o l g t i n d e r R e g e l d e r G r u n d w a s s e r s t a n d d e r A u s f o r m u n g d e s B o d e n s. Höheren Lagen entspricht höherer Stand des Grundwassers, als dessen durchschnittliche Höhe beträgt.

Dies Verhalten erklärt sich dadurch, daß in durchlässigen Böden die Niederschläge ziemlich gleichmäßig in den Boden einsickern. Die Zeit, welche bis zur Erreichung des Grundwassers hierbei vergeht, ist von der Höhe der wasserfreien Schicht abhängig. Unter Bodenerhebungen erreichen die Sickerwässer den Spiegel des

Grundwasserstände eines Beetes der Moorkultur Bernau am Chiemsee.

——————— niederster Wasserstand 22. VIII. 1904.

—·—·—·— höchster Wasserstand 10. IV. 1904.

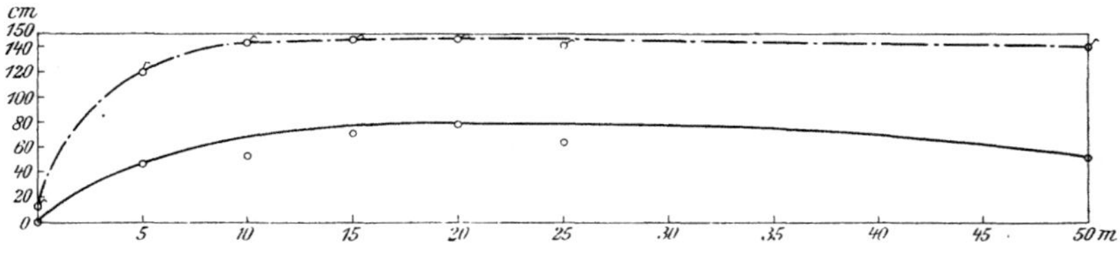

Abb. 21. Längsschnitt.

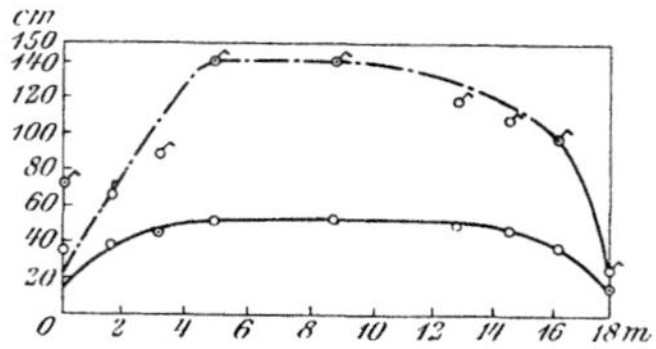

Abb. 22. Querschnitt.

Abb. 23. Grundwassercoten am 10. IV. 1904.

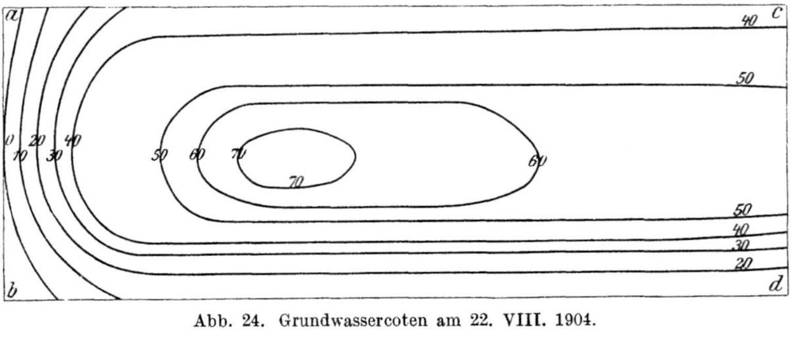

Abb. 24. Grundwassercoten am 22. VIII. 1904.

Grundwassers daher später als bei geringerer Mächtigkeit der Schichten; schon dies Verhalten bewirkt im Durchschnitt eine Erhöhung des Grundwasserstandes. Hierzu kommt noch, daß der Abfluß des Grundwassers in den meisten Böden sehr langsam erfolgt. Bereits in Sandböden mittlerer Korngrößen ist die Geschwindigkeit des Grundwasserstromes gering. In der Regel wird daher längere Zeit vergehen, ehe der Wasserstand unter höheren Lagen dem durchschnittlichen Stande des Grundwassers entspricht. Inzwischen ist meist neue Zufuhr von Sickerwasser eingetreten. Es ergibt sich daraus ein dauernd höherer Stand des Grundwassers unter Bodenerhebungen.

Es ist erwünscht, dies wenig bekannte Verhalten durch ein Beispiel für tunlichst einfache Verhältnisse zu erläutern, wie dies an den Böden der Moorkultur in Bernau (Chiemsee) möglich ist.*)

Der dortige Moorboden ist ziemlich durchlässig für Wasser. Die Kulturfläche ist in 100 m lange und 18 m breite Felder geteilt. An den Längsseiten der Beete sind in 1,25 m Tiefe Drainröhren, an den Querseiten 1,5 m tiefe offene Gräben vorhanden.

Die Abb. 21 und 22 geben die Grundwasserstände eines halben Beetes zur Zeit des höchsten und tiefsten Wasserstandes (im Jahre 1904).

Zur Zeit hoher Niederschläge ist der Moorboden fast bis zur Oberfläche mit Wasser gesättigt und nur an den Rändern erfolgt rascher Abfluß. Die Grundwassercoten (Abb. 23) zeigen fast gleichmäßige Höhe im Innern der Fläche, rasches Sickern in der Nähe der Abzuggräben.

Zur Zeit des niedersten Wasserstandes (Abb. 24) zeigt sich sehr gleichmäßiges Ansteigen des Grundwassers nach der Mitte der Fläche und entsprechend ein ganz allmähliches Abfallen der Kurve nach den Rändern. Wenn sich die Mitte des Beetes etwas abweichend verhält, so ist dies eine Folge rascheren Wasserabflusses, der wahrscheinlich durch Bodenlockerung bei Anlage der Wassermesser verursacht wird.

Findet sich in der Tiefe des Bodens salzreiches Wasser, so kann sich unter Umständen eine Schicht von Süßwasser darauf ansammeln. Es ist dies eine Folge des geringeren spezifischen Gewichtes des Süßwassers.

Das Grundwasser folgt denselben Gesetzen des Fließens nach tiefer gelegenen Gebieten, wie die oberirdischen Gewässer, nur daß die Schnelligkeit der Bewegung durch den Widerstand des Bodens

*) Die Beobachtungen wurden von der Bayrischen Moorkulturstation ausgeführt. Ich bin Herrn Direktor Dr. Baumann für Mitteilung und Erlaubnis zur Veröffentlichung zu großem Danke verpflichtet.

wesentlich verlangsamt ist. Feinkörnige Böden bieten natürlich erheblich mehr Reibung als grobkörnige. Da zugleich das Gefälle sehr wechselt, so wird es verständlich, daß sehr verschiedene Geschwindigkeiten gefunden sind.

Für stark durchlässige Geröllböden in München hat man z. B. folgende Geschwindigkeiten beobachtet (für die Stunde):

Gefälle	0,064	0,040	0,016	0,067	0,37	0,021
Geschwindigkeit	25 m	15 m	11 m	14 m	10 m	8 m

Im Diluvialsand an der Aller beobachtete Heß (Zeitschr. d. Arch.- u. Ing.-Ver. zu Hannover 1870, S. 231) eine Geschwindigkeit von 12—35 m, im Durchschnitt von etwa 20—25 m während eines Tages. Thiem (nach Soyka a. a. O. S. 6) beobachtete bei einem Gefälle von 5,5 m auf 5000 mindestens 2,5 m Geschwindigkeit für den Tag.

Die Schnelligkeit, mit welcher das Grundwasser strömt, hat eine große Bedeutung für die Flüsse. Bei geringem Grundwasserstand und langsamem Abfluß desselben können Niederschläge ohne erheblichen Einfluß sein, während sie im entgegengesetzten Falle Überschwemmungen herbeiführen. Das Grundwasser kann den Bodenverhältnissen entsprechend in Form schmaler Bäche und Flüsse auftreten. Dies geschieht namentlich in gebirgigem Gelände. Häufig sind die Tiefen der Täler von Flußschotter und anderm durchlässigen Materiale gebildet; dann finden sich in demselben unterirdische Flüsse. Extreme Beispiele dieser Verhältnisse bieten die Karstgebiete Südösterreichs mit ihrem ausgebildeten System unterirdischer Flußläufe.

In großen Ebenen stellt das Grundwasser einen oft meilenbreiten, langsam fließenden Strom dar oder sammelt sich wohl auch in unterirdischen Seen an. Ausgezeichnete Beispiele bietet z. B. die Oberbayrische Hochebene. Der Boden ist mit glazialem Geröll bedeckt, in der Tiefe steht ein sehr feinkörniges, undurchlässiges, tertiäres Gebilde (Flinz genannt) an. Auf diesem fließt der Grundwasserstrom. Die größte Breite in der Gegend Münchens beträgt 35 km, die Länge von Süden nach Norden etwa 70 km, der Flächeninhalt des ganzen Gebietes etwa 14 900 qkm.

Andere Beispiele bietet das Wiener Becken (bei Wiener Neustadt), die Rheinebene bei Straßburg, viele Gebiete des norddeutschen Flachlandes.

k. Schwankungen des Grundwassers.

§ 113. Das Grundwasser stellt die ganze Wassermenge dar, welche vom Boden nicht dauernd festgehalten werden kann, sondern in die Tiefe abfließt. Die Menge desselben ist abhängig von den Eigenschaften und der Trockenheit des überstehenden Bodens. Je mehr der Boden Wasser aufzunehmen vermag und je trockener er ist, um so geringer wird die Menge des abfließenden Wassers sein.

Die zahlreichen Beobachtungen zeigen unzweifelhaft die Abhängigkeit des Grundwasserstandes von den Niederschlagsmengen und von der Einwirkung der Verdunstung.

Die Verdunstung wird durch direkte Wasserabgabe des Bodens an die Luft und wahrscheinlich in noch höherem Maße durch die Wassermengen beeinflußt, welche die Pflanzen während der Vegetationszeit aushauchen. Die letztere Größe läßt sich nicht rechnungsmäßig darstellen, wird aber ebenfalls durch das Sättigungsdefizit der Luft in hohem Grade beherrscht.

Man kann die jährlichen Grundwasserschwankungen in den verschiedenen Gegenden Mitteleuropas in zwei große Gruppen bringen.

1. Gebiete mit hoher absoluter Menge des Niederschlags und geringer Verdunstung. Die Jahresschwankungen werden durch den Verlauf der jährlichen Niederschläge beherrscht. (Alpengebiet, bayrische Hochebene usw.)
2. Gebiete mit geringen absoluten Niederschlagmengen und hoher Verdunstung. Die jährlichen Grundwasserschwankungen werden durch den Gang der Verdunstung beherrscht. (Norddeutsches Flachland, Ungarische Ebene zum Teil usw.)

In die erste Gruppe gehören Gebiete mit stärksten Niederschlägen im Sommer, in die zweite solche mit gleichmäßigerer Verteilung der Niederschläge im Laufe des Jahres. Die Grundwässer folgen in der ersten Gruppe den Niederschlägen, zeigen starke Schwankungen und erreichen im Spätherbst ein Minimum; die der zweiten Gruppe haben geringere Amplitude und das Maximum im Frühjahr vor Erwachen der Vegetation.

Einen Überblick geben nebenstehende Tabellen (S. 275); München gehört der ersten, Berlin der zweiten Gruppe an.

Die jährliche Schwankung des Grundwasserstandes ist daher in München nur halb so groß wie in Berlin.

Der Einfluß der Pflanzenwelt macht sich mehr durch Abnahme des Sickerwassers als durch Einwirkung auf den Stand des Grundwassers geltend. In allen Beobachtungen tritt mehr oder weniger scharf die Einwirkung des Erwachens der Vegetation hervor, je nach der Zeit des Eintritts im März bis Mai; in den Gebieten der ersten Gruppe durch ein mehr oder weniger

	München (1850—1885)			Berlin (1870—1885)		
	Grundwasser in m über dem Meere	Grundwasser reduziert auf das Minim.	Niederschläge mm	Grundwasser in m über dem Meere	Grundwasser reduziert auf das Minim.	Niederschläge mm
Januar	515,402	0,018	35,0	32,72	0,34	40,3
Februar	515,417	0,083	**29,1**	32,79	0,41	34,8
März	515,482	0,158	48,4	32,88	0,50	46,6
April	515,501	0,177	55,5	32,**96**	0,58	**32,1**
Mai	515,521	0,197	77,8	32,88	0,50	39,8
Juni	515,582	0,258	**112,1**	32,69	0,31	62,2
Juli	515,**592**	0,268	111,8	32,56	0,18	**66,2**
August	515,567	0,243	101,7	32,45	0,07	60,2
September	515,453	0,129	71,7	32,40	0,02	40,8
Oktober	515,367	0,043	54,4	32,**38**	0,00	57,5
November	515,**324**	0,000	50,5	32,47	0,09	44,5
Dezember	515,352	0,028	45,8	32,50	0,12	46,2
Jahresmittel	515,463	0,133	66,1	32,64	0,26	47,6
Amplitude	0,268	0,268	83,0	0,58	0,58	33,1

starkes Einbiegen der steigenden Grundwasserkurve, in denen der zweiten Gruppe dadurch, daß das Maximum des Grundwasserstandes auf diese Zeit fällt. Es ist auffällig, daß dieser wichtige Punkt in den meteorologischen Arbeiten über diesen Gegenstand früher übersehen worden ist; erst in neuerer Zeit hat er mehr Berücksichtigung gefunden.

Im allgemeinen ist man berechtigt anzunehmen, daß in den Gebieten der ersten Gruppe der Boden dauernder mit Wasser gesättigt und dadurch imstande ist, mehr Wasser in die Tiefe abfließen zu lassen. Daher das Zusammenfallen der Maxima von Niederschlag und Grundwasser.

In den Gebieten der zweiten Gruppe trocknet dadegen der Boden gegen den Herbst hin ganz enorm aus, die Niederschläge werden kapillar festgehalten, und der gleichmäßige Abfall der Grundwasserkurve deutet auf ein allmähliches Abfließen durch Quellen und Flüsse.

Jährliche Schwankungen. Vergleicht man längere Zeitabschnitte in bezug auf den Grundwasserstand, so machen sich bedeutsame Verschiedenheiten geltend, Perioden hohen und tiefen Standes wechseln miteinander ab.

Eine Übersicht gibt folgende Tabelle (der beobachtete niedrigste Stand ist je = 0 gesetzt). Die Schwankungen sind in m angegeben.

	München	Salzburg	Berlin	Bremen
1865	0,000	0,00	—	—
1867	0,677	0,12	—	—
1869	0,300	0,16	—	**0,503**
1870	0,197	0,15	0,37	0,431
1871	0,318	0,16	**0,44**	0,504
1872	0,221	0,03	0,18	0,225
1873	0,274	0,11	0,14	0,112
1874	0,101	0,06	0,00	0,000
1875	0,208	0,20	0,01	0,147
1876	0,804	0,22	0,28	0,456
1877	0,715	0,26	0,22	0,404
1878	**0,857**	**0,34**	0,13	0,301
1879	0,529	0,16	0,20	0,348
1880	0,697	0,27	0,11	0,445
1881	0,735	0,30	0,36	0,429
1882	0,295	0,18	0,35	0,242
1883	0,354	0,15	0,35	0,072
1884	0,059	0,15	0,10	0,135
1885	0,065	0,03	0,14	—

Berücksichtigt man, daß in der Tabelle die jahreszeitlichen Schwankungen ausgeglichen sind, so tritt die Bedeutung der Tatsache hervor, daß die durchschnittliche Höhe des Grundwassers im Laufe weniger Jahre um $^1/_2$ m und mehr wechseln kann. Wahrscheinlich stehen diese Erfahrungen mit periodischen Klimaschwankungen im Zusammenhange, die im Wechsel von etwa 30 Jahren auftreten und die Brückner nachgewiesen hat.

Für die Pflanzenkultur ist aus den Beobachtungen zu schließen, daß Bäume langsam eintretende Unterschiede im Grundwasserstande recht gut ertragen können, sowie daß unter Umständen bisher mit Wasser bedeckte oder ausgesprochen bruchige Teile mehrere Jahre trocken liegen, bei steigendem Grundwasser sich jedoch wieder mit Wasser füllen können.

Es sind dies Verhältnisse, welche bei forstlichen Kulturen und zumal bei Betriebseinrichtungen zu berücksichtigen sind. Nicht der augenblickliche Wasserstand darf für die Maßregeln entscheidend sein, sondern die durchschnittlichen Verhältnisse sind zu berücksichtigen. In weitaus den meisten Fällen werden sich diese auf alten Waldboden aus den bisherigen Vegetationsverhältnissen erschließen lassen. Sind z. B. Stubben stärkerer Bäume vorhanden, so wird man auch eine zeitweise unter Wasser stehende Fläche unbedenklich der Forstkultur zuweisen können. Fehlen diese und beschränkt sich auch das Vorkommen von jüngerem Aufschlag nur auf einzelne Erhöhungen oder den Rand, so kann man annehmen, auch wenn die Fläche zeitweise genügend trocken erscheint, daß bei steigendem Grundwasser auch wieder länger andauernde Überstauungen zu erwarten sind. Derartige Flächen sind am vorteilhaftesten der Wiesenkultur zu überweisen; es geschieht dies vielfach nicht in wünschenswertem Umfange. Nur zu oft sieht man im Walde kümmernde Bestände auf Gebieten, welche gute Wiesen abgeben könnten.

Außer den allgemeinen Schwankungen des Grundwassers können noch solche durch lokale Ursachen eintreten. Die Bedingungen dieser Erscheinungen sind noch wenig bekannt, und es muß genügen, hier auf das Vorkommen hinzuweisen.

l. Verunreinigung von Gewässern.

§ 114. Vielfach werden den Wässern Abfallstoffe der Städte, ferner aus Bergwerken, Salinen und in neuerer Zeit namentlich aus zahlreichen Fabriken Stoffe zugeführt, welche die Zusammensetzung der Gewässer oft erheblich beeinflussen und nicht selten auf die Vegetation schädlich einwirken.

Die zugeführten Stoffe können organische oder anorganische Verbindungen enthalten.

Die organischen Verbindungen wirken reduzierend, so daß der Gehalt an gelöstem Sauerstoff geringer wird. (Im Themsewasser wurden unterhalb London nur noch Spuren von Sauerstoff im Flußwasser gefunden.)

Besondere Bedeutung hat man der Selbstreinigung der Flüsse beigemessen. Man nahm zunächst an (Pettenkofer), daß fließendes Wasser durch Oxydationswirkungen des Luftsauerstoffs ziemlich bald von organischen Zumischungen gereinigt würde. Andere (Alex. Müller, Emich) suchten die Wirkung in der Tätigkeit niederer Organismen. Es kann kaum einem Zweifel unterliegen, daß man die „Selbstreinigung" verunreinigter Gewässer zu hoch eingeschätzt hat; namentlich Zellulose wird nur langsam angegriffen und weithin verfrachtet. Neuere Untersuchungen messen der Einwirkung chlorophyllführender Gewächse mehr Bedeutung bei als der Tätigkeit der Bakterien.*) Stark

*) J. König u. and., Zeitschr. f. Unters. d. Nahrungs- u. Genußmittel 1900, 3, S. 377.
Osk. Spitta, Arch. f. Hygiene 1900, 38, S. 160, 215.
H. Wilemer, Jahrb. d. Agrik.-Chem. 1897, S. 23.

verunreinigte Wasser sind vielfach durch Auftreten von charakteristischen Bakterien- und Algenarten gekennzeichnet.

Anorganische Stoffe, welche dem Wasser zugefährt werden, sind zumal Salze verschiedener Art. In mäßiger Menge üben sie auf die Vegetation selten ungünstigen Einfluß aus. Bedenklich und zuweilen geradezu verderblich sind Zechen- und Grubenwässer, sowie Abwässer der Metallfabriken. Diese kommen oft aus schwefelkieshaltigen Schichten (z. B. Braunkohlen), welche durch Oxydation Eisenvitriol und durch die Einwirkung der zugleich gebildeten Schwefelsäure auch Tonerdesulfat enthalten. Gefährlich sind auch die Abfallwässer der Zinkgruben. Selbst ein geringer Gehalt an gelösten Zinksalzen wirkt auf die Gewächse schädlich ein.

m. Die Wasserführung der Flüsse.

§ 115. Man kann die Flüsse in bezug auf ihren Charakter in zwei große Gruppen einteilen:

1. Flüsse, deren Zuflüsse überwiegend einem entfernteren Gebiete angehören und die dann auf undurchlässiger Grundlage die Wasserabfuhr vermitteln. Es sind dies hauptsächlich Gebirgsflüsse;
2. Flüsse, welche als Ableitungen des Grundwassers angesehen werden können und mit diesen, wenn auch etwas in der Zeit verschieden, fallen und steigen. Hierher gehören namentlich die Flüsse der Ebene.

Natürlich gibt es zwischen den beiden Formen die mannigfachsten Übergänge, wie auch derselbe Fluß in verschiedenen Teilen seines Laufes auf undurchlässigem oder durchlässigem Gelände fließen kann. Der Rhein gehört z. B. in seinem Oberlaufe der ersten Gruppe an, fließt jedoch in der Rheinebene zum großen Teile auf durchlässigem Gebiete, während wieder der Unterrhein, der zum Teil erheblich oberhalb des übrigen Tieflands seinen Lauf hat, wieder der ersten Klasse zugerechnet werden muß. Allerdings tritt immer mehr oder weniger eine Verdichtung des Flußbettes durch Ablagerung von Tonteilchen ein, aber nicht immer in dem Maße, daß die Abhängigkeit des Flußwasserstandes von dem Grundwasser aufgehoben wird.

Die Wasserführung der Gebirgsflüsse ist zumeist von den Niederschlagsmengen ihres Sammelgebietes abhängig. Im allgemeinen zeigen sie bis in die Mitte des Sommers reichliche Wasserführung. Das bezeichnendste für die Gebirgsflüsse ist jedoch das nicht seltene Anschwellen infolge starker Gewitter und die Unabhängigkeit der Wasserführung vom Grundwasserstande (z. B. Isar und Münchner Grundwasserstände).

Flüsse, die auf durchlässigem Gelände fließen, zeigen eine deutliche Abhängigkeit vom Grundwasserstande; sie sind zunächst als Abflußkanäle desselben aufzufassen. Die Tatsache, daß aus den Flußbetten bei hohem Wasserstande auch Wasser in den Boden abfließen kann, ist wiederholt beobachtet worden. Bei Wasserbauarbeiten kann man dies öfter direkt beobachten; die Technik bezeichnet dann derartiges Wasser als Seihwasser (Qualm-, Küver-, Dräng-, Truhwasser).

Genauere Beobachtungen haben die Brunnen ermöglicht, welche in der Nähe der Flüsse gelegen sind. Härtebestimmungen haben ergeben, daß ebensowohl das härtere Grundwasser in den Fluß abfließt, wie dieser auch bei höherem Wasserstande einen Teil seines Wassers an den Boden abgeben kann. Namentlich bei plötzlich eintretendem Hochwasser können dann eigenartige Verhältnisse hervortreten. Zunächst wird sich der dem Fluß benachbarte Boden mit Wasser füllen, aber an dem andrängenden Grundwasser bald Widerstand finden. Letzteres wird dann entsprechend seinem Gefälle in die Höhe gepreßt und kann oft mehrere Meter über den Stand des Hochwassers aus Brunnen mit großer Mächtigkeit hervorbrechen.

Die Abhängigkeit der Flüsse der Ebene von dem Grundwasserstande läßt sich z. B. für die Spree bei Berlin gut nachweisen. Ähnliche Verhältnisse finden sich z. B. noch an der Weser, Main und anderen Flüssen.

In manchen Fällen kennzeichnet sich ein Fluß auch dadurch als Teil des Grundwassers, daß er, wie dies in Geröllböden der Gebirgstäler nicht selten geschieht, ganz oder teilweise versickert und erst an einer entfernten Stelle wieder hervortritt.

n. Einfluß des Wassers auf die Umgebung.

§ 116. Die Bedeutung des Meeres für das Klima der benachbarten Gebiete kann hier nur angedeutet werden. Die Einwirkung kleiner Wasserflächen ist schwierig festzustellen.

Wasserflächen können einwirken:

a) Durch Reflektion der Wärmestrahlen. Man glaubt, starke Einwirkungen der Flüsse auf benachbarte Höhen annehmen zu sollen. Namentlich in den Weinbau treibenden Gebieten legt man erheblichen Wert auf diese Wirkung.

Nach Untersuchungen, welche Dufour am Genfer See anstellte, stellte sich das Verhältnis der vom Seespiegel reflektierten Wärme zu der direkten Bestrahlung in folgender Weise:

Sonnenhöhe	4°	7°	16°
Reflektierte Wärme in % der direkten	68 %	40—50 %	20—30 %.

Die Reflektion ist daher bei niedrigem Sonnenstande am bedeutendsten.

Natürlich kann diese Wirkung der Wasserfläche nur auf die unmittelbare Umgebung ausgeübt werden, welche von den reflektierten Strahlen getroffen wird.

b) Die Einwirkung auf Temperatur und Luftfeuchtigkeit, welche größere Wasserflächen bewirken, zeigt am ausgesprochensten das Seeklima. Auch ausgedehnte Süßwasserseen vermögen eine ähnliche Wirkung hervorzubringen, wie dies z. B. die großen amerikanischen Binnenseen zeigen, welche den benachbarten Landflächen eine nicht unerheblich höhere Temperatur vermitteln.

Die Einwirkung von Binnenseen ist in neuerer Zeit eingehend untersucht worden.*) Die Seen wirken als Wärmespeicher, nehmen am Tage und während der Sommerzeit Wärme auf und geben sie nachts und in der kalten Jahreszeit allmählich ab, solange nicht eine Eisdecke den Austausch herabsetzt. Seen, wie der Bodensee, Genfersee usw. üben bedeutende Einwirkungen auf die klimatischen Verhältnisse der Ufer aus; nach Hann ist am Ufer des Bodensees die Jahrestemperatur um 0,4° (Januar 0,8°, März, April ohne Einfluß, August, September 0,6—0,7°, im Herbst $^1/_2$°) wärmer als das Hinterland. Noch größeren Einfluß übt der Genfersee. Der Einfluß auf die Luftfeuchtigkeit scheint dagegen gering zu sein.

Die Einflüsse von Flüssen, kleineren Seen u. dgl. sind schwer zahlenmäßig festzustellen. Es sind eine Anzahl Beobachtungen bekannt, welche vermuten lassen, daß tatsächlich bedeutsame Einwirkungen stattfinden. Dahin gehören:

1. Flüsse sind viel häufiger Grenzen für die Verbreitung von Pflanzen als Wasserscheiden. So bildet die Elbe in Norddeutschland eine wichtige Pflanzengrenze. Nach Sendtner ist die Saalach die Westgrenze für 16 Pflanzenarten, ähnlich verhalten sich die anderen von Süden nach Norden strömenden Alpenflüsse. (Lech für 7 Westgrenze, 7 Ostgrenze; Isar für 5 West-, 1 Ostgrenze; Inn für 5 Westgrenze.)
2. Beobachtungen, nach welchen auch kleinere Wasserflächen den Zug der Gewitter beeinflussen können.
3. Erfahrungen bei Luftfahrten, bei denen Überschreiten von Flüssen oft erhebliche Widerstände bereitet. Erk, und nach

*) Forel, Le Léman 1895. Bodenseeforschungen, Lindau 1893 usw., Hann, Meteorologie S. 87.

ihm machten andere dieselbe Beobachtung, sah auf der Oberfläche einer horizontal verbreiteten Wolkenschicht alle Flußläufe des Landes durch Vertiefungen im Wolkennebel abgezeichnet.

c) Die Einwirkung der Gewässer auf den Wassergehalt des umgebenden Bodens ist nach den Bodenverhältnissen völlig verschieden.

Bilden Seen und Sümpfe offene Teile des Grundwassers, wie dies vielfach in durchlässigen Bodenarten der Fall ist, so wird eine Entwässerung bzw. Tieferlegung des Wasserspiegels als Drainage des Grundwassers wirken und kann sich namentlich für den Waldbestand auf weite Entfernungen äußern.

Wird der Boden des Sees dagegen von undurchlässigem Material gebildet, so ist die Bewegung des Wassers gehemmt, schon wenige Schritte vom Seeufer entfernt hört jeder Einfluß auf die Bodenfeuchtigkeit auf und die Entwässerung wird einen merkbaren Einfluß auf die Umgebung überhaupt nicht äußern.

Ein gutes Beispiel bietet z. B. der Paarsteiner See an der Grenze des Schutzbezirks Breitefenn (Oberförsterei Freienwalde a. O.). Der See hat eine Größe von 10 qkm. Die Försterei Breitefenn liegt 500 m vom See entfernt. Beim Bohren eines Brunnens wurde im durchlässigen Sandboden 12 m (durch Nivellement festgestellt) unterhalb des Seespiegels noch kein Wasser gefunden.

Der See ruht auf einer Lehmplatte auf und beeinflußt dadurch die benachbarten Feldflächen überhaupt nicht.

Eine Entwässerung kann daher ohne merkbare Einwirkung auf benachbarte Gebiete sein oder sich weithin bemerkbar machen, je nach der Beschaffenheit der betreffenden Böden.

---

6. Die Farbe des Bodens.

§ 117. Zu den am leichtesten wahrnehmbaren und auffälligsten Eigenschaften eines Bodens gehört die Farbe. Eine größere Wichtigkeit für die physikalischen Eigenschaften der Böden hat die Färbung jedoch nicht, da sie nur Einfluß auf Wärmeaufnahme und Ausstrahlung besitzt. Im Walde liegt der Boden selten frei, fast immer ist er vollständig von Streu oder Pflanzen bedeckt, so daß hier die Wirkung der verschiedenartigen Erwärmbarkeit kaum in Betracht kommt.

Die Hauptbodenbestandteile (Quarz, kohlensaurer Kalk, Kaolin) sind farblos. Böden aus diesen Stoffen erscheinen durch die feine Verteilung und die dadurch bewirkte totale Reflexion des Lichtes weiß. Nur sehr wenige gefärbte oder farbige Stoffe bewirken die Färbung des Bodens. Den ersteren kann man die beigemischten, unzersetzten, gefärbten Mineralteile (Feldspat, Hornblende u. a.) zurechnen, von den letzteren kommen fast nur humose Stoffe, sowie die Oxyde und Salze des Eisens in Frage.

Humusstoffe.

Die dunkle, braune bis schwarze, im feuchten Zustande schwarze Färbung der Humusstoffe bewirkt die grauen bis schwarzen Färbungen des Bodens. Je nach der Zusammensetzung desselben ist die färbende Kraft der Humusstoffe verschieden. Sande zeigen schon bei 0,2—0,5 % humoser Beimischung eine deutlich graue Färbung (z. B. Grau- oder Bleisand); 2—4 % bringen im feuchten Zustande schon eine tiefgraue, 5—10 % schon eine schwarze Färbung hervor.

Lehm- und noch mehr Tonboden lassen die Humusfärbung bei niederen Gehalten an diesen Stoffen viel weniger hervortreten. Es beruht dies auf der innigen Mischung der Ton- und Humusteile.

Eisenverbindungen.

Sehr sparsam finden sich grüne Färbungen des Bodens, obgleich grün gefärbte Gesteine nicht gerade selten sind. Diese Farbe wird fast ausnahmslos durch Eisenoxydulverbindungen hervorgerufen, welche sich bei Luftzutritt leicht oxydieren. Es fehlen daher grüne Farben in gut verwitterten Böden.

Am verbreitetsten sind gelbe und rote Färbungen des Bodens. Sie werden durch Eisenoxyd (rot), Eisenoxydhydrat (braun) und durch die gelben bis braunen Salze des Eisenoxyds veranlaßt.

Die Menge der färbenden Eisenverbindungen ist in den Böden sehr wechselnd. Lehm- und Tonböden von brauner oder roter Farbe enthalten oft 5—10 % Eisenverbindungen. Bei Sanden genügen viel geringere Mengen um ausgesprochene Färbung zu erzeugen; so fand sich in einem lebhaft rot gefärbten Sandboden nur etwa 1 % Eisenoxyd; in tiefbraun gefärbten Sanden 1—2 % Eisenoxydhydrat.

Eisenoxyd wie Eisenoxydhydrat entstehen bei der Oxydation von Eisenoxydulverbindungen. Oft kann man diese Stoffe nebeneinander in Dünnschliffen von Gesteinen erkennen. Ein vom Verfasser beobachtetes Profil eines Keuperlettens zeigte in größerer Tiefe (2—3 m) grüne Färbung, nach oben folgte eine Schicht, in der sich grüne und rote Streifen mischten; dann folgte eine rot gefärbte Erdlage, während die Bodenkrume eine gelbbraune Färbung hatte.

Es ließen sich so alle Übergänge von den Eisenoxydulverbindungen zu Oxyd und dessen Hydrat nebeneinander betrachten.

Nach Sprung*) sind die braunen Farben unserer Böden ganz überwiegend durch wasserhaltige Eisenoxydsilikate veranlaßt, während freies Oxydhydrat nur selten auftritt.

In den subtropischen und tropischen Gebieten herrschen vielfach ziegelrote Färbungen (Roterden) vor. Es scheinen hier Abscheidungen von kolloidalem rotem Eisenoxydhydrat vorzuliegen.**)

Wertvoll wird die Färbung der Böden, wenn es gilt, ein Urteil über die Tiefe zu gewinnen, bis zu der die Verwitterung vorgedrungen ist. In allen diluvialen Böden z. B. macht die braune, selten rote Färbung die Verwitterungszone des Bodens leicht kenntlich.

Für die Einteilung der Böden nach Verwitterungsgebieten bietet die Färbung einen wichtigen Anhaltspunkt. In Gebieten der Verwitterung durch Humussäuren herrschen helle, graue Farben (Grauerden), in subtropischen rote Farben (Roterden) vor; die Böden Mitteleuropas kann man nach den überwiegenden gelben bis braunen Färbungen Braunerden nennen; die charakteristische Bodenart der ariden Gebiete ist die Schwarzerde.

7. Beziehungen des Bodens zur atmosphärischen Luft.

§ 118. Allgemeines über die Atmosphäre. Die Gasschicht, welche die Erde umgibt, bezeichnet man als Atmosphäre; sie setzt sich an der Erdoberfläche aus 20,93 Vol. % = 23,28 Gew. % Sauerstoff und 79,04 Vol. % = 76,67 Gew. % Stickstoff zusammen. Bei der an der Erdoberfläche vorhandenen Dichtigkeit würde die Höhe der Atmosphäre 8000 m betragen, die Dichte nimmt mit der Höhe rasch ab, die Atmosphäre übt in 100 km Höhe keinen merkbaren Druck, reicht aber nach vielen Beobachtungen bis etwa 300 km.

Der Gehalt an Kohlensäure in der Atmosphäre beträgt im Durchschnitt 0,03 Vol. % = 0,05 Gew. %. Größere Unterschiede im Gehalt an Kohlensäure scheinen nicht vorzukommen, kleinere Schwankungen sind häufig.

Für diese können folgende Regeln gelten:

a) Große Wasserflächen vermindern (infolge der Löslichkeit der Kohlensäure in Wasser) den Kohlensäuregehalt; ausgedehnte Landflächen erhöhen ihn etwas (0,03 Vol. % für erstere, 0,032 bis 0,033 Vol. % für letztere).

*) Jahresber. f. Agrik.-Chem. 1899, S. 51.
**) Passarge, Ber. VI. Intern. Geographen-Kongr. London 1895.

b) Die Luft an der Bodenoberfläche ist etwas reicher an Kohlensäure als dem durchschnittlichen Gehalte entspricht. (Die im Boden vorhandene Luft ist immer reicher an Kohlensäure als die der Atmosphäre; da fortgesetzt ein Ausgleich zwischen beiden erfolgt, erklärt sich jene Regel sehr einfach.)

c) Mäßige Niederschläge steigern den Gehalt der Luft an Kohlensäure erheblich, lang andauernde setzen ihn herab. (Der Hauptgrund für dies Verhalten liegt wohl in dem gesteigerten Austritt von Bodenluft und dem Freiwerden vorher absorbierter Kohlensäure aus den Bodenbestandteilen; anderseits bei langdauernden Regen in der Löslichkeit der Kohlensäure in Wasser.)

d) Die Luft in unmittelbarer Umgebung kräftig vegetierender Pflanzen ist etwas ärmer an Kohlensäure als über brachem Felde (Assimilation der Pflanzen). Die Schwankungen sind sehr gering. Reiset*) fand bei seinen sehr genauen Arbeiten über einem Rotkleefelde im Juni 2,898 Vol. %, auf freiem Felde 2,915 Vol. %; über Gerste im Juli 2,829 Vol. %, über freiem Felde 2,933 Vol. %. Wollny gibt etwas größere Abweichungen an, jedenfalls bewegen sie sich jedoch in engen Grenzen.

e) Während der Nachtzeit ist die Luft etwas reicher an Kohlensäure als während des Tages.

a. Bildung und Bindung von freiem Stickstoff, Sauerstoff und von Kohlensäure.

§ 119. Der unveränderlichste Bestandteil der Atmosphäre ist der Stickstoff. Kleine Mengen desselben werden durch die Pflanzenwelt gebunden und anderseits bei Fäulnisvorgängen frei gemacht; gegenüber der ungeheuren Masse der Atmosphäre handelt es sich jedoch um verschwindende Mengen.

Größer ist der Verbrauch an Sauerstoff bei der Verwesung organischer Stoffe und allen übrigen Oxydationsprozessen, denen in der Assimilation der Pflanzen eine Quelle für die Bildung freien Sauerstoffs gegenübersteht.

Beide Vorgänge stehen in einem gewissen Gleichgewicht. Die im Boden vorhandenen Kohlegesteine, welche doch alle durch die Assimilation der Pflanzen gebildet sind, deuten sogar darauf hin, daß im Entwicklungsgange der Erde die Vorgänge, welche freien Sauerstoff an die Atmosphäre abgeben, denen überlegen sind, welche ihn binden.

Ganz ähnlich verhält es sich mit den Oxydationsprozessen, welche die Verwitterung einzelner Gesteine (Schwefelverbindungen) begleiten.

*) Compt. rend. 1879, 88, S. 1007.

Auch diese sind in den weitaus meisten Fällen aus der Reduktion sauerstoffhaltiger Verbindungen hervorgegangen.

Eine dauernde Festlegung von Sauerstoff findet wohl nur bei der Verwitterung eisenoxydulhaltiger Urgesteine statt. Aber dieser Vorgang übt auf die Gesamtmasse des Sauerstoffs keinen merkbaren Einfluß, selbst nicht bei Annahme sehr großer Zeiträume.

Bedeutsamer sind die Vorgänge in bezug auf Bildung und Bindung der Kohlensäure.

Die Verwitterung der Silikatgesteine besteht im wesentlichen in einer Zerlegung durch kohlensäurehaltiges Wasser, Bildung von löslichen Karbonaten der Alkalien und alkalischen Erden, während ein wasserhaltiges Silikat zurückbleibt. Die mächtigen Ablagerungen von Kalken und Dolomiten sind wahrscheinlich ursprünglich bei der Verwitterung von Silikatgesteinen gebildet worden. Erhebliche Mengen von Kohlensäure werden so der Atmosphäre entzogen.

Ein zweiter Prozeß, durch welchen Kohlensäure dauernd festgelegt wird, ist die Bildung fossiler Kohlegesteine, die in früheren Perioden viel größeren Umfang erreichte und noch jetzt (in der Torfbildung) fortschreitet. Welche Kohlemassen das Erdinnere enthält, zeigt z. B. schon die Tatsache, daß, trotzdem wir nur einen kleinen Teil der Vorräte kennen und noch weniger zu nutzen vermögen, die Bildung von Kohlensäure bei der Verbrennung der jetzt geförderten Mineralkohlen jährlich etwa $^1/_{2000}$ der großen in der Atmosphäre enthaltenen Kohlensäuremenge entspricht.

Den Vorgängen, welche Kohlensäure binden, stehen andere gegenüber, welche große Mengen dieses Stoffes frei machen. Es sind chemische Prozesse, die in tieferen Schichten des Erdkörpers vor sich gehen. Alle Quellen, welche aus tieferen Schichten hervortreten, sind reich an Kohlensäure, oft so reich, daß diese an der Luft unter Aufbrausen entweicht (Säuerlinge).

Große Kohlensäuremengen werden von Vulkanen ausgehaucht, oder treten in Gebieten früherer vulkanischer Tätigkeit hervor. Bemerkbar werden sie zumeist erst dann, wenn der Austritt in Räumen mit sehr geringem Luftwechsel (namentlich Höhlen) erfolgt. Es ist kein Grund zu bezweifeln, daß zahllose Felsspalten in ähnlicher Weise den Kohlensäureaustritt vermitteln, wenn sich diese auch der direkten Wahrnehmung entzieht. Die Gesamtmenge der Kohlensäure, welche auf diesem Wege der Atmosphäre zugeführt wird, läßt sich nicht schätzen, ist aber wohl die bedeutendste Quelle dieses für die Pflanzenwelt unentbehrlichen Nährstoffs.

Als ein wichtiger Regulator der atmosphärischen Kohlensäure wirkt (nach Schlösing) der Ozean. Der Gehalt des Meerwassers an Kohlensäure ist höher als der einfachen Absorption des Wassers entspricht und wird durch einen reichlichen Gehalt an Bikarbonaten bedingt. Diese Verbindungen können jedoch nur bei einem bestimmten Luftdruck unverändert bestehen, ihre Menge im Meerwasser entspricht dem herrschenden Luftdrucke. Jedes Steigen desselben wird daher Absorption, jedes Fallen Freiwerden von Kohlensäure aus dem Meerwasser bewirken.

Ein Vorgang, welcher Kohlensäure bindet, ist ferner die Assimilation der Pflanzen; ihr stehen Verwesungsvorgänge, durch die wieder Kohlensäure gebildet wird, in ungefähr gleicher Größe gegenüber.

Die Assimilation der chlorophyllführenden Pflanzen bindet Kohlensäure und macht Sauerstoff frei; die absterbenden Pflanzenreste liefern bei der Verwesung wieder Kohlensäure und binden natürlich eine entsprechende Menge von Sauerstoff. Im gleichen Sinne tätig, aber von viel geringerer Bedeutung ist die höhere Tierwelt. Da die Verwesung überwiegend auf der Lebenstätigkeit niederer Organismen beruht, kann man sagen, daß zwischen der Assimilation der Chlorophyllpflanzen und der Tätigkeit der chlorophylllosen Lebewesen ein Gleichgewicht vorhanden ist.*)

b. Die Stickstoffverbindungen der Atmosphäre.

§ 120. Die Luft enthält kleine Mengen von salpetriger und Salpetersäure, die zuweilen im freien Zustande auftreten können, zumeist aber an Ammoniak gebunden sind. Das erstere hat man aus dem Vorkommen von sauer reagierendem Schnee auf hohen Bergen geschlossen. Die Hauptmenge der Stickstoffverbindungen besteht jedoch aus kohlensaurem Ammon.

Direkte Bestimmungen der Stickstoffsäuren in der Atmosphäre sind bei deren äußerst geringen Mengen kaum ausführbar. Da aber die betreffenden Körper leicht löslich sind, so hat man im Gehalte der atmosphärischen Niederschläge ein Mittel des Nachweises.

Ammoniak ist zu 2—5 mg in 100 Liter Luft aufgefunden worden.

Der Ursprung der Stickstoffsäuren ist wahrscheinlich auf direkte Bindung von Sauerstoff und Stickstoff zurückzuführen, welche bei elektrischen Entladungen zu Untersalpetersäure N_2O_4 zusammentreten; sie bildet mit Wasser Salpetersäure und salpetrige Säure.

*) Es ist dies der einzige Kern der in populären Vorträgen so viel gebrauchten Phrase von „der wunderbaren Harmonie der Natur“, in der die Pflanzen den für Menschen und Tiere notwendigen Sauerstoff liefern, während diese sich durch Ausatmen von Kohlensäure revanchieren. Tatsächlich ist der durch die Pflanzen gebildete Sauerstoff gegenüber dem Vorrat der Atmosphäre ohne jede Bedeutung und die Pflanzen würden bald verhungern, wenn sie auf die von den Tieren gelieferte Kohlensäure angewiesen wären.

Dieser Vorgang war früher der einzige bekannte, in der Natur vorkommende Weg, den atmosphärischen Stickstoff zu binden. Man hat dadurch seine Bedeutung weit überschätzt.

Das Ammoniak der Atmosphäre stammt aus dem Boden. Alle gut durchlüfteten, besseren Ackerböden enthalten kohlensaures Ammon. Dieses Salz ist leicht flüchtig, es verhält sich bei niederen Drucken (nach Schlösing) ähnlich wie eine gasförmige oder flüssige Substanz und verdunstet wie eine solche in die Atmosphäre. Nach diesem Forscher übt der Ozean auf den Ammoniakgehalt der Luft eine ähnliche regulierende Wirkung aus, wie es für die Kohlensäure anzunehmen ist.

Das kohlensaure Ammon ist gasförmig in der Atmosphäre verteilt; die salpetersauren Salze sind dagegen feste, nicht flüchtige Körper. Nach ihren Eigenschaften ist anzunehmen, daß sie bei trockner Luft in Form feiner Staubteile, bei feuchter dagegen in Wasser gelöst in kleinen Nebelkügelchen vorhanden sind.

c. Ozon und Wasserstoffsuperoxyd in der Atmosphäre.

§ 121. Die Luft enthält kleine Mengen stark oxydierender Stoffe. Nach Lage der Sache kann es sich hierbei nur um Ozon oder um Wasserstoffsuperoxyd handeln. Nach Schöne, der den Gegenstand sehr eingehend bearbeitet hat, kommt nur das letztere in Frage. Da die oxydierenden Wirkungen die einzigen sind, an denen man die Gegenwart dieser Stoffe erkennen kann und hierin beide einander sehr nahe stehen, so ist eine Entscheidung schwierig. Es ist aber einmal gebräuchlich, von dem Ozongehalt der Luft, den Ozonmessungen u. dgl. zu sprechen und so mag dies auch hier geschehen.

Nach Levy beträgt die Menge in 100 Liter Luft 0,3—2 mg. Im Winter ist der Gehalt am höchsten, im Sommer am geringsten, Frühling und Herbst stehen in der Mitte.

Die Bedeutung dieser starken Oxydationsmittel für Tier- und Pflanzenleben ist sehr schwer abzuschätzen. Während einzelne Forscher jede Bedeutung derselben bestreiten, glauben andere ihnen große Wichtigkeit beilegen zu müssen. Es ist immerhin anzunehmen, daß so stark wirkende, regelmäßig vorkommende Stoffe nicht bedeutungslos sind, wenn auch eine Einwirkung auf Miasmen, also nach dem jetzigen Stande der Wissenschaft eine abtötende oder schädigende Wirkung auf Bakterien, wohl sicher ausgeschlossen erscheint.

d. Andere Gase in der Atmosphäre.

§ 122. Außer den bisher genannten Gasen finden sich in Spuren andre Elemente und kleine Mengen von Sumpfgas und ähnlichen

Kohlenwasserstoffen in der Atmosphäre. Das Sumpfgas bildet sich bei der Fäulnis organischer Stoffe unter Wasser. Es ist ohne jede bemerkbare Einwirkung.

Schädlich auf die Vegetation wirken dagegen die immer nur örtlich in bemerkenswerter Masse auftretenden sauren Gase, zumeist schweflige Säure, seltener Chlorwasserstoff, und in ganz seltenen Fällen Fluorverbindungen. Diese Gase entstammen entweder vulkanischen Ausbrüchen, technischen Großbetrieben oder ausgedehnten Feueranlagen, welche eisenkieshaltige Mineralkohlen verbrennen.

e. Staubteilchen in der Atmosphäre.

§ 123. Die Luft enthält reichliche Mengen schwebender Staubteilchen. Die größeren derselben kann man sichtbar machen, wenn ein Sonnenstrahl in einen verdunkelten Raum fällt. Ein Bild der Zusammensetzung des Staubes bieten die Niederschläge desselben auf festen Körpern. Es finden sich die mannigfachsten Stoffe organischer wie anorganischer Natur.

Die Bedingungen, welche feste Bestandteile der Erdoberfläche in die Luft führen, sind:

a) Winde, zumal Wirbelwinde;
b) die Salze des Meerwassers, welche bei der Brandung an den Küsten und auch schon beim Brechen der Wellen von der Luft mit fortgerissen werden;
c) vulkanische Ausbrüche;
d) der Rauch der Feuerungen aller Art, der in stark bevölkerten Gegenden, zumal großen Städten, zu einer bedeutenden Staubquelle werden kann.

Von den anorganischen Bestandteilen sind die meisten ohne merkliche Bedeutung für die Vegetation. Nur die Salzteile des Meeres können an den Küsten zuweilen in größerer Menge auftreten. Nach Böhm*) sind nach Stürmen die Bäume und Sträucher, sowie alle Pflanzen der Küste des Adriatischen Meeres oft millimeterdick mit Salzkristallen überzogen. Aber schon in mäßiger Entfernung von der Küste nimmt der Salzgehalt der Luft wesentlich ab. Er ist z. B. nach den vorliegenden Untersuchungen in der Mitte Englands sehr gering, scheint aber trotzdem die wichtigste Quelle der Chlorverbindungen in den Böden zu sein.

Wichtiger und namentlich von allgemeinerer Bedeutung sind die organischen und insbesondere die organisierten Staubteile der Luft. Es finden sich zahlreiche Keime von niederen Organismen und

*) Zentralbl. f. d. gesamte Forstwissensch. 15, S. 416.

Bakterien. Epidemien aller Art können hierdurch verbreitet werden. In der Regel steigt der Gehalt an solchen Keimen in der Nähe größerer Städte, nimmt im Walde, auf der See und in Hochgebirgen ab. (In der Gletscherregion hat man keine oder nur verschwindende Mengen von Bakterien gefunden, ebenso ist die Luft auf hoher See nahezu frei davon.)

Neben diesen gröberen Bestandteilen der atmosphärischen Luft macht Aitken die Gegenwart noch anderer viel kleinerer schwebender Partikel, welche sich der gewöhnlichen Wahrnehmung entziehen, wahrscheinlich. Nach diesem Forcher ist die Ausscheidung von Flüssigkeit aus der mit Wasserdampf übersättigten Luft an die Gegenwart fester Teile gebunden. Jeder dieser Teile dient als Ausgangspunkt eines Nebelkügelchens. Indem die Zahl dieser Kügelchen festgestellt wird, erlangt man zugleich ein Bild der Menge der festen Bestandteile. Fehlen solche feste Ausscheidungspunkte, so tritt für die Luft ein Zustand der Übersättigung mit Wasserdampf ein. Die Zahl der von Aitken festgestellten Partikel geht im Kubikzentimeter auch bei sehr reiner Luft nicht unter 200 herab, kann aber oft viele Zehntausende betragen.

f. Die Waldluft.

§ 124. Die Zusammensetzung der Waldluft unterscheidet sich von der der übrigen Atmosphäre nur wenig.

Die Bestimmungen der einzelnen Bestandteile der Luft zeigen keine merkbaren Abweichungen gegenüber andern Gegenden.

Der Sauerstoffgehalt hat sich als völlig übereinstimmend mit dem der übrigen Atmosphäre ergeben,*) ein Resultat, welches bei der Geringfügigkeit des bei der Assimilation der Pflanzen abgeschiedenen Sauerstoffs im Vergleich mit den gewaltigen Massen der Atmosphäre zu erwarten war.

Der Kohlensäuregehalt der Waldluft ist von dem der übrigen Luft nicht merklich verschieden. Wohl können lokal kleine Abweichungen vorkommen, sie sind aber ohne Bedeutung für Tier- und Pflanzenwelt. Die sorgfältigen Untersuchungen Reisets**) zeigen die völlige Übereinstimmung des Kohlensäuregehalts der Luft in geschlossenen Schonungen (= 2,917 Vol. $^0/_{00}$) und auf freiem Felde (= 2,902 Vol. $^0/_{00}$). (Reiset absorbierte die Kohlensäure von je 600 Liter Luft; die angegebenen Zahlen sind das Mittel

*) Ebermayer, Beschaffenheit der Waldluft. Forstwirtschaftliches Zentralblatt 8, S. 265.

**) Compt. rend. 1879, 88, S. 1007.

aus je 27 Bestimmungen. Die angewendete Methode verbürgt die hohe Genauigkeit der Angaben.)

Die zahlreichen Bestimmungen des Kohlensäuregehalts der Waldluft, welche Ebermayer (a. a. O. S. 14 u. 15) mitteilt, zeigen auch sonst beobachtete Schwankungen.

Vielfach hat man den hohen Gehalt der Waldluft an Ozon hervorgehoben. Die Bestimmungsmethoden sind jedoch wenig genau und die Beobachtungen geben keinen Beweis, daß im Walde irgend mehr Ozon vorhanden ist als auf freiem Felde. Die Stärke der Luftbewegung und die sichergestellten Erfahrungen über den Kohlensäuregehalt der Waldluft lassen es unwahrscheinlich erscheinen, daß im Walde mehr Ozon vorhanden ist als in dessen Umgebung.

Die stärkende Wirkung der Waldluft auf das Empfinden der Menschen, insbesondere auf das von Kranken, läßt sich daher aus der Zusammensetzung der Waldluft nicht erklären. Ausgeschlossen ist es nicht, daß eine Einwirkung durch die im Walde, zumal im Nadelwalde, verbreiteten Riechstoffe herbeigeführt wird. Es sind dies aber Verhältnisse, welche einer zahlenmäßigen Darlegung nicht zugänglich sind.

Größere Bedeutung scheint die Armut der Waldluft an Organismenkeimen zu haben. Die Untersuchungen von Serafini und Arata zeigen, daß der Wald eine filtrierende Wirkung auf die Luft ausübt und sie staubfreier und ärmer an Bakterien macht. Diese Forscher fanden je nach der Entfernung vom Waldrande und den herrschenden Winden eine Abnahme der Bakterienkeime im Innern des Waldes.*)

Ebermayer**) machte darauf aufmerksam, daß die vielfach sauer reagierenden Waldböden die üppige Entwicklung der Bodenbakterien verhindern; wie ja die ausgesprochenen Torfböden fast frei von ihnen sind. Die Waldluft ist daher, da die Staubteilchen gleichfalls vermindert sind, reiner als die Luft der Städte. Hierin ist eine günstige Einwirkung der Waldluft bei Krankheiten der Atmungsorgane begründet.

---

*) Man hat vielfach darüber verhandelt, auf welchem Wege Bakterien in die Luft gelangen. Das Platzen von Gasblasen in faulenden Flüssigkeiten, sowie der Luftaustritt beim Eindringen von Wasser in poröse Böden, haben sich als geeignet erwiesen, Organismen zu verbreiten. In beiden Fällen gelangen Flüssigkeitsteile und damit zugleich Keime von Organismen in die Luft. Im übrigen liegt kein Grund vor, anzunehmen, daß Organismen nicht genau so wie alle anderen festen Bestandteile durch Windbewegung emporgehoben und weitergeführt werden können.

**) Forsch. d. Agrik.-Phys. 13, S. 424, auch in der Allgem. Forst- u. Jagdzeit.

g. Höhenrauch.

§ 125. Auf der Verteilung von nicht völlig verbrannten organischen Teilchen in der Luft beruht eine Erscheinung, welche als Höhenrauch bezeichnet wird.

Überall, wo Verbrennungen stattfinden, werden feste Bestandteile in die Luft geführt. Je nach Güte der Feuerungseinrichtungen ist die Menge der unverbrannten Stoffe (Ruß, Destillationsprodukte der Brennstoffe) eine wechselnde. Die allgemeine Verwendung der Mineralkohlen, ihre schwere Brennbarkeit und die dadurch bedingte Steigerung des Luftzugs in den Feuerungsanlagen, hat diesen Übelstand wesentlich gesteigert. Der schwarze Überzug, der alle der Luft ausgesetzten Körper in den Städten bedeckt, gibt ein Bild der Menge der unverbrannten Teile, welche der Luft zugeführt werden. Diese sind auch die Ursache der Dunstschicht, welche über allen größeren Städten lagert und selbst bei ganz klarer Luft nicht völlig verschwindet.

Nahe verwandt mit dem Rauch der Städte und in den wesentlichsten Eigenschaften mit diesem übereinstimmend ist der Höhenrauch. Er hat seinen Ursprung in der Brandkultur auf Moorflächen. Im Frühlinge, sobald trocknes Wetter eintritt, beginnt diese. Das schwelende Verbrennen des Torfes erzeugt ungeheure Mengen von Rauch, die sich in der Luft verbreiten und weithin, natürlich mit der Entfernung vom Ursprungsort in schwächerem Maße, das Firmament in einen Nebelschleier hüllen. Nicht selten sind die Rauchmassen so gewaltig, daß das Licht der Sonne abgeschwächt wird, die wie eine tiefrote Scheibe erscheint. Der zugleich auftretende unangenehme, brenzliche Geruch charakterisiert den Höhenrauch noch weiter. Die Ursprungsgebiete sind zumeist die weiten Moorflächen der nordwestdeutschen Ebene.*)

Die Unbequemlichkeiten des Höhenrauchs werden gleichmäßig empfunden, über die Wirkungen auf Temperatur und Luftfeuchtigkeit sind die Meinungen geteilt. In den an die Moore angrenzenden Gebieten glaubt man eine ungünstige Einwirkung auf den Fruchtansatz der Obstbäume, teilweise auch des Getreides beobachtet zu haben. Ziemlich allgemein wird ferner behauptet, daß der Höhenrauch Trockenheit erzeuge, bzw. Niederschläge verhindere. Für beide Behauptungen fehlt jeder sichere Nachweis. Man könnte annehmen, daß blühende Pflanzen, von alkalisch reagierenden Aschenteilen getroffen, in ihrer Fruchtbarkeit leiden, es würde sich dann aber nur um die unmittelbare Nachbarschaft der Moorflächen handeln.

*) Eine Zusammenstellung aller auf Höhenrauch bezüglichen Angaben von Müttrich, Archiv des deutschen Landwirtschaftsrats 1882.

Gegen die Einwirkung auf die Luftfeuchtigkeit spricht das Beispiel der großen Städte, die dauernd von einem dem Höhenrauch ähnlichen Dunste umgeben sind und trotzdem keine geringeren Niederschläge zeigen als das umgebende Land.

h. Der Wasserdampf in der Atmosphäre.

§ 126. Der in der Atmosphäre in größter Menge neben Sauerstoff und Stickstoff enthaltene Körper ist der Wasserdampf. Kein Bestandteil der Luft unterliegt in bezug auf seine Menge so großen Schwankungen wie der Wasserdampf. Die hier geltenden Gesetze lassen sich wie folgt zusammenfassen:

Wasser in flüssigem oder festem Zustande verdampft schon bei gewöhnlicher Temperatur. Die Menge des Wasserdampfes, welcher in die Luft übertreten kann, ist von der Temperatur abhängig, steigt und fällt mit dieser.

Man unterscheidet:

a) absolute Feuchtigkeit. Die in der Luft enthaltene Feuchtigkeit, ohne Berücksichtigung der Temperatur in Millimetern ausgedrückt;

b) relative Feuchtigkeit. Der in der Luft enthaltene Wasserdampf ausgedrückt in Prozenten der Menge, welche die Luft bei völliger Sättigung aufzunehmen vermag; also die prozentische Sättigung der Luft mit Wasserdampf ohne Berücksichtigung der Temperatur;

c) Sättigungsdefizit. Die Wassermenge, welche die Luft noch aufzunehmen vermag, ausgedrückt in Millimetern.

Der Begriff des Sättigungsdefizits ist erst in neuerer Zeit eingeführt worden und wird voraussichtlich für physiologische Arbeiten größere Wichtigkeit gewinnen. Namentlich das Maß der Verdunstung findet einen viel besseren Ausdruck als durch die relative Feuchtigkeit. Man nehme z. B. an bei 10°, 20° und 30° sei die relative Feuchtigkeit übereinstimmend 50 %; also die Luft sei zur Hälfte mit Wasser gesättigt. Sie vermag aber noch aufzunehmen bei

10°	20°	30°
4.8 mm	8.7 mm	15.3 mm.

Die Verdunstung wird also, gleiche Windbewegung vorausgesetzt, bei 20° die doppelte, bei 30° die vierfache Höhe der bei 10° erreichen. Es ist demnach leicht ersichtlich, daß die für das Pflanzenleben bedeutungsvollen Vorgänge durch das Sättigungsdefizit viel schärfer zum Ausdruck kommen, als durch Angabe der relativen Feuchtigkeit.

i. Adsorption von Gasen durch den Boden.*)

§ 127. Alle festen Körper adsorbieren an ihren Oberflächen Gase. Eingehend untersucht ist namentlich die Aufnahme der Kohlensäure. Die gefundenen Tatsachen zwingen zu der Annahme, daß die Gasmoleküle mit so großer Energie festgehalten werden, daß die adsorbierenden Kräfte einem Druck von mehreren hundert Atmosphären entsprechen.

Die Gasadsorption der Bodenteile kann man zurückführen auf:

1. Anziehung der Gasmoleküle durch feste Körper. Hierbei handelt es sich um eine Wirkung, welche von der äußeren und inneren Oberfläche der festen Teile ausgeht. Die Größe der Adsorption geht der Oberfläche parallel und gibt anderseits ein Mittel zur Berechnung der gesamten Oberfläche gegebener Körper.
2. Lösende Wirkungen von Wasser, welches im Boden vorhanden ist.
3. Chemische Umsetzungen.

Als Regeln können gelten, daß die Gase um so stärker adsorbiert werden, je leichter sie verflüssigt werden können; und daß der Grad der Verdichtung von Druck und Temperatur beeinflußt wird.

Die wichtigsten Träger der Adsorption im Boden sind Eisenoxyd, Eisenoxydhydrat und humose Stoffe, weniger wirksam sind die Tonsubstanzen.

Verhalten gegen die wichtigsten Gase.

1. Gegen Wasserdampf. Bereits Schübler legte der Adsorption von Wasserdampf durch den Boden große Bedeutung bei und in neuerer Zeit liegen von Forschern, welche im ariden Gebiet arbeiteten Untersuchungen vor, welche dartun sollen, daß adsorbiertes Wasser für Erhaltung der Pflanzen von Wichtigkeit sei. Es wird später gezeigt werden, daß es sich hierbei wohl um Verwechslung mit Tauniederschlägen im Boden handelt; alle Versuche führen übereinstimmend zu dem Schlusse, daß Pflanzen verwelken, ehe die Wassermenge des Bodens nur noch adsorbiertes (hygroskopisches) Wasser enthält.

Muß daher auch jene Auffassung aufgegeben werden, so hat doch die Kenntnis des adsorbierten Wassers dadurch eine große

*) Forsch. d. Agrik.-Phys. 2, S. 1 (s. Ammon) 80, 2 (Soyka); Döbrich, Ann. d. Landwirtsch. 52, S. 181; Alf. Mitscherlich, Physik. Bodeneigenschaften. Kiel 1901.

Bedeutung erlangt, daß, wie Alf. Mitscherlich zeigte, es möglich ist, aus dem hygroskopischen Wassergehalt die Oberfläche des Bodens zu berechnen und hierdurch ein Maß für eine der wichtigsten Eigenschaften der Böden zu gewinnen. Natürlich muß dafür gesorgt sein, daß die Schwankungen des Wassergehalts der Atmosphäre ausgeschaltet werden. Es gelingt dies, wenn man den Boden im luftleeren Raum über verdünnter Schwefelsäure von 10% Gehalt bis zum festen Gewicht trocknet.

Bei der Adsorption von Gasen (und Flüssigkeiten) wird Wärme frei. Man beobachtet, daß nach Regen zeitweise rasche Wärmezunahme im Boden auftreten kann.*) Wirksam vermag diese Wärmequelle nur zu werden, wenn der Boden stark abgetrocknet ist.

Wohl aber bietet die Wärmeentwicklung bei der Kondensation ein Mittel, einmal die Oberfläche des Bodens zu berechnen und anderseits das Verhältnis zwischen äußerer und innerer Oberfläche festzustellen, indem man Flüssigkeiten verschiedener Molekulargröße anwendet, von denen die eine in die innere Oberfläche einzudringen vermag, die andre nicht. Mitscherlich (a. a. O. S. 43), der Wasser und Toluol anwandte, berechnet, daß eine Fläche, welche 1 Grammkalorie liefert, etwa 40 qm betragen muß und, daß die innere Oberfläche, z. B. bei einem Moorboden 96 % der gesammten Oberfläche betrug, also 24 mal größer war als die äußere.

Die adsorbierten Flüssigkeiten vermögen Salze festzuhalten und können dadurch für die Ernährung der Pflanzen Bedeutung gewinnen.

2. Kohlensäure wird stark adsorbiert und zwar scheinen hier neben der Oberflächenwirkung noch vielfach chemische Umsetzungen aufzutreten; zumal aus Kalkkarbonat kann Bikarbonat gebildet werden. Mischt man Eisenoxyd, welches Kohlensäure adsorbiert hat, mit Kalkkarbonat und befeuchtet die Mischung, so enthält das Wasser Kalk in Lösung. Eisenoxyd wirkt hierdurch im Boden als Überträger der Kohlensäure; Stoner (Forsch. Agr.-Phys. 4, S. 31) zeigte, daß getrocknete kalkhaltige Böden, der Luft ausgesetzt, kalkhaltige Lösungen geben, von der Luft abgeschlossene dagegen nicht. Der Boden hatte demnach aus der Luft Kohlensäure aufgenommen.

Die Humussubstanzen adsorbieren Kohlensäure, sie sind zugleich auch durch fortschreitende Oxydation die wichtigsten Bildner dieser Verbindung im Boden.

---

*) Forsch. d. Agrik.-Phys. 5, S. 210 (Stellwag); 7, S. 408 (Breitenlohner).

3. Ammon, kohlensaures Ammon. Ammoniak wird von den Bodenbestandteilen, zumal Eisenoxyd und humosen Stoffen, stark aufgenommen. In der Atmosphäre findet sich kohlensaures Ammon. Nach Schlösing hat dieses Salz auch im festen Zustande eine merkbare Dampfspannung. Je nach den herrschenden Verhältnissen wird daher vom Boden Ammonkarbonat abdunsten oder absorbiert werden. Auf sauer reagierenden Böden kann die Ammonaufnahme aus der Luft vielleicht eine bedeutungsvolle Quelle des gebundenen Stickstoffs sein.

4. Stickstoff wird, zumal durch Eisenoxyd, in verhältnismäßig großer Menge adsorbiert. Ob dieser Vorgang irgend welche Bedeutung für die Pflanzenernährung hat, ist nicht festgestellt.

5. Sauerstoff wird schwach aufgenommen.

6. Die atmosphärische Luft. In Gasgemengen, wie der atmosphärischen Luft, findet zwischen den verschiedenen Gasen eine gegenseitige Einwirkung statt, die zu einem gewissen Gleichgewichtszustand führt, der natürlich durch jede Änderung der Temperatur und Feuchtigkeit ein anderer wird. Im Boden werden daher fortwährend Gase gebunden und wieder abgeschieden.

Um ein Bild der in der Natur vorkommenden Verhältnisse zu erlangen, bleibt nur das Auskunftsmittel, die Zusammensetzung der von Bodenarten festgehaltenen Gase direkt zu ermitteln. Jeder Boden wird andere Mengen und andere Zusammensetzung ergeben, immerhin ist aber die so erlangbare Kenntnis für manche Fragen der Bodenkunde von Wert.

Nach Döbrich lieferten folgende Bodenarten:

	100 g gaben ccm Gas	100 ccm gaben ccm Gas	100 Volumen des Gases bestanden aus Kohlensäure	Sauerstoff	Stickstoff
Sandmoorboden ...	19,8	26,3	17,49	16,34	66,17
Sandboden	30,2	40,2	18,15	11,44	70,41
Gartenerde	49,8	68,9	39,47	11,90	48,68
Kalkboden No. 1 .	37,9	54,7	45,33	7,67	47,00
„ „ 2 .	44,85	68,0	61,03	6,46	32,51
Tonboden „ 1 .	27,1	38,6	2,33	17,14	80,53
„ „ 2 .	35,5	44,9	20,44	11,58	69,98

Die vom Boden adsorbierten Gase werden bei Durchfeuchtung nur zum Teil ausgetrieben, die Hauptmenge bleibt zurück. Der Boden kann daher bei zeitweiser Wasserbedeckung den Pflanzen zur Atmung noch ganz bedeutende Sauerstoffmengen liefern. Hierin liegt die Hauptbedeutung des Kondensationsvermögens der Bodenarten.

Die Erscheinungen der Gaskondensation führt man überwiegend auf physikalische Wirkungen der Bodenteile zurück. Durch Überleiten einer andern Gasart kann man die adsorbierten Gase fast völlig wieder dem Boden entziehen. Unverkennbar ist aber die Ähnlichkeit mit der Absorption der Basen durch den Boden, die durch reichliches Auswaschen ebenfalls wieder in Lösung gebracht werden können. Während aber im letzteren Falle die überwiegend chemische Wirkung nachweisbar ist, fehlt die Kenntnis von Verbindungen, welche bei der Gaskondensation entstehen können. Es ist aber darum die Möglichkeit ihrer Bildung in manchen Fällen durchaus nicht ausgeschlossen. Es ist dies um so weniger unwahrscheinlich, weil es oft fast unmöglich ist (man nehme nur die Adsorption von Sauerstoff und den Verbrauch desselben zur Oxydation der humosen Stoffe), chemische Bindung und physikalische Kondensation auseinander zu halten.

§ 128. Tauniederschläge.*) Tauniederschläge erfolgen, wenn wasserhaltige Luft mit Gegenständen in Berührung kommt, welche unter den Taupunkt abgekühlt sind. Ausscheidung von Tau wird daher hauptsächlich an stark ausstrahlenden Körpern der Erdoberfläche eintreten, zumal an Pflanzenteilen, deren Wärmeemission nahezu ebenso hoch ist wie die des Kienruß und die erheblich (6—8°) tiefere Temperatur haben können als die umgebende Luft.

Der Tau entstammt der atmosphärischen Luft, ferner dem Austritt von flüssigem Wasser aus Pflanzen und der Bodenluft. Über den Anteil, welchen diese Faktoren an der Menge des ausgeschiedenen Taues haben, gehen die Meinungen auseinander; jedoch neigt man immer mehr dahin, die Bodenluft in vielen Fällen als die bedeutsamste Quelle des Taues anzusehen.

Im Boden ist die Luft fast stets wassergesättigt; es müssen überall Tauniederschläge erfolgen, wenn die tieferen Schichten wärmer als die oberen sind und dadurch ein aufsteigender Luftstrom veranlaßt wird. Dieser Stand ist regelmäßig im Winter vorhanden. Gefriert der Boden, so wird sich an der oberen Eisschicht Wasserdampf niederschlagen und sie dadurch verdicken. Man kann oft bei Barfrost beobachten, daß z. B. Sandböden an der Oberfläche eine Eisschicht haben, die sich aus dem ursprünglichen Wassergehalt des Bodens kaum ableiten läßt. In den Tauniederschlägen ist daher ein Mittel gegeben, Umlagerungen des Wassers im Boden herbeizuführen, welches zwar von örtlichen Verhältnissen abhängig ist, aber in nackten Böden und im ariden Gebiet große Bedeutung er-

---

*) Hann, Meteorologie, S. 246.
Weise, Mündener Forstl., Heft 7, S. 105.

langen kann. Die Wichtigkeit, welche von verschiedenen Forschern, die im ariden Gebiet arbeiten, der Adsorption des Wasserdampfes zugeschrieben wird, läßt darauf schließen, daß die Tauabscheidung im Boden für jene Gegenden große Bedeutung hat.

Auch in den gemäßigten Klimaten ist anzunehmen, daß in der Regel während der Nacht die Oberfläche des Bodens und die obersten 10—20 cm niedrigere Temperatur haben als die nächsttieferen Bodenschichten. Damit ist die Wahrscheinlichkeit von Tauabscheidungen gegeben.

k. Durchlüftung des Bodens.

§ 129. Die Durchlüftung des Bodens ist für die Pflanzenwelt einer der wichtigsten Vorgänge. Es ist außerordentlich schwer, die Wirkung der Durchlüftung rein zur Darstellung zu bringen, da Temperatur und Wassergehalt zugleich beeinflußt werden. Die grundlegende Bedeutung der Krümelung der Böden, die Tatsache, daß alle fruchtbaren Bodenarten gut durchlüftete Böden sind, und nicht am wenigsten die Hilfsmittel der Pflanzen, welche sich bei allen Arten auf schlecht durchlüfteten Böden herausgebildet haben, zeigen die Wichtigkeit genügenden Luftzutrittes. Soweit zu ersehen, handelt es sich dabei wesentlich um zwei Vorgänge: Zufuhr von Sauerstoff zur Atmung der Pflanzen und Abfuhr übermäßiger Kohlensäuremengen.

Die Gesamtmenge der im Boden eingeschlossenen Luft ist, da alle nicht von festen Bestandteilen erfüllten Räume von Luft erfüllt sind, durch die Bestimmung des Volumgewichtes des Bodens, bzw. der Bodenbestandteile gegeben. Zieht man das Volumen der festen Bestandteile vom Gesamtvolumen ab, so erhält man das Porenvolumen, d. h. die lufterfüllten Räume des Bodens.

Durch höheren oder geringeren Wassergehalt wird das Porenvolumen natürlich entsprechend verkleinert. Für Böden mit normaler Feuchtigkeit ist von dem gefundenen Porenvolumen noch die Größe abzurechnen, welche der Wassermenge, welche der Boden dauernd festhält, also der kleinsten Wasserkapazität, entspricht.

Gasaustausch. Der Gasaustausch zwischen Bodenluft und atmosphärischer Luft erfolgt durch Wechsel von Temperatur und Luftdruck, Diffusion, eindringendes Wasser und durch Windwirkung.

Temperaturunterschiede treten nur dann wirksam hervor, wenn die tieferen Schichten wärmer sind als die höheren und dadurch Luftströmungen im Boden erzeugt werden. Die Ausdehnung der Gase ($^1/_{273}$ für 1° C) ist zu unerheblich, um bei den vorkommenden Unterschieden große Bedeutung zu haben.

Die Diffusion der Gase gründet sich auf die freie Beweglichkeit der Gasmoleküle, welche in Gasgemischen zur gleichmäßigen Verteilung der Einzelbestandteile ohne Rücksicht auf das Eigengewicht führt. Die Diffusion erfolgt im Boden fast unabhängig von den Korngrößen, und da ihre Geschwindigkeit der Summe der Querschnitte der Poren folgt, ist sie zumeist abhängig vom Porenvolumen.*)

Im allgemeinen ist jedoch der Ausgleich durch Diffusion zwischen den Gasen des Bodens so langsam, daß man ihm große Bedeutung kaum beimessen kann.

Wichtiger sind Änderungen des Luftdruckes. Jedem fallenden Luftdruck folgt Austritt, jedem steigenden Luftdruck Eintritt von Luft in den Boden.

Starke Wirkungen übt namentlich in den Boden eindringendes Wasser. Gießt man auf trocknen Boden Wasser auf, so kann man direkt erkennen, wie an einzelnen Stellen Gasblasen entweichen. Dem einsickernden Wasser folgt atmosphärische Luft und ersetzt die früher vorhandene Bodenluft.

Den stärksten Einfluß auf die Erneuerung der Bodenluft hat man wohl den Luftbewegungen,**) besonders den Winden zuzuschreiben. Jeder über den Boden streichende Luftstrom bewirkt, sowie er, wie dies fast ausnahmslos der Fall ist, unter irgend einem Winkel den Boden trifft, eine Steigerung des Druckes der Bodenluft, hierdurch werden Schwankungen erzeugt, die ziemlich tief hinabreichen und Austausch der Bodenluft mit der umgebenden Atmosphäre herbeiführen.

I. Durchlässigkeit des Bodens für Luft.

§ 130. Um ein Maß für die Durchlüftung des Bodens zu finden, hat man die Luftmenge festgestellt, welche unter mäßigem Druck durch den Boden hindurchgeht.***)

Die Durchlüftbarkeit eines Bodens ist von der Korngröße, der Dichtigkeit der Lagerung und am ausgesprochensten von dem Wassergehalt abhängig.

In grobkörnigen Bodenarten bewegt sich die Luft fast ohne Schwierigkeit. Wendet man künstlichen Druck an, so sind die aus-

*) Hannén, Forsch. d. Agrik.-Phys. 15, S. 6.

**) Vgl. Henselen, Forsch. d. Agrik.-Phys. 16, S. 333.

***) Renk, Zeitschr. f. Biol. 1879, Bd. 15.
Ammon, Forsch. d. Agrik.-Phys. 3, S 209.

fließenden Luftmengen dem Drucke proportional; ein bemerkbarer Einfluß der Reibung ist nicht vorhanden.

Je feinkörniger ein Boden ist, um so mehr tritt diese jedoch hervor und beeinflußt neben dichterer oder lockerer Lagerung der Bodenteilchen die Durchlüftbarkeit in hohem Maße, und dies natürlich um so mehr, je mächtiger die Bodenschicht ist, welche die Luft zu durchdringen hat.*)

Jede Lockerung des Bodens, sowie namentlich die Krümelung der Bodenteile ist daher selbstverständlich der Durchlüftung günstig.

Ammon fand so z. B. für dasselbe Gewicht humosen Kalksandes folgende durchgegangene Luftmenge (Temperatur = 5° C, Druck = 40 mm) in Litern für die Stunde:

Kalksand	locker.......	757 g = 982 ccm	356,6	Liter Luft
,,	festgedrückt .	757 ,, = 770 ,,	72,0	,, ,,
,,	eingestampft.	757 ,, = 742 ,,	2,1	,, ,,

In ähnlicher Weise wirkt die Krümelung der Bodenteile für den Luftaustausch begünstigend. So ließen z. B. 982 ccm Lehmboden hindurchtreten (50 cm Höhe, 5° C):

Pulverförmig	1,6	Liter Luft in der Stunde
Krümelig (0,25—0,50 mm)	30,9	,, ,, ,, ,, ,,
,, (0,5 —1,0 ,,)	123,7	,, ,, ,, ,, ,,
,, (1—2 ,,)	420,2	,, ,, ,, ,, ,,

Diese Zahlen zeigen, welch enormen Einfluß Bodenbearbeitung auf die Durchlüftung des Bodens haben muß.

Starken Einfluß übt ferner der Wassergehalt auf die Durchlüftung aus. Trockne Böden sind am leichtesten durchlässig, mit steigendem Wassergehalt wird der Durchgang der Luft herabgesetzt, in nassen Böden ganz aufgehoben. Böden im gefrorenen Zustande lassen sehr viel weniger Luft hindurchgehen als nicht gefrorene.

Die Durchlüftbarkeit wird ferner noch durch Schichten verschiedener Feinkörnigkeit stark beeinflußt; maßgebend ist hierbei die Schicht feinkörnigsten Materials. Die Menge der durchgegangenen Luft (bei 10° C, 40 mm Druck, 50 cm Höhe der Erdsäule) betrug z. B.:

Sand 0,0 — 0,25 mm D. .	74,6	Liter Luft in der Stunde
Ders. Sand, 1 cm dicke Lehmschicht zwischengelagert .	14,5	,, ,, ,, ,, ,,
Desgl. 5 cm dicke Lehmschicht	2,9	,, ,, ,, ,, ,,

*) Wie langsam teilweise der Ausgleich der Bodenluft erfolgt, zeigen die Erfahrungen, welche bei der Vertilgung der Reblaus gewonnen sind. Schwefelkohlenstoff, in Bohrlöcher gegossen, ist zum Teil noch nach 6—8 Monaten in solcher Menge vorhanden, daß man ihn anzünden kann.

Eine ähnliche Wirkung übt eine Streudecke und besonders eine Rohhumusschicht aus, die im nassen Zustande den unterliegenden Boden oft während eines großen Teiles des Jahres abschließt.

Die Bestimmung der Durchlüftbarkeit eines Bodens im gewachsenen Zustande ist schwierig. Am besten hat sich noch die Methode von Heinrich bewährt.*) Es wird ein Kasten von 100 qcm Öffnung 10 cm tief in den Boden gepreßt und dann der Druck bestimmt, unter dem zuerst (der Druck sinkt, wenn der Luft leichter durchdringbare Bahnen eröffnet sind) Luft hindurchtritt. Die Höhe des notwendigen Druckes gibt ein Maß für die Durchlässigkeit des Bodens. Nach Heinrich ist ein Boden noch fruchtbar, wenn er nicht mehr als 70 mm Quecksilberdruck zeigt. Er fand für Sandböden keinen meßbaren Druck, für lehmigen Sand bis zu 30 mm; ein nasser Torfboden bedurfte 80 mm Druck. Natürlich ändern sich diese Verhältnisse je nach dem Wassergehalt der Böden erheblich; es sind daher immer nur relativ vergleichbare Zahlen.

m. Zusammensetzung der Bodenluft.

Literatur:

Pettenkofer, Zeitschr. f. Biolog., Bd. 1, 7, 9, 12.
Fleck, Jahrb. d. Zentr. f. öff. Gesundh. Dresden 2, S. 15; 3, S. 3.
Möller, Mitteil. d. forstl. Vers.-Anst. Wien 1, S. 121.
Wollny, Forsch. d. Agrik.-Phys., Bd. 3, 4, 5, 9.
Ebermayer, Forsch. d. Agrik.-Phys. 1, S. 158; 13, S. 15.
Die Zusammenstellung bringt nur die wichtigsten Arbeiten.

§ 131. Einen Teil der Atmosphäre bildet die Luft, welche sich in den nicht von festen Bestandteilen oder von Wasser erfüllten Räumen des Bodens vorfindet. In der Zusammensetzung weicht die Bodenluft oft erheblich von der übrigen Atmosphäre ab.

Reichtum an Kohlensäure, oft verbunden mit geringerem Sauerstoffgehalt und in tieferen Schichten stets, in den oberen zumeist vorhandene Sättigung mit Wasserdampf sind die bezeichnenden Eigenschaften der Bodenluft.

Natürlich schwankt die Menge der einzelnen Bestandteile in weiten Grenzen. Je nach Lagerung, Korngröße, Temperatur und Wassergehalt ist der Austausch zwischen der Luft des Bodens und der Atmosphäre leichter oder schwieriger. Hierzu kommt noch der Einfluß der Bodenbedeckung, mag diese nun aus lebenden Pflanzen oder, wie im Walde, zumeist aus leblosen Streuschichten bestehen.

Für den Kohlensäuregehalt der Bodenluft lassen sich aus den grundlegenden Forschungen Pettenkofers, die später

*) Heinrich, Grundlagen zur Beurteilung der Ackerkrume. Rostock 1883. S. 124 und 222.

von Fleck, Möller, Ebermayer u. a. erweitert und bestätigt worden sind, gleichartige sonstige Verhältnisse des Bodens vorausgesetzt, folgende Regeln ableiten:

a) Der Kohlensäuregehalt steigt mit größerer Tiefe.
b) Im allgemeinen steigt und fällt der Kohlensäuregehalt entsprechend der Temperatur. Er ist in der warmen Jahreszeit am höchsten und übertrifft den der kalten Monate oft um das Mehrfache.
c) Änderungen von Temperatur und Luftdruck verändern den Kohlensäuregehalt.
d) Der Kohlensäuregehalt unterliegt in verschiedenen Jahren in demselben Boden großen Schwankungen.
e) Durchfeuchtung des Bodens steigert den Kohlensäuregehalt vorübergehend erheblich.
f) Der Kohlensäuregehalt schwankt an verschiedenen Stellen des Bodens erheblich.
g) Mit Pflanzen bestandener Boden ist ärmer an Kohlensäure als braches Feld.

Der Ursprung der Kohlensäure*) in den oberen Bodenschichten ist überwiegend auf die Zersetzung der organischen Stoffe im Boden zurückzuführen. Beziehungen zwischen Humusgehalt des Bodens und Kohlensäuregehalt der Bodenluft bestehen jedoch nur in weiten Grenzen. Die Anreicherung der Luft tieferer Schichten an Kohlensäure läßt sich kaum allein auf Verwesungsvorgänge zurückführen. Fleck wie Möller suchten dies zwar durch besondere Versuche zu begründen; ersterer stützt sich wesentlich auf die Abnahme an Sauerstoff bei steigendem Kohlensäuregehalt. Bestimmte Verhältnisse ergeben sich jedoch zwischen beiden Größen nicht, und anderseits erstreckt sich die gleiche Erscheinung auch auf sehr tiefe Erdschichten; Quellen aus großen Tiefen sind fast sauerstofffrei.

8. Das Verhalten des Bodens zur Wärme.

Quellen der Wärme.

§ 132. Die Wärmequelle, welche unsere gesamten irdischen Verhältnisse ausschließlich maßgebend beeinflußt, ist die Wärmestrahlung der Sonne.

Außerdem kommen örtlich noch chemische und physikalische Prozesse in Frage, welche Wärme entbinden, sowie in sehr geringem Maße die Ausstrahlung der Eigenwärme des Erdinnern.

*) Vergl. hierüber auch Ebermayer, Beschaffenheit der Waldluft. Stuttgart 1885.

Die Untersuchung der tieferen Erdschichten hat übereinstimmend eine Wärmezunahme mit der Tiefe ergeben. Diese Temperaturzunahme ist zunächst nicht unerheblich, steigt aber nicht in gleicher Weise in größeren Tiefen. Die einzelnen Beobachtungen schwanken erheblich. Kohlenflötze, die eine noch fortschreitende Zersetzung erleiden, können die Temperaturzunahme rasch steigern, Quellen sie herabsetzen. Im Durchschnitt aus vielen Einzelbeobachtungen hat man als mittleren Wert eine Temperaturzunahme von 2,85 ° auf 100 m, also von etwa 1° auf 30 m, gefunden.

Der Erdoberfläche kommen aus dieser Quelle durch die geringe Leitfähigkeit der Gesteine nur verschwindende Mengen von Wärme zu. Man hat berechnet, daß sie hinreichen würde eine Eisschicht von 7,4 mm zu schmelzen.*)

Wahrscheinlich ist selbst diese Angabe noch zu hoch, da die lockeren Bodenschichten, welche die festen Gesteine überlagern, sehr gute Isolatoren sind.

Ebenso gering sind die Wärmemengen, welche durch die Verwitterung der Gesteine frei werden. Alle bei gewöhnlicher Temperatur verlaufenden chemischen Prozesse entbinden Wärme; sie können nur eintreten, wenn die Molekularwärme der entstehenden Verbindungen geringer ist, als die der bereits vorhandenen, also wenn Wärme frei wird. Nur hierdurch wird die Kraft frei, welche Umlagerung der Atome veranlassen kann.

Hiernach macht die Verwitterung fortwährend kleine Wärmemengen frei. Diese sind aber an sich gering, und die Verwitterung selbst schreitet so langsam voran, daß ein merkbarer Einfluß auf den Erdboden dadurch nicht geübt werden kann.

Erheblicher ist die Menge der frei werdenden Wärme bei der Zersetzung der organischen Stoffe, also bei der Verwesung und Fäulnis. Dies tritt besonders dann hervor, wenn Anhäufungen leicht zersetzlicher Reste vorhanden sind. Die Gärtnerei benutzt diese Wärmequelle bei der Anlage von Mist- oder Treibbeeten.

Im Walde erfolgt die Zersetzung der organischen Abfallreste ganz überwiegend in der warmen Jahreszeit und schreitet am raschesten bei höheren Temperaturgraden voran. Es ist also eine Wärmequelle, welche überwiegend nur in den Sommermonaten wirksam ist.

Legt man die Streumengen, welche der Wald erzeugt, einer Berechnung zugrunde,**) so ergibt sich, daß die obersten 20 cm der Bodenschicht auf diesem Wege eine Temperaturerhöhung von

---

*) Hann, Meteorologie S. 23.

**) Ausführlicher behandelt in Lorey, Handb. d. Forstwissensch. I, 1, S. 238 u. folg.

etwa 0,2° erfahren können; eine Größe, die ohne jede Bedeutung für das Pflanzenleben ist.

Etwas höher stellen sich die Einwirkungen, wenn durch Freistellung u. dgl. in größerer Menge angesammelte Humusstoffe eine rasche Zersetzung erleiden. Würde diese sich im Laufe einer Vegetationszeit vollenden, so würde im Buchenwalde die Bodentemperatur um ca. 1,5°, im Fichtenwalde um 2°, im Kiefernwalde um 2,5° steigen können. Es ist dies eine Wärmequelle, deren Bedeutung für den Boden und die Pflanzenwelt bisher noch nicht näher untersucht worden ist.

Sehr starke Düngungen ergaben geringe, einen halben Grad nicht übersteigende Temperaturerhöhungen.*)

a. Wärmeverhältnisse der Böden.

Literatur:
v. Liebenberg, Untersuch. üb. d. Bodenwärme. Halle 1875.
Lang, Forsch. d. Agrik.-Phys. 1, S. 109.

Die Erwärmungsfähigkeit eines Bodens ist am meisten von dem Wassergehalte abhängig; außerdem beeinflussen sie noch Wärmekapazität, Wärmeleitung, Farbe, Korngröße, Lagerung, Stuktur, sowie die Bodenbedeckung.

§ 133. 1. Die Wärmekapazität.

Als Einheit für die Wärmekapazität hat man die Wärmemenge gewählt, welche notwendig ist, um ein Gramm Wasser um ein Grad Celsius zu erwärmen. Da das Wasser die höchste Wärmekapazität aller bekannten Körper hat, so bleibt die der übrigen unter 1 und wird durch einen Dezimalbruch ausgedrückt. Ein Körper, welcher also nur die Hälfte der Wärme bedarf wie Wasser, um seine Temperatur um einen Grad zu erhöhen, würde eine Wärmekapazität von 0,5 haben.

Die Wärmekapazität kann auf Gewicht wie auf Volumen bezogen werden. Die gewöhnlichen Angaben bedienen sich immer der Gewichtseinheit, jedoch ist es oft erwünscht, die Berechnung auf das Bodenvolumen auszudehnen.

Die Wärmekapazität der wichtigsten Bodenbestandteile ist nach Lang (auf Gewicht bezogen):

Quarzsand	0,196
Kalksand	0,214
Kaolin	0,233
Torf (Humus)	0,477—0,507.**)

*) Wagner, Forsch. d. Agrik.-Phys. 5, S. 373.
**) Pfaundler, Pogg. Ann., 129, S. 102.

Von den wichtigeren Bodenbestandteilen haben im Durchschnitt die spezifisch leichten große, die spezifisch schweren kleine Wärmekapazität. Auf Volumen bezogen nähern sich die Werte für die Bodenarten nicht unwesentlich. (v. Liebenberg.)

Einfluß der Farbe. In bezug auf den Einfluß der Farbe gilt die Regel, daß Einstrahlung von Wärme um so stärker erfolgt, je dunkler die Färbung ist.

Die Ausstrahlung*) folgt nur annähernd dieser Regel. Die Böden nehmen Strahlen aller Brechbarkeit und Temperatur auf, geben aber nur Strahlen geringer Brechbarkeit und Temperatur ab. Soweit die bisherigen Beobachtungen reichen, unterscheiden sich hierbei die Bestandteile des Bodens nicht wesentlich; jedenfalls sinkt die Temperatur dunkel gefärbter Böden bei gleicher Ausstrahlung nicht tiefer, als die hell gefärbter. Man benutzt die höhere Einstrahlung dunkler Stoffe gelegentlich im gärtnerischen Betriebe, indem man den Boden mit Ruß bestreut oder dunkle Schieferstückchen in Weinbergen u. dgl. ausbreitet. Zu bemerken ist, daß Wasser viel stärker Wärme ausstrahlt als die festen Bodenteile, weshalb zwischen allen feuchten bis nassen Böden Unterschiede in der Temperatur kaum auftreten.

§ 134. 2. Die Wärmeleitung des Bodens.

Hat ein Körper in seinen verschiedenen Teilen oder haben mehrere sich berührende Körper verschiedene Temperatur, so erfolgt allmählich ein Ausgleich derselben. Die Geschwindigkeit, in der dies geschieht, ist je nach den Eigenschaften der Körper verschieden. Den ganzen Vorgang bezeichnet man als Wärmeleitung und Körper, die den Ausgleich rasch ermöglichen, als gute, die ihn langsam eintreten lassen, als schlechte Wärmeleiter.

Im Boden sind immer Schichten verschiedener Temperatur vorhanden, es erfolgt daher dauernd Wärmeleitung; entweder wird Wärme aus den höheren Bodenlagen in die Tiefe geleitet (in der wärmeren Jahreszeit) oder aus der Tiefe in die mehr abgekühlte Oberfläche (in der kälteren Jahreszeit).

Die Wärmeleitung aller im Boden vorkommenden Stoffe ist gering**) und wird durch Korngröße, Struktur und Wassergehalt stark beeinflußt.

Die Leitfähigkeit der Gesteine ist in den ausgesprochen kristallinischen, wie Marmor, Granit, Porphyr, Basalt am höchsten; am

---

*) J. Ahr, Forsch. d. Agrik.-Phys. 17, S. 397.

**) Haberlandt, Wissenschaftl. prakt. Untersuch. usw. Wien 1875, S. 33. — v. Littrow, Ber. d. k. k. Akad. 1875, 1. — Pott, Landw. V.-St. 1, S. 273. — Wagner, Forsch. d. Agrik.-Phys. 6, S. 1.

nächsten kommen dichte Sandsteine, am geringsten ist sie bei Ton oder tonigen Gesteinsarten.*)

Je gleichmäßiger ein Gestein zusammengesetzt ist, um so besser ist die Leitfähigkeit, je mehr die Verwitterung fortschreitet und durch Luft erfüllte Hohlräume entstehen, um so geringer wird die Leitfähigkeit. Im trocknen Boden ist sie sehr gering und nur bei Gehalt an Quarzsand etwas gesteigert.

Jedes Bodenkorn ist von den übrigen durch eine, wenn auch noch so dünne, Luftschicht getrennt. Da die Luft einer der schlechtestleitenden Körper ist, so erklärt sich hieraus, daß die Leitfähigkeit in hohem Grade von der Korngröße abhängig ist, da jede Lufthülle wie eine Isolierschicht wirkt. Krümelung, welche ein dichteres Zusammenlagern einzelner Bodenteile bedingt, steigert die Leitfähigkeit und ebenso alle Bedingungen, welche die Größe der isolierenden Luftschichten vermindern; dies gilt für dichte Lagerung der Bodenbestandteile, sowie für Beimischung von Steinen, welche sehr erheblich einwirken.

Maßgebenden Einfluß auf die Wärmeleitung gewinnt der Wassergehalt des Bodens. Trotzdem das Wasser für Wärme ein schlecht leitender Körper ist, übertrifft es die Leitfähigkeit der Luft doch fast um das dreißigfache. Das im Boden enthaltene Wasser verdrängt im wesentlichen ein gleiches Volumen Luft und übt eine starke, die Wärmeleitung steigernde Wirkung auf den Boden.

Versuche von Pott ergeben z. B. folgende Verhältnisse für die Leitfähigkeit von trocknen und nassen Boden. Diese verhielt sich wie:

Kreide	trocken : naß	(52,9 Vol. % Wasser)	=	1 : 1,8
Humus	„ : „	(63,2 „ „)	=	1 : 1,01
Kaolin	„ : „	(59,7 „ „)	=	1 : 1,7
Quarzsand	„ : „	(42,9 „ „)	=	1 : 1,8
Quarzsand	„ : „	(42,9 „ „)	=	1 : 1,8
„	„ : feucht	(9,9 „ „)	=	1 : 1,7

Es scheint demnach schon ein geringer Wassergehalt auszureichen, um die Leitfähigkeit bedeutend zu steigern. Dies zeigen auch Untersuchungen von Wagner, der für Quarzsand verschiedener Korngrößen folgende Zahlen gibt:

		trocken zu naß
Quarzsand	(0,25—0,5 mm mit 19,82 Vol. % Wasser)	1 : 1,7
„	(0,5 —1 „ „ 12,01 „ „)	1 : 1,8
„	(1 —2 „ „ 8,33 „ „)	1 : 1,7

*) Leß, Pogg. Ann. 1878, Ergbd. 8, S. 517.

Wagner schließt aus seinen Versuchen, daß weniger die Leitfähigkeit des Wassers in Frage komme, als daß vielmehr die der Bodenbestandteile schärfer hervortrete, wenn die schlecht leitende Luft durch das besser leitende Wasser ersetzt ist.

Der Einfluß des Wassers auf die Bodentemperatur ist sehr groß. In Wirkung treten die hohe Wärmekapazität, Wärmebindung infolge Verdunstung, Änderungen der Temperatur tieferer Schichten beim Eindringen von Wasser und der Einfluß von Oberflächenwasser auf die Bodentemperatur.

Wasserreiche Böden erreichen bei gleicher Wärmezufuhr weniger hohe Temperaturgrade als wasserarme Böden. Zugleich wird ein großer Teil der eingestrahlten Wärme zur Wasserverdunstung gebraucht. Homén*) gibt an, daß in Finnland auf einer „Sandheide" (Beob. 14 u. 15, VIII, 2 u. 3, IX, 1 u. 2, X) während der Tageszeit von der einstrahlenden Wärme $^1/_{10}$—$^3/_{10}$, auf einer Moorwiese $^2/_{10}$—$^5/_{10}$ zur Wasserverdunstung verbraucht wurden. Wenn daher die wasserreichen Böden (Humus- und Tonböden) als „kalte Böden" bezeichnet werden, so beruht dies einmal auf dem hohen Verdunstungsverlust und noch mehr auf der langsamen Erwärmung im Frühjahre. Im Herbst sind die oberen Bodenschichten nasser Böden in der Regel wärmer als die trockner Böden.

Eindringendes Wasser teilt den tieferen Bodenschichten seine Temperatur mit. In der Regel wird hierdurch, zumal im Frühlinge, eine rasche Steigerung der Bodentemperatur veranlaßt. Die „warmen Regen", nach denen sich bei Beginn der Vegetationszeit der Gärtner und Landwirt sehnt, sind in der Regel kälter als die Lufttemperatur und als die Bodenoberfläche, dagegen wärmer als die tieferen Bodenschichten, die durch die Zufuhr des Wassers rasch höhere Temperatur annehmen. Beobachtungen von Wild zeigten, daß in Petersburg reichliche Niederschläge die Bodentemperatur erhöhen.

In ähnlicher Weise wirkt fließendes Wasser oder zeitweise aufgestautes Wasser auf den Boden ein. Das zugeführte Wasser hat fast stets höhere Temperatur als die tieferen Bodenschichten; anderseits ist die Durchstrahlung flacher Wasserflächen sehr groß; die unter Wasser befindlichen festen Körper können sich wahrscheinlich über die Wassertemperatur erwärmen.

---

*) Bodenphysik u. meteorol. Beob. Berlin 1894 u. Tägl. Wärmeumsatz im Boden. Leipzig 1896.

§ 135. 3. Bodentemperaturen.

Die Temperatur des Bodens wird von der Oberfläche aus bestimmt. Die Oberfläche ist es, welche die einstrahlende Wärme aufnimmt und durch Leitung an die tieferen Schichten abgibt; die Oberfläche ist auch die ausstrahlende Bodenschicht. Die Erfahrung hat nun gezeigt, daß Freilandböden auch recht verschiedener Art in bezug auf Durchschnittstemperaturen viel gleichartigere Verhältnisse zeigen, als man bei der wechselnden Zusammensetzung erwarten sollte. Allerdings tritt dies nur hervor, wenn man Mittelzahlen verwendet; will man dagegen das Verhalten der einzelnen Bodenarten kennen lernen, so muß man den Gang der täglichen oder mindestens der monatlichen Temperatur verfolgen. Es ist durch die Ausgleichung, welche viele Bodeneigenschaften gegeneinander hervorrufen möglich, von einer durchschnittlichen Bodentemperatur zu sprechen, da zu Stationen grundwasserfreie Böden, die mittleren Verhältnissen entsprechen, ausgewählt werden.

Nach J. Schubert,*) dem wir die wichtigsten Daten über diese Beziehungen verdanken, ändert sich in Mitteleuropa (Stationen Norddeutschlands und Elsaß-Lothringens sind berücksichtigt) die durchschnittliche Bodentemperatur:

I. Abnahme von Süd nach Nord um einen Breitegrad.
II. Zunahme nach Ost um einen Längegrad.
III. Abnahme bei 100 m Erhebung.

	I.			II.			III.		
	Luft	Boden 60 cm tief	Boden 120 cm tief	Luft	Boden 60 cm tief	Boden 120 cm tief	Luft	Boden 60 cm tief	Boden 120 cm tief
Januar	—0,04	—0,08	0,08	—0,32	—0,16	—0,13	0,33	0,11	0,14
Februar	0,30	0,02	0,08	—0,26	—0,14	—0,11	0,46	0,12	0,11
März	0,57	0,34	0,28	—0,24	—0,15	—0,13	0,47	0,26	0,17
April	0,74	0,77	0,57	0,01	0,00	—0,10	0,55	0,65	0,45
Mai	0,69	0,84	0,73	0,06	0,08	0,03	0,58	0,62	0,58
Juni	0,74	0,90	0,83	0,11	0,19	0,13	0,64	0,50	0,55
Juli	0,75	0,92	0,86	0,15	0,21	0,17	0,65	0,53	0,54
August	0,63	0,78	0,82	0,08	0,18	0,16	0,61	0,48	0,50
September	0,38	0,54	0,62	0,00	0,09	0,09	0,53	0,42	0,45
Oktober	0,25	0,28	0,41	—0,08	—0,05	—0,02	0,54	0,43	0,42
November	0,24	0,11	0,25	—0,15	—0,12	—0,09	0,48	0,34	0,35
Dezember	0,04	0,01	0,16	—0,23	—0,14	—0,11	0,47	0,21	0,16
Jahr	0,43	0,45	0,48	—0,07	—0,01	—0,02	0,52	0,39	0,38

*) Jährl. Gang der Luft- und Bodentemperatur. Berlin 1900.

Die Temperaturen des Bodens sind abhängig von der Temperatur der Oberfläche. Leider sind die Beobachtungen der obersten Bodenschicht außerordentlich erschwert. Bei Sonnbestrahlung auf nackten Böden können sehr hohe Temperaturen erreicht werden; in unseren Gebieten sind 40—50° öfter beobachtet; in den Steppen Südrußlands erreicht das Thermometer 50—60 und mehr Grade. Es ist anzunehmen, daß die wirkliche Temperatur noch höher ist; ich habe selbst in Wosnosensk am Dnjepr einjährige Eichen in großer Zahl dadurch abgestorben gesehen, daß genau an der Grenze der Bodenoberfläche eine kaum millimeterdicke Schicht des Stammes getötet war. Da andere Beschädigungen nicht nachweisbar waren und die abgestorbenen Stellen stets an der Bodenfläche lagen, so kann kein Zweifel sein, daß Hitzewirkungen die Ursache der Beschädigungen waren.

Als Regel für die Erwärmung der Bodenoberfläche kann man annehmen, daß die Temperatur zur Zeit der Minima nur wenig unter die der tieferen Luftschichten sinkt, daß dagegen zur Zeit der Maxima, namentlich bei direkter Sonnenbestrahlung, die Bodenoberfläche sehr viel höhere Wärmegrade als die Luft erreicht, so daß die Amplitude der täglichen Schwankungen oft das 2—3fache der der Lufttemperatur betragen kann.

Die Temperaturen der verschiedenen Bodenschichten suchen sich auszugleichen, es entsteht ein Temperaturgefälle von den wärmeren zu den kälteren Schichten, welches zur Tages- und Sommerszeit vorherrschend von der Oberfläche nach der Tiefe, in der Nacht- und Winterszeit von der Tiefe nach der Oberfläche gerichtet ist. Natürlich braucht ein solcher Ausgleich bei der langsamen Wärmeleitung im Boden Zeit; so kann es kommen, daß mittlere Lagen die höchsten Temperaturen zu einer Tageszeit erreichen, in der die Oberfläche bereits wieder stark erkaltet ist; dasselbe gilt für größere Tiefen bez. für die Jahresschwankungen. Es macht sich demnach eine Verzögerung der höchsten und niedersten Temperaturen in den tieferen Bodenschichten gegenüber dem Sonnenstande bemerkbar.

Tägliche Schwankungen der Bodentemperatur. Die niederste Temperatur der Bodenfläche tritt um Sonnenaufgang ein; die höchste um etwa 1 Uhr nachmittags.

Die täglichen Schwankungen werden in 0,75—1 m Tiefe unmerklich. Um ein Beispiel für das Verhalten eines Bodens zu geben, sind hier die Mittelzahlen aus zweistündigen Beobachtungen mitgeteilt, die Müttrich in der Zeit von 15.—30. Juni 1889 in Eberswalder Sandboden fand.

Freilandstation.

Zeit	Luft-temperatur	Bodentemperatur an der Oberfläche	in der Tiefe von 0,15 m	0,30 m	0,60 m
nachts 12 Uhr	13,80	16,71	19,42	17,90	15,88
2 „	12,90	15,59	18,42	17,59	15,91
4 „	**12,53**	**15,14**	17,84	17,33	15,91
6 „	14,68	15,89	**17,35**	17,03	**15,92**
8 „	17,99	17,54	17,52	16,75	15,91
10 „	21,05	22,65	18,72	**16,59**	15,89
mittags 12 „	21,97	25,00	20,52	16,64	15,84
2 „	**22,61**	**26,37**	22,08	17,00	15,80
4 „	22,38	25,89	**22,91**	17,37	15,77
6 „	21,24	22,32	22,64	17,71	**15,75**
8 „	17,55	19,76	21,65	17,99	15,77
10 „	14,80	17,81	20,53	**18,06**	15,88
Mittel	17,79	20,06	19,97	17,33	15,85

In 15 cm Tiefe sind also Maximum und Minimum bereits um zwei Stunden verspätet, in 30 cm Tiefe das Minimum um sechs, das Maximum um 6—8 Stunden; in 60 cm Tiefe, wo der Unterschied allerdings nur 0,2° C beträgt, ergibt sich eine Verzögerung von 14—16 Stunden.

Natürlich werden sich für abweichende Bodenarten auch abweichende Verhältnisse ergeben; das angeführte Beispiel genügt jedoch, um die Hauptpunkte zu zeigen.

§ 136. Jährliche Temperaturschwankungen.

In größeren Tiefen und längeren Zeiträumen verlaufen die jährlichen Temperaturschwankungen im Boden. In den oberen Schichten sind die Amplituden im Laufe eines Jahres von erheblicher Größe, nehmen aber mit größerer Tiefe immer mehr ab, um endlich völlig zu verschwinden.

Die Tiefe, in welcher eine gleichbleibende oder wenigstens von den Schwankungen der Jahreszeiten unabhängige Temperatur herrscht, ist nach den klimatischen Verhältnissen verschieden. In den Tropen liegt sie (nach Wild) bei etwa 6 m, in den gemäßigten Klimaten bei 20—30 m. Alle Bedingungen, welche die Temperaturextreme abschwächen, insbesondere die Einwirkung des Seeklimas, Bodendecken der verschiedensten Art, beeinflussen auch die Bodentemperatur. Die Beobachtungen lehren, daß in England, Frankreich zum Teil (Paris) die unteren Grenzen der Temperaturschwankungen im Boden bei etwa 20 m Tiefe liegen; dieselbe Zahl erhielt Müttrich für den Waldboden bei Eberswalde. Die Beobachtungen in Freilandböden der mehr kontinentalen Gebiete führen ziemlich übereinstimmend auf etwa 30 m Tiefe (Mittel- und Ostdeutschland, Rußland usw.).

Ein Beispiel für die jährlichen Bodentemperaturen, welches zugleich den Verlauf der Verzögerung des Eintritts der Extreme in tieferen Bodenschichten behandelt, geben Wild und Hlasek für Petersburg.

	Jan.	Febr.	März	April	Mai	Juni
Mittel der Lufttemperatur	8,20	8,34	4,20	0,49	6,42	15,64
Bodentemperatur						
an der Oberfläche	7,62	8,04	3,81	0,91	6,43	16,38
in 0,43 m Tiefe	5,07	5,79	0,52	2,39	13,10	17,34
„ 0,81 „ „	2,46	2,56	2,13	0,53	0,93	10,32
„ 1,52 „ „	2,76	1,30	0,62	0,50	1,17	6,78
„ 3,0 „ „	6,65	5,06	3,96	3,31	3,24	4,51

	Juli	August	Sept.	Okt.	Nov.	Dez.
Mittel der Lufttemperatur	17,70	15,34	11,07	4,86	2,97	10,02
Bodentemperatur						
an der Oberfläche	18,47	15,46	11,08	4,74	1,97	9,27
in 0,43 m Tiefe	16,54	13,42	8,21	—	—	—
„ 0,81 „ „	15,68	16,37	14,34	—	—	—
„ 1,52 „ „	12,59	14,56	12,09	—	—	—
„ 3,0 „ „	7,48	11,61	11,83	—	—	—

Die Zeitdauer des Temperaturwechsels in der Tiefe des Bodens betrug in Tagen:

	Minim. bis Medium	Medium bis Maxim.	Maxim. bis Medium	Medium bis Minim.	Maxim. bis Minim.	Medium bis Medium
an der Oberfläche .	91	77	105	92	168	177
in 0,4 m Tiefe .	101	73	88	103	174	—
„ 0,8 „ „ .	95	62	93	115	157	155
„ 1,6 „ „ .	67	69	91	138	136	160
„ 3,2 „ „ .	48	73	102	143	120	174

Die Verspätung des Eintritts der höchsten und niedersten Temperatur gegenüber der Bodenoberfläche betrug für je 1 m Erdschicht:

	für das Minimum	für das Maximum
in 0,0—0,8 m Tiefe	32 Tage	25 Tage
„ 0,8—1,6 „ „	46 „	25 „
„ 1,6—3,2 „ „	52 „	36 „
im Mittel	41 „	27 „

Es ergibt sich hieraus, daß der Boden im Herbst lange relativ warm, im Frühling lange relativ kalt bleibt. In noch höherem Maße gilt dies für sehr feuchte Bodenarten, zumal für Moorboden.

In der warmen Jahreszeit ist die Bodenoberfläche wärmer, in der kälteren kühler als die tieferen Bodenschichten.

Der Boden dient während der warmen Tages- und Jahreszeit als Wärmespeicher und gibt während der Nacht und der kalten Jahreszeit den Überschuß an Wärme ab, welchen er aufgenommen hatte. Hierauf beruht es, daß die Böden von September bis Dezember höhere Temperaturen aufzuweisen haben und anderseits im Frühlinge sich nur langsam erwärmen.

Abweichende Verhältnisse zeigen die Moorböden; leider liegen bisher nur wenig Beobachtungen vor. Im gewachsenen Moore ist der Wassergehalt sehr hoch; die organische Substanz der gleichmäßigen zersetzten tiefen Schichten beträgt oft nur 5—8 Volumprozent, alle Zwischenräume sind gleichmäßig von Wasser erfüllt. So gering der Anteil der festen Bestandteile auch nach dem Volumen ist, so genügen sie bei der lockeren Verteilung doch, um die Wasserbewegung auf ein sehr geringes Maß herabzusetzen. Die Moore verhalten sich, vielleicht mit Ausnahme der obersten porösen Torfschicht, wie Wasseransammlungen ohne Strömungen. Der Temperaturwechsel ist dadurch ungemein herabgesetzt, die täglichen und jährlichen Schwankungen sind vermindert und die Verzögerung der Minima und Maxima in den tieferen Schichten ist sehr groß. Hierauf beruht es, daß frisch gestochener Torf der Hand „eiskalt“ erscheint, daß in Moorböden sich bereits in Mittelfinnland bis zum September Eis in mäßiger Tiefe findet und daß die aus Mooren hervortretenden Quellen im Sommer niedrigere Temperaturen als im Winter haben.*)

Die Verhältnisse des Moorbodens erläutern am besten die Zahlen, welche Krutsch**) von einem Moore des Erzgebirges mitteilte (siehe Tabelle auf Seite 312).

Das Moor bestand bis 1,5 m Tiefe aus Moos und Grastorf, die tieferen Schichten wurden von Baumresten (Kiefer und Fichte) gebildet, die oft in ganzen Stockwerken übereinander lagen. Bis 4 m Tiefe wurde die Mächtigkeit des Moores nachgewiesen.

Bedeutsamen Einfluß übt der Wassergehalt auf das Gefrieren der Böden und auf das Auftreten von Spät-

*) Gümbel in Sendtner, Vegetat. Südbayerns, S. 66.
**) Tharandter forstl. Jahrb. 29, S. 76.

Jahresdurchschnitt 1874—1877 (4 Jahre).

Die Temperatur betrug in der Tiefe von:

	0,1	0,25	0,50	0,75	1,0	1,5	2	3 m
Januar ..	—**0,39**	1,47	2,65	3,82	4,83	6,30	7,36	7,40
Februar .	—0,10	**1,14**	**2,29**	3,27	4,18	5,68	6,84	7,21
März	0,63	1,66	2,40	**3,08**	**3,83**	5,20	6,31	6,95
April	4,31	4,50	4,13	4,02	4,20	**4,95**	**5,97**	6,67
Mai	7,72	7,07	6,32	5,70	5,39	5,35	**5,97**	6,44
Juni	14,17	12,02	9,96	8,30	7,21	6,32	6,31	**6,36**
Juli	**15,24**	**13,83**	12,27	10,68	9,44	7,74	7,12	6,40
August ...	14,67	13,62	**12,53**	**11,34**	10,39	8,73	8,01	6,70
September.	9,74	10,56	10,93	10,85	**10,80**	**9,41**	8,59	7,12
Oktober ..	6,63	7,94	8,95	9,45	9,62	9,31	**8,81**	7,25
November	2,75	4,06	5,72	6,96	7,68	8,47	8,55	7,44
Dezember .	2,38	2,38	3,84	5,15	6,12	7,38	8,04	**7,47**
Mittel des Jahres ...	6,34	6,69	6,83	6,88	6,97	7,07	7,32	6,95
Absolutes Maximum	18,40	6,00	14,00	12,40	11,20	10,00	9,20	8,60
Absolutes Minimum	—4,00	0,60	2,00	2,60	3,20	4,60	5,00	6,20

und Frühfrösten.*) Die wichtigsten Tatsachen lassen sich in folgenden Sätzen zusammenfassen:

1. Sinkt die Bodentemperatur unter Nullgrad, so tritt zunächst die Erscheinung der Unterkühlung auf, und dies um so mehr, je weniger Wasser vorhanden ist, oder was dasselbe sagen will, je stärker das vorhandene Wasser den Anziehungskräften des Bodens ausgesetzt ist. Temperaturen von —1 bis —3° sind beobachtet. Nach Beginn des Gefrierens erfolgt der Übergang in Eis dann sehr rasch, während die Temperatur des Bodens auf 0° steigt.

2. Die Frosttemperaturen dringen um so tiefer und rascher ein, je geringer im Durchschnitt der Wassergehalt des Bodens ist (Sand am raschesten, Humus am langsamsten); das Auftauen erfolgt in derselben Reihenfolge, wie das Gefrieren des Bodens.

*) Wollny, Forsch. d. Agrik.-Phys. 4, S. 147, 327.
Ebermayer, Forsch. d. Agrik.-Phys. 14, S. 195.
Homén, Nachtfrostphänomen. Berlin 1894.
Petit, Forsch. d. Agrik.-Phys. 16, S. 285.

3. Beim Gefrieren des Bodens und bei Auftreten von Frostschäden ist die Wärmeleitung der oberen Bodenschichten von Wichtigkeit. Je besser der Boden die Wärme leitet, um so geringer ist die Gefahr, daß Frostschäden auftreten. Da die Wärmeleitung durch mäßigen Wassergehalt gesteigert wird, so sind namentlich humose Böden sehr gefährdet, wenn die oberste Schicht abgetrocknet ist und sich daher stark abkühlen kann, ohne daß Wärmezufuhr aus den tieferen Schichten möglich wird.
4. Der Salzgehalt des Bodens macht sich bis zu einem gewissen Grade beim Gefrieren bemerkbar. Jedes gelöste Salz setzt die Erstarrungstemperatur herab. Man schreibt in der Praxis den Kalisalzen erhebliche Einwirkung auf die Verminderung der Frostgefahr zu.*) Wahrscheinlich steht dies Verhalten in Verbindung mit der verminderten Verdunstung des Bodens.

b. Der Wärmeaustausch des Bodens.**)

§ 137. Die absolute Höhe der Temperatur der Böden lehrt uns die direkte Beobachtung des Thermometers. Es ist jedoch noch eine zweite Methode der Berechnung möglich durch Feststellung des Wärmeaustausches, d. h. der gesamten Wärme, welche im Laufe einer Zeiteinheit (Tag, Jahr) in den Boden eintritt und von ihm ausgestrahlt wird.

Die Beobachtung des Wärmeaustausches setzt die Kenntnis des Volumgewichtes und der Wärmekapazität des Bodens voraus. Die gefundenen Zahlen sind nicht einwandsfrei, da, zumal für längere Perioden, im Wechsel des Wassergehaltes, und in die Wasserverdunstung kaum bestimmbare Einflüsse wirksam werden. Trotzdem sind die Vorzüge der Methode so groß, daß sie immer mehr Bedeutung gewinnen wird.

Der Wärmeumsatz ist abhängig von der zugeführten Wärmemenge, der Aus- und Einstrahlung und namentlich von der Leitfähigkeit des Bodens. „Die Größe des Wärmestromes, d. h. die in der Zeiteinheit durch die horizontale Flächeneinheit hindurchgehende Wärmemenge ist dem Temperaturgefälle proportional.“ (Schubert.)

Als Wärmegehalt des Bodens wird dabei die Wärmemenge bezeichnet, welche zugeführt oder abgeleitet werden muß, um eine Erdsäule von bestimmter Größe (in der Regel 1 qcm Fläche) und einer Tiefe, in der die Schwankungen der Temperatur aufhören, auf die gegebene Temperatur zu erwärmen oder abzukühlen. Als

*) Th. Mayer, Ber. d. bayr. Moorkulturanstalt 1902, S. 22.

**) Homén, Bodenphys. u. meteorol. Beob. Berlin 1894.
J. Schubert, Der Wärmeaustausch. Berlin 1901.

Ausgangspunkt wird in der Regel die Mitteltemperatur zu wählen sein. Der Unterschied zwischen dem (täglichen, jährlichen) Höchstgehalt und Mindestgehalt an Wärme ergibt den Wärmeumsatz.

Die gesamte, im Boden vorhandene Wärme erreicht ihren täglichen höchsten oder niedersten Stand etwa drei Stunden nach dem Maximum oder Minimum der Temperatur der Bodenoberfläche.

Der tägliche Wärmeumsatz betrug z. B. in Eberswalde im Juni 1879 auf graswüchsigem Freilandboden (alle folgenden Angaben für 1 qcm Fläche) 62 Kalorien, im Kiefernwalde nur 24 Kalorien, also nur 39% des Freilandbodens.

Den Einfluß der Bodenbeschaffenheit zeigen sehr deutlich die Untersuchungen von Homén. Er fand im August 1893 bei Helsingfors den Wärmeumsatz:

im Granitfelsen	zu	128	Kol.
im Sandboden	zu	67	,,
im Moorboden	zu	31	,,

Der jährliche Wärmeaustausch belief sich 1876—1890 in Eberswalde im freien Felde auf 1850 Kal., im Kiefernwalde auf 1290 Kal., also etwa 70% des freien Feldes.

Entscheidend für den Wärmeumsatz wird die Tiefe, bis zu der die Schwankungen eindringen. Hierdurch werden Seen und insbesondere das Meer zum großartigen Wärmespeicher. Wellenbewegung und Strömungen schaffen fortgesetzt einen Ausgleich zwischen den Wasserschichten und veranlassen, daß, auch bei relativ geringen Verschiedenheiten in der Temperatur, gewaltige Wärmemengen in tiefere Schichten eindringen können. Für die Ostsee berechnet Schubert eine Aufspeicherung von 44000 Kal. während der warmen Jahreszeit; sowie daß der jährliche Wärmeumsatz für das Meer das 24fache des freien Feldes und das 34fache des Kiefernbodens in der Mark beträgt.

9. Die Kohäreszens der Bodenteile.

Literatur:

Schübler, Grundsätze d. Agrik.-Chem. 1830.

Haberlandt, Wissensch.-prakt. Unterricht etc. Wien 1875, I, S. 22 u. Forsch. d. Agrik.-Phys. 1, S. 148.

Puchner, Forsch. d. Agrik.-Phys. 12, S. 195.

§ 138. Die Anziehungskraft, welche die einzelnen Teile eines Körpers aufeinander ausüben, bezeichnet man als Kohäsion. Ein Maß derselben ist der Widerstand, welchen sie einer Trennung, sei es durch Zug (relative Festigkeit) oder Druck (absolute Festigkeit), oder dem Eindringen eines keilförmigen Körpers (Trennungswiderstand) entgegensetzen.

In der Bodenphysik hat man, da der Boden aus verschiedenartigen Stoffen und außerdem aus einzelnen voneinander getrennten Teilchen besteht, für die Kräfte, welche ein Zusammenlagern derselben bedingen, den Ausdruck Kohäreszens eingeführt.*) Ob die Einführung dieses Begriffes unbedingt notwendig war, mag dahingestellt bleiben. Konsequenterweise müßte man die Kräfte, welche alle Gesteine zusammenhalten, dann auch als Kohäreszens bezeichnen, da weitaus die meisten derselben aus verschiedenen Mineralarten gemischt sind oder doch alle aus einzelnen getrennten Teilen (Kristallen) bestehen. Der Begriff der Kohäsion würde dann nur noch bei Kristallen und amorphen Körpern zur Anwendung kommen dürfen.

Die Kohäreszens beruht auf der Anziehung, welche die einzelnen Teile auf einander ausüben. Die Anziehung wächst mit der Zahl der lückenlos zusammenlagernden Bodenteile und ist daher zunächst von der Form der Spaltungsstücke abhängig,**) ferner von der physikalischen Beschaffenheit, Glätte der Spaltflächen, Härte der Substanz. Nicht ausgesprochen spaltbare Minerale geben unregelmäßig eckige Bruchstücke; Spaltbarkeit nach einer Richtung gibt Blättchen, nach mehreren parallelflächige Polyeder.

So gibt Quarz keine ebenen Flächen, Feldspat hauptsächlich parallelflächige Bruchstücke, Kalkspat rhomboedrische Spaltungsstücke; Kaolin ist ausgezeichnet blätterig spaltbar, dabei weich und bildet deshalb sehr kleine Blätter.

Die Lagerungsweise ist von der Form abhängig; so lagern sich sehr dicht Quarz und Kalkspat, locker dagegen Kaolin. „Die kleinen schuppenförmigen Kaolinblättchen werden ähnlich wie geschliffene Glasplatten aneinander haften“ (Bagger), aber natürlich nur in der Spaltungsrichtung, nach allen anderen Richtungen ergeben sich große Lücken.

Amorphe Substanzen geben ganz unregelmäßige Formen und zeigen sehr geringe Kohäreszens (z. B. Kieselsäure, Eisenoxydhydrat).

Die Stärke der Kohäreszens des Bodens ist von der Zusammensetzung, der Korngröße, dem Wassergehalte und der Lagerungsweise abhängig.

Ton hat die höchste, Humus die geringste Kohäreszens. In Gemischen steigert Ton den Zusammenhang, Humus schwächt denselben. Die Wirkung des Tones ist allbekannt, die des Humus tritt nach den Versuchen von Puchner übereinstimmend als Kohäreszens vermindernd hervor. Die in der Praxis allgemein geläufige Anschauung, daß humose Stoffe „schwere Böden lockerten, leichte

*) Schumacher, Physik des Bodens. Berlin 1864, S. 125.

**) W. Bagger, Bedeutg. gew. physik. Eigensch. Diss. Königsberg 1902.

bindiger machten", ist daher, streng genommen, nicht richtig; wohl aber halten die zumeist noch organisierte Struktur zeigenden und zumal mit hoher Wasserkapazität ausgerüsteten Humuspartikel den Sandboden feuchter und krümeliger.

Die Kohäreszens steigt mit Abnahme der Korngrößen; bleibt aber auch dann in erster Linie von der Zusammensetzung abhängig. Gröbere Sande z. B. zeigen keinen merkbaren Zusammenhang, während fein zerriebener Quarzstaub eine erhebliche Bindigkeit besitzt, jedoch hinter Ton zurücksteht.

Salze wirken meist vermindernd auf die Kohäreszens ein; namentlich Kalksalze und Ätzkalk lockern tonreiche Böden. Es steht dies mit der flockenden Wirkung der Salze in engem Zusammenhang und ist ein Beispiel für die Tatsache, daß gekrümelte Böden wesentlich geringeren Zusammenhalt zeigen als dicht gelagerte. Alkalikarbonate und Ätzkalkalien steigern die Kohäreszens.

Der Wassergehalt vermindert den Zusammenhalt aller Böden; Wasser wirkt wesentlich als Schmiermittel, welches die Verschiebbarkeit der einzelnen Teile erleichtert. Nur bei sehr lockeren Bodenarten, wie Sand und staubfeinem Humus, macht sich die Oberflächenspannung des Wassers bei mäßiger Durchfeuchtung geltend und hierdurch wird scheinbar ein stärkerer Zusammenhalt der einzelnen Bodenteile hervorgerufen.

Die Bestimmung der Kohäreszens hat nur Wert, wenn sie an gewachsenen Böden erfolgt. Schübler maß bereits den Widerstand, den ein eindringendes Stahlspatel überwinden muß. v. Schermbeek hat eine handliche „Bodensonde" konstruiert, welche es ermöglicht, im Felde zu arbeiten. Kommen auch theoretisch bei diesem Instrument mehrere Faktoren in Betracht (Adhäsionskonstante zwischen Boden und Metall, Größe der mit dem Metall in Berührung kommenden Bodenfläche, Reibung der seitlich verschobenen Bodenpartikel gegeneinander), so genügt der Apparat doch, um einen Einblick in die Verhältnisse des Bodens zu geben. (Allerdings sollte immer gleichzeitig eine Wasserbestimmung ausgeführt werden.)

Bei der Bodenbearbeitung machen sich noch die Reibung der Bodenteile an den eindringenden Instrumenten und die Adhäsion (Klebrigkeit) des Bodens geltend. Die Bodenbearbeitung, zumal im landwirtschaftlichen Betriebe, bezweckt eine tunlichst weitgehende Lockerung des Bodens und Erhaltung bzw. Förderung der Krümelstruktur. Tonböden z. B. werden bei sehr hoher Feuchtigkeit leicht in einen gleichmäßigen Brei umgewandelt, bei zu geringer nur in groben Stücken umgebrochen. Es ist daher notwendig, diese Arbeiten bei einem mittleren, für die Erhaltung der Bodenstruktur günstigsten Wassergehalt des Bodens vorzunehmen.

Die Adhäsion des Bodens an Holz ist erheblich (etwa 10—25 %) höher als an Eisen.

Die Bezeichnung „schwere und leichte Böden“ bezieht sich ausschließlich auf die schwieriger oder leichter durchführbare Bearbeitbarkeit, steht also in keiner Beziehung zum Gewicht des Bodens.

Die Bindigkeit der Bodenarten, soweit sie nicht durch Krümelbildung verändert ist, kann oft die Kulturfähigkeit eines Bodens stark beeinflussen. Extreme sind hierin die zähen, fast ertraglosen Tone (z. B. Tertiärtone) und die flüchtigen Sande, wie sie in den Dünen am ausgesprochensten vorliegen.

Die Praxis unterscheidet die Bodenarten nach ihren Kohäsionsverhältnissen als:

fest (z. B. zäher Ton oder Letten); der Boden bekommt beim Austrocknen tiefe Risse und bildet dann feste, steinharte Stücke, die nur schwer zu zerkleinern sind;

streng (auch schwer); reißt beim Austrocknen und bildet dichte Stücke, die mit der Hand nur schwer zu zerkrümeln sind (z. B. tonreiche Lehmböden, Kalkmergelböden);

mürbe (mild); beim Austrocknen bilden sich nur wenige Risse, die Stücke sind mit der Hand leicht zu zerkrümeln (z. B. Lehm und sandige Lehmböden);

locker; der Boden läßt sich in feuchtem Zustande noch ballen, zerfällt getrocknet aber schon bei mäßigem Druck (lehmiger Sand, humose Sandböden);

lose; Böden sehr geringer Bindigkeit, die selbst angefeuchtet geringen Zusammenhang haben und getrocknet zerfallen (Sandböden);

flüchtig; Böden ohne merklichen Zusammenhang; der Bodendecke beraubt, treiben sie vor dem Winde.

Zwischen diesen verschiedenen Kohäreszensgraden, welche die Praxis unterscheidet und deren Angabe sofort viele Eigenschaften des Bodens erkennen läßt, finden sich zahlreiche Übergänge. Es kann z. B. ein Flugsand durch Bindung zum losen Sandboden werden oder ein solcher durch Beimischung reichlicher humoser Stoffe in einen lockeren Boden übergehen.

10. Steine im Boden.

§ 139. Die Beimischung von Steinen ist, zumal auf flachgründigeren Verwitterungsböden, oft sehr erheblich und beeinflußt die Eigenschaften des Bodens in günstigem oder ungünstigem Sinne.

Je nach Größe und Form der Steine unterscheidet man:

Steinblöcke, über 25 cm Durchmesser;

Steinbrocken, etwa 5—25 cm Durchmesser; zumeist nur Bezeichnung für Bruchstücke anstehender Felsarten, die auch schlechthin als Steine bezeichnet werden;

Grus, die eckigen, leichter zersetzbaren Bruchstücke des Grundgesteines (z. B. Granitgrus);

Grand, abgerundete Steinstücke; in etwas feinkörnigerem Zustande als Kies bezeichnet.

Die Einwirkung der Steine auf die Bodeneigenschaften ist ferner noch von deren Form abhängig. Gerundete oder ganz unregelmäßig eckige Bruchstücke können sich nicht so dicht zusammenlagern wie würfelige (die z. B. bei manchen Felsitporphyren vorkommen) oder die flachen, schieferigen der Schiefergesteine, welche das Eindringen der Wurzeln oft sehr erschweren.

Die Steine erwärmen sich leichter als der feinkörnige Erdboden und setzen dem Eindringen des Wassers einen mäßigen, der Verdunstung einen erheblichen Widerstand entgegen.

Je nach den Eigenschaften des Bodens und nach der Lage werden daher die Steine, wenn sie nicht in zu großer Menge vorkommen, günstig oder ungünstig einwirken.

Im Gebirge wird durch Steine, zumal größere Bruchstücke, die Abschwemmung erschwert, in kühlen Lagen erwärmt sich der Boden leichter, sehr feste Böden werden durch Steine, wohl infolge der verschiedenen Ausdehnung bei Temperaturwechsel, etwas gelockert.

Alle leicht sich erwärmenden Bodenarten, zumal Sand, sowie flachgründigere Kalkböden, verschlechtern sich jedoch durch Steinbeimischung erheblich. Hier ist die verstärkte Wärmeleitung von ungünstigem Einfluß; es scheint die Verdunstung hierdurch mehr erhöht zu werden, als der Verminderung der Wasserleitung durch die Steine im Boden entspricht.

Je nach der Steinbeimischung unterscheidet man: etwas, ziemlich, sehr steinig. Besteht der Boden überwiegend aus Steinen mit wenig beigemischter Erde, so wird er zum Grand- oder Grusboden. Im allgemeinen überschätzt man bei oberflächlicher Betrachtung die Menge der beigemischten Steine, zumal in tiefgründigen Böden.

Die Verwitterungsböden anstehender Felsarten sind meist von Bruchstücken des Grundgesteines, der ersten Verwitterungsstufe desselben, unterlagert, welche wie eine Drainage des Bodens wirken. Erdarme, flachgründige Stellen leiden dann leicht an Trocknis, tonreiche Böden werden aber entsprechend entwässert und in ihrer Fruchtbarkeit gefördert.

Steine können daher, je nach den Umständen, den Bodenwert erheblich herabsetzen oder ihn erhöhen. Im allgemeinen kann man annehmen, daß das erstere fast immer im Flachlande, das letztere sehr oft im Gebirge eintritt.

VIII. Die Bodendecke.

Die Bodenbedeckung und Beschattung.

Literatur:

Wollny, Einfluß der Bodendecke und Beschattung. Berlin 1877.

Ebermayer, Lehre der Waldstreu. Berlin 1876.

Wollny, Forsch. d. Agrik.-Phys. X, S. 153; XII, S. 423; XIII, S. 316.

Ebermayer, Forsch. d. Agrik.-Phys. XIV, 3. u. 4. Heft; XII, 1. u. 2. Heft; XIV, 5. Heft.

In bezug auf Waldstreu außerdem hauptsächlich:

Riegler, Mitteil. a. d. forstl. Vers.-Anst. Österreichs Bd. I.

Wollny, Forsch. d. Agrik.-Phys. VII, S. 309; X, S. 415; XIII, S. 134.

Bühler in Lorey, Handb. d. Forstwissensch., Bd. 1, Abt. 2, S. 253 (mit sehr vollständiger Literatur).

Ramann, Die Waldstreu. Berlin 1890.

§ 140. Unter Bodendecke ist hier jede auf den Bodenlagen auflagernde und von diesen in ihren Eigenschaften abweichende Bedeckung des Bodens verstanden. Diese kann physikalisch verschieden sein (Steine, Sand) oder chemisch anders zusammengesetzt sein (z. B. Humusschichten, Schnee), oder aus abgestorbenen Pflanzenresten (Stroh, Waldstreu) oder aus lebenden Pflanzen (Moos, Gras, in strengem Sinne auch aus Wald) bestehen.

In bezug auf die Wirkung einer Bodendecke können folgende Regeln gelten:

1. Jede Bodendecke schwächt die Extreme des Temperaturwechsels ab (Ausnahmen bildet Bodenbedeckung mit Steinen und unter bestimmten Umständen mit Sand).

2. Die Bedeckung mit anorganischen oder leblosen organischen Bestandteilen setzt die Wasserverdunstung des Bodens herab und erhöht hierdurch sowohl den durchschnittlichen Wassergehalt der obersten Bodenschicht (im Vergleich mit gleichartigem unbedecktem Boden), sowie auch die Menge der Sickerwässer (Ausnahmen bilden für Wasser schwer durchlässige Schichten, zumal Rohhumus des Waldes).

3. Eine lebende Bodendecke wirkt in bezug auf die Temperatur nach 1, setzt jedoch den Wassergehalt des Bodens und die Menge der Sickerwässer durch den bedeutenden Wasserverbrauch für physiologische Zwecke in hohem Grade herab.

I. Anorganische Bodendecken.

1. Schnee.

Literatur:

Woeikoff, Einfluß einer Schneedecke. In den geographischen Abhandlungen, herausgegeben von Penck, III. Heft, 3. Wien und Olmütz 1889.

§ 141. Eine Schneedecke wirkt namentlich auf die Temperatur des Bodens ein. Der Schnee ist ein schlechter Wärmeleiter, dies tritt um so mehr hervor, je lockerer, leichter und feinkörniger er sich ablagert; je mehr er durch wiederholtes Tauen und Gefrieren der Struktur des Eises sich nähert, um so leichter erfolgt die Leitung der Wärme. Es ist dies eine Folge der Verminderung der isolierend wirkenden Luftschichten.

Schon eine mäßige Schneedecke genügt, um einen abschwächenden Einfluß auf die Schwankungen der Bodentemperatur auszuüben und den Boden wärmer zu erhalten.

Natürlich wird die Temperatur des unterliegenden Bodens nicht unter die der benachbarten Schneedecke sinken können. In unseren Gebieten kommen daher bei dauernder Schneedecke tief gefrorene Bodenschichten kaum vor, und selbst in viel kälteren Klimaten (Sibirien, Rußland) genügt der Einfluß des Schnees, um eine verhältnismäßig hohe Bodentemperatur zu erhalten.

Beim Abtauen der Schneedecke kehren sich diese Verhältnisse um, der schneefreie Boden erwärmt sich dann rascher, zumal er zugleich in der Regel trockener ist, als der schneebedeckte.

Die Wirkung der Schneedecke in bezug auf die Bodentemperatur besteht also in einer Erhöhung derselben während einer Kälteperiode, und in langsamerer Erwärmung des Bodens beim Abschmelzen. Beides ist der Vegetation günstig.

Anders gestalten sich die Verhältnisse an der Oberfläche und in der Luftschicht über der Schneedecke, die nach Polis (Meteorol. Zeitschr. 1896, Heft 1) infolge von Ausstrahlung niedrigere Temperaturen haben, als der durchschnittlichen Temperatur entspricht. Bei Windstille sind die Unterschiede am stärksten. Die Schneedecke wirkt daher auf überragende Pflanzenteile eher ungünstig als günstig ein.

Von großer Wichtigkeit, zumal bei mächtiger Schneedecke, ist die Art des Abtauens für die Wasserabfuhr, beziehentlich die Hochwässer der Flüsse.

Unter dem Einfluß warmer Winde kann der Schnee schnell tauen, das Wasser läuft oberflächlich von dem noch gefrorenen Boden ab und veranlaßt ein rasches Steigen der Flüsse.

Erhöht sich dagegen die Temperatur langsam und werden höhere Kältegrade seltener, so erfolgt entsprechend der allmählichen Temperaturzunahme ein Auftauen des Bodens von unten nach oben. Die höhere Temperatur der tieferen Bodenschichten wirkt ein, und da die Wärmeausstrahlung nach oben geringer wird, so kann ein Boden schon bei einer Lufttemperatur von einigen Graden unter null in der Tiefe zu tauen beginnen.

Bei der Wichtigkeit des Gegenstandes mögen einige Zahlen, die Woeikoff mitteilt, hier im Auszuge folgen.

Die Zahlen sind Mitteltemperaturen dreimaliger täglicher Ablesungen. Der Boden unter 1 m Tiefe hielt sich dauernd über null Grad.

	Mittlere Temperatur				
		des Bodens			
Datum 1884	der Luft	Oberfläche	25 cm Tiefe	50 cm Tiefe	75 cm Tiefe
19. März	— 3,3°	— 2,7°	— 1,4°	— 1,2°	— 0,4°
21. „	— 2,5°	— 4,7°	— 0,9°	— 0,7°	— 0,3°
23. „	— 1,9°	— 2,0°	— 0,9°	— 0,6°	— 0,1°
25. „	— 1,7°	— 2,6°	— 0,8°	— 0,5°	— 0,1°
27. „	— 2,9°	— 2,4°	— 0,9°	— 0,4°	— 0,0°
29. „	— 1,2°	— 0,7°	— 0,8°	— 0,4°	+ 0,1°
31. „	— 2,3°	— 4,7°	— 0,6°	— 0,4°	+ 0,1°
2. April	— 4,8°	— 4,7°	— 0,4°	— 0,3°	+ 0,2°
4. „	+ 0,5°	+ 0,5°	— 0,3°	— 0,2°	+ 0,2°
6. „	+ 1,1°	+ 0,3°	— 0,3°	— 0,1°	+ 0,2°
8. „	+ 0,3°	— 1,4°	— 0,2°	— 0,1°	+ 0,3°
9. „	+ 3,0°	— 1,1°	+ 0,1°	— 0,0°	+ 0,3°

Der Boden ist also ganz allmählich von unten nach oben aufgetaut.

Jeder Einfluß, welcher das Abtauen verlangsamt, wird daher zugleich eine Verminderung des oberflächlich abfließenden und eine Steigerung des in den Boden eindringenden Wassers herbeiführen. Der Wald wirkt nun in diesem Sinne und ist der einzige auf große Flächen einwirkende Faktor.

Die Schneeschmelze verzögert sich im Walde, zumal im geschlossenen Nadelwalde oft tagelang; die Temperatur der tieferen Schichten der Waldböden ist an sich eine höhere als die der Feldböden, der Prozentsatz des in die Tiefe absickernden Wassers bei der Schneeschmelze ist daher größer als auf freien Felde. Kann man diese Einwirkung auch noch nicht zahlenmäßig messen, so ist ihr doch eine große Bedeutung zuzusprechen.

Anstatt im Frühjahrhochwasser ohne Nutzen und vielfach unter Verursachung von Schaden rasch abzufließen, dienen die Sickerwässer zur Erhöhung des Grundwasserstandes und bei langsamem Abfluß zur dauernden Speisung von Quellen.

Hier liegt eine Einwirkung des Waldes vor, wahrscheinlich von viel größerer Bedeutung als jede andere klimatische Beeinflussung, welche über das waldbedeckte Gebiet hinausreicht. Es wird zugleich verständlich, warum der Wald nicht in jedem Jahre gleichmäßig diese Wirkung ausübt, da sie überwiegend von den jeweiligen Witterungsverhältnissen abhängig ist. Auch das Versiegen und anderseits das Hervortreten neuer Quellen nach Waldanbau findet seine Erklärung. Das erstere kann auf durchlässigem Boden statthaben, der ohne Vegetation erhebliche Mengen der sommerlichen Niederschläge abfließen läßt, die bei Waldbedeckung von den tiefwurzelnden Bäumen verbraucht werden; das zweite, wenn bei der Schneeschmelze mehr Wasser in den Boden eindringt und den Grundwasserstand erhöht.

Auf den Wassergehalt des Bodens, also die Winterfeuchtigkeit, hat die Schneedecke in der Regel geringen Einfluß. Mehr als der kleinsten Wasserkapazität entspricht, vermag kein Boden Feuchtigkeit aufnehmen. Unsere Böden sättigen sich hiermit schon bei regelmäßigen Niederschlägen in der ersten Hälfte der kälteren Jahreszeit. Große Wichtigkeit erlangt dagegen die Schneebedeckung in allen Steppengebieten, in denen Böden von hoher Wasserkapazität vorkommen. Diese Böden trocknen im Sommer sehr stark aus und vermögen den Pflanzen nicht die zum Gedeihen notwendige

Feuchtigkeit zu liefern, wenn nicht in der kühlen Jahreszeit eine Sättigung des Bodens mit Wasser stattgefunden hat. (Winter mit geringer Schneebedeckung lassen z. B. in den Gebieten der russischen Schwarzerde auf eine folgende ungünstige Ernte schließen.)

2. Steine.

Während alle sonst in Frage kommenden Bodendecken sich durch poröse, lockere Struktur auszeichnen, sind Steine feste Massen, welche die Wärme besser leiten als der Erdboden. Hieraus erklärt sich das abweichende Verhalten eines steinbedeckten Bodens gegenüber einem steinfreien. Die Temperaturschwankungen werden erhöht.

Wollny faßte seine Untersuchungen in folgender Weise zusammen:

Bei hoher und gleichbleibender Temperatur (wärmere Jahreszeit) ist steinbedeckter Boden etwas wärmer als steinfreier. Bei Sinken der Temperatur kehrt sich dies Verhältnis um.

Beim täglichen Maximum ist steinbedeckter Boden meist wärmer, beim Minimum kälter als steinfreier.

Der Wassergehalt ist in steinbedeckten Böden höher als in steinfreien. Die verdunstende Oberfläche und damit der Wasserverlust wird vermindert.

3. Sand.

Die Anwendung einer Sanddecke auf humosen Boden ist in weitem Umfange bei Moorkulturen im Gebrauch, findet aber auch im forstlichen Betriebe in erfreulicher Weise immer mehr Verbreitung.

Humusböden leiden in der kalten Jahreszeit meist an Überfluß an Feuchtigkeit, in der warmen trocknen dagegen die obersten Schichten vielfach aus. Schon eine mäßige 6—10 cm Sanddecke verändert diese Verhältnisse wesentlich.

Die Sanddecke hat folgende Einflüsse:

1. sie gibt den Pflanzen im lockeren Moorboden einen festen Standort;
2. die Sanddecke beeinflußt die Wasserverdunstung sehr stark. Aus dem humosen feinporigen Boden tritt Wasser in die grobporige Sandschicht nur sparsam über; die verdunstende Oberfläche ist dadurch wesentlich ärmer an Wasser, verliert weniger Feuchtigkeit und wirkt dadurch als schützende Decke für den unterliegenden Boden.

   Auf nassen Böden, zumal bei flach anstehendem Grundwasser kann durch Aufbringen von Sand der Wassergehalt des Bodens zu hoch werden und schädlich auf die Vegetation wirken; Anwendung einer Sanddecke verlangt daher genügende Entwässerung.

3. Sandboden erwärmt sich rascher und leitet die Wärme wesentlich besser als Humusboden. Eine Sanddecke steigert daher die Temperatur des Bodens erheblich.
4. Die Sanddecke gewährt bis zu einem gewissen Grade Schutz gegen Frost. Am häufigsten treten Pflanzenschäden durch Frost auf Moorboden auf, wenn er abgetrocknet ist und die Wärmeleitung von unten nach oben durch die lockere, lufterfüllte oberste Bodenschicht stark herabgesetzt wird.

Im forstlichen Betriebe ist Aufbringen einer Sandschicht (6 bis 10 cm) auf allen stark humosen, freiliegenden Böden die sicherste Methode, die Baumpflanzen gegen Schädigung durch Graswuchs, Trocknis und Frost zu behüten. In der Regel genügen schon kleine Sandplatten ($^1/_2$—1 qm Fläche), um den gewünschten Erfolg zu erzielen. Auf nassen Böden ist die Methode nur bei geringer Dicke (etwa bis 2 dcm) der Humusschicht empfehlenswert.

4. Physikalisch abweichende Bodenschichten.

Durch Lockerung (Behacken und dergleichen), sowie durch dichtere Lagerung (Walzen) erhält die oberste Bodenschicht eine von dem unterliegenden Boden abweichende Struktur.

In bezug auf die Temperatur wird jede Vermehrung der isolierenden Luftschichten, also Lockerung des Bodens, die Wärmeleitung herabsetzen, jede Verdichtung sie erhöhen. Im allgemeinen werden daher lockere Bodenarten etwas kälter, aber von gleichmäßigerer Temperatur sein als dichte. Diese Verhältnisse können jedoch durch den verschiedenen Wassergehalt und die mit ihm steigende und fallende Verdunstung so stark beeinflußt werden, daß sich das Verhältnis umkehrt.

Die Einwirkung auf den Wassergehalt ist sehr bedeutend. Lockerung der Bodenoberfläche veranlaßt rasches Trocknen, der lockere Boden lagert dann als Decke auf der tieferen Schicht, die nicht mehr direkt von der atmosphärischen Luft getroffen wird und hierdurch weniger verdunstet als bisher. Auch die Unterbrechung der Kapillarleitung wirkt günstig auf die Erhaltung des Wassergehaltes. Die Praxis, zumal die landwirtschaftliche, macht von der Behackung (zugleich sind damit noch andere Vorteile, wie die Entfernung der Unkräuter, Durchlüftung des Bodens, verbunden) zur Erhaltung der Bodenfrische ausgiebig Gebrauch. Das Walzen bewirkt Erhöhung des Wassergehaltes in der obersten Bodenlage und erfolgt zumeist nach der Saat, um dem Samen die zur raschen Entwicklung des Keimes und der jungen Pflanzen notwendige Wassermenge zuzuführen.

Bodendecken abweichender Farbe wirken auf die Absorption der Wärmestrahlen. Bedeckung mit dunkel oder schwarz gefärbten Stoffen erhöht die Bodentemperatur.

II. Wirkung einer Pflanzendecke.

§ 142. Die Einwirkungen, welche durch eine lebende Pflanzendecke auf den Boden ausgeübt werden, sind sehr mannigfaltig. Als Regel hat zu gelten, daß die Beeinflussung um so stärker wird, je mehr der Boden beschattet ist, also je blattreicher oder dichter der Bestand ist.

1. Temperatur. Eine Decke von lebenden Pflanzen bewirkt Erniedrigung der Durchschnittstemperatur und Abschwächung der Wärmeschwankungen im Boden.

Über die Einwirkung einer niederen Pflanzendecke geben namentlich die Arbeiten von Wollny Auskunft.

Den Einfluß auf den täglichen Gang der Temperatur ersieht man vorteilhaft an einem Beispiele. Als solches ist ein Quarzsandboden, der die betreffenden Verhältnisse am charakteristischsten hervortreten läßt, ausgewählt und die Bodentemperatur in 10 cm Tiefe im brachen und grasbedeckten Boden angegeben (nach Wollny, Forschungen der Agrikulturphysik VI, S. 202, beobachtet am 7. Juli):

Zeit	Lufttemperatur	Boden in 10 cm Tiefe I brach	II grasbedeckt	Differenz II gegen I
12 Uhr nachts	10,6°	16,2°	17,2°	+ 1,0°
2 „	10,0°	14,4°	16,4°	+ 2,0°
4 „	8,5°	13,6°	16,2°	+ 2,6°
6 „	15,6°	12,8°	15,6°	+ 2,8°
8 „	19,4°	14,8°	15,6°	+ 0,8°
10 „	22,8°	19,4°	16,2°	— 3,2°
12 „ mittags	25,4°	24,0°	17,5°	— 6,5°
2 „	26,8°	27,4°	19,0°	— 8,4°
4 „	27,8°	28,6°	19,9°	— 8,7°
6 „	24,8°	26,9°	20,0°	— 6,9°
8 „	20,0°	24,2°	19,8°	— 4,4°
10 „	15,4°	21,0°	19,2°	— 1,8°
Mittel	18,92°	**20,27°**	**17,72°**	
Schwankung	19,3°	**15,8°**	**4,4°**.	

Natürlich machen sich solche großen Unterschiede nur bei Sonnenbestrahlung bemerkbar und sind bei trübem Wetter geringer. Aber jedenfalls zeigt das Beispiel in auffälliger Weise die Abstumpfung der Extreme und anderseits die durchschnittlich kühlere Temperatur des bedeckten Bodens. Die Temperatur des offenen Bodens ist während des täglichen Maximums höher, während des Minimums geringer als die des bedeckten Bodens.

In ähnlicher Weise gilt dasselbe auch für die jährlichen Temperaturschwankungen. Der bedeckte Boden ist in der wärmeren Jahreszeit kühler, in der kalten wärmer als der unbedeckte Boden.

Die Einwirkung der Pflanzendecke erstreckt sich auch auf die überlagernde Luftschicht. Es wirken hier wohl die geringere eigene Temperatur und die sehr hohe Ausstrahlung der Pflanzendecke zusammen. Wollny beobachtete z. B. (a. a. O., Seite 225) an der Bodenoberfläche Differenzen von 1,4°, in anderen Fällen in 0,4 m Höhe Differenzen von 2,1°, um welche die Lufttemperatur über Klee- und Grasfeldern geringer war als über Brachfeldern.*)

2. Der Einfluß der Bodendecke auf die Struktur des Bodens, insbesondere der Bodenoberfläche, ist für die Erhaltung der Lockerheit günstig.

Die Landwirtschaft hat schon lange die Erfahrung gemacht, daß mit Pflanzen bestandener Boden viel lockerer bleibt als brach liegendes Feld. Von vielen landwirtschaftlichen Schriftstellern wird z. B. die Hauptwirkung der Gründüngung auf die Beschattung des Bodens zurückgeführt, und es ist die Auffassung verbreitet, als ob der Boden durch die zugeführten Pflanzenreste gewissermaßen einer „Gärung“ unterliege und durch die entweichenden Gase aufgebläht werde.**)

Auch hier sind es die Arbeiten Wollnys, welche richtigere Anschauungen vermittelten. Er untersuchte gelockerte Bodenarten, die mit Getreide, beziehungsweise Feldfrüchten bestanden waren, sowie solche im bedeckten (mit 2,5 cm Pferdedünger) und unbedeckten Zustande und fand im Verlaufe der Vegetationszeit übereinstimmend eine Abnahme des ursprünglichen Volumens; diese war aber auf bedeckten oder mit Pflanzen bestandenen Böden wesentlich geringer als auf freiliegenden. Wollny kommt daher zu dem Schluß (Forschungen der Agrikulturphysik 12, S. 36), daß der Lockerheitszustand des Bodens durch die Vegetation und die Bedeckung mit

*) Die Unterschiede können jedoch auch scheinbare, durch verschiedene Bestrahlung der Thermometer veranlaßte sein. Der Verfasser.

**) von Rosenberg-Lipinski, Praktischer Ackerbau, u. and.

leblosen Gegenständen nicht erhöht, sondern nur in höherem Grade erhalten wird als auf brachliegendem Felde.

Die Wirkung der Bedeckung ist um so erheblicher, je dichter die Pflanzen stehen und je rascher sie sich entwickeln, beziehentlich je langlebiger sie sind. Unter den Feldfrüchten üben die Getreidearten einen mäßigen, die Futterkräuter, sowie Erbsen, Wicken und dergleichen einen bedeutenden Einfluß aus. Am wenigsten wirksam sind Knollen- und Wurzelgewächse (Kartoffel, Rüben), die im Betriebe auch eine Behackung erfordern, das heißt die mechanische Arbeit muß den ungünstigen Einfluß einer oberflächlichen Bodenverhärtung beseitigen, wenn die Pflanzen gut gedeihen sollen.

Die Verdichtung der Oberfläche ist auf die mechanische Wirkung des fallenden Regens (Wollny a. a. O., Ebermayer, Waldstreu, S. 286) zurückzuführen. Bekannt ist die schlimme Wirkung, welche ein Platzregen auf frisch bearbeitete, schwere Böden durch Dichtschlämmen üben kann. Unbedeckter Boden ist solchen Einwirkungen während des ganzen Jahres ausgesetzt, die durch eine Vegetationsdecke nicht beseitigt, sondern nur in höherem oder geringerem Maße abgeschwächt werden.

3. Der Einfluß der lebenden Bodendecke auf die Wasserzufuhr, d. h. die Wassermenge, welche von den atmosphärischen Niederschlägen die oberste Bodenschicht erreicht, ist recht bedeutend.

Die Feldfrüchte wirken natürlich nach Art und Dichtigkeit des Bestandes verschieden. Wollny (Forsch. d. Agrik.-Phys. 13, S. 331) gibt an, daß von dem gefallenen Regen der Bodenoberfläche zugeführt wurden bei Bedeckung durch:

Mais	Sojabohnen	Hafer	Wicken	Bohnen	Lupinen
57 %	66 %	78 %	78 %	75 %	58 %

Je reichlicher und dauernder die Regen sind und in je größeren Tropfen sie fallen, um so mehr Wasser dringt durch die Pflanzendecke. Der Prozentsatz des dem Boden zugeführten Wassers ist daher sehr verschieden.

Geringe und namentlich in sehr feinen Tropfen fallende Niederschläge gelangen kaum zum Boden und sind in der Regel für die Vegetation ohne Bedeutung. Wenn diese trotzdem nach solchen erfrischt erscheint, so beruht dies wohl auf der zeitweisen Herabsetzung der Transpiration infolge größerer Luftfeuchtigkeit.

Man kann annehmen, daß im großen Durchschnitt etwa ein Drittel der sommerlichen Niederschläge auf den Pflanzen hängen bleibt und verdunstet, ohne dem Boden zugute zu kommen.

4. Der Einfluß einer lebenden Pflanzendecke auf den Wassergehalt des Bodens ist für die höheren oder tieferen Bodenschichten verschieden.

Die Oberfläche bewachsener Böden und die unmittelbar benachbarten Lagen sind feuchter als die freiliegender Böden. Es beruht dies auf der durch die Pflanzendecke gehemmten Luftbewegung, der niederen Temperatur und der hierdurch verminderten Verdunstung, vielleicht auch darin, daß Tauniederschläge dem Boden erhalten bleiben.

Diese Tatsachen habe lange Zeit zu der Meinung geführt, daß bewachsener Boden überhaupt feuchter sei als brach liegender. Erst die Beobachtungen von Wilhelm, Breitenlohner und Schumacher*) erweckten hiergegen Bedenken und Wollny war es vorbehalten, die allgemeinen Gesetze abzuleiten und durch zahlreiche Versuche zu stützen.

Alle von lebenden Pflanzenwurzeln durchzogenen Bodenschichten sind wasserärmer als unbewachsene. Die Pflanzen verbrauchen große Wassermengen für die Transpiration, welche sie dem Boden entnehmen.

So verdunsteten z. B. nach Wollny für je 1000 qcm Bodenoberfläche in Gramm (vom 15. April bis 31. Oktober 1875):

Sand		Lehm		Torf	
grasbedeckt	brach	grasbedeckt	brach	grasbedeckt	brach
47 355	18 312	51 721	33 899	55 630	30 290

Natürlich ist die Verdunstung nach Pflanzenart, Standdichte und Wassergehalt des Bodens verschieden.

III. Einfluß des Waldes.

§ 143. Der Wald hat auf den Boden alle Einflüsse, welche jede lebende Bodendecke ausübt; daneben machen sich jedoch noch zahlreiche, oft nach dem Bestande verschiedene Wirkungen geltend, welche in der Höhe der Bäume, dem Fehlen künstlicher Bodenbearbeitung, der langen Lebensdauer des Bestandes und nicht am wenigsten in der Streubedeckung des Bodens liegen. Ist es vielfach nicht möglich, diese Einflüsse scharf zu trennen, so ist es doch wünschenswert, soweit möglich, zwischen den Einwirkungen des Bestandes und der Bodendecke zu sondern.

*) Literatur in Forsch. d. Agrik.-Phys., Bd. 10, S. 278.

Einfluß des Bestandes.

a) Auf Luftbewegung. Der am unmittelbarsten wahrzunehmende Einfluß des Waldes ist Verminderung der Luftbewegung. Mäßiger Wind wird im Hochwalde kaum empfunden und selbst starke Winde und Stürme werden in ihren Wirkungen gemäßigt. Der Wanderer, welcher beim Sturm vom freien Feld in den Wald eintritt, empfindet ihn als schützendes Dach.

Messungen über Windgeschwindigkeit im Walde und freien Felde liegen wohl nicht vor. Die bedeutsamste Einwirkung des Windschutzes ist Mäßigung der Verdunstung. Der höhere Gehalt an Feuchtigkeit der obersten Bodenschicht im Walde gegenüber Freilandböden beruht hauptsächlich auf dem Windschutz.

Treibender Schnee wird vom Walde festgehalten und kann zumal an den Waldrändern aufgehäuft werden.

b) Auf Lufttemperatur und Feuchtigkeit. Untersuchungen über Lufttemperatur und Feuchtigkeit der Luft in Wäldern und über Freilandböden sind auf den forstlichen Wetterstationen in großer Zahl ausgeführt worden. J. Schubert zeigte, daß die Unterschiede geringer sind als die der Bestrahlung mehr oder weniger ausgesetzten Thermometer ergeben. Die einwandfreien Beobachtungen mit Aspirations-Thermometern liefern für Mitteleuropa folgende Zahlen: Die Luft über Freilandböden ist wärmer (+) oder kälter (—) als die Waldluft:*)

	Kiefer	Fichte	Buche
Januar	—0,1	—0,3	—0,1
Februar	0,0	—0,1	0,0
März	0,0	0,1	—0,1
April	0,0	0,3	—0,1
Mai	0,1	0,2	0,1
Juni	0,2	0,2	0,4
Juli	0,2	0,3	0,5
August	0,2	0,2	0,4
September	0,1	0,2	0,3
Oktober	0,0	0,0	0,0
November	0,0	—0,1	0,0
Dezember	—0,1	—0,2	—0,1

Im Jahresmittel ist die Waldluft um 2 Uhr nachmittags kühler unter Kiefern um 0,35, Buchen 0,38 und Fichten 0,93° als über Freilandböden.

*) Schubert, Abh. d. Preuß. meteorol. Inst. 1901, Bd. I, 7, S. 315. Jährl. Gang d. Luft- u. Bodentemperatur 1900. Berlin.

Der jährliche Gang der Einwirkung ist bei der Kiefer schwach ausgeprägt. Er erreicht unter Fichte ein doppeltes Maximum im April und September; ein Verhalten, welches sich aus der starken Beschattung und den zur Zeit flach einfallenden Sonnenstrahlen erklären läßt. Im Verhalten der Buche spiegelt sich der Einfluß der wechselnden Belaubung wieder.

Es ist anzunehmen, daß die Unterschiede in der Lufttemperatur im Seeklima gering sind und um so stärker werden, je extremer das Klima ist.

Die Unterschiede der Luftfeuchtigkeit im Walde und Freilandluft sind gering. Am besten kommen sie im Sättigungsdefizit zum Ausdruck, welches nach Schubert beträgt (mm im Walde geringer als auf freiem Felde):

Jahr.

	Feld		Wald		Unterschied	
	8 h. V.	2 h. N.	8 h. V.	2 h. N.	8 h. V.	2 h. N.
Kiefer	—1,7	4,5	1,5	4,1	—0,2	—0,4
Buche	—1,2	3,0	0,8	2,3	—0,4	—1,5
Fichte	—1,0	2,0	0,9	1,5	—0,3	—0,5

Sommer.

	Feld		Wald		Unterschied	
	8 h. V.	2 h. N.	8 h. V.	2 h. N.	8 h. V.	2 h. N.
Kiefer	3,8	9,1	3,4	8,5	—0,4	—0,6
Buche	2,5	5,8	1,5	3,9	—1,1	—1,9
Fichte	2,1	3,4	1,7	3,0	—0,4	—0,5

Der Unterschied im Wassergehalt beträgt, wenn man eine Luftschicht von 50 m Höhe zur Rechnung heranzieht etwa 100 g Wasser für 1 qm Fläche; oder 2 g Wasser für 1 cbm Luft. Immerhin ist dieser Differenz erheblich höhere Bedeutung beizumessen als den kleinen Wärmeunterschieden.

Untersuchungen des Gehaltes der Waldluft an Kohlensäure ergeben im Durchschnitt keine merkbaren Unterschiede gegenüber den Freilandböden; nur örtlich lassen sich Unterschiede erwarten.

Durch die Baumkronen wird ein großer Teil des einfallenden Lichtes absorbiert. Die einzig bisher vorliegenden Bestimmungen von Wiesner zeigen starke Minderung der Lichtwirkung, nicht nur am Boden, sondern auch im Innern der Kronen. Es ist sehr schwer, die Grenzen zwischen den Wirkungen der Beschattung und denen der höheren Feuchtigkeit der Waldluft festzustellen. Die Ausbildung der Blätter und Nadeln wird in beiden Fällen ähnlich beeinflußt. Es ist anzunehmen, daß bisher die Lichtwirkung erheblich überschätzt wurde. Bedeutung kann das Licht auch für die Bakterien des Waldbodens erlangen, die sich erfahrungsmäßig im Dunkeln üppiger entwickeln als im Lichte.

Wald und Niederschläge. Sehr lange Zeit hat Streit darüber geherrscht, welchen Einfluß der Wald auf die Menge der Niederschläge ausübt. Von einzelnen wurde der Entwaldung eine Regen vermindernde Wirkung zugeschrieben, von andern, Purkinje, Borggreve, wurde jede Einwirkung bestritten.

Erst den neueren Untersuchungen verdankt man bessere Einsicht in diese Vorgänge. Die Wirkung des Waldes läßt sich dahin zusammenfassen, daß die Summe der Niederschläge im Walde und bewaldeten Gebiete etwas höher ist als im unbewaldeten Gebiete. Nach Schubert*) erklärt sich dieser Vorgang am einfachsten, wenn man annimmt, daß der Wald als mechanisches Hindernis der Winde wirkt, hierdurch Ansteigen der Luftströmungen veranlaßt, mit dem nach allgemeinen physikalischen Gesetzen Abkühlung und damit Näherung an den Taupunkt verbunden ist. In diesem Verhalten ist es begründet, daß höher gelegene Orte mehr Niederschläge erhalten als tief liegende. Nach Schubert ist die Wirkung des Waldes etwa von gleicher Größe wie höhere Lage des Geländes in etwa doppelter Höhe der Bäume.

Nach dem gegenwärtigen Stande unserer Kenntnis ist ein wesentlicher Unterschied nur zwischen von Pflanzen bestandenen und pflanzenfreien Gebieten anzuerkennen. Jede Pflanzendecke wirkt abkühlend auf den Boden und damit zugleich mindernd auf die Lufttemperatur. Für den Wald kommt noch die durch Windschutz verminderte vertikale Ableitung der Luftschichten hinzu.

Die Messungen in Schlesien haben folgende Unterschiede für die Niederschläge ergeben:

1) Bewaldung steigert die Niederschläge, bei geringer Flächenbedeckung zunächst relativ stark, bis bei etwa 50 % Wald eine weitere Zunahme nicht mehr hervortritt.

2) Die Steigerung ist gering; Schubert schätzt sie in dem beobachteten Gebiete, welches 29 % Waldfläche und 660 mm Niederschlag hatte, auf etwa 25 mm. Entwaldung würde also die Höhe der Niederschläge um die angegebene Zahl vermindern, Steigerung der Bewaldung auf 50 % der Fläche um weniger als 6 mm erhöhen.

Erheblich größere Einwirkungen ergeben die Beobachtungen von Wysotzki**) im Donschen Steppengebiet. Die Regenmenge betrug

*) Wald und Niederschlag in Schlesien. 1904.

**) Zeitschr. f. Forst- u. Jagdw. 31, S. 61.

	1893	1894	1895	1896	1897
Feld	499,7 mm	496,1 mm	435,7 mm	391,0 mm	448,0 mm
Wald	567,3 „	680,0 „	522,0 „	536,0 „	509,3 „

Es sind dies bedeutende Unterschiede, die mit aufsteigenden Luftströmungen in Beziehung gebracht werden, welche durch den hocherwärmten Steppenboden (mittleres Maximum der Bodenoberfläche im August 54,5°) verursacht werden.

Die Fernwirkung des Waldes ist gering. Die Steigerung der Niederschläge trifft im wesentlichen nur das waldbedeckte Gebiet oder reicht doch nur unerheblich darüber hinaus. Ist die angenommene Erklärung der Einwirkung richtig, so muß sich hinter größeren Waldflächen infolge des herabsteigenden Windstromes (im Regenschatten des Waldes) ein Gebiet verminderter Niederschläge finden. Anders gestalten sich die Verhältnisse wohl in der Steppe. Auch bei den Beobachtungen Wysotzkis reicht die Wirkung des Waldes nur wenig über dessen Gebiet hinaus; aber die starke Erwärmung der freien Steppenfläche wirkt als zweites bedeutsames Moment mit.

Die Fernwirkung von Wald, Zäunen usw. ist in bezug auf Hemmung der Luftbewegung von King*) studiert worden. Er fand die Verdunstung im Windschatten eines Gehölzes in Entfernungen von

	6 m	12 m	18 m	75 m	81 m	87 m
gleich	12,5 Teile	11,6 Teile	11,9 Teile	14,5 Teile	14,2 Teile	14,7 Teile
		35 Teile			43,4 Teile	

Also auch hier nur geringe Einflüsse. (Vgl. auch Waldlichtungen.)

Der Wirkung des Waldes, die Niederschläge zu steigern, stehen andere gegenüber, welche die Wasserverdunstung in hohem Grade vermehren.

Die Untersuchungen von Hoppe,**) Bühler u. a. zeigen, daß ein erheblicher Teil des Regens von den Baumkronen festgehalten wird und, ohne zum Boden zu gelangen, verdunstet. Die prozentische Menge des festgehaltenen Regens fällt mit der Stärke der Niederschläge, so daß von schwachem Regen kaum Wasser den Boden erreicht, während bei starkem Regen die Unterschiede gering werden.

Im Durchschnitt wurden von den Niederschlägen in den Kronen festgehalten:

	bei Regen bis 10 mm	10—20 mm
60jähr. Fichten	63 %	39 %
65jähr. Kiefern	42 %	24 %
88jähr. Buchen	30 %	17 %

*) Wisconsin agr. St. Bull. 42, 1894.
**) Mitt. forstl. V.-Wes. Oesterr. 1896, 21. Heft.

Im Durchschnitt kann man wohl mit Ney *) folgende Zahlen annehmen, daß vom Regen

	an den Kronen bleiben	am Stamme ablaufen	verdunsten	für 1 Jahr verdunsten rund
Buche	35,4 %	15,4 %	20 %	15 %
Kieier	24,5 %	0,7 %	24 %	20 %
Fichte	43,4 %	2,3 %	41 %	33½ %

Die Verluste an Wasser im Walde durch Wirkung der Baumkronen sind daher viel größer als der geringe Gewinn durch Steigerung der Niederschläge; wenigstens gilt das für alle gemäßigten Klimate.

Die Gesamtwirkung des Waldes auf Licht, Temperatur, Niederschläge usw. ist daher gering einzuschätzen und erstreckt sich im wesentlichen nur auf waldbedeckte Gebiete; um so größer ist der Einfluß des Waldes auf den Waldboden.

IV. Der Waldboden.

Die Eigenschaften des normalen, gesunden Waldbodens unterscheiden sich vom Freilandboden namentlich durch geringere Erwärmung und durch höheren Wassergehalt der obersten Bodenschicht. Charakteristisch sind die geringen Schwankungen, welche ebensowohl Temperatur wie Feuchtigkeit im Waldboden erleiden; hierdurch werden für niedere Bodenflora wie für das Tierleben günstige, gleichmäßige Bedingungen der Entwicklung geschaffen.

1. Die Temperatur der Waldböden.

§ 144. Die Temperatur der Waldböden. Die Ursache der geringen Unterschiede der Lufttemperatur zwischen Wald und Feld ist darin zu suchen, daß die hohen Temperaturen, welche der Freilandboden im Laufe der Bestrahlung durch die Sonne erreicht, den unteren Luftschichten wenig zugute kommt. Die am Tage erwärmte Luft steigt rasch auf, kalte sinkt aus den höheren Schichten herab, so daß rascher Ausgleich zustande kommen. Zugleich nimmt die Stärke der Windbewegung gegen Mittag zu; beide Wirkungen vereinigen sich, die Luft über freiem Felde relativ kühl zu erhalten. Im Walde strahlt die Bodenoberfläche unter dem Schutz des Bestandes wenig Wärme aus, jedoch macht sich die Ausstrahlung der Oberfläche des Bestandes geltend; die kühlere Luft sinkt herab und da der rasche

*) Forstwissensch. Zentralbl. 1901, S. 448.

Austausch durch horizontale Strömungen im Bestande gering ist, so sind der Enderfolg Temperaturen fast gleicher Höhe im Walde und über den Freilandböden.

Diese Voraussetzungen gelten jedoch nicht oder nur in abgeschwächter Weise für die Bodentemperaturen. Hier ist es die Bodenoberfläche, deren Ein- und Ausstrahlung entscheidend wird. Die Oberfläche der Freilandböden nimmt während der Tageszeit hohe Temperaturen an; in der Nachtzeit kühlt sie sich etwa auf Lufttemperatur ab. Der Waldboden erhält durch die Beschattung der Bäume wesentlich weniger Wärme; der Schutz des Bestandes gegen Ausstrahlung während der Nachtzeit vermag dies nicht auszugleichen. Hierin ist es bedingt, daß die Unterschiede der Bodentemperaturen zwischen Wald und Feld groß sind und zur Zeit der Maxima und Minima der Temperatur den höchsten Unterschied aufzuweisen haben.

Die Unterschiede treten am schärfsten hervor, wenn man die Extreme der Witterung vergleicht. Nach Schubert ist der Boden (in Deutschland) des freien Feldes wärmer (+) oder kühler (—) als der Waldboden im Tagesmittel:

	Wärmster Tag						Kältester Tag					
cm Tiefe .	1	15	30	60	90	120	1	15	30	60	90	120
Kiefer . .	5,5	3,4	2,4	2,9	2,9	2,6	—1,3	—1,3	—0,9	—0,8	—0,6	—0,4
Fichte . .	4,0	3,3	2,8	2,8	2,8	2,8	—0,4	—0,9	—0,4	—0,2	—0,1	0,0
Buche . .	5,8	3,0	3,2	3,1	2,8	2,6	—1,3	—0,5	—0,5	—0,3	—0,2	—0,1

Die Angaben für die Temperatur der obersten Schichten sind durch methodische Fehler beeinflußt (sie sind merklich zu hoch); dagegen lassen die Beobachtungen der Schichten von 60—120 cm Tiefe, welche die Abweichungen zwar abgeschwächt, aber doch richtig zeigen, einen Vergleich zu; es ergiebt sich dann, daß der Waldboden unter Kiefern im Jahresdurchschnitt um 0,8°, unter Buchen um 1°, unter Fichten um 1,3° kälter ist als Freilandboden (alles auf Meereshöhe reduziert).

Diese Zahlen lassen sich so verwerten, daß man sie mit der durchschnittlichen Temperaturabnahme des Bodens nach Norden und Westen in Vergleich stellt (Seite 307). Es ergibt sich daraus, daß die Bewaldung eines freien Feldes auf den Boden ebenso wirkt, als ob die Bodenfläche erheblich nach Norden, etwas nach Westen verschoben sei.

Um dies Verhalten zur Anschauung zu bringen, ist in der Karte (Abb. 25) die Wirkung der Anschonung einer Fläche mit Föhre, Buche,

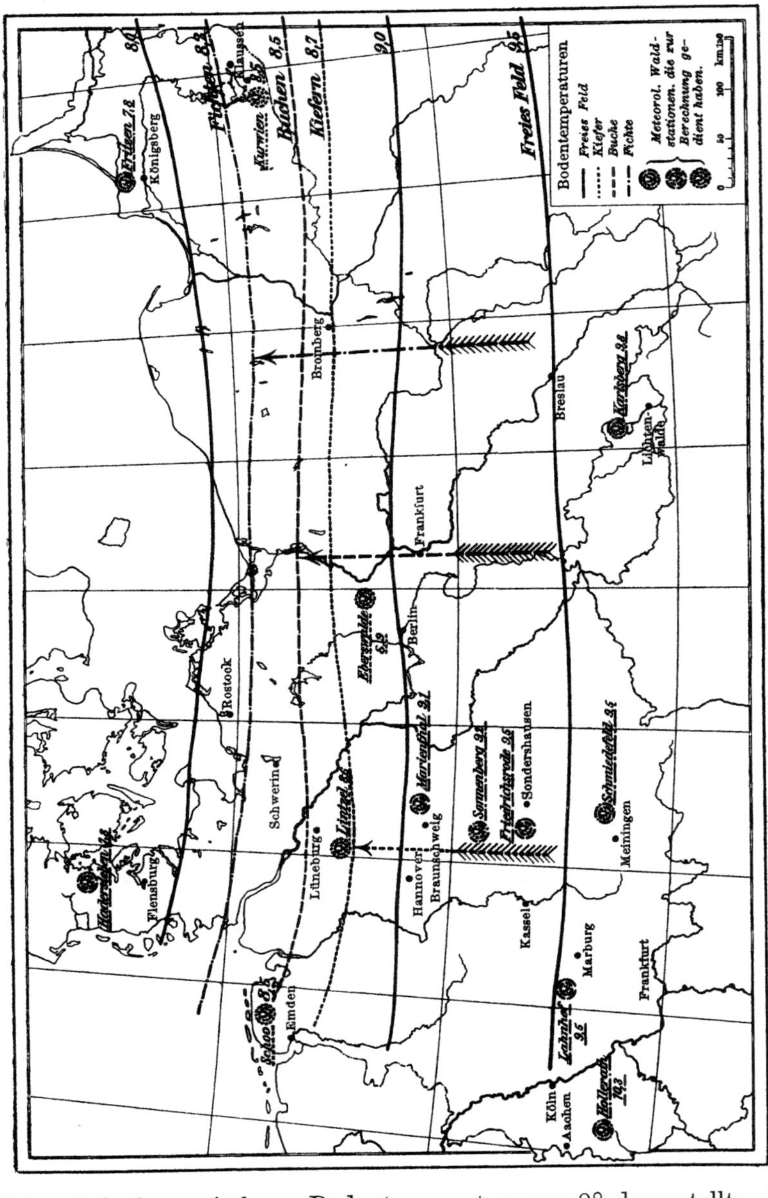

Abb. 25.

Fichte bei einer mittleren Bodentemperatur von 8° dasgestellt. Es zeigt sich, daß die Bedeckung mit Wald die Bodentemperatur in gleicher Weise verändert, als ob die Flächen in einer Linie, die etwa dem Breitengrade von Breslau-Dresden-Köln entspricht, annähernd bis zur Seeküste verschoben wären.*) Die eingezeichneten Pfeile weisen auf die Wirkung eines Föhren-, Buchen-, Fichtenbestandes hin. Berücksichtigt man, daß die Darstellung Jahresmittel gibt, während für die Bodenverhältnisse namentlich die Vegetationszeit ins Gewicht fällt, so ist der Einfluß, welcher auf den Boden geübt wird, tatsächlich noch viel bedeutender.

Aus diesem Verhalten erklärt sich die gewaltige Einwirkung, welche der Pflanzenbestand auf den Boden und die den Boden verändernden Vorgänge hat; es wird verständlich, daß jeder Pflanzenformation auch ein bestimmter Boden entspricht und endlich, daß die klimatischen Einwirkungen so stark beeinflußt werden, daß zwei benachbarte Flächen, je nach den herrschenden Pflanzen ganz verschiedenen Bodentypen angehören können.

Die Einwirkung des Waldes auf den Boden faßt Schubert in folgenden zwei Sätzen zusammen:

Im Sommerhalbjahr und darüber hinaus ist der Waldboden kühler als der Freilandboden. Der Betrag der Abkühlung steigt in Tiefen von 60—120 cm im Monatsmittel bei Kiefern auf 2,7°, bei Fichten auf 3,0°, bei Buchen auf 3,2°.

In den Wintermonaten ist der Waldboden ein wenig wärmer als der Freilandboden, doch ist der Unterschied merklich geringer als der sommerliche, so daß letztere im Jahresdurchschnitt den Ausschlag gibt.

Es entspricht den höheren Temperaturen der Waldböden zur Winterzeit, daß die Tiefe, in welche der Frost eindringt, geringer ist als auf dem freien Lande. Von den drei wichtigsten Waldbäumen ermäßigt die Kiefer die Frosttiefe am stärksten, im Durchschnitt um 13 cm, die Fichte am wenigsten, um 2 cm, der Buchenwald um 9 cm.

2. Die Wasserführung des Waldbodens.

§ 145. Untersuchungen über Wassergehalt, Einfluß des Waldes auf Sickerwässer, Quellen, Grundwasser liegen in großer Anzahl vor.**)

---

*) Die Karte ist auf meine Bitte von Prof. J. Schubert entworfen worden.

**) Ebermayer faßte seine zahlreichen Untersuchungen zusammen in: Einfluß der Wälder auf die Bodenfeuchtigkeit usw. 1900; von anderen sind namentlich zu nennen Bühler, Hoppe, Fricke, Baumann, der Verf., ferner zahlreiche russische Arbeiten von Ismailzki, Morosow, Ototzki, Wysotzki, Blisnin u. and.

Übereinstimmend zeigen die Arbeiten, daß die oberste Bodenschicht in allen beseren Waldböden verhältnismäßig feucht ist, sowie daß die stark von Wurzeln durchzogenen mittleren Bodenschichten den geringsten Wassergehalt haben.

Der Einfluß des Waldes läßt sich dahin zusammenfassen, daß der Oberboden durch verminderte Verdunstung im Walde feuchter als Freilandboden ist, daß dagegen die tieferen Bodenschichten infolge des großen Wasserbedarfes der Waldbäume für physiologische Vorgänge stark ausgetrocknet werden und daher in der Regel nur mäßige Mengen von Sickerwasser liefern.

Der Wasserbedarf der Bäume ist für die Arten sehr verschieden und wechselt für dieselbe Art nach Klima, Alter und Wuchs der Bäume, wahrscheinlich auch nach der Menge des zugänglichen Wassers in weiten Grenzen.

Die Bestimmung des Wassergehaltes der Waldböden geschieht in der Regel durch Entnahme von Bodenproben mit Erdbohrern. Die Bohrstöcke geben weniger zuverlässige Daten als die Tellerbohrer, mit denen man, wenn man die Erde zwischen den Gewinden, d. h. unter dem oberen großen Teller und den tieferen kleineren nimmt, tadellose Proben gewinnen kann.

Den mittleren Wassergehalt der obersten Bodenschicht festzustellen ist fast unausführbar, da zahlreiche örtliche Einflüsse sehr wechselnde Verhältnisse schaffen. Jedoch zeigen die vorliegenden Untersuchungen unzweifelhaft, daß im Bestande die oberste Bodenschicht auch die wasserreichste ist. Aus diesem Verhalten erklärt sich, wie schon früher dargelegt, der große Einfluß auf das Tier- und Pflanzenleben. Namentlich die erdlebenden Wurmarten, vor allem die Regenwürmer, sind gegen Austrocknung sehr empfindlich; die feuchte lockere Oberschicht des Waldes gibt ihnen günstige Lebensbedingungen.

Die tieferen Bodenschichten sind verhältnismäßig trocken. So giebt Ebermayer für Lehmböden des Forstamts Bruck folgende Jahresmittel in Prozenten der feuchten Böden:

	25j. Fichten	60j. Fichten	120j. Fichten	Kahles Feld
15—20 cm	19,2	19,1	19,3	20,6
30—35 „	19,1	16,1	18,3	20,5
45—50 „	18,4	16,3	20,2	20,2
75—80 „	18,0	17,9	21,1	20,5

In den verschiedenen Jahreszeiten ergaben

	Winter		Frühling		Sommer		Herbst	
	25j. Ficht.	Brach-feld	25j. Ficht.	Brach-feld	25j. Ficht.	Brach-feld	25j. Ficht.	Brach-feld
15—20 cm	20,5	21,4	21,1	21,2	16,0	19,1	19,2	20,9
30—35 „	20,9	22,1	20,5	20,8	16,4	19,1	18,7	20,2
45—50 „	19,9	20,5	19,0	20,4	16,5	19,9	18,2	19,8
75—80 „	18,6	20,3	18,4	20,8	17,2	19,8	17,7	21,2
Mittel	20,0	21,1	19,7	20,8	16,5	19,5	18,5	20,5

Es sind dies die Verhältnisse eines Gebietes, welches eine ausgesprochene sömmerliche Regenperiode und hohe Niederschläge hat. Auch hier überwiegt der Wasserverbrauch die Zufuhr.

Im gleichen Sinne bewegen sich alle bisherigen Bestimmungen, sind aber um so schärfer ausgeprägt, je extremer die klimatischen Verhältnisse und je geringer die Niederschläge sind.

Im norddeutschen Flachlande ergeben Sandboden im Sommer oft erstaunlich niedere Zahlen (bis 1 % und weniger); die Lehmböden trocknen bis auf die hygroskopische Feuchtigkeit aus und sind oft bis 1 m tief steinhart.

Im allgemeinen gestalten sich die Verhältnisse dort verschieden nach den Bodenarten. Die Sanhböden trocknen zeitweise stark aus, sättigen sich aber bei reichlicheren Niederschlägen wieder bis zur niedersten Wasserkapazität. Die Lehmböden nehmen im allgemeinen vom Frühling bis zum Herbst im Wassergehalte ab und erreichen das Minimum des Wassergehaltes im September oder Anfang Oktober; die Niederschläge reichen wohl niemals aus, so viel Feuchtigkeit zuzuführen, um die obersten Bodenschichten zu sättigen.

Verfolgt man die einzelnen Beobachtungen, so sind die Böden im Frühlinge mit Wasser gesättigt, dem Blattaustrieb folgt rasches Sinken der Feuchtigkeit und allmähliche Austrocknung der Böden; vom Herbst an steigert sich der Wassergehalt infolge verminderter Verdunstung und erreicht in der Regel bereits im Dezember, sicher im Januar, seine normale Höhe.

Sickerwasser und Grundwasser. Die Menge der Sickerwässer ist im Walde erheblich geringer als im brachen Felde. Im allgemeinen geben während der Vegetationszeit nur Sandböden nach reichlichen Niederschlägen Wasser an den Untergrund ab; für weitaus die meisten Böden reicht die Zufuhr nicht aus, den Feuchtigkeitsgehalt der Waldböden auch nur auf der Höhe der geringsten Wasserkapazität zu erhalten. Als Regel kann gelten, daß der Wald, mit Ausnahme von jungen Kulturen, erheblich mehr Wasser für physiologische Zwecke verbraucht als die anderen Bodendecken.

Ein mit Bäumen bestandener Boden liefert daher in der Regel weniger Sickerwasser als bracher oder landwirtschaftlich genutzter Boden.

Von dieser Regel machen jedoch jene Böden eine Ausnahme, die stark geneigt sind und ohne Walddecke einen großen Teil der Niederschläge an der Oberfläche abfließen lassen, so daß sie überhaupt nicht in den Boden eindringen. Hier wirkt der Wald durch seine lockere Bodendecke als Hindernis für die Abfuhr des Wassers.

Es ist daher mit der Theorie durchaus in Übereinstimmung, wenn auf Bewaldung kahler Flächen ebensowohl ein Versiegen wie Neuauftreten von Quellen folgen kann. Das erstere wird dort statthaben, wo der Wald das normal aufgenommene Wasser verbraucht und den Boden erschöpft, das letztere, wo er wirksam ist, sonst unnutzbar, oberflächlich abfließendes Wasser dem Boden zu erhalten.

Der Einfluß des Waldes auf den Grundwasserstand ergibt sich aus den bisherigen Ausführungen.

Im Walde verdunstet ein erheblicher Teil der Niederschläge, ohne den Boden zu erreichen; der Wasserbedarf für Zwecke des Pflanzenlebens ist größer als der der meisten anderen Bodendecken; die Bilanz des Grundwassers muß daher ungünstig ausfallen.

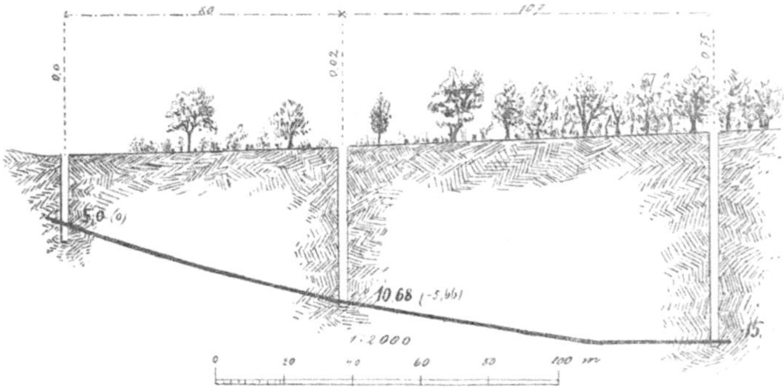

Abb. 26. Grundwasserstand im Schipow-Wald (Grenze von Wald und Steppe). Nach Ototzky.

Ototzki zeigte dies an Steppenwaldungen; die Grundwasserstände waren überall geringer als in der freien Steppe; sie waren aber auch geringer als in Waldlichtungen oder in Schonungen. Die Verhältnisse bringt am besten ein Profil des Grundwasserstandes im Schipow-Walde zur Darstellung.

Weitere Forschungen in nördlichen Gebieten (Gouvernement St. Petersburg) zeigten ähnliche, wenn auch nicht so ausgesprochene Verhältnisse.

Die Arbeiten von Ebermayer*) ließen auf Waldböden mit geröllreichem Untergrund und fließendem Grundwasser keinen Einfluß des Waldes erkennen. Es erklärt sich dies Verhalten aus den grobkörnigen Böden, auf denen die Versuche angestellt wurden. In den meisten Fällen ist die Bewegung des Grundwassers so langsam, daß es in seinem Stande unmittelbar abhängig von der Ausformung der Oberfläche des Bodens ist. Unter solchen Verhältnissen wirkt der Wald wohl überall vermindernd auf den Stand des Grundwassers ein, am stärksten in Gegenden mit geringem Niederschlag. In den Steppen kommt wohl vorwiegend der hohe Wasserverbrauch des Waldes in Frage. Die Wurzeln dringen oft 6—7 und mehr Meter tief in den Boden. Es ist daher nicht auffällig, daß der Spiegel des Grundwassers viel tiefer liegt als in der freien Steppe. Anders gestalten sich die Verhältnisse in durchlässigem Boden und raschfließendem Grundwasser. Hier wird jeder Verbrauch durch den Zufluß ausgeglichen.

Es mag jedoch noch darauf hingewiesen werden, daß unter Wald nicht selten Versumpfungen eintreten und sich wasserreiche Humusschichten und Torfmoose ansiedeln; es ist anzunehmen, daß auch damit Steigerung des Grundwasserstandes verbunden ist. Einzelne abweichende Beobachtungen (Ototzki) können hiergegen nicht herangezogen werden, denn mit eintretender Versumpfung erlischt auch das Eindringen der Baumwurzeln (wenn man von Erle, Weide u. dgl. absieht) und damit die Einwirkung auf den Grundwasserstand.

§ 146. Der Einfluß des Waldes auf die Durchlüftung des Bodens und die Zusammensetzung der Bodenluft ist von der herrschenden Baumart abhängig. Alle Tiefwurzler, namentlich die Buche, steigern die Durchlüftung, die Flachwurzler (Fichte) setzen sie herab. Hiermit steht die Änderung der Bodenbeschaffenheit unter diesen Baumarten im engen Zusammenhange.

Als Maßstab der Durchlüftung kann unter sonst gleichen Verhältnissen der Gehalt der Bodenluft an Kohlensäure dienen. Die Bestimmungen von Ebermayer**) zeigen den gewaltigen Gegensatz zwischen Buche und Fichte, sowie daß die Menge der Kohlensäure im höheren Bestandsalter bei der Fichte stark zunimmt.

In Beständen (Forstrevier Bruck in Oberbayern) enthielt die Bodenluft von Juli bis November an Kohlensäure (in 70 cm Tiefe):

---

*) Mitteil. auf d. internat. Forstl. Kongr. Wien 1903.
**) Allgem. Forst- und Jagdzeit. 1890, S. 161.

25jähriges Fichtenholz . .	6,73 ‰ CO_2
60 „ „ . .	12,86 ‰ „
120 „ „ . .	10,27 ‰ „
Vegetationsloser Boden*) . .	7,26 ‰ „

Ebermayer erwähnt, daß die starke Beschattung im Jungholz und die dadurch verminderte Erwärmung und Wasserführung das Zurückbleiben der Kohlensäurebildung veranlaßt, Bedingungen, welche bei den älteren Hölzern zurücktreten.

Im Boden unter Buchenbeständen war die Luft immer beträchtlich ärmer an Kohlensäure als unter Fichten oder selbst im brachen Boden.

Im Forstrevier Kasten bei Planegg enthielt in 70 cm Tiefe die Bodenluft vom Juni bis Oktober unter:

Buchen (60jährig) . .	7,15 Vol. ‰ CO_2
Fichten (60jährig) . .	17,15 Vol. ‰ „

Im Universitätsgarten in München in den Versuchsgefäßen enthielt die Bodenluft im Frühjahr und Sommer:

	in 15 cm Tiefe	in 70 cm Tiefe
unter Fichten (8jährig)	1,33 Vol. ‰	10,03 Vol. ‰ CO_2
„ Buchen (8jährig)	0,67 Vol. ‰	1,25 Vol. ‰ „
im brachen Boden . .	1,43 Vol. ‰	8,96 Vol. ‰ „

Es zeigt sich also, daß die Böden des Buchenbestandes durchweg erheblich ärmer an Kohlensäure sind als die unter Fichten. Ebermayer führt dies mit Recht auf die bessere Durchlüftung des Erdreichs durch die zahlreichen und tiefgehenden Buchenwurzeln zurück. Wahrscheinlich ist die „bodenverbessernde“ Wirkung der Buche überwiegend auf die starke Durchlüftung des Bodens zurückzuführen. Da einem hohen Kohlensäuregehalt in humusreicheren Böden eine starke Abnahme des Sauerstoffs in der Bodenluft entspricht, so kann man in der gesteigerten Kohlensäuremenge ein Zeichen mangelnder Durchlüftung und des Bodenrückganges sehen.

3. Waldlichtungen.

§ 147. Die grundlegenden Untersuchungen über das Verhalten der Waldlichtungen sind von Hamberg**) ausgegangen; ferner stand mir Material von Herrn Forstmeister Fricke zur Verfügung, welches sich auf schmale Kiefernschläge in Beutnitz

*) Als „humusfrei“ bezeichnet, wahrscheinlich ohne humose aufliegende Schicht und ohne Streudecke.

**) Über d. Einfl. d. Wälder auf das Klima Schwedens (schwedisch).

(Mark) bezieht; Wassergehalte der Böden in Lochkahlschlägen sind vom Verfasser untersucht.*)

Die Waldlichtungen sind kleinere, in ihrem Durchmesser die Höhe der Bäume nur mäßig (1—3—4 fache) überschreitende, vom Wald umgebene Blößen. Die Waldlichtungen können mehr oder weniger gerundet sein (Löcher) oder schmale langgestreckte Form haben (Schmalschläge).

Die Waldlichtungen stehen unter dem Einfluß des umgebenden Waldes und sind in ihrem Verhalten gegen Luftbewegung, Temperatur und Bedeutung der Exposition zumeist mit engen Tälern zu vergleichen. Der hohe Bestand entspricht den Hängen, die Blöße der Sohle des Tales. Zugleich stehen die Pflanzen der Lichtungen unter dem Einfluß der Wurzelkonkurrenz des benachbarten Altbestandes.

Kahlschläge sowie Waldlichtungen stehen in bezug auf Niederschläge voll unter der Einwirkung des Waldes, empfangen daher etwas höhere Wassermengen, auch ist die Verdunstung der Oberfläche des Bodens etwas gemäßigt gegenüber Freilandböden.

In bezug auf Temperatur und Feuchtigkeit der Luft stehen waldfreie Zwischenflächen je nach ihrer Größe zwischen Wald und Freiland.

Dem „Talcharakter" entspricht es jedoch, daß die täglichen Temperaturschwankungen größer sind (etwa 0,5—1°) als vom Walde weiter entfernte Orte. Am stärksten tritt dies in den Frostlöchern und Frostlagen hervor, die im Walde viel verbreiteter sind als auf freiem Lande.

Die Wurzelkonkurrenz des Altbestandes reicht vom Waldrande tief in die Waldlichtung hinein; sie erstreckt sich wahrscheinlich auf die Nährstoffe, sicher auf den Wasserbedarf der Bäume und ist in ihrer Wirkung nach Bodenart verschieden. Am schärfsten äußert sich die Konkurrenz der älteren Bäume auf trocknen und armen Böden, macht sich aber auch auf reicheren geltend. Um diese Einwirkung auszuschließen, genügt die Anlage eines ganz schmalen, 20—25 cm tiefen Stichgrabens. Alle in die Fläche hineinragenden Wurzeln der älteren Bäume sind natürlich zu durchstechen oder abzuhauen. (Die Wirkung von Stichgraben an der Grenze der Waldwiesen und des Bestandes, ferner um neu gepflanzte Obstbäume in alten Obstplantagen usw. gehört ebenfalls hierher.)

Von höchstem Einflusse ist endlich die Exposition in Waldlichtungen. Zwischen besonnten und beschatteten Teilen einer Waldlichtung treten starke Unterschiede hervor.

*) Zeitschr. f. Forst- u. Jagdw. 1897, S. 697.

Am übersichtlichsten zeigen dies Verhalten die Untersuchungen von Fricke.*) Die Temperaturen betrugen in einem von Südost nach Nordwest verlaufenden Schmalschlage von 30 m Breite, dem angrenzenden etwa 80 jährigen geringwüchsigen Bestande, und auf einer benachbarten Kahlschlagfläche auf geringem Sandboden an einem heißen klaren Tage (3. September 1902, für die Bodentemperaturen Mittel der Angaben von 2 Thermometern):

	Boden.			
5 h. 20 m V.	Humusschicht	3 cm Tiefe	15 cm Tiefe	30 cm Tiefe
Kahlschlag . .	13,7 °	15,9 °	17,0 °	17,5 °
Schattenseite . .	13,8 °	14,3 °	15,1 °	15,4 °
Besonnte Seite .	16,2 °	15,2 °	17,0 °	17,3 °
Im Bestand . .	14,0 °	14,2 °	14,8 °	14,7 °
1 h. 15 m N.				
Kahlschlag . .	30,6 °	22,9 °	19,2 °	17,4 °
Schattenseite . .	18,8 °	17,1 °	15,9 °	15,3 °
Besonnte Seite .	23,3 °	22,2 °	18,5 °	17,3 °
Im Bestand . .	17,8 °	16,7 °	15,2 °	14,6 °
8 h. N.				
Kahlschlag . .	19,3 °	19,8 °	19,9 °	18,6 °
Schattenseite . .	16,2 °	16,7 °	16,4 °	15,8 °
Besonnte Seite .	19,6 °	18,6 °	19,1 °	18,2 °
Im Bestand . .	16,8 °	16,2 °	16,0 °	15,0 °

Verdunstung von etwa 1000 g des Waldbodens vom 4. bis 5. September in Gramm (je zwei Gefäße):

Kahlschlag	Schattenseite	Besonnte Seite	Bestand
12 g 16 g	0 0	9 g 9 g	2 g 2 g

Der verschiedenen Erwärmung und dadurch bedingten Steigerung der Verdunstung entsprechen die sehr großen Unterschiede im Wassergehalt der Böden, welche Verfasser früher bei Beobachtungen an Rundlöchern und im Altbestande fand und die auch in 1 m Tiefe noch nicht ausgeglichen waren. Im allgemeinen verhielt sich die besonnte Seite wie ein Teil des Bodens im Altbestande, die beschattete Seite hatte viel höhere Wassergehalte.

Hand in Hand mit den starken Schwankungen des Wassergehaltes der Oberfläche geht Beeinflussung des niederen Pflanzenlebens, zumal der Pilzflora des Bodens, welche in wenigen Jahren nach der Freistellung Minderung der Bakterien und Zunahme der Fadenpilze erkennen läßt.

*) Ich bin Forstmeister Fricke für die Überlassung und Erlaubnis zur Benutzung der noch unveröffentlichten Zahlen zu großem Danke verpflichtet.

V. Die Bodendecke im Walde (Waldstreu).

Im Walde sammelt sich auf dem Boden eine Streudecke an, die in dicht geschlossenen Beständen überwiegend aus Abfällen des herrschenden Bestandes (Laub und Nadeln, Zweige, Borkenschuppen usw.) besteht, in höherem Alter und lichten Beständen sich zum beträchtlichen, oft überwiegenden Anteil aus der niederen Bodenvegetation (Moose, Flechten, Gräser, Heide, Beerkräuter, Farnkraut) zusammensetzt.

Die Bodendecke ist zu trennen in:

1. Laub- und Nadelstreu;
2. Streu mit Rohhumusunterlage;
3. Lebende Pflanzendecke, mit und ohne Rohhumusablagerungen.

1. Laub- und Nadelstreu.

§ 148. Die Streudecke setzt sich ganz überwiegend aus den Abfallresten des Bestandes zusammen. Es findet sich dies zumeist in geschlossenen Buchenwäldern mit gesundem Boden; sparsamer kommen Waldungen von Hainbuche, Eiche, Birke und in Niederwäldern die zahlreichen Arten ihres Bestandes in Betracht.

Die Laubstreudecke ist locker gelagert, elastisch, für Wasser leicht durchlässig, sie schützt den Boden gegen Wasserverlust durch Verdunstung, ist jedoch durch die Form der Blätter der Verwehung leicht ausgesetzt. Dichte Decken von Laubstreu, wie sie in Vertiefungen des Bodens zusammengeweht werden und sich in flachen Streifen und Gräben anhäufen, sind ein Sammelpunkt der Tierwelt; hierdurch, sowie infolge massenhafter Entwicklung von Bakterien und Fadenpilzen werden Baumsamen vielfach verzehrt oder verfaulen.

Die Verwesung der Laubstreu erfolgt in der Regel um so rascher, je fleischiger die Blätter sind. Blätter der Eiche, Esche usw. verwesen leicht, Buche, Hainbuche langsamer.

Nadelstreu. In geschlossenen Fichten- und Tannenwäldern findet sich eine Streudecke von Nadeln, Borkenschuppen, Ästchen, die unter Umständen erhebliche Dicke haben kann; bei lockerer Lagerung und mäßiger Dicke dringen Niederschläge leicht hindurch, bei mächtigeren Schichten kann dagegen viel Wasser oberflächlich verdunsten. Reine Föhrenstreu findet sich nur in älteren Schonungen. Die langen, trocken sperrenden Nadeln sind locker gelagert, für Wasser leicht durchlässig und verwesen ziemlich rasch. Die Nadeln der Weimutskiefer sind weich, wenig elastisch, lagern sich dichter zusammen und verwesen in allen trocknen Lagen ziemlich langsam. Bei der großen Nadelmenge, welche die

Weimutskiefer abwirft, finden sich nicht selten dicke, wenig günstige Streulagen.

Gemischte, aus Nadeln und Blattstreu zusammengesetzte Streudecken verhalten sich für die Zersetzung am günstigsten; zumal Föhren- und Laubstreu (Buche). Die Nadeln verhüten dichtes Zusammenlagern der Blätter und die sperrige Beschaffenheit namentlich der Kiefernadeln sorgt beim Abtrocknen dafür, daß gute Durchlüftung der Streu stattfindet. Hierauf und auf der dadurch bewirkten gleichmäßigen Verwesung beruht ein wesentlicher Vorzug der gemischten Waldungen.

Die experimentellen Untersuchungen über die Einwirkung einer Streudecke auf den Boden (Ebermayer, Wollny) sind ausschließlich mit derartigen lockeren, reinen Streuschichten und mit Astmoosen ausgeführt; die Resultate gelten daher auch nur für solche Vorkommen.

Die Temperatur verschiedener Streusorten ist von Wollny untersucht worden, welcher die Temperatur stärkerer Streulagen (zweimalige tägliche Ablesung) mit der eines humosen Kalksandes in 10 cm Tiefe verglich.

Vom April bis September hatten:

	humoser Kalksand	Kiefern-nadeln	Fichten-nadeln	Eichen-laub	Moos
Morgentemperatur .	13,24	14,51	15,25	15,00	14,66°
Abendtemperatur .	19,11	18,16	18,62	18,24	17,23°

Eine Schicht von Fichtennadeln zeigt demnach die höchste, Moos die geringste Erwärmbarkeit. Es sind dies Tatsachen, die mit dem Wassergehalt und der Art der Lagerung eng verknüpft sind, die immerhin aber als Anhalt für die Verhältnisse in der Natur dienen können.

Die Einwirkung auf die unterliegenden Bodenschichten ist eingehend von Wollny (Forschungen der Agrikulturphysik, Bd. 13, S. 167) untersucht worden.

Er fand für die wärmere Jahreszeit (Mai bis Oktober) folgende Temperaturen (in 15 cm Tiefe):

	Morgens	Abends	Differenz
Boden (nackt)	12,79	17,09	4,30°
Bodendecke von:			
2,5 cm Kiefernnadeln	13,48	15,07	1,59°
2,5 „ Fichtennadeln	13,58	14,95	1,37°
2,5 „ Eichenlaub ..	13,20	14,75	1,55°
2,5 „ Buchenlaub ..	13,18	14,73	1,55°
2,5 „ Moos	13,52	14,84	1,32°
5 „ „	13,64	14,40	0,76°
10 „ „	13,79	14,16	0,37°

Die Wasserkapazität der verschiedenen Streusorten ist zumal für ihre Anwendung in der Landwirtschaft wichtig, da sie einen Maßstab für die aufnehmbare Flüssigkeit abgibt. Für den Wald erlangt ihre Kenntnis Bedeutung, weil die Streu je nach ihrer Art und Mächtigkeit sehr verschiedene Wassermengen binden und dem Boden vorenthalten kann, wie sie anderseits den Wasserabfluß zu mäßigen vermag.

Als Mittel aus den zahlreichen vorliegenden Bestimmungen können folgende gelten.

	Nach Ebermayer: (Lehre der Waldstreu, Tab. VI, Seite 105)		Nach Wollny: (Forsch. d. Agrik.-Phys. 7, Seite 315)	
	Gew. %	Vol. %	Gew. %	Vol. %
Roggenstroh ...	—	20,3	304	32,1
Moos (Hypnum)	283	27,9	257	39,5
Farnkraut	259	15,4	—	—
Buchenlaub ...	233	17,7	257	39,5
Fichtennadeln .	150	24,8	161	31,5
Kiefernnadeln .	143	16,0	207	28,9
Heide	131	7,9	—	—

Im engsten Zusammenhang mit der Wasserkapazität und dem Wassergehalt der Streuschichten steht die Verdunstung der Streumaterialien.

Wollny bestimmte den durchschnittlichen Wassergehalt der wichtigsten Waldstreusorten während zweier Jahre. In Volumprozenten betrug derselbe:

	Eichenlaub	Buchenlaub	Fichtennadeln	Kiefernnadeln	Moos
bei 5 cm Mächtigkeit	50,8	—	38,98	—	19,8
„ 30 „ „	45,4	39,8	41,7	36,3	—

Bei verschiedener Mächtigkeit der Streuschicht:

	5 cm	10 cm	20 cm	30 cm
Eichenlaub	50,8	52,99	53,1	45,4
Fichtennadeln ..	38,98	40,8	41,0	41,7

Am stärksten verdunstet Moosstreu, die überhaupt den raschesten Wechsel im Wassergehalte zeigt, offenbar die Folge der lockeren Struktur der Moosrasen, welche der Luftbewegung wenig Schwierigkeiten bietet, dann folgen Eichenlaub, Buchenlaub, Kiefern- und Fichtennadeln, ohne daß sich aber unter den letzteren wesentliche Unterschiede zeigten.

Der bedeutsamste Einfluß günstiger Streuschichten besteht in Erhaltung der lockeren Lagerung des Bodens (vgl. Ramann, Zeitschr. f. Forst- u. Jagdwesen 1898, S. 451); der Vorgang wurde zuerst von P. E. Müller (Natürliche Humusformen) richtig erkannt und gewürdigt und ist bereits im Abschnitt über die Humusbildungen behandelt.

2. Streu mit unterlagerndem Rohhumus.

§ 149. Wesentlich anders gestaltet sich die Einwirkung der Streuschicht, wenn es zur Bildung von Rohhumus kommt. Selbst sehr schwache unterlagernde, dichte, humose Schichten üben großen Einfluß, zumal auf die Wasserführung. Der experimentellen Untersuchung im Laboratorium sind diese Dinge sehr wenig zugänglich; es ist fast unmöglich, die Schichten in ungestörter Lagerung überzuführen und jeder Eingriff schafft sofort veränderte Verhältnisse. Die Schlußfolgerungen lassen sich daher nur aus Beobachtungen im Walde ableiten.

Dicht zusammengelagerte, durch Pilzmycel eng verwebte Blattstreu (Buche, Hainbuche) ist im hohen Grade undurchlässig für Wasser.*) Selbst ein Wasserdruck von 10 cm Höhe vermag nicht die Schicht, gleichgültig ob im trockenen oder bereits angefeuchteten Zustande, zu durchdringen. Tritt Wasser endlich durch, so geschieht dies an einer einzelnen Stelle unter Zerreißen der Streuschicht. Im Gegensatz hierzu kann Wasser auch durch ziemlich dicht gelagerte Schichten von Nadelstreu dringen, die immer etwas durchlässig bleibt.

Bilden sich torfartige Schichten von größerer Mächtigkeit, so wird viel Wasser festgehalten und dringt nicht in die Tiefe des Bodens ein; der unterliegende Mineralboden ist jedoch gegen Verdunstung geschützt und wird in der Regel wasserreicher sein als freiliegender Boden.

Am bedeutungsvollsten sind in bezug auf Wasserführung Rohhumusschichten von mäßiger Stärke; sie genügen, um schwache Niederschläge aufzunehmen und sind bei einigermaßen dichter Lagerung im trocknen Zustande schwer durchlässig für Wasser. Nach Gewittern und auch nicht selten nach ausgiebigen Regen findet man den Boden unter Rohhumusschichten oft noch staubtrocken.

Die ungünstigste Einwirkung der Rohhumusbildungen besteht in Auswaschung und Verdichtung der unterlagernden Böden. Hierdurch wird die Wasserkapazität erhöht, so daß der Boden im Frühling wasserreicher ist als locker gelagerter Boden; dagegen kehren sich infolge verminderter Zufuhr von Wasser und Verbrauch durch

*) Angaben zumal nach Riegler, Mitteil. a. d. österr. forstl. Versuchsw. II, 6.

flachstreichende Wurzeln der Bäume die Verhältnisse zur Zeit einer Trocknis um.

Die besprochenen Einwirkungen machen sich in allen Böden mit Rohhumusauflagerungen geltend und werden durch eine lebende Pflanzendecke verschärft oder gemildert, aber nicht aufgehoben.

3. Bodendecken von lebenden Pflanzen.*)

§ 150. a) Moosdecken.

Die Wirkung der Moose als Streudecke ist verschieden, je nachdem sie locker dem Boden aufliegen (z. B. die Hypnumarten der Nadelwälder) oder mit stark ausgebildeten Wurzelhaaren, welche in die unterliegende Bodenschicht eindringen, ausgerüstet sind (z. B. Dicranum, Polytrichum), oder in dichten geschlossenen Polstern wachsen (Leucobryum, Sphagnum).

Die Wasserleitung erfolgt in den Moosen in verschiedener Weise, doch entziehen sie dem Boden kein oder nur wenig Wasser; sie sind für ihre vegetative Tätigkeit auf die Zufuhr von flüssigem Wasser angewiesen. Nach der Art der Wasserleitung kann man drei Gruppen unterscheiden:**)

a) Die Wasserleitung erfolgt in den Kapillarräumen, welche die Blätter der Moose bilden. (Die meisten Hypneen.)
b) Moose, welche das Wasser durch dichte Wurzelhaare, die einen Filz um den unteren Teil des Moosstammes bilden (Polytrichum, Dicranum), festhalten.
c) Die Wasserleitung erfolgt durch die dem Stamme dicht anliegenden Äste (Sphagnum acutifolium) oder in weiten großporigen Zellen des Stammes (Typus des Sphagnum cymbifolium.)

   Dieser Gruppe schließt sich das Graumoos (Leucobryum glaucum) in Bau und Wasserführung an.

In der forstlichen Praxis bezeichnet man: Die Moose der ersten Gruppe als „Astmoose"; sie liegen lose auf dem Boden auf und sind alle stark verästelt. Die Moose der zweiten Gruppe als „Haftmoose", da sie durch die Wurzelhaare dem Boden fest anhaften; die der dritten als „Torfmoose", besser als „Weißmoose". Diese Bezeichnungen haben keine systematiche Grundlage, sie sind aber durchaus geeignet zur bequemen Verständigung und entsprechen gemeinsamen physiologischen Eigentümlichkeiten.

---

*) Hauptsächlich nach Ramann, Zeitschr. f. Forst- u. Jagdw. 1898, S. 451.

**) Oltmanns, Die Wasserbewegung in der Moospflanze usw. Inaug.-Diss. Straßburg 1884.

Aus diesem Verhalten folgt, daß sich die Moosarten in bezug auf die Wasseraufnahme und Wasserverteilung verschieden verhalten. Im ganzen lassen sie abgetrocknet zunächst reichlich Wasser durchtreten und sättigen sich allmählich mit Feuchtigkeit.

Der Vergleich der Moosdecke im Walde mit einem Wasser aufsaugenden Schwamm hat daher viel Berechtigung.

Bisher liegen einigermaßen genügende Untersuchungen nur für die Astmoose vor. Die Haftmoose deuten auf starken Wechsel im Wassergehalte der Bodenoberfläche, die Torfmoose sind Zeichen beginnender Versumpfung oder doch hohen Wasserreichtums des Bodens.

Locker auflagernde Moosschichten bieten dem Boden Schutz gegen die mechanische Gewalt des fallenden Regens, schwächen Temperaturextreme ab, sind leicht durchlässig für Niederschläge und mäßigen die Wasserverdunstung. Die Einwirkung derartiger Moosdecken ist nicht sehr stark, aber durchaus günstig für den Boden.

Leider findet sich unter den Moosen in den meisten Fällen eine Rohhumusschicht von wechselnder Mächtigkeit mit allen ungünstigen Eigenschaften, welche damit in Verbindung stehen.

Die Einwirkung der Haftmoose ist wenig bekannt; sie kann nur im Walde untersucht werden. Ist die Moosschicht nicht zu hoch und geschlossen, so sind dieselben günstigen Wirkungen wie die einer Schicht Astmoose anzunehmen. Wenn der Forstmann die Haftmoose nicht gern im Walde sieht und sie als Zeichen von Bodenrückgang betrachtet, so beruht es darauf, daß diese Moosarten hauptsächlich auf dicht gelagerten Böden mit stark wechselnder Feuchtigkeit vorkommen.

Die Torfmoose, einschließlich des Graumooses, sind Pflanzen nährstoffarmer Böden, die fast nur auf vorhandenem Rohhumus auftreten; sie sind Zeichen ungünstiger Bodenzustände und die Vorläufer dauernder Versumpfung und Rückganges des Waldes. Werden die Schichten der Sphagneen mächtiger, so gehen sie in Hochmoor über. Die Wegnahme der Torfmoose oder besser ihre Tötung durch Aufstreuen von Kalk, Kalisalzen im Walde ist dringend geboten.

Flechten. Eine geschlossene Decke von Flechten ist im Norden und in den Hochgebirgen verbreitet und tritt in Mitteleuropa nicht selten auf ärmsten Böden, zumal auf dicht gelagerten Sandböden, auf. Vorherrschend sind verschiedene Arten von Cladonia, namentlich Cl. rangiferina, die Renntierflechte. Ihre Einwirkung auf den Boden schließt sich den Wirkungen einer Moosdecke an und ist als günstig zu betrachten.

b) G r ä s e r. Zu den weitverbreiteten Bodendecken des Waldes gehören die G r ä s e r. Ihr Verhalten im Walde ist sehr verschieden. Die sogenannten „Waldgräser" (Melicaarten, Brachypodium, Luzula u. a.) sind ohne Bedeutung; wichtiger ist die Einwirkung der Gräser feuchter Standorte, namentlich Aira caespitosa; der humosen nährstoffarmen Standorte (das Bentgras Molinia coerulea, Narduus stricta); sind die im Walde vorkommenden Schilfgräser (Calamagrostisarten); die Gräser trockner Standorte, bei ausgesprochen xerophyller Ausbildung als A n g e r g r ä s e r bezeichnet. (Aira flexuosa, Festuca- und Agrostisarten).

Die Gräser feuchter, nährstoffreicher Standorte zeichnen sich durch breite, tiefgrüne Blätter aus, sie wachsen oft im dichten Bestande und bilden wie Aira caespitosa Bülten. Durch hohen, dichten Wuchs, starke Durchwurzelung des Bodens, hohes Wasser- und Nährstoffbedürfnis, Steigerung der Frostgefahr infolge hoher Wärmeausstrahlung und Minderung der Luftbewegung sind sie keine erwünschten Nachbarn der Baumpflanzen, vermögen die Entwicklung der jungen Bestände oft zurückzuhalten, sind ihnen aber nicht oder selten dauernd schädlich. Herrschen dieser Gräser im Walde bezeichnet man als „V e r g r a s u n g" des Bodens.

A n g e r g r ä s e r. Viele der auf trocknem Boden vorkommenden Gräser sind mehr oder weniger gegen Verdunstung geschützt; namentlich finden sich schmale Blätter, die sich bei feuchtem Wetter ausbreiten, bei trocknem zusammenrollen. Die Farbe der Blätter ist hell-, meist gelblichgrün. Je nach Trocknis des Bodens ist der xerophylle Blattbau mehr oder weniger ausgebildet (zumal bei Aira flexuosa). Als Anpassung an trockne Standorte und als Hilfsmittel, Niederschläge ausgiebig auszunutzen, haben diese Gräser sehr zahlreiche Wurzeln, die äußerst dünn sind und den Boden dicht durchziehen; man spricht mit Recht von einem Wurzelfilz dieser Arten.

Diese Gräser, namentlich die verbreitetste und wichtigste Art, Aira flexuosa, können auf Rohhumus gedeihen und durchziehen mit ihren zahlreichen Wurzeln die humosen Schichten vollständig, so daß wieder normale Verwesung eintreten kann. Im Walde haben diese Gräser daher die wichtige Rolle der Zerstörer ungünstiger Humusbildungen.

Durch ihre starke und tiefgehende Wurzelverbreitung erschöpfen die Angergräser den Boden an Wasser; ihre Einwirkung läßt sich in trocknen Zeiten bis metertief verfolgen und selbst nach sehr ausgiebigen Niederschlägen ist oft der Boden unter diesen Gräsern wasserarm.

Die Angergräser sind die schlimmsten Feinde der jungen Baumpflanzen; Austrocknung des Bodens, Steigerung der Frostgefahr hindert die Entwicklung der Schonungen auf verangertem Boden (Bodenverangerung) oft jahrelang, und auch als Bodendecke im Walde (namentlich den Kiefernwäldern) ist die Grasbedeckung durchaus unerwünscht.

Von den übrigen Gräsern ist das Bentgras (Molinia coerulea) ein Bewohner nährstoffarmer Böden, zumal von Humusböden, die in Umwandlung zu Hochmooren begriffen sind. Das Borstengras (Narduus stricta) findet sich zumeist auf trocknen Rohhumusschichten; es ist ein Bewohner der ärmsten Böden; in bezug auf Wurzelentwicklung schließt es sich den Angergräsern an. Die Calamagrostisarten sind durch hohen Wuchs und ihre verdämmende Wirkung jungen Baumpflanzen, zumal durch Überlagern nach Schneefall, schädlich.

c) Farnkräuter. In weiter Verbreitung findet sich im Walde der Adlerfarn (Pteris aquilina). Er wirkt in Kulturen oft verdämmend und dadurch ungünstig; als Bodendecke im Walde ist Adlerfarn ein Bildner von Rohhumus. Die starke Entwicklung von Rhizomen beeinflußt den Boden unvorteilhaft, tritt aber hauptsächlich erst unter Rohhumus auf. Durchaus günstig ist die Wirkung der hohen, mehr oder weniger horizontal gestellten Blattspreiten, die als schützendes Dach den Boden überwölben, die Gewalt fallender Regen brechen und die Verdunstung mäßigen. In allen diesen Beziehungen steht der Adlerfarn der Wirkung der Laubhölzer nahe.

Ungünstiger gestalten sich die Einwirkungen der Aspidiumarten, die gelegentlich auch in geschlossenen Beständen auftreten, aber feuchteren Böden und Gebieten angehören. Dichte Durchwurzelung des Bodens und starke Bildung von Rohhumus fehlen selten.

d) Beerkräuter. Als Beerkrautdecke werden die geschlossenen Bestände der Heidelbeere (Vaccinium Myrtillus) und der Preißelbeere (Vacc. vitis idaea) bezeichnet. In ihrer Wirkung auf den Boden schließen sich ihnen die Sumpfbeere (Vacc. uliginosum), die Bärentraube (Arctostaphilos uva ursi) und die Krähenbeere (Empetrum nigrum, mehr im Norden) an; örtlich tritt auch der Hasenginster (Sarothamnus) massenhaft auf.

Beerkräuter und Heide sind, solange sie im Mineralboden wurzeln, ohne Schaden für die Waldbäume, führen jedoch Verdichtung des Bodens herbei. Sowie die Ablagerung des Rohhumus beginnt, gehören die Beerkräuter zu dem schädlichsten und lästigsten Unterwuchs des Waldes. Besonders die dichte Verwurzelung, welche sich fast nur auf der Oberfläche des Mineralbodens ausbreitet, ist für die Entwicklung der Baumpflanzen ungünstig; der saure Rohhumus wirkt schädlich auf die Struktur und Zusammensetzung des Bodens ein. Preißelbeere gilt für schädlicher als die Heidelbeere, da letztere bessere Böden bevorzugt und ihre Rohhumusablagerungen meist noch eine gewisse Lockerheit besitzen und deshalb nicht so schädlich wirken wie die dichten, oft torfartigen Bildungen der Preißelbeere.

Die Heidelbeere erhält sich, einmal vorhanden, sehr lange im Schatten des Waldes, bei freierer Stellung verbreitet sie sich rasch und trägt wohl am meisten von allen Bodenkräutern zur Bildung von Rohhumus bei. Auffällig stark tritt unter Heidelbeerdecke Verdichtung des Bodens ein und mit ihr oberflächliches Wachstum der Baumwurzeln. Der Boden unter Beerkraut ist im Frühling feuchter als lockerer Boden und bleibt es vielfach auch im Laufe der Vegetationszeit; in Trockenperioden kehren sich in der Regel jedoch die Verhältnisse um. Die Heidelbeere findet sich in Mitteleuropa nicht auf den ärmsten Böden; die Preißelbeere scheint etwas anspruchsloser zu sein und wird bei völliger Freistellung bald von anderen Konkurrenten, zumal Gräsern oder der Heide, verdrängt. Untersuchungen über die Einwirkung der übrigen Reiser fehlen noch; sie haben nur örtliche Verbreitung. Der Hasenginster kann bei dichtem Stande die Entwicklung junger Baumpflanzen verlangsamen, sie wohl auch ganz unterdrücken; ungünstige Einwirkungen auf den Boden kann man ihm nicht zuschreiben.

Die Heide (Calluna vulgaris), im Nordwesten (Deutschland, Holland) in feuchteren Lagen durch die Dopheide (Erica tetralix) vertreten, ist in ihrer Einwirkung auf den Boden eingehend von P. E. Müller (Natürliche Humusformen) untersucht worden. Die Heide bildet viel und reichlich Rohhumus, oft selbst torfartige Schichten. Sie ist häufig nicht die erste Ursache der Bildung von Ortstein, trägt aber zu dessen Entstehung auf vielen Flächen zweifellos wesentlich bei. Die Heide gedeiht am üppigsten in Gebieten höherer Luftfeuchtigkeit und bei völligem Freistande; in den trockneren, östlicheren Lagen im lichten Walde; sie geht nicht bis in die eigentliche Polarzone. Die Heide ist eine typische Pflanze nährstoffarmer, saurer Böden, xerophyll angepaßt ist sie unempfindlich gegen den stärksten Wechsel im Wassergehalte des Bodens, dagegen empfindlich gegen höheren Salzgehalt der Böden. Düngung mit Kainit z. B. bringt sie auf allen Sandböden zum Absterben.

4. Wassergehalt streubedeckter Böden.

§ 151. Untersuchungen über den Wassergehalt berechter und geschonter Waldböden sind vom Verfasser*) und L. Schmidt**) ausgeführt worden. Durch diese Beobachtungen wird die in forstlichen Kreisen verbreitete Ansicht, daß berechte Böden wasserärmer seien als streubedeckte, nicht bestätigt, namentlich nicht, wenn man mächtigere (bis 80 cm) Schichten zum Vergleich heranzieht.

Der Boden (Diluvialsand) der vom Verfasser untersuchten Eberswalder Streufläche war mit einer dünnen Schicht von Nadeln und sonstigen Abfallresten der Kiefern und nur an wenigen Stellen mit etwas Dicranum scoparium bedeckt, ganz vereinzelt kam Heide vor; die Bodendecke des unberührten Bestandes setzte sich aus Hypnumarten, Cladonien und den Abfallresten der Kiefern zusammen.

Die Untersuchungen des Wassergehaltes ergaben während der Vegetationszeit (Mai bis September):

	in 25—30 cm Tiefe	in 50—55 cm Tiefe	in 75—80 cm Tiefe
berechter Boden ...	3,79 %	3,42 %	3,48 %
unberechter Boden .	3,87 %	3,03 %	3,01 %

Die obersten Bodenschichten zeigten wechselnde Verhältnisse, die tieferen ergaben einen durchschnittlich höheren Wassergehalt der streuberechten Flächen.

In allen wesentlichen Punkten Gleichartiges zeigen die Beobachtungen L. Schmidts für Buntsandsteinboden.

Die Bodendecke der unberechten Flächen bestand aus einer etwa 5 cm starken Lage von lockerem Rohhumus mit Moos, Heidelbeere und Heide bedeckt, die der berechten Flächen aus sehr dünnem, aber dicht verklebtem, filzartigem Rohhumus und Abfallresten des Kiefernbestandes.

Der Boden enthielt in 0,1—0,2 m Tiefe im Durchschnitt des Jahres auf berechtem wie unberechtem Boden 13,7 % Feuchtigkeit.

In Trockenperioden enthielt:

der berechte Boden	10,15 %	Wasser
der streubedeckte Boden .	10,6 %	„

In feuchten Perioden:

der berechte Boden	16,6 %	Wasser
der unberechte Boden	16,1 %	„

*) Zeitschr. f. Forst- u. Jagdw. 1883, S. 633; berichtigte Zahlen: Forstw. Zentralbl. 1891, S. 614.

**) Allgem. Forst- u. Jagdzeit. 1890, S. 308.

Ähnliche Verhältnisse zeigen auch die anderen mitgeteilten Untersuchungen, die während einer Trockenperiode 0,7—1,7 % weniger Wasser in den obersten berechten Bodenschichten ergeben.

Die Versuchsanstellung von Fricke,*) der zu abweichenden Resultaten kam, ist nicht einwandfrei. Fricke untersuchte den Wassergehalt von Bodenproben, die in Gefäßen eingeschlossen waren. Die oben angeführten Beobachtungen zeigen jedoch, daß sich der freie Waldboden anders verhält, als eine abgeschlossene Bodenmenge.

Wesentlich anders gestalten sich jedoch die Verhältnisse, wenn man den Wassergehalt der obersten Bodenschicht berücksichtigt. Durchschnittszahlen ergeben unbrauchbare Größen, da die Verhältnisse ungemein mannigfaltig sind; nur Zusammenstellung der einzelnen Beobachtungen hat Wert. Charakteristisch für die oberste Bodenschicht ist der starke Wechsel im Wassergehalt. Neben Überfluß in feuchter Zeit steht Mangel in trocknen Perioden. Die gleichmäßige Feuchtigkeit der oberen Bodenschicht, welche so bezeichnend und wichtig für gute Waldböden ist, fehlt; damit treten alle die ungünstigen Wirkungen hervor, welche „ausgehagerte" Waldböden aufweisen. Zerstörung der Krümelstruktur (Bodenverdichtung), Rückgang der Bakterien und des Tierlebens treten ein; hierin ist eine der hauptsächlichsten Ursachen der Schädigung des Waldbodens durch regelmäßige Streuentnahme zu sehen.

Untersucht man die Verhältnisse einer streuberechten Fläche, wenn mächtigere Moosschichten auf einmal entfernt worden sind, so treten die schroffsten Unterschiede hervor. Zumal in süddeutschen Gebieten kann man derartige Beispiele nicht selten sehen. In der Regel handelt es sich hierbei um ungünstige Moosablagerungen, zumeist Schichten von Sphagnum. Sind diese erst einmal gebildet, so saugen sie sich voll Wasser und die Wurzeln der Bäume, vorwiegend handelt es sich um Kiefer, streichen zum Teil oberhalb des Mineralbodens. Wird die Moosdecke entfernt, so werden die Oberflächenwurzeln freigelegt und kommen zum Absterben. Es stehen sich hier zwei Übel gegenüber. Eine schädliche Moosschicht und zeitweise Schädigung des Bestandes durch Zerstören eines Teiles der Wurzeln. Sachgemäß würde es sein, durch Kalkung rechtzeitig die Bildung der Sphagneen usw. zu hindern; sind sie einmal vorhanden, so wird vielfach die Wegnahme der Moosschicht das kleinere Übel sein, zumal die Moose ökonomischen Wert haben. Unter derartigen Verhältnissen werden die berechten Böden wasserärmer sein als die unberechten; aber die moosbedeckten Böden leiden überhaupt unter Übermaß von Wasser.

---

*) Zeitschr. f. Forst- u. Jagdw.

Anders gestaltet sich die Wasserbilanz in Böden, auf denen in gemäßigter Weise (Anwendung von Holzrechen, Schonung der im Boden wurzelnden Vegetation) und in ebenen Lagen Streu entnommen wird. Diese Böden sind in Nadelwäldern ausnahmslos, in den Laubwäldern, wenn nicht gerade im Herbst nach dem Laubfall gerecht wird, mehr oder weniger mit einer dünneren oder dickeren Schicht von Abfällen bedeckt, ebenso oft finden sich schwache Decken von Haftmoosen (zumal Dicranum scoparium). Es ist daher nicht auffällig, wenn die einsickernde Wassermenge größer ist als auf dicht bedeckten Böden.

Faßt man zusammen, was bisher aus den Beobachtungen im Walde hierüber abzuleiten ist, so ist es etwa das Folgende:

Völlig nackter Boden ist wasserärmer als mit mäßigen Streuschichten bedeckter. Ein Buchenbestand mit schwacher aufliegender Laubdecke kann daher nach deren Entfernung sehr wohl wasserärmer sein als vorher.

Dünne Streulagen ohne unterliegende Humusschichten sind für die Wasserzufuhr am günstigsten. Auch geringe Niederschläge vermögen dann in den Boden einzudringen und die Verdunstung wird so weit gehindert, daß ein solcher Boden während der Vegetationszeit die reichlichsten Feuchtigkeitsmengen zur Verfügung hat. Ist die Streudecke sehr dünn, so kann die Verdunstung so stark werden, daß die obersten Bodenschichten während Trockenperioden weniger Wasser enthalten als Böden mit starker Streudecke.

Mächtige Streudecken vermögen so viel Wasser in sich aufzunehmen und zu verdunsten, daß die Zufuhr an Feuchtigkeit für den unterliegenden Boden verringert wird. Dicht gelagerte (auch dünne) Rohhumusschichten verhalten sich mächtigen Streudecken ähnlich.

Bodenverdichtung. Eine charakteristische Veränderung des Waldbodens nach dauernder Streuentnahme ist Verhärtung und Verdichtung der oberen Schicht. Das „tennenartige Festwerden der Oberfläche“ ist eine der am leichtesten erkennbaren Einwirkungen übertriebener Streuentnahme. Die Bodenverdichtung tritt am schärfsten auf schweren, tonreichen Böden hervor, während sie auf Sandböden viel weniger zu beobachten ist.

Unter Laubholz, namentlich wenn die Streu nach dem Streufall im Herbst entnommen wird, ist die Veränderung des Bodens stärker als in Nadelwäldern.

Die Ursache der Bodenverdichtung ist auf Minderung der löslichen Salze durch Streuentnahme und Auswaschung, sowie vorwiegend auf die mechanische Wirkung des fallenden Regens zurückzuführen. Die Krümelung des Bodens wird zerstört und damit treten alle Nachteile auf, welche dicht gelagerten Böden eigentümlich sind. Im Buchenwalde kann man bei aufmerksamer Beobachtung auch im geschonten Bestande immer Stellen des Bodens finden, die wesentlich dichter gelagert sind, sie machen sich schon beim Gehen, noch mehr bei Benutzung eines Stockes bemerkbar. Es sind die Teile des Bodens, die unter der „Traufe“ der Äste stehen und besonders vom ablaufenden Wasser getroffen werden. Im berechten Laubwalde steht während der ganzen Ruhezeit der Vegetation der Boden unter dem Einfluß des fallenden Regens. Nach einzelnen vorliegenden Beobachtungen ist der Grad der Bodenverdichtung einer Streufläche etwa ebenso hoch wie der der harten Stellen im Bestande.

Auf Sandböden und unter Nadelhölzern tritt die Bodenverhärtung wesentlich geringer auf. Ich besitze sogar eine ganze Anzahl Bestimmungen, die auf sechsjährig berechten Kiefernflächen stärkere Lockerung des Bodens zeigten; zumal auf Flächen, auf denen früher Rohhumusschichten vorhanden waren, welche durch die Streuentnahme zerstört wurden; im allgemeinen folgt aber auch regelmäßiger Streuentnahme die Bodenverdichtung auf Sandboden.

Eine andere schlimme Wirkung der Entblößung des Bodens in abhängigen Lagen ist die rasche Abfuhr des Wassers und die Wegführung von feinerdigen Bodenteilen. Lebende Bodendecken mindern die Geschwindigkeit des abfließenden Wassers erheblich und geben hierdurch und durch die höhere Lockerheit der Böden die Möglichkeit, daß ein größerer Teil des Wassers in die Erde eindringen kann. Wichtig ist der Schutz, den die Streudecke gegen Abschwemmung ausübt. Regelmäßig berechte Hänge zeigen, zumal an der Talsohle, fast immer die Einwirkung der abfließenden Wässer.

5. Chemische Zusammensetzung der Waldstreu.

§ 152. a) Über den Mineralstoffgehalt der Waldstreu liegen zahlreiche Untersuchungen vor; es ist dadurch möglich die Menge der Nährstoffe festzustellen, welche bei Verwesung der Abfallstoffe dem Boden wieder zugeführt werden oder bei Streuentnahme zur Ausfuhr kommen.

Die Streumengen wechseln nach Baumart, Baumalter und Standortsverhältnissen, sie sind ferner für die einzelnen Jahre je nach den Witterungsverhältnissen verschieden und natürlich auch von der Wiederkehr der Streuentnahme abhängig.

Die folgende Zusammenstellung gibt Durchschnittszahlen für die jährlichen und die einmaligen Streuerträge im lufttrockenen Zustande, die Menge der darin enthaltenen Nährstoffe und den Geldwert für je

1000 kg (Stickstoff = 1 Mk.; Phosphorsäure = 0,3 Mk., Kali = 0,2 Mk. gerechnet.)*)

	Ertrag für Hektar in 100 kg	Im Streuertrag sind enthalten (bei 10 % Feuchtigkeit der Streu)						Geldwert der Nährstoffe in 1000 kg Streu	
		Stickstoff kg	Reinasche kg	Kali kg	Kalk kg	Magnesia kg	Phosphorsäure kg	Einschließlich Stickstoff Mark	Ohne Stickstoff Mark
Rotbuche:									
I.—III. Ertragsklasse von 20—60 Jahren . . . / IV. u. V. Ertragsklasse von 20—100 Jahren . . .	40	48,2	196,0	9,7	88,6	13,0	10,1		
I.—III. Ertragsklasse von 60—100 Jahren . . .	50	70,0	244,0	12,2	110,7	16,2	12,6	14,7	1,3
Einmalige Nutzung in geschlossenen Beständen	90	108,0	440,0	21,9	199,3	29,2	22,7		
Kiefer:									
I.—III. Ertragsklasse von 20—100 Jahren . . .	30	24,6	38,1	4,05	14,3	3,9	3,2		
IV. u. V. Ertragsklasse von 20—100 Jahren . . .	20	16,4	25,4	2,7	9,5	2,5	2,3	9,8	0,7
Einmalige Nutzung I. bis III. Ertragsklasse . .	140	114,7	177,7	18,9	66,8	17,6	15,1		
Desgl. IV. u. V. Ertragskl.	100	81,9	126,9	13,5	47,7	12,6	10,8		
Fichte:									
I.—IV. Ertragsklasse . .	35	33,4	145,2	4,3	58,0	6,6	7,2	11,6	1,0
Einmalige Nutzung . .	150	143,0	622,3	18,2	248,4	28,3	30,0		
Heide	in je 100 kg Trockensubstanz	12,5	20,8	2,7	**4,5**	2,0	1,4	13,4	0,9
Moos		14,0	27,4	**4,5**	3,9	1,7	2,1	15,5	1,5
Farnkraut		?	64,9	24,8	7,4	4,1	4,9	?	6,5

b) Die Zeitdauer, welche die verschiedenen Streudecken bis zu ihrer vollen Verwesung brauchen, ist bei normalen Verhältnissen viel weniger verschieden, als man nach dem Unterschiede im anatomischen Bau von Nadeln und Laub annehmen sollte.

Die zahlreichen Aufnahmen der Versuchsstationen zeigen dies, wenn man den Ertrag von jährlich und mehrjährig gerechten Flächen

*) Die Streuerträge sind ausführlich zusammengestellt in Danckelmann, Ablösung der Waldgrundgerechtigkeiten, III, Tab. 26—29; die Angaben über Geldwert der Streu, Tab. 25.

vergleicht. Aus der Ansammlung von Streu läßt sich ein Rückschluß auf die Zeitdauer der Zersetzung machen.

Nach den Zusammenstellungen*) der Versuchsergebnisse verhält sich der Ertrag der Streuflächen für

	bei jährlicher	2jähr.	4jähr.	6jähr. Nutzung
Buche wie	1	: 1,7	: 1,8	: 2
Kiefer wie	1	: 1,7	: 2,4	: 3,4

	bei jährlicher	3jähr.	6jähr. Nutzung
Fichte wie	1	: 2,2	: 3
Eiche wie	1	: 1,4	: 1,4
Tanne wie	1	: 1,8.	

Man kann daher annehmen, daß im Verlauf von 2—3 Jahren die Zersetzung der Streu beendet ist. Die höheren Zahlen der Nadelhölzer sind wohl überwiegend auf das Wachstum der Moose bei längerem Turnus zurückzuführen.

Es gelten diese Verhältnisse jedoch nur für Waldböden, denen die Streu entnommen wird, oder die mit einer guten, lockeren Streuschicht bedeckt sind (Mullböden). Sowie sich größere Mengen von Rohhumus ansammeln, wird die Verwesung verlangsamt und kann dann viele Jahre in Anspruch nehmen.

c) Das Verhalten der Mineralstoffe bei der Verwesung der Streu.**)

Über das Verhalten der Mineralstoffe bei der Zersetzung der Streuabfälle sind zuerst durch von Schröder Untersuchungen angestellt worden. Derselbe laugte verschiedene Baumteile mit Wasser aus und stellte eine hochgradige Auswaschung von Kalium und anderen Bestandteilen fest.

Der Einwurf, daß die durch viel Wasser hervorgebrachten Veränderungen in der Zusammensetzung der Streu andere, als die unter natürlichen Verhältnisse erfolgenden seien, wurde durch die Untersuchungen des Verfassers entkräftet, der Eichenlaubstreu und später Fichtennadeln in einem Regenmesser der Einwirkung der Atmosphärilien aussetzte und die Ähnlichkeit der Zersetzung mit der durch einfaches Auslaugen bewirkten nachwies.

Im folgenden sind die hauptsächlichsten Zahlen für je 1000 Teile Trockensubstanz zusammengestellt:

---

*) Dankelmann, Zeitschr. f. Forst- u. Jagdw. 1887, S. 577.

**) Literatur:
Schröder, Forstchem. u. pflanzenphysiolog. Unters.
Ramann, Zeitschr. f. Forst- u. Jagdw. 1888, S. 1.

	Eichenlaubstreu (unberegnet)			Fichtennadelstreu (fast unberegnet)		
	Eichenlaub		1000 Teile Trockensubstanz verloren im ersten Jahre (Analyse der Abflußwässer)	Fichtennadeln		In dem ersten halben Jahre durch Wasser ausgelaugt (Analyse der Abflußwässer)
	ursprünglich	nach zwei Jahren		ursprünglich	nach 1 3/4 Jahren	
Kali	4,87	1,33	2,05	1,73	1,35	0,825
Kalk	23,03	32,41	0,44	13,74	22,29	0,469
Magnesia	5,44	1,80	0,35	0,71	1,64	0,175
Phosphorsäure	21,89	22,00	0,63	2,03	2,92	0,067
Kieselsäure	15,07	54,76	0,17	25,73	45,57	0,215
Reinasche	75,01	112,10	3,92	47,65	85,20	—

Innerhalb Jahresfrist waren bei der Eiche über 40% des vorhandenen Kalis, in noch kürzerer Zeit nahezu 50 % desselben Stoffes bei den Fichtennadeln ausgelaugt, und alle anderen Stoffe hatten ebenfalls stärkeren oder schwächeren Verlust erlitten. Wahrscheinlich verläuft der Vorgang in der Weise, daß die ersten Wassermengen, welche auf die Streu einwirken, eine rasche Lösung und Wegfuhr der Hauptmasse der angreifbaren Salze herbeiführen. (Aus Buchenlaub wurde durch Auslaugen mit der dreifachen Wassermenge des lufttrockenen Laubes in 24 Stunden bereits 49,5 %, in den nächsten zwei Tagen noch 22,1 % der gesamten vorhandenen Kalimenge gelöst. Fernere Auszüge gaben nur noch geringe Mengen gelöster Stoffe.)

Im Walde führt die Verwesung zur Zerstörung der organischen Substanz und schreitet so rasch voran, daß die Auswaschung der Salze überholt wird und eine Anreicherung der verwitternden Streu an Mineralstoffen eintritt. Reste von Blättern früherer Jahre, sowie die humosen Stoffe des Bodens sind daher in der Regel reicher an Mineralstoffen als die ursprüngliche Streu.*)

Durch die leichte Auslaugbarkeit vieler Mineralstoffe werden den obersten Bodenschichten nach dem Streuabfall in kurzer Zeit erhebliche Mengen von leicht löslichen Salzen zugeführt und dadurch der wichtigste Faktor für die Erhaltung der Krümelstruktur des Bodens geliefert.

Es ist jedoch hervorzuheben, daß die bisher vorliegenden Versuche sich nur mit der Verwesung der Streu beschäftigen; in welcher Weise die Vorgänge verlaufen, wenn sauer reagierende Humusstoffe gebildet werden, ist noch unbekannt. Wahrscheinlich wird die Auslaugung erheblich gesteigert und werden auch die alkalischen Erden, Kalk und Magnesia, weggeführt, während die Zersetzung der organischen Stoffe in hohem Grade verzögert wird.

*) Ebermayer, Lehre der Waldstreu.

d) Die Streu als Quelle des Humus.

Im Boden des Waldes, in dem eine künstliche Zufuhr organischer Stoffe nicht wie im Ackerboden bei der Düngung erfolgt, sind die Streuabfälle die einzige Quelle des Humus. Aus ihrer Zersetzung entstehen die dem Boden beigemischten organischen Reste.

Besonders stark werden durch einen höheren oder geringeren Gehalt an Humus die Sandböden, ferner die sehr schweren, zähen Bodenarten beeinflußt. Namentlich bei diesen letzteren kann man die Wichtigkeit einer ausreichenden Humusbeimischung kaum überschätzen. Die oft gemachte Erfahrung, daß Kalkböden, welche sich in vielen ihrer Eigenschaften den Tonböden anschließen, jedoch eine viel raschere Zersetzung der organischen Stoffe herbeiführen (tätig sind), sich als empfindlich gegen übertriebene Streunutzung gezeigt haben, ist wohl mit auf den Mangel an neu gebildetem Humus zurückzuführen.

Auch in Sandböden macht sich Mangel an humosen Stoffen fühlbar, wenn auch nicht in gleichem Maße wie bei den genannten Böden.

Es ist auch hier, wie bereits in so vielen Fällen, auf den tiefgehenden Unterschied zwischen den Humusarten hinzuweisen. Für stark humose, zumal in feuchten Lagen befindliche Böden, wird eine fernere Anreicherung an Humusstoffen ohne Bedeutung sein; mit Rohhumus bedeckte Flächen werden durch Ablagerung neuer derartiger Bildungen mehr ungünstig als günstig beeinflußt. Der Wert der Waldstreu für die Humusbildung kann daher sehr groß, kann aber ebensogut gleichgültig oder sogar negativ sein. Es kommt ganz auf die lokalen Bedingungen, die Zusammensetzung und auf das Verhalten der Bodenarten an.

6. Zusammensetzung streuberechter Böden.

§ 153. Über die Einwirkung der Streuentnahme auf Sandböden sind mehrere Untersuchungen veröffentlicht. Alle zeigen übereinstimmend eine hochgradige Verarmung der Böden an für die Pflanzenernährung wichtigen Mineralstoffen.*)

Die Arbeiten beziehen sich auf Diluvial- und Alluvialsande, sowie Verwitterungsböden von Buntsandstein und von Quadersandstein.

---

*) Literatur:
Stöckhardt, Landw. V.-St. 1865, VII, S. 235.
Weber, Untersuchungen über die agronom. Statik der Waldbäume. Inaug.-Diss. München 1877.
Hanamann, Vereinsschr. d. böhm. Forstvereins 1881, S. 48.
Ramann, Zeitschr. f. Forst- u. Jagdw. 1883, S. 577 u. 633.

Der Verlust hatte sich auf alle Bodenbestandteile (natürlich ausschließlich Kieselsäure) erstreckt, wenn auch die leichtlöslichen am stärksten ausgeführt waren.

Die Untersuchungen des Verfassers ergaben auf Kiefernboden V. Klasse, der seit 16 Jahren regelmäßig berecht wurde, folgende Resultate.

Der Übersichtlichkeit halber sollen hier nur die Mengen, welche ein Hektar Boden im berechten und unberechten Zustande von den verschiedenen Mineralstoffen enthält, mitgeteilt werden.

Es enthält ein Hektar bis zu 1,5 m Tiefe an löslichen und unlöslichen Mineralstoffen (in kg):

	lösliche Stoffe		Gesamtgehalt		Unterschied des berechten u. unberechten Bodens
	unberechter Boden	berechter Boden	berechter Boden	unberechter Boden	
Kali	1 622	589	16 380	23 040	— **6 660**
Natron	1 919	418	8 325	10 125	— 1 800
Kalk	853	551	4 117	4 747	— **630**
Magnesia	992	778	1 372	1 462	— 90
Eisenoxyd	7 299	5 017	5 130	13 275	— 8 145
Tonerde	11 131	9 967	66 307	73 372	— 7 065
Mangan	558	402	765	2 025	— 1 260
Phosphorsäure	850	898	1 102	2 340	— **1 238**
Schwefelsäure	180	49	180	49	— 131
lösliche Kieselsäure	14 830	12 647	—	—	— 2 185
Gesamtmenge der löslichen Stoffe	40 234	31 316	—	—	—
Stickstoff	—	—	472	540	— 68

Stellt man den Entzug an Mineralstoffen durch die Streunutzung (1850 kg für Jahr und Hektar) mit dem Verlust des Bodens zusammen, so ergeben sich folgende Verhältnisse (in kg):

	Verlust des Bodens	Gehalt der geworbenen Streu	In der Streu ist mehr oder weniger enthalten
Kali	6 660	21	— **6 639**
Kalk	630	107	— **523**
Magnesia	90	16	— **74**
Phosphorsäure	1 238	44	— **1 194**
Schwefelsäure	131	4	— **127**
lösliche Kieselsäure	2 183	168	— **2 015**
Stickstoff	68	287	+ **219**

Der Gesamtverlust ist daher ein sehr vielmal größerer, als dem Entzug durch die Streu entspricht. Es gibt für diese Tatsache, und alle anderen Untersuchungen führen zu demselben Resultate, nur eine Erklärung: die Mineralstoffe sind ausgewaschen und durch die Sickerwässer weggeführt worden. Der Rückgang der Böden ist daher überwiegend der auswaschenden Wirkung der atmosphärischen Gewässer zuzuschreiben. Die tatsächlich vielfach zu beobachtende schädliche Wirkung der Streunutzung auf armen Böden, die vollständige Stockung im Wuchse, läßt sich überhaupt nur durch dieses Verhalten der Sandböden erklären.

Zugleich ist auch die Verwitterung in den berechten Böden rasch vorangeschritten, nicht wie zumeist angenommen wird, verlangsamt worden. Es kann auch kaum einem Zweifel unterliegen, daß die Verwitterung in streufreien Böden, die viel stärkerem Temperaturwechsel und zumeist auch der Einwirkung viel reichlicherer Wassermengen ausgesetzt sind, stärker ist als auf streubedeckten.

Die geringe Auswaschung streubedeckter Sandböden erklärt sich zum großen Teil daraus, daß die atmosphärischen Niederschläge sich in der Streudecke mit löslichen Salzen beladen und den Boden nicht als reines Wasser, sondern bereits als eine schwache Salzlösung treffen. Die lösende und auswaschende Wirkung kann daher durch eine Streudecke in viel höherem Grade abgeschwächt werden, als dem Minderbetrag des zugeführten Wassers entspricht. Vergegenwärtigt man sich, daß die lösende Kraft des Wassers immer im Verhältnis zu den im Boden vorhandenen lösbaren und den bereits gelösten Salzen steht, so erklärt sich hieraus die ursprünglich fremdartig erscheinende, hochgradige Verarmung des Bodens.*)

Reichere Bodenarten, auf denen regelmäßig Streu genutzt worden ist, sind von Councler**) und dem Verfasser untersucht.***) Die Analysen Stöckhardts†) beziehen sich auf Blößen, welche verschieden lange aufgeforstet waren. Die Zahlen sind daher für die Streufrage nicht direkt verwendbar; sie sind jedoch in voller Übereinstimmung mit den Ergebnissen Counclers und des Verfassers.

Die Bodenanalyse, welche für Sandböden so übereinstimmende Resultate gegeben hat, versagt bei den schwereren Bodenarten. Die

*) Es ist nicht unwahrscheinlich, daß die Auswaschung bei Streuentnahme stark einsetzt und später, nachdem die Hauptmenge der löslichen Stoffe weggeführt ist, sich sehr verlangsamt. Wiederholung der Untersuchung nach einer Reihe von Jahren bei fortlaufender Streuausfuhr würde Aufklärung schaffen.

**) Zeitschr. f. Forst- u. Jagdw. 1885, Bd. 15, S. 121.

***) „Waldstreu" u. Zeitschr. f. Forst- u. Jagdw. 1890, S. 526.

†) Tharandter Jahrbuch 1864, Bd. 9, S. 280.

Mineralstoffe sind hier wahrscheinlich nicht mehr entscheidend für die Entwicklung der Bäume; die Auswaschung schreitet viel langsamer fort und das Verhältnis zwischen den für Pflanzen aufnehmbaren Stoffen und den in Säure löslichen Teilen ist wohl ein anderes als bei Sandböden; jedenfalls haben die Analysen Unterschiede nicht ergeben. Berechnet man, wenn nur die Ausfuhr der Stoffe durch die Streuentnahme in Frage kommt, die entzogenen Mengen, so würden sie meist nur in der dritten Dezimalstelle der Analyse zum Ausdruck kommen. Differenzen, welche durch Unterschiede in der Zusammensetzung der Böden und Fehler der Analyse weit übertroffen werden.

Das Verhalten des Stickstoffs bedarf besonderer Besprechung. In den Kiefernstreuflächen auf Sandboden war eine Verarmung an Stickstoff im Boden nicht aufgetreten; bei einer Anzahl von Bestimmungen in anderen Flächen ergaben sich wechselnde Verhältnisse. Von allen Nährstoffen ist bei Streuentnahme die Ausfuhr von Stickstoff am bedeutendsten; Mangel an Stickstoff macht sich durch helle, gelbgrüne Farbe der Blätter und Nadeln und Kleinerwerden der Blattorgane bemerkbar. Es gibt in Norddeutschland Tausende Hektar Kiefernwald, die seit Menschenalter alljährlich berecht worden sind, es ist unzweifelhaft mit der Streu vielmal mehr Stickstoff ausgeführt worden, als jemals zu einer Zeit im Boden vorhanden war und trotzdem sind die Nadeln der Bäume normal und tiefgrün; die charakteristischen Färbungen der Nadeln bei Stickstoffmangel fehlen. Es muß daher für diese Bestände eine Stickstoffquelle vorhanden sein. In irgend welcher Form muß dem Boden aus der Atmosphäre Stickstoff zugeführt werden. Der Verfasser glaubt die Herkunft des gebundenen Stickstoffs in der Absorption des Ammoniaks der Atmosphäre durch die Humussäuren des Bodens sehen zu sollen.*) Bindung von freiem Stickstoff durch die Kiefern unter der Mitwirkung der Pilzwurzel ist nach den Arbeiten von A. Möller äußerst unwahrscheinlich, und so bleibt keine andere Erklärung als Vorkommen stickstoffbindender Bakterien im Waldboden oder Aufnahme von Stickstoff in irgendwelcher Form aus der Atmosphäre.

Die Annahme würde auch eine andere Erscheinung aufklären; das Verhalten der Buche bei Streuentzug.

Während Nadelhölzer auch bei sehr intensiver Streunutzung im Zuwachs wenig beeinflußt werden, am wenigsten die Kiefer, etwas

*) Zur Untersuchung dieser Vorgänge sind 1904 an fünf Stationen Beobachtungen ausgeführt worden. Die Zahlen der Analysen deuten darauf hin, daß namentlich im Rohhumus eine Steigerung des Gehaltes an Stickstoff eingetreten ist. Im Gange befindliche weitere Untersuchungen werden voraussichtlich die Frage zur Lösung bringen.

mehr, wenigstens auf armen Böden, die Fichte, reagiert die Buche auf allen Bodenarten schon nach ein paar Jahrzehnten stark. Die Blätter werden kleiner und bekommen eine gelbgrüne Färbung; Erscheinungen, welche auch sonst bei Mangel an Stickstoff auftreten. Der Boden der Streuflächen in Buchen, in denen ich diese Erscheinungen gesehen und verfolgt habe, war neutral reagierender, mittlerer bis guter Lehmboden. Es sind namentlich die preußischen Streuflächen in Dhronecken und Mühlenbeck,*) welche ich dabei im Auge habe.

Die eine Streufläche in Dhronecken liegt in einem überhaupt rückgängigen Bestande, so daß es Bedenken hat, die Schädigung des Bestandes allein auf die Streuentnahme zurückzuführen. Zweifellose Verhältnisse hat dagegen Mühlenbeck. Hier kann man kaum zu einer andern Überzeugung kommen, als daß für die auf sandigem Lehm angelegte Streufläche Mangel an Stickstoff vorliegt; für die auf schwerem Lehmboden angelegte Fläche dagegen in der Verdichtung des Bodens die Ursache des Rückganges zu sehen ist.

Mit dieser Erklärung steht auch die Erfahrung im Einklange, daß durch Streuentnahme geschädigte Buchen sich bei Streuschonung rasch erholen und wenn auch der Boden noch nicht seine alte Beschaffenheit wieder angenommen hat, doch der Bestand auf guten Böden nach 5—10 Jahren, oft in kürzerer Zeit, seine Beschädigungen ausgeheilt und vollen Zuwachs hat.

Die Bedeutung der Streu als Stickstoffdünger des Waldes ist namentlich von v. Schröder hervorgehoben worden.**) In einer vortrefflichen Arbeit zeigte dieser Forscher, daß die jährliche Zufuhr von gebundenem Stickstoff durch atmosphärische Niederschläge etwa den Mengen dieses Nährstoffes entspreche, welche durch Holznutzung dem Walde entzogen wird, daß dagegen bei Streuausfuhr Mangel an Stickstoff auftrete. Für Nadelhölzer ist die Auffassung Schröders nicht haltbar; wohl aber spricht viel für sie in bezug auf Laubhölzer (Buche). Es wird sich die Frage erst sicher beantworten lassen, wenn die Untersuchungen über den Gegenstand abgeschlossen sind. Vorläufig muß man daran festhalten, daß sich starke Unterschiede im Verhalten der Laub- und Nadelhölzer herausgestellt haben, die wahrscheinlich in erster Linie auf den Boden, in zweiter auf den sehr großen Unterschied im jährlichen Bedarf an Mineralstoffen zurückgeführt werden können und zuerst im Mangel an Stickstoff ihren Ausdruck finden.

*) Zeitschr. f. Forst- u. Jagdw. 1898, S. 8 u. S. 290.
**) Forstchem. u. pflanzenphys. Untersuch.

Die Wirkung der Streunutzung gestaltet sich äußerst verschieden, je nach den Verhältnissen des Bodens und dessen Lage, dem Bestande und der Häufigkeit der Entnahme der Bodendecke.

Jede fortgesetzte und jährlich wiederkehrende Streunutzung muß früher oder später zu einer Erschöpfung des Bodens an mineralischen Nährstoffen und zu einer ungünstigen physikalischen Veränderung des Bodens führen.

Auf armen Böden, zumal in Sandböden, tritt dies am schnellsten ein, da hier die Bedingungen der ungünstigen Beeinflussung in gesteigertem Maße vorhanden sind. Auf reicheren Bodenarten kann Streuentnahme längere Zeit ohne bemerkbare Veränderung des Bodens stattfinden und bei selten wiederkehrender Streunutzung überhaupt unbemerkbar bleiben.

Jedenfalls haben die bisherigen Arbeiten übereinstimmend nachgewiesen, daß eine richtig geführte Bodenuntersuchung ein sicheres Mittel ist, eine etwaige Bodenverschlechterung durch Streuentnahme festzustellen. Von besonderer Wichtigkeit ist dabei, daß Bodenveränderungen sich früher bemerkbar machen, als Zuwachsrückgänge im Bestand auftreten. Zeigt sich der Boden im gleichen Zustande mit den unberechten Flächen, so wird man auch im Bestande vergeblich nach ungünstigen Änderungen suchen; wohl aber brauchen die letzteren noch nicht hervorzutreten, während beim Boden schon die ersten Andeutungen des Rückganges sich zeigen. Die Bodenuntersuchung ist daher ein Maßstab für die Einwirkung der Streuentnahme.

Bei der Entscheidung über Zulässigkeit oder Unzulässigkeit der Streuentnahme sind daher folgende Punkte zu beachten:

1. Ärmere Bodenarten sind tunlichst auszuschließen.
2. An Hängen soll die Wegnahme der Streu, wenn irgend möglich, nur in horizontalen Streifen geschehen.
3. Bei Laubhölzern wirkt die Streuentnahme durch den viel höheren Bedarf der Holzarten an Nährstoffen und die mechanische Veränderung des nackten Bodens viel stärker ein als bei Nadelhölzern. Die Streuentnahme ist daher tunlichst auf die Zeit vor dem Blattabfall zu beschränken.
4. Die im Bestand vorhandene Humusform ist zu berücksichtigen. Rohhumusansammlungen sind schädlich für Boden und Bestand; die Entfernung derselben, zumal vor dem Abtriebe, unterliegt keinem Bedenken.
5. Die lokalen Verhältnisse und das Verhalten des Bodens ist zu berücksichtigen. Kleine Versuchsflächen geben hierüber Auskunft. Die Streu-

entnahme kann auf einer Bodenart ohne Bedenken erfolgen, während sie auf einer anderen schädlich ist.

6. Exponierte Lagen, Waldränder, West- und Südhänge sind tunlichst von der Streuentnahme auszuschließen.
7. Die Streuentnahme ist auf Bestände zu beschränken, welche das mittlere Lebensalter überschritten haben, also nicht mehr das Maximum des Bedarfs an Mineralstoffen aufweisen.
8. Sehr flachgründige und anderseits sehr schwere, zähe Bodenarten sind von der Streunutzung auszuschließen.

Die Wirkung der Streuentnahme auf den Holzbestand ist vielfach Gegenstand der Untersuchung gewesen. Es kann hier nicht der Ort sein, hierauf einzugehen; für mittlere bis bessere Bestände ist aber wohl die schädigende Einwirkung sehr überschätzt worden.

Über diese Verhältnisse werden erst die Aufnahmen der zahlreich angelegten Streuversuchsflächen sichere Auskunft geben. Erst wenn diese für alle oder tunlichst alle vorliegen, wird ein Urteil möglich sein.

IX. Die Lage des Bodens.

Die klimatischen Verhältnisse eines Gebietes bedingen die wichtigsten Eigenschaften der Böden und beherrschen die Pflanzenwelt. Geographische Breite, absolute Höhe, Unterschied von ozeanischer und kontinentaler Lage, herrschende Winde und Verteilung der Niederschläge, Meeresströmungen und Verdunstung sind die wichtigsten Einflüsse, welche das Klima eines Ortes bedingen. Neben diesen allgemeinen klimatischen Bedingungen machen sich vielfach noch örtliche Einflüsse geltend, die günstig oder ungünstig auf Boden wie Pflanzenwelt einwirken. Hier sind namentlich Exposition und Inklination, der Einfluß der Winde und die Ortslagen zu berücksichtigen.

Die Bedeutung der örtlichen Einflüsse macht sich auf Boden wie Pflanzenwelt um so stärker geltend, je extremer das Klima in irgend einer Beziehung wird (Windwirkung an den Seeküsten, Temperatur in den kalten, Wassergehalt in den heißen, Verdunstung in den niederschlagarmen Gebieten). Dies Gesetz gilt auch für die Grenzen der Verbreitung der einzelnen Pflanzenarten und Pflanzenformationen.

1. Exposition und Inklination.

§ 154. Die Lage eines Bodens zur Himmelsrichtung bezeichnet man als seine Exposition und überträgt diese Bezeichnung auch auf deutlich erkennbare Grenzen der Pflanzenbestände, z. B. Waldränder in ebener Lage. Gebräuchlicher und berechtigter ist hierfür die Bezeichnung nach der Himmelsrichtung (Westseite, Nordseite usw.).

Man unterscheidet die Exposition nach den acht hauptsächlichen Himmelsrichtungen, also z. B. südliche, südwestliche Exposition oder Exposition gegen Süden, Südosten usw.

Unter der Neigung (Inklination) versteht man die Neigung einer Fläche gegen die Erdoberfläche und mißt sie nach dem Winkel, den sie mit ihr bildet.

In der Praxis sind nachfolgende Bezeichnungen üblich, die in der Forstwirtschaft und in der Landwirtschaft etwas abweichend gebraucht werden.

	Forstlich	Landwirtschaftlich (nach Wollny)
bis 5°	eben oder fast eben	flach oder lehnig
5—10°	sanft od. schwach geneigt	abhängig
10—20°	lehn	abschüssig
20—30°	steiler Abhang	steil
30—45°	sehr steil od. schroffer Abhang	sehr steil
über 45°	Felsabsturz	schroff

Über 20° hört die regelmäßige landwirtschaftliche Nutzbarkeit, über 30° der regelmäßige Waldbau auf.

Zu bemerken ist, daß man geneigt ist, flache Neigungen zu unterschätzen, starke erheblich zu überschätzen.

Von der Lage einer Fläche ist die Bestrahlung durch die Sonne abhängig. Die Stärke der Einstrahlung wird vom Stande der Sonne bedingt. Es ist wünschenswert, an einem Beispiel zu zeigen, welchen Einfluß die örtlichen Lagen haben können. Die Berechnung der Sonnenwirkung für die Polhöhe von München ist dadurch gefunden, daß die Zeitdauer der Bestrahlung mit deren möglicher Stärke nach dem herrschenden Sonnenstande multipliziert ist. Erst hierdurch treten die großen Unterschiede hervor, welche sich nicht nur für die Jahreszeit, sondern auch für Ortslagen, für Ebene und Neigung der Gehänge von 10°, 20° und 30° ergeben.*) Als Einheit ist eine einstündige senkrechte Bestrahlung angenommen.

Monat	Tag	Ebene	Exposition								
			gegen Süd			gegen Ost u. West			gegen Nord		
			Neigung			Neigung			Neigung		
			10°	20°	30°	10°	20°	30°	10°	20°	30°
Januar . . .	1.	1,73	2,88	3,94	4,88	1,77	1,86	1,95	0,63	0,00	0,00
Februar . .	10.	2,92	4,08	5,11	5,98	2,96	3,03	3,11	1,71	0,57	0,00
März . . .	1.	3,92	5,00	5,92	6,67	3,95	4,00	4,05	2,74	1,50	0,33
April . . .	10.	6,34	7,01	7,47	7,71	6,33	6,30	6,24	5,49	4,47	3,31
Mai	10.	7,87	8,15	8,22	8,08	7,83	7,73	7,57	7,38	6,68	5,77
„	20.	8,24	8,41	8,38	8,15	8,19	8,08	7,89	7,87	7,26	6,42
„	30.	8,53	8,60	8,50	8,18	8,47	8,34	8,13	8,24	7,71	6,94
Juni	10.	8,72	8,74	8,57	8,21	8,67	8,52	8,29	8,50	8,03	7,31
„	20.	8,79	8,79	8,59	8,21	8,72	8,58	8,36	8,59	8,14	7,44
„	30.	8,75	8,76	8,58	8,21	8,69	8,55	8,32	8,54	8,07	7,36
Juli	10.	8,60	8,65	8,53	8,19	8,55	8,41	8,20	8,35	7,84	7,08
„	20.	8,36	8,49	8,43	8,16	8,31	8,18	7,99	8,02	7,44	6,63
„	30.	8,02	8,25	8,29	8,11	7,98	7,87	7,70	7,58	6,91	6,03
August . .	10.	7,55	7,92	8,08	8,03	7,53	7,44	7,30	6,99	6,21	5,24
„ . . .	20.	7,56	7,56	7,85	7,92	7,04	6,98	6,88	6,37	5,48	4,43
„ . . .	30.	7,06	7,15	7,57	7,77	6,50	6,87	6,40	5,71	4,72	3,58
September .	10.	6,52	6,64	7,21	7,56	5,88	5,87	5,83	4,94	3,85	2,64
„ .	20.	5,88	6,16	6,85	7,33	5,28	5,29	5,23	4,24	3,07	1,81
Oktober . .	10.	4,08	5,15	6,04	6,76	4,09	4,15	4,19	2,90	1,66	0,45
November .	10.	2,53	3,70	4,75	5,66	2,56	2,63	2,73	1,34	0,29	0,00
Dezember .	10.	1,74	2,89	3,96	4,89	1,78	1,87	1,97	0,64	0,00	0,00
„ .	20.	1,68	2,82	3,88	4,82	1,72	1,80	1,89	0,59	0,00	0,00

Die Stärke der Bestrahlung in verschiedenen Monaten wechselt erheblich. Im Winterhalbjahr ist sie für die südlichen Neigungen am höchsten (sie ist hier die Ursache der oft zu beobachtenden Tatsache, daß an Südhängen der Schnee bereits an sonnigen, wenn auch kalten Tagen abschmilzt), hierauf folgen die Ost- und Westhänge, die Ebene, zuletzt die Nordseiten.

Im Sommerhalbjahr erhalten die über 10° geneigten Südhänge geringere Besonnung als eine ebene Fläche. Nordseiten bleiben zur Zeit hohen Sonnenstandes an Bestrahlung nur wenig hinter den übrigen Expositionen zurück.

---

*) Eser, Forsch. d. Agrik.-Phys. 7, S. 200.

Ost- und Westseiten erhalten im Winter um so mehr Besonnung, je stärker die Neigung ist.*)

Der Einfluß der Exposition und Neigung auf die Bodentemperatur usw. wurde von Kerner auf einem freistehenden Hügel, bei den übrigen Versuchen in kleinen künstlichen Aufschüttungen untersucht. Es ist anzunehmen, daß sich ähnliche, wahrscheinlich jedoch schärfer ausgeprägte Unterschiede für Berghänge und größere Gebiete ergeben.

Der Wassergehalt (Wollny) war bei gleicher Neigung des Geländes auf der Südseite am geringsten, es folgten dann Ost- und Westseite, während die Nordseite am feuchtesten war.

Bei verschiedener Neigung der Gehänge ist der Wassergehalt um so höher, je geringer der Neigungswinkel ist. Hierbei übt die Menge des oberflächlich abfließenden Wassers den Haupteinfluß, da die Verdunstung bei stärkerer Neigung eher vermindert als vermehrt wird. Bei den Versuchen ergab sich, daß die tiefer liegenden Teile der Böden in allen Fällen mehr Wasser enthielten als die höher gelegenen; es erklärt sich durch Absickern der Wässer.

Für größere Gebiete sind die angeführten Resultate übertragbar, sofern es sich um die verschiedene Exposition handelt. Die Erfahrung, daß die unteren Teile eines Hanges bei starker Neigung frischer sind als die höheren, läßt sich aus Wasseradern und Quellen, sowie absickerndem Oberflächenwasser erklären. Bei schwächeren Neigungen werden erhebliche Unterschiede kaum auftreten, sofern die Mächtigkeit der Bodenschicht unverändert bleibt. Der Wassergehalt eines diluvialen Sandbodens (Nordwesthang mit 5—6° Neigung) ergab während der Vegetationszeit keine merkbaren Unterschiede im Wassergehalt, wohl aber trat starke Minderung auf vorspringenden Köpfen und schmalen Hügelstreifen hervor, die bis in größere Tiefe reichte.**)

Die Bodentemperatur wird von der Bestrahlung und dem Wassergehalt beeinflußt.

Nach Kerner ordnen sich die Temperaturen in folgender Reihe (von der wärmsten SW zu der kältesten):

SW, S, SO, W, O, NO, NW, N.

Die östlichen und westlichen Expositionen unterscheiden sich trotz gleicher Bestrahlung erheblich von einander. Als Grund für die höheren Temperaturen der Westseiten wird die am Nachmittag verminderte Wärmebbsorption der Luft (infolge der verminderten

---

*) Literatur: in Forsch. d. Agrik.-Phys. 7, S. 100 (Eser); 1, S. 236; 6, S. 377; 9, S. 1; 10, S. 1 (Wollny). Kerner, Zeitschr. d. österr. Gesellsch. f. Meteorol. 1871, 6, Heft 5, S. 65. Bühler, Mitteil. d. Schweiz. forstl. Vers. 1895, 4, S. 257.

**) Ramann, Forsch. der Agrik.-Phys. 11, S. 320.

Luftfeuchtigkeit) angegeben; wahrscheinlicher ist jedoch, daß die Verdunstung von Tauniederschlägen auf der Ostseite Wärme bindet und die Sonnenstrahlen die westseitigen Böden bereits abgetrocknet und bereits höher erwärmt treffen.

Wollny faßt seine Erfahrungen in folgenden Sätzen zusammen:

Die südlichen Hänge sind die wärmsten, dann folgt die Westseite, die Ostseite und zuletzt die Nordseite.

Die Südhänge sind um so wärmer, die Nordseiten um so kälter, je größer die Neigung ist. Ost- und Westseiten stehen zwischen beiden.

Bühler, der seine Beobachtungen am Adlisberg bei Zürich machte, kommt zu ähnlichen Schlüssen. Er fand in den Monaten April bis Oktober in 15 cm Tiefe die Südseiten im Durchschnitt um 4—5°, beim höchsten Sonnenstande (um 1 Uhr) um 7—9° wärmer als die Nordseiten.

Von verschiedenen Beobachtern ist im Laufe des Jahres eine Wanderung der Maximaltemperatur von einem Gehänge zum andern beobachtet worden. Es scheint dies von herrschenden Winden abhängig zu sein.

Im höheren Berglande sind die Unterschiede der Erwärmung oft sehr groß. Heim*) gibt an, daß freie Felsen des Hochgebirges sich durch Sonnenbestrahlung oft so erhitzen, daß man sie kaum mit der Hand berühren kann und selbst in 1 cm Tiefe in dunkeln Gesteinen in 3000—4000 m Höhe oft noch Temperaturen von 40° und mehr zu finden sind.

Zu bemerken ist noch, daß die Entwicklung von Pflanzen unter Schnee (Soldanella, Weiden, Steinbrecharten) auf Bestrahlung der Pflanzenteile zurückzuführen ist; sie führt bald zum Ausschmelzen eines Hohlraumes im Schnee, dessen Luft sich erheblich über null Grad erwärmen kann (Kihlman, Kerner).

2. Einfluß des Windes.

§ 155. Die Einwirkung des Windes richtet sich nach Stärke und Dauer der Luftbewegung.

Es sind zu unterscheiden: Stürme, welche durch ihre Stärke schädigen können, und Einwirkungen der herrschenden Winde.

Nach Köppen**) sind von 1876—1887 in Mitteldeutschland von 516 Stürmen (Windstärke über 8 der Beaufortskala) 60 aus östlichen (N—SO), 456 aus westlichen (S—NW) Richtungen aufgetreten,

*) Gletscherkunde 1885, S. 3.
**) Meteorol. Zeitschr. 1889, 6, S. 114.

aus SW = 124, W = 191, aus NW 90; die meisten gefährdeten Seiten sind demnach SW und W.

Die Einwirkung der Winde auf die Pflanzenwelt ist vielfach untersucht worden. In extremen Gebieten (Seeküsten, Hochgebirge, Polargebiete) ist die Windwirkung für die Erhaltung und Entwicklung von Holzpflanzen vielfach entscheidend.*) Auch unter gemäßigten Verhältnissen macht sich diese Einwirkung geltend, zumal der Aufbau der Bäume der Luftbewegung angepaßt ist.**) Die Einwirkung des Windes tritt um so stärker auf, je mehr sich eine Pflanze über die Oberfläche des Bodens erhebt; Bäume sind daher besonders der Einwirkung ausgesetzt, die auf erhöhtem freiem Standorte stark hervortritt. Nach Stephenson zeigten sich in Edinburgh folgende Unterschiede im Durchschnitt von drei Messungen.***)

Höhe über Erdboden	Geschwindigkeit (engl. Meil. pro Stunde) I	II	III
15 cm	6,9	9,2	22,2
1,20 m	9,8	12,4	25,6
2,70 „	10,1	13,8	31,6
4,20 „	10,5	14,3	33,7
7,50 „	11,3	15,0	37,1
15,30 „	12,1	16,3	42,7

Den stärksten Einfluß üben die während der Vegetationszeit herrschenden Winde. Besonders scharf treten diese Einwirkungen an den Seeküsten hervor, wo sie für die Baumentwicklung höchsten Einfluß erlangen. Auf der cimbrischen Halbinsel sind ausgezeichnete Beispiele von Windwirkungen zu beobachten. Der Westrand der Bestände ist oft von Krüppelwüchsen und Stockausschlägen bereits abgestorbener Bäume umgeben. Die ersten noch vorhandenen Stämme sind in der Richtung des Westwindes geschoben, hervorstehende Äste sind abgestorben und erst allmählich, mehr oder weniger weit vom Bestandsrande entfernt, erreicht der Wald unter dem Schutze seines Randbestandes die normale Ausformung und Höhe. Von Süden oder Norden gesehen bietet der Waldrand das Bild eines allmählichen Ansteigens der Baumhöhen von Westen nach Osten.

---

*) Literatur: Früh, Jahrb. d. Geogr. Gesellsch. Zürich 1901/02, S. 51, mit früherer Literatur, von der zu nennen sind: Abh. d. Naturw. Gesellsch. Bremen 1871, 2, S. 405, Focke; 1873, 3, S. 273. Borggreve; Kihlman, Pflanzenbiologische Forsch. S. 77; Böhm, Zentralbl. f. d. ges. Forstw. 15, S. 416; Middendorff, Sibirische Reise, 4. Bd., 1. Teil, S. 683 usw.

**) Pfeffer, Pflanzenphysiologie.
Metzger, Münd. forstl. Hefte.

***) v. Bebber, Meteorologie S. 152.

Ähnliche Erscheinungen, wenn auch in abgeschwächtem Maßstabe, machen sich überall an den Waldgrenzen und am schärfsten in der Richtung des herrschenden Windes geltend. Zumeist schützen sich die Bäume selbst durch tiefe Beastung an den Rändern; fehlt diese, so treten, zumal bei Laubholzwaldungen, alle Wirkungen der „Aushagerung“, sehr oft auch Ablagerungen von Rohhumus, auf.

Zusammenstellungen über mittlere Windrichtungen fehlen noch recht sehr, noch mehr Angaben über die Luftmengen, welche im Laufe eines Zeitabschnittes durchschnittlich über eine Fläche hinwegströmen und die erst ein volles Bild über die durchschnittliche Windwirkung geben würden.

Nach Hann (Meteorologie, S. 377) entsprechen der zwölfteiligen Beaufortskala von 0—10 etwa die doppelte Anzahl Meter pro Sekunde; 11 = 30 m, 12 = 50 m.

Berechnet man hiernach die Luftmassen, welche über eine Fläche streichen, in: Borkum, Hamburg, Neufahrwasser, so ergibt sich, daß sie sich verhalten (Ost zu West):

	Borkum Ost : West	Hamburg Ost : West	Neufahrwasser Ost : West
im Winter	1 : 1,12	1 : 1,62	1 : 2,74
„ Frühling	1 : 0,68	1 : 1,08	1 : 1,20
„ Sommer	1 : 2,46	1 : 2,78	1 : 1,73
„ Herbst	1 : 1,93	1 : 1,87	1 : 1,83
„ Winter und Frühling	1 : 0,87	1 : 1,34	1 : 1,80
„ Sommer und Herbst	1 : 2,17	1 : 2,26	1 : 1,77
„ Jahre	1 : 1,27	1 : 1,70	1 : 1,80

Während die westlichen Landesteile ausgeprägt unter der Einwirkung der Westwinde stehen, tritt in den östlichen immer mehr eine Gefährdung des Waldes nach Osten wie nach Westen hervor; wenn auch hier die letztere Richtung noch vorwiegt. Es erklärt sich das Verhalten aus den während der Vegetationszeit herrschenden Winden.

Den Einfluß der Winde auf den Boden hat Hensele speziell verfolgt.*) Die Änderungen, welche er für Bodentemperatur und Verdunstung fand, sind sehr groß. Daß im gewachsenen Boden ähnliche Wirkungen eintreten können, ist nicht zu bezweifeln, wenn auch zahlenmäßige Feststellungen fehlen. Die Einwirkungen werden stärker mit der Geschwindigkeit des Windes und mit dem Winkel, unter dem der Wind den Boden trifft; man kann sie darauf zurückführen, daß der Wind auf die Bodenluft einen Druck ausübt und daß infolge der wechselnden Stärke der Luftbewegung

*) Forsch. d. Agrik.-Phys. 1893, 16, S. 311.

Verdünnung und Verdichtuung der Bodenluft und hierdurch starker Wechsel derselben eintritt.

100 qcm Oberfläche verdunsteten bei sehr wasserreichem Boden und 30 cm Höhe der Schicht für 100 qcm Fläche (für Stunde und g)

I. horizontaler Boden bei 17—17,5°,
II. horizontaler und 30° geneigter Boden (16—17,5°),
III. getrockneter und feuchter Wind,
IV. warmer (40°) und kalter (12°) Wind.

Windgeschwindigkeit.

		0	3 m	6 m	9 m	12 m
I.	Quarzsand	0,23	3,03	4,57	5,50	6,43
	Lehmpulver	0,49	2,93	4,83	6,27	7,90
	Lehmkrümel	0,31	2,70	4,50	6,23	7,80
II.	Lehmkrümel					
	horizontal		3,75	5,20	6,97	8,60
	30° geneigt		5,00	6,73	8,50	10,87
III.	Lehmkrümel					
	feuchter Wind ..			4,7		
	trockner „ ..			9,0		
IV.	Quarzsand					
	kalter Wind					6,2
	warmer „					20,3

Der Einfluß des Windes auf die Abspülung an Talgehängen ist wiederholt beschrieben worden.*) Die dem herrschende Winde gegenüberliegende „Regenseite“ des Tales wird viel stärker vom fallenden Regen getroffen und erhält auch absolut mehr Niederschläge; hierducrh wird die Abschwemmung größer und im Laufe langer Zeiträume wird die Ostseite der Täler viel stärker angegriffen als die Westseite. Auch die im Osten Europas stark ausgeprägte Verschiedenheit der Ufer der in der Nord-Süd-Richtung fließenden Ströme (Bergufer und Talufer), welche v. Baer als eine Wirkung der Drehung der Erde auffaßte, führt man jetzt auf die erodierende Wirkung der Hochwässer unter dem Einfluß des herrschenden Windes zurück (Köppen).

*) Rucktaeschel, Petermanns geogr. Mitt. 1889, S. 224.
Hiller, Mitt. d. nat. Ver. Steiermark 1889, S. 84.
Köppen, Meteorol. Zeitschr. 1890, S. 34.

3. Einfluß der Lage auf die Pflanzenwelt.

§ 156. Der Einfluß von Exposition und Neigung auf die Pflanzenwelt macht sich bereits in den Ebenen und im Flachlande geltend, sowie auch nur schwache Einschnitte oder Erhöhungen auftreten. Der Einfluß wächst im Gebirge und ist um so stärker, je mehr sich die Berge erheben. Es sind namentlich die Unterschiede in Temperatur und Wassergehalt des Bodens, welche entscheidend werden. Eingehende Untersuchungen über den Einfluß der Exposition auf Bäume hat Sendtner*) veröffentlicht. Er findet für die bayrischen Gebirge folgendes:

Fichte, günstigste Exposition südwestlich; ungünstigste südöstlich. Unterschied der Höhengrenze 200 m.
Buche, günstigste Exposition südöstlich usw.

Im eigentlichen Hochgebirge sind die Siedelungen überwiegend auf der „Sonnenseite", Waldungen auf der „Schattenseite" der Täler.

Der Unterschied fällt jedem Besucher auf. Scharfe Differenzen bieten oft die Hänge schmaler Täler von ost-westlicher Richtung. Im Wassertale (Maramarosch) trägt die Schattenseite geschlossene Bodendecke von Astmoosen und Sphagneen, die Sonnenseite Flechten und Trocknis liebende Pflanzen. In Kurland sah ich bewaldete Dünen west-östlicher Richtung. Die Nordseite war mit Laubmoosen bedeckt, Fichten waren häufig, die Südseite mit Renntiermoos und Kiefern. Auch im Mittelgebirge treten oft überraschend scharfe Unterschiede nach der Exposition hervor. Auf den Moränenzügen am Inn, z. B. bei Simbach, sind die Nordhänge mit Sphagneen bewachsen, die Südseiten tragen Pflanzen der Waldflora; der Unterschied ist so regelmäßig, daß der Wechsel der Flora bei jeder Biegung des Weges auffällig hervortritt.

Im württembergischen Schwarzwalde findet sich die Tanne in ebenen Lagen und auf West- und Nordseiten, fehlt jedoch, sobald die Neigung mehr als drei Grad beträgt, im Süden, Südwesten und Westen.**)

Auf Buntsandstein wechselt die Bonität oft so erheblich, daß die Süd- und Südostseiten sich zu den Nordseiten verhalten wie 4:2.***)

Die für Wald und Feld günstigsten Lagen wechseln nach den klimatischen Verhältnissen. Für die Ebenen und niederen Gebirge gelten etwa folgende Regeln:

---

*) Vegetationsverhältnisse Südbayerns S. 268.
**) Graf v. Üexküll, Monatsschr. f. Forst- u. Jagdw. 1879, S. 15.
***) Dr. Walther, Allgem. Forst- u. Jagdzeit. 1891, S. 412.

Ostseiten sind zumal in etwas geschützter Lage die günstigsten für den Holzwuchs.

Südseiten sind warm und trocken. Im Hügellande sind sie dadurch wesentlich geringwertig, in Hochlagen oft günstig für den Holzwuchs, aber durch frühes Erwachen der Vegetation Spätfrösten stark ausgesetzt.

Südwestseiten erwärmen sich stark und sind den herrschenden Winden ausgesetzt, sie sind die ungünstigsten Lagen; etwas besser sind die Westseiten, da sie weniger erwärmt werden.

Die Nordseiten gehören zu den besseren Lagen, leiden aber im Hochgebirge und in schmal eingeschnittenen Tälern unter mangelnder Erwärmung.

Die Exposition ist namentlich wichtig für die Humusbildung. Die stark erwärmten und der Austrocknung ausgesetzten Hänge (Süd-, Südwestseiten) unterliegen großem Wechsel der Feuchtigkeit und sind dadurch Orte, welche von xerophyllen Pflanzen (Heide, Haftmoose) bevorzugt werden. Die normale Verwesung wird gestört, Rohhumusbildungen treten vielfach auf und mit ihnen die Herrschaft der Beerkräuter als Pflanzendecke.

Die Nordseiten haben Mangel an Wärme, zumal in geschlossenen Lagen; die geringe Verdunstung begünstigt Ansiedelung von Torfmoosen und Versumpfungen. Die Verwesung kann durch niedere Temperatur herabgesetzt werden.

4. Ortslagen.

§ 157. Täler. Jedes Tal trägt gegenüber benachbarten Gebieten seinen eigenen Charakter; es hat abweichendes Klima und dies um so mehr ausgeprägt, je schmäler und tiefer eingeschnitten das Tal ist. Am charakteristischsten machen sich diese Verhältnisse durch die Berg- und Talwinde bemerkbar. Tagüber, etwa von 9—10 Uhr bis Sonnenuntergang, weht der Wind talaufwärts; in der Nacht und den frühen Morgenstunden weht der Wind talabwärts.*)

Die Erwärmung des Bodens, zumal auf den in Ost-West-Richtung streichenden Tälern, ist auf den beiden Talseiten wesentlich verschieden und damit wird die Wasserverdunstung stark beeinflußt.

Als verschlossene Tieflagen bezeichnet man die tiefliegenden Teile schmaler, zumal gegen Norden geöffneter Täler, anderseits allseits oder nahezu geschlossene Einsenkungen im Gelände. Im letzteren Falle sammelt sich zumeist Wasser in den tiefsten Stellen an und führt infolge verminderter Verdunstung und lang-

*) Hann, Meteorologie, S. 433 (dort auch die Erklärung des Vorganges).

samer Zersetzung der Abfallreste leicht zur Versumpfung. Die verschlossenen Tieflagen sind überhaupt durch niedere Temperatur und Wasserreichtum den Anhäufungen organischer Reste und Bildung von Rohhumus günstig.

Vielfach ist in Tieflagen die Luftbewegung gering. Die infolge Ausstrahlung des Bodens abgekühlten unteren Luftschichten stagnieren und die Temperatur kann, namentlich wenn der Boden oberflächlich abgetrocknet und dadurch aus tieferen Schichten die Wärmezufuhr verlangsamt ist, stark sinken. Solche Lagen sind daher sehr frostgefährdet und werden als Frostlagen bezeichnet, oder wenn es sich nur um Flächen geringen Umfanges handelt, als Frostlöcher. Es sind in der Regel nur die untersten Luftschichten, welche starker Abkühlung unterliegen; nach den örtlichen Verhältnissen verschieden reicht die Abkühlung unter den Gefrierpunkt $^1/_2$—1—2 m hoch, übersteigt in der Regel aber nicht 1—$1^1/_2$ m. Pflanzen, über diese Höhe hinausragend, sind kaum mehr gefährdet. Messungen der Lufttemperaturen veröffentlichte Krutsch*) und zeigte, daß große Temperaturdifferenzen auftreten; er fand 3—4° gegenüber benachbarten nur 5—6 m höher gelegenen Stellen.

Hochlagen. Wie die Täler haben auch die über die durchschnittliche Höhe hervorragenden Berge und Bergzüge ihre eigenen klimatischen Eigentümlichkeiten.. Die Veränderungen, welche das Klima durch die absolute Höhe erfährt, treten um so reiner hervor, je geringer die Masse der hervorragenden Berggipfel ist; sie werden um so mehr verdeckt, je massiger das Gebirge sich aufbaut. Bei einzelnen Gipfeln spricht man von überragender Hochlage, bei breiten Gebirgsmassen von Hochlage und unterscheidet noch die durch benachbarte Höhen überragten und geschützten Gebiete als „geschützte Hochlagen".

Mit der absoluten Höhenlage vermindert sich die Temperatur, steigern sich Niederschläge, Verdunstung und Sonnenbestrahlung. Bei freier Lage erhöhen sich die Windwirkungen.

---

*) Tharandter forstl. Jahrb., Jubelband 1866, S. 106.

X. Kartierung.

§ 158. Zu den noch ungelösten Fragen der Bodenkunde gehört die Anfertigung von Bodenkarten. Für kleinere Gebiete, einzelne Gutsbezirke, Oberförstereien ist es leicht möglich, die Verschiedenheiten der Böden zum Ausdruck zu bringen; die Schwierigkeiten häufen sich aber außerordentlich, wenn größere Gebiete kartiert werden sollen.

Alle Staaten haben der genauen Aufnahme ihres Besitzes Aufmerksamkeit zugewendet. In vielen Fällen war der Wunsch nach Bodenkarten vorherrschend; wenn es jedoch fast überall nur zur Herstellung geologischer Karten kam, so liegt dies einerseits in dem allgemeinen wissenschaftlichen Interesse, den Beziehungen zu Bergbau und Industrie, und nicht am wenigsten in den Schwierigkeiten, brauchbare Bodenkarten herzustellen.

Die geologischen Karten geben zunächst eine Darstellung des geologischen Alters der verschiedenen zutage tretenden Schichten; die Gesteinsbeschaffenheit kann dabei stark zurücktreten. Zeichnet sich eine geologisch gleichalterige Schicht durch raschen Wechsel der Gesteine aus, oder ändert sich der Charakter allmählich, so findet dies keinen oder doch nicht genügenden Ausdruck in den meisten geologischen Karten. Hierzu kam noch, daß der Maßstab der geologischen Kartierung meist viel zu klein ist, um geologisch unerhebliche, für den Boden aber oft wichtige Erscheinungen zum Ausdruck zu bringen. Auch die vielfach geringe Wertschätzung einer wissenschaftlichen Kartierung des Bodens in den zunächst in Betracht kommenden geologischen Kreisen, die schon dadurch zum Ausdruck kam, daß zumeist die alluvialen, oft auch die diluvialen Gebiete auf den Karten weiß gelassen, d. h. nicht untersucht wurden, hat viel dazu beigetragen, den Fortschritt zu hindern. Das Bewußtsein, daß der Boden der wichtigste aller geologischen Flötze sei und allein einem Volke dauernd gesicherte Kulturverhältnisse zu geben vermag, ist auch heute noch vielen fremd geblieben.

Trotz vielfacher Anläufe kam man daher mit Bodenkarten nicht voran, bis geologische Aufnahmen im bisher größten Maßstabe 1:25 000 wenigstens für die weiten Diluvialgebiete günstigere Verhältnisse brachten. Im Diluvium fallen geologische Karten und Bodenkarten zusammen und veranlaßten, daß mit dem Beginn der Flachlandskartierung in Sachsen und Preußen auch der Bodenkarte größere Aufmerksamkeit gewidmet wurde.

Ähnliche Bestrebungen treten uns auch in anderen Ländern entgegen und namentlich Rußland, das einzige Land, welches sich des

Besitzes einer auf allgemeinen Grundlagen beruhenden Übersichtskarte des Bodens rühmen kann,*) hat wesentliche Fortschritte aufzuweisen.

Im allgemeinen wird es erst möglich sein, Bodenkarten zu bearbeiten, wenn die geologische Kartierung vorangegangen ist. Übersichtskarten lassen sich dann in allen Größen herstellen, denn selbst Karten im Maßstabe von 1 : 25 000 sind zumeist noch Übersichtskarten. Für die Anforderungen der Land- und Forstwirtschaft sind Größen von 1 : 12 500, besser 1 : 10 000, in besonderen Fällen sogar von 1 : 5000 notwendig. Ob es jemals möglich sein wird, Karten in solcher Größe allgemein herzustellen, mag dahingestellt bleiben; für die einzelnen Bezirke sind sie vom höchsten Werte. Güter, Forstbezirke werden erst dann voll beurteilt werden können, wenn der Boden allseitig bekannt ist und dies ist nur möglich, wenn er kartiert ist.

Bodenkarten müssen die Gestaltung des Geländes enthalten, also mit Höhenkurven ausgestattet sein; müssen die Bodenart und jeden erheblichen Wechsel des Bodens zur Anschauung bringen, müssen die Beschaffenheit des Untergrundes bis 2 m (mindestens bis 1 m) erkennen lassen und einen Überblick über die Wasserverhältnisse und über den Grundwasserstand geben.

Für Spezialkarten der Forstreviere würde es außerdem wertvoll sein, die Humusform (Mull, Rohhumus) und selbst die Bodendecke zum Ausdruck zu bringen und so ein Material zu erhalten, an dem sich die Veränderungen des Bodenzustands verfolgen lassen.

Geologische Karten geben daher für bodenkundliche Zwecke meist nur Fingerzeige; sie sind um so wertvoller, je gleichmäßiger die Ablagerungen einer Formation sind.

Im nordischen Flachlande sind die geologischen Karten, wie bereits bemerkt, zugleich Bodenkarten. Die Hauptbodenarten sind durch Schraffur unterschieden: Sand punktiert, Lehm und Mergel schräg gestrichelt, Ton senkrecht gestrichelt, Humusablagerungen aussetzend wagerecht gestrichelt. Die Farben bezeichnen die geologische Zugehörigkeit: weiß für Alluvium, grün auf weiß für „Altalluvium“, braun für oberes, grau für unteres Diluvium, blau für kalkhaltige Bildungen, hellgelb für Flugsande. Zur Unterscheidung bestimmter Bildungen (Hochmoor, Raseneisenstein usw.) sind besondere Zeichen eingeführt. Diese Karten geben zugleich über die Beschaffenheit des Untergrundes bis zu 2 m Tiefe Auskunft.

---

*) Sibirzew, Tanfiljew und Ferkmin, Bodenkarte des Europäischen Rußland 1902.

Wichtige Hilfsmittel bilden ferner die geologischen Profile, die in der Regel am Rande der Karten zum Abdruck gelangen. Neben den geologischen Karten des Flachlands werden besondere Karten der Bohrungen bis 2 m Tiefe mit Verzeichnis der Profile veröffentlicht.

Bei Anfertigung einer Bodenkarte bedient man sich bei den Aufnahmen im Felde der einfachen Erdbohrer oder der Tellerbohrer; nur bei zweifelhaften Vorkommen sind Einschläge notwendig. Straßendurchschnitte, Eisenbahnböschungen, tiefere Gräben geben vielfach Anhalt.

XI. Hauptbodenarten.

§ 159. Die Praxis in Land- und Forstwirtschaft hat dahin geführt, die Bodenarten in große Gruppen einzuteilen und sie vorwiegend nach den physikalischen Eigenschaften zu ordnen. Zwischen einzelnen Bodenarten gibt es zahlreiche Übergänge, so finden sich vom Sandboden zum Lehmboden und von diesem zum Tonboden alle denkbaren Abstufungen. Die Bezeichnungen für die Hauptbodenarten: Stein-, Sand-, Lehm-, Ton-, Humusboden, sind den Verhältnissen Mitteleuropas entlehnt; sie geben auch für andre Gegenden einen Anhalt, da sie mit Ausnahme der Humusböden wesentlich Unterschiede der Böden in bezug auf Korngrößen zum Ausdruck bringen. Daneben haben sich vielfach auf kleinere oder größere Gebiete Bezeichnungen geltend gemacht: z. B. Schwarzerde, Podsol, Löß, Flottlehm (im Heidegebiet), Hasselboden (für eine Form der Kalkböden Mitteldeutschlands) usw. Es sind Beweise, daß auch die Praxis mit den allgemeinen Bezeichnungen nicht auskommen kann. Berücksichtigt man endlich noch, daß auch diese immer mehr schwankend werden, je weiter die wissenschaftliche Untersuchung fortschreitet, so ergibt sich die Notwendigkeit, zu einem neuen Einteilungsprinzipe für die Bodenarten zu kommen. Voraussichtlich wird sich dies auf klimatischen, geologischen, physikalischen und chemischen Grundlagen aufbauen müssen und kann nur durch gemeinsame Arbeit vieler geschaffen werden.

Inzwischen ist es jedoch notwendig, eine Übersicht der Hauptformen zu geben, welche allgemein unterschieden werden. Es sind dies: Steinböden, Sandböden, Lehmböden, Tonböden, denen sich nach der Abstammung die Kalkböden anschließen, Humusböden.

1. Steinböden.

§ 160. Es sind dies Bodenarten, die sich überwiegend aus wenig oder noch nicht zersetzten Gesteinsbruchstücken zusammensetzen. Es sind, soweit überhaupt Vegetation auf ihnen gedeihen kann, absolute Waldböden.

a) Großsteinige Waldböden.

Die Hauptmasse der obersten Steinschicht wird von Steinblöcken eingenommen. Die Bäume wachsen zwischen den Blöcken und folgen mit ihren Wurzeln den Spalten der Felsen oft in erhebliche Tiefe. Waldbestände sind nur dann möglich, wenn das Grundgestein sehr hohen Gehalt an mineralischen Nährstoffen hat (z. B. bei Basalten) oder in Gebieten mit niedriger Temperatur und hoher Luftfeuchtigkeit. Sind diese Bedingungen erfüllt, so überziehen sich die einzelnen Felsblöcke mit einer dichten Mooslage und ermöglichen so den Wurzeln, auf der Oberfläche des Steines hinzuwachsen, bis sie eine Spalte finden, in die sie einzudringen vermögen.

In unseren Gebieten finden sich großsteinige Waldböden auf Granit, einzelnen Basalten, Porphyren, Quarzit usw. Außerordentliche Ausdehnung gewinnen sie im skandinavischen Norden, wo sie die Hauptmasse des Bodens ausmachen.

b) Gruß- und Grandböden (Gerölleböden).

Grußboden findet sich überwiegend im Gebirge, wo er aus der Verwitterung der anstehenden Gesteine entstanden ist, während Grandböden, die Ablagerungen fließenden Wassers, sich mehr auf die Täler und flacheren Gelände beschränken.

Je nach den Felsarten und deren Verwitterbarkeit sowie nach der Lage sind diese Bodenarten von verschiedenem Werte. Grußboden, der aus leicht angreifbaren Gesteinen (Syenit, manche Granite, Gneise u. dgl.) besteht, enthält immer feinerdige Bestandteile beigemengt, in frischeren Lagen vermag er normale Waldbestände (meist Fichten) zu tragen. Viel ungünstiger und meist sehr trocken sind dagegen die Grußböden schwer verwitternder Gesteinsarten. In den Niederungen, wo in geringer, für die Wurzeln erreichbarer Tiefe Grundwasser vorhanden ist, finden sich auf Grandböden oft gute Bestände, in allen anderen Lagen ist der Holzwuchs gering, kurzschäftig und dürftig.

Die starke Erwärmbarkeit und Trockenheit der betreffenden Bodenarten bietet für Rohhumusbildungen günstige Verhältnisse. Im Gebirge findet man daher fast immer starke Rohhumusbedeckung mit Beerkräutern und an lichten Orten mit Heide, die bei immer mächtigerer Anhäufung der Humusstoffe endlich zur Moorbildung führen kann.

2. Sandbodenarten.

§ 161. Sandböden bestehen überwiegend aus Sand, also Körnern, die in Wasser verteilt, rasch zum Absetzen kommen.

Durch Beimischung anderer Bodenbestandteile werden die Sandböden wesentlich verändert; bei Gehalt an tonigen Stoffen entstehen die „lehmigen Sande“, bei Gehalt an Humus die „humosen Sande“; immer aber überwiegen die höheren Korngrößen und geben dem Boden die ihn charakterisierenden physikalischen Eigenschaften.

Chemisch bestehen die meisten Sandböden aus Quarzsand, je mehr dieser im Gesamtgehalte überwiegt, um so „ärmer“ sind die Sande. Beimischungen von Mineralresten von Silikaten (Feldspat, Hornblende, verschiedenen Gesteinen), sowie von kohlensaurem Kalk erhöhen den Bodenwert bedeutend; dieser wird überhaupt überwiegend durch den Gehalt an mineralischen Nährstoffen bedingt.

Die Sandböden zeichnen sich meist durch lockere Lagerung und in der Regel durch ihre Tiefgründigkeit aus. Die mineralischen Bestandteile des Bodens sind zur Krümelbildung wenig geeignet; sie tritt bei reinen Sandböden erst nach Beimischung eines genügenden Humusgehalts hervor. Hierin beruht hauptsächlich der Wert der Humusbeimischung für Sandböden.

Der Wassergehalt ist entsprechend der hohen Korngröße gering. Die großen Poren begünstigen das Eindringen des Wassers, so daß sich der Boden während der Vegetationszeit bei ausgiebigeren Niederschlägen immer wieder mit Wasser zu sättigen vermag. Eine nennenswerte Ansammlung von Winterfeuchtigkeit findet nicht statt.

Der geringe Wassergehalt und die starke Erwärmbarkeit begünstigen die Verdunstung des Wassers, die in ihren Folgen durch die Tiefgründigkeit des Bodens, wenigstens für ältere Pflanzen, einigermaßen wieder ausgeglichen wird. Hingegen sind junge Pflanzen, namentlich bei Pflanzung nach nicht genügend tiefer Bodenlockerung, dem Vertrocknen leicht ausgesetzt.

Die Sandböden verlieren durch Auswaschung leicht erhebliche Mengen von löslichen Mineralstoffen;*) keine andre Bodenart erleidet ähnlich hohe Verluste durch die die ganze Bodenschicht gleichmässig durchsickernden Wässer als die Sandböden.

Die Erwärmung der Sandböden tritt rasch und leicht ein. Die Wärmeleitung erfolgt in dem mit isolierenden Luft-

*) Mineralstoffe ist hier und im folgenden immer im Gegensatz zum Bodenskelett und zur Kieselsäure gebraucht.

schichten wenig durchsetzten Boden rasch und zugleich bewirkt der geringe Wassergehalt und die dadurch erheblich geringere Wärmekapazität eine sehr viel leichtere Erwärmung bei gleicher Sonnenbestrahlung als dies für andre Bodenarten gilt. Noch gesteigert wird dies durch Steinbeimischung, welche zugleich die geringe Wasserkapazität der Sandböden noch weiter herabsetzt. Gehalt an Steinen ist daher für diese immer als schädlich anzusprechen.

Die zur Entfaltung der vegetativen Tätigkeit der Bäume notwendige Bodentemperatur wird früher erreicht als auf andern Böden. Die Folgen sind frühzeitiges Austreiben der Vegetation, raschere Keimung, aber auch viel größere Gefährdung der jungen Pflanzen durch Spätfröste.

Die Durchlüftung der Sandböden ist im ganzen eine gute, jedoch scheint die Steigerung, welche dieser wichtige und in seiner Bedeutung für das Pflanzenleben noch wenig untersuchte Vorgang durch die Krümelung erfährt, auch auf Sandböden vorteilhaft einzuwirken. Die Dichtigkeit der Zusammenlagerung der Bodenteile nimmt wenigstens auffällig bei geringwertigeren Böden zu und markiert jede ungünstige Veränderung des Bodens in scharfer Weise.

Die Zersetzung der Pflanzenreste erfolgt auf den nährkräftigeren Sandböden infolge von reichlicher Wärme und Sauerstoffzufuhr und bei dem meist ausreichenden Wassergehalt ziemlich rasch. Alle Bedingungen, welche die Zersetzung noch steigern, sind daher ungünstig für die Sandböden und führen zur Aushagerung des Bodens und damit zur Zerstörung der Krümelstruktur. Keine Bodenart, vielleicht flachgründige Kalkböden ausgenommen, ist daher so empfindlich für Freistellung und Streuentnahme wie die Sandböden; dies gilt auch für solche von mittlerem, oft auch höherem Ertragswerte.

Arme Sandböden, welche meist dicht gelagert sind und die zur raschen Umbildung der organischen Reste, beziehentlich für die Lebenstätigkeit der Bakterien notwendigen Nährstoffe nicht enthalten, leiden in hohem Grade an Ansammlung unzersetzter Pflanzenreste und entsprechend an Bildung von Rohhumus, der nirgends im gleichen Maße so verderblich wirkt, wie auf Sandböden, und zuletzt zu den weit verbreiteten Ortsteinbildungen führt.

In tieferen Lagen können die Rohhumusablagerungen allmählich zur völligen Versumpfung führen, wie z. B. die großen Moore Norddeutschlands fast ausnahmslos aus der Versumpfung ursprünglich von Wald bestandener Flächen hervorgegangen sind.

Alle diese Gründe lassen für den Sandboden Beimischung anderer Bodenbestandteile, insbesondere des Humus, hochwichtig erscheinen, aber nur in der Mischung mit dem Sande machen sich dessen Vorzüge, welche namentlich in gesteigerter Krümelung, höherem Wassergehalt und verminderter Erwärmungsfähigkeit bestehen, geltend; anderseits leidet kein Boden so sehr durch Rohhumusbedeckung, wie die Sandböden.

Einschläge in Sandböden ergaben fast stets drei Bodenschichten verschiedener Verwitterung: auflagernder humoser Sand, gelb bis braun gefärbter Sand, hellfarbiger Sand; sie sind in fast allen Sandböden entwickelt und gut unterscheidbar.

Von hoher Bedeutung für Sandböden ist in mäßiger Tiefe anstehendes Grundwasser. Selbst recht arme Sande vermögen dann noch mäßige Bestände zu tragen, da die Pflanzen ihre Ernährung zum Teil aus dem Grundwasser schöpfen können und jedenfalls nie Mangel an Feuchtigkeit leiden. (Die Bestände auf den sehr armen tertiären Sanden der Niederlausitz werden z. B. sofort besser, wenn Grundwasser in erreichbarer Tiefe vorhanden ist.)

Enthält ein Boden überwiegend Sand und nur geringe Mengen von tonigen Bestandteilen, so bezeichnet man ihn, je nach dem Gehalt an letzteren als schwach lehmigen oder anlehmigen Sand und als lehmigen Sand.

Es ist schwierig, zahlenmäßig anzugeben, bei welchem Gehalte man den einen oder andern Ausdruck gebrauchen soll, im allgemeinen genügt schon eine sehr geringe Menge von abschlämmbaren Stoffen, um den Charakter der Sandböden zu beeinflussen. Man bezeichnet Böden, welche keine oder nur verschwindende Mengen toniger Bestandteile enthalten (fast alle alluvialen, diluvialen und viele Tertiärsande, Verwitterungsböden von manchen Quadersandsteinen usw.) als reine Sandböden; zeigt der Boden, ohne seine vorwiegenden Eigenschaften als Sandboden zu verlieren, eine gewisse Bindigkeit in feuchtem, Stäuben und Zurückbleiben feinerdiger Bestandteile beim Zerreiben auf der Hand in mehr trockenem Zustande, so bezeichnet man ihn als schwach lehmigen oder anlehmigen Sand; ist der Gehalt an feinerdigen Teilen unverkennbar, aber der Sandgehalt noch stark überwiegend, so spricht man von lehmigem Sande.

Der Bodenwert steigt mit dem Gehalt an tonigen Bestandteilen; der Wassergehalt wird höher, die rasche Erwärmbarkeit vermindert sich; es sind dies Umstände, welche günstig einwirken.

Humose Sande sind fast alle oberen Bodenschichten der Wälder auf Sandboden, obgleich der Gehalt an Humus in der Regel gering ist; (1—2 Gew. % vermögen den Charakter des Bodens schon merkbar zu beeinflussen,) man bezeichnet sie als schwach humose Sandböden. An frischeren, tiefer liegenden Stellen der Wälder steigt der Humusgehalt und spricht man bei einem Gehalt von 3—6 % Humus von humosen Sanden. Nur in Tieflagen und zumal in der Nähe fließender oder stehender Gewässer steigert sich der Humusgehalt noch mehr, der bereits bei 8—12 % so hohen Einfluß auf die Eigenschaft des Bodens gewinnt, daß sich eine Annäherung an die Humusbodenarten geltend macht; derartige stark humose Sande sind meist sparsam verbreitet und gewinnen nur in den Gebieten der Flußsande größere Ausdehnung.

3. Lehmböden.

§ 162. Die Lehmböden bestehen aus einer Mischung von Sand und tonigen Bestandteilen, je nach der Menge derselben unterscheidet man sandigen Lehm, Lehm, auch wohl milden Lehmboden und festen oder strengen Lehmboden. Natürlich ist die Zusammensetzung des beigemischten Sandes und dessen Fähigkeit, durch Verwitterung Mineralstoffe zu liefern, nicht bedeutungslos, tritt jedoch zurück. Beimischungen von Kalk beeinflussen den Boden günstig, sie machen ihn lockerer (erhöhen die Krümelung) und begünstigen die Zersetzung der organischen Reste. Beimischung von Humus verändert bei gleicher Menge den Lehmboden nicht annähernd in ähnlicher Weise wie den Sand. Einen Gehalt von einigen Prozenten kann man äußerlich oft kaum erkennen. Stark humose Lehmböden gehören zu den seltenen Waldböden.

In chemischer und mineralogischer Beziehung bestehen die tonigen, abschlämmbaren Bestandteile aus feinst zerriebenen oder zerfallenen Mineralteilen, Kaolin und andern wasserhaltigen Silikaten. Namentlich sind die nach der Methode von Schlösing abgeschiedenen feinsterdigen Teile für die Bodeneigenschaften von höchster Wichtigkeit, die übrigen etwa bis 0,1 mm großen abschlämmbaren Bestandteile nähern sich in ihren Eigenschaften immer mehr dem Sande.

Für die Waldbäume, oder wenigstens für die meisten Arten derselben, tritt die Bedeutung des Gehaltes an mineralischen Nährstoffen in den Lehmbodenarten hinter die der physikalischen Bodeneigenschaften zurück.

Die Krümelbildung wirkt bei den Lehmböden in günstiger Weise ein; sie tritt um so schwieriger ein und der Boden ist um so leichter einer Zerstörung derselben (zumal „Verschlämmung" durch die mechanische Kraft der Regentropfen) ausgesetzt, je höher der Gehalt an sehr feinkörnigen Bestandteilen ist. Strenge Lehmböden sind daher, zumal sie meist Laubhölzer tragen, in fast noch höherem

Maße gegen Streuentnahme und Freistellung empfindlich als Sandböden. In vielen Fällen ist die stärkere oder schwächere Krümelung des Bodens für die Produktion maßgebend und zumal für Waldböden um so wichtiger, da dort künstliche Hilfsmittel (Behacken u. dgl.) nicht oder doch nur in beschränkter Weise (z. B. bei Eichenkulturen) zur Anwendung kommen können.

Der Wassergehalt der Lehmböden ist ein mittlerer bis hoher. Je nach dem Gehalt an feinerdigen Bestandteilen schwankt die Wasserkapazität in ziemlich weiten Grenzen. Im Laufe der trocknen Jahreszeit und zumal unter Mitwirkung der Baumvegetation erfolgt starke und oft tiefgehende Austrocknung in allen an Niederschlägen ärmeren Gebieten, ohne daß die Sommerregen in der Regel genügen, den Verlust zu ersetzen. Die Bedeutung der Winterfeuchtigkeit ist daher für die Lehmböden sehr groß. In Jahren mit wenig Niederschlägen im Winter, fehlender Schneedecke und trocknem Frühlinge leiden daher die Pflanzen zuweilen auf Lehmböden in höherem Grade als auf Sandböden, welche sich auch bei mäßigen Regenhöhen mit Wasser zu sättigen vermögen.

Der Auswaschung und Auslaugung der Mineralstoffe ist der Lehmboden erheblich weniger ausgesetzt als die sandigen Bodenarten. Es beruht dies auf der geringeren Menge Sickerwasser und der Struktur der tieferen Bodenschichten.

Die Erwärmbarkeit der Lehmböden ist eine mittlere und wird um so geringer, je reicher der Boden an feinerdigen Bestandteilen und je höher der Wassergehalt ist. Im allgemeinen ist das Verhalten für die Vegetation günstig, ebenso von einem vorzeitigen Erwachen wie von einer zu langsamen Entwicklung entfernt.

Die Durchlüftung der Lehmböden ist von der Vollkommenheit der Krümelung und der Tiefe, bis zu welcher sie sich erstreckt, abhängig. Die festen Lehmschichten des Untergrundes sind sehr schwer durchlüftbar, die Wurzelverbreitung der Bäume findet daher überwiegend in dem gekrümelten Boden statt.

Die Zersetzung der Pflanzenreste ist auf den Lehmböden sehr verschieden, im ganzen aber günstig; es machen sich jedoch große Unterschiede geltend; so weicht z. B. das Verhalten eines aus Granit oder Gneis hervorgegangenen Lehmbodens von dem eines aus Diluvialmergel gebildeten erheblich ab. Hierzu kommen noch die Wirkungen der Lage (ob Gebirge, Flachland, Exposition) und des Klimas. Allgemeine Regeln lassen sich daher für die Tätigkeit des Bodens nicht aufstellen, obgleich sie in weitaus den meisten Fällen eine vorteilhafte, mittlere Höhe zeigt.

Das Bodenprofil der Lehmböden ist lange nicht so gleichmäßig, wie das der Sande.

Im Diluvium finden sich je nach der Stärke der Verwitterung und der Tiefe, bis zu welcher die Auswaschung vorgeschritten ist, folgende Schichtenreihen in den Waldböden:

1. Zu oberst eine dünne, meist wenige Zentimeter, selten mehr als 10 cm mächtige, humose, stark gekrümelte Schicht, die oft nur wenig tonige Teile enthält; hierauf folgt
2. meist hell, gelblich gefärbter, ebenfalls stark ausgewaschener, aber an Tonteilen reicherer Boden von mäßig krümeliger Beschaffenheit (sandiger Lehm);
3. braun gefärbter Lehm in dichter Lagerung. Er lagert entweder auf diluvialen Sanden direkt auf oder wird von Diluvialmergel unterlagert, aus dessen Verwitterung die diluvialen Lehme hervorgegangen sind.

Die Mächtigkeit dieser Schichten wechselt sehr, bei manchen Böden ist die zweite oft kaum zur Ausbildung gekommen und lagert dann nur eine sehr dünne humose Schicht unmittelbar auf Lehm auf. Je nach der Dichtigkeit und Festigkeit der Lagerung des Lehmes liegen dann bessere oder geringere Böden vor.

In andern Fällen erstreckt sich die zweite Schicht bis in erhebliche Tiefen und wird oft nur von schwachen Schichten oft sehr steinreichen Lehmes unterlagert.*)

Die aus der Verwitterung fester Gesteine hervorgegangenen Lehmböden zeigen ähnliche Verhältnisse, in der Regel tritt jedoch die zweite in den Diluvialböden vorhandene Schicht mehr zurück. Die Mächtigkeit der Verwitterungsschichten, der Gehalt des Ursprungsgesteines an Mineralbestandteilen, die Durchlässigkeit desselben für Wasser, alles dies wirkt zusammen, um den Bodenwert zu beeinflussen.

Die Lehmbodenarten unterscheidet man in:

Sandigen Lehm (schließt sich an die lehmigen Sande unmittelbar an und ist mit diesen wie mit dem reinen Lehmboden durch zahllose Übergänge verbunden). Der Boden ist feucht bindig; trocken stäubt er stark. Der Gehalt an Sand ist noch deutlich erkennbar, das Verhalten des Bodens nähert sich jedoch mehr den eigentlichen Lehmböden.**)

---

*) Müller (Studien über die natürlichen Humusformen) weist auf Ablagerungen in Diluviallehmböden hin, welche er als „Tonortstein" bezeichnet. Es sind dies hell gefärbte, kalkfreie, dichte Schichten in mittlerer Tiefe, bei deren Bildung nach Müller die Regenwürmer beteiligt sein sollen. Verfasser hat in Norddeutschland nur ausnahmsweise ähnliche Bildungen gesehen, in Dänemark scheinen sie dagegen verbreiteter zu sein.

**) Die Unterschiede dieser Bodenarten muß man durch Sehen kennen lernen, Beschreibung kann dabei wenig nützen.

Die sandigen Lehmböden sind gute, oft ausgezeichnete Waldböden und bieten den verschiedensten Baumarten die Bedingungen der Entwicklung; in ihnen wie in Lehmböden machen sich die Vorteile der Mischung fein- und grobkörniger Bestandteile in hohem Grade geltend und bewirken ein mittleres für die Entwicklung der Pflanzen günstiges Verhalten der verschiedenen physikalischen Bodeneigentümlichkeiten, während zugleich fast stets ein ausreichender Gehalt an Pflanzennährstoffen vorhanden ist.

Lehmböden (reine Lehmböden) sind Bodenarten, welche den Sandgehalt erst beim Aufschlämmen mit Wasser oder beim Zerdrücken erkennen lassen, zugleich aber noch nicht so reichlich tonige Bestandteile enthalten, daß die ganze Masse plastisch wird.

Der Wert der Lehmböden ist von der Tiefe abhängig, bis zu welcher die Krümelung reicht; nur wenn die Bodenteile genügend gelockert sind (sogenannte milde Lehmböden), machen sich alle Vorzüge derselben (Reichtum an Nährstoffen, mittlerer Wassergehalt) geltend. Viele Lehmböden, zumal im Diluvium, sind sehr dicht und fest gelagert, ohne jedoch stets eine ungewöhnlich große Menge abschlämmbarer Stoffe zu enthalten. Der Boden hat dann die Eigenschaft der strengen Lehmböden. Die Pflanzenwurzeln vermögen nur oberflächlich einzudringen, der Wassergehalt ist zumeist mäßig und der Bodenwert ein geringer. Zumal hervorragende Kuppen im Diluvium zeigen diese Eigenschaften; es steht der Bestand weit hinter dem der Hänge, selbst wenn diese aus Sand bestehen, zurück.

Es würde vielleicht gerechtfertigt sein, diese Böden als feste Lehmböden zu bezeichnen und den Auzdruck strenge oder schwere Lehmböden auf solche zu beschränken, welche sehr reich an abschlämmbaren Stoffen sind, zumeist nur eine schwache Decke gekrümelten Bodens aufzuweisen haben und meist überreich an Feuchtigkeit sind.

Für alle festen und schweren Böden, zum Teil auch für die reinen Lehmböden, ist die Bodendecke von großer Wichtigkeit. Zumal im Laubwalde erfolgt durch Freilegung des Bodens während der Winterzeit, sowie durch die Wirkung der Traufe im belaubten Zustande, leicht Verschlämmung und Verdichtung der obersten Bodenschicht.

4. Tonböden.

§ 163. Die Tonböden zeichnen sich durch Überwiegen der abschlämmbaren und durch Zurücktreten der grobkörnigeren Bestandteile aus. Tonböden sind im feuchten Zustande plastisch, beim Zerdrücken zwischen den Händen lassen sie Sandkörner nicht erkennen; trocken bilden die Tonböden mehr oder weniger feste, schwer zerbrechliche Stücke.

Die Krümelung der Tonböden ist für den Bodenwert entscheidend. Keine andre Bodenart ist in ihrem Verhalten so abhängig von der physikalischen Verteilung der Bodenelemente wie die Tonböden; hierdurch schwankt der Wert zwischen fast völliger Unfruchtbarkeit (z. B. die plastischen tertiären Tone) und vorzüglichster Leistungsfähigkeit (z. B. die Aueböden).

Entsprechend der niederen Korngröße ist die Aufnahmefähigkeit für Wasser sehr hoch, so daß bei verschiedenen Graden des Wassergehaltes oft erhebliche Veränderungen des Bodenvolumens eintreten. (Hierauf beruht das starke Reißen der Tonböden beim Austrocknen.)

Nicht gekrümelte Tonböden sind für Wasser undurchlässig; in ebenen Lagen geben sie daher vielfach Veranlassung zur Versumpfung und zur Ansammlung stehender Gewässer. Tonböden unterliegen einer Auswaschung der löslichen Salze nur in sehr geringem Maße, um so leichter aber einer Verschlämmung.

Gegen Austrocknen sind die Tonböden empfindlich, einmal völlig trocken geworden, erfolgt die Wasseraufnahme nur sehr langsam. Die dicht gelagerten Bodenpartikel lassen Wasser nur sehr allmählich zwischen sich eindringen.

Die Erwärmbarkeit der Tonböden ist entsprechend dem hohen Wassergehalt gering; sie gehören zu den kältesten Bodenarten.

Die Durchlüftung der Tonböden ist vom Grade der Krümelung abhängig. Bei dichter Lagerung ist der Luftaustausch äußerst langsam und treten in derartigen Böden leicht Mangel an Sauerstoff und bei der Zersetzung organischer Massen Fäulnisvorgänge auf.

Die Zersetzung der Pflanzenreste erfolgt infolge der niederen Temperatur langsam; den Verlauf beherrscht aber ebenfalls die Bodenstruktur. Während in hinreichend gekrümelten Bodenarten die Verwesung zwar nur allmählich fortschreitend, aber normal verläuft, sammeln sich auf den dicht gelagerten Tonböden Rohhumusmassen an, welche einer fortschreitenden Krümelung des Bodens in hohem Grade nachteilig sind. So sehr eine lose aufgelagerte Bodendecke die Struktur der Tonböden erhält und die Verhältnisse begünstigt, welche die Krümelung befördern, so wenig günstig verhalten sich Auflagerungen von Rohhumus, die früher oder später zur Versumpfung des Bodens führen.

Von großer Bedeutung für die Tonböden ist die Beschaffenheit des Untergrunds; am günstigsten verhalten sich unterlagernde, durchlässige Bodenschichten oder Grundgestein, welches den Abfluß des Wassers ermöglicht. Das Gedeihen der Pflanzen wird hierdurch stark beeinflußt.

Die Tonbodenarten und diejenigen Böden, welche sich ihnen anschließen, lassen sich in folgende Hauptgruppen bringen:

1. Plastische Tone; sehr dicht gelagerte, meist ziemlich mächtig entwickelte Tonschichten. Hierher gehören die weiß (auch bläulich) bis gelblich gefärbten tertiären Tone, oft fast unkultivierbar und der Versauerung in hohem Grade ausgesetzt; am ungünstigsten verhalten sich Hoch- und Tieflagen, während solche mittlerer Erhebung etwas besser sind. Ferner gehören hierher die im Flachlande nicht seltenen Tonablagerungen alluvialer Bildung (Aueton, nicht zu verwechseln mit Aueboden, den Ablagerungen des Flußschlicks), welche stets tief liegen, der Vernässung in hohem Grade ausgesetzt sind und jeder Kultur große Schwierigkeiten bereiten.

2. Die Böden der Schiefertone und Letten,*) des Rotliegenden und der Trias. Diese Gesteine zerbröckeln leicht und bilden zumeist wenig oder nicht plastische Erdarten, allmählich gehen sie in tieferen Lagen in zähe Tonböden über. Baumann**) hat nachgewiesen, daß sie vielfach arm an Pflanzennährstoffen sind und bei Rohhumusbedeckung in ähnlicher Weise wie Sandböden eine tiefergehende Auswaschung erleiden können.

3. Böden aus der Verwitterung anstehender Gesteine mit beigemischten Gesteinsresten. Es sind dies Bodenarten, die viel tonige Bestandteile enthalten, deren Charakter aber durch die Mischung mit unzersetztem Gesteinsmaterial wesentlich verändert wird. Hierher gehören die Verwitterungsböden von:

a) sehr bindemittelreichen Sandsteinen und Konglomeraten;
b) Tonschiefer;
c) feldspatreichen Graniten, Gneisen, Porphyrit;
d) den basischen Gesteinen (Diabas, Melaphyr, Basalt).

5. Kalkböden.

§ 164. Die Bodenarten, welche aus der Verwitterung kalkhaltiger Gesteine hervorgehen, sind äußerst verschieden. Selten zeigen sie noch reichlichen Gehalt an kohlensaurem Kalk, der zumeist ausgelaugt ist. Der entstandene Boden entspricht, je nach den Beimischungen des Urgesteins,

*) Grebe, Bodenkunde.
**) Forstl. naturwissenschaftl. Zeit. 1892.

Sand-, Lehm- oder Tonboden, in weitaus den meisten Fällen schließt er sich dem letzteren an. Wenn daher hier die „Kalkböden", trotzdem der Kalkgehalt zumeist ein verschwindender ist, getrennt behandelt werden, so beruht dies einmal auf der Berücksichtigung des Grundgesteines und anderseits darauf, daß die unterlagernden kalkhaltigen Schichten auf Vegetation wie auf das Verhalten des Bodens weitgehenden Einfluß üben.

Die aus der Verwitterung der Kalkgesteine hervorgehenden Bodenarten kann man einteilen in:

1. Reine Kalkböden. Boden mit reichlichem Gehalt an kohlensaurem Kalk; hell, weißlich bis bräunlich gefärbt, locker, sehr dem Austrocknen ausgesetzt. Die Böden der Kreide und sehr reiner Kalkgesteine gehören hierher. Der Bodenwert ist gering und zumal Neubewaldungen (z. B. auf steilen Muschelkalkhängen) haben große Schwierigkeit.

2. Lehmböden auf Kalk, sparsam vorkommend, das Verwitterungsprodukt von sandigen Mergeln und sandhaltigen Kalksteinen (streng genommen würden die diluvialen Lehmböden, soweit noch unveränderter Diluvialmergel in der Tiefe ansteht, hierher gehören).

3. Tonböden auf Kalk. Die Verwitterungsböden der Kalkgesteine, welche reichlich tonige Beimischungen enthalten. Als Typus derselben kann man den Boden des Wellenkalkes anführen. Alle diese zum Teil ausgezeichnet fruchtbaren Bodenarten tragen den Charakter eines schweren Tonbodens, aber wesentlich beeinflußt durch das Unterlagern eines durchlässigen Gesteines.

Die Plastizität des Bodens ist meist nicht sehr hoch, der Grad der Krümelung günstig, der Gehalt an Nährstoffen hoch; die Menge des kohlensauren Kalkes ist in den oberen Bodenschichten oft sehr gering und beschränkt sich zumeist auf beigemischte Gesteinsbrocken.*)

Im gekrümelten Zustande nehmen diese Böden Wasser leicht auf und bilden nach dem Austrocknen kleine bröckelige Stückchen.

Wie bei allen Tonböden ist der Bodenwert zumeist durch den Grad der Krümelung beeinflußt; einmal völlig ausgetrocknet, wird Wasser nur schwierig wieder aufgenommen und der Boden behält ein ungünstiges Verhalten. Die Hasselerde der Thüringer Kalkberge, sowie die Terra rossa der Karstgebiete sind solche stark ausgetrocknete und physikalisch ungünstig beeinflußte Tonbodenarten auf Kalk.

---

*) Analysen von derartigen „Kalkböden" bei Wolff, Landw. V.-St. 7, S. 272. Councler, Zeitschr. f. Forst- u. Jagdw. 15, S. 121. Vergl. S. 102.

Die in diese Gruppe gehörigen Bodenarten sind in hohem Grade gegen Freistellung und Aushagerung empfindlich. Es beruht dies außer auf der Strukturveränderung durch Austrocknen namentlich auf der raschen Zersetzung der dem Boden beigemischten pflanzlichen Reste. Der Kalkboden gehört in Mitteleuropa zu den „zehrenden" Bodenarten. Die günstigen Verhältnisse in bezug auf Feuchtigkeit und Wärme, die hohe Durchlüftung des Bodens und der reichliche Gehalt an mineralischen Nährstoffen wirken zusammen, um die Verwesung zu steigern.

Unvorsichtige Freistellung bringt daher diesen Bodenarten große Nachteile. Entwaldung kann, wie das Beispiel so vieler Kalkgebirge beweist, zur völligen Vernichtung der Bodendecke und Wegspülung der feinerdigen Bestandteile führen, während anderseits eine genügende Bedeckung des Bodens die Produktion in hohem Grade zu steigern vermag.

6. Humusböden.

Die Humusböden verdanken ihre Eigenschaften dem reichlichen Gehalt an humosen Stoffen; schon eine prozentisch nicht allzu große Menge vermag dem Boden den Charakter eines Humusbodens aufzuprägen.

Die Humusböden sind bereits früher behandelt.

XII. Klimatische Bodenzonen.

Literatur:

v. Middendorff, Einblicke in das Ferghanatal. Mem. Akad. St. Petersburg, VII, Ser. 1881.
v. Richthofen, Führer für Forschungsreisende.
J. R. Russel, Bull. U. St. Geol. Surn. Nr. 52, 1889.
Fuchs, Verh. k. k. geol. Reichsanst. 1875.
E. W. Hilgard, Einfluß des Klimas auf Bildung des Bodens, 1893.
Dokutschajew, Europ. Schwarzerde 1883 (russ.).
Sibirzew, Bodenkunde (russ.).
Zahlreiche Angaben bei neueren russischen Forschern, namentlich Tanfiljew, Wysotzki u. a.
Ramann, „Europäische Bodenzonen" in der russischen Zeitschrift „Bodenkunde" 1901.

§ 165. Neben den aufgeführten, im wesentlichen rein aus der Praxis hervorgegangenen Einteilungen der Böden hat man in neuerer Zeit erkannt, daß die Böden in ihren wichtigsten Eigenschaften vom Klima abhängig sind. Die Böden sind Produkte der Verwitterung und des Pflanzenlebens, die beide zunächst vom Klima bedingt werden; es ist daher ohne weiteres verständlich, daß auch, je nach dem herrschenden Klima, die Böden verschiedenen Charakter tragen.

Wenn es so lange dauerte, ehe diese Einsicht sich Bahn brach, so beruht es darauf, daß früher die Bodenkunde wissenschaftlich wenig gefördert worden ist, daß zur richtigen Würdigung klimatischer Einflüsse ein Überblick über weite Gebiete notwendig ist, den erst unsre heutigen Verkehrswege dem einzelnen möglich machen und nicht am wenigsten darauf, daß die erste eingehendere Klassifikation der Böden aus Mitteldeutschland hervorgegangen ist, einem Gebiet, in dem fast jedem Gestein ein bestimmter Bodentypus entspricht und die ungleichmäßigen Höhen des Geländes jeden Überblick erschwerten. Ähnlich wie in früherer Zeit Werner die geologischen Verhältnisse Sachsens zur Grundlage der ersten geologischen Einteilung nahm, hat sein späterer Landsmann Fallou die erste Einteilung der Bodenarten aus der Kenntnis mitteldeutscher Verhältnisse geschöpft.*)

Die Auffassung, daß Klima und Bodenbildung im Zusammenhange stehen, ist zuerst von einzelnen Forschern ausgesprochen worden (v. Richthofen, Russel u. a.); eingehende Begründung hat sie von zwei unabhängig von einander arbeitenden Seiten erhalten; in Rußland von Dakutschajew und Sibirzew, in Nordamerika von Hilgard. Die beiden russischen Forscher begnügten sich im wesentlichen mit der Feststellung der Verbreitung der Bodenzonen in Rußland und ihrer Abhängigkeit von klimatischen Bedingungen; Hilgard zeigte den tiefgehenden Unterschied, welcher zwischen den Bodenarten der feuchten (humiden) und trocknen (ariden) Gebiete besteht.

Die klimatischen Gebiete der Bodenbildung gliedern sich zunächst in zwei große Abteilungen mit mehreren Unterabteilungen, Gruppen usw. Jeder Bodenformation entsprechen herrschende Pflanzenformationen und den meisten bezeichnende Humusbildungen.

Übersicht der klimatischen Bodenbildungen und ihre herrschenden Pflanzen (in Europa) nach Ramann.

I. Abteilung: **Böden des Gesteinszerfalles** (physik. Verwitterung).

1. Unterabteilung. Im ariden Gebiet.

Durch Temperaturwechsel: Böden der Wüsten.

2. Unterabteilung. Im humiden Gebiet.

Wirkung des gefrierenden Wassers:	Spaltenfrostböden.	
Gruppe A: Im arktischen Gebiet:	Humusbildg.:	Nordische Moore, Moostundra.
	Vegetation:	Nordische Pflanzen.
Gruppe B: Im Hochgebirge:	Humusbildg.:	Alpine Moore, Alpenhumus, Azaleen- u. Carextorf.

*) Fallou, Pedologie 1862. Hauptbodenarten 1875 usw.

3. Unterabteilung.
Durch Gletscherablagerungen.
Durch Druck zerstörtes Gestein. Gesteinsmehl. Moränen. Grande. Sande. Tone.

II. Abteilung: **Böden der zersetzten Gesteine** (chem. Verwitterung).

1. Unterabteilung. Im ariden Gebiet.

Nicht ausgelaugte Böden (meist feinsandig).

Gruppe A. Salzböden. Humusbildung: Organische Ablag. der Salzseen. Vegetation: Salzpflanzen.

Gruppe B. Gebiete mit kaltem Winter: Löß. Schwarzerde. Veget.: Steppenpflanzen.

Gruppe C. Gebiete mit warmem Winter: Roterden. Vegetat.: Wintergrüne Laubhölzer, Macchien.

2. Unterabteilung. Im humiden Gebiet.

Ausgelaugte Böden (meist tonreich).

Gruppe A. Vorherrschen der Kohlensäure-Verwitterung: Meist Lehm- und Tonböden. — Braunerden. Humusabl.: Flachmoore. Vegetat.: Sommergrüne gemischte Laubhölzer.

Gruppe B. Vorherrschen der Humussäure-Verwitterung: Meist kaolinhaltige Böden. — Grauerden. Humusabl.: Kärrmoore, Hochmoore, Heideböden, Rohhumus. Vegetat.: Nordische Nadelhölzer, Heiden.

Die Bodenverteilung in Europa würde sich verhältnismäßig einfach gestalten, wenn die klimatischen Verhältnisse unverändert geblieben wären und Verwitterungsprodukte anderer Gegenden nicht durch Wasser oder Eis verfrachtet würden. (Abb. 27.)

Reliktenböden. Während der Diluvialzeit sind in weiter Ausdehnung Gletscherböden in Gebieten zur Ablagerung gekommen, welche gegenwärtig unter anderen Verwitterungsbedingungen stehen; ebenso sind in der trocknen Zeit, welche dem Diluvium folgte, Steppenböden (Löß, Schwarzerde) abgelagert worden. Diese Bodenarten, welche man Reliktenböden nennen kann, unterliegen der gegenwärtig herrschenden Verwitterung, tragen aber noch so viele Kennzeichen ihrer ursprünglichen Entstehung, daß sie vielfach abweichenden Charakter haben und als besondere Bodenarten unterschieden werden. In Osteuropa führte der Rückgang des Steppenklimas Vordringen der Wälder herbei, so daß dort durch Bewaldung veränderte Steppenböden (die sogenannten grauen Waldböden) vorkommen.

Die Grenzen der verschiedenen Böden sind in den südlicheren Gebieten meistens scharf; Übergänge sind selten,

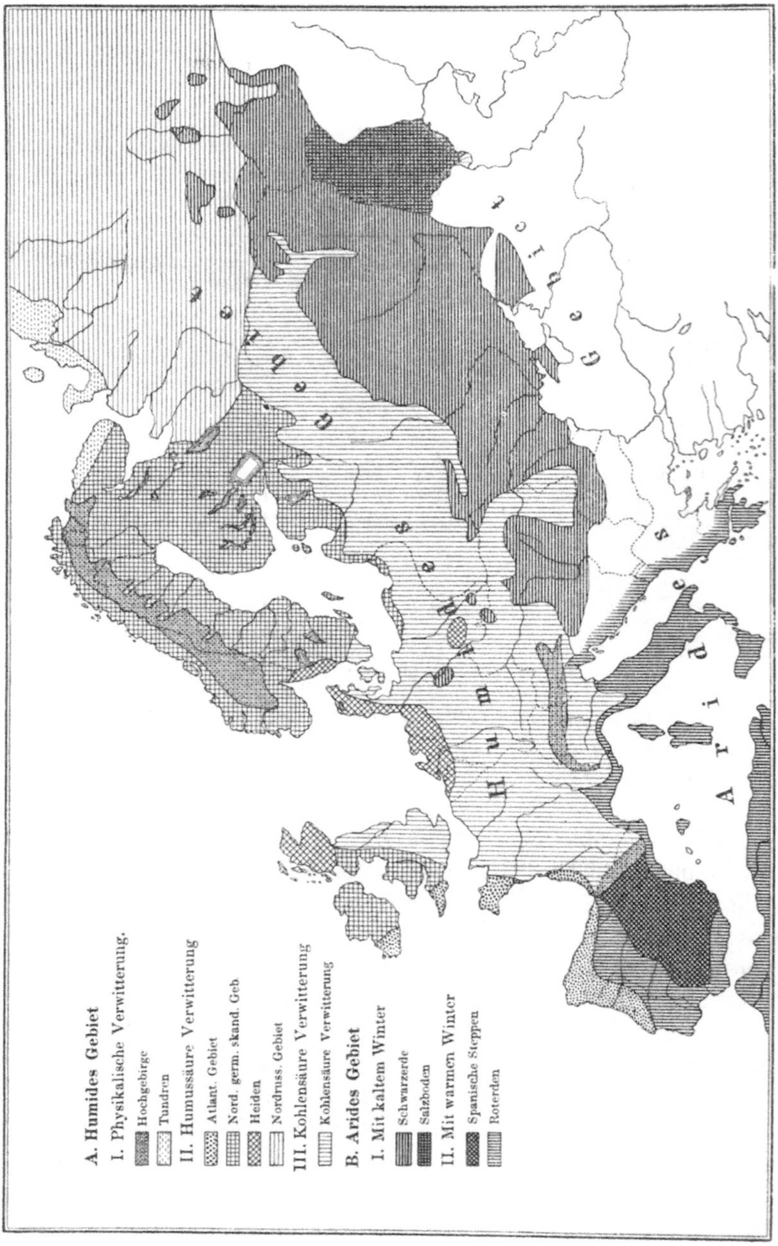

Abb. 27. Schematische Karte der Verbreitung der klimatischen Bodenzonen in Europa.

wohl aber dringen die Hauptarten fleckweise in benachbarte Gebiete ein; Beispiel hierfür ist das Vorkommen der Schwarzerde in Norddeutschland, wo sie in scharf umrissener örtlicher Verbreitung auftritt. Ähnlich die Verbreitung der Roterden gegen deren Nordgrenze. Übergänge finden sich namentlich bei den nordischen Bodenarten; die chemische Zersetzung der Gesteine nimmt ab, die Sprengwirkungen des gefrierenden Wassers nehmen zu. Hier kann man nirgends scharfe Grenzen ziehen, zumal die diluvialen Ablagerungen noch dazu beitragen, sie zu verwischen.

Zwischen dem Klima der geographischen Zonen und den Regionen der Gebirge bestehen enge Beziehungen; wie in der Pflanzenwelt wiederholen sich auch in den Eigenschaften der Böden verwandte Züge.

I. Abteilung: **Böden des Gesteinszerfalles.**

§ 166. Die Böden kennzeichnen sich durch Vorherrschen mechanisch zerkleinerter Gesteinsbruchstücke ohne erhebliche chemische Zersetzung.

1. Unterabteilung: **Im trocknen Gebiet.**

Der Gesteinszerfall wird überwiegend durch Temperaturwechsel hervorgerufen, ohne Mitwirkung des gefrierenden Wassers. Böden dieser Art gehören den Wüsten an, sie fehlen in Europa. Kennzeichnend ist die Sonderung der einzelnen Korngrößen durch die Kraft des Windes. Die Hauptprodukte sind: Gesteinsschutt, Sand, Ton.

2. Unterabteilung: **Im feuchten Gebiet.**

Die Böden sind vorwiegend durch Sprengwirkungen des gefrierenden Wassers gebildet; es sind Spaltenfrostböden; arm an feinerdigen Bestandteilen, chemisch wenig zersetzt, werden sie aus Anhäufungen von Gesteinsbruchstücken aller Größen gebildet.

Reichlichere Entwicklung der Vegetation tritt nur dort auf, wo Humusablagerungen möglich sind oder die Pflanzen ihren Bedarf an Nährstoffen aus fließendem Wasser entnehmen können.

Die Humusbildung ist infolge der niederen Temperatur sehr reichlich. Die Böden tragen, soweit sie nicht fast pflanzenlose Geröllmassen sind, überwiegend den Charakter von Humusböden. Bei mächtigeren Anhäufungen von Humus oder in den nährstoffarmen Gewässern dieser Gebiete sind Pflanzen der Hochmoore vorherrschend. Pflanzen der verschiedensten Arten können torfbildend wirken.

Im europäischen Norden überwiegen die Torfhügel der Moos- und Flechtentundra, die eine charakteristische Form der Hochmoore sind. Im Innern findet sich infolge der geringen Wärmeleitung des Torfes Bodeneis, d. h. der Kern der Hügel wird von gefrorenem Torfe gebildet. Nach Erreichen mäßiger Höhen sterben infolge Wassermangels die Moose ab und werden von Flechten (zumal Lecanora tartarea) überwachsen. Die Hochmoorbildung der Moostundra schreitet fortgesetzt weiter, erobert neue Gebiete und drängt die Waldgrenze südlich.

Herrschende Pflanzen sind: Reiser (Betula nana; Empetrum; nordische Weiden usw.); Moose (Sphagnum, zumal Sph. Lindbergii; Dicranum); Flechten (Lecanora tartarea, Cladonien, südlicher Clandina rangiferina).

In Hochgebirgen finden sich mächtige Geröllanhäufungen und vielfach Ablagerungen früherer Gletscher. Die oberen Bodenschichten sind stark humos, meist wenig mächtig. Die Vegetation wird durch die starke Verdunstung infolge des verminderten Luftdruckes und hauptsächlich durch fließendes Wasser beeinflußt, so daß Höhenunterschiede von einigen Zentimetern ganz verschiedene Pflanzendecken veranlassen. Eine charakteristische Ausbildung findet die Formation in den „Schneetälchen" (nach Heer) mit geschlossener Decke von Polytrichum septentrionale, Alchemilla pentaphyllea usw.

Die Wiesenformation der Hochgebirge (Alpen) gehört bereits einer tieferen Lage an, erhebt sich aber über die Waldgrenze. Der Boden ist zumeist ein Relikt früherer Gletscherbedeckung, sehr humusreich, oberflächlich verwittert und durch Humussäuren ausgelaugt. Häufig sind Ortsteinbildungen (Riesengebirge, Tatra, Hochalpen) in geringer (5—10—20 cm) Tiefe.*)

3. Unterabteilung: **Durch Gletscher gebildete Böden.**

Die „Gletscherböden" bestehen aus zermahlenem und durch Reibung der Stücke zertrümmertem Gestein; sie sind chemisch wenig verwittert und später vielfach durch die Schmelzwässer der Gletscher aufbereitet und nach den Korngrößen gesondert.

Gegenwärtig bilden sich Gletscherböden nur in höheren Gebirgen und den Polargegenden, zur Diluvialzeit wurden sie über einem großen Teil von Mittel- und Nordeuropa abgelagert. Viele dieser Böden sind verwitterte Moränen, besonders Grundmoränen. Durch Wasser verfrachtet und abgelagert wurden: Grande, Sande, feinzerriebenes Gesteinsmehl (Mergelsand, Podsol), Tone.

---

*) Die Almen der Westkarpathen weichen hiervon ab; sie nähern sich bereits ariden Verhältnissen und bedürfen noch weiterer Untersuchung.

Das Gletschergesteinsmehl und der durch Abschlämmung aus Moränen hervorgegangene „Ton“ verhält sich wesentlich anders als durch Verwitterung entstandene Tone.

Zuerst machten wohl Chamberlain und Salisbury hierauf aufmerksam,*) welche die Unterschiede zwischen Glazialton und Verwitterungston hervorhoben.

	SiO_2	Al_2O_3	Fe_2O_3
Verwitterungston ..	50—70 %	18—21 %	8—18 %
Gletscherton	40—50 „	7— 9 „	2— 3 „
	CaO	MgO	K_2O
Verwitterungston ..	0,8—1,2 %	0,3—2 %	0,8—1,6 %
Gletscherton	11 — 15 „	7—8 „	2,5— 3 „

Natürlich kann die Zusammensetzung in weiten Grenzen schwanken; sie ist zumal bei Gletscherton abhängig von der Beschaffenheit der zerriebenen Gesteine; kennzeichnend ist für Verwitterungston die starke Ausfuhr löslicher Stoffe (Alkalien, alk. Erden, Kieselsäure) und die Anreicherung an Tonerde und zumeist an Eisenoxyd.

Sehr scharf treten die Unterschiede zwischen mechanisch zerriebenem und chemisch zersetztem Material auch bei dem feinen Gesteinsmehl (im Vergleich zum Löß) hervor, welches in Nord- und Mittelrußland in weitem Umfange bodenbildend auftritt und die Hauptmenge der Podsolböden bildet. In Deutschland finden sich ähnliche Ablagerungen im ganzen sparsam; sie werden von der preußischen geologischen Landesanstalt als „Mergelsand, bzw. sehr feinkörnige Sande“ kartiert und sind in der äußeren Erscheinung dem Löß nicht unähnlich; auch der „Flottlehm“ der Heidegebiete gehört hierher.

Um den Unterschied in der Zusammensetzung zu zeigen, seien hier ein paar Analysen von Mazurenko mitgeteilt,**) der Podsol aus der Gegend von Moskau, Löß aus dem Donschen Gebiete untersuchte. Die Analysen geben die Zusammensetzung des wenig zersetzten Materials der tieferen Schichten. Es enthielten:

	Löß		Podsol	
	Gesamtboden < 0,25 mm	feinste Teile < 0,01 mm	Gesamtboden < 0,25	feinste Teile < 0,01
Kieselsäure ...	61,27 %	38,99 %	85,17 %	53,66 %
Eisenoxyd und Tonerde	15,87 %	24,85 %	8,77 %	32,19 %
Kalkerde	8,66 %	14,09 %	1,36 %	3,44 %
Magnesia	1,81 %	5,10 %	1,04 %	2,31 %
Kohlensäure ..	5,79 %	10,11 %	0,03 %	0,03 %

*) Sixth ann. Rep. U. Stat. Geol. Surv. 1884/85, S. 249.
**) Inaug.-Diss. München 1903. Unt. Podsol- u. Lößboden.

Unter abweichende klimatische Verhältnisse gebracht verhalten sich die Gletscherablagerungen wie jedes andere Gestein; sie unterliegen der Verwitterung und geben Bodenarten des betreffenden Gebietes. Die „Lehmböden" des mitteleuropäischen Diluviums sind z. B. durch die Verwitterung diluvialer Moränen gebildet worden.

II. Abteilung: **Böden vorherrschend aus chemischer Zersetzung der Gesteine hervorgegangen.**

1. Unterabteilung· **Böden der trocknen Gebiete.**

§ 167. Trocken (arid) ist jedes Gebiet, in dem die Verdunstung die Menge des durch Niederschläge zugeführten Wassers überwiegt; feucht ist jedes Gebiet, in dem die Niederschläge die Verdunstung übertreffen.

Die absolute Höhe der Niederschläge ist daher von geringerem Einfluß auf den Charakter des Gebietes. Arktische Gegenden sind bei geringen Niederschlagshöhen humid und ein tropisches oder subtropisches Land kann bei großer Niederschlagshöhe ausgesprochen arid sein. Entscheidend ist das Verhältnis zwischen Niederschlägen und Verdunstung.

Scharfe klimatische Grenzen werden nur von Gebirgszügen gebildet, sonst treten allmähliche Übergänge auf; um so auffälliger ist es, daß die Böden zumeist gut abgegrenzt sind.

Die Böden der ariden Gegenden erhalten ihre bezeichnenden Eigentümlichkeiten durch geringe Auswaschung der löslichen Salze. Die Verwitterung wird überwiegend durch Einwirkungen gekennzeichnet, welche man als „komplizierte Verwitterung" bezeichnet hat; die Massenwirkung des Wassers tritt zurück. Die Hauptprodukte der Verwitterung sind sehr feinsandige Böden, deren ausgesprochenster Vertreter der Löß ist. Alle ariden Gebiete (Osteuropa, Mittel- und Ostasien, die zentralen Teile Nordamerikas [Westen und Prärien] und die Pampas Südamerikas) haben Böden vom Charakter des Löß.

Je nach dem Grade der Auslaugung wechselt der Gehalt der ariden oder Steppenböden an Salzen (Karbonate, Sulfate, Chloride). Humusbildung erfolgt ausgiebig nur in Gegenden mit kaltem Winter; die „Schwarzerden" sind dann die herrschende Bodenart.

Gruppe A. Salzböden.

Die Salzböden sind reich an leichtlöslichen Verbindungen der Alkalien und der Magnesia (Chlornatrium, kohlensaures Natrium, schwefelsaures Natrium, schwefelsaures Magnesium), die in trockner Zeit auskristallisieren oder in Senken und Salzseen sich ansammeln. Die Grenze der Konzentration der Bodenlösung, welche der gewöhnlichen Vegetation schädlich wird und nur von Salzpflanzen ertragen werden kann, ist etwa bei 0,2 % für Kochsalz zu setzen. Natriumsulfat und Magnesiumsulfat scheinen eher etwas milder, Natriumkarbonat schädlicher zu wirken als Chlornatrium.

Die löslichen Salze entstammen verschiedenen Quellen: der Verwitterung der anstehenden Gesteine, zum Teil werden sie durch fließende Gewässer zugeführt und zum größten Teile sind sie aus den atmosphärischen Niederschlägen abzuleiten, deren an sich geringer Gehalt allmählich im Boden angesammelt wird.

Böden besonderen Charakters und regelmäßiger Schichtenfolge sind die Sodaböden, die Natriumkarbonat enthalten, welches durch Umsetzung von Kalkkarbonat mit Chlornatrium gebildet wird.*)

In Europa sind Salzböden in größerer Ausdehnung nur im Südosten, im Gebiet des kaspischen Meeres und an der Nordküste des Schwarzen Meeres verbreitet.; im übrigen Steppengebiete beschränken sie sich auf Stellen örtlicher Anreicherung, Senken und Salzseen.

Zu den Salzböden sind die Meeresufer nur so weit zu rechnen, als sie häufiger Überschwemmung durch Meereswasser unterliegen; der Überflutung entzogen wird der Salzgehalt innerhalb weniger Jahre ausgewaschen.

Gruppe B. Böden der Gebiete mit kaltem Winter.

In ariden Gegenden werden organische Abfälle in der Regel ziemlich gleichmäßig zersetzt. Die Böden sind gut durchlüftet und die Verwesung schreitet langsam aber gleichmäßig bis zur Zerstörung der organischen Reste fort. Hilgard**) weist darauf hin, daß die Landwirtschaft Zufuhr von Streu usw. vermeidet und es vorzieht, diese Stoffe zu verbrennen oder nur kompostiert zu verwenden. Im Osten Europas werden alljährlich gewaltige Massen von Stroh verbrannt. Es ist dies nicht nur Gewohnheit, sondern die Erfolge der Düngung mit wenig zersetzten organischen Stoffen scheinen ungünstig ausgefallen zu sein. Abscheidung organischer Substanzen erfolgt nur, wenn die Zersetzungsvorgänge im Laufe des Jahres längere Zeit unterbrochen werden; dies ist in den Gebieten der Schwarzerde der Fall.

*) Hilgard, Einfl. d. Klimas auf Bodenbild. Heidelberg 1893, S. 76.
**) A. a. O. S. 23.

Die typischen hierher gehörigen Bodenarten sind Löß und Schwarzerde mit ihren Unterabteilungen.

Der Löß ist ein ungeschichtetes, nur gelegentlich durch Absonderung bankförmig ausgebildetes, steinfreies, tonarmes, sehr feinsandiges Gestein, dessen Korngrößen zwischen 0,001—0,1 mm schwanken und das nur sparsam gröbere Körner enthält. Der Löß ist bis in große Tiefen porös, von feinen Hohlräumen durchzogen, deren Innenwände in der Regel von dünnen Krusten von Kalkkarbonat ausgekleidet sind. Im typischen Löß finden sich Schalen von Landkonchylien (Helix, Pupa, Succinea). Er bildet infolge seiner Struktur steile Wände und tief eingeschnittene Hohlwege.

Die meisten Lößbildungen sind äolischen Ursprunges; jedoch geben die verschiedensten Gesteine im ariden Gebiet Böden von lößähnlicher Struktur.

Ziemlich ausgedehnte Lößablagerungen (Rheintal, Donautal, Maintal, Nordrand der sächsischen Mittelgebirge) finden sich in jetzt humiden Gebieten. Der Löß geht hier durch Verwitterung in einen wenig bündigen braunen Lehmboden, den Lößlehm, über. In Ungarn ist in den Tieflagen Löß weit verbreitet, auf den Höhen findet sich ein meist rötlich gefärbter Ton, Nïörök genannt.

Der echte Löß entsteht durch Ablagerung durch Wind transportierten feinen Gesteinstaubes. Die gleichmäßige vertikale Ausbreitung des Löß, welcher alle Unebenheiten des Bodens deckt, wird durch die Vegetation ermöglicht, deren Wurzeln zugleich die Veranlassung der porösen Struktur des Lößes sind.*)

Mit der vorherrschend feinsandigen Beschaffenheit des Bodens im Steppengebiet steht auch die leichte Angreifbarkeit der Verwitterungsprodukte durch Wind im engen Zusammenhang. Der stärker bindende Ton fehlt; hierdurch und begünstigt durch die vielfach weniger dicht geschlossene Pflanzendecke steigert sich die Wirkung der Winde und Stürme und bewirkt Umlagerungen der festen Bodenteile in einem Maße, welches man in humiden Gegenden nicht kennt.

Der Lößboden ist reich an Pflanzennährstoffen; er hat eine ziemlich bedeutende Wasserkapazität und läßt die Niederschläge infolge seiner Porösität leicht eindringen. Durch seine Eigenschaften gehört er zu den wertvollsten Bodenarten.

Schwarzerden. In den Gebieten mit nicht extrem aridem Klima, wie es die Steppen Südeuropas kennzeichnet, wird die Verwesung während eines großen Teiles des Jahres unterbrochen, im Winter durch niedere Temperatur, im Sommer durch Austrocknung

*) J. Walther, Einl. in die Geologie, S. 640, 798.

der oberen Bodenschichten. Hierdurch ist Gelegenheit zur Bildung humoser Stoffe gegeben, welche sich dem Boden gleichmäßig beimischen, organisierte Struktur nicht mehr erkennen lassen und den Charakter chemischer Ausfällungen tragen. Wahrscheinlich wirkt der hohe Gehalt an löslichen Stoffen im Boden mit, um diese Verteilung hervorzubringen. Es ist übrigens zu bemerken, daß diese Humusform der Steppe angehört; in den Waldanpflanzungen ist die Ablagerung halbzersetzter Blattreste ziemlich bedeutend, so daß sie der Verjüngung nicht selten Schwierigkeiten bereiten.

Die Menge der humosen Substanz in den Schwarzerden schwankt in ziemlich weiten Grenzen, zwischen 2 und 16 %; man muß annehmen, daß sie vom Klima und von der Masse der Pflanzensubstanz abhängig ist. Dokutschajew hat versucht, Gebiete gleichen Gehaltes an Humus in den russischen Steppen abzugrenzen und bezeichnet die Linien, welche Strecken gleichen Humusgehaltes verbinden, als Isohumosen. Wenn sich auch Kostytschew mit guten Gründen gegen diese Auffassung erklärte, so hat sie doch den Vorzug, die relative Verteilung der organischen Substanz und ihr Anwachsen in einzelnen Gegenden gut hervortreten zu lassen; im allgemeinen nimmt der Humusgehalt nach Osten und nach der Mitte des Steppengebietes zu. Nach Norden vermindert er sich, wohl durch stärkere Verwesung infolge höheren Wassergehaltes, nach Süden infolge höherer Wintertemperatur.

Man unterscheidet in Rußland folgende Unterarten der Steppenböden (nach Tanfiljew):

1. Nördliche Zone hellfarbigen Lößbodens. (Vorhistorische Lößsteppe.)
2. Schwarzerde.
   a) Vorsteppe. Böden mehr als 50 cm tief durch Wasser ausgelaugt. Von Waldinseln unterbrochen.
   b) Schwarzerdesteppe (waldlos). Boden höchstens bis 50 cm ausgelaugt; die Böden werden nach Süden schokoladenbraun, gehen nach Südosten häufig in salzhaltige Böden über.

Nach Westen schließen sich an die russischen Gebiete die Schwarzerdebezirke von Galizien, Bukowina, Moldau und der Walachei an; die ungarischen Ebenen haben überwiegend Löß- und Schwarzerdeböden; ferner finden sich kleinere Gebiete in Mähren (Hannaböden), Böhmen, Bayern, in Schlesien (Liegnitz), Ostpreußen und als westlichstes Gebiet (wenn man von dem Vorkommen in Spanien und Marokko absieht) Braunschweig und die Magdeburger Börde.

Bei genügenden Niederschlägen sind die Schwarzerden Böden

höchster Fruchtbarkeit; sie sind echte Steppenböden, reich an löslichen Nährstoffen und an Stickstoff.

Ein Profil typischer Schwarzerde aus dem Gebiete von Weliki Anadol zwischen Don und Donetz mag hier nach Wysotzki mitgeteilt werden. da es ebensowohl Einblick in die Wasserverhältnisse, wie in die Verteilung sekundärer Abscheidungen im Boden gibt.

Wysotzki unterscheidet

a) die lebendige Bodenschicht; alljährlich von Niederschlägen durchfeuchtet, reich an Ausscheidungen aller Art;
b) die tote Bodenschicht, von sehr wechselnder Mächtigkeit. Der Wassergehalt bleibt fast unverändert, die Niederschläge reichen nicht aus, um bis in diese Tiefe zu dringen, kapillares Wasser aus der Tiefe steigt sehr langsam auf, die Schicht unterliegt kaum Veränderungen (daher „tote" Zone), nur die oberen Lagen trocknen durch die Tätigkeit der Pflanzenwurzeln aus und das Wasser ersetzt sich langsam durch Kapillarwirkungen;
c) Vom Grundwasser kapillar durchfeuchteter Boden mit ähnlichen Ausscheidungen wie a), aber in umgekehrter Folge;
d) Grundwasserschicht;
e) Kristallinische Gesteine (undurchlässig, in den oberen Lagen meist stark verwittert und kaolinisiert.)

Die „lebende Bodenschicht" zeigt Abscheidungen von kohlensaurem Kalk, Gips und humosen Stoffen, welche regelmäßige Horizonte im Boden bilden und deren Auftreten sich aus dem Wasserverbrauch der Pflanzen, der Löslichkeit der Verbindungen und chemischen Umsetzungen erklären läßt.

In der Regel findet sich folgende Reihe von Schichten, deren Gehalt an organischen Stoffen sich nach unten vermindert und die allmählich in heller gefärbten Untergrund übergeht. Zu oberst lagert stark humose, lockere Schwarzerde, hierauf folgt eine an kohlensaurem Kalk reiche Lage und in größerer Tiefe eine Schicht reich an humosen Stoffen und an Gipsausscheidungen, häufig unterlagert von einem zweiten kalkhaltigen Horizont.

Die Schwarzerde ist die typische Erde der Steppen; wenn es auch möglich ist, auf ihr Wald anzupflanzen und in den Grenzgebieten Wald auf Schwarzerde vorkommt, so ist dies doch immer als Ausnahme zu betrachten oder auf Klimaänderungen zurückzuführen. Aus der Verteilung der Kalksalze in der Schwarzerde ergibt sich, daß in den gemäßigten ariden Gebieten immer noch die Auswaschung in der obersten Bodenschicht gegenüber dem kapillaren Aufstieg der

Salze überwiegt. Es beruht dies ohne Zweifel auf der Wasseraufnahme durch die Pflanzen. Alle in den Boden einsickernden Wässer sättigen sich mit Salzen und führen sie in die Tiefe; nur ein kleiner Teil des Wassers verdunstet direkt von der Oberfläche des Bodens und hebt Salze kapillar; die weitaus größere Menge des Wassers nehmen die Pflanzenwurzeln auf, hierbei reichern sich die Salze in den tieferen Bodenschichten an.

Gruppe C. Böden der Gebiete mit warmem Winter. **Roterden.**

§ 168. Die Böden der hier zu behandelnden Gebiete sind in Europa im Mittelmeergebiet verbreitet, sie leiten zu subtropischen Verhältnissen über. Charakterisiert sind diese Böden durch Abscheidungen von Eisenoxyd, wie es scheint von einer rotgefärbten Form des Eisenoxydhydrates. Bisher sind Untersuchungen über Entstehung, Schichtenfolge und Zusammensetzungen wenig veröffentlicht worden. Soweit zu verfolgen, gehen die Roterden (terra rossa) auf Kalkgesteinen am weitesten nördlich. (Karst; bei Verona). Die Roterden umfassen fast die ganzen Ufer des Mittelmeeres. Man kann annehmen, daß Verbreitung der typischen Mittelmeerflora, der immergrünen Laubhölzer mit harten Blättern (Chamaerops humilis, Eichen, Johannisbrotbaum, Orangen) und der Macchien ziemlich genau mit dem Auftreten der Roterden zusammenfällt; Ausnahmen davon habe ich nur auf Kalk gesehen.

Die Roterden sind humusarme Böden und hierdurch von leuchtender, meist ziegelroter, selten mehr gelber Färbung.

In den Tropen sind Lateritböden weit verbreitet. Es sind stark verwitterte und ausgelaugte Bodenarten, arm an Kieselsäure, reich an Eisenoxyd und Tonerde. Die Färbung ist gelb bis tiefrot. Charakteristisch ist das Vorkommen von Eisenkonkretionen, die in ihrem Aussehen an Raseneisenstein erinnern und regellos im Boden verteilt sind.

2. Unterabteilung: **Böden der humiden Gebiete** (ausgelaugte Böden).

§ 169. Um den Gegensatz zwischen den Böden der ariden und humiden Gebiete hervortreten zu lassen, kann man entweder typische Bodenarten miteinander vergleichen oder den durchschnittlichen Gehalt aus einer großen Anzahl Analysen ableiten. Für europäische Böden ist die Berechnung noch nicht beendet, sie wird durch die Mannigfaltigkeit der angewendeten Methoden der Bodenanalyse ungemein erschwert. Für Nordamerika liegen dagegen von Hilgard Zahlen vor. Er erhielt als Mittel von 466 Analysen für humide,

313 Analysen für aride Gegenden (unter Ausschluß der Kalkböden) an löslichen Bestandteilen:

	humid	arid
Kali	0,22 %	0,73 %
Natron	0,09 %	0,26 %
Kalk	0,11 %	1,36 %
Magnesia	0,23 %	1,41 %
Eisenoxyd	3,13 %	5,75 %
Tonerde	4,29 %	7,89 %
Phosphorsäure	0,11 %	0,12 %
Schwefelsäure	0,05 %	0,04 %
Kohlensäure	—	1,32 %
Humus (nach Grandeau)	2,39 %	1,83 %
Lösliche Kieselsäure	4,21 %	7,27 %

Diese Zahlen zeigen nicht nur den durchgreifenden Unterschied zwischen den Bodenarten, sondern sie erklären zugleich, daß Böden der ariden Gebiete viele Jahre hindurch hohe Ernten geben können, ohne der Düngung zu bedürfen, sowie daß Zufuhr von Wasser genügt, um öde Flächen in fruchtbare Ländereien zu verwandeln.

Die Gebiete mit ausgelaugtem Boden zerfallen in zwei Unterabteilungen, die je nach dem Überwiegen der Wirkung von Humussäure und Kohlensäure unterschieden werden können. Je nachdem Eisenverbindungen ausgelaugt sind oder nicht, ist die Färbung der Böden durch Gehalt an Humus grau bis schwarz oder durch Gehalt an Eisen gelb bis rotbraun; man kann diese Bodenarten als Braunerden und Grauerden unterscheiden. Namen, die um so zulässiger sind, als ja bereits zwei Bodengruppen, die Schwarzerden und Roterden, nach der Färbung bezeichnet werden und der Name zugleich charakteristischen Eigenschaften entspricht.

Gruppe A. Böden durch Vorherrschen der Verwitterung durch Kohlensäure entstanden.

Braunerden.

§ 170. Die Böden dieser Gruppe zeichnen sich durch wechselnden Gehalt an Ton, braunem Eisenoxydhydrat und Eisenoxydsilikaten aus. Es sind mäßig ausgelaugte Bodenarten, in denen Chloride und Sulfate, sowie der größte Teil der Karbonate weggeführt worden sind.

Die Braunerden sind Bodenarten gemäßigter Klimate mit mittelstarker Verwitterung und mittlerer Auswaschung. Ist auch ein gemeinsames Verhalten unverkennbar, indem Lehm- und Tonböden vorherrschen, so macht sich doch das Grundgestein in hervorragender Weise geltend und hierdurch wird eine Mannigfaltigkeit der Böden veranlaßt, welche in extremeren Klimaten nicht zu beobachten ist.

Die Ausführungen über die Verwitterungsböden der Hauptgesteinsarten in dem Abschnitt III/II haben im wesentlichen nur für diese Gebiete Gültigkeit.

Die vorherrschende Verbreitung der Braunerden umfaßt das mittlere Europa (Frankreich, Ostseite von England, einen großen Teil von Deutschland, Österreich, Südschweden (zum Teil) und Teile von Mittelrußland). Die Breite des Gebietes verengert sich nach Osten, es findet am Ural die Ostgrenze.

Die Böden sind in der Regel mäßig humushaltig. Ansammlungen von humosen Stoffen finden sich zumeist nur an kühlen, feuchten Orten und weit verbreitet unter Wasser als Flachmoore. Hochmoor tritt auf bereits vorgebildetem Flachmoor auf, ist aber auch hier verhältnismäßig selten.

Herrschende Vegetation ist der gemischte immergrüne Laubwald, der auf trocknen oder nährstoffarmen Böden durch die Kiefer ersetzt wird.

Gliederung dieses Gebietes in Unterabteilungen ist gegenwärtig kaum möglich. Die Böden sind so ungemein mannigfaltig, daß es am ratsamsten ist, sie nach dem Grundgestein einzuteilen; besonders bemerkbar macht sich der Kalkgehalt; er übt unter den herrschenden Verhältnissen den größten Einfluß auf Boden, Humusbildung und Vegetation.

Gruppe B. Böden durch Vorherrschen der Verwitterung durch Humussäure gebildet.

Grauerden.

§ 171. Stark ausgelaugte, durch Wegfuhr der Eisenverbindungen ausgebleichte, kaolinhaltige Bodenarten der kühlen gemäßigten und kalten Zonen. Die Böden sind stark verwittert und tief ausgewaschen, meist nährstoffarm und reich an sauer reagierendem Humus. In den extremen Klimaten nehmen alle Böden, vielleicht mit Ausnahme der aus Kalkgesteinen hervorgegangenen, ähnlichen Charakter an; in weniger scharf ausgeprägten Klimaten machen sich noch erhebliche Unterschiede je nach den Grundgesteinen geltend. Die niedere Temperatur und gemäßigtes Pflanzenleben, zumeist mehr oder weniger xerophyll angepaßter Arten, vermindern die Verdunstung und geben auch bei nicht hohen Niederschlägen Veranlassung zur Ansammlung von Wasser in tiefliegenden Teilen des Geländes. Der Grundwasserstand ist zumeist hoch. Der Gegensatz, welcher im Einfluß auf die Pflanzenwelt zwischen stehendem und fließendem Wasser vorhanden ist, gewinnt höchste Bedeutung.

Reichtum an Niederschlägen und niedere Temperatur sind Faktoren, welche in diesen Gebieten gemeinsam wirken, sich aber anderseits bis zu einem gewissen Grade auszugleichen vermögen,*) so daß verwandte Bildungen unter abweichenden Verhältnissen auftreten können. Bereits in Europa muß man mehrere Untergruppen unterscheiden; es sind dies:

1. Atlantische Untergruppe. Nordwestküste von Spanien und der südlichste Teil der Westküste von Frankreich (etwa bis Bordeaux), Bretagne, Südküste von Irland und Südwestküste von England.

2. Westgermanische Untergruppe. Großbritannien zum Teil, Holland, Belgien zum Teil, Nordwestdeutschland, cimbrische Halbinsel, Teile der dänischen Inseln und Südwestschwedens. Tief ausgewaschene Böden von ausgeprägt saurer Reaktion reich an Humus und Humusansammlungen, zahlreiche regionale Hochmoore.

Herrschende Pflanzen sind auf besseren Böden: Eiche, Aspe, auf geringeren die Heideformation.

Eine charakteristische Formation dieser Untergruppe sind die Heiden, die sich von Belgien, Holland, Nordwestdeutschland nach Jütland erstrecken und nach Schweden in ziemlich weitem Umfange übergreifen. In den Heiden sind die charakteristischen Bodeneigenschaften, starke Verwitterung und Auswaschung, Ortsteinbildung, Nährstoffarmut und ausgiebige Ablagerung von saurem Humus besonders scharf ausgeprägt.

3. Skandinavisch-germanische Untergruppe. Schottland zum Teil, Norwegen, Schweden, Finnland, Süd- und Ostküsten der Ostsee. Ausgewaschene, humusreiche Bodenarten. Ortsteinbildungen sind weniger verbreitet als in den Heiden. Moore nährstoffarmer Gewässer (Kärrmoore in Schweden) und Grünlandsmoore, Hochmoore. Herrschender Baum ist die Fichte, welche an trocknen und an sehr nassen Stellen, wohl auch in regelloser Mischung, von der Kiefer begleitet wird.

4. Nordrussische Untergruppe. Ein Gebiet, welches sich nach Pflanzenarten wie Bodenformation an die sibirische Taïga anschließt und welches man nach dem massenhaften Auftreten von Sphagneen und verwandten Arten als das Gebiet „der versumpfenden Wälder“ bezeichnen kann. Die Bodenarten sind

---

*) Selbst in den Tropen treten derartige Wirkungen hervor; es scheinen in sehr niederschlagreichen Gegenden, z. B. den Regenseiten gebirgiger Inseln, und in den Hochgebirgen humose Bodenarten verbreiteter zu sein, als man nach den dürftigen bisherigen Angaben annehmen konnte.

noch wenig bekannt, sie sind aus der Verwitterung von Gletscherschutt hervorgegangen, dessen Charakter sie noch vielfach tragen.

5. In den höheren Regionen der Gebirge sind durch Humussäureverwitterung gekennzeichnete Böden vorhanden. Der Charakter der Bodenarten ist meist wenig scharf ausgesprochen; Reichtum an Nährstoffen im verwitternden Gesteine und Wegfuhr der Verwitterungsprodukte haben vielfach bei den Böden nicht in gleicher Weise die typischen Eigenschaften hervortreten lassen, welche nach den Bedingungen der Verwitterung zu erwarten sind. Es sind die Hochlagen der Mittelgebirge und die höheren Lagen (etwa bis zur Baumgrenze) der Hochgebirge, welche hierher gehören. Bildung von viel sauer reagierendem Humus und stark fortschreitende Verwitterung zeichnen diese Gebiete ebensowohl wie häufige Versumpfung der Wälder und Entstehung von Hochmooren aus.

Auf den Kalkalpen ist als abweichende Form der Humusbildung der Alpenhumus vorhanden.

XIII. Böden und Vegetationsformen.

§ 172. Wie man aus den Zusammenstellungen sieht, gehen Bodenzonen und Pflanzenformation einander parallel. Vielfach ist der Zusammenhang viel schärfer als man erwarten sollte, namentlich in Gebieten mit ausgeprägten klimatischen Eigentümlichkeiten; nicht selten greift aber auch eine Pflanzenformation, wenn es ihr an einem ebenbürtigen Gegner fehlt, über ihre Grenzen hinaus und wird erst allmählich von anderen Pflanzen verdrängt.

Man muß berücksichtigen, daß die meisten Böden Europas und Nordamerikas geologisch junge Böden sind, und daß hierdurch die Umbildungen, welche dem herrschenden Klima entsprechen, vielfach noch nicht zum Abschluß gelangt sind.

Um den Zusammenhang zu verstehen, muß man die Pflanzenverbreitung nach der Diluvialzeit verfolgen.

Nach und wohl auch während des Abschmelzens des Diluvialeises herrschte auf den eisfreien Flächen eine hochnordische Vegetation. Die Moore haben uns Dryas octopetala, Betula nana, arktische Weiden, Empetrum usw. in den tiefsten Schichten erhalten.

Mit Steigen der Temperatur rückten vom Westen und Osten, sparsamer vom Süden die Pflanzenarten heran, welche jetzt im Gebiete leben konnten. Es sind zunächst Arten mit geringen Ansprüchen an die Temperatur und zugleich Arten mit leicht beweglichem, für Windtransport eingerichteten Samen, Aspe und Birke, und wahrscheinlich Weiden. Es sind dieselben Arten, welche auch noch heute herrschend werden, wenn in den nördlicheren Gebieten Wald abgetrieben wird. Hierauf folgen Kiefer und Eiche. Es ist auffällig, daß ein Baum mit so schweren Früchten wie die der Eiche so frühzeitig auftritt. Die Eiche hat jedoch gerade in ihren nährstoffreichen Früchten ein Hilfsmittel der Verbreitung, welche sie manchen scheinbar besser ausgerüsteten Arten überlegen macht: den Transport durch Vögel. Ferner ist anzunehmen, daß die Eiche von zwei Seiten vorrücken und ihr günstiges Gebiet besetzen konnte; sie ist noch heute in den Wäldern des Südostens, wie Südfrankreichs, der herrschende Baum.

Die hierauf vordringende Art ist die Buche, zuletzt erscheint die Fichte auf dem Plan, um, soweit ihr die klimatischen Verhältnisse günstig sind, herrschend zu werden.

Der Boden, welcher der Vegetation nach der Eiszeit zur Verfügung stand, setzte sich, abgesehen von zahlreichen Wasserflächen, hauptsächlich aus zwei bzw. drei Gruppen zusammen. Die Grundmoräne, vorherrschend auf den Höhenlagen des mittleren diluvialen Gebietes; ausgedehnte Sandflächen im Westen und entlang den großen Stromläufen; sehr feinsandige Böden, namentlich im Osten der diluvialen Ablagerungen. Der gesamte Boden war hervorgegangen aus zermahlenem Gesteine; er war Rohboden, ähnlich den Ablagerungen unserer Gebirgsflüsse; dabei wenigstens in den mittleren Gebieten reich an Kalk. Es sind dies Bodenverhältnisse, welche Aspe und Birke willkommen sind, von der Kiefer und Eiche ertragen werden, die aber Buche und Fichte weniger zusagen. Das frühzeitige Auftreten der Eiche erhält also auch aus den Bodenverhältnissen zum Teil seine Erklärung; ebenso die Folge von Buche und Fichte. Erst nachdem der Boden verwittert war, wurde die Buche der Eiche überlegen; erst nachdem der Boden ausgewaschen und sauer reagierender Humus vorhanden war, wurde die Fichte der Buche überlegen; ganz ähnlich wie sie noch heute in Holstein und Dänemark auf Rohhumus der Buche gedeiht, wird sie in früherer Zeit hauptsächlich auf den ungünstiger voränderten Böden zur Herrschaft gekommen sein. Natürlich sind die klimatischen Bedingungen hierbei von größtem Einflusse; wenn ohne Eingriffe der Menschen noch heute im Gebirge an der einen Stelle die Fichte von der Buche überwachsen und unterdrückt wird, an einer andern die Fichte die Buche unterdrückt, so hat der Boden dabei eine Hauptrolle.

Man hat sich in neuerer Zeit gewöhnt, für die Pflanzenverbreitung wesentlich nur klimatische Bedingungen gelten zu lassen, allenfalls noch physikalische Eigenschaften der Böden anzuerkennen, die chemische Zusammensetzung aber tunlichst bei der Betrachtung auszuschließen. Zum Teil ist dies eine Reaktion gegen früher geübte, übermäßige Betonung der chemischen Einwirkung, zum Teil beruht es auf der Schwierigkeit, Böden richtig anzusprechen.

Die herrschenden Auffassungen widersprechen einander vielfach, wie dies auch nicht anders sein kann. Die gegenwärtige Verbreitung der Pflanzenwelt ist das Resultat so mannigfaltiger entwicklungsgeschichtlicher, klimatischer und bodenkundlicher Tatsachen, daß es ausgeschlossen scheint, sie auf eine Formel zurückzuführen. Um die gegebenen Verhältnisse dem Verständnis näher zu bringen, ist es erwünscht, auf Pflanzenformationen, d. h. der herrschenden Flora großer Gebiete zurückzugreifen und die einzelne Art als Glied einer großen Gemeinschaft aufzufassen. Es lassen sich dann folgende Sätze aufstellen:

1. Die Möglichkeit des Auftretens einer Pflanzenart ist von ihrem Verhalten zum Klima und Boden abhängig. Die Bedingungen des Gedeihens können in weiten Grenzen schwanken, sie können aber auch nur im kleinsten Kreise erfüllt sein; hiernach bemißt sich zunächst die Flächenverbreitung der Art.

2. Im Zentrum der Verbreitung einer Art überwiegen für ihr Vorkommen die klimatischen, an den Grenzen die örtlichen Einflüsse, insbesondere die Bodenbeschaffenheit (Braungardt, H. Mayr).

3. Jede herrschende Pflanzenformation entwickelt sich am günstigsten auf bestimmten Bodenarten und verändert zugleich den Boden in für sie günstigster Richtung.

Dieser Satz spricht aus, das Beziehungen zwischen Pflanzenformation und Bodenformation in der Weise bestehen, daß eine gegenseitige Beeinflussung stattfindet und daß unter der Herrschaft einer Pflanzenformation Eigenschaften des Bodens hervorgerufen und erhalten werden, welche ihre Konkurrenzfähigkeit andern Arten gegenüber begünstigen.

Die Erfahrung hat gelehrt, daß einzelne Pflanzenarten nur schwierig dauernd auf demselben Standorte erzogen werden können. Man hat dies Verhalten als „Bodenmüdigkeit“ bezeichnet. In manchen Fällen ist die Ursache in der Ansammlung tierischer

Feinde zu suchen (z. B. Rübenmüdigkeit), in anderen Fällen steht jedoch noch eine Erklärung aus. Es handelt sich dann aber nicht um Arten, welche typische Vertreter einer herrschenden Formation sind; bei diesen, z. B. der Buche, tritt Bodenmüdigkeit nur auf, wenn starke Veränderungen des Bodens, Rohhumusbildungen u. dgl. vorhergegangen sind. Einzelne Formationen setzen sich aus zahlreichen Arten zusammen, die einander vertreten können.

4. Jede Pflanzenformation verteidigt ihren Besitzstand und hat durch die Besetzung eines Areals wichtige Vorteile gegenüber Eindringlingen anderer Formationen.

5. Die wichtigsten klimatischen Faktoren sind Temperatur, Niederschläge, Verdunstung, örtliche Winde.

6. Die wichtigsten Faktoren der Bodenformation sind Nährstoffgehalt, Wasserführung, physikalische Eigenschaften.

7. Das Klima eines Gebietes ist, gemessen an der Produktion organischer Substanz, dem Pflanzenwuchse günstig oder mehr oder weniger ungünstig.

Mit diesem Satze soll ausgesprochen werden, daß mit den herrschenden klimatischen Verhältnissen die Produktion an organischer Substanz sich ändert und auch für die örtlich gedeihenden Arten höher oder geringer ist. So ist die Erzeugung organischer Substanz (abgesehen von extremen Bodenverhältnissen) für ein Hektar Wald in unseren Gebieten nahezu gleich groß, ohne Rücksicht auf die Baumarten. Auf einem Hochmoor oder einer Heide ist die Produktion immer gering; auf frischem nährstoffreichem Boden immer hoch, sofern nur geeignete Pflanzen zur Entwicklung kommen.

8. Über die örtliche Herrschaft einer Pflanzenformation entscheidet, sofern mehrere Formationen gedeihen können, in erster Linie die Bodenbeschaffenheit.

9. Für dauernde Besitznahme eines Bodens sind Holzpflanzen (Bäume, Sträucher, Reiser) am günstigsten organisiert. Die lange Lebensdauer, die Möglichkeit zeitweiser Vegetationsruhe, die Fähigkeit, tiefgehende Wurzeln zu treiben, die Aufspeicherung von Feuchtigkeit im Holzkörper, die Ausnutzung der Besonnung durch höheren Wuchs sind Eigenschaften, welche sie im Kampf der Formationen begünstigen.

10. Andere Pflanzenformationen als Holzpflanzen können nur herrschend werden, wenn die Eigenschaften des Bodens ihre Entwick-

lung so sehr begünstigen, daß sie den Holzpflanzen im Konkurrenzkampfe überlegen sind.

Als herrschende Pflanzenformationen in Europa sind anzusehen:

1. Nordische Nadelwälder;
2. gemischte sommergrüne Laubwälder;
3. wintergrüne hartblätterige Laubwälder;
4. Heiden;
5. Steppen;
6. Grasfluren (Flachmoore, Wiesen);
7. Hochmoore;
8. Salzpflanzen.

Formationen des nährstoffreichen Bodens, bzw. Wassers sind: Sommergrüne Laubwälder, wintergrüne Laubwälder, Steppen, Grasfluren, Flachmoore.

Formationen des nährstoffarmen Bodens, bzw. Wassers sind: Nordische Nadelwälder, Heiden, Hochmoore.

Einwirkungen zwischen Boden und Pflanzenwelt.

Die einzige mir bekannt gewordene Arbeit, welche den Kampf zweier Pflanzenformationen und dessen Einfluß auf den Boden ver-

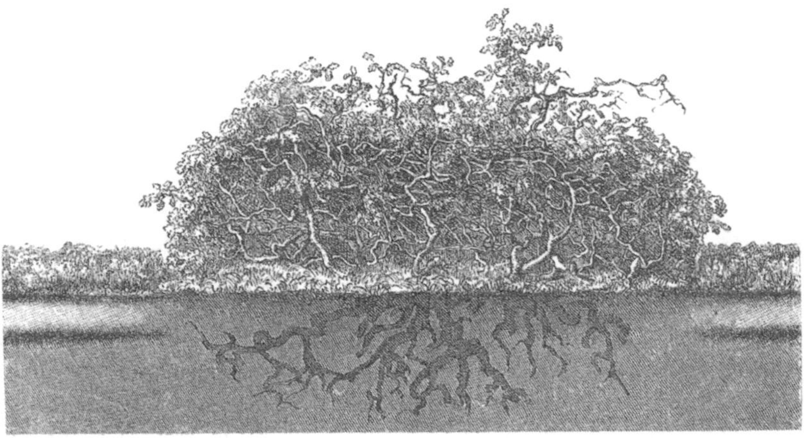

Abb. 28. Eichengestrüpp in der Heide.
Der Boden unter der Eiche ist Mullboden, unter der Heide finden sich Ortsteinablagerungen.
(Nach P. E. Müller.)

folgt, findet sich in P. E. Müllers „Natürliche Humusformen“. Dort wird die Umbildung eines Laubholzbodens in Heideboden zur Darstellung gebracht.

Der Laubholzboden Jütlands, locker, gekrümelt, ausgerüstet mit genügendem Nährstoffgehalt, wird unter Bedeckung mit Rohhumus umgewandelt in einen scharf differenzierten Boden, dessen obere Schichten an löslichen Nährstoffen durch Auswaschung erschöpft sind, sich dicht zusammenlagern und in dem endlich durch Bildung von Ortstein eine undurchlässige Schicht geschaffen wird; alles Verhältnisse, welche für die kommende Heidevegetation günstig, für den Laubwald ungünstig sind. Unter den Eichenbüschen, die der Zerstörung Widerstand geleistet haben,. findet sich, allseitig vom Heideboden umschlossen, noch der alte Laubholzboden vor. (Abb. 411, Müller, Natürliche Humusformen S. 144).

Es ist dies ein typisches Beispiel für den Kampf zweier Pflanzenformationen und der Bodenveränderungen, welche zum Siege der einen führen und zugleich ein Beispiel, mit welcher Zähigkeit eine im Besitz befindliche Formation den alten Besitzstand verteidigt.

Im folgenden sollen die wichtigsten Beziehungen zwischen Pflanzen- und Bodenformation hervorgehoben werden, eine eingehende Bearbeitung bleibt vorbehalten.

I. Nährstoffreiche Böden.

§ 173. Die Verbreitung der herrschenden Pflanzenwelt wird in hervorragender Weise durch ihren Bedarf an Nährstoffen beeinflußt, ferner durch ihren Anspruch, d. h. die Fähigkeit, ihren Bedarf nur auf reicheren oder auch auf ärmeren Boden decken zu können; endlich durch ihre größere oder geringere Anpassung an gegebene Verhältnisse.

1. Salzböden.

Bodenarten mit hohem Salzgehalt, der entweder durch Überflutung mit Salzwasser, Salzquellen, oder durch Anhäufung leichtlöslicher Salze infolge geringer Auswaschung verursacht wird. Die Pflanzendecke der Salzböden ist zumeist sehr locker; die Pflanzen sind durch besondere Eigentümlichkeiten, die in der Hauptsache auf Verminderung der Wasserverdunstung hindeuten, ausgezeichnet. In den kalten und kühlen gemäßigten Zonen herrschen krautige Pflanzen, in den wärmeren Holzpflanzen (Tamarixarten, an der tropischen Meeresküste Mangroven usw.).

Beziehungen zwischen Pflanzen und Boden sind nicht erkennbar.

2. Steppenböden.

Steppenböden sind entweder Bodenarten solcher klimatischer Gebiete, welche so geringe Niederschläge haben, daß sie überhaupt eine geschlossene Pflanzenformation nicht während der ganzen warmen Jahreszeit mit Wasser versorgen können oder die durch bestimmte

Bodeneigenschaften (hohe Wasserkapazität, Reichtum an Salzen) ausgezeichnet sind.

In Europa finden sich Steppen in Südrußland, Rumänien, Ungarn. Die herrschende Bodenart ist Schwarzerde, die herrschenden Pflanzen sind Gräser, Stauden, sparsam niedere Sträucher; vorwiegende, nicht völlige Waldlosigkeit ist ein charakteristischer Zug der Steppe.

Man hat zahlreiche Meinungen über die Ursachen geäußert, welche zur Waldlosigkeit der Steppe führen. Die Abhängigkeit von klimatischen Einflüssen äußert sich für jeden unbefangenen Beobachter, der z. B. die russischen Steppen in Nord-Südrichtung durchfährt. Kommt man z. B. vom Süden, so ist die allmähliche Zunahme der Bäume nach Norden unverkennbar. Es ist nur die Frage zu beantworten, welche Bedingungen mitwirken, den Baumwuchs zu verhindern.

Die Auffassung, daß Steppenbrände, weidende Tiere, Eingriffe des Menschen die Wälder vernichtet haben, hat nur für die Grenzgebiete zwischen Steppe und Wald Berechtigung; hier können zweifellos die Grenzen zu ungunsten des Waldes stark verschoben werden; für die zentralen Gebiete der Steppe hat die Meinung jedoch keine Berechtigung: So wenig jene Ursachen eine völlige Waldlosigkeit der Steppe verursacht haben, ebensowenig vermögen sie im Waldgebiet dauernd eine Steppenvegetation zur Herrschaft zu bringen.

Es fragt sich ferner, ob die klimatischen Verhältnisse so extrem sind, daß Waldbäume nicht zu existieren vermögen. Außer der Tatsache, daß alte Wälder vorhanden sind, haben Waldanpflanzungen unter oft recht ungünstigen Verhältnissen gezeigt, daß wenigstens bestimmte Baumarten wachsen können. Oft bedarf es nur der Einführung einer geeigneten Art, wie der Robinia in Ungarn, um innerhalb weniger Jahrzehnte großen Flächen eine andere Physiognomie zu geben.

Unzweifelhaft ist der Wuchs der Bäume in den Steppen vermindert, aber dies gilt für die ganze Vegetation. Die Produktion der Steppe an organischer Substanz ist nicht hoch und zumeist auf den Pflanzenwuchs der ersten Monate des Frühjahrs beschränkt.

Die Waldlosigkeit der Steppe kann nur im Boden ihre Ursache haben. Zur Erklärung stehen sich jetzt zwei Auffassungen gegenüber. Die von Tanfiljew vertretene Meinung, daß Übermaß an Salzen im Boden die allgemeine Bewaldung der Steppe hindere und die zuerst von Whitney und Kostytschew ausgesprochene, vom Verfasser weiter gebildete Anschauung, daß es vorwiegend der Boden und die Versorgung mit Wasser sei, welche den Steppenpflanzen

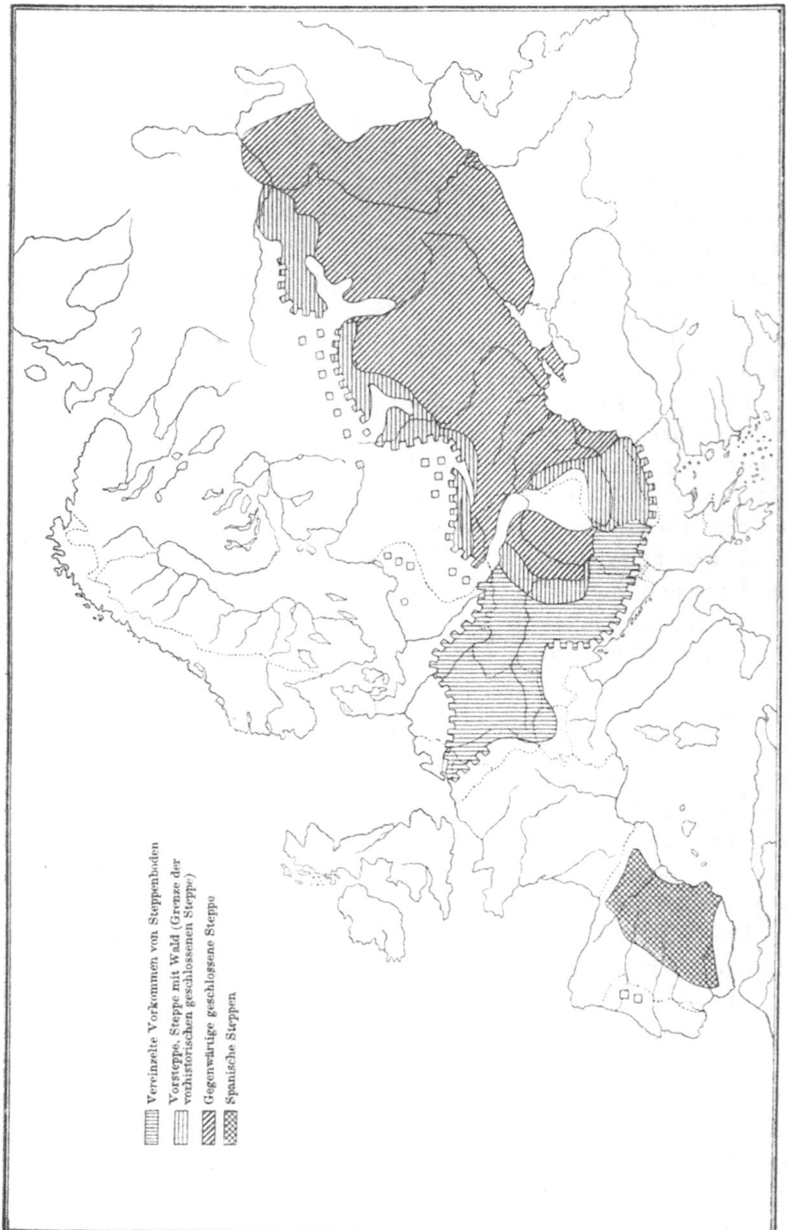

Abb. 29. Schematische Karte der Verbreitung der Steppenböden in Europa.

das Übergewicht gegenüber den Baumpflanzen geben.*)

Tanfiljew schließt folgendermaßen: Mit Abnahme der Regenmenge und Steigerung der Verdunstung nach dem Süden und Osten der europäischen Steppe vermindert sich die Auswaschung des Bodens. Prüft man mit Salzsäure, um ein rasches uud sicheres Hilfsmittel zur Bestimmung zu haben, so kann man nach der Verbreitung von kohlensaurem Kalk die Tiefe der Auslaugung des Bodens beurteilen. Junge Baumpflanzungen können sehr gut wachsen, so lange ihre Wurzelverbreitung in den oberen ausgewaschenen Schichten erfolgt, sie versagen dagegen, sowie sie gezwungen sind mit ihren Wurzeln tiefer zu gehen, sie kränkeln, und zum Absterben helfen ihre Feinde, die in allen Steppenwaldungen in großer Menge vorhanden sind.

Gegen diese Auffassung ist einzuwenden, daß die Baumwurzeln sich nicht innerhalb der oberen Bodenschicht halten, sondern sehr tief gehen, sowie, daß die Wurzeln gegen den Salzgehalt des Bodens erst bei relativ hohem Gehalte empfindlich sind, wenigstens gilt dies für die Bäume der Steppenwälder, Eiche, Ahorne usw. Eher würde es noch Wahrscheinlichkeit für sich haben, daß die Bäume wachsen können, so lange ihr Wasserbedarf gering ist, daß sie dagegen vom mittleren Alter an mehr Wasser brauchen als vorhanden ist.

Diesen Schwierigkeiten geht die Auffassung des Verfassers aus dem Wege; sie erklärt die Waldlosigkeit der Steppe folgendermaßen. Die Böden der Steppe haben alle hohe Wasserkapazität; die Schwarzerden enthalten zudem viel (6—12 %) gebundenes, der Pflanzenwelt unzugängliches Wasser. Während der kalten Jahreszeit sättigen sich die Böden mit Wasser, geben so zu einer üppigen Frühjahrsvegetation Veranlassung, welche den Wasservorrat erschöpft. Die sommerlichen Niederschläge können infolge der hohen Wasserkapazität des Bodens nur wenig eindringen und verdunsten in der Hauptsache ungenutzt an der Bodenoberfläche.

Aus diesen Verhältnissen würde es sich ohne weiteres erklären, daß Sandböden im Steppengebiet stets Wald tragen. Die sömmerlichen Niederschläge dringen tief ein und bieten den Bäumen ausreichende Feuchtigkeit auch in Zeiten stärkerer Verdunstung. Zumeist findet sich Föhre, die wesentlich geringere Anforderungen an Wasser stellt als die Laubhölzer, infolge der hohen Konzentration der Nährstoffe von den Steppenböden jedoch ausgeschlossen ist.

---

*) Whitney, Climatic changes of later geological Time. Mem. mus. of comp. Zoolog. Harvard coll. 1882, VII, S. 164 u. folg.
Kostytschew, Potschwy tschernosemnoi oblasti Rossii. Petersburg 1886.
Ramann, Bodenkunde 1893, S. 252.

Sorgt man dafür, daß die Konkurrenz der Steppenpflanzen beseitigt und die oberste Bodenschicht locker erhalten wird, so daß sie als schützende Decke gegen die Verdunstung wirkt, so haben die jungen Baumpflanzen genügend Feuchtigkeit und einmal im Schluß, vermindern sie die unmittelbare Verdunstung hinlänglich, um dem Boden genügend Wasser zu erhalten. Die Ursache der Baumlosigkeit der Steppe ist nach dieser Auffassung nur eine Folge der übermäßigen Konkurrenz der Steppenpflanzen, die hauptsächlich eine Frühjahrsvegetation sind. In Übereinstimmung hiermit geht die Waldkultur in der Steppe vor. Bis zum Schluß des Bestandes wird der Boden völlig frei von jeder andern Vegetation gehalten und jährlich 3—5 mal oberflächlich behackt.

Die Beziehungen zwischen Steppenpflanzen und Boden bestehen darin, daß die humosen Stoffe der Schwarzerde aus ihnen gebildet werden, sie steigern die Wasserkapazität und ermöglichen reiche Ansammlung von Wasser in der kalten Jahreszeit in den oberen Bodenschichten. Die Steppenvegetation bedarf viel Wasser in der Frühlingszeit; die Eigenschaften der Böden unter Steppenpflanzen erfüllen diese Forderung.

Ähnliche Verhältnisse bieten viele Höhenböden der deutschen Kalkgebirge. Es sind zumeist schwere Tonböden auf stark durchlässigem Gestein (vgl. S. 100). Auch diese Böden, die zudem meist reich an Nährstoffen sind, sättigen sich während des Winters mit Wasser, ermöglichen dadurch eine reiche Frühjahrsvegetation, leiden aber in der warmen Jahreszeit unter Trocknis. Hier finden sich Steppenpflanzungen oft weit außerhalb ihres sonstigen Gebietes. Auch die Verbreitung der „pontischen Hügelflora“ ist von ähnlichen Einflüssen abhängig.

3. Sommergrüne Laubwälder.

§ 174. Im vollen Gegensatz zur Steppe gestalten sich die Verhältnisse des Bodens unter sommergrünen Laubwäldern, als deren Typus der Buchenwald betrachtet werden kann.

Der Buchenwald ist so geschlossen, daß sich nur der Beschattung angepaßte Kräuter und eine sparsam verteilte Frühjahrsvegetation zu halten vermag, die ihre Entwicklung bereits abgeschlossen hat, ehe der volle Laubausbruch eintritt. Der Boden ist lose, locker, bis in erhebliche Tiefe gekrümelt. Eine lockere Streuschicht bewahrt den Boden vor Verdichtung durch fallenden Regen auch in der laublosen Zeit. Die geringe Erwärmung der Bodens, und der

Schutz gegen Luftbewegung mäßigt die Verdunstung, so daß sich unter der Laubdecke fast stets eine humose, relativ wasserreiche Schicht findet, die einer reichen, Feuchtigkeit liebenden Wurmbevölkerung ungeschwächte Tätigkeit auch in trockner Zeit ermöglicht. Tiefe Durchwurzelung des Bodens gestattet nicht nur der Buche ihren Bedarf auch auf ärmeren Boden zu decken, sondern fördert zugleich Durchlüftung und Krümelung des Bodens.

Die Buche gedeiht am günstigsten bei Bodenverhältnissen, welche sich unter ihrer Herrschaft am leichtesten entwickeln und am längsten erhalten. Der alte Ruf der Buche als „Mutter des Waldes" beruht wesentlich auf diesen günstigen Einflüssen.

4. Wintergrüne Laubhölzer.

Über die Bedingungen des Vorkommens der mediterranen wintergrünen Laubhölzer und ihre Beziehungen zu den Roterden ist bisher kaum etwas bekannt geworden; recht wenig auch über die südlichen Heiden der Macchien. Hier kann auf diese Formation sowie auf die Zonen der südlichen Nadelhölzer nur hingewiesen werden.

5. Grasfluren.

§ 175. Zu den Grasfluren gehören die Flachmoore und die Wiesen.

Die Flachmoore sind die Vegetation des nährstoffreichen oder des fließenden Wassers. Ihre Pflanzen schaffen in der Hauptsache den Boden, auf dem sie wachsen; die Beziechungen zwischen Vegetation und Boden treten dadurch ohne weiteres hervor. Die Eigenschaften der Moorböden, ihre hohe Wasserkapazität, ihre Undurchlässigkeit in den tieferen Schichten ermöglichen den dauernden Bestand einer Feuchtigkeit liebenden Vegetation.

Die Wiesen sind durch geschlossene Decken von Gräsern und Kräutern ausgezeichnet. Im Waldgebiete kann sich eine solche Pflanzenformation schwerlich dauernd halten. Selbst an Flußläufen werden Wiesen früher oder später, sofern sie nicht zu den Flachmooren zu rechnen sind, von Holzgewächsen (Weiden, Pappeln, Erlen) verdrängt werden. Es sind nur zwei Gebiete, bei denen man im Zweifel sein kann, ob die Wiesen als dauernde Pflanzenformationen betrachtet werden können: Die Marschen und die Almen oberhalb der Baumgrenze.

Die Marschen der Seeküsten unterliegen seit langer Zeit dem Einfluß der Menschen; ihr hoher Ertrag als Wiesen sorgt dafür, daß sie als solche erhalten werden. Baumfeindlich ist dagegen der ständig herrschende Seewind; ob nicht trotzdem die Marschen, sich selbst überlassen, bald von Holzgewächsen besiedelt werden würden, läßt sich schwer entscheiden.

Günstiger für die Erhaltung der Wiesen als solche sind die Verhältnisse der Almen des Hochgebirges. Ähnlich wie im arktischen Gebiet jenseits der Baumgrenze den Wiesen verwandte Pflanzenformationen nicht selten sind, können sich die Almen lange Zeit, zumal unter Einfluß von fließendem Wasser, erhalten, werden aber häufig von niederen Sträuchern verdrängt.

Die Beziehung der Wiesenvegetation zum Boden macht sich namentlich dadurch geltend, daß unter Wiese viel Humus abgelagert wird, der ebensowohl durch Erhöhung der Wasserkapazität des Bodens für reichliche Feuchtigkeit sorgt, wie er auch eine Quelle gebundenen Stickstoffs für die Wiesenpflanzen ist. Dies Verhalten tritt überall hervor, wo sich Wiesen finden und ist durch verschiedene Untersuchungen zahlenmäßig belegt.

II. Nährstoffarme Böden.

§ 176. Die Pflanzenarten der nährstoffarmen Böden sind überwiegend Flachwurzler.*) Ihre Verbreitung ist in Europa auf die kühleren und kalten Gegenden und Regionen beschränkt, nur auf Humusböden gehen sie weiter nach Süden. Viele Arten haben, obgleich auf frische, feuchte und nasse Standorte angewiesen, ausgesprochen xerophylle Anpassung. Schimper**) hebt mit Recht hervor, daß man zwischen physikalischer und physiologischer Trocknis zu unterscheiden habe, und daß die letztere namentlich von der Temperatur abhänge. Schimper hat auch einen andern für die Pflanzen der nährstoffarmen Böden hochwichtigen Satz aufgestellt, daß die sauer reagierenden Humusstoffe die Diffusion und damit die Ernährung der Pflanzen vermindern; eine Angabe, die sich bei späteren Versuchen als richtig erwiesen hat.***) Die Bedeutung der sauren Reaktion der Böden für die Pflanzenwelt ist noch nicht genügend festgestellt. Jedenfalls vermögen die meisten höheren Pflanzen saure Reaktion des Bodens zu ertragen. Nach Erfahrungen des gärtnerischen Be-

*) Die Föhre ist keine einer besonderen Pflanzenformation angepaßte Art; sie vermag unter den wechselndsten Verhältnissen sowohl in bezug auf Nährstoffe wie auf Wassergehalt zu wachsen. In den kühleren gemäßigten Gebieten tritt sie überall ein, wo ungünstige Bedingungen das Gedeihen anderer Arten vermindern. Empfindlich ist die Föhre nur gegen reichen Gehalt der Böden an leichtlöslichen Salzen, zumal Kali- oder Natronsalzen. (H. Mayr, Monographie der Abietineen Japans 1890, S. 15.)

**) Pflanzengeograhpie S. 4.

***) Blanck, Landw. V. St.

triebes sollen manche Gruppen, namentlich die der Ericaceen, Azaleen u. a. saure Böden verlangen und nur in ihnen gut gedeihen.

Zahlreiche Arten der nährstoffarmen Böden sind gegen höhere Konzentration der Bodenlösung empfindlich und werden durch Düngersalze getötet. Dahin gehören z. B. viele Moosarten, Cyperazeen, Heide usw., die durch Mineraldüngung (Kainit usw.) zum Absterben gebracht werden und auf reicheren Böden rasch der Konkurrenz anderer Arten unterliegen.

Die Pflanzenwelt der nährstoffarmen Böden zeichnet sich hauptsächlich durch geringen Bedarf an Nährstoffen und durch die Fähigkeit aus, Bodensäure ertragen zu können.

6. Nordische Nadelhölzer.

Die Böden sind mehr oder weniger verwittert und ausgelaugt, humusreich; vielfach ist der Mineralboden mit einer humosen Schicht bedeckt. Die bezeichnendste Baumart dieser Böden ist die Fichte, welche durch ihre flach streichenden Wurzeln befähigt ist, auf diesen Böden dauernd die Herrschaft zu erlangen.

Die Verbreitung der Fichte beschränkt sich nicht auf die angegebenen Böden; die Fichte vermag auch auf lockeren, tiefgründigen Böden zu wachsen und entwickelt sich dort in höchster Vollkommenheit, wird aber bei freiem Konkurrenzkampf auf solchen Böden entweder verdrängt oder doch stark eingeengt durch die Vegetation der sommergrünen Laubhölzer. Unbestrittene Herrschaft erlangt, auch im Gebirge, die Fichte dort, wo die klimatischen Verhältnisse die Verwesung vermindern und sich Humus auf der Bodenoberfläche anhäuft.

7. Heiden.

Die Fichte ist ein geeignetes Beispiel dafür, daß die herrschenden Pflanzenformationen nicht jene Böden besetzen, auf denen sie die zur Entwicklung günstigsten Verhältnisse finden, sondern jene, auf denen sie die größte Widerstandsfähigkeit gegen ihre Konkurrenten haben. Im gleichen Sinne verläuft die Beeinflussung des Bodens. Die Fichte wächst unzweifelhaft am üppigsten auf lockerem Mullboden, hat aber hier gegen die Konkurrenz der Laubbäume zu kämpfen. Die Umbildung des Bodens geht nun in der Weise vor sich, daß zunächst die oberen, später die tieferen Bodenschichten unter Fichte dichter gelagert werden, schon hierdurch wird die Wuchsfähigkeit des Laubholzes beschränkt. Folgen mehrere Umtriebe eines reinen Fichtenbestandes, so macht sich die Veränderung des Bodens immer stärker geltend; der Boden ist in einen „Fichtenboden“ umgewandelt,

d. h. in einen Bodenzustand übergeführt, welcher die dauernde Herrschaft der Fichte begünstigt.

Die Heiden sind baumarme, von niederen Sträuchern (Reisern) bedeckte Gebiete mit nährstoffarmem, ausgewaschenem, sauer reagierendem Boden. Die gegenwärtige Verbreitung der Heiden ist vielfach eine Folge der Waldzerstörung durch Menschen; aber dieser Einfluß konnte nur dort zur Vorherrschaft der Heidegewächse führen, wo Klima und Boden die Voraussetzungen hierfür bieten. Differenzierung der Heideböden in der scharfen Scheidung der verschiedenen Bodenschichten, die Bildung von Bleisand und Ortstein ist bereits früher besprochen worden.

8. Hochmoore.

Die Hochmoore mit ihrer charakteristischen artenarmen Vegetation sind die Formation der ärmsten Böden und sehr nährstoffarmer Wässer. Der Boden baut sich aus den Abfallstoffen der Vegetation auf und ist ohne absichtliche oder zufällige Eingriffe der Menschen nicht geeignet andre Pflanzen zu tragen. Werden die Hochmoore entwässert, so siedeln sich auf ihnen Bäume mit geringem Bedarf an Nährstoffen (Kiefer, Fichte, Birke) an.

III. Fortbildung der Formationen.

§ 177. Für den einzelnen Menschen sind die Boden- und Vegetationsformen gegebene Tatsachen; vielleicht, daß der eine oder andere einmal die Umbildung eines Flachmoores in Hochmoor, die Bewaldung einer Wiese u. dgl. beobachten kann, im ganzen bleibt, soweit der Mensch nicht eingreift, die Pflanzenverteilung unverändert. Dem aufmerksamen Blick des Forstmanns entgehen aber nicht die kleinen Wechsel in der Flora des Waldbodens, die die ersten Andeutungen geben, daß die Lebensbedingungen im Waldboden Änderungen unterliegen.

Die Hauptgebiete der großen Pflanzenformationen kann man als stabil betrachten, nicht aber die Grenzen; hier wogt der Kampf zweier Formationen fortgesetzt, bald die eine oder andere begünstigend, bald sie zurückdrängend. Im allgemeinen kann als Regel gelten, daß auf die Dauer *die anspruchslosere Formation ihre Grenzen erweitert, die anspruchsvollere* zurückweicht.

In Europa sind namentlich drei Formationen im Vorrücken: die Hochmoore gegen die nordische Waldformation, die Heiden gegen die Laubwälder, die Laubwälder gegen die Steppen.

Die Nord- und ein Teil der Mitteleuropäischen Böden sind geologisch junge Böden; verhältnismäßig vor nicht langer Zeit haben noch andere Vegetationsbedingungen geherrscht als jetzt. Die Böden sind Gletscherböden und Steppenböden, die uns aus der Diluvialzeit und nachdiluvialen Zeit überkommen sind. Die Verwitterung der Gletscherböden ist nur in den armen Sandböden und auch hier nicht überall, tief eingedrungen. Wohl finden wir die norddeutschen Diluvialsande auf erhebliche Tiefe kalkfrei, der ursprüngliche Kalkgehalt ist ausgewaschen; aber die Verwitterung der Silikate reicht oft kaum ein paar Dezimeter tief. Die Auswaschung ist gemäßigt und die herrschende Vegetation unterstützt die Böden im Kampfe gegen die Auslaugung. Alljährlich führt der Streuabfall des Waldes den oberen Bodenschichten wieder Nährstoffe zu, die von den Wurzeln tieferen Lagen entnommen wurden. Hierdurch wird der Auswaschung entgegengearbeitet; aber ihre Wirkung ist nicht aufzuhalten. Mit jedem Tropfen Wasser, welches in die Tiefe absickert, werden Nährstoffe auf immer den oberen Schichten entzogen.

Es ist daher nicht auffällig, daß die Böden endlich verarmen. Von vielen Forstmännern ist auf den Rückgang der Wälder auf diluvialen Böden, besonders den Sandböden in Norddeutschland hingewiesen worden; und nicht immer mit Unrecht. Jahrhunderte, vielleicht Jahrtausende kann der herrschende Bestand den Angriffen getrotzt haben, endlich erliegt er ihnen und zwar um so leichter, wenn äußere Umstände zu seinem Ungunsten eingreifen. So hat sich die Heide auf Kosten der Laubhölzer verbreitet und die Bodenveränderungen, die sonst vielleicht in Jahrtausenden eingetreten wären, sind in wenigen Jahrhunderten erfolgt; an manchen Orten haben vielleicht ein paar Jahrzehnte ausgereicht, um sie herbeizuführen. Die Grundirrtümer der heute herrschenden Auffassung sind, daß der Mensch allein oder auch nur in erster Linie die gegenwärtige Verteilung der Vegetation in den alten Kulturländern herbeigeführt habe, und die Meinung, daß nichts notwendig sei als der Natur ihren Lauf zu lassen, um wieder die alten, besseren Verhältnisse zu erneueren. Der Mensch kann verzögernd und beschleunigend auf die Naturprozesse einwirken; er kann seinen Kulturländereien durch Menschenkraft zuführen, was sie bedürfen, aber er vermag in den seiner ständigen Tätigkeit entzogenen Gebieten nichts gegen die großen Vorgänge der Natur; so ist z. B. die Heide eine natürliche Pflanzenformation, die sich nicht gebildet haben würde, wenn nicht tiefgreifende Umbildungen des Bodens vorhergegangen wären. Früher oder später wäre, auch ohne Eingreifen des Menschen, die Heide oder das Hochmoor gegen den Wald vorgedrungen. Allerdings darf man nun nicht die Sache auf den Kopf stellen und jede mit Heidewuchs überzogene

Fläche, die vielleicht nur kurzer Schonung bedarf, um sich wieder mit Wald zu bedecken, für ein Glied der Heideformation erklären; oder zu verlangen, daß jeder Ortsteinboden Heide tragen muß. So schematisch arbeitet die Natur nicht. Wohl aber muß man daran festhalten, daß auf Ortsteinböden Veränderungen eingetreten sind, die endlich einmal zur Herrschaft der Heide oder des Hochmoores führen.

Am raschesten erfolgt das Vordringen der Hochmoore gegen den Wald. Bodenveränderungen, die wesentlich in Ablagerung humoser Massen bestehen, treten gegenüber den Umbildungen im Mineralboden rasch auf; die Gelegenheit zur Entstehung von Hochmooren ist vielfach gegeben. Außerdem ist die Verbreiterung der Moore durch Versumpfung des Randgebietes ein zweiter Vorgang, der die Ausbreitung der Hochmoore begünstigt. In größter Ausdehnung findet das Wachstum der Hochmoore im Norden (Moostundra) und den nördlichen Waldgebieten statt.

Die Moore machen bis zu einem gewissen Grade eine Ausnahme von der Regel, daß jede Vegetation den Bodenzustand erhält, der ihr vorteilhaft ist. Flachmoore verarmen in ihrer Oberfläche und gehen in Hochmoore über. Das Wachstum der Sphagneen wird verlangsamt und die Moose von andern Pflanzen überwachsen, wenn eine bestimmte, von örtlichen und klimatischen Verhältnissen abhängige Höhe des Moores erreicht ist. Man kann diese Tatsachen nur so deuten, daß die Umbildungen, welche alle Bodenarten erleiden, in den Humusböden in viel kürzerer Zeit erfolgen als im Mineralboden.

Die Steppen erstreckten sich nach der Diluvialzeit viel weiter westlich als zur Gegenwart; ihre typischen Bodenbildungen, Löß und Schwarzerde, geben Zeugnis von der einstigen Ausdehnung der Steppe. Der Nordrand der Steppe ist in Rußland von einer Bodenzone, den „grauen Waldböden", umgeben, die als veränderter Steppenboden zu betrachten ist (Tanfiljew). Es sind Bodenarten, die ihre Abstammung noch erkennen lassen, aber unter der herrschend gewordenen Waldvegetation wesentliche Veränderungen, Auswaschung und Minderung des Humusgehalts erfahren haben. Hier ist der Wald, unterstützt von klimatischen Änderungen, erobernd gegen die Steppe vorgedrungen und wird wahrscheinlich noch weiter fortschreiten können. Bezeichnend ist dabei, daß mit der Waldvegetation tiefgreifende Änderungen des Bodens eingetreten sind; unter der Herrschaft des Waldes ist aus Steppenboden Waldboden geworden.

IV. Kulturböden.

§ 178. Wesentliche Änderungen des Bodens bringt der Mensch in den obersten Bodenschichten durch seine Kulturmaßregeln hervor. Indem er regelmäßig den Boden bearbeitet und düngt, sorgt er nicht nur für die Ernährung der Pflanzen, sondern er schafft zugleich ein anderes Klima im Boden, verändert die Wärme und Feuchtigkeitsverhältnisse. Indem er die Konkurrenz anderer Pflanzen künstlich fernhält, ermöglicht er Arten volles Gedeihen, die, sich selbst überlassen, rasch unterliegen würden. Durch diese Eingriffe wird es möglich, daß Gerste und Kartoffel in Europa bis zum 70. Breitengrade geerntet werden können und daß man noch jenseits des Polarkreises Nicotiana rustica als einen allerdings bösartigen Tabak baut.

Auch im Walde greift der Mensch verändernd ein. Tiefgehende Bearbeitung wird in Gebieten geübt, deren Böden, wie die der Heiden, starken Veränderungen und Differenzierung der einzelnen Schichten unterlegen sind. Aber auch durch Änderung der Waldflora, der Anpflanzung von Baumarten, die ursprünglich auf den Böden nicht heimisch waren, greift der Mensch ein und übt dabei unbewußt oft starken Einfluß auf die Änderungen der Bodeneigenschaften. Wird der Laubwald durch Nadelwald verdrängt, so werden dadurch auch die Bodenverhältnisse geändert, insbesondere durch Anzucht reiner Fichtenbestände im Laubholzgebiet; wenn in forstlichen Kreisen der Ruf nach gemischten Beständen immer lauter wird, so findet er seine Berechtigung darin, daß z. B. die dem Oberflächenhumus angepaßte Fichte nicht die Bodenverhältnisse erhalten kann, welche die Buche geschaffen hatte. Zahlreiche Beispiele könnte man anführen, die zeigen, in wie hohem Maße die Kulturmethoden und Wahl der Baumarten in unsern Wäldern Änderungen des Bodens im günstigen oder ungünstigen Sinne herbeigeführt haben.

Sachregister.

(Die beigesetzten Ziffern bedeuten die Seitenzahlen.)

Abrasion 61.
Abraumsalze 86.
Absätze a. Wasser 41.
Abschlämmbare Teile 2.
Absorption für Basen 27; für Säuren 27; der Böden 21; der sauren Böden 28; des Kaolin 25; physik. 25; Träger der, 25; -Verbindung 23; -coefficient 26; der Gase 238.
Abspülung 54.
Abtrag 47; trockner 48; durch Wasser 51; durch Eis 61; durch Meer 61; durch Wind 64.
Ackergahre 226.
Adsorption der Gase im Boden 293.
Albit 76.
Alkalien, Auswaschung der, 32.
Alkaliböden 32.
Alluvium 115; Alt- 110.
Almen 417.
Alpenhumus 156, 177.
Ameisen 125.
Ammon (Ammoniak), Absorption des, 27; -des Bodens 210; -der Atmosphäre 286; -in Niederschlägen 239; -durch Verwesung gebildet 136.
Ammon, kohlensaures, Absorption im Boden 295.
Amphibol 78.
Analcim 80.
Analyse, Bedeutung der Boden-, 203; mechanische des Bodens 216; mineralogische des Bodens 195; chemische des Bodens 196; der humosen Stoffe 150; Darstellung der Resultate 201; Schlämm- 216.
Andesit 93.
Angergräser 350.
Anhydrit 85.
Anlehmige Böden 383.
Anorthit 76.
Apatit 86. [18.
Apokrensäure 144; Verwitterung durch,
Aragonit 84.
Argillite 26. 83.
Arkose 105.
Asche, vulkanische 109; Dolomit- 85.
Astmoose 348.
Atmosphäre, Kohlensäure in der, 283; Ammon in der, 286; Salpetersäure in der, 286; Staubteile in der, 288; Sumpfgas in der, 288.
Aueboden 175; -ton 115.
Augit 79.
Ausfällungen im Boden 42.
Ausfrieren (der Pflanzen) 250.
Aushagerung 229.
Ausstrahlung des Bodens 304.
Auswaschung des Bodens 29; der Sandböden 31.

Baggertorf 158.
Bakterien, Zahl im Boden 116; Lebensbedingungen der, 116; verwitternde Einwirkung 19; Salpetersäure- 137; Eisen- 46.
Barfrost 250.
Basalt 95.
Beerkräuter 351.
Benetzungswiderstand 257.
Bergkristall 72.
Bergschlipfe 50; -stürze 50.
Bestrahlung 368.
Bewaldung; Wirkung auf Auftauen des Bodens 322; Bodentemperatur 334; Luftfeuchtigkeit 330; Niederschläge 331; Grundwasser 339; Temperatur 329; Wassergehalt des Bodens 339.
Boden, Definition 1.
Bodenarten 379; -absorption 21; -absorption, Bedeutung für Pflanzen 28; -auswaschung 29; Alkali- 32; Alter, (geologisches) des, 40, 407; Ausfällungen im, 42; -adsorption für Gase 293; Aue- 175.

Boden-Analyse, mineralogische 195; Schlämm- 216; physikalische 216; chemische 196; Bedeutung der chemischen, 203.
Boden-Bakterien 118, 120; Bau des, 221; -bildung durch Würmer 124; Bindigkeit 317; Bruch- 183; Buchen- 416.
Bodendurchlüftung 297, 340. -Durchlässigkeit für Wasser 255, 269, 272; -Durchlässigkeit für Luft 298; Bedeutung der, 258.
Bodendecke 319; Streu 344; anorganische 320; Schnee 321; Steine 323; Sand 324; lebende Pflanzen 325; Einfluß auf Temperatur 325; auf Struktur 326; auf Wasserzufuhr 327; auf Wassergehalt 328.
Bodeneis 396; -exposition 367.
Bodenfeuchtigkeit 265; Fadenpilze im, 119, 120; -farbe 281; -feuchter Gebiete 404; Fichten- 419.
Boden, gewachsener 230; -Gründigkeit 234; des Gesteinszerfalles 395; trockner Gebiete 399; geologisches Alter 407; Grand- 380; Grußboden 380; Gletscher- 396, 421; Hauptbestandteile des, 2; hitzige 212; Heide- 406; Humus, Bedeutung 152; Inklination 367; -Kohäreszens 314; kaltgründiger 266; -Kartierung 377; -kunde, Definition 1; -kraft 212; mineralische 214; Kalk- 389; Lage des, 366; -Lagerung 230; Lehm- 384; -Luft 298, 300; leichte 317; mineralische Kraft des, 214; -Mächtigkeit 234; -Neigung 367; Ober- 232; -oberfläche 243; -proben 197; Entnahme von -proben 197; -profil 231; -profil unter Rohhumus 163; -und Pflanzenformationen 410; -Reaktion 149; Roh- 163, 233; Relikten- 393; Salz- 399, 412; Sand- 381; Soda- 176; -Schichtung 231; schwerer 317; Schwemmland- 48; Stein- 380; Steppen- 412, 421; Spaltenfrost- 392, 395; -tätigkeit 211; -tiere 121; -tiere, Zahl der, 122; -temperatur 307, 369; träge 211; Ton- 387; trockner Gebiete 399, 404; untätiger 211; Unter- 233; -Verdichtung 249, 355; -Verkrustung 249; -Volumgewicht 235; Volumänderungen des, 243, 248, 355; Verwitterungs- 48; Wald- 333; Temperatur des Wald- 333; Wassergehalt des Wald- 336; Durchlüftung des Wald- 340; -Wasser 265; -Wasser, Menge des, 266; berechte -, Wassergehalt 353; Wassergehalt bei Exposition 369; Wassergehalt bei Inklination 369; -und Wärme 301; Wärmeaustausch des, 313; Zehrende 212; -Zonen 391; Zusammensetzung streuberechter 360.
Brauneisen 87.
Braunerden 283, 404.
Braunstein 88.
Bruchboden 183.
Buche-Streu 344; -Streuertrag 387; -Boden 416; -Einwirkung auf Bodentemperatur 334; -auf Bodendurchlüftung 341; -auf Luftfeuchtigkeit 330; -auf Niederschläge 333; -auf Temperatur 329; Exposition auf, 374.
Bunkerde 190.

C siehe auch K.
Cañon 10.
Carnallit 87.
Chalcedon 72.
Chemie des Bodens 194.
Chilisalpeter, Einfluß auf Verdunstung 264.
Chlorgehalt im Boden 210.
Chlorit 80.
Colloide, absorbierende Wirkung 23.
Crenotrix 47.
Crensäure-Verwitterung, Wirkung 18.

Darg 180.
Deflation 64.
Denudation 47.
Deltabildung 57.
Diabas 94; -tuff 94.
Diallag 79.
Diatomeenerde 45, 174.
Dichtschlämmen 228.
Diluvium 109; nordisches 110; der Gebirge 112; Pflanzenverbreitung 407.
Diorit 93.
Dolomit 84, 103; -asche 85; dolomitische Kalke 85, 103.
Dopplerit 181.
Dreikanter 10.
Dünen 65; Fluß- 65; Bogen- 66; Meeres- 66; Wander- 67; Sand-, Zusammensetzung 67; Bindung der, 68.
Dünger, indirekt 28.
Durchschlämmen 39.
Durchlüften des Bodens 297.
dürr (Boden) 266.
Dy 174.

Einzelkornstruktur 221.
Eis-Boden 396; -Sprengwirkungen 8; Kamm- 250.
Eisen-Bakterien 46; -färbende Wirkung 282; -Kies 45; -ocker 46; Eisenoxyd, Eisenoxydhydrat 46, 87.

Eisenoxyd, kolloidales 24; Adsorption für Gase 293, 294; löslich durch Humusstoffe 19; -spat 85.
Eluvium 48.
Epidot 75, 83.
Erdboden 1; -gletscher 51.
Ertragsvermögen 212.
Eruptivgesteine, Verwitterungsformen der, 96.
Exposition 367; Wirkung auf Abspülung 373.

Fadenpilze im Boden 119; auf Humusbildung 119, 142.
Farbe des Bodens 281.
Farnkräuter 351; Adler- 351.
Fäulnis 128; durch Organismen 134; Sumpfgas- 134; chemische 135; durch Wasserabspaltung 135.
Feinerde 198, 216.
Feldspat 74; Kali- 75; Natron- 76; Kalk- 76.
Felsenmeere 91.
Felsitporphyr 92.
fest (Boden) 317; Lehmboden 387.
Feuchtigkeit, absolute 292; relative 260, 292; Einfluß auf Verwesung 130.
feucht (Boden) 266.
Feuerstein 72.
Fichte, Einwirkung auf Bodentemperatur 334; Einwirkung auf Niederschläge 333; Luftfeuchtigkeit 330; Lufttemperatur 329; auf Bodendurchlüftung 341; -Streu 344; -Streu, Ertrag an 357; -boden 419; Exposition auf, 374.
Filz 185.
Flachmore (siehe Moore), Zusammensetzung des Humus 151, 417.
Flechten, als Bodendecke 349; Einfluß auf Verwitterung 20.
Flinz 273.
Flockung der Bodenteile 224.
Flottlehm 113, 397.
Flugsand 65.
flüchtig (Boden) 317.
Flüsse, Typen der, 58; Wasserführung der, 278; -grand 115; -sand 115; -wasser, Zusammensetzung des, 37.
Flußspat 86.
Föhre, siehe Kiefer.
frisch (Boden) 266.
Frost, -lage 376; -löcher 376; Spalten- 8; Sprengwirkung des, 8; Einfluß der Bodenfeuchtigkeit 311; Wirkung einer Sanddecke 324.
Fruchtbarkeit 212.

Gabbro 94.
Gahre, Acker- 226.
Gallertkörper, Absorptions - Wirkung der 23.
Gase, gelöste im Wasser 238.
Gehängeschutt 49.
Geschiebe. Menge der 60.
Gesteine, Absätze verwitternder, 41; -Absonderung 6; -Auflockerung 4; -Auslese 8; -Ausdehnung bei Temperatur-Erhöhung 5; bodenbildende 89; -Einteilung 90; Eruptiv- 90; Tiefen- 90; Erguß- 90; -Zerfall 5; -Zersetzung 12.
Gips 32, 45, 85; -schlotten 41.
Glaukonit 74.
Glaserit 87.
Gleichgewicht, chem. 13.
Gletscher 60; Abtrag der 61; -böden 421; -Eis 62; -Bewegung 62; -Töpfe 10.
Glimmer 77; Kali- 77; Magnesia- 77; -Schiefer 97.
Gneiß 96.
Göthit 87.
Granat 83.
Grand 105, 216, 318; -boden 380; Fluß- 115.
Granit 91; Hornblende- 91; Protogin- 91; Turmalin- 91.
Granulit 97.
Gräser 350; Wald- 350; Anger- 350.
Grasfluren 417.
Grauerden 283, 405.
Grauwacke 106.
Grundmoräne 63.
Grundwasser 272; -Bewegung 272; -Schwankungen 273.
Gründigkeit (Boden) 234.
Grünerde 79; -sand 74.
Gruß 318; -boden 380.
Gyttje 156; 173.

Hackenwerfen der Schichten 51.
Harmotom 81.
Hauptbodenarten 379.
Hasselerde 390.
Heide 352; Dop- 352; -lehm 113;- sand 65; -torf 151.
Heiden (Pflanzenformation) 419.
Hochlage 376; geschützte 376.
Hochmoore 185, 420 (siehe Moore).
Hochwasser 59. 57.
Höhenrauch 290.
Hohlräume des Bodens 244.
Hornblende 78; -granit 91.
Humin 145; -säuren 145.
Humate 18, 147.
Humus 2; Alpen- 177.

Humusstoffe (humose Stoffe) 2; Kolloidale, 25; Oxydation der, 133; färbende Wirkung im Wasser 36; im Boden 282; Chemie der, 142; -Analyse 150; Gehalt an Stickstoff 148, 154; chemische Ausfällung von, 149; Verhalten gegen Wasser 241.
Humusbildung 136; durch Tiere 140.
Humus, Bedeutung für Böden 152; für Kohäreszens 316; Gehalt der Böden 154; -ablagerungen, Übersicht 156; Umbildung des, 157; -kohle 151; Alpen- 177; Waldstreu als Quelle des, 360; -böden 269; -Durchlässigkeit 269.
Humifizierung 158.
Humussäuren-Bestimmung 144; Chemie der, 145, 147; Eigenschaften der, 146; saure Salze 147; -Bildung 143; Verwitterung durch, 16; Auswaschung des Bodens durch, 33; Verhalten gegen Bakterien 138; Verhalten gegen höhere Pflanzen 145. 418; Verhalten gegen Regenwürmer 123.
Hydratisierung 15.

Inlandeis 63.
Inklination 367.
Insekten im Boden 125.
Isohumosen 401.

Jaspis 72.
Jonen 12, 237.

K siehe auch C.
Kainit 87.
Kalium des Bodens 208; Quellen des, 89.
Kalisalze, Einfluß auf Verdunstung 265; -absorption im Boden 27.
Kalk im Boden 208; -algen 44; -gesteine 100; -Verwitterung 101; -Böden 389; -sinter 42; -spat 84; -tuff 42; -sammler (Pflanzen) 43; -Einfluß auf Verwesung 132; -salze, Einfluß auf Durchlässigkeit der Böden 255.
Kalkkarbonat (kohlensaurer Kalk) 42; -Gehalt im Boden 201, 208; löslich im Wasser 239; -Auswaschung 33.
Kaltgründig (Boden) 266.
Kammeis 250.
Kantengeschiebe 10.
Kaolin, Bildung von, 15, 19; Eigenschaften von, 75, 81; für Absorption 25.
Kaolinit 81.
Kapillarität des Bodens 241, 243; -Hubhöhe 253.
Kärrmoore 157.
Kartierung 377.
Kiefer, Wirkung auf Bodentemperatur 334; auf Niederschläge 333; auf Luftfeuchtigkeit 330; auf Lufttemperatur 329; -Streu 344; Ertrag an, 357; Verhalten 418 (Anmkg.).
Kiesbänke 57.
Kieselschiefer 72.
Kieselsäure (Quarz 72), amorph 24, 72; kolloidale 24; -sinter 45.
Klamm 10.
Klingstein 95.
Kohäreszens des Bodens 315.
Kohlensäure-Bildung 285; -Bindung 285; in Luft 283; in Bodenluft 300; in Waldluft 289; -adsorption im Boden 294; -Löslichkeit im Wasser 238; lösende Wirkung durch, 239; Verwitterung durch, 16.
Kohlensaurer Kalk, siehe Kalk.
Konglomerate 104; des Rotliegenden, 104; der Grauwacke, 106; Nagelflue- 105.
Konkretionen 42.
Korngrößen des Bodens 246.
Kraft, alte des Bodens 213; mineralische des Bodens 214.
Kreide 84, 100.
Krensäure 144.
Kristalle 43.
Krugit 87.
Krümelstruktur 223; -bildung 224; -Lehmboden 384; durch Bodenbearbeitung, 228; durch Pflanzen, 227; durch Tiere, 227; durch Salze 225; Bedeutung der -struktur 228; für Wasserkapazität 246.
Krustenbildung 249.
Kulturböden 432.

Labrador 76.
Lage des Bodens 366; Tief- 376; Hoch- 376.
Lagerung des Bodens (W.-Kapazität) 247.
Laterit 33, 41, 403.
Laubwälder, sommergrün 416.
Lebertorf 157, 175.
Lehm 100; Flott- 113, 397; Heide- 113; Löß- 400.
Lehmboden 362, 385; gegen Wasser 257; gegen Winterfeuchtigkeit 268.
Letten 99. 389.
Leucit 83.
Limonit 46.
Locker (Boden) 317.
Lockerung des Bodens auf Verdunstung 262; lose (Boden), 317.

Löß 65, 393, 397, 400; -puppen, -kindchen 44.
Luft, atmosph. Zusammensetzung, 283; -Adsorption im Boden 295.
Luftbewegung, Einfluß der, auf Boden 370; auf Gasaustausch im Boden 298; auf Verdunstung 260; Einfluß des Waldes auf, 332.

Mächtigkeit des Bodens 234; Einfluß auf Verdunstung 263.
Manganoxyde (Abscheidung) 47.
Magnesia (des Bodens) 208.
Magneteisen 88.
Markasit 45, 88; Oxydation des, 88.
Marschen 57, 176, 417; Fluß- 175.
Massentransport (Geschiebe) 52.
Massenwirkung, chem., 13.
Maulwürfe (Bod.) 125.
Melaphyr 94.
Mergel 103; Ton-, 103; Lehm-, 103; Kalk- 104; Moor- 177.
Mergel-Sand 113, 397; -Knauern 44; -Torf 181; Diluvial- 111.
Mesotyp 80.
Mikroklin 76.
mild (Boden) 317; Lehmboden 384, 387.
Mineralstoffe, Bedeutung für Bodenwert 203.
Molekularbewegung 225.
Moor 44, 157, 177; -erden 157, 158, 176; -ausbrüche 192; -boden, chem. Analyse, 203; -Kapill. Wasserhebung 253; Temperatur d., 311; -Mergel 177; Kärr- 157; Wald- 174; Hang- 184; Gehänge- 184; Flach- 183; Zsombek- 172; schwimmende 172; süße 185; saure 185; Bau d., 182; Bildg. d., 182; Zuwachs d., 180; geogr. Verbreitg. d., 193; -Wässer, chem. Zusammensetzg., 36; Hoch-185; Heide-185; Misch-186; Höhenwachstum des Hoch- 191; Bildung der Hoch- 185; Bild. d. H. auf Flachmoor 186; auf humosem Boden 187; regionale Moorbildung 188.
Moose, Ast- 348; Haft- 348; Torf- 348; Weiß- 348; Wasserleitung 348; als Kalksammler 43; Verwitternde Einflüsse 20.
Moostorf 157, 179; älterer 158, 179; unterer 189; Grenzschicht 189.
Moränen 63; Diluviale, 110, 112.
Mudde 156, 174.
Mull 155, 159; -böden 155. Insekten- 156;
Mullwehen 184.
mürbe (Boden) 317.
Muren, Murgänge 52; trockne, 51. Erd- 51; Stein- 51.

Nadelhölzer, nord., 419.
Nagelflue 105.
N-assimilation siehe Stickstoff.
naß (Boden) 266.
Naßgallen 266.
Natrolith 80.
Nephelin 83.
Nitrate, Auswaschung, 32.
Nitrobakterien 137, 139.
Normaldruck 242.

Oberfläche d. Bodenkörner 240; äußere 240; innere 240.
Ocker (Eisen-) 46.
Oligoklas 76.
Olivin 73.
Opal 73.
Orthoklas 15, 75, 89; Verwitterung des, 15, 75.
Ortslagen 375.
Ortstein 165, 167; Bildung des, 164; -erde 167; Tonortstein 386 (Anmkg.).
Osteokolla 44.
Ozon in Atmosphäre 287.

Pedologie 1.
Pflanzenformation, Einwirkung auf Bodenbildung 411.
Phonolit 95.
Phosphorit 45, 86.
Phosphorsäure im Boden 206; Absorption d., 27; Auswaschung d., 33.
Phyllit 98.
Plagioklase 76.
Podsol 93, 113, 397.
Polierschiefer 45.
Polyhalit 87.
Porenvolumen (Boden) 231.
Porphyr (Felsit-) 92.
Probenahme (Boden) 197.
Protogingranit 91.
Pseudomorphosen 71.
Pyrolusit 88.
Pyroxen 79.

Quarz 72; Milch- 9, 72; -neubildung 45; -trachyt 93.
Quellsäure 144, Verwitterung durch, 18.
Quellsatzsäure 144; Verwitterung d., 18.
Quellwasser, Zusammensetzung, 37.

Raseneisenstein 46.
Regen, warmer, 306.
Regenwürmer 122.
Reiser 420.
Riesenkessel 10.
Rhyolith 93.

Rohhumus, -bildung, 160; Wirkung auf Boden, 153, 159, 162, 168; Zusammensetzung des, 151; der Heide 161; der Buche 161; der Beerkräuter 162.
Rohton 2.
Roteisen 87.
Roterden 47, 403.
Rundhöcker 64.

Salpetersäure, im Niederschlägen 239; in Waldböden 138; in Wiesenböden 238; in Böden 210.
Salze, lösliche, auf Verdunstung, 264; auf Durchschlämmen, 255; auf Kohäreszens, 316; auf Durchlässigkeit, 255; auf Krümelung, 224; Ausblühen der, 265.
Sanidin 75.
Sand 2, 108, 217, 381. Blachfeld- 113; Blei- 163; Bunt- 106, Campinen- 113; Deck- 111; Diluvial- 111; Dünen 67; eisenschüssiger, 37; Fluß- 115; Grau- 163; Glimmer- 108; Grün- 74; Heide- 113; humoser 381; Kalk- 84; Keuper- 107; Lias- 107; lehmiger 381; Mergel- 113; Quader- 108; Tal- 114; Talgeschiebe- 114; tertiärer, 108; Vulkan- 109.
Sandboden 381; Eindringen des Wassers in, 257; Winterfeuchtigkeit des, 268; Auswaschung des, 31; bei Streuentnahme 361; Kartierung des, 378; chem. Analyse des, 205; als Bodendecke 323; lehmiger, 381; humoser, 381, 383; anlehmiger 383.
Sandr 64.
Sandstein 105.
Sättigungsdefizit 260, 292.
Sauerstoff, löslich in Wasser, 238.
Schalstein 99.
Schiefer, Ur- 98; Glimmer- 97; Fleck- 98; Knoten- 98; Sericit- 98; Ton- 99; -ton 99.
Schlamm, -bildung 9, 155, 169; Teich- 156, 173; Fluß- 157, 175; See- 157; (Bodenanalyse) 216.
Schlämmanalyse 216, 218, 219.
Schnee, als Bodendecke, 320; Wirkung des, auf Bodentemperatur, 320; auf Lufttemperatur 321; Entwicklung der Pflanzen unter Schnee 370.
Schneetälchen 396.
Schörl 83.
Schutt, -kegel 49; -halden 49; Gehänge- 49.
Schwarzerde 156, 283, 400; Bodenprofil der, 402.
Schwefel im Boden, 211.
Schwefelkies 45, 88; -Oxydation 88.
Schwefelsäure im Boden 211.
schwer (Boden) 317; Lehmboden 387.
Schweine. Bedeutung d,. für Boden, 126.
Schwingrasen 172.
Säuren, Wirkung auf Bakterien, 117.
Seen, Einfluß auf Umgebung, 280; Vegetation der, 170.
Seekreide 13, 157, 173.
Sekretionen 42.
Selbstreinigung der Flüsse 277.
Sericit 98.
Serpentin 74.
Sickerwasser 269.
Silikate, Einteilung der, 70; Doppel- 71; Bi- 71; Singulo- 71; amorphe, 24.
Sinkstoffe der Flüsse 38.
Skolezit 80.
Sodaböden 176.
Sölle 10.
Spaltenbildung im Boden 249.
Spaltenfrost 8; -böden 392.
Spaltpilze siehe Bakterien.
Speckstein 74.
Spez. Gewicht 235; scheinb. des Bodens 236.
Staub (Bodenbestandteil) 216, 217.
Steighöhe der Wässer 253.
Steine, als Bodendecke, 323; -böden 380; im Boden 318; -blöcke 318; -brocken 318; Wirkung auf Wasserkapazität 248; auf kapill. Aufstieg, 254; Transport durch Wässer 57.
Steinsalz 86.
Steppen 413; Waldlosigkeit der, 413; -Grundwasser unter Wald 339; -böden 421.
Stickstoff, löslich in Wasser, 238; Adsorption im Boden 295.
Stickstoff, gebundener, siehe Salpetersäure, Ammoniak.
Stickstoffverbindungen, in Atmosphär., 286; im Boden 209; in Niederschlägen 239; in Waldböden 363; in Humus 148; Bestimmung der, 201.
Stickstoffbindung 137, 139.
Stilbit 80.
Streu, Wald- 344; Einfluß auf Bodentemperatur, 345; Wasserkapazität der, 347; als Stickstoffdünger 365; chem. Zusammensetzung der, 356;
Streu, Beerkräuter- 351; Farn 351; Flechten- 347; Heide 351; Laub- 344; Moos- 345; Moosstreu mit Rohhumus 347; Nadel- 344; Gras- 350.
streng (Boden) 317; Lehmboden 384, 387.
Strudellöcher 10.
Struktur, des Bodens, 220; Einzelkorn- 221; Krümel- 223; Einfluß der Pflanzendecke auf Struktur 326.

Sumpferz 46.
Sumpfgas, in Atmosphäre 288; Bildung bei Fäulnis 134.
Syenit 93.
Sylvin 86.

Täler, Exposition, 374, 375; Klima 375; Wind 375.
Talk 74; -schiefer 74.
Tauniederschläge im Boden 296.
Teildruck (der Gase) 238 (Anmkg.).
Temperatur, Einfluß auf Verwesung, 129; auf Verdunstung 259; der Böden 307; Schwankungen, tägliche 308; jährliche 309; der Moore 311; bei Exposition 369; unter Schnee 320; unter Pflanzendecke 325; unter Wald 329; unter Kiefer 329; unter Buche 329; unter Fichte 328.
Terra rossa 390.
Teufelsmühlen 91.
Tieflage 375. 376.
Tiere, im Boden 121; für Humusbildung 140.
Titaneisen 88.
Ton, 2, 100; Roh- 2; eisenhaltiger, 17; Tonortstein 386 (Anmkg.]; Aue- 115; Verwitterungston, Zusammensetzung 397; glazialer Ton, Zusammensetzung. 397; Tonarten 82; -geruch 82; -böden 387; verh. gegen Wasser 241; Durchschlämmen von, 39.
Tonerde, kolloidale 24.
Torf 178; Bildung des, 156, 169; Umbildung des, 157.
Torf, alpiner Moore 157; Bagger- 158, 179; Faser- 180; Flachmoor- 157; Hypneen- 179; Hochmoor- 157; Leber- 157, 175; Mergel- 181; Moos- 157; älterer Moos- 158, 179; unterer Moos- 189; Seggen- 180; Trocken- 160; Wald- 189; Weißmoos- 179; Wollgras- 180.
Torfseen 190.
Trachyt 93.
Transport, der Geschiebe 52; Massen- 52; Einzel- 55.
Travertin 43.
Triebsand 56.
Tripel 45.
trocken (Boden) 266.
Tropfstein 42.
Tuff, Kalk- 42; vulkan. 109.
Tundra 157, 189.
Turmalin 83; -granit 91.

Ulmin 145; säuren, 145.
Umbildungen des Torfes 157; der Moore 158.
Untergrund 233; tieferer, 233.
Urschiefer 98.
Urtonschiefeer 98.
Urwald 213.

Verangerung 351.
Verbindungen, Absorptions-, 23.
Verdichtung (Boden-) 249.
Verdunstung, unter Sanddecke 323; unter Wald 343.
Vergrasung 350.
Verkrustung 249.
Verschlämmung 228.
Verwesung 127, 129; Einfluß der Temperatur 129; des Wassers 130; der Nährsalze 131; schädl. Stoffe 132; der Humussäuren 133; der Kohlensäure 133; Verlauf der, 136; 137; der Streu, Zeitdauer, 357; Verhalten der Mineralstoffe bei Verwesung der Streu 358.
Verwitterung 3; physikalische, 5; chemische, 12; einfache, 12; komplizierte, 12, 21; der Silikate 15; Zeitdauer der, 39; Wirkung der Temperatur auf, 5, 12; chem. Massenwirkung auf, 13; Produkte der Verwitterung, lösliche 16, unlösliche 16; durch Ameisen 21; durch Bakterien 19; durch Druckwirkungen 9; durch Flechten 20; durch Gletscher 10; durch Humussäuren 16, 18; Produkte der Verw. d. Humussäur.. 18; durch Kohlensäure 16; Produkte der Verw. durch Kohlensäure 17; durch das Meer 61; durch Moose 20; durch Organismen 19; durch Sauerstoff 14; durch Pflanzen 20; durch Wasser 14; durch Wind 10; der Mineralien und Gesteine siehe diese; -formen der Eruptivgesteine 96; -formen des kristall. Schiefer 99; -formen der Kalkgesteine 104.
Volumgewicht der Bodenteile 235; des Bodens 236.
Volumvermehrung (Boden) 243, 246.
Vivianit 45.

Wald, Wirkung auf Abtauen 322; auf Sickerwässer 339; auf Temperatur 329; auf Luftfeuchtigkeit 330; auf Niederschläge 331; auf Grundwasser 339; gegen Wasserschäden 54; Fernwirkung des, 332; Wirkung als Bodendecke 329.
Waldboden 333; Wassergehalt des, 337; Durchlüftung des, 340.
Waldgrenzen 413.
Waldgräser 350.

Waldlichtungen 341.
Waldluft, Zusammensetzung der. 289; Organismen in der, 290.
Wärme, Quellen der, 301; -Kapazität 303; -leitung 304; -austausch des Bodens 313.
Wasser, Eigenschaften 237; lösende Wirkung 10; harte 35; weiche 37; Wärmekapazität des, 237; Wärmeleitung des, 237; gelöste Gase in, 238; Färbung durch Humusstoffe 36; Verunreinigungen 277; Bindung bei Verwitterung 15; Bindung in Mineralien 70; Auswaschung des Bodens 29; Absätze aus, 41; Grenzgeschwindigkeit 56; Geschiebetransport durch, 52, 56; Fluß-, Zusammensetzung 37; -führung der Flüsse 278; Adhäsions- 240; Hoch- 39; Grund-35, 265; Grundwasserstände 270; Grundwasserschwankungen 273; Grundwasser der Gebiete mit physikalischer Verwitterung 37; Grundwasser unter Wald 338; Quell- 35; Zusammensetzung des Quell- 37; Sicker- 35; Menge der Sicker- 269; Sickerw. unter Wald 338; Dräng- 58; freies 241; gebundenes 241; chemisch gebundenes 70; hygroskopisches 241, 261; Imbibitions- 240; Klüver- 56, 279; Menge der Abfluß- 58; Qualm- 58, 279; Seih- 58, 279.
Wasserkapazität 240, 244; größte 244; kleinste 244; minimale 245; Optimum der, 247; Einfluß der Korngrößen auf, 246; Einfluß auf Verdunstung 264.
Wassergehalt des Bodens 266; der Streuböden 353; der Sandböden 267; der Lehmböden 268; bei verschied. Neigung 369; bei Exposition 369; unter Pflanzen 327, 328.
Wasser, Einfluß auf Verwesung 130; auf Umgebung 279; auf Temperatur der Böden, Wärmeleitung 305; Gefrieren 311; auf Kohäreszens 316; Eindringen in Boden 354; in Sandboden 257; in Lehmboden 257; kapillarer Aufstieg 254; Höhe des, 253; Bedeutung 252; -leitung 254.
Wasserdampf in Luft 292; Adsorption im Boden 293.
Wasserpflanzen, Ernährung 173; Verteilung in Seen 170.
Wellenkalk 101.
Wiesen 417.
Wiesenerz 46.
Wiesenkalk 43, 44.
Wildbäche 52.
Winde, herrschende 371; Geschwindigkeit 75; Berg- 375; Tal- 375; Einfluß auf Boden 371, 372; Einfluß auf Abspülung 373; Einfluß auf Verdunstuug 260.
Winterfeuchtigkeit 266, 268, 385.
Wurzeln, Wirkung auf Boden 342.

Zellulosegärung 134.
Zerfall (Gesteins-) 5.
Zeolithe 80; Absorption der, 26.

GPSR Compliance

The European Union's (EU) General Product Safety Regulation (GPSR) is a set of rules that requires consumer products to be safe and our obligations to ensure this.

If you have any concerns about our products, you can contact us on ProductSafety@springernature.com

In case Publisher is established outside the EU, the EU authorized representative is:

Springer Nature Customer Service Center GmbH
Europaplatz 3
69115 Heidelberg, Germany

Batch number: 10620143

Printed by Printforce, the Netherlands